无纸化考试专用

全国计算机等级考试

一本通 二级MS Office高级应用与设计

策未来◎编著

NATIONAL COMPUTER RANK EXAMINATION

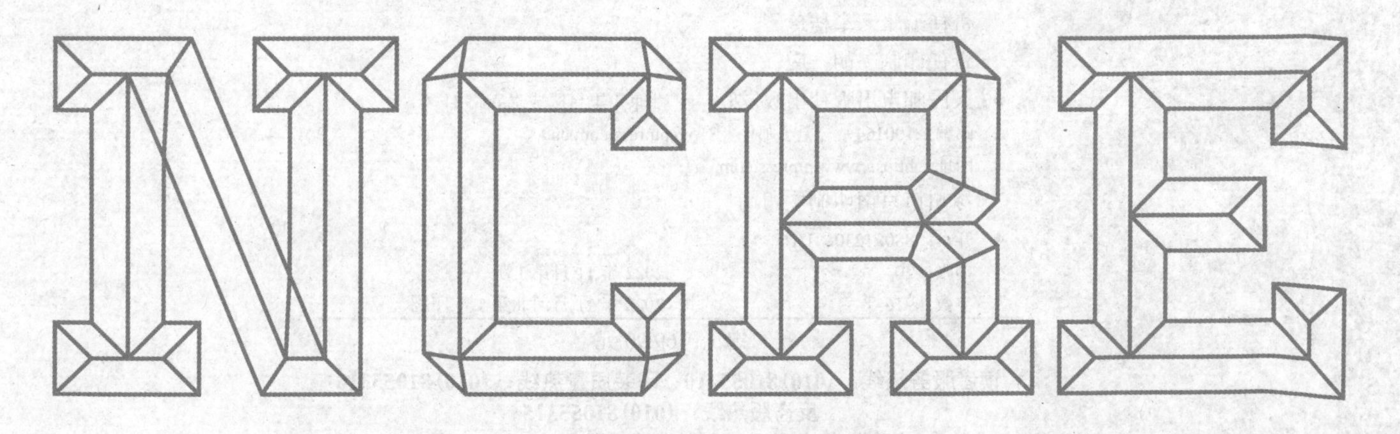

人民邮电出版社

北京

图书在版编目（CIP）数据

全国计算机等级考试一本通. 二级MS Office高级应用与设计 / 策未来编著. -- 北京 : 人民邮电出版社, 2022.11
ISBN 978-7-115-58985-9

Ⅰ. ①全… Ⅱ. ①策… Ⅲ. ①电子计算机－水平考试－自学参考资料②办公自动化－应用软件－水平考试－自学参考资料 Ⅳ. ①TP3

中国版本图书馆CIP数据核字(2022)第049107号

内 容 提 要

本书面向全国计算机等级考试“二级 MS Office 高级应用与设计”科目，严格依据新版考试大纲详细讲解知识点，并配有大量的真题和练习题，以帮助考生在较短的时间内顺利通过考试。

本书共 7 章，主要内容包括考试指南、公共基础知识、Office 操作基础、利用 Word 2016 高效创建电子文档、使用 Excel 2016 创建并处理电子表格、通过 PowerPoint 2016 制作演示文稿、新增无纸化考试套卷及其答案解析。

本书配套提供智能模考软件。该软件主要有精选真题、新增真题、模拟考场、试题搜索和超值赠送等模块。其中，精选真题模块包含 20 套历年考试真题试卷，新增真题模块包含 4 套新近真题试卷，考生可选择某一套真题试卷进行练习。模拟考场模块是随机组卷，其考试过程模拟真实考试环境，限时做题。试题搜索模块可按关键字或题型搜索本软件中的所有试题，供考生重做，以查缺补漏，提高复习效率。超值赠送模块包含本书的 PPT 课件、素材文件、章末综合自测题的答案和解析。建议考生在了解、掌握书中知识点的基础上合理使用该软件进行模考与练习。图书与软件的结合能为考生顺利通过考试提供实实在在的帮助。

本书可作为全国计算机等级考试“二级 MS Office 高级应用与设计”科目的培训教材与自学用书，也可作为学习 MS Office 软件的参考书。

◆ 编　　著　策未来
　责任编辑　牟桂玲
　责任印制　胡　南

◆ 人民邮电出版社出版发行　　北京市丰台区成寿寺路 11 号
　邮编　100164　　电子邮件　315@ptpress.com.cn
　网址　https://www.ptpress.com.cn
　涿州市京南印刷厂印刷

◆ 开本：880×1230　1/16
　印张：20　　　　2022 年 11 月第 1 版
　字数：916 千字　　2022 年 11 月河北第 1 次印刷

定价：69.90 元

读者服务热线：(010)81055410　印装质量热线：(010)81055316
反盗版热线：(010)81055315
广告经营许可证：京东市监广登字 20170147 号

前　言

全国计算机等级考试由教育部考试中心主办，是我国影响较大、参加考试人数较多的计算机水平考试。此考试的目的在于以考促学，因此该考试的报考门槛较低，考生不受年龄、职业、学历等背景的限制，任何人都可以根据自己学习和使用计算机的实际情况，选择不同级别的考试。

对于“二级 MS Office 高级应用与设计”科目，考生从报名到参加考试只有 3 个月左右的时间。由于备考时间短，不少考生存在选择题或操作题偏弱的情况。为帮助考生提高备考效率，我们精心编写了本书。

本书具有以下特点。

1. 针对选择题和操作题讲解与剖析

“二级 MS Office 高级应用与设计”科目考试有选择题和操作题两种题型。本书编者在对无纸化考试题库进行深入分析和研究后，总结出这两种题型的高频考点，通过知识点讲解及经典试题剖析，帮助考生更好地理解考点，快速提高解题能力。

2. 考点考核概率总结及难易程度评析

要在有限的时间内掌握所有的知识点，考生可能会感到无从下手。本书通过对无纸化考试题库中的题目进行分析，总结各考点的考核概率，并对考点的难易程度进行评定，帮助考生了解考试的重点与难点。

3. 内容讲解易学易懂

本书的编写力求将复杂问题简单化，将理论难点通俗化，以快速提高考生的学习效率。

- 根据无纸化考试题库总结考点，精讲内容。
- 通过典型例题讲解帮助考生强化巩固所学知识点。
- 采用大量插图，简化解题步骤。
- 提供大量习题，以练促学，学练结合，帮助考生巩固所学知识。

4. 考前模拟训练

为了帮助考生了解考试形式，熟悉命题方式，掌握命题规律，本书特意编制两套无纸化考试套卷，以贴近真实考试的全套样题的形式，供考生进行模拟练习。

5. 配套智能模考软件

为了更好地帮助考生提高学习效率，本书配套提供智能模考软件。该软件主要包含以下功能模块。

● 精选真题：包含20套历年考试题目，以套卷的形式提供，考生在练习时可以随时查看答案及解析。

● 新增真题：包含4套近一年考试真题试卷，供考生在备考的最后阶段进行冲刺训练。

● 模拟考场：模拟真实考试环境，能帮助考生提前熟悉考试环境和考试流程。

● 试题搜索：可按关键字或题型搜索本软件中的所有试题，供考生重做，以查缺补漏，提高复习效率。

● 超值赠送：本书的配套资源，包含PPT课件、素材文件以及章末综合自测题的答案和解析。

扫描图书封底的二维码，关注微信公众号“异步社区”，添加异步助手为好友，发送“58985”，即可免费获取本软件的下载链接。

在本书编写过程中，尽管我们着力打磨内容，精益求精，但由于水平有限，书中难免存在疏漏之处，恳请广大读者批评指正。考生在学习过程中，可访问未来教育考试网，及时获得考试信息及学习资源。如有疑问，可以发送邮件至 muguiling@ptpress.com.cn，我们将会为您提供满意的答复。

最后，祝愿各位考生都能顺利通过考试。

编　者

目　录

第0章

考试指南

俗话说："知己知彼，百战不殆。"考生在备考之前，需要了解相关的考试信息，然后进行有针对性的复习，方可起到事半功倍的效果。为此，特安排本章，帮助考生用较短的时间了解最实用的信息。本章将介绍上机考试环境及流程，各部分内容具体如下。

考试环境简介：介绍考试环境、考试题型、分值及考试时间。

考试流程演示：主要介绍真实考试的操作过程，以免考生因不了解答题过程而造成失误。

0.1 考试方式简介

全国计算机等级考试二级 MS Office 高级应用与设计的考试环境、题型、分值和考试时间如下。

1. **考试环境**

全国计算机等级考试"二级 MS Office 高级应用与设计"科目的考试系统（以下简称考试系统）所需要的硬件环境如表 0.1 所示。

表 0.1

硬件	配置
CPU	主频 3GHz 或以上
内存	2GB 或以上
显卡	SVGA 彩显
硬盘空间	10GB 以上可供考试使用的空间

考试系统所需要的软件环境如表 0.2 所示。

表 0.2

软件	配置
操作系统	中文版 Windows 7
字处理软件	中文版 Microsoft Word 2016
电子表格软件	中文版 Microsoft Excel 2016
演示文稿软件	中文版 Microsoft PowerPoint 2016
输入法	微软、智能 ABC、五笔等

小提示

本书配套的智能模考软件在教育部考试中心规定的硬件环境及软件环境下进行了严格的测试，适用于中文版 Windows 7、Windows 8、Windows 10 操作系统和 MS Office 2016 软件环境。

2. **题型及分值**

满分为 100 分，共有 4 种考查题型，即单项选择题（20 题，每题 1 分，共 20 分）、字处理题（1 题，共 30 分）、电子表格题（1 题，共 30 分）和演示文稿题（1 题，共 20 分）。

3. **考试时间**

考试时间为 120 分钟，考试时间由考试系统自动倒数计时，考试结束前 5 分钟系统自动报警，以提醒考生及时保存。考试计时结束后，考试系统自动将计算机锁定，考生不能继续进行考试。

0.2 考试流程演示

考生考试过程分为登录、答题、交卷等阶段。

1. **登录**

在实际答题之前，考生需要登录考试系统。一方面，这是考生姓名的记录凭据，考试系统要验证考生的合法身份；另一方面，考试系统也需要为每一位考生随机抽题，生成一份"二级 MS Office 高级应用与设计"考试的试题。

（1）启动考试系统。双击桌面上的【NCRE 考试系统】快捷方式图标，或从【开始】菜单的【所有程序】中选择【第××（××为考次号）次 NCRE】命令，启动【NCRE 考试系统】。

（2）考号验证。在【考生登录】界面中输入准考证号，单击图0.1中的【下一步】按钮，会出现以下两种提示信息中的某一种。

• 如果输入的准考证号存在，将弹出【考生信息确认】界面，要求考生对所输入的准考证号、姓名及证件号进行验证，如图0.2所示。如果输入的准考证号错误，则单击【重输准考证号】按钮重新输入；如果输入的准考证号正确，则单击【下一步】按钮继续。

图0.1

图0.2

• 如果输入的准考证号不存在，考试系统会显示如图0.3所示的提示信息，并要求考生重新输入准考证号。

（3）登录成功。当考试系统抽取试题成功后，屏幕上会显示“二级MS Office高级应用与设计”的考试须知，考生须选择【已阅读】复选框并单击【开始考试并计时】按钮，如图0.4所示。

图0.3

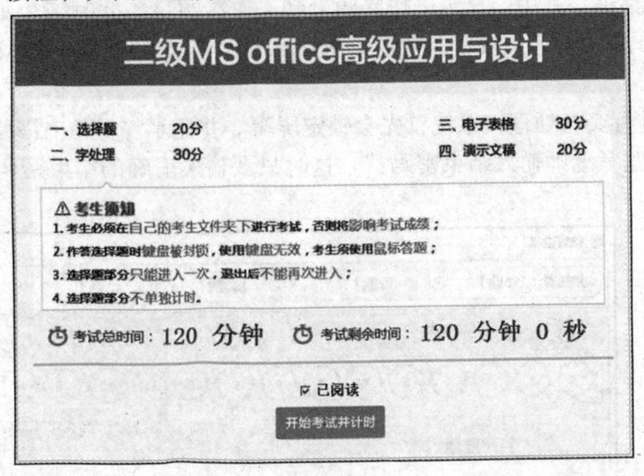

图0.4

2. 答题

（1）试题内容查阅窗口。登录成功后，考试系统将自动在屏幕中间生成试题内容查阅窗口，至此，系统已为考生抽取了一套完整的试题，如图0.5所示。分别单击其中的【选择题】【字处理】【电子表格】【演示文稿】按钮，可以分别查看各题型的题目要求。

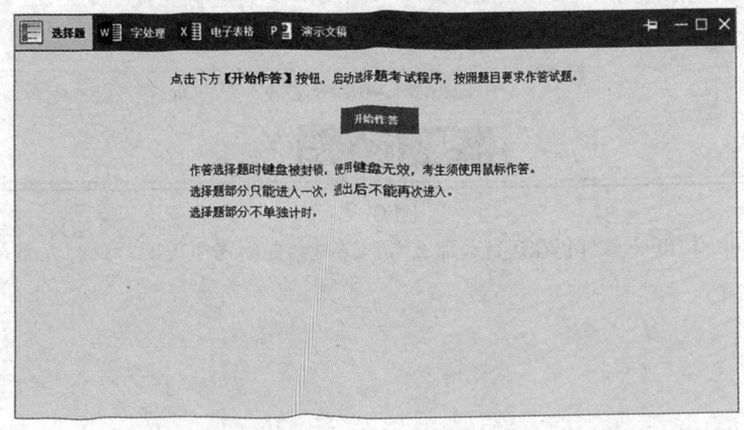

图0.5

当试题内容查阅窗口中显示左右或上下滚动条时，表示该窗口中的试题尚未完全显示，因此，考生可用鼠标拖动滚动条显示余下的试题内容，防止因漏做试题而影响考试成绩。

（2）考试状态信息条。屏幕中出现试题内容查阅窗口的同时，屏幕顶部将显示考试状态信息条，其中包括：①考生的报考科目、姓名、准考证号、考试剩余时间；②可以随时显示或隐藏试题内容查阅窗口的按钮；③退出系统进行交卷的按钮；④收起/固定顶部栏、查看作答进度、查看帮助文件的按钮，如图 0.6 所示。

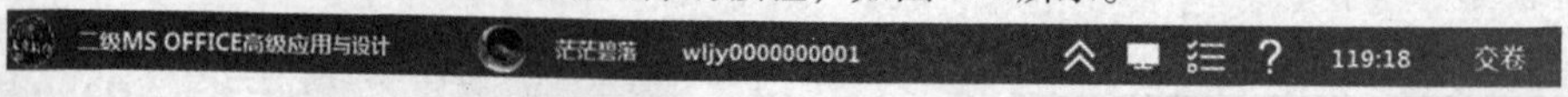

图 0.6

（3）启动考试环境。在试题内容查阅窗口中，单击【选择题】标签，再单击【开始作答】按钮，系统将自动进入选择题作答的界面，此时可根据要求进行答题。注意：选择题作答界面只能进入一次，退出后不能再次进入。对于字处理题、电子表格题和演示文稿题，可单击【考生文件夹】按钮，在打开的文件夹中按题目要求执行新建或修改等操作。

（4）考生文件夹。考生文件夹是考生存放答题结果的唯一位置。考生在考试过程中所操作的文件和文件夹绝对不能脱离考生文件夹，同时绝对不能随意删除此文件夹中的任何与考试要求无关的文件及文件夹，否则会影响考试成绩。当考生登录成功后，考试系统会自动在本计算机上创建一个以考生准考证号命名的文件夹，如 C:\NCRE_KSWJJ\6532999999000008。

（5）素材文件的恢复。如果考生在考试过程中，原始的素材文件不能复原或被误删除时，可以单击试题内容查阅窗口中的【查看原始素材】按钮，系统将会下载原始素材文件到一个临时目录中。考生可以查看或复制原始素材文件，但是请勿在该临时目录中答题。

3. **交卷**

在考试过程中，系统会为考生计算剩余考试时间。在考试时间剩余 5 分钟时，系统会显示提示信息，提示考生注意保存并准备交卷。计时结束后，系统将自动结束考试，强制交卷。

如果考生要提前结束考试并交卷，则在屏幕顶部考试状态信息条中单击【交卷】按钮，考试系统将弹出图 0.7 所示的【作答进度】对话框，其中会显示已作答题量和未作答题量。此时考生如果单击【确定】按钮，系统会显示确认提示的对话框，如果仍单击【确定】按钮，则退出考试系统进行交卷处理；如果单击【取消】按钮，则返回考试界面，继续进行考试。

如果确定进行交卷处理，系统首先会锁定屏幕，并显示“正在结束考试”；当系统完成交卷处理时，将在屏幕上显示“考试结束，请监考老师输入结束密码:”，这时只要输入正确的结束密码即可结束考试。（注意：只有监考人员才能输入结束密码。）

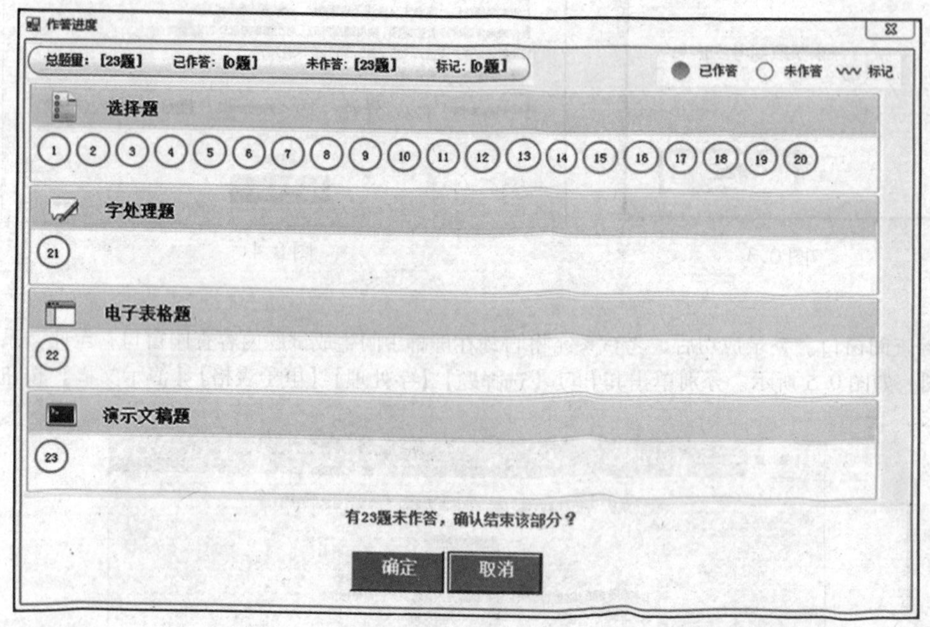

图 0.7

考生交卷时，如果 Microsoft Office 软件仍在运行，那么考试系统会提示考生关闭。只有关闭 Microsoft Office 软件后，考生才能进行交卷。

第1章

公共基础知识

本章内容主要是全国计算机等级考试二级的公共基础知识，主要介绍程序设计的基础知识和面向对象的程序设计基础。本章分为5节，包括计算机系统、数据结构与算法、程序设计基础、软件工程基础和数据库设计基础。

考试要点分析明细表

考　点	考核概率	难易程度
计算机概述	10%	★
计算机硬件系统	45%	★★★
数据的内部表示	45%	★★★
操作系统	90%	★★★★★
算法	45%	★★★
数据结构的基本概念	45%	★★
线性表	45%	★
栈和队列	90%	★★★
线性链表	35%	★★★
树和二叉树	100%	★★★★★
查找技术	35%	★★
排序技术	25%	★★
程序设计方法与风格	10%	★
结构化程序设计	45%	★★
面向对象的程序设计	65%	★★★★
软件工程的基本概念	75%	★★★
结构化分析方法	85%	★★★
结构化设计方法	65%	★★★
软件测试	75%	★★
程序调试	30%	★
数据库系统的基本概念	90%	★★
数据模型	90%	★
关系代数	90%	★★
数据库设计与管理	55%	★★★★★

1.1 计算机系统

考点1 计算机概述

1. 计算机的发展历程

目前，公认的第一台电子数字计算机是ENIAC（Electronic Numerical Integrator And Computer），它于1946年在美国宾夕法尼亚大学研制成功。ENIAC的运算速度大约是每秒做5000次加法或300多次乘法。它的诞生标志着计算机时代的到来，从此，计算机以极高的速度发展。

> **真考链接**
>
> 该知识点一般出现在选择题中，考核概率为10%。该知识点属于考试大纲中要求了解的内容，考生需了解计算机系统的基本组成。

根据计算机本身采用的物理器件不同，将其发展过程分为4个阶段。

第1阶段是电子管计算机时代，时间为1946年到20世纪50年代后期。

第2阶段是晶体管计算机时代，时间为20世纪50年代后期到20世纪60年代中期。

第3阶段是中小规模集成电路计算机时代，时间为20世纪60年代中期到20世纪70年代初期。

第4阶段是大规模和超大规模集成电路计算机时代，时间为20世纪70年代初期至今。

2. 计算机体系结构

虽然ENIAC可以大大提高运算速度，但它本身存在两大缺点：一是没有存储器；二是用布线接板进行控制，电路连接烦琐、耗时，这在很大程度上抵消了ENIAC运算速度快带来的便利。因此，以美籍匈牙利数学家冯·诺依曼为首的研制小组于1946年提出了“存储程序控制”的思想，并开始研制存储程序控制的计算机EDVAC（Electronic Discrete Variable Automatic Computer）。1951年，EDVAC问世。

EDVAC的主要特点如下。

（1）在计算机内部，程序和数据采用二进制数表示。

（2）程序和数据存放在存储器中，即采用程序存储的概念。计算机执行程序时，无须人工干预，就能自动、连续地执行程序，并得到预期的结果。

（3）计算机硬件由运算器、控制器、存储器、输入设备及输出设备五大基本部件组成。

直到今天，计算机基本结构的设计仍采用冯·诺依曼提出的思想和原理，人们把符合这种设计的计算机称为冯·诺依曼机。冯·诺依曼也被誉为“现代电子计算机之父”。

3. 计算机系统基本组成

计算机系统由硬件系统和软件系统两大部分组成，如图1.1所示。

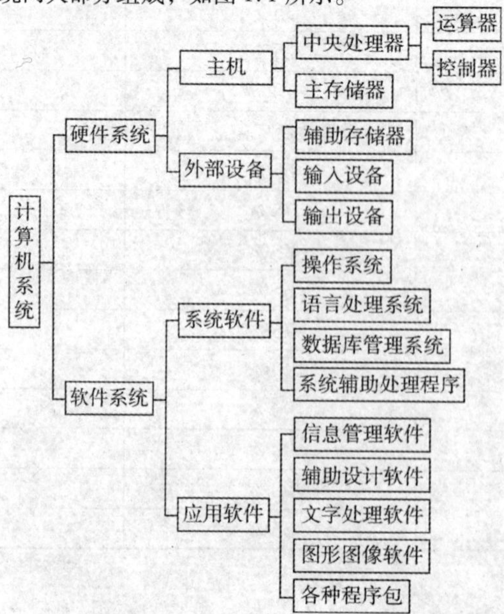

图1.1

真题精选

下列关于冯·诺依曼结构计算机硬件组成方式描述正确的是(　　)。

A. 由运算器和控制器组成

B. 由运算器、存储器和控制器组成

C. 由运算器、寄存器和控制器组成

D. 由运算器、存储器、控制器、输入设备和输出设备组成

【答案】D

【解析】计算机基本结构的设计采用冯·诺依曼提出的思想和原理，人们把符合这种设计的计算机称为冯·诺依曼机。冯·诺依曼思想中指出计算机硬件由运算器、存储器、控制器、输入设备和输出设备五大基本部件组成。本题答案为D选项。

考点2 计算机硬件系统

真考链接

该知识点一般出现在选择题中，考核概率为45%。考生需了解计算机硬件系统各部件的结构及功能。

计算机硬件系统主要包含中央处理器、存储器（包括主存储器、高速缓冲存储器及辅助存储器）及其他外部设备，它们之间通过总线连接在一起。

1. 中央处理器

中央处理器（Central Processing Unit,CPU）是计算机的运算和控制核心，是计算机的“大脑”，其功能主要是解释计算机指令和处理软件中的数据。CPU主要包括运算器和控制器两个部件，它们都包含寄存器，并通过总线连接起来。

（1）运算器负责对数据进行加工处理（对数据进行算术运算和逻辑运算）。

（2）控制器负责对程序所规定的指令进行分析，控制并协调输入、输出操作或对主存储器的访问。

（3）寄存器是高速存储区域，用来暂时存放参与运算的数据和运算结果。寄存器的类型较多，包括指令寄存器、地址寄存器、存储寄存器及累加寄存器。根据CPU中寄存器的数量和每个寄存器的大小（多少位）可以确定CPU的性能和速度。例如，64位的CPU是指CPU中的寄存器是64位的。所以，每个CPU指令可以处理64位的数据。

（4）CPU的主要技术性能指标有字长、主频、运算速度等。

- 字长是指CPU一次能处理的二进制数据的位数。在工作频率不变和CPU体系结构相似的前提下，字长越长，CPU的数据处理速度越快。
- 主频是指CPU的时钟频率，计算机的操作在时钟信号的控制下分步执行，每个时钟信号周期完成一步操作。主频越高，CPU的运算速度就越高。
- 运算速度通常是指CPU每秒所能执行的加法指令数目，常用百万次/秒（Million Instructions Per Second,MIPS）来表示。这个指标能更直观地反映计算机的运算速度。

2. 存储器

存储器是存储程序和数据的部件，它可以自动完成程序或数据的存取。

（1）存储器的分类。

- 按存储介质分类：半导体存储器、磁表面存储器、磁芯存储器、光盘存储器等。
- 按存取方式分类：随机存储器（Random Access Memory,RAM）、只读存储器（Read Only Memory,ROM）、串行访问存储器、直接存取存储器等。
- 按在计算机中的作用分类：主存储器（又称内存）、高速缓冲存储器（Cache）、辅助存储器（又称外存）等。

（2）主存储器。

存储器中最重要的是主存储器，它一般采用半导体存储器，包括RAM和ROM两种。

①RAM。

RAM具有可读写性，即信息可读、可写，当写入时，原来存储的数据被擦除；具有易失性，即断电后数据会消失，且无法恢复。RAM又分为静态RAM和动态RAM。

- 静态RAM（Static RAM,SRAM）的特点是集成度低，价格高，存储速度快，不需要刷新。
- 动态RAM（Dynamic RAM,DRAM）的特点是集成度高，价格低，存储速度慢，需要刷新。

DRAM目前被各类计算机广泛使用，内存条采用的就是DRAM。

②ROM。

ROM中信息只能读出，不能写入。ROM具有内容永久性，断电后信息不会丢失。根据半导体制造工艺的不同，可将其分为可编程只读存储器（Programmable ROM,PROM）、可擦可编程只读存储器（Erasable PROM,EPROM）、电擦除可编程只读存储器（Electrically EPROM,EEPROM）、掩模型只读存储器（Mask ROM,MROM）等。

（3）高速缓冲存储器。

高速缓冲存储器是介于CPU和内存之间的一种小容量、可高速存取信息的芯片，用于解决它们之间速度不匹配的问题。高速缓冲存储器一般用速度高的SRAM元件组成，其速度与CPU相当，但价格较高。

（4）辅助存储器。

辅助存储器的容量一般都比较大，而且大部分可以移动，便于不同计算机之间进行信息交流。辅助存储器中数据被读入内存后，才能被 CPU 读取，CPU 不能直接访问辅助存储器。

存储器主要有 3 个性能指标：速度、容量和位（bit）价格。一般来说，存储速度越快，价格越高；容量越大，位价格越低，存储速度越慢。

3. 外部设备

（1）外部设备的分类。

计算机中 CPU 和主存储器构成主机，除主机以外，围绕着主机设置的各种硬件装置称为外部设备（外设）。外设的种类很多，应用比较广泛的有输入输出（Input/Output,I/O）设备、辅助存储器及终端设备。

①输入输出设备。

• 输入设备。输入设备是指向计算机输入数据和信息的设备，用于向计算机输入原始数据和处理数据的程序。常用的输入设备有键盘、鼠标、摄像头、扫描仪、语音输入设备、触感器等。

• 输出设备。输出设备的功能是将各种计算结果数据或信息以数字、字符、图像、声音等形式表示出来。常见的输出设备有显示器、打印机、绘图仪、投影仪、音箱等。

• 有一些设备同时集成了输入和输出两种功能，如光盘刻录机。

②辅助存储器。

辅助存储器可存放大量的程序和数据，且断电后程序和数据不会丢失。目前常见的辅助存储器有硬盘、闪存（U 盘、SM 卡、SD 卡、记忆棒等）及光盘等。

③终端设备。

终端设备是指经由通信设施向计算机输入程序和数据或接收计算机的输出处理结果的设备。终端设备分为通用终端设备和专用终端设备两类。通用终端设备泛指具有通信处理控制功能的通用计算机输入输出设备。专用终端设备是指具有特殊性能、适用于特定业务范围的终端设备。

（2）硬盘。

硬盘是计算机主要的外部存储设备，具有容量大、存取速度快等优点。

①硬盘的分类。

根据磁头是否可移动，硬盘可以分为固定磁头硬盘和活动磁头硬盘两类。磁头和磁臂是硬盘的重要组成部分，磁头安装在磁臂上，负责读/写各磁道上的数据。

• 固定磁头硬盘中，每个磁道对应一个磁头。工作时，磁头无径向移动，其特点是存取速度快，省去了磁头寻找磁道的时间，但造价比较高。

• 活动磁头硬盘中，每个盘面只有一个磁头，在存取数据时，磁头在盘面上做径向移动。由于增加了“寻道”时间，其存取速度比固定磁头硬盘要慢。目前常用的硬盘都是活动磁头的。

②硬盘的信息分布。

• 记录面。硬盘通常由重叠的一组盘片构成，每个盘片的两面都可用作记录面，每个记录面对应一个磁头，所以记录面号就是磁头号。

• 磁道。当盘片旋转时，磁头若保持在一个位置上，则每个磁头都会在记录面上划出一个圆形轨迹，这个圆形轨迹就是磁道。一条条磁道形成一组同心圆，最外圈的磁道为 0 号，往内磁道号逐步增加。

• 圆柱面。在一个硬盘中，各记录面上相同编号的磁道构成一个圆柱面。例如，某硬盘有 8 片（16 面），则 16 个 0 号磁道构成 0 号圆柱面，16 个 1 号磁道构成 1 号圆柱面……硬盘的圆柱面数就等于记录面上的磁道数，圆柱面号就对应磁道号。

• 扇区。通常将一个磁道划分为若干弧段，每个弧段称为一个扇区或扇段，扇区从 1 开始编号。

因此，硬盘寻址用的磁盘地址应该由硬盘号（一台计算机可能有多个硬盘）、记录面（磁头）号、圆柱面（磁道）号、扇区号等字段组成。

磁盘存储器的主要性能指标包括存储密度、存储容量、平均存取时间及数据传输率等。

（3）I/O 接口。

I/O 接口（I/O 控制器）用于主机和外设之间的通信，通过接口可实现主机和外设之间的信息交换。

①I/O 接口的功能。

• 实现主机和外设的通信联络控制。

• 进行地址译码和设备选择。

• 实现数据缓冲以匹配速度。

• 实现信号格式的转换（如电平转换、并串或串并转换、模数或数模转换等）。

• 传输控制命令和状态信息。

②I/O 方式。

I/O 方式包括程序查询方式、程序中断方式、直接存储器访问（Direct Memory Access,DMA）方式及 I/O 通道控制方式等。

• 程序查询方式：一旦某一外部设备被选中并启动，主机将查询这个外设的某些状态位，看其是否准备就绪，若未准备就绪，主机将再次查询；若外设已准备就绪，则执行一次 I/O 操作。这种方式控制简单，但系统效率低。

• 程序中断方式：在主机启动外设后，无须等待查询，继续执行原来的程序。外设在做好输入输出准备时，向主机发送中断请求，主机接到请求后就暂时中止原来执行的程序，转去执行中断服务程序对外部请求进行处理，在请求处理完毕后返回原来的程序继续执行。

• DMA 方式：在内存和外设之间开辟直接的数据通道，可以进行基本上不需要 CPU 介入的内存和外设之间的信息传输，这样不仅保证了 CPU 的高效率，也能满足高速外设的需要。

• I/O 通道控制方式：是 DMA 方式的进一步发展，在系统中设有通道控制部件，每个通道有若干外设。主机执行 I/O 指令启动有关通道，通道执行通道程序，完成 I/O 操作。通道是一种独立于 CPU 的专门管理 I/O 的处理机制，它控制设备与内存直接进行数据交换。通道有自己的通道指令，通道指令由 CPU 启动，并在操作结束时向 CPU 发出中断信号。

4. **总线**

总线是一组能被多个部件分时共享的公共信息传输线路。分时是指同一时刻总线上只能传输一个部件发送的信息；共享是指总线上可以挂接多个部件，各个部件之间相互交换的信息都可以通过这组公共线路传输。

（1）总线的分类。

总线按功能层次可以分为如下 3 类。

• 片内总线：指芯片内部的总线，如在 CPU 芯片内部寄存器与寄存器之间、寄存器与算术逻辑部件（Arithmetic and Logic Unit，ALU）之间都由片内总线连接。

• 系统总线：指计算机硬件系统内各功能部件（CPU、内存、I/O 接口）之间相互连接的总线。系统总线按传输的信息不同，又分为数据总线（双向传输）、地址总线（单向传输）及控制总线（部分“出”、部分“入”）。

• 通信总线：用于计算机之间或计算机与其他设备（远程通信设备、测试设备）之间信息传输的总线，也称外部总线。通信总线依据总线的不同传输方式又分为串行通信总线和并行通信总线。

（2）总线的基本结构。

从系统总线的角度来看，总线的基本结构如下。

• 单总线结构：只有一条系统总线，CPU、内存、I/O 设备都挂在该总线上，允许 I/O 设备之间、I/O 设备与 CPU 之间或 I/O 设备与内存之间直接交换信息。

• 双总线结构：将低速 I/O 设备从单总线上分离出来，实现了内存总线与 I/O 总线分离。

• 三总线结构：各部件之间采用 3 条各自独立的总线来构成信息通道。内存总线用于 CPU 和内存之间传输地址、数据及控制信息；I/O 总线用于 CPU 和外设之间通信；直接内存访问总线用于内存和高速外设之间直接传输数据。

（3）总线的性能指标。

总线的性能指标主要如下。

• 总线周期：一次总线操作（包括申请阶段、寻址阶段、传输阶段及结束阶段）所需的时间简称总线周期。总线周期通常由若干总线时钟周期构成。

• 总线时钟周期：计算机的时钟周期。

• 总线的工作频率：总线上各种操作的频率，为总线周期的倒数。若总线周期 = $N \times$ 时钟周期，则总线的工作频率 = 时钟频率/N。

• 总线宽度：通常指数据总线的根数，用位表示，如 32 根总线称为 32 位总线。

• 总线带宽：可理解为总线的数据传输率，即单位时间内总线上传输数据的位数，通常用每秒传输信息的字节数来衡量，单位可用兆字节每秒（MB/s）表示。例如，总线工作频率为 33MHz，总线宽度为 32 位（4B），则总线带宽为 $33 \times (32 \div 8) = 132$（MB/s）。

• 同步/异步：数据与时钟同步工作的总线称为同步总线，数据与时钟不同步工作的总线称为异步总线。

• 总线复用：一种总线在不同的时间传输不同的信息。

• 信号线数：地址总线、数据总线及控制总线 3 种总线数的总和。

（4）总线仲裁。

为了保证同一时刻只有一个申请者使用总线，在总线控制机构中设置总线判优和仲裁控制逻辑，即按照一定的优先次序来决定哪个部件首先使用总线，只有获得总线使用权的部件才能开始数据传输。总线判优按其仲裁控制机构的设置可分为如下两种。

• 集中式控制：仲裁控制逻辑基本集中于一个设备（如 CPU）中。将所有的总线请求集中起来，利用一个特定的裁决算法进行裁决。

• 分布式控制：不需要中央仲裁器，即仲裁控制逻辑分散在连接于总线上的各个部件或设备中。

（5）总线操作。

在总线上的操作主要有读和写、块传输、写后读或读后写、广播和广集等。

（6）总线标准。

总线标准是国际上公布或推荐的连接各个模块的标准，是把各种不同的模块组成计算机系统时必须遵守的规范。

常见的系统总线标准有工业标准结构（Industry Standard Architecture，ISA）、扩展的 ISA（Extended Industry Standard Architecture，EISA）、视频电子标准协会（Video Electronics Standards Association，VESA）、外部设备互连（Peripheral Component Interconnect，PCI）及加速图形接口（Accelerated Graphics Port，AGP）等。

常见的外部总线标准有集成驱动电路（Integrated Drive Electronics，IDE）、小型计算机系统接口（Small Computer System Interface，SCSI）、美国电子工业协会推行的串行通信总线标准（Recommended Standard－232C，RS－232C）及通用串行总线

（Universal Serial Bus，USB）等。

5. 计算机的工作原理

计算机在执行程序时须将要执行的相关程序和数据先放入内存中，在执行时CPU根据当前程序指针寄存器的内容取出指令并执行，然后取出下一条指令并执行，如此循环，直到程序结束时才停止执行。其工作过程就是不断地取指令和执行指令，最后将执行的结果放入指令指定的存储器地址中。

（1）计算机指令格式。

指令是指计算机完成某个基本操作的命令。指令能被计算机硬件理解并执行。一条计算机指令是用一串二进制代码表示的，它通常包括两方面的信息：操作码和操作数（地址码），如图1.2所示。

操作码	操作数（地址码）

图1.2

操作码指明指令所要完成操作的性质和功能，即指出进行什么操作。操作码也是二进制代码。对于一种类型的计算机来说，各种指令的操作码互不相同，分别表示不同的操作。因此，指令中操作码的二进制位数决定了该类型计算机最多能具有的指令条数。

操作数指明操作码执行的操作对象。操作数可以是数据本身，也可以是存放数据的内存单元地址或寄存器名称。根据指令中操作数的性质，操作数又可以分为源操作数和目的操作数两类。例如，减法指令中减数和被减数为源操作数，它们的差为目的操作数。

如果指令中的操作码和操作数共占n个字节，则称该指令为n字节指令。

（2）计算机指令的寻址方式。

寻址方式是指找到当前正在执行指令的数据地址和下一条将要执行指令的地址的方式。

寻址方式被分为两大类：找到下一条将要执行指令的地址，称为指令寻址；找到当前正在执行指令的数据地址，称为数据寻址。

指令寻址分为顺序寻址和跳跃寻址两种。常见的数据寻址有立即寻址、直接寻址、隐含寻址、间接寻址、寄存器寻址、寄存器间接寻址、基址寻址、变址寻址、相对寻址及堆栈寻址等。

（3）计算机指令系统。

一台计算机所能执行的全部指令的集合，称为该计算机的指令系统。不同类型的计算机的指令系统的指令数目与格式也不同。但无论哪种类型的计算机，指令系统都应该具有以下功能指令。

- 数据传输类指令：用来实现数据在内存和CPU之间的传输。
- 运算类指令：用来进行数据的运算。
- 程序控制类指令：用来控制程序中指令的执行顺序。
- 输入输出指令：用来实现外设与主机之间的数据传输。
- 处理器控制和调试指令：用来实现计算机的硬件管理等。

（4）指令的执行过程。

指令的执行过程可分为取指令、分析指令和执行指令3个步骤。

- 取指令：按照程序规定的次序，从内存取出当前执行的指令，并送到控制器的指令寄存器中。
- 分析指令：对所取的指令进行分析，即根据指令中的操作码确定计算机应进行什么操作。由指令中的地址码确定操作码存放的地址。
- 执行指令：根据指令分析结果，由控制器发出完成操作所需的一系列控制电位，以便指挥计算机有关部件完成这一操作，同时，为取下一条指令做好准备。

一般把计算机执行一条指令所花费的时间称为一个指令周期。指令周期越短，指令执行得就越快。

真题精选

计算机执行一条指令所花费的时间称为一个(　　)。

A. 执行时序　　B. 存取周期　　C. 执行速度　　D. 指令周期

【答案】D

【解析】一般把计算机执行一条指令所花费的时间称为一个指令周期。指令周期越短，指令执行得就越快。本题答案为D选项。

考点3 数据的内部表示

真考链接

该知识点一般出现在选择题中，考核概率约为45%。考生需要重点掌握数据进制间的转换。

1. 计算机中的数据及其存储单位

（1）计算机中的数据。

计算机内部均使用二进制数表示各种信息，但计算机在与外部沟通过程中会采用人们比较熟悉和方便阅读的形式，如十进制数。其中的转换，

主要由计算机系统的硬件和软件来实现。

相对十进制数而言，二进制数不但运算简单、易于物理实现、通用性强，而且所占的空间和所消耗的资源也少很多，可靠性较高。

(2) 计算机中数据的存储单位。

位（bit）是计算机中数据的最小存储单位，二进制数码只有0和1，计算机中采用多个数码表示一个数，每一个数码称为1位。

字节（byte,B）是存储容量的基本单位，一个字节由8位二进制数码组成。在计算机内部一个字节既可以表示一个数据，也可以表示一个英文的字母或其他特殊字符，两个字节可以表示一个汉字。为了便于衡量存储器的大小，统一以字节为单位。表1.1所示为常用的存储单位。

表1.1

存储单位	名称	换算	说明
KB	千字节	$1\ \mathrm{KB}=1024\ \mathrm{B}=2^{10}\ \mathrm{B}$	适用于文件计量
MB	兆字节	$1\ \mathrm{MB}=1024\ \mathrm{KB}=2^{20}\ \mathrm{B}$	适用于内存、软盘、光盘计量
GB	吉字节	$1\ \mathrm{GB}=1024\ \mathrm{MB}=2^{30}\ \mathrm{B}$	适用于硬盘计量
TB	太字节	$1\ \mathrm{TB}=1024\ \mathrm{GB}=2^{40}\ \mathrm{B}$	适用于硬盘计量

随着电子技术的发展，计算机的并行处理能力越来越强，人们通常将计算机一次能够并行处理的二进制数的个数称为字长，也称为计算机的一个“字”。字长是计算机的一个重要指标，可直接反映一台计算机的计算能力和精度。字长越长，表示计算机的数据处理速度越快。计算机的字长通常是字节的整数倍，如8位、16位、32位。发展到今天，微型机的字长已达到64位，大型机的字长已达到128位。

2. 进位记数制及其转换

(1) 进位记数制。

数的表示规则称为数制。如果R表示任意整数，则进位记数制为“逢R进一”。处于不同位置的数码代表的值不同，与它所在位置的权值有关。任意一个R进制数D均可展开为

$$(D)_R=\sum_{i=-m}^{n-1} k_i \times R^i$$

其中，R为记数的基数，数制中固定的基本符号称为“数码”。i称为位数，k_i是第i位的数码，为$0 \sim R-1$中的任意一个，R^i称为第i位的权，m、n为最低位和最高位的位序号。例如，十进制数“5820”，其基数R为10，数码“8”的位数$i=2$（位数从0开始从右向左计），权值为$R^i=10^2$，此时“8”的值代表$k_i \times R^i=8\times10^2=800$。

常用数制包括二进制、八进制、十进制、十六进制，其各个要素如表1.2所示。

表1.2

数制	基数	数码	权	进位	形式表示
二进制	2	0、1	2^i	逢二进一	B
八进制	8	0、1、2、3、4、5、6、7	8^i	逢八进一	O
十进制	10	0、1、2、3、4、5、6、7、8、9	10^i	逢十进一	D
十六进制	16	0、1、2、3、4、5、6、7、8、9、A、B、C、D、E、F	16^i	逢十六进一	H

通常用圆括号标注进制数，以数制基数作为下标的方式来表示不同的进制，如二进制数$(1100)_2$、八进制数$(3567)_8$、十进制数$(5820)_{10}$，也可表示为$(1100)_B$、$(3567)_O$、$(5820)_D$。

十六进制除了数码0~9之外，还使用了6个英文字母A、B、C、D、E、F，相当于十进制的10、11、12、13、14、15。十进制数、二进制数、八进制数、十六进制数的对照如表1.3所示。

表1.3

十进制数	二进制数	八进制数	十六进制数	十进制数	二进制数	八进制数	十六进制数
0	0000	00	0	8	1000	10	8
1	0001	01	1	9	1001	11	9
2	0010	02	2	10	1010	12	A
3	0011	03	3	11	1011	13	B
4	0100	04	4	12	1100	14	C
5	0101	05	5	13	1101	15	D
6	0110	06	6	14	1110	16	E
7	0111	07	7	15	1111	17	F

(2) R 进制数转换为十进制数。

R 进制数转换为十进制数的方法是“按权展开”，举例如下。

二进制数转换为十进制数：$(11010)_2 = 1\times2^4 + 1\times2^3 + 0\times2^2 + 1\times2^1 + 0\times2^0 = (26)_{10}$。

八进制数转换为十进制数：$(140)_8 = 1\times8^2 + 4\times8^1 + 0\times8^0 = (96)_{10}$。

十六进制数转换为十进制数：$(A2B)_{16} = 10\times16^2 + 2\times16^1 + 11\times16^0 = (2603)_{10}$。

(3) 十进制数转换为 R 进制数。

将十进制数转换为 R 进制数时，可将此数分成整数与小数两部分分别转换，然后拼接起来即可。下面以十进制数转换为二进制数为例进行介绍。

十进制整数转换为二进制整数的方法是“除2取余”法，具体步骤如下。

步骤1：把十进制整数除以2得到商和余数，商再除以2又得到商和余数……依次除下去直到商是0为止。

步骤2：以最先除得的余数为最低位，最后除得的余数为最高位，从最高位到最低位依次排列。

将十进制整数13转换为二进制整数，具体步骤如表1.4所示。

表1.4

步骤	除式	商	余数
1	13/2	6	1
2	6/2	3	0
3	3/2	1	1
4	1/2	0	1

将余数从高位向低位排列，即 $(1101)_2$。

十进制小数转换为二进制小数采用“乘2取整”法，具体步骤如下。

步骤1：把小数部分乘2得到一个新数，然后取整数部分，把剩下的小数部分继续乘2，然后取整数部分，把剩下的小数部分再乘2，一直取到小数部分为0为止。

步骤2：以最先乘得的乘积整数部分为最高位，最后乘得的乘积整数部分为最低位，从高位向低位依次排列。

将十进制小数0.125转换为二进制小数，步骤如表1.5所示。

表1.5

步骤	乘式	乘积	小数部分	整数部分
1	0.125×2	0.25	0.25	0
2	0.25×2	0.5	0.5	0
3	0.5×2	1	0	1

将整数部分从高位向低位排列，即 $(0.001)_2$。

将十进制数转换为八进制数、十六进制数，均可以采用类似的“除以8取余”“除以16取余”“乘8取整”“乘16取整”的方法来实现。

(4) 二进制数、十六进制数、八进制数之间的转换。

①二进制数转换为十六进制数。

将二进制数转换为十六进制数的操作步骤如下。

步骤1：二进制数从小数点开始，整数部分向左、小数部分向右，每4位分成1节。

步骤2：整数部分最高位不足4位或小数部分最低位不足4位时补“0”。

步骤3：将每节4位二进制数依次转换成1位十六进制数，再把这些十六进制数连接起来即可。

将二进制数 $(10111100101.00011001101)_2$ 转换为十六进制数，如表1.6所示。

表1.6

二进制数	0101	1110	0101	.	0001	1001	1010
十六进制数	5	E	5	.	1	9	A

将十六进制数按顺序连接，即 $(5E5.19A)_{16}$。

同理，将二进制数转换为八进制数，只要将二进制数按每3位为1节划分，并分别转换为1位八进制数即可。

②十六进制数转换为二进制数。

将十六进制数转换为二进制数，就是对每1位十六进制数，用与其等值的4位二进制数代替。将十六进制数 $(1AC0.6D)_{16}$ 转换为二进制数，如表1.7所示。

表 1.7

十六进制数	1	A	C	0	.	6	D
二进制数	0001	1010	1100	0000	.	0110	1101

将二进制数按顺序连接，即 $(0001101011000000.01101101)_2$。

同理，将八进制数转换为二进制数，只需分别将每 1 位八进制数转换为 3 位二进制数即可。

3. 无符号数和带符号数

在计算机中，采用数字化方式来表示数据，数据有无符号数和带符号数之分。

（1）无符号数。

无符号数是指整个机器字长的全部二进制位均表示数值位（没有符号位），相当于数的绝对值。字长为 n 的无符号数的表示范围为 $0 \sim 2^n - 1$。若机器字长为 8 位，则数的表示范围为 $0 \sim 2^8 - 1$，即 0～255。

（2）带符号数。

日常生活中，把带有“+”或“-”符号的数称为真值。在机器中，数的“+”“-”是无法识别的，因此需要把符号数字化。通常，约定二进制数的最高位为符号位，0 表示正号，1 表示负号。这种把符号数字化的数称为机器数。常见的机器数有原码、反码、补码及移码等不同的表示形式。

- 原码。原码是机器数中最简单的一种表示形式，符号位为 0 表示正数，符号位为 1 表示负数，数值位即真值的绝对值。用原码实现乘除运算的规则很简单，但实现加减运算的规则很复杂。
- 反码。正数的反码与原码相同；负数的反码是对该数的原码除符号位外的各位取反（将 0 变为 1，将 1 变为 0）。
- 补码。正数的补码与原码相同；负数的补码是该数的反码的最低位（即最右边一位）加 1。
- 移码。一个真值的移码和补码只差一个符号位，若将补码的符号位由 0 改为 1，或由 1 改为 0，即可得该真值的移码。

4. 机器数的定点表示和浮点表示

根据小数点的位置是否固定，可将机器数在计算机中的表示方法分为两种，即定点表示和浮点表示。定点表示的机器数称为定点数，浮点表示的机器数称为浮点数。

（1）定点表示。

定点表示即约定机器数中的小数点位置是固定不变的，小数点不再使用“.”表示，而是约定它的位置。在计算机中通常采用两种简单的约定：将小数点的位置固定在最高位之前、符号位之后，或固定在最低位之后。一般常称前者为定点小数（纯小数），后者为定点整数（纯整数）。

定点数的运算除了加、减、乘、除外，还有移位运算。移位运算根据操作对象的不同分为算术移位（带符号数的移位）和逻辑移位（无符号数的移位）。

（2）浮点表示。

计算机中处理的数不一定是纯小数或纯整数（如圆周率约为 3.1416），而且在运算中常常会遇到非常大（如太阳的质量约为 2×10^{33} g）或非常小（如电子的质量约为 9×10^{-28} g）的数值，它们用定点表示非常不方便，但可以用浮点表示。

浮点表示是指以适当的形式将比例因子表示在数据中，让小数点的位置根据需要而浮动。例如，$679.32 = 6.7932 \times 10^2 = 6793.2 \times 10^{-1} = 0.67932 \times 10^3$。

通常，浮点数被表示成

$$N = S \times R^j$$

其中，N 为浮点数，S 为其尾数，j 为其阶码，R 是浮点数阶码的底（隐含，在机器数中不出现）。通常 $R = 2$，j 和 S 都是带符号的定点数。可见，浮点数由阶码和尾数两部分组成，如图 1.3 所示。

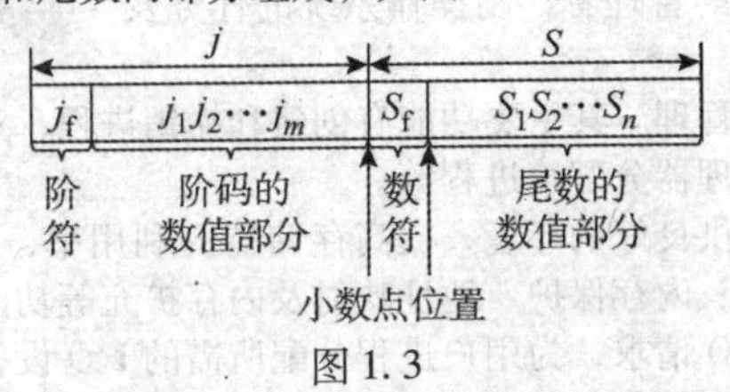

图 1.3

阶码是整数，阶符 j_f 和阶码的位数 m 共同反映浮点数的表示范围和小数点的实际位置；数符 S_f 反映浮点数的正/负；尾数的 n 位反映浮点数的精度。

为了提高运算的精度，浮点数的尾数必须为规格化数（即尾数的最高位必须是一个有效值）。如果不是规格化数，需要修改阶码并左/右移尾数，使其变成规格化数。将非规格化数转换为规格化数的过程称为规格化操作。例如，二进制数 0.0001101 可以表示为 0.001101×2^{-01}、0.01101×2^{-10}、0.1101×2^{-11}……而其中只有 0.1101×2^{-11} 是规格化数。

现代计算机中，浮点数一般采用 IEEE 754 标准。IEEE 754 标准浮点数的格式如图 1.4 所示。

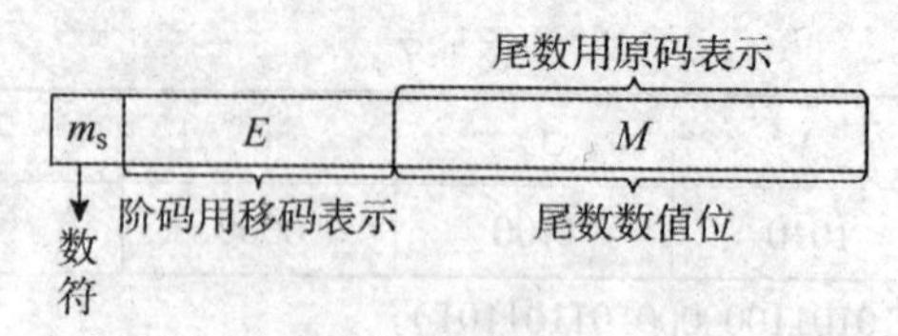

图 1.4

这种标准规定常用的浮点数格式有短浮点数（单精度，即 float 型）、长浮点数（双精度，即 double 型）、临时浮点数，如表 1.8所示。除临时浮点数外，短浮点数和长浮点数的尾数用隐藏位的原码表示，阶码用移码表示。

表 1.8

类型	数符	阶码	尾数数值	总位数	偏置值	
					十六进制	十进制
短浮点数	1	8	23	32	7FH	127
长浮点数	1	11	52	64	3FFH	1023
临时浮点数	1	15	64	80	3FFFH	16383

以短浮点数为例，最高位为数符位；其后是8位阶码，以2为底，用移码表示，阶码的偏置值为 $2^{8-1}-1=127$；其后23位是用原码表示的尾数数值位。对于规格化的二进制浮点数，数值的最高位总是“1”，为了能使尾数多表示一位有效位，将这个“1”隐藏，因此尾数数值实际是24位。隐藏的“1”是一位整数。在浮点数格式中表示的23位尾数是纯小数。例如，$(12)_{10}=(1100)_2$，将它规格化后结果为 1.1×2^3，其中整数部分的“1”将不存储在23位尾数内。

真题精选

关于带符号的定点数，下面描述中正确的是(　　)。

A. 正数的补码与移码相同

B. 正数的原码、反码、补码均相同

C. 正数的原码、反码、补码、移码均相同

D. 正数的原码、反码、补码、移码均互不相同

【答案】B

【解析】带符号的定点数中，正数的原码、反码、补码均相同；负数的反码是对该数的原码除符号位外各位取反，补码是在该数的反码的最后（即最右边）一位上加1；不管是正数还是负数，其补码的符号位取反即移码。本题答案为B选项。

考点4 操作系统

1. 操作系统概述

（1）操作系统的功能与任务。

操作系统是现代计算机系统中最基本和最核心的系统软件之一，所有其他的软件都依赖于操作系统的支持。

操作系统是配置在计算机硬件上的第1层软件，是对硬件系统的首次扩充。其主要作用是管理好硬件设备，提高它们的利用率和系统的吞吐量，并为用户和软件提供一个简单的接口，便于用户使用。

如果把操作系统看成计算机系统资源的管理者，则操作系统的任务及其功能主要有以下5个方面。

> **真考链接**
>
> 该知识点一般出现在选择题中，考核概率为90%。考生需掌握操作系统的各方面任务及功能，包括处理器管理、存储器管理、设备管理和文件管理。

- 处理器（CPU）管理：对进程进行管理。其主要功能有创建和撤销进程，对多个进程的运行进行协调，实现进程之间的信息交换，以及按照一定的算法把处理器分配给进程等。
- 存储器管理：为多道程序的运行提供良好的环境，提高存储器的利用率，方便用户使用，并能从逻辑上扩充内存。因此，存储器管理应具有内存分配和回收、内存保护、地址映射及内存扩充等功能。
- 设备管理：完成用户进程提出的I/O请求，为用户进程分配所需的I/O设备，并完成指定的I/O操作；提高CPU和I/O设备的利用率，提高I/O速度，方便用户使用I/O设备。因此，设备管理应具有缓冲管理、设备分配、设备处理以及虚拟设备等功能。
- 文件管理：对用户文件和系统文件进行管理以方便用户使用，并保证文件的安全性。因此，文件管理应具有文件存储空间的管理、目录管理、文件的读/写管理以及文件的共享与保护等功能。
- 提供用户接口：为了方便用户使用计算机和操作系统，操作系统向用户提供了“用户和操作系统的接口”。

（2）操作系统的发展。

操作系统经历了如下的发展过程：手动操作（无操作系统）、批处理系统、多道程序系统、分时系统、实时操作系统、个人计算机操作系统。

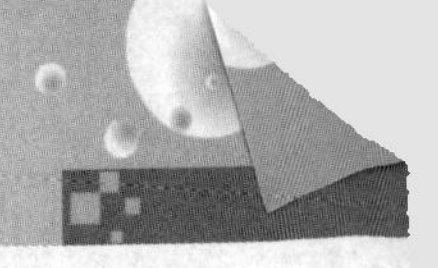

（3）操作系统的分类。

根据使用环境和作业处理方式的不同，操作系统分为多道批处理操作系统、分时操作系统、实时操作系统、网络操作系统、分布式操作系统、嵌入式操作系统等。

2. 进程管理

（1）程序的执行。

程序只有经过执行才能得到结果。程序的执行又分为顺序执行和并发执行。

一个具有独立功能的程序独占处理器直至执行结束的过程称为程序的顺序执行。顺序执行具有顺序性、封闭性及可再现性等特性。

程序顺序执行时，虽然可以给程序员带来方便，但系统资源的利用率很低。为此，在系统中引入了多道程序技术，使程序或程序段间能并发执行。程序的并发执行是指一组在逻辑上互相独立的程序或程序段在执行过程中，其执行时间在客观上互相重叠，即一个程序段的执行尚未结束，另一个程序段的执行已经开始的执行方式。

并发执行具有以下几个特性。

- 无封闭性。
- 不可再现性。
- 间断性，即程序之间可以互相制约。

并发执行具有并行性和共享性，而顺序执行则以顺序性和封闭性为基本特性。

（2）进程的基本概念。

进程是指一个具有一定独立功能的程序关于某个数据集合的一次运行活动。简单地说，进程是指可以并发执行的程序的执行过程。

进程与程序有关，但它与程序又有本质的区别，主要反映在以下几个方面。

- 进程是程序在处理器上的一次执行过程，它是动态的概念。程序只是一组指令的有序集合，其本身没有任何运行的含义，是一个静态的概念。
- 进程具有一定的生命周期，它能够动态地产生和消亡。程序可以作为一种软件资源长期保存。
- 进程包括程序和数据，还包括记录进程相关信息的“进程控制块”。
- 一个程序可能对应多个进程。
- 一个进程可以包含多个程序。

（3）进程的状态及其转换。

进程从创建、产生、撤销至消亡的整个生命周期，有时占有处理器并运行，有时虽可运行但分不到处理器，有时虽有空闲处理器但因等待某个事件发生而无法运行，这说明进程是活动的且有状态变化。一般来说，一个进程的活动情况至少可以划分为以下5种基本状态。

- 运行状态：进程占有处理器、正在运行的状态。
- 就绪状态：进程具备运行条件、等待系统分配处理器以便运行的状态。
- 等待状态：又称阻塞状态或睡眠状态，指进程不具备运行条件、正在等待某个事件完成的状态。
- 创建状态：进程正在创建过程中、尚不能运行的状态。
- 终止状态：进程运行结束的状态。

处于运行状态的进程个数不能大于处理器个数，处于就绪和等待状态的进程可以有多个。进程的基本状态在一定的条件下是可以互相转换的。图1.5所示为进程的5种基本状态在一定条件下的转换。

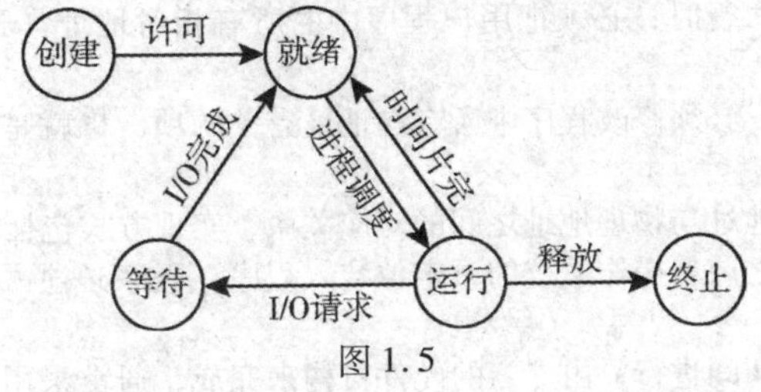

图1.5

（4）进程控制块。

每个进程有且仅有一个进程控制块（Process Control Block，PCB）。它是进程存在的唯一标识，是操作系统用来记录和刻画进程状态及环境信息的数据结构，是进程动态特征的汇集，也是操作系统掌握进程的唯一资料结构和管理进程的主要依据。PCB包括进程执行时的状况，以及进程让出处理器之后所处的状态、断点等信息。

PCB通常应包括以下基本信息。

- 进程名：唯一标识对应进程的一个标识符或数字，系统根据该标识符来识别一个进程。
- 特征信息：反映该进程是不是系统进程等信息。
- 执行状态信息：说明对应进程当前的状态。
- 通信信息：反映该进程与其他进程之间的通信关系。

• 调度优先数：用于分配处理器时参考的一种信息，它决定在所有就绪的进程中究竟哪一个进程先得到处理器。

• 现场信息：在对应进程放弃处理器时，将处理器的一些现场信息（如指令计数器值、各寄存器值等）保留在该进程的PCB中，当下次恢复运行时，只要按保存值重新装配即可继续运行。

• 系统栈：主要反映对应进程在执行时的一条嵌套调用路径上的历史。

• 进程映像信息：用以说明该进程的程序和数据存储情况。

• 资源占有信息：指明对应进程所占有的外设种类、设备号等信息。

• 族关系：反映该进程与其他进程间的隶属关系。

除此之外，PCB还包含文件信息、工作单元等信息。

（5）进程的组织。

进程的物理组织方式通常有线性方式、链接方式及索引方式。

• 线性方式：将系统中所有的PCB都组织在一个线性表中，将该表的首地址存放在内存的一个专用区域中。该方式实现简单、开销小，但每次查找时都需要扫描整个表，因此适合进程数目不多的系统。

• 链接方式：把具有相同状态进程的PCB通过PCB中的链接字链接成一个队列，这样可以形成就绪队列、若干个阻塞队列及空白队列等。在就绪队列中，往往按进程的优先级将PCB从高到低进行排列，将优先级高的进程的PCB排在队列的前面。

• 索引方式：系统根据所有进程不同的状态，建立几个索引表，如就绪索引表、阻塞索引表，并把各索引表在内存的首地址记录在内存的一些专用单元中。在每个索引表的表目中，记录具有相应状态的某个PCB在PCB表中的地址。

（6）进程调度。

进程调度是指按一定策略动态地把CPU分配给处于就绪队列中的某一进程并使之执行的过程。进程调度亦可称为处理器调度或低级调度，相应的进程调度程序可称为分配程序或低级调度程序。进程调度仅负责对CPU进行分配。

进程调度方式有抢占方式和非抢占方式两种。抢占方式指就绪队列中一旦有优先级高于当前正在运行的进程出现时，系统便立即把CPU分配给高优先级的进程，并保存被抢占了CPU的进程的有关状态信息，以便以后恢复。而对于非抢占方式，一旦CPU分给了某进程，即使就绪队列中出现了优先级比它高的进程，高优先级进程也不能抢占现行进程的CPU。

基本的进程调度算法有先来先服务调度算法、时间片轮转调度算法、优先级调度算法等。

（7）其他概念。

• 线程。线程是比进程更小的能独立运行的基本单位，可用它来提高程序的并行程度，减少系统开销，进一步提高系统的吞吐量。

• 死锁。各进程互相独立地动态获得，不断申请和释放系统中的软硬件资源，这就有可能使系统中若干个进程均因互相“无知地”等待对方所占有的资源而无限地等待。这种状态称为死锁。

3. 存储管理

存储管理是操作系统的重要组成部分，管理的主要对象是内存。操作系统的主要任务之一是尽可能方便用户使用内存和提高内存利用率。此外，有效的存储管理也是多道程序设计技术的关键支撑。

（1）存储管理的功能。

• 地址变换。

• 内存分配。

• 存储共享与保护。

• 存储器扩充。

（2）地址重定位。

地址变换：当用户程序进入内存执行时，必须把用户程序中的所有相对地址（逻辑地址）转换成内存中的实际地址（物理地址）。

地址重定位：在进行地址转换时，必须修改程序中所有与地址有关的项，也就是要对程序中的指令地址以及指令中有关地址的部分（有效地址）进行调整。

地址重定位建立用户程序的逻辑地址与物理地址之间的对应关系，实现方式包括静态地址重定位和动态地址重定位。

• 静态地址重定位是在程序执行之前将操作系统的重定位装入程序，程序必须占用连续的内存空间，且一旦装入内存后，程序便不再移动。

• 动态地址重定位则在程序执行期间进行，由专门的硬件机构来完成，通常采用一个重定位寄存器，在每次进行存储访问时，将取出的逻辑地址加上重定位寄存器的内容形成物理地址。

动态地址重定位的优点是不要求程序装入固定的内存空间，在内存中允许程序再次移动位置，而且可以部分地装入程序运行，同时也便于多个作业共享同一程序的副本。动态地址重定位技术被广泛采用。

（3）存储管理技术。

①连续存储管理。

基本特点：内存空间被划分成一个个分区，一个作业占一个分区，即系统和用户作业都以分区为单位享用内存。

在连续存储管理中，地址重定位采用静态地址重定位，分区的存储保护可采用上、下界寄存器保护方式。

分区分配方式分为固定分区和可变分区。固定分区存储管理的优点是简单，要求的硬件支持少；缺点是容易产生内部碎片。可变分区避免了固定分区中每个分区都可能有剩余空间的情况，但由于它的空闲区域仍是离散的，因此会出现外部碎片。

②分页式存储管理。

在分页式存储管理过程中，当作业提出存储分配请求时，系统首先根据存储块大小把作业分成若干页，每一页可存储在内存的任意一个空白块内。这样，只要建立起程序的逻辑页和内存的存储块之间的对应关系，借助动态地址重定位技术，分散在不连续物理存储块中的用户作业就能够正常运行。

分页式存储管理的优点是能有效解决碎片问题，内存利用率高，内存分配与回收算法也比较简单；缺点是采用动态地址变换机构增加了硬件成本，也降低了处理器的运行速度。

③分段式存储管理。

在分段式存储管理过程中，作业的地址空间由若干个逻辑段组成，每一个逻辑段是一组逻辑意义完整的信息集合，并有自己的名字（段名）。每一个逻辑段都是以0开始的连续的一维地址空间，整个作业则构成了二维地址空间。

分段式存储管理是以段为基本单位分配内存的，且每一个逻辑段必须分配连续的内存空间，但各逻辑段之间不要求连续。由于各逻辑段的长度不一样，因此分配的内存空间大小也不一样。

分段式存储管理较好地解决了程序和数据的共享以及程序动态链接等问题。与分页式存储管理一样，分段式存储管理采用动态地址重定位技术来进行地址转换。分页式存储管理的优点体现在内存空间的管理上，而分段式存储管理的优点体现在地址空间的管理上。

④段页式存储管理。

段页式存储管理是分页式和分段式两种存储管理技术的结合，它同时具备两者的优点。

段页式存储管理是目前使用较多的一种存储管理技术，它有如下特点。

- 将作业地址空间分成若干个逻辑段，每个逻辑段都有自己的段名。
- 将每个逻辑段再分成若干大小固定的页，每个逻辑段都从0开始为自己的各页依次编写连续的页号。
- 对内存空间的管理仍然和分页存储管理一样，将其分成若干个与页面大小相同的物理块，对内存空间的分配是以物理块为单位的。
- 作业的逻辑地址包括3个部分：段号、段内页号及页内位移。

⑤虚拟存储器管理。

连续存储管理和分页、分段式存储管理技术必须为作业分配足够的内存空间，装入其全部信息，否则作业将无法运行。把作业的全部信息装入内存后，实际上并非同时使用这些信息，有些部分运行一次，有些部分暂时不用或在某种条件下才使用。让作业的全部信息驻留于内存是对内存资源的极大浪费，会降低内存利用率。

虚拟存储器管理技术的基本思路是把内存扩大到大容量外存上，把外存空间当作内存的一部分，作业运行过程中可以只让当前用到的信息进入内存，其他当前未用的信息留在外存；而当作业进一步运行，需要用到外存中的信息时，再把已经用过但暂时不会用到的信息换到外存，把当前要用的信息换到已空出的内存中，从而给用户提供比实际内存空间大得多的地址空间。这种大容量的地址空间并不是真实的存储空间，而是虚拟的，因此，这样的存储器称为虚拟存储器。

虚拟存储器管理主要采用请求页式存储管理、请求段式存储管理及请求段页式存储管理技术实现。

4. 文件管理

在操作系统中，无论是用户数据，还是计算机系统程序和应用程序，甚至各种外设，都是以文件形式提供给用户的。文件管理就是对用户文件和系统文件进行管理，方便用户使用，并保证文件的安全性，提高外存空间的利用率。

（1）文件与文件系统的概念。

文件是指一组带标识（文件名）的、具有完整逻辑意义的相关信息的集合。用户作业、源程序、目标程序、初始数据、输出结果、汇编程序、编译程序、连接装配程序、编辑程序、调试程序及诊断程序等，都是以文件的形式存在的。

各个操作系统的文件命名规则略有不同，文件名的格式和长度因系统而异。一般来说，文件名由文件名和扩展名两部分组成，前者用于识别文件，后者用于区分文件类型，用“.”分隔开。

操作系统中与管理文件有关的软件和数据称为文件系统。它负责为用户建立、撤销、读/写、修改及复制文件，还负责对文件的按名称存取和存取控制。常用的具有代表性的文件系统有EXT2/4、NFS、HPFS、FAT、NTFS等。

（2）文件类型。

文件依据不同标准可以划分为多种类型，如表1.9所示。

表1.9

划分标准	文件类型
按用途划分	系统文件、库文件、用户文件
按性质划分	普通文件、目录文件、特殊文件
按保护级别划分	只读文件、读写文件、可执行文件、不保护文件
按文件数据的形式划分	源文件、目标文件、可执行文件

（3）文件系统模型。

文件系统的传统模型为层次模型，该模型由许多不同的层组成。其每一层都会使用下一层的功能来创建新的功能，为上一层服务。层次模型比较适合支持单个文件系统。

(4) 文件的组织结构。

①文件的逻辑结构。

文件的逻辑结构是用户可见结构。根据有无逻辑结构，文件可分为记录式文件和流式文件。

在记录式文件中，每个记录都用于描述实体集中的一个实体。各记录有着相同或不同数目的数据项，记录的长度可分为定长和不定长两类。

流式文件内的数据不再组成记录，只是一串有顺序的信息集合（有序字符流）。这种文件的长度以字节为单位。可以把流式文件看作记录式文件的一个特例：一个记录仅有一个字节。

②文件的物理结构。

文件按不同的组织方式在外存上存放，就会得到不同的物理结构。文件的物理结构有时也称为文件的“存储结构”。

文件在外存上有连续存放、链接块存放及索引表存放 3 种不同的存放方式，其对应的存储结构分别为顺序结构、链接结构及索引结构。

(5) 文件目录管理。

①文件目录的概念。

为了能对一个文件进行正确的存取，必须为文件设置用于描述和控制的数据结构，称为文件控制块（File Control Block，FCB）。FCB 一般应包括以下信息。

- 有关文件存取控制的信息：文件名、用户名、文件主存取权限、授权者存取权限、文件类型及文件属性等。
- 有关文件结构的信息：记录类型、记录个数、记录长度、文件所在设备名及文件物理结构类型等。
- 有关文件使用的信息：已打开文件的进程数、文件被修改的情况、文件最大长度及文件当前大小等。
- 有关文件管理的信息：文件建立日期、最近修改日期及最后访问日期等。

文件与 FCB 一一对应，而人们把多个 FCB 的有序集合称为文件目录，即一个 FCB 就是一个文件目录项。通常，一个文件目录也被看作一个文件，可称为目录文件。

对文件目录的管理就是对 FCB 的管理。对文件目录的管理除了要解决存储空间的有效利用问题外，还要解决快速搜索、文件命名冲突以及文件共享等问题。

②文件目录结构。

文件目录根据不同结构可分为单级目录、二级目录、多层级目录、无环图结构目录及图状结构目录等。

- 单级目录的优点是简单；缺点是查找速度慢，不允许重名，不便于实现文件共享。
- 二级目录提高了检索目录的速度；在不同的用户目录中，可以使用相同的文件名；不同用户还可以使用不同的文件名访问系统中的同一个共享文件。但对同一用户目录，也不能有两个同名的文件存在。
- 多层级目录也叫树结构目录，既可以方便用户查找文件，又可以把不同类型和不同用途的文件分类；允许文件重名，不但不同用户目录可以使用相同名称的文件，同一用户目录也可以使用相同名称的文件；利用多级层次结构关系，可以更方便地设置保护文件的存取权限，有利于文件的保护。其缺点为不能直接支持文件或目录的共享等。
- 为了使文件或目录可以被不同的目录所共享，出现了结构更复杂的无环图结构目录和图状结构目录等。

③存取权限。

存取权限的设置可以通过建立访问控制表和存取权限表来实现。

大型文件系统主要采用两个措施来进行安全性保护：一是对文件和目录进行权限设置，二是对文件和目录进行加密。

(6) 文件存储空间管理。

存储空间管理是文件系统的重要任务之一。文件存储空间管理实质上是空闲块管理问题，它包括空闲块的组织、空闲块的分配及空闲块的回收等问题。

空闲块管理方法主要有空闲文件项、空闲区表、空闲块链、位示图、空闲块成组链接法（UNIX 操作系统中）等。

5. I/O 设备管理

I/O 设备类型繁多，差异又非常大，因此 I/O 设备管理是操作系统中最庞杂和琐碎的部分之一。

(1) I/O 软件的层次结构。

I/O 软件的设计目标是将 I/O 软件组织成一种层次结构，每一层次都利用其下层提供的服务完成 I/O 功能中的某些子功能，并屏蔽这些功能实现的细节，向上层提供服务。

通常把 I/O 软件组织成 4 个层次，如图 1.6 所示，图中的箭头表示 I/O 的控制流。各层次功能如下。

- 用户层软件：用于实现与用户交互的接口，用户可直接调用该层所提供的、与 I/O 操作有关的库函数对设备进行操作。
- 设备独立性软件：用于实现用户程序与设备驱动器的统一接口、设备命名、设备的保护以及设备的分配与释放等，同时为设备管理和数据传送提供必要的存储空间。
- 设备驱动程序：与硬件直接相关，用于具体实现系统对设备发出的操作指令，驱动 I/O 设备工作。
- 中断处理程序：用于保持被中断进程的 CPU 环境转入相应的中断处理程序进行处理，处理完毕后再恢复被中断进程的现场，并返回到被中断进程。

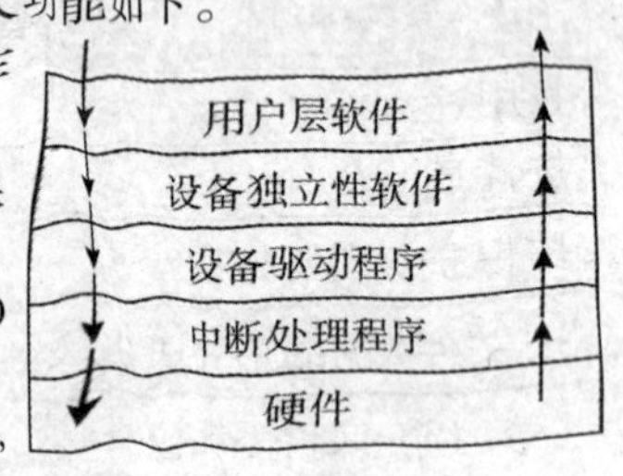

图 1.6

（2）中断处理程序。

当一个进程请求I/O操作时，该进程将被“挂起”，直到I/O设备完成I/O操作后，设备控制器向CPU发送一个中断请求，CPU响应后便转向中断处理程序。中断处理过程如下。

- CPU检查响应中断的条件是否满足。
- 如果条件满足，CPU响应中断，则CPU关中断，使其进入不可再次响应中断的状态。
- 保存被中断进程的CPU环境。
- 分析中断原因，调用中断处理子程序。
- 执行中断处理子程序。
- 退出中断，恢复被中断进程的CPU现场或调度新进程占用CPU。
- 开中断，CPU继续执行。

I/O操作完成后，驱动程序必须检查本次I/O操作中是否发生了错误，并向上层软件报告，最终向调用者报告本次I/O操作的执行情况。

（3）设备驱动程序。

设备驱动程序是驱动物理设备和DMA控制器或I/O控制器等直接进行I/O操作的子程序的集合。它负责启动I/O设备进行I/O操作，指定操作的类型和数据流向等。设备驱动程序有如下功能。

- 接收由设备独立性软件发来的命令和参数，并将命令中的抽象要求转换为与设备相关的低层次操作序列。
- 检查用户I/O请求的合法性，了解I/O设备的工作状态，传递与I/O设备操作有关的参数，设置I/O设备的工作方式。
- 发出I/O命令，如果I/O设备空闲，便立即启动I/O设备，完成指定的I/O操作；如果I/O设备忙碌，则将请求者的请求块挂在I/O设备队列上等待。
- 及时响应由设备控制器发来的中断请求，并根据其中断类型，调用相应的中断处理程序进行处理。

（4）设备独立性软件。

为了实现设备独立性，必须在设备驱动程序之上设置一层软件，称其为设备独立性软件，或与设备无关的I/O软件。其主要功能：①向用户层软件提供统一接口；②设备命名；③设备保护；④提供一个独立于设备的块；⑤缓冲；⑥设备分配和状态跟踪；⑦错误处理和报告；等等。

（5）用户层软件。

用户层软件在层次结构的最上层，它面向用户，负责与用户和设备无关的I/O软件通信。当接收到用户的I/O指令后，该层会把具体的请求发送到与设备无关的I/O软件做进一步处理。它主要包含用于I/O操作的库函数和SPOOLing系统。此外，用户层软件还会用到缓冲技术。

（6）设备的分配与回收。

由于设备、控制器及通道资源的有限性，因此不是每一个进程随时随地都能得到这些资源。进程必须首先向设备管理程序提出资源申请，然后由设备分配程序根据相应的分配算法为进程分配资源。如果申请进程得不到它所申请的资源，将被放入资源等待队列中等待，直到所需要的资源被释放。如果进程得到了它所需要的资源，就可以使用该资源完成相关的操作，使用完之后通知系统，系统将及时回收这些资源，以便其他进程使用。

真题精选

【例1】 下列叙述中正确的是（　　）。

A. 进程调度也负责对内存进行分配

B. 进程调度负责对计算机系统中的所有系统资源进行分配

C. 进程调度仅负责对CPU进行分配

D. 进程调度也负责对外存进行分配

【答案】 C

【解析】 进程调度就是按一定策略动态地把CPU分配给处于就绪队列中的某一进程并使之执行的过程。进程调度亦可称为处理器调度或低级调度，相应的进程调度程序可称为分配程序或低级调度程序。因此，程调度仅负责对CPU进行分配。本题答案为C选项。

【例2】 下列叙述中错误的是(　　)。

A. 虚拟存储器的空间大小就是实际外存的大小

B. 虚拟存储器的空间大小取决于计算机的访存能力

C. 虚拟存储器使存储系统既具有相当于外存的容量又有接近于主存的访问速度

D. 实际物理存储空间可以小于虚拟地址空间

【答案】 A

【解析】 虚拟存储器是主存的逻辑扩展，虚拟存储器的空间大小取决于计算机的访存能力而不是实际外存的大小。本题答案为A选项。

1.2　数据结构与算法

考点5　算　法

1. 算法的基本概念

算法是指对解题方案准确而完整的描述。

(1) 算法的基本特征。

• 可行性：针对实际问题而设计的算法，执行后能够得到满意的结果，即必须有一个或多个输出。注意，即使某一算法在数学理论上是正确的，但如果在实际的计算工具上不能执行，则该算法也是不具有可行性的。

• 确定性：指算法中每一步骤都必须是有明确定义的。

• 有穷性：指算法必须能在有限的时间内执行完。

• 拥有足够的情报：一个算法是否有效，还取决于为算法所提供的情报是否足够。

> **真考链接**
>
> 该知识点一般出现在选择题中，考核概率为45%。考生需熟记算法的概念，以及时间复杂度和空间复杂度的概念。

(2) 算法的基本要素。

算法一般由两个基本要素构成：

• 对数据对象的运算和操作；

• 算法的控制结构，即运算和操作之间的执行顺序。

①算法中对数据对象的运算和操作。算法就是按解题要求从指令系统中选择合适的指令组成的指令序列。计算机算法就是由计算机能执行的操作所组成的指令序列。不同的计算机系统，其指令系统是有差异的，但一般的计算机系统中都包括的运算和操作有4类，即算术运算、逻辑运算、关系运算和数据传输。

②算法的控制结构。算法的功能不仅取决于所选用的操作，还与各操作之间的执行顺序有关。基本的控制结构包括顺序结构、选择结构和循环结构。

(3) 算法设计的基本方法。

算法设计的基本方法有列举法、归纳法、递推法、递归法、减半递推法和回溯法。

2. 算法的复杂度

算法的复杂度主要包括时间复杂度和空间复杂度。

(1) 算法的时间复杂度。

所谓算法的时间复杂度，是指执行算法所需要的计算工作量，即算法的工作量。

一般情况下，算法的工作量用算法所执行的基本运算次数来度量，而算法所执行的基本运算次数是问题规模的函数，即

$$\text{算法的工作量}=f(n)$$

其中，n表示问题的规模。这个表达式表示随着问题规模n的增大，算法的工作量的增长率和$f(n)$的增长率相同。

在同一个问题规模下，如果算法执行所需的基本运算次数取决于某一特定输入，可以用两种方法来分析算法的工作量：平均性态分析和最坏情况分析。

(2) 算法的空间复杂度。

一个算法的空间复杂度，一般是指执行这个算法所需要的存储空间。算法执行期间所需要的存储空间包括3个部分：

• 算法程序所占的空间；

• 输入的初始数据所占的存储空间；

• 算法执行过程中所需要的额外空间。

在许多实际问题中，为了减少算法所占的存储空间，通常采用压缩存储技术。

考点6　数据结构的基本概念

1. 数据结构的定义

数据结构是指相互有关联的数据元素的集合，即数据的组织形式。

(1) 数据的逻辑结构。

所谓数据的逻辑结构，是指反映数据元素之间逻辑关系（即前、后件关系）的数据结构。它包括数据元素的集合和数据元素之间的关系。

(2) 数据的存储结构。

数据的逻辑结构在计算机存储空间中的存放形式称为数据的存储结构

> **真考链接**
>
> 该知识点一般出现在选择题中，考核概率为45%。考生需熟记数据结构的定义、分类，能区分线性结构与非线性结构。

（也称为数据的物理结构）。数据结构的存储方法有顺序存储方法、链式存储方法、索引存储方法和散列存储方法。采用不同的存储结构，数据处理的效率是不同的。因此，在进行数据处理时，选择合适的存储结构是很重要的。

数据结构研究的内容主要包括3个方面：

- 数据集合中各数据元素之间的逻辑关系，即数据的逻辑结构；
- 在对数据进行处理时，各数据元素在计算机中的存储关系，即数据的存储结构；
- 对各种数据结构进行的运算。

2. 数据结构的图形表示

数据元素之间最基本的关系是前、后件关系（或者直接前驱与直接后继关系）。前、后件关系是指每一个二元组都可以用图形来表示。用中间标有元素值的方框表示数据元素，一般称为数据节点，简称为节点。对于每一个二元组，用一条有向线段从前件指向后件。

用图形表示数据结构具有直观易懂的特点，在不引起歧义的情况下，前件节点到后件节点连线上的箭头可以省去。例如，树形结构中，通常是用无向线段来表示前、后件关系的。

3. 线性结构与非线性结构

根据数据结构中各数据元素之间前、后件关系的复杂程度，一般将数据结构分为两大类型，即线性结构和非线性结构。

如果一个非空的数据结构有且只有一个根节点，并且每个节点最多有一个直接前驱或直接后继，则称该数据结构为线性结构，又称线性表。不满足上述条件的数据结构称为非线性结构。

小提示

需要注意的是，在线性结构中插入或删除任何一个节点后，它还应该是线性结构，否则不能称之为线性结构。

真题精选

下列叙述中正确的是（ ）。

A. 有且只有一个根节点的数据结构一定是线性结构

B. 每一个节点最多有一个前件也最多有一个后件的数据结构一定是线性结构

C. 有且只有一个根节点的数据结构一定是非线性结构

D. 有且只有一个根节点的数据结构可能是线性结构，也可能是非线性结构

【答案】D

【解析】一个非空线性结构应满足两个条件：①有且只有一个根节点；②每个节点最多有一个前件，也最多有一个后件。不满足以上两个条件的数据结构就称为非线性结构。本题答案为D选项。

考点7 线性表

1. 线性表的基本概念

在数据结构中，线性结构也称为线性表，线性表是最简单也是最常用的一种数据结构。

线性表是由$n(n\geqslant0)$个数据元素$a_1,a_2,\cdots,a_n$组成的一个有限序列，除表中的第一个元素外，其他元素有且只有一个前件，除了最后一个元素外，其他元素有且只有一个后件。

线性表要么是个空表，要么可以表示为

$$(a_1,a_2,\cdots,a_n)$$

其中$a_i(i=1,2,\cdots,n)$是线性表的数据元素，也称为线性表的一个节点。

真考链接

该知识点一般出现在选择题中，考核概率为45%。考生需了解线性表的基本概念。

每个数据元素的具体含义，在不同情况下各不相同，它可以是一个数或一个字符，也可以是一个具体的事物，甚至可以是其他更复杂的信息。但是需要注意的是，同一线性表中的数据元素必定具有相同的特性，即属于同一数据对象。

小提示

非空线性表具有以下一些结构特征：

- 有且只有一个根节点，即头节点，它无前件；
- 有且只有一个终节点，即尾节点，它无后件；
- 除头节点与尾节点外，其他所有节点有且只有一个前件，也有且只有一个后件。节点个数n称为线性表的长度，当$n=0$时，线性表称为空表。

2. 线性表的顺序存储结构

将线性表中的元素一个接一个地存储在一片相邻的存储区域中，这种顺序表示的线性表也称为顺序表。

线性表的顺序存储结构具有以下两个基本特点：

（1）元素所占的存储空间必须是连续的；

（2）元素在存储空间中是按逻辑顺序存放的。

从这两个特点也可以看出，线性表用元素在计算机内物理位置上的相邻关系来表示元素之间逻辑上的相邻关系。只要确定了首地址，线性表内任意元素的地址都可以方便地计算出来。

3. 线性表的插入运算

线性表的插入运算是指在表的第 i（$1 \leqslant i \leqslant n+1$）个位置上，插入一个新元素，使长度为 n 的线性表变为长度为 $n+1$ 的线性表。在第 i 个元素之前插入一个新元素的操作主要有以下3个步骤：

（1）把原来第 n 个节点至第 i 个节点依次往后移动一个元素位置；

（2）把新节点放在第 i 个元素的位置上；

（3）修正线性表的节点个数。

小提示

一般会为线性表开辟一个大于线性表长度的存储空间，经过多次插入运算，可能出现存储空间已满的情况，如果此时仍继续做插入运算，将会产生错误，此类错误称为“上溢”。

如果需要在线性表末尾进行插入运算，则只需要在表的末尾增加一个元素即可，不需要移动线性表中的元素。

如果在第一个位置插入新的元素，则需要移动表中的所有元素。

4. 线性表的删除运算

在线性表的删除运算中，删除第 i 个元素，则要将从第 $i+1$ 个元素开始直到第 n 个元素，共 $n-i$ 个元素依次向前移一个位置。完成删除运算主要有以下几个步骤：

（1）把第 i 个元素之后（不包括第 i 个元素）的 $n-i$ 个元素依次前移一个位置；

（2）修正线性表的节点个数。

显然，如果删除运算在线性表的末尾进行，即删除第 n 个元素，则不需要移动线性表中的元素。

如果要删除第1个元素，则需要移动表中的所有元素。

小提示

由线性表的以上性质可以看出，线性表的顺序存储结构适合用于小线性表或者建立之后其中元素不常变动的线性表，而不适合用于需要经常进行插入和删除运算的线性表和长度较大的线性表。

真题精选

【例1】下列有关顺序存储结构的叙述，不正确的是（　　）。

A. 存储密度大

B. 逻辑上相邻的节点物理上不必邻接

C. 可以通过计算机直接确定第 i 个节点的存储地址

D. 插入、删除操作不方便

【答案】B

【解析】顺序存储结构要求逻辑上相邻的元素物理上也相邻，所以只有选项B叙述错误。

【例2】在一个长度为 n 的顺序表中，向第 i 个元素（$1 \leqslant i \leqslant n+1$）位置插入一个新元素时，需要从后向前依次移动（　　）个元素。

A. $n-i$　　B. i　　C. $n-i-1$　　D. $n-i+1$

【答案】D

【解析】根据顺序表的插入运算的定义，在第 i 个元素位置上插入 x，从 a_i 到 a_n 都要向后移动一个元素位置，共需要移动 $n-i+1$ 个元素。

考点8 栈和队列

真考链接

该知识点较为基础，考核概率为90%。考生需了解栈和队列的概念和特点，掌握栈和队列的运算方法。

1. 栈及其基本运算

（1）栈的基本概念。

栈实际上也是线性表，只不过是一种特殊的线性表。在这种特殊的线性表中，插入与删除运算都只在线性表的一端进行。

在栈中，允许插入与删除的一端称为栈顶（top），另一端称为栈底（bottom）。当栈中没有元素时称为空栈。栈也被称为“先进后出”表，或“后进先出”表。

（2）栈的特点。

根据栈的上述定义，可知栈具有以下特点：

- 栈顶元素总是最后被插入的元素，也是最先被删除的元素；
- 栈底元素总是最先被插入的元素，也是最后才能被删除的元素；
- 栈具有记忆功能；
- 在顺序存储结构下，栈的插入和删除运算都不需要移动表中其他数据元素；
- 栈顶指针动态反映了栈中元素的变化情况。

（3）栈的状态及其运算。

栈的状态如图1.7所示。

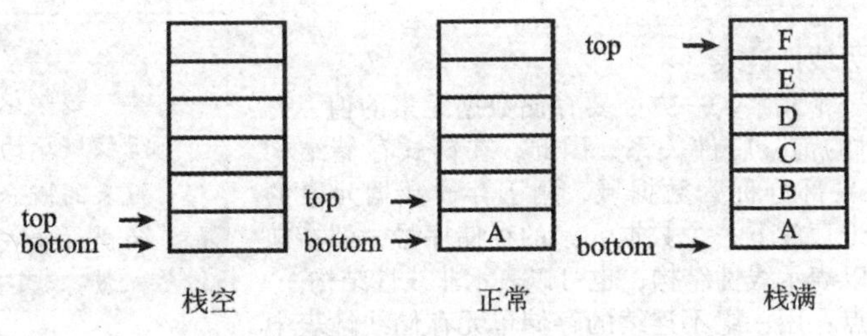

图1.7

根据栈的状态，可以得知栈的基本运算有以下3种。

- 入栈运算：在栈顶位置插入一个新元素。
- 退栈运算：取出栈顶元素并赋给一个指定的变量。
- 读栈顶元素：将栈顶元素赋给一个指定的变量。

2. 队列及其基本运算

（1）队列的基本概念。

队列是指允许在一端进行插入，而在另一端进行删除的线性表。允许插入的一端称为队尾，通常用一个称为尾指针（rear）的指针指向尾元素；允许删除的一端称为队头，通常用一个头指针（front）指向头元素的前一个位置。

因此，队列又称为“先进先出”（First In First Out,FIFO）的线性表。插入元素称为入队运算，删除元素称为退队运算。

队列的基本结构如图1.8所示。

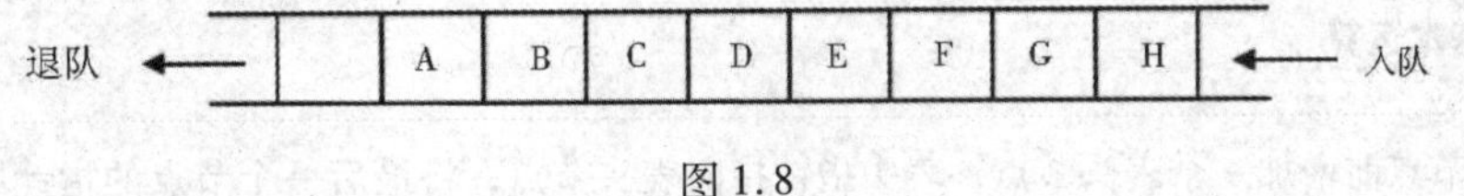

图1.8

（2）循环队列及其运算。

所谓循环队列，就是将队列存储空间的最后一个位置绕到第一个位置，形成逻辑上的环状空间，供队列循环使用。

在循环队列中，用尾指针指向队列的尾元素，用头指针指向头元素的前一个位置，因此，从头指针指向的后一个位置直到尾指针指向的位置之间所有的元素均为队列中的元素。循环队列的初始状态为空，即 rear = front。

循环队列的基本运算主要有两种：入队运算与退队运算。

- 入队运算是指在循环队列的队尾加入一个新的元素。
- 退队运算是指在循环队列的队头位置删除一个元素，并赋给指定的变量。

> **小提示**
>
> 栈按照“先进后出”或“后进先出”的原则组织数据，而队列按照“先进先出”或“后进后出”的原则组织数据。这就是栈和队列的不同点。

真题精选

【例1】 下列对队列的叙述，正确的是（　　）。

A. 队列属于非线性表　　B. 队列按“先进后出”原则组织数据

C. 队列在队尾删除数据　　D. 队列按“先进先出”原则组织数据

【答案】 D

【解析】 队列是一种特殊的线性表，它只能在一端进行插入，在另一端进行删除。允许插入的一端称为队尾，允许删除的一端称为队头。队列又称为“先进先出”或“后进后出”的线性表，体现了“先到先服务”的原则。

【例2】下列关于栈的描述，正确的是（　　）。

A. 在栈中只能插入元素而不能删除元素

B. 在栈中只能删除元素而不能插入元素

C. 栈是特殊的线性表，只能在一端插入或删除元素

D. 栈是特殊的线性表，只能在一端插入元素，而在另一端删除元素

【答案】C

【解析】栈是一种特殊的线性表。在这种特殊的线性表中，其插入和删除操作只在线性表的一端进行。

考点9 线性链表

1. 线性链表的基本概念

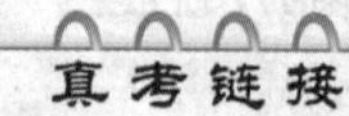

真考链接

该知识点一般出现在选择题中，考核概率为35%。考生需熟记线性链表的概念和特点，顺序表和链表的优、缺点等。

线性表的链式存储结构称为线性链表。

为了存储线性链表中的每一个元素，一方面要存储数据元素的值，另一方面要存储各数据元素之间的前、后件关系。因此，在链式存储结构中，每个节点由两部分组成：一部分称为数据域，用于存放数据元素的值；另一部分称为指针域，用于存放下一个数据元素的存储序号，即指向后件节点。链式存储结构既可以表示线性结构，也可以表示非线性结构。

线性表链式存储结构的特点：用一组不连续的存储单元存储线性表中的各个元素。因为存储单元不连续，数据元素之间的逻辑关系就不能依靠数据元素的存储单元之间的物理关系来表示。

2. 线性链表的基本运算

线性链表主要包括以下几种运算：

- 在线性链表中包含指定元素的节点之前插入一个新元素；
- 在线性链表中删除包含指定元素的节点；
- 将两个线性链表按要求合并成一个线性链表；
- 将一个线性链表按要求进行分解；
- 逆转线性链表；
- 复制线性链表；
- 线性链表的排序；
- 线性链表的查找。

3. 循环链表及其基本运算

（1）循环链表的定义。

在单链表的第一个节点前增加一个表头节点，表头指针指向表头节点，将最后一个节点的指针域的值由NULL改为指向表头节点，这样的链表称为循环链表。在循环链表中，所有节点的指针构成了一个环状链。

（2）循环链表与单链表的比较。

对单链表的访问是一种顺序访问，从其中某一个节点出发，只能找到它的直接后继，但无法找到它的直接前驱，而且对于空表和第一个节点的处理必须单独考虑，空表与非空表的操作不统一。

在循环链表中，只要指出表中任何一个节点的位置，就可以从它出发访问到表中其他所有的节点。并且，由于表头节点是循环链表所固有的节点，因此，即使在表中没有数据元素的情况下，表中也至少有一个节点存在，从而使空表和非空表的操作统一。

真题精选

下列叙述中正确的是（　　）。

A. 线性表链式存储结构的存储空间一般要少于顺序存储结构

B. 线性表链式存储结构与顺序存储结构的存储空间都是连续的

C. 线性表链式存储结构的存储空间可以是连续的，也可以是不连续的

D. 线性表的链式存储结构与顺序存储结构所需要的存储空间是相同的

【答案】C

【解析】在线性表链式存储结构中，为了表示每个元素与其后继元素之间的逻辑关系，每个元素除了需要存储自身的信息外，还要存储一个指示其后件的信息，即后件元素的存储位置，所以链式存储结构所需要的存储空间一般要多于顺序存储结构，A、D两项错误。线性链表的存储单元是任意的，即各数据节点的存储序号可以是连续的，也可以是不连续的，B选项错误，C选项正确。本题答案为C选项。

考点10 树和二叉树

1. 树的基本概念

树是一种简单的非线性结构，直观地看，树是以分支关系定义的层次结构。树是由 n（$n \geqslant 0$）个节点构成的有限集合，$n=0$ 的树称为“空树”；当 $n \neq 0$ 时，树中的节点应该满足以下两个条件：

- 有且仅有一个没有前件的节点称为根节点；
- 其余节点分成 m（$m>0$）个互不相交的有限集合 $T_1, T_2, \cdots, T_m$，其中每一个集合又都是一棵树，称 $T_1, T_2, \cdots, T_m$ 为根节点的子树。

真考链接

本知识点属于必考知识点，特别是关于二叉树的遍历，考核概率为100%。考生需熟记二叉树的概念及其相关术语，掌握二叉树的性质以及二叉树的3种遍历方法。

在树的结构中，主要涉及下面几个概念。

- 每一个节点只有一个前件，称为父节点。没有前件的节点只有一个，称为树的根节点，简称树的根。
- 每一个节点可以有多个后件，称为该节点的子节点。没有后件的节点称为叶子节点。
- 一个节点所拥有的后件个数称为该节点的度。
- 所有节点最大的度称为树的度。
- 树的最大层次称为树的深度。

2. 二叉树及其基本性质

（1）二叉树的定义。

二叉树是一种非线性结构，是一个有限的节点集合，该集合或者为空，或者由一个根节点及其两棵互不相交的左、右二叉子树所组成。当集合为空时，称该二叉树为空二叉树。

二叉树具有以下特点：

- 二叉树可以为空，空的二叉树没有节点，非空二叉树有且只有一个根节点；
- 每一个节点最多有两棵子树，且分别称为该节点的左子树与右子树。

（2）满二叉树和完全二叉树。

满二叉树：除最后一层外，每一层上的所有节点都有两个子节点，即在满二叉树的第 k 层上有 2^{k-1} 个节点，且深度为 m 的满二叉树中有 2^m-1 个节点。

完全二叉树：除最后一层外，每一层上的节点数都达到最大值；在最后一层上只缺少右边的若干节点。

满二叉树与完全二叉树的关系：满二叉树一定是完全二叉树，但完全二叉树不一定是满二叉树。

（3）二叉树的主要性质。

- 一棵非空二叉树的第 k 层上最多有 2^{k-1} 个节点（$k \geqslant 1$）。
- 深度为 m 的满二叉树中有 2^m-1 个节点。
- 对任何一棵二叉树，度为0的节点（即叶子节点）总是比度为2的节点多一个。
- 具有 n 个节点的完全二叉树的深度 k 为 $\lfloor \log_2 n \rfloor + 1$（此处 $\lfloor \ \rfloor$ 表示向下取整）。

3. 二叉树的存储结构

在计算机中，二叉树通常采用链式存储结构。用于存储二叉树中各元素的存储节点由数据域和指针域组成。由于每一个元素可以有两个后件（即两个子节点），所以用于存储二叉树的存储节点的指针域有两个：一个指向该节点的左子节点的存储地址，称为左指针域；另一个指向该节点的右子节点的存储地址，称为右指针域。因此，二叉树的链式存储结构也称为二叉链表。

对于满二叉树与完全二叉树可以按层次进行顺序存储。

4. 二叉树的遍历

二叉树的遍历是指不重复地访问二叉树中的所有节点。二叉树的遍历主要是针对非空二叉树的，对于空二叉树，则结束遍历并返回。

二叉树的遍历分为前序遍历、中序遍历和后序遍历。

（1）前序遍历（DLR）。

首先访问根节点，然后遍历左子树，最后遍历右子树。

（2）中序遍历（LDR）。

首先遍历左子树，然后访问根节点，最后遍历右子树。

（3）后序遍历（LRD）。

首先遍历左子树，然后遍历右子树，最后访问根节点。

小提示

已知一棵二叉树的前序遍历序列和中序遍历序列，可以唯一地确定这棵二叉树。已知一棵二叉树的后序遍历序列和中序遍历序列，也可以唯一地确定这棵二叉树。已知一棵二叉树的前序遍历序列和后序遍历序列，不能唯一地确定这棵二叉树。

真题精选

对图1.9所示的二叉树进行后序遍历的结果为（　　）。

A. ABCDEF　　B. DBEAFC　　C. ABDECF　　D. DEBFCA

【答案】D

【解析】执行后序遍历，依次执行以下操作：

①按照后序遍历的顺序遍历根节点的左子树；

②按照后序遍历的顺序遍历根节点的右子树；

③访问根节点。

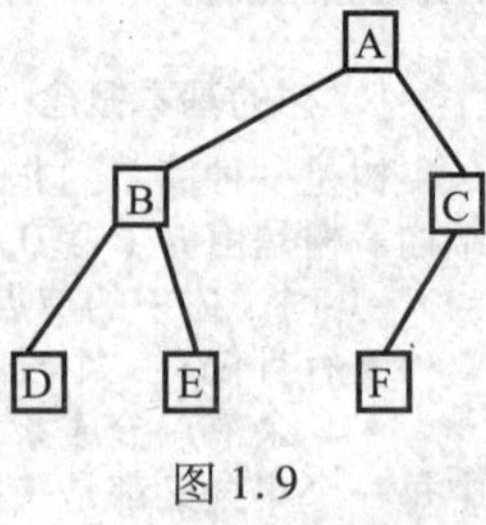
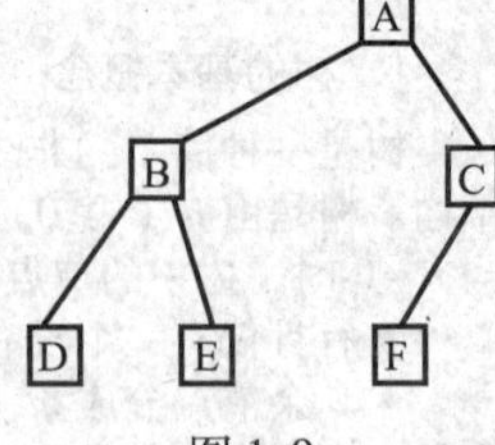

图1.9

考点11　查找技术

1. 顺序查找

顺序查找一般是指在线性表中查找指定的元素。其基本思路：从表中的第一个元素开始，依次将线性表中的元素与被查找元素进行比较，直到两者相符为止；否则，表中没有要找的元素，查找不成功。

在最好的情况下，第一个元素就是要查找的元素，则比较次数为1。

在最坏的情况下，顺序查找需要比较 n 次。

在平均情况下，需要比较 $n/2$ 次。因此，查找算法的时间复杂度为 $O(n)$。

真考链接

该知识点属于考试大纲中要求理解的内容，考核概率为35%。考生需理解顺序查找与二分查找的概念以及一些查找的方法。

在下列两种情况下只能够采取顺序查找：

- 如果线性表中元素的排列是无序的，则无论是顺序存储结构还是链式存储结构，都只能采用顺序查找；
- 即便是有序线性表，若采用链式存储结构，也只能进行顺序查找。

2. 二分查找

使用二分查找的线性表必须满足两个条件：

- 采用顺序存储结构；
- 线性表是有序表。

所谓有序表，是指线性表中的元素按值非递减排列（即从小到大，但允许相邻元素值相等）。

对于长度为 n 的有序线性表，利用二分查找元素 x 的过程如下：

(1) 将 x 与线性表的中间项进行比较；

(2) 若中间项的值等于 x，则查找成功，结束查找；

(3) 若 x 小于中间项的值，则在线性表的前半部分继续进行二分查找；

(4) 若 x 大于中间项的值，则在线性表的后半部分继续进行二分查找。

这样反复进行查找，直到查找成功或子表长度为0（说明线性表中没有这个元素）为止。

当有序线性表采用顺序存储时，采用二分查找的效率要比顺序查找高得多。对于长度为 n 的有序线性表，在最坏的情况下，二分查找只需要比较 $\log_2 n$ 次，而顺序查找需要比较 n 次。

真题精选

下列数据结构中，能进行二分查找的是（　　）。

A. 顺序存储的有序线性表　　B. 线性链表

C. 二叉链表　　D. 有序线性链表

【答案】A

【解析】二分查找只适用于顺序存储的有序表。所谓有序表，是指线性表中的元素按值非递减排列（即从小到大，但允许相邻元素值相等）。

考点12　排序技术

1. 交换类排序法

交换类排序法是指借助数据元素的“交换”来进行排序的一种方法。这里介绍的冒泡排序法和快速排序法就属于交换类排序法。

(1) 冒泡排序法。

冒泡排序法的思想如下。

真考链接

该知识点属于考试大纲中要求掌握的内容，考核概率为25%。考生需掌握各种排序方法的概念、基本思想及其复杂度。

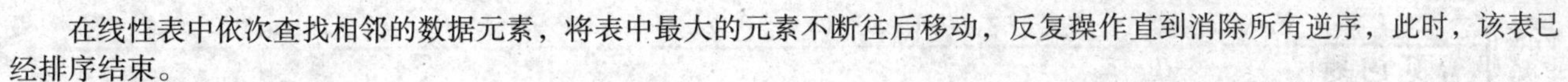

在线性表中依次查找相邻的数据元素，将表中最大的元素不断往后移动，反复操作直到消除所有逆序，此时，该表已经排序结束。

冒泡排序的基本过程如下。

①从表头开始往后查找线性表，在查找过程中逐次比较相邻两个元素的大小。若在相邻两个元素中，前面的元素大于后面的元素，则将它们交换。

②从后向前查找剩下的线性表（除去最后一个元素），同样，在查找过程中逐次比较相邻两个元素的大小。若在相邻两个元素中，后面的元素小于前面的元素，则将它们交换。

③对剩下的线性表重复上述过程，直到剩下的线性表变空为止，线性表排序完成。

假设线性表的长度为 n，则在最坏的情况下，冒泡排序需要经过 $n/2$ 遍的从前往后扫描和 $n/2$ 遍的从后往前扫描，需要比较 $n(n-1)/2$ 次，其数量级为 n^2。

（2）快速排序法。

快速排序法的基本思想如下。

在线性表中逐个选取元素，将线性表进行分割，直到所有元素全部选取完毕，此时线性表已经排序结束。

快速排序的基本过程如下。

①从线性表中选取一个元素，设为 T，将线性表中小于 T 的元素移到前面，而将大于 T 的元素移到后面。这样就将线性表分成了两部分（称为前、后两个子表），T 就处于分界线的位置，且前面子表中的所有元素均不大于 T，而后面的子表中的所有元素均不小于 T，此过程称为线性表的分割。

②对分割后的子表再按上述原则进行反复分割，直到所有子表为空为止，则此时的线性表就变成了有序表。

假设线性表的长度为 n，则在最坏的情况下，快速排序需要进行 $n(n-1)/2$ 次比较，但实际的排序效率要比冒泡排序高得多。

2. 插入类排序法

插入类排序是指将无序序列中的各元素依次插入有序的线性表中。这里主要介绍简单插入排序法和希尔排序法。

（1）简单插入排序法。

简单插入排序是把 n 个待排序的元素看成一个有序表和一个无序表，开始时，有序表只包含一个元素，而无序表包含 $n-1$ 个元素，每次取无序表中的第一个元素插入有序表中的正确位置，使之成为增加一个元素的新的有序表。插入元素时，插入位置及其后的记录依次向后移动。最后有序表的长度为 n，而无序表为空，此时排序完成。

在简单插入排序中，每一次比较后最多移掉一个逆序，因此，该排序方法的效率与冒泡排序法相同。在最坏的情况下，简单插入排序需要 $n(n-1)/2$ 次比较。

（2）希尔排序法。

希尔排序法的基本思想：将整个无序序列分割成若干个小的子序列并分别进行插入排序。

分割方法如下：

①将相隔某个增量 h 的元素构成一个子序列；

②在排序过程中，逐次减少这个增量，直到 h 减少到 1，即所有记录在一组为止。

希尔排序的效率与所选取的增量序列有关。

3. 选择类排序法

选择类排序的基本思想是通过从待排序序列中选出值最小的元素，按顺序放在已排好序的有序子表的后面，直到全部序列满足排序要求为止。下面就介绍选择类排序法中的简单选择排序法和堆排序法。

（1）简单选择排序法。

简单选择排序法的基本思想是：首先从所有 n 个待排序的数据元素中选择最小的元素，将该元素与第一个元素交换，再从剩下的 $n-1$ 个元素中选出最小的元素与第二个元素交换。重复这样的操作直到所有的元素有序为止。

简单选择排序在最坏的情况下需要比较 $n(n-1)/2$ 次。

（2）堆排序法。

堆排序的基本过程如下。

①将一个无序序列建成堆。

②将堆顶元素与堆中最后一个元素交换。忽略已经交换到最后的那个元素，考虑前 $n-1$ 个元素构成的子序列，只有左、右子树是堆，才可以将该子树调整为堆。这样重复去做第二步，直到剩下的子序列为空时止。

在最坏的情况下，堆排序需要比较的次数为 $n\log_2 n$。

真题精选

对于长度为 n 的线性表，在最坏的情况下，下列各排序法所对应的比较次数中正确的是（　　）。

A. 冒泡排序为 $n/2$　　　　B. 冒泡排序为 n

C. 快速排序为 n　　　　D. 快速排序为 $n(n-1)/2$

【答案】D

【解析】假设线性表的长度为 n，则在最坏的情况下，冒泡排序需要经过 $n/2$ 遍的从前往后扫描和 $n/2$ 遍的从后往前扫描，需要比较次数为 $n(n-1)/2$。快速排序法在最坏的情况下，比较次数也是 $n(n-1)/2$。

常见问题

为什么只有二叉树的前序遍历和后序遍历不能唯一确定一棵二叉树？

在二叉树的前序遍历和后序遍历中都可以确定根节点，但中序遍历是由左至根及右的顺序，所以知道前序遍历（或后序遍历）和中序遍历肯定能唯一确定二叉树；在前序遍历和后序遍历中只能确定根节点，而对于左、右子树的节点元素没办法正确选取，所以很难确定一棵二叉树。由此可见，确定一棵二叉树的基础是必须得知道中序遍历。

1.3 程序设计基础

考点13 程序设计方法与风格

1. 程序设计方法

程序设计是指设计、编制、调试程序的方法和过程。

程序设计方法是研究问题求解如何进行系统构造的软件方法。常用的程序设计方法有结构化程序设计方法、软件工程方法和面向对象方法。

2. 程序设计风格

程序的质量主要受到程序设计的方法、技术和风格等因素的影响。“清晰第一，效率第二”是当今主导的程序设计风格，即首先要保证程序的清晰易读，其次再考虑提高程序的执行速度、节省系统资源。

程序设计风格是指编写程序时所表现出的特点、习惯和逻辑思路。良好的程序设计风格可以使程序结构清晰合理，程序代码便于维护，因此，程序设计风格深深地影响着软件的质量和维护难度。要形成良好的程序设计风格，主要应注意和考虑的因素有以下几点：

- 源程序文档化；
- 数据说明方法；
- 语句的结构；
- 输入和输出。

真考链接

该知识点属于考试大纲中要求熟记的内容，考核概率为10%。考生需熟记程序设计的规范及相关概念。

真题精选

下列叙述中，不属于良好程序设计风格要求的是（ ）。

A. 程序的效率第一，清晰第二　　B. 程序的可读性好

C. 程序中要有必要的注释　　D. 输入数据前要有提示信息

【答案】A

【解析】著名的“清晰第一，效率第二”的论点已经成为主导的程序设计风格，所以选项A不属于良好程序设计风格要求，其余选项都属于良好程序设计风格要求。

考点14 结构化程序设计

1. 结构化程序设计的原则

结构化程序设计方法的主要原则可以概括为自顶向下、逐步求精、模块化及限制使用goto语句。

（1）自顶向下：设计程序时，应先考虑总体，后考虑细节；先考虑全局目标，后考虑具体问题。

（2）逐步求精：将复杂问题细化，细分为逐个小问题再依次求解。

（3）模块化：是把程序要解决的总目标分解为若干目标，再进一步分解为具体的小目标，把每个小目标称为一个模块。

真考链接

该知识点属于考试大纲中要求熟记的内容，考核概率为45%。考生需熟记结构化程序设计的4个原则以及结构化程序设计的3种基本结构。

（4）限制使用goto语句：滥用goto语句确实有害，应尽量避免；完全避免使用goto语句也并非明智的方法，有些地方使用goto语句，会使程序流程更清楚、效率更高；争论的焦点不应该放在是否取消goto语句，而应该放在用什么样的程序

结构上。

2. **结构化程序设计的基本结构**

结构化程序设计有3种基本结构，即顺序结构、选择结构和循环结构，其基本形式如图1.10所示。

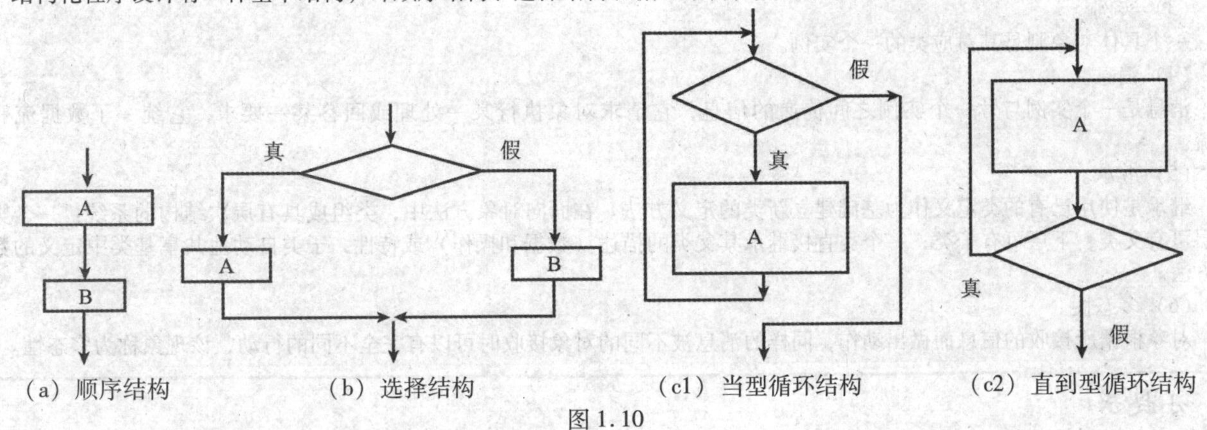

图1.10

3. **结构化程序设计的原则和方法的应用**

结构化程序设计是一种面向过程的程序设计方法。在结构化程序设计的具体实施过程中，需要注意以下问题：

- 使用程序设计语言的顺序、选择、循环等有限的控制结构表示程序的控制逻辑；
- 选用的控制结构只准许有一个入口和一个出口；
- 程序语句组成容易识别的块，每块只有一个入口和一个出口；
- 复杂结构应该应用嵌套的基本控制结构进行组合嵌套来实现；
- 语言中所没有的控制结构，应该采用前后一致的方法来模拟；
- 严格控制goto语句的使用。

真题精选

下列选项中不属于结构化程序设计原则的是（　　）。

A. 自顶向下　　B. 逐步求精　　C. 模块化　　D. 可复用

【答案】D

【解析】20世纪70年代以来，提出了许多软件设计原则，主要包括：①逐步求精，对复杂的问题，应设计一些子目标进行过渡，逐步细化。②自顶向下，设计程序时，应先考虑总体，后考虑细节；先考虑全局目标，后考虑局部目标。一开始不要过多追求细节，要先从最上层总目标开始设计，逐步使问题具体化。③模块化，一个复杂问题，通常是由若干相对简单的问题构成的。模块化是把程序要解决的总目标分解为分目标，再进一步分解为具体的小目标，把每个小目标称为一个模块。而可复用是面向对象程序设计的一个优点，不是结构化程序设计原则。

考点15 面向对象的程序设计

真考链接

该知识点属于考试大纲中要求熟记的内容，考核概率为65%。考生需熟记对象、类、实例、消息、继承、多态性的概念。

1. **面向对象方法的本质**

面向对象方法的本质就是主张从客观世界固有的事物出发来构造系统，提倡用人类在现实生活中常用的思维方法来认识、理解和描述客观事物，强调最终建立的系统能够映射问题域。

2. **面向对象方法的优点**

面向对象方法有以下优点：

- 与人类习惯的思维方法一致；
- 稳定性好；
- 可重用性好；
- 易于开发大型软件产品；
- 可维护性好。

3. **面向对象方法的基本概念**

（1）对象。

对象是面向对象方法中最基本的概念。对象可以用来表示客观世界中的任何实体，它既可以是具体的物理实体的抽象，也可以是人为概念，或者是任何有明确边界和意义的东西。

(2) 类。

类是具有共同属性、共同方法的对象的集合，是关于对象的抽象描述，能反映属于该对象类型的所有对象的性质。

(3) 实例。

一个具体对象则是其对应类的一个实例。

(4) 消息。

消息是一个实例与另一个实例之间传递的信息，它请求对象执行某一处理或回答某一要求，它统一了数据流和控制流。

(5) 继承。

继承是使用已有的类定义作为基础建立新类的定义方法。在面向对象方法中，类组成具有层次结构的系统：一个类的上层可有父类，下层可有子类；一个类直接继承其父类的描述（数据和操作）或特性，子类自动地共享基类中定义的数据和方法。

(6) 多态性。

对象根据所接收的信息而做出动作，同样的消息被不同的对象接收时可以有完全不同的行动，该现象称为多态性。

小提示

当使用“对象”这个术语时，既可以指一个具体的对象，也可以泛指一般的对象。但是当使用“实例”这个术语时，则是指一个具体的对象。

常见问题

对象是面向对象方法中最基本的概念，请问对象有哪些特点？

对象的特点有：①标识唯一性，指对象是可区分的，并且由对象的内在本质来区分；②分类性，指可以将具有共同属性和方法的对象抽象成类；③多态性，指同一个操作可以是不同对象的行为；④封装性，从外面不能直接使用对象的处理能力，也不能直接修改其内部状态，对象的内部状态只能由其自身改变；⑤独立性，模块的独立性好。

真题精选

在面向对象方法中，实现信息隐蔽是依靠（　　）。

A. 对象的继承　　B. 对象的多态　　C. 对象的封装　　D. 对象的分类

【答案】C

【解析】对象是由数据和操作组成的封装体，与客观实体有直接的对应关系。对象之间通过传递消息互相联系，以模拟现实世界中不同事物彼此之间的关系。面向对象方法的 3 个重要特性：封装性、继承性和多态性。

1.4　软件工程基础

考点 16　软件工程的基本概念

真考链接

该知识点属于考试大纲中要求熟记的内容，考核概率为 75%。考生需熟记软件的定义、特点，软件工程的目标与原则；理解软件工程过程与软件生命周期。

1. 软件定义与软件特点

(1) 软件的定义。

软件（software）是与计算机系统的操作有关的计算机程序、规程、规则，以及可能有的文件、文档及数据。

计算机软件由两部分组成：一是计算机可执行的程序和数据；二是计算机不可执行的，与软件开发、运行、维护、使用等有关的文档。

(2) 软件的特点。

软件主要包括以下几个特点：

- 软件是一种逻辑实体，具有抽象性；
- 软件的生产与硬件不同，它没有明显的制作过程；

- 软件在运行、使用期间，不存在磨损、老化问题；
- 软件的开发、运行对计算机系统具有依赖性，受计算机系统的限制，这导致了软件移植的问题；
- 软件复杂度高、成本昂贵；
- 软件开发涉及诸多的社会因素。

2. 软件危机与软件工程

（1）软件危机。

软件危机泛指在计算机软件的开发和维护中所遇到的一系列严重问题。具体地说，在软件开发和维护过程中，软件危机主要表现在以下几个方面：

- 软件需求的增长得不到满足；
- 软件的开发成本和进度无法控制；
- 软件质量难以保证；
- 软件不可维护或维护程度非常低；
- 软件的成本不断提高；
- 软件开发生产率的提高赶不上硬件的发展和应用需求的增长。

总之，可以将软件危机归结为成本、质量、生产率等问题。

（2）软件工程。

软件工程是应用于计算机软件的定义、开发和维护的一整套方法、工具、文档、实践标准和工序。

软件工程包括两方面内容：软件开发技术和软件工程管理。软件工程包括3个要素，即方法、工具和过程。软件工程的核心思想是把软件产品看作一个工程产品来处理。

3. 软件工程过程与软件生命周期

（1）软件工程过程。

软件工程过程是把输入转化成输出的一组彼此相关的资源和活动。

（2）软件生命周期。

通常，将软件产品从提出、实现、使用维护到停止使用的过程称为软件生命周期。

软件生命周期主要包括软件定义、软件开发及软件运行维护3个阶段。其中软件生命周期的主要活动阶段包括可行性研究与计划制订、需求分析、软件设计、软件实现、软件测试和运行维护。

4. 软件工程的目标与原则

（1）软件工程的目标。

软件工程需达到的目标：在给定成本、进度的前提下，开发出具有有效性、可靠性、可理解性、可维护性、可重用性、可适应性、可移植性、可追踪性和可互操作性且满足用户需求的产品。

（2）软件工程的原则。

为了实现上述的软件工程目标，在软件开发过程中，必须遵循软件工程的基本原则。这些原则适用于所有的软件项目，包括抽象、信息隐蔽、模块化、局部化、确定性、一致性、完备性和可验证性。

5. 软件开发工具与软件开发环境

软件开发工具与软件开发环境的使用，提高了软件的开发效率、维护效率和质量。

（1）软件开发工具。

软件开发工具的产生、发展和完善促进了软件的开发效率和质量的提高。软件开发工具从初期的单项工具逐步向集成工具发展。与此同时，软件开发的各种方法也必须得到相应的软件工具的支持，否则方法就很难有效地实施。

（2）软件开发环境。

软件开发环境是全面支持软件开发过程的软件工具集合。这些软件工具按照一定的方法或模式组合起来，支持软件生命周期的各个阶段和各项任务的完成。

计算机辅助软件工程（Computer Aided Software Engineering，CASE）是当前软件开发环境中富有特色的研究工作和发展方向。CASE将各种软件工具、开发计算机和一个存放过程信息的中心数据库组合起来，形成软件工程环境。一个良好的软件工程环境将最大限度地降低软件开发的技术难度并使软件开发的质量得到保证。

真题精选

下列描述中，正确的是（　　）。

A. 程序就是软件　　　　B. 软件开发不受计算机系统的限制

C. 软件既是逻辑实体，又是物理实体　　　　D. 软件是程序、数据与相关文档的集合

【答案】D

【解析】计算机软件是计算机系统中与硬件相互依存的另一部分，是程序、数据及相关文档的完整集合。软件具有以

下特点：①软件是一种逻辑实体，而不是物理实体，具有抽象性；②软件的生产过程与硬件不同，没有明显的制作过程；③软件在运行、使用期间不存在磨损、老化问题；④软件的开发、运行对计算机系统具有不同程度的依赖性，这导致软件移植的问题；⑤软件复杂度高，成本昂贵；⑥软件开发涉及诸多的社会因素。

考点 17 结构化分析方法

真考链接

该知识点属于考试大纲中要求熟记的内容，考核概率为85%。考生需熟记需求分析的定义、2种需求分析方法，结构化分析方法的常用工具。

1. 需求分析和需求分析方法

（1）需求分析。

软件需求是指用户对目标软件系统在功能、行为、性能、设计约束等方面的期望。

需求分析的任务是发现需求、求精、建模和定义需求。需求分析将创建所需的数据模型、功能模型和控制模型。

需求分析阶段的工作，可以概括为4个方面：需求获取、需求分析、编写需求规格说明书、需求评审。

（2）需求分析方法。

常用的需求分析方法有结构化分析方法和面向对象分析方法。

2. 结构化分析方法

（1）结构化分析方法的基本概念。

结构化分析方法是结构化程序设计理论在软件需求分析阶段的应用。

结构化分析方法的实质是着眼于数据流，自顶向下，逐层分解，建立系统的处理流程，以数据流图和数据字典为主要工具，建立系统的逻辑模型。

（2）结构化分析方法的常用工具。

结构化分析方法的常用工具包括数据流图、数据字典、判断树、判断表。下面主要介绍数据流图和数据字典。

数据流图（Data Flow Diagram，DFD）是描述数据处理的工具，是需求理解的逻辑模型的图形表示，它直接支持系统的功能建模。

数据流图从数据传递和加工的角度来刻画数据流从输入到输出的移动变换过程，其主要图形元素及说明如表1.10所示。

表1.10

图形元素	说明
○（圆）	加工（转换）：输入数据经加工产生输出
→（箭头）	数据流：沿箭头方向传送数据，一般在旁边标注数据流名
═（双线）	存储文件：表示处理过程中存放各种数据的文件
□（矩形）	数据的源点/终点：表示系统和环境的接口，属系统之外的实体

数据字典（Data Dictionary，DD）是结构化分析方法的核心，是所有与系统相关的数据元素的一个有组织的列表，以及明确的、严格的定义，使得用户和系统分析员对于输入、输出、存储成分和中间计算结果有共同的理解。通常数据字典包含的信息有名称、别名、何处使用/如何使用、内容描述、补充信息等。数据字典中有4种类型的条目：数据流、数据项、数据存储和数据加工。

小提示

数据流图与程序流程图中用带箭头的线段表示的控制流有本质的不同，千万不要混淆。此外，数据存储和数据流都是数据，仅仅是所处的状态不同。数据存储是处于静止状态的数据，数据流是处于运动状态的数据。

3. 软件需求规格说明书

软件需求规格说明书是需求分析阶段的最后结果，是软件开发中的重要文档之一。

软件需求规格说明书的标准主要有正确性、无歧义性、完整性、可验证性、一致性、可理解性、可修改性和可追踪性。

考点18 结构化设计方法

真考链接

该知识点属于考试大纲中要求熟记的内容，考核概率为65%。考生需熟记软件设计的基本原理、概要设计的任务、面向数据流的设计方法、结构化设计的准则、详细设计的工具。

1. 软件设计的基本概念及方法

（1）软件设计的基础。

软件设计是软件工程的重要阶段，是一个把软件需求转换为软件表示的过程。软件设计的基本目标是用比较抽象概括的方式确定目标系统如何完成预定的任务，即确定系统的物理模型。

（2）软件设计的基本原理。

软件设计遵循软件工程的基本目标和原则，形成了适用于在软件设计过程中应该遵循的基本原理和与软件设计有关的概念，主要包括抽象、模块化、信息隐蔽及模块的独立性。下面主要介绍模块独立性的一些度量标准。

模块的独立程度是设计的重要度量标准。软件的模块独立性的定性度量标准是耦合性和内聚性。

耦合性是模块间互相连接的紧密程度的度量。内聚性是模块内部各个元素间彼此结合的紧密程度的度量。通常较优秀的软件设计，应尽量做到低耦合、高内聚。

（3）结构化设计方法。

结构化设计就是采用最佳可能方法，设计系统的各个组成部分及各成分之间的内部联系的技术。也就是说，结构化设计是这样一个过程，它决定用哪些方法把哪些部分联系起来，才能解决好某个有清楚定义的具体问题。

结构化设计方法的基本思想是将软件设计成由相对独立、功能单一的模块组成的结构。

小提示

一般来说，要求模块之间的耦合程度尽可能低，即模块尽可能独立，且要求模块的内聚程度尽可能高。内聚性和耦合性是一个问题的两个方面，耦合程度低的模块，其内聚程度通常较高。

2. 概要设计

（1）概要设计的任务。

- 设计软件系统结构。
- 设计数据结构及数据库。
- 编写概要设计文档。
- 评审概要设计文档。

（2）面向数据流的设计方法。

在需求分析设计阶段，产生了数据流图。面向数据流的设计方法定义了一些不同的映射方法，利用这些映射方法可以把数据流图变换成结构图表示的软件结构。数据流图从系统的输入数据流到系统的输出数据流的一连串连续加工形成了一条信息流。数据流图的信息流可分为两种：变换流和事务流。相应地，数据流图有两种典型的结构形式：变换型和事务型。

面向数据流的结构化设计过程：

- 确认数据流图的类型（是事务型还是变换型）；
- 说明数据流的边界；
- 把数据流图映射为程序结构；
- 根据设计准则对产生的结构进行优化。

（3）结构化设计的准则。

大量的实践表明，以下的设计准则可以作为设计的指导和对软件结构图进行优化的条件：

- 提高模块独立性；
- 模块规模应该适中；
- 深度、宽度、扇入和扇出都应适当；
- 模块的作用域应该在控制域之内；
- 降低模块之间接口的复杂程度；
- 设计单入口、单出口的模块；
- 模块功能应该可以预测。

小提示

扇出过大意味着模块过分复杂，需要控制和协调过多的下级模块；扇出过小时可以把下级模块进一步分解成若干个子功能模块，或者将其合并到它的上级模块中去。扇入越大则共享该模块的上级模块数目越多，这是有好处的，但是，不能牺牲模块的独立性单纯追求大扇入。大量实践表明，设计得很好的软件结构通常顶层扇出比较大，中层扇出较小，底层模块有大扇入。

3. **详细设计**

(1) 详细设计的任务。

详细设计的任务是为软件结构图中的每一个模块确定实现算法和局部数据结构，用某种选定的表达工具表示算法和数据结构的细节。

(2) 详细设计的工具。

- 图形工具：程序流程图、N-S、PAD及HIPO。
- 表格工具：判定表。
- 语言工具：PDL（伪码）。

真题精选

从工程管理角度，软件设计一般分为两步完成，它们是（　　）。

A. 概要设计与详细设计　　B. 数据设计与接口设计

C. 软件结构设计与数据设计　　D. 过程设计与数据设计

【答案】A

【解析】从工程管理角度，软件设计分两步完成：概要设计与详细设计。概要设计将软件需求转化为软件体系结构、确定系统级接口、全局数据结构或数据库模式；详细设计确定每个模块的实现算法和局部数据结构，用适当方法表示算法和数据结构的细节。

考点19　软件测试

软件测试是保证软件质量的重要手段，其主要过程涵盖了整个软件生命周期，包括需求定义阶段的需求测试、编码阶段的单元测试、集成测试和其后的确认测试、系统测试，以及验证软件是否合格、能否交付用户使用等。

真考链接

该知识点属于考试大纲中要求熟记的内容，考核概率为75%。考生需熟记软件测试的目的和准则，理解白盒测试、黑盒测试及其测试用例设计。

1. **软件测试的目的及准则**

(1) 软件测试的目的。

软件测试是为了发现错误而执行程序的过程。

一个好的测试用例是指很可能找到迄今为止尚未发现的错误的用例。

一个成功的测试是指发现了至今尚未发现的错误的测试。

(2) 软件测试的准则。

鉴于软件测试的重要性，要做好软件测试，除了需要设计出有效的测试方案和好的测试用例，软件测试人员还需要充分理解和运用软件测试的一些基本准则：

- 所有测试都应追溯到用户需求；
- 严格执行测试计划，排除测试的随意性；
- 充分注意测试中的群集现象；
- 程序员应避免检查自己的程序；
- 穷举测试不可能实施；
- 妥善保存测试计划、测试用例、出错统计和最终分析报告，为软件维护提供方便。

2. **软件测试方法综述**

软件测试的方法是多种多样的，对于软件测试的方法，可以从不同角度加以分类。

若从是否需要执行被测软件的角度划分，软件测试的方法可以分为静态测试和动态测试；若按照功能划分，软件测试的方法可以分为白盒测试和黑盒测试。

(1) 静态测试与动态测试。

静态测试不实际运行软件，主要通过人工进行分析，包括代码检查、静态结构分析、代码质量度量等。其中代码检查分为代码审查、代码走查、桌面检查、静态分析等具体形式。

动态测试是基于计算机的测试，是为了发现错误而执行程序的过程。设计高效、合理的测试用例是做好动态测试的关键。

测试用例就是为测试设计的数据，由测试输入数据和预期的输出结果两部分组成。测试用例的设计方法一般分为两种：白盒测试方法和黑盒测试方法。

(2) 白盒测试与测试用例设计。

白盒测试也称结构测试或逻辑驱动测试，它根据程序的内部逻辑来设计测试用例，检查程序中的逻辑通路是否都按预定的要求正确地工作。

白盒测试的主要方法有逻辑覆盖测试、基本路径测试等。

(3) 黑盒测试与测试用例设计。

黑盒测试也称为功能测试或数据驱动测试，它根据规格说明书的功能来设计测试用例，检查程序的功能是否符合规格说明书的要求。

黑盒测试的主要方法有等价类划分法、边界值分析法、错误推测法、因果图法等，主要用于软件确认测试。

3. **软件测试的实施**

软件测试的实施过程主要有4个步骤：单元测试、集成测试、确认测试（验收测试）和系统测试。

（1）单元测试。

单元测试也称模块测试，模块是软件设计的最小单位，单元测试是对模块进行正确性的检验，以期尽早发现各模块内部可能存在的各种错误，通常在编码阶段进行。

（2）集成测试。

集成测试也称组装测试，它是对各模块按照设计要求组装成的程序进行的测试，其主要目的是发现与接口有关的错误。

（3）确认测试。

确认测试的任务是用户根据合同确定系统功能和性能是否可接受。确认测试需要用户积极参与，或者以用户为主进行。

（4）系统测试。

系统测试是将软件系统与硬件、外设或其他元素结合在一起，对整个软件系统进行的测试。

系统测试的内容包括功能测试、操作测试、配置测试、性能测试、安全测试和外部接口测试等。

真题精选

代码编写阶段可进行的软件测试是（　　）。

A. 单元测试　　B. 集成测试　　C. 确认测试　　D. 系统测试

【答案】A

【解析】单元测试也称模块测试，模块是软件设计的最小单位，单元测试是对模块进行正确性的检验，以期尽早发现各模块内部可能存在的各种错误，通常在编码阶段进行。本题答案为A选项。

考点20 程序调试

在对程序进行了成功的测试之后将进行程序调试。程序调试的任务是诊断和更正程序中的错误。

本考点主要讲解程序调试的概念及调试的方法。

> **真考链接**
>
> 该知识点属于考试大纲中要求熟记的内容，考核概率为30%。考生需熟记程序调试的任务及调试方法。

1. **程序调试的基本概念**

调试是成功测试之后的步骤，也就是说，调试是在测试发现错误之后排除错误的过程。软件测试贯穿整个软件生命期，而调试主要在开发阶段。

程序调试活动由两部分组成：

- 根据错误的迹象确定程序中错误的确切性质、原因和位置；
- 对程序进行修改，排除这个错误。

（1）调试的基本步骤。

①错误定位。

②修改设计和代码，以排除错误。

③进行回归测试，防止引入新的错误。

（2）调试的原则。

调试活动由对程序中错误的定性/定位和排错两部分组成，因此调试原则也从这两个方面考虑：

①确定错误的性质和位置的原则；

②修改错误的原则。

2. **程序调试方法**

调试的关键在于推断程序内部的错误位置及原因。从是否跟踪和执行程序的角度来看，程序调试类似于软件测试，分为静态调试和动态调试。静态调试主要是指通过人的思维来分析源程序代码和排错，是主要的调试手段，而动态调试是辅助静态调试的。

主要的软件调试方法有强行排错法、回溯法和原因排除法。其中，强行排错法是传统的调试方法；回溯法适用于小规模程序的排错；原因排除法是通过演绎和归纳及二分法来实现的。

真题精选

软件调试的目的是（　　）。

A. 发现错误　　B. 更正错误　　C. 改善软件性能　　D. 验证软件的正确性

【答案】B

【解析】软件调试的目的是诊断和更正程序中的错误，更正以后还需要进行测试。

常见问题

软件设计的重要性有哪些?

软件开发阶段（设计、编码、测试）占据软件项目开发总成本的绝大部分，是软件质量形成的关键环节；软件设计是开发阶段最重要的步骤，是将需求准确地转化为完整的软件产品或系统的唯一途径；软件设计做出的决策，会最终影响软件实现的成败；软件设计是软件工程和软件维护的基础。

1.5 数据库设计基础

考点21 数据库系统的基本概念

1. 数据、数据库、数据库管理系统、数据库系统

（1）数据。

数据（data）是描述事物的符号记录。

（2）数据库。

数据库(Database,DB)是指长期存储在计算机内的、有组织的、可共享的数据集合。

（3）数据库管理系统。

数据库管理系统(Database Management System,DBMS)是数据库的机构，它是一个系统软件，负责数据库中的数据的组织、操纵、维护、控制、保护和数据服务等。

数据库管理系统的主要类型有4种：文件管理系统、层次数据库系统、网状数据库系统和关系数据库系统，其中关系数据库系统的应用最广泛。

（4）数据库系统。

数据库系统（DataBase System,DBS）是指引进数据库技术后的整个计算机系统，它能实现有组织地、动态地存储大量相关数据，提供数据处理和信息资源共享的便利手段。

真考链接

该知识点属于考试大纲中要求熟记的内容，考核概率为90%。考生需熟记数据、数据库的概念，数据库管理系统的6个功能，数据库技术发展经历的3个阶段，数据库系统的4个基本特点，特别是数据独立性，数据库系统的3级模式及2级映射；理解数据库、数据库系统、数据库管理系统之间的关系。

小提示

数据库系统、数据库管理系统和数据库三者之间的关系：数据库管理系统是数据库系统的组成部分，数据库又是数据库管理系统的管理对象，因此可以说数据库系统包括数据库管理系统，数据库管理系统包括数据库。

2. 数据库系统的发展

数据库系统发展至今已经经历了3个阶段：人工管理阶段、文件系统阶段和数据库系统阶段。

一般认为，未来的数据库系统应支持数据管理、对象管理和知识管理，应该具有面向对象的基本特征。在关于数据库的诸多新技术中，有3种是比较重要的，它们是面向对象数据库系统、知识库系统、关系数据库系统的扩充。

（1）面向对象数据库系统。

用面向对象方法构筑面向对象数据库模型，使模型具有比关系数据库系统更为通用的能力。

（2）知识库系统。

用人工智能相关方法，特别是逻辑知识表示方法构筑数据模型，使模型具有特别通用的能力。

（3）关系数据库系统的扩充。

利用关系数据库做进一步扩展，使其在模型的表达能力与功能上有进一步的加强，如与网络技术相结合的Web数据库、数据仓库及嵌入式数据库等。

3. 数据库系统的基本特点

数据库系统具有的特点：数据的集成性、数据的高共享性与低冗余性、数据独立性、数据统一管理与控制。

4. 数据库系统的内部结构体系

数据模式是数据库系统中数据结构的一种表示形式，具有不同的层次与结构方式。

数据库系统在其内部具有3级模式和2级映射：3级模式分别是概念模式、内模式与外模式；2级映射分别是外模式/概念模式的映射和概念模式/内模式的映射。3级模式与2级映射构成了数据库系统内部的抽象结构体系。

模式的3个级别层次反映了模式的3个不同环境及其不同要求，其中内模式处于最里层，它反映了数据在计算机物理结构中的实际存储形式；概念模式位于中层，它反映了设计者的数据全局逻辑要求；而外模式位于最外层，它反映了用户对数据的要求。

小提示

一个数据库只有一个概念模式和一个内模式，有多个外模式。

真题精选

【例1】下列叙述中，正确的是（　　）。

A．数据库系统是一个独立的系统，不需要操作系统的支持

B．数据库技术的根本目标是解决数据的共享问题

C．数据库管理系统就是数据库系统

D．以上3种说法都不对

【答案】B

【解析】数据库系统由数据库（数据）、数据库管理系统（软件）、计算机硬件、操作系统及数据库管理员组成。作为处理数据的系统，数据库技术的根本目标就是解决数据的共享问题。

【例2】在数据库系统中，用户所见的数据模式为（　　）。

A．概念模式　　B．外模式　　C．内模式　　D．物理模式

【答案】B

【解析】概念模式是数据库系统中对全局数据逻辑结构的描述，是全体用户（应用）公共数据视图，它主要描述数据的记录类型及数据间关系，还包括数据间的语义关系等。数据库系统的3级模式结构由外模式、概念模式、内模式组成。外模式也叫作用户级数据库，是用户所看到和理解的数据库，是从概念模式导出的子模式，用户可以通过子模式描述语言来描述用户级数据库的记录，还可以利用数据语言对这些记录进行操作。内模式（或存储模式、物理模式）是指数据在数据库系统内的存储介质上的表示，是对数据的物理结构和存取方式的描述。

考点22　数据模型

真考链接

该知识点属于考试大纲中要求熟记的内容，考核概率为90%。考生需熟记数据模型的相关概念及其分类，关系模型中的常用术语及完整性约束。

1．数据模型的基本概念

数据是现实世界符号的抽象，而数据模型是数据特征的抽象。数据模型从抽象层次上描述了系统的静态特征、动态行为和约束条件，为数据库系统的信息表示与操作提供一个抽象的框架。数据模型所描述的内容有3个部分，它们是数据结构、数据操作及数据约束。

数据模型按不同的应用层次分为3种类型，它们是概念数据模型、逻辑数据模型和物理数据模型。

目前，逻辑数据模型也有很多种，较为成熟并先后被人们大量使用过的有E-R模型、层次模型、网状模型、关系模型、面向对象模型等。

2．E-R模型

E-R模型（实体－联系模型）将现实世界的要求转化成实体、联系、属性等几个基本概念，它们之间的两种基本连接关系，可以用E-R图非常直观地表示出来。

E-R图提供了表示实体、属性和联系的方法。

- 实体：客观存在并且可以相互区别的事物，用矩形表示，矩形框内写明实体名。
- 属性：描述实体的特性，用椭圆形表示，并用无向边将其与相应的实体连接起来。
- 联系：实体之间的对应关系，它反映现实世界事物之间的相互联系，用菱形表示，菱形框内写明联系名。

在现实世界中，实体之间的联系可分为3种："一对一"的联系（简记为1∶1）、"一对多"的联系（简记为1∶n）、"多对多"的联系（简记为M∶N或m∶n）。

3．层次模型

层次模型是用树形结构表示实体及其联系的模型。在层次模型中，节点是实体，树枝是联系，从上到下是一对多的关系。

层次模型的基本结构是树形结构，自顶向下，层次分明。其缺点是：受文件系统影响大，模型受限制多，物理成分复杂，操作与使用均不理想，且不适用于表示非层次性的联系。

4．网状模型

网状模型是用网状结构表示实体及其联系的模型。可以说，网状模型是层次模型的扩展，可以表示多个从属关系，并呈现一种交叉关系。

网状模型是以记录型为节点的网络，它能反映现实世界中较为复杂的事物间的联系。

网状模型结构如图1.11所示。

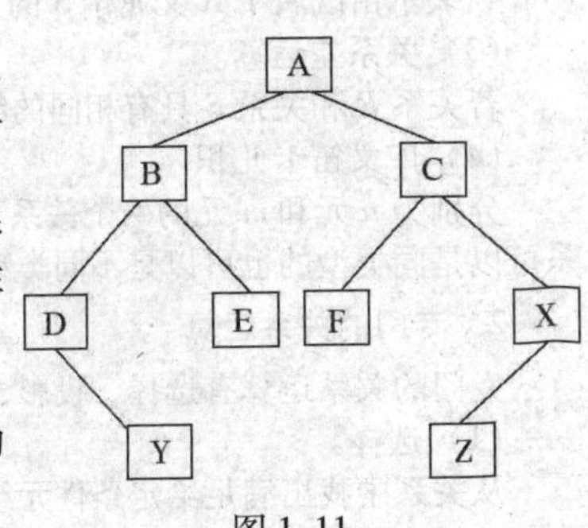

图1.11

5. **关系模型**

(1) 关系的数据结构。

关系模型采用二维表来表示，简称表。二维表由表框架及表的元组组成。表框架由 n 个命名的属性组成，n 称为属性元素。每个属性都有一个取值范围（称为值域）。表框架对应了关系的模式，即类型的概念。在表框架中可以按行存放数据，每行数据称为元组。

在二维表中唯一能标识元组的最小属性集称为该表的键（或码）。二维表中可能有若干个键，它们称为该表的候选键（或候选码）。从二维表的候选键中选取一个作为用户使用的键，称其为主键（或主码）。如表 A 中的某属性集是某表 B 的键，则称该属性集为 A 的外键（或外码）。

关系是由若干个不同的元组所组成的，因此关系可视为元组的集合。

(2) 关系的操纵。

关系模型的数据操纵是建立在关系上的数据操纵，一般有数据查询、增加、删除及修改 4 种操作。

(3) 关系中的数据约束。

关系模型允许定义 3 类数据约束，它们是实体完整性约束、参照完整性约束和用户定义的完整性约束，前两种完整性约束由关系数据库系统自动支持。对于用户定义的完整性约束，关系数据库系统可提供完整性约束语言，用户利用该语言写出约束条件，运行时由系统自动检查。

真题精选

【例 1】下列说法中，正确的是（　　）。

A. 为了建立一个关系，首先要构造数据的逻辑关系

B. 表示关系的二维表中各元组的每个分量还可以分成若干个数据项

C. 一个关系的属性名称为关系模式

D. 一个关系可以包含多个二维表

【答案】A

【解析】元组已经是数据的最小单位，不可再分；关系的框架称为关系模式；关系框架与关系元组一起构成了关系，即一个关系对应一张二维表。选项 A 中，在建立关系前，需要先构造数据的逻辑关系是正确的。

【例 2】用树形结构表示实体之间联系的模型是（　　）。

A. 关系模型　　B. 网状模型　　C. 层次模型　　D. 以上 3 个都是

【答案】C

【解析】层次模型实际上是以记录型为节点构成的树，它把客观问题抽象为一个严格的、自上而下的层次关系，所以，它的基本结构是树形结构。

考点 23 关系代数

真考链接

该知识点属于考试大纲中要求掌握的内容，考核概率为 90%。考生需掌握投影、选择、笛卡儿积运算以及并、交、差等一些基本运算。

1. **传统的集合运算**

(1) 关系并运算。

若关系 R 和关系 S 具有相同的结构，则关系 R 和关系 S 的并运算记为 $R \cup S$，表示由属于 R 的元组或属于 S 的元组组成。

(2) 关系交运算。

若关系 R 和关系 S 具有相同的结构，则关系 R 和关系 S 的交运算记为 $R \cap S$，表示由既属于 R 又属于 S 的元组组成。

(3) 关系差运算。

若关系 R 和关系 S 具有相同的结构，则关系 R 和关系 S 的差运算记为 $R-S$，表示由属于 R 且不属于 S 的元组组成。

(4) 广义笛卡儿积。

分别为 n 元和 m 元的两个关系 R 和 S 的广义笛卡儿积 $R \times S$ 是一个 $n \times m$ 元组的集合。其中的两个运算对象 R 和 S 的关系可以是同类型的也可以是不同类型的。

2. **专门的关系运算**

专门的关系运算有选择、投影、连接等。

(1) 选择。

从关系中找出满足给定条件元组的操作称为选择。选择的条件以逻辑表达式给出，使得逻辑表达式为真的元组将被选取。选择又称为限制。它在关系 R 中选择满足给定选择条件 F 的诸元组，记作：

$$\sigma_F(R) = \{t \mid t \in R \land F(t) = '真'\}$$

其中选择条件 F 是一个逻辑表达式，取逻辑值“真”或“假”。

（2）投影。

从关系模式中指定若干个属性列组成新的关系称为投影。

关系 R 上的投影是指从关系 R 中选择出若干属性列组成新的关系，记作：

$$\pi_A(R)=\{t[A]\mid t\in R\}$$

其中 A 为 R 中的属性列。

（3）连接。

连接也称为θ连接，它从两个关系的笛卡儿积中选取满足条件的元组，记作：

$$R\underset{A\theta B}{\bowtie}S=\{t_Rt_S\mid t_R\in R\wedge t_S\in S\wedge t_R[A]\theta t_S[B]\}$$

其中，A 和 B 分别为关系 R 和 S 上度数相等且可比的属性组。连接运算从广义笛卡儿积 $R\times S$ 中选取关系 R 在 A 属性组上的值与关系 S 在 B 属性组上的值满足θ关系的元组。

连接运算中有两种最为重要且常用的连接：一种是等值连接；另一种是自然连接。

θ为“=”的连接运算称为等值连接，它从关系 R 与关系 S 的广义笛卡儿积中选取 A、B 属性值相等的元组，则等值连接为

$$R\underset{A=B}{\bowtie}S=\{t_Rt_S\mid t_R\in R\wedge t_S\in S\wedge t_R[A]=t_S[B]\}$$

自然连接（natural join）是一种特殊的等值连接，它要求两个关系中进行比较的分量必须是相同的属性组，并且在结果中去掉重复的属性列，则自然连接可记作：

$$R\bowtie S=\{t_Rt_S\mid t_R\in R\wedge t_S\in S\wedge t_R[B]=t_S[B]\}$$

真题精选

【例1】设有以下3个关系表，如表1.11～表1.13所示。

表1.11

R

A	B	C
1	1	2
2	2	3

表1.12

S

A	B	C
3	1	3

表1.13

T

A	B	C
1	1	2
2	2	3
3	1	3

下列关系运算中正确的是（　　）。

A. $T=R\cap S$　　B. $T=R\cup S$　　C. $T=R\times S$　　D. $T=R/S$

【答案】C

【解析】集合的并、交、差、广义笛卡儿积：设有两个关系分别为 R 和 S，它们具有相同的结构，R 和 S 的并由属于 R 和 S，或者同时属于 R 和 S 的所有元组组成，记作 $R\cup S$；R 和 S 的交由既属于 R 又属于 S 的所有元组组成，记作 $R\cap S$；R 和 S 的差由属于 R 但不属于 S 的所有元组组成，记作 $R-S$；元组的前 n 个分量是 R 的一个元组，后 m 个分量是 S 的一个元组，若 R 有 K_1 个元组，S 有 K_2 个元组，则 $R\times S$ 有 $K_1\times K_2$ 个元组，记为 $R\times S$。从表1.13中可见，关系 T 是关系 R 和关系 S 的简单扩充，而扩充的符号为“×”，故答案为 $T=R\times S$。

【例2】在下列关系运算中，不改变关系表中的属性个数但能减少元组个数的是（　　）。

A. 并　　B. 交　　C. 投影　　D. 笛卡儿积

【答案】B

【解析】关系的基本运算有两类：传统的集合运算（并、交、差）和专门的关系运算（选择、投影、连接）。集合的并、交、差：设有两个关系分别为 R 和 S，它们具有相同的结构，R 和 S 的并由属于 R 或 S，或同时属于 R 和 S 的所有元组组成，记作 $R\cup S$；R 和 S 的交由既属于 R 又属于 S 的所有元组组成，记作 $R\cap S$；R 和 S 的差由属于 R 但不属于 S 的所有元组组成，记作 $R-S$。因此，在关系运算中，不改变关系表中的属性个数但能减少元组（关系）个数的只能是集合的交。

考点24 数据库设计与管理

数据库设计是数据库应用的核心。

1. 数据库设计概述

数据库设计的基本任务是根据用户对象的信息需求、处理需求和数据库的支持环境设计出数据模型。

数据库设计的基本思想是过程迭代和逐步求精。数据库设计的根本目标是解决数据共享问题。

真考链接

该知识点属于考试大纲中要求熟记的内容，考核概率为55%。考生需熟记数据库设计的方法和步骤，理解概念设计和逻辑设计。

数据库设计有两种方法：

- 面向数据的方法，以信息需求为主，兼顾处理需求；
- 面向过程的方法，以处理需求为主，兼顾信息需求。

其中，面向数据的方法是主流的设计方法。

目前数据库设计一般采用生命周期法，即将整个数据库应用系统的开发分解成目标独立的若干阶段，分别是需求分析阶段、概念设计阶段、逻辑设计阶段、物理设计阶段、编码阶段、测试阶段、运行阶段和进一步修改阶段。在数据库设计中采用上述阶段中的前四个阶段，并且主要以数据结构与模型的设计为主线。

2. 数据库设计的需求分析

需求分析是数据库设计的第一阶段，这一阶段收集到的基础数据和绘制的数据流图是设计概念结构的基础。需求分析的主要工作有绘制数据流图、数据分析、功能分析、确定功能处理模块和数据之间的关系。

需求分析和表达经常采用的方法有结构化分析方法和面向对象方法。结构化分析方法用自顶向下、逐层分解的方式分析系统。数据流图表达了数据和处理过程的关系，数据字典对系统中数据的详尽描述，是各类数据属性的清单。

数据字典是各类数据描述的集合，它通常包括5个部分：数据项，它是数据的最小单位；数据结构，它是若干数据项有意义的集合；数据流，它可以是数据项，也可以是数据结构，表示某一处理过程的输入和输出；数据存储，它是处理过程中存取的数据，常常是手工凭证、手工文档或计算机文件；处理过程。

数据字典是在需求分析阶段建立，在数据库设计过程中不断修改、充实、完善的。

3. 数据库的概念设计

（1）数据库概念设计。

数据库概念设计的目的是分析数据间内在的语义关联，在此基础上建立数据的抽象模型。

数据库概念设计的方法主要有两种：集中式模式设计法和视图集成设计法。

（2）数据库概念设计的过程。

使用E-R模型与视图集成法进行设计时，需要按以下步骤进行：

①选择局部应用；

②视图设计；

③视图集成。

4. 数据库的逻辑设计

（1）从E-R图向关系模式转换。

从E-R图向关系模式的转换是比较直接的，实体与联系都可以表示成关系，在E-R图中属性也可转换成关系的属性。实体集也可转换成关系，如表1.14所示 。

表1.14

E-R模型	关　系	E-R模型	关　系
属性	属性	实体集	关系
实体	元组	联系	关系

如联系类型为1:1，则每个实体的码均是该关系的候选码。

如联系类型为1: N，则关系的码为 N 端实体的码。

如联系类型为 M: N，则关系的码为诸实体的组合，具有相同码的关系模式可合并。

（2）逻辑模式规范化。

在关系数据库设计中，存在的问题有数据冗余、插入异常、删除异常和更新异常。

数据库规范化的目的在于消除数据冗余和插入/删除/更新异常。规范化理论有4种范式，从第一范式到第四范式的规范化程度逐渐升高。

（3）关系视图设计。

关系视图是在关系模式的基础上所设计的直接面向操作用户的视图，它可以根据用户需求随时创建。

5. 数据库的物理设计

（1）数据库物理设计的概念。

数据库在物理设备上的存储结构与存取方法称为数据库的物理结构，它依赖于给定的计算机系统。为一个给定的逻辑模式选取一个最适合应用要求的物理结构的过程，就是数据库物理设计。

（2）数据库物理设计的主要目标。

数据库物理设计的主要目标是对数据库内部物理结构进行调整并选择合理的存取路径，以提高数据库访问速度及有效利用存储空间。

6. 数据库管理

数据库是一种共享资源，它需要维护与管理，这种工作称为数据库管理，而实施此项管理的人称为数据库管理员（DataBase Administrator，DBA）。

数据库管理包括数据库的建立、数据库的调整、数据库的重组、数据库安全性与完整性的控制、数据库故障恢复和数据库监控。

真题精选

在E-R图中，用来表示实体之间联系的图形是（　　）。

A. 矩形　　B. 椭圆形　　C. 菱形　　D. 平行四边形

【答案】C

【解析】E-R图中规定：用矩形表示实体，椭圆形表示实体属性，菱形表示实体关系。

常见问题

联系有哪3种类型？它们的区别是什么？

一对一：A中的每一个实体只与B中的一个实体相联系，反之亦然。一对多：A中的每一个实体，在B中都有多个实体与之对应，B中的每一个实体，在A中只有一个实体与之相对应。多对多：A中的每一个实体，在B中都有多个实体与之对应，反之亦然。

1.6 综合自测

1. 对图1.12中的二叉树进行中序遍历的结果是（　　）。

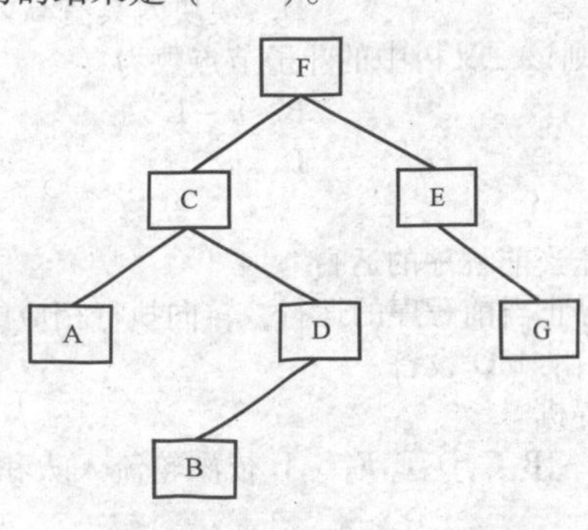

图1.12

A. ACBDFEG　　B. ACBDFGE　　C. ABDCGEF　　D. FCADBEG

2. 按照“后进先出”原则组织数据的数据结构是（　　）。

A. 队列　　B. 栈　　C. 双向链表　　D. 二叉树

3. 下列叙述中，正确的是（　　）。

A. 一个逻辑数据结构只能有一种存储结构
B. 数据的逻辑结构属于线性结构，存储结构属于非线性结构
C. 一个逻辑数据结构可以有多种存储结构，且各种存储结构不影响数据处理的效率
D. 一个逻辑数据结构可以有多种存储结构，且各种存储结构影响数据处理的效率

4. 下面选项中，不属于面向对象程序设计特征的是（　　）。

A. 继承性　　B. 多态性　　C. 类比性　　D. 封装性

5. 下列叙述中，正确的是（　　）。

A. 软件交付使用后还需要进行维护
B. 软件一旦交付使用就不需要再进行维护
C. 软件交付使用后其生命周期就结束
D. 软件维护是指修复程序中被破坏的指令

6. 下列描述中，正确的是（　　）。

A. 软件工程只解决软件项目的管理问题
B. 软件工程主要解决软件产品的生产率问题

C. 软件工程的主要思想是强调在软件开发过程中需要应用工程化原则
D. 软件工程只解决软件开发中的技术问题

7. 在软件设计中，不属于过程设计工具的是（　　）。
A. PDL（过程设计语言）　　B. PAD 图
C. N-S 图　　D. DFD 图

8. 数据库设计的 4 个阶段是需求分析、概念设计、逻辑设计和（　　）。
A. 编码设计　　B. 测试阶段　　C. 运行阶段　　D. 物理设计

9. 数据库技术的根本目标是解决数据的（　　）。
A. 存储问题　　B. 共享问题　　C. 安全问题　　D. 保护问题

10. 在数据库的三级模式中，可以有任意多个（　　）。
A. 概念模式　　B. 内模式　　C. 物理模式　　D. 外模式

11. 下列关于栈的叙述，正确的是（　　）。
A. 栈是非线性结构　　B. 栈是一种树状结构
C. 栈具有“先进先出”的特征　　D. 栈具有“后进先出”的特征

12. 结构化程序设计所规定的 3 种基本控制结构是（　　）。
A. 输入、处理、输出　　B. 树形、网形、环形
C. 顺序、选择、循环　　D. 主程序、子程序、函数

13. 下列叙述中，正确的是（　　）。
A. 算法的效率只与问题的规模有关，而与数据的存储结构无关
B. 算法的时间复杂度是指执行算法所需要的计算工作量
C. 数据的逻辑结构与存储结构是一一对应的
D. 算法的时间复杂度与空间复杂度一定相关

14. 在结构化程序设计中，模块划分的原则是（　　）。
A. 各模块应包括尽量多的功能　　B. 各模块的规模尽量大
C. 各模块之间的联系应尽量紧密　　D. 模块内具有高内聚度、模块间具有低耦合度

15. 某二叉树中有 n 个度为 2 的节点，则该二叉树中的叶子节点数为（　　）。
A. $n+1$　　B. $n-1$
C. $2n$　　D. $n/2$

16. I/O 方式中的程序中断方式是指(　　)。
A. 当出现异常情况时，CPU 将终止当前程序的运行
B. 当出现异常情况时，CPU 暂时停止当前程序的运行，转向执行相应的服务程序
C. 当出现异常情况时，计算机将启动 I/O 设备
D. 当出现异常情况时，计算机将停机

17. 设栈与队列初始状态为空。将元素 A,B,C,D,E,F,G,H 依次轮流入队和入栈，然后依次轮流退队和出栈，则输出序列为(　　)。
A. A,B,C,D,H,G,F,E　　B. G,E,C,A,B,D,F,H
C. D,C,B,A,E,F,G,H　　D. A,H,C,F,E,D,G,B

18. 下列叙述中错误的是(　　)。
A. 地址重定位要求程序必须装入固定的内存空间
B. 地址重定位是指建立用户程序的逻辑地址与物理地址之间的对应关系
C. 地址重定位需要对指令和指令中相应的逻辑地址部分进行修改
D. 地址重定位方式包括静态地址重定位和动态地址重定位

19. 进程是指(　　)。
A. 存放在内存中的程序　　B. 与程序等效的概念
C. 一个系统软件　　D. 程序的执行过程

20. 通常所说的计算机主机包括(　　)。
A. 中央处理器和主存储器　　B. 中央处理器、主存储器和外存
C. 中央处理器、存储器和外围设备　　D. 中央处理器、存储器和终端设备

21. 整数在计算机中存储和运算通常采用的格式是(　　)。
A. 原码　　B. 补码　　C. 反码　　D. 移码

第2章

Office操作基础

Office 2016 是一组软件的集合，它包括文字处理软件 Word 2016、电子表格处理软件 Excel 2016 及幻灯片制作软件 PowerPoint 2016 等多个办公软件。

本章将主要介绍 Office 操作基础，包括 Office 界面及数据共享的方法。Office 系列软件在界面特征上具有一定的相似性，并且可以进行软件之间的数据传递和共享。掌握本章内容，可以为之后的学习打下很好的基础。下面对本章考核的知识点进行全面分析。

考试要点分析明细表

考　点	考核概率	难易程度
功能区与选项卡	5%	★
操作说明搜索	1%	★
上下文选项卡	4%	★
对话框启动器按钮	20%	★
实时预览	1%	★
增强的屏幕提示	1%	★
快速访问工具栏	4%	★
后台视图	1%	★
自定义 Office 功能区	4%	★
账户登录及共享	1%	★
主题共享	4%	★
数据共享	20%	★★

2.1 以任务为导向的应用界面

考点1 功能区与选项卡

在 Office 2016 的功能区中，用户可以进行自定义功能区（包括创建功能区及创建组）等操作。

例如，Word 2016 的功能区中提供了【文件】【开始】【插入】【设计】【布局】【引用】【邮件】【审阅】【视图】等编辑文档的多个选项卡，如图 2.1所示。单击功能区中的这些选项卡标签后，即可切换到相应的选项卡，并显示相应的命令，这种选项卡的组合方式使操作更为直观、方便。

> **真考链接**
>
> 该知识点属于考试大纲中要求了解的内容，考核概率为 5%。考生只需了解功能区与选项卡内容即可。

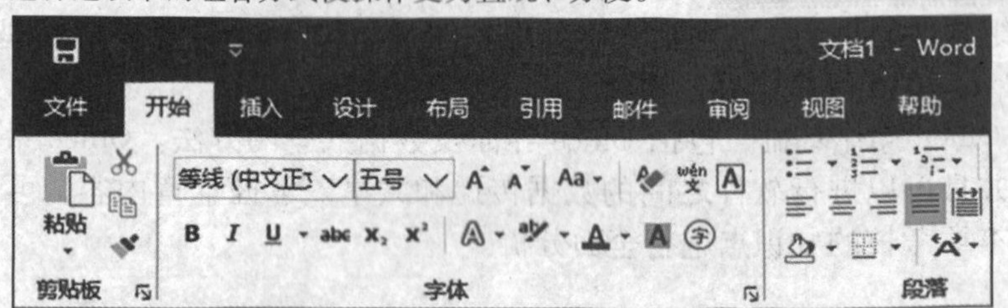

图 2.1

由于 Office 系列软件在界面特征上具有一定的相似性，一旦学会如何在 Word 中使用功能区，就会发现 Excel、PowerPoint 中的功能区同样易于使用。

考点2 操作说明搜索

Office 2016 功能区的右上方有一个【告诉我您想要做什么】搜索框，在其中输入某个命令后，会立即执行该命令。对于那些在功能区中不好找但又需要偶尔执行的命令，利用该功能执行非常方便。例如，在 Excel 2016 中要进行高级筛选，选择单元格后直接在【告诉我您想要做什么】搜索框中输入【高级筛选】，然后按【Enter】键，即可弹出【高级筛选】对话框，从中可以进行筛选设置，如图 2.2 所示。

> **真考链接**
>
> 该知识点属于考试大纲中要求了解的内容，考核概率为 1%。考生只需了解如何使用操作说明搜索即可。

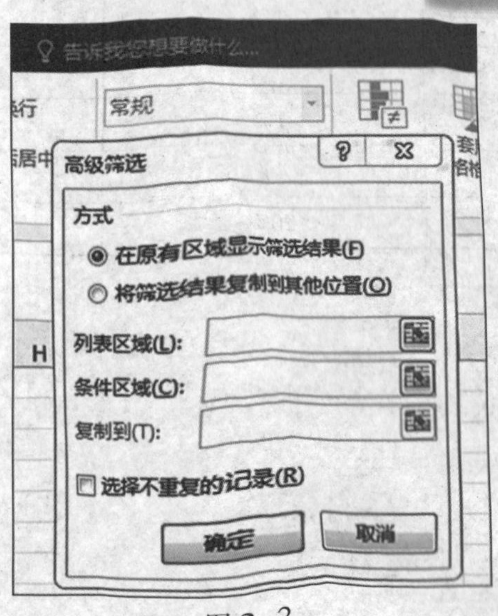

图 2.2

考点3 上下文选项卡

上下文选项卡仅会在需要时显示，从而使用户能够更加轻松地根据正在进行的操作来获得和使用所需的命令。例如，在 Word 中编辑表格时，选中表格后，【设计】选项卡才会显示出来，如图 2.3 所示。

真考链接

该知识点属于考试大纲中要求了解的内容，考核概率为 4%。考生需了解上下文选项卡。

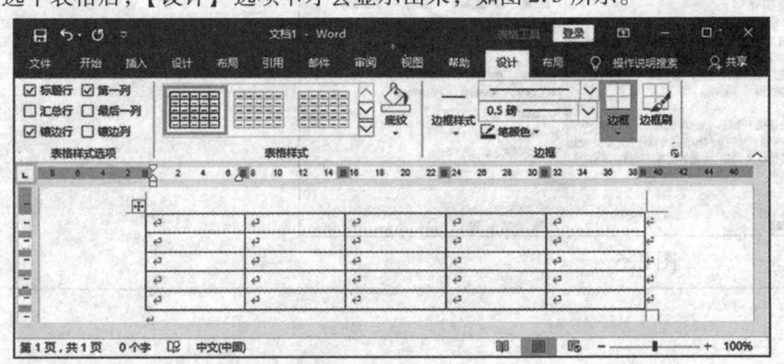

图 2.3

考点4 对话框启动器按钮

在 Office 2016 功能区中，单击某些命令按钮可以启动对话框。例如，在 Word 2016 功能区的【插入】选项卡的【插图】组中，单击【图表】按钮就可以打开【插入图表】对话框。但是最常用的【字体】对话框、【段落】对话框却找不到对应的命令按钮。

真考链接

该知识点属于考试大纲中要求熟记的内容，考核概率为 20%。考生需熟记对话框启动器按钮的用法。

仔细观察功能区，会发现在某些选项组的右下角有一个小箭头按钮，如图 2.4 所示，它就是对话框启动器按钮。单击此按钮就会打开一个带有更多命令的对话框或任务窗格。例如，在 Word 2016 功能区的【开始】选项卡的【字体】组中，单击对话框启动器按钮就可以打开【字体】对话框。

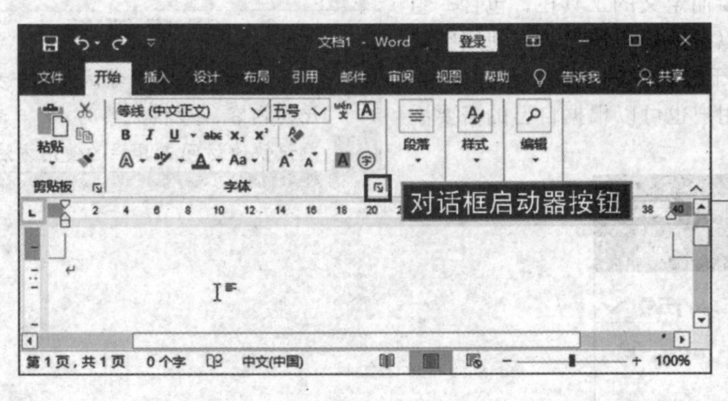

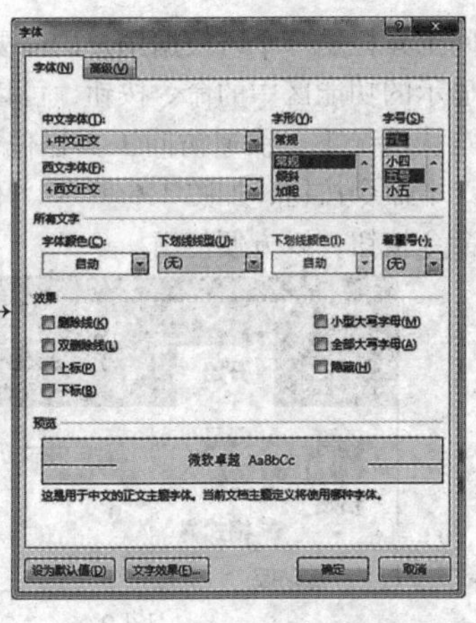

图 2.4

考点5 实时预览

在处理文件过程中，当鼠标指针移动到相关的选项上时，当前编辑的文档中就会显示相应的预览效果。

例如，当设置标题效果时，只需将鼠标指针在各个标题选项上滑过，Word 2016 文档就会显示实时预览效果，这有利于用户快速选择最佳标题效果的选项，如图 2.5 所示。

真考链接

该知识点属于考试大纲中要求了解的内容，考核概率为 1%。考生只需了解如何使用实时预览即可。

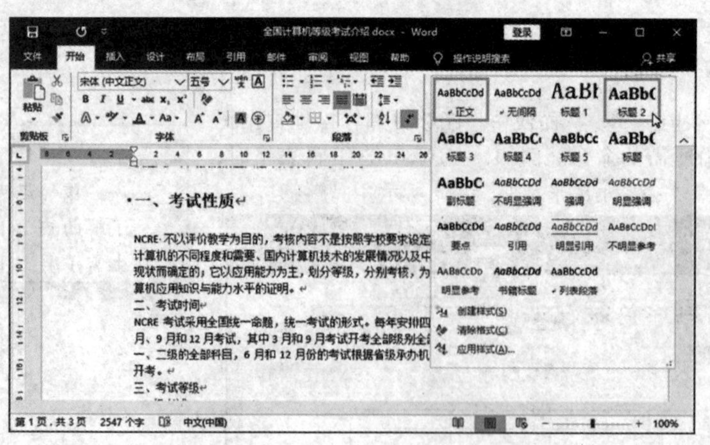

图 2.5

考点 6　增强的屏幕提示

增强的屏幕提示是更大的窗口，它可以显示比屏幕提示更多的信息，并可以直接从某一命令中的显示位置指向帮助主题的链接。

将鼠标指针指向某一命令或功能时，会出现相应的屏幕提示，帮助用户迅速了解该命令或功能。如果用户想获得更加详细的信息，也不必在帮助窗口中进行搜索，可直接利用该功能提供的“详细信息”的链接，直接从当前位置访问。

真考链接

该知识点属于考试大纲中要求了解的内容，考核概率为 1%。考生只需了解增强的屏幕提示的使用方法即可。

小提示

按【Ctrl + F10】组合键可以将文档窗口最大化。

考点 7　快速访问工具栏

快速访问工具栏是一个可根据用户的需要而定义的工具栏，包含一组独立于当前显示的功能区中的命令按钮，可以帮助用户快速访问使用频繁的工具。在默认情况下，快速访问工具栏位于标题栏的左侧，包括保存、撤销和恢复 3 个命令按钮，如图 2.6 所示。用户也可以根据自己的需要添加一些常用命令按钮，以方便使用。

真考链接

该知识点属于考试大纲中要求熟记的内容，考核概率为 4%。考生需熟记快速访问工具栏的使用方法。

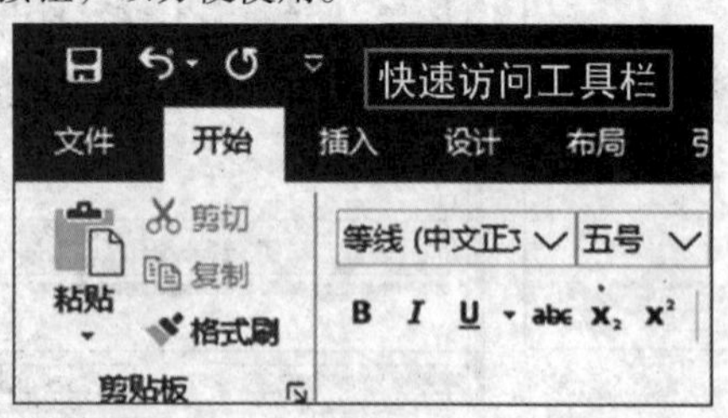

图 2.6

例如，若经常使用插入批注命令，可在 Word 2016 快速访问工具栏中添加所需要的命令按钮，具体的操作步骤如下。

步骤 1：在 Word 2016 中，用鼠标单击快速访问工具栏右侧的下拉按钮，在弹出的下拉列表中选择【其他命令】选项，如图 2.7 所示。

步骤 2：弹出【Word 选项】对话框，选择【快速访问工具栏】选项卡，然后单击【从下列位置选择命令】下拉按钮，在弹出的下拉列表中选择【常用命令】选项，在命令列表框中选择所需要的命令，如【插入批注】，然后单击【添加】按钮，再单击【确定】按钮，如图 2.8 所示，即可将选择的命令添加到快速访问工具栏中。

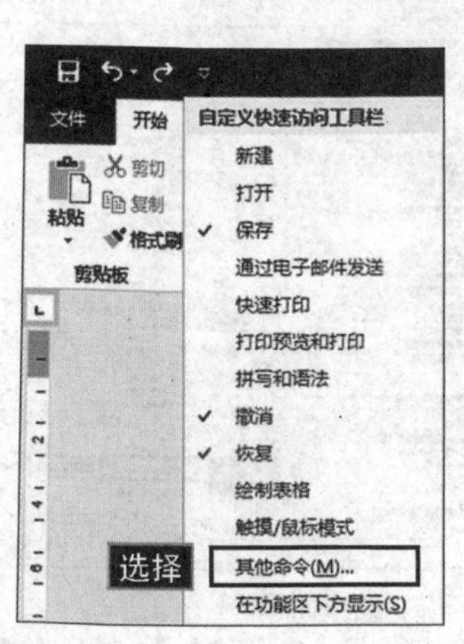

图 2.7

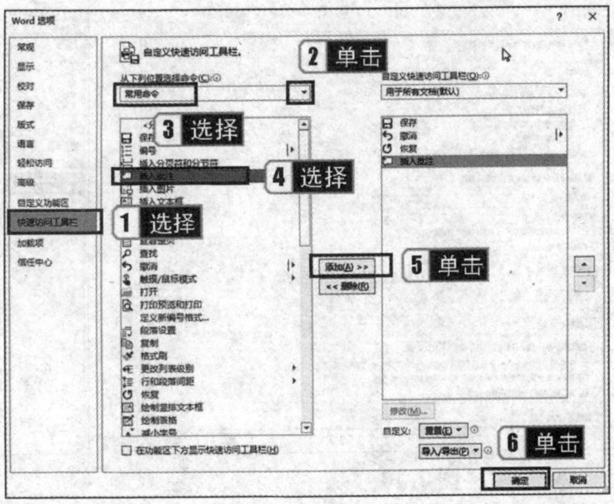

图 2.8

考点 8 后台视图

在 Office 2016 功能区中选择【文件】选项卡，即可查看后台视图。在后台视图中，可以新建、保存并共享文档，可以查看文档的安全控制选项，可以检查文档中是否包含隐藏的数据或个人信息，可以应用自定义程序等进行相应的管理，还可以对文档或应用程序进行操作，如图 2.9 所示。

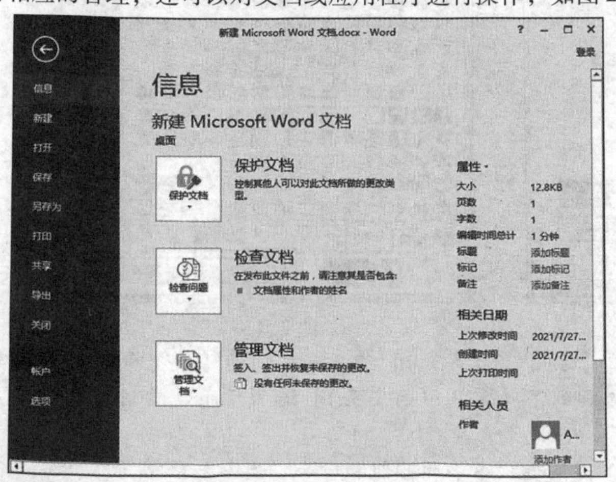

图 2.9

> **真考链接**
>
> 该知识点属于考试大纲中要求熟记的内容，考核概率为 1%。考生需熟记后台视图的使用方法。

考点 9 自定义 Office 功能区

除 Office 2016 默认提供的功能区外，用户还可以根据自己的使用习惯自定义 Office 功能区。例如，将常用的命令添加到【常用】选项卡的【常用】组中，这样可以使操作更加方便、快捷。

步骤 1：选择【文件】选项卡中的【选项】，弹出【Word 选项】对话框，如图 2.10 所示。

步骤 2：在【Word 选项】对话框左侧选择【自定义功能区】选项，在对话框右侧的列表框中单击【新建选项卡】按钮，如图 2.11 所示，即可创建一个新的选项卡——新建选项卡（自定义）。

> **真考链接**
>
> 该知识点属于考试大纲中要求熟记的内容，考核概率为 4%。考生需熟记自定义 Office 功能区的使用方法。

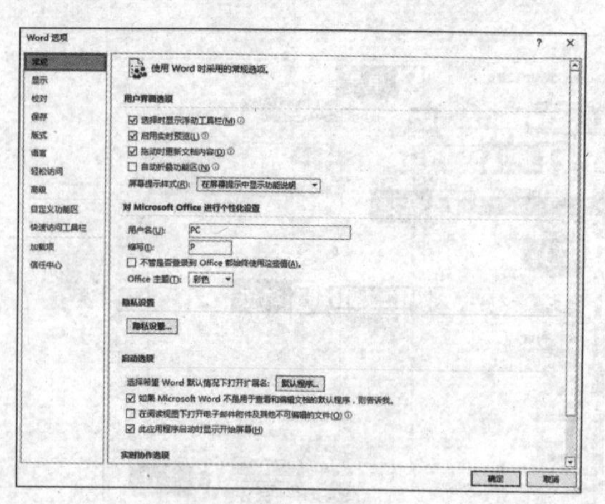

图 2.10

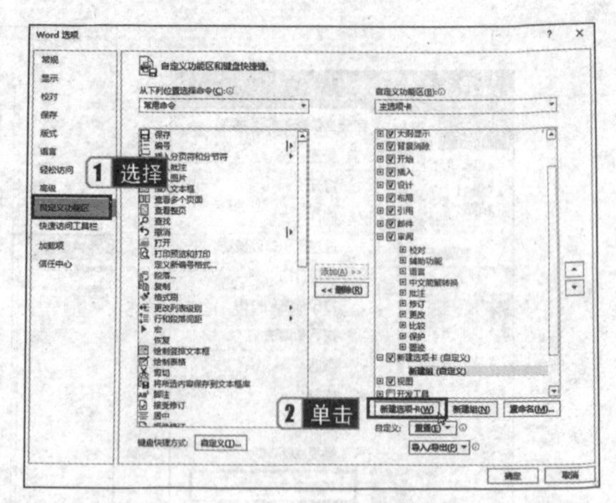

图 2.11

步骤 3：在【主选项卡】列表框中选择【新建选项卡（自定义）】选项，单击【重命名】按钮，在弹出的【重命名】对话框的【显示名称】文本框中输入名称“常用”，单击【确定】按钮，如图 2.12 所示。

步骤 4：选择【常用】下方的【新建组（自定义）】选项，单击【重命名】按钮，在弹出的【重命名】对话框中选择一种符号，在【显示名称】文本框中输入新建组的名称“常用”，单击【确定】按钮，如图 2.13 所示。

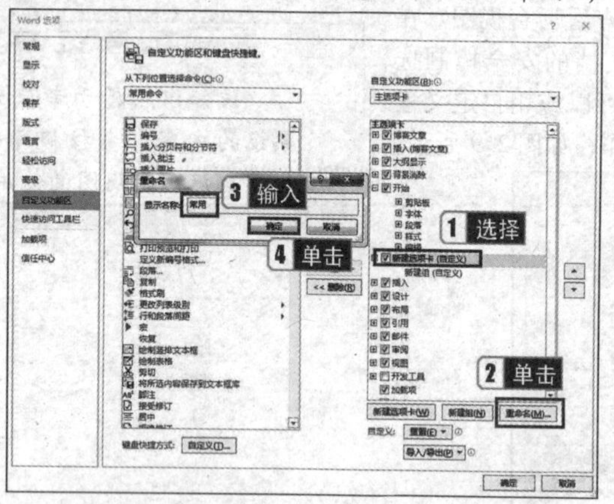

图 2.12

图 2.13

步骤 5：返回【自定义功能区】选项卡，选择右侧的【常用（自定义）】组，在左侧的【所有命令】列表框中选择【边框】，单击【添加】按钮，此时选中的【边框】就被添加到了【常用（自定义）】选项卡的【常用（自定义）】组中，如图 2.14 所示。

步骤 6：单击【确定】按钮后，即可在功能区中显示新建的选项卡、选项组和命令，如图 2.15 所示。

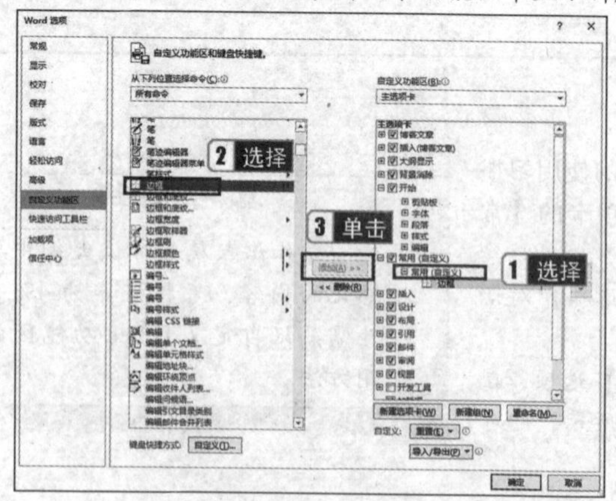

图 2.14

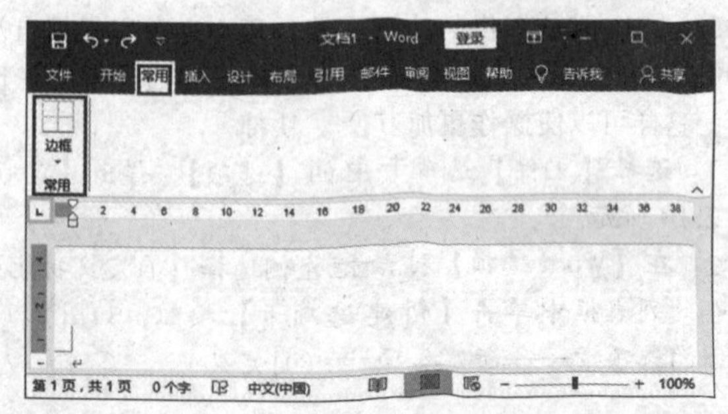

图 2.15

小提示

在日常工作中，若要删除自定义的选项卡和选项组，可以在【自定义功能区】选项卡中进行删除操作。

考点10 账户登录及共享

“账户”是Office 2016新增加的一项功能，用户通过Microsoft账户登录之后，可以将文档另存为云端的OneDrive，也可以在其他任意网络位置打开云端保存的文档，方便用户从任何位置访问文档并与任何人共享。此外，用户还可以从任意位置访问主题和设置。

若没有Microsoft账户，可以单击【创建一个!】超链接，如图2.16所示，根据提示完成创建流程，即可创建一个新的Microsoft账户。

图2.16

真考链接

该知识点属于考试大纲中要求了解的内容，考核概率为1%。考生只需了解账户登录及共享的使用方法即可。

2.2 Word、Excel、PowerPoint之间的数据共享

考点11 主题共享

通过应用文档主题，可以轻松地在Word、Excel和PowerPoint文档中协调颜色、字体和图形格式效果，让文档具有一致的外观样式与合适的个人风格。

在Word 2016中，可以在【设计】选项卡的【文档格式】组中应用或者自定义主题，如图2.17所示。在Excel 2016中，可以在【页面布局】选项卡的【主题】组中应用主题，如图2.18所示。在PowerPoint 2016中，则可以在【设计】选项卡的【主题】组中应用主题，如图2.19所示。

真考链接

该知识点属于考试大纲中要求熟记的内容，考核概率为4%。考生需熟记主题共享的方法。

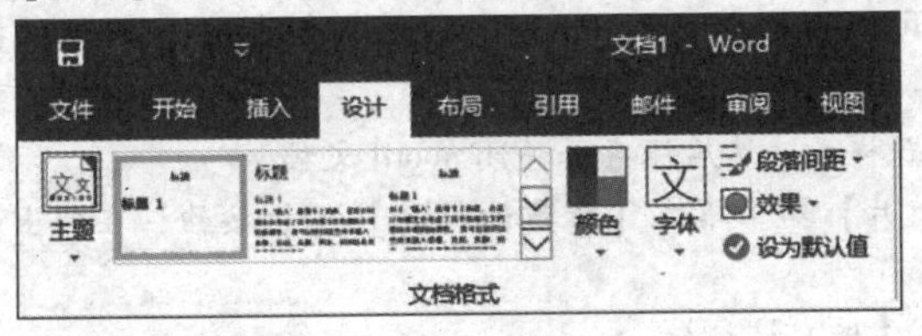

图2.17

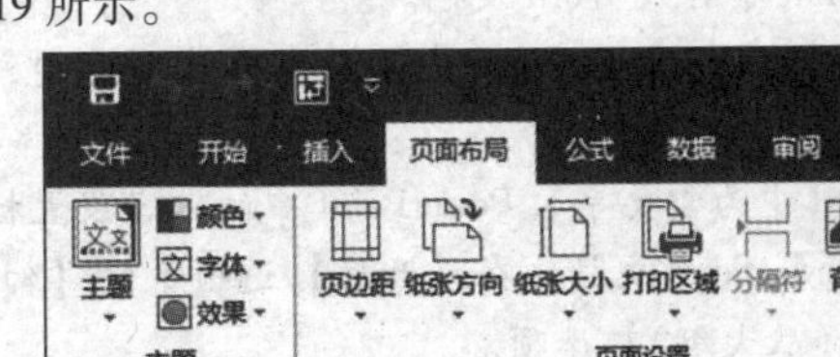

图2.18

小提示

若要修改Word中超链接的格式，改变其访问前和访问后的颜色，可以在【设计】选项卡的【文档格式】组中单击【颜色】按钮，在弹出的下拉列表中选择【自定义颜色】，弹出【新建主题颜色】对话框，修改【超链接】和【已访问的超链接】对应的颜色，单击【保存】按钮，如图2.20所示。

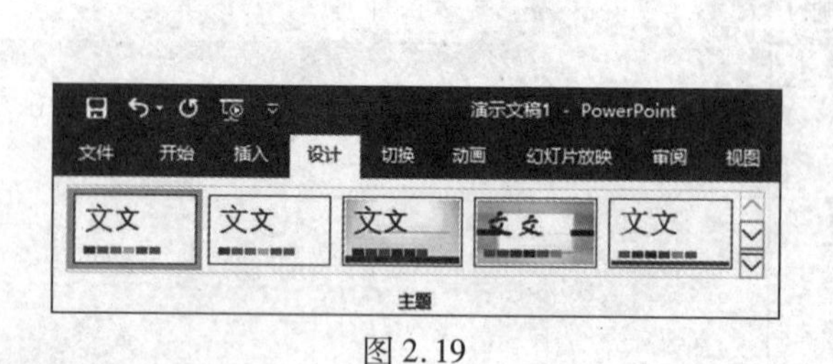

图 2.19

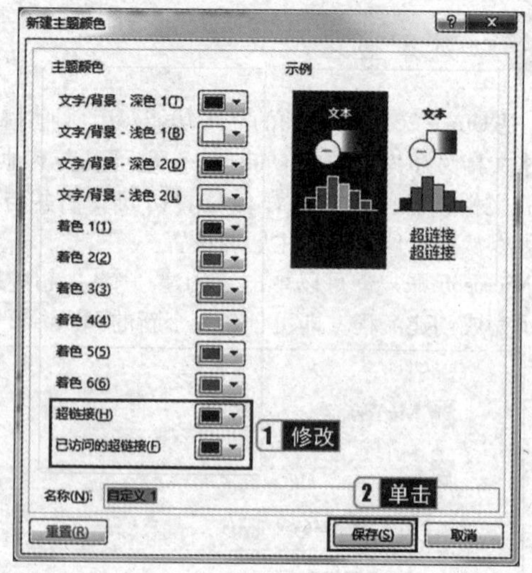

图 2.20

考点 12 数据共享

1. Word 与 PowerPoint 之间的共享

（1）将 Word 文档发送到 PowerPoint 中。

Word 的内置样式与 PowerPoint 中的文本样式存在着对应关系。一般情况下，Word 中的样式标题 1 对应 PowerPoint 中的标题样式，样式标题 2 对应 PowerPoint 中的一级文本样式，样式标题 3 对应 PowerPoint 中的二级文本样式，如图 2.21 所示。

利用上述对应关系，可以快速利用 Word 素材制作演示文稿，具体的操作步骤如下。

步骤 1：在 Word 素材中为需要发送到 PowerPoint 中的内容应用标题样式。

步骤 2：选择【文件】选项卡中的【选项】，弹出【Word 选项】对话框，选择【快速访问工具栏】选项卡，然后选择【从下列位置选择命令】下拉列表中的【不在功能区中的命令】，在命令列表框中选择【发送到 Microsoft PowerPoint】，单击【添加】按钮，再单击【确定】按钮，相应命令将被添加到快速访问工具栏中。

步骤 3：单击快速访问工具栏中新增加的【发送到 Microsoft PowerPoint】按钮，即可将 Word 文本自动发送到新建的演示文稿中。

要确保所安装的 Office 2016 程序中包含文本转换程序，否则不能转换。这种共享方式不能共享图表、图像，只能共享文本，而且当 Word 文档比较长时，生成演示文稿的时间也会相应增加。

（2）在 PowerPoint 中导入 Word 文档。

当 Word 的内置样式与 PowerPoint 中的文本样式对应时，可以直接在 PowerPoint 中导入 Word 文档，具体的操作步骤如下。

步骤 1：在 Word 中为需要导入 PowerPoint 中的内容设置标题样式，然后保存并关闭 Word 文档。

步骤 2：打开 PowerPoint 文档，在【开始】选项卡的【幻灯片】组中单击【新建幻灯片】下拉按钮，在弹出的下拉列表中选择【幻灯片（从大纲）】选项。

步骤 3：弹出【插入大纲】对话框，找到 Word 文件，单击【插入】按钮。

（3）使用 Word 为幻灯片创建讲义。

在 PowerPoint 中制作完成的幻灯片可以在 Word 中生成讲义并打印，具体的操作步骤如下。

步骤 1：在 PowerPoint 中制作需要发送到 Word 中的幻灯片。

步骤 2：选择【文件】选项卡中的【选项】，弹出【PowerPoint 选项】对话框，选择【快速访问工具栏】选项卡，然后选择【从下列位置选择命令】下拉列表中的【不在功能区中的命令】，在命令列表框中选择【在 Microsoft Word 中创建讲义】，单击【添加】按钮，再单击【确定】按钮，【在 Microsoft Word 中创建讲义】将被添加到快速访问工具栏中。

步骤 3：单击快速访问工具栏中新增加的【在 Microsoft Word 中创建讲义】按钮，打开【发送到 Microsoft Word】对话框，选择讲义版式，如选择【备注在幻灯片旁】，如图 2.22 所示，单击【确定】按钮，幻灯片将从 PowerPoint 中发送至 Word 中。

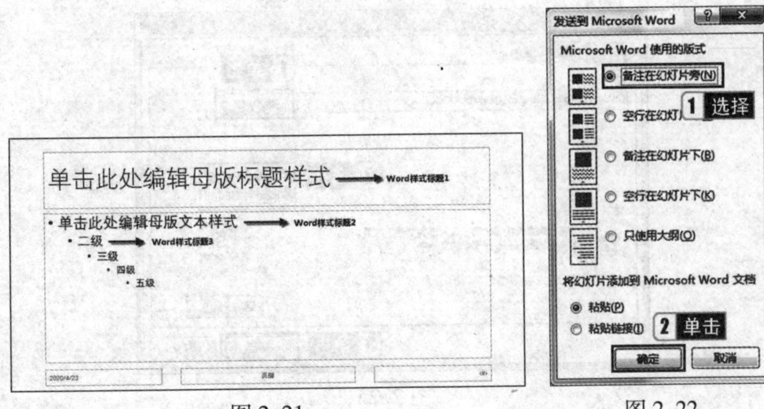

图 2.21

图 2.22

2. **在 Word、PowerPoint 中调用 Excel 表格**

通过剪贴板和插入对象可以快速在 Word、Excel 和 PowerPoint 三者之间共享数据，下面以在 Word、PowerPoint 中调用 Excel 表格为例来介绍这两种共享方法。

（1）通过剪贴板共享数据。

通过剪贴板可以在 Word、PowerPoint 中调用 Excel 表格，具体的操作步骤如下。

步骤 1：在 Excel 表格中选择要复制的数据区域，在【开始】选项卡的【剪贴板】组中单击【复制】按钮，或者按【Ctrl + C】组合键。

步骤 2：切换到 Word 文档或 PowerPoint 演示文稿中，在【开始】选项卡的【剪贴板】组中单击【粘贴】下拉按钮，在弹出的下拉列表中选择【选择性粘贴】选项，弹出【选择性粘贴】对话框，选择【粘贴链接】单选按钮，在【形式】下拉列表框中选择【Microsoft Excel 工作表 对象】选项，单击【确定】按钮，如图 2.23 所示，即可调用 Excel 表格内容，并且调用内容会与源数据同步更新。

（2）通过插入对象共享数据。

通过插入对象可以在 Word、PowerPoint 中调用 Excel 表格，具体的操作步骤如下。

步骤 1：打开 Word 文档或 PowerPoint 演示文稿，在【插入】选项卡的【文本】组中单击【对象】按钮，弹出【对象】对话框，如图 2.24 所示。

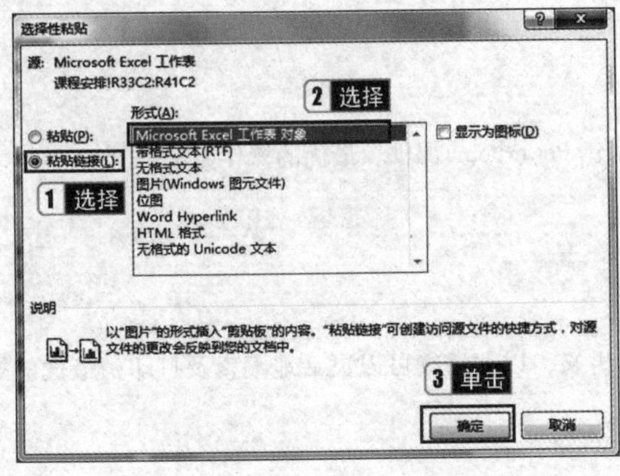

图 2.23

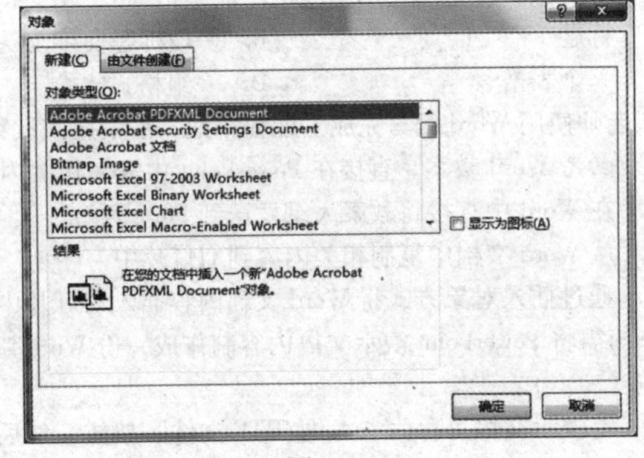

图 2.24

步骤 2：在【新建】选项卡的【对象类型】下拉列表框中选择一种 Microsoft Excel 工作表类型，即可调用一个空白工作表。在【由文件创建】选项卡中选择一个文件，即可调用一个现有文档。

步骤 3：双击调用的表格，即可对表格进行编辑；在表格区域外单击，即可返回原有的 Word 文档或 PowerPoint 演示文稿中。

> **小提示**
>
> 若要以图标形式将“XXX. docx”文件插入当前文档中，则可在【对象】对话框中切换到【由文件创建】选项卡，单击【浏览】按钮，找到“XXX. docx”文件，单击【插入】按钮，并且选择【对象】对话框中的【链接到文件】和【显示为图标】两个复选框，单击【确定】按钮，如图 2.25 所示，该文件即可以图标形式显示。

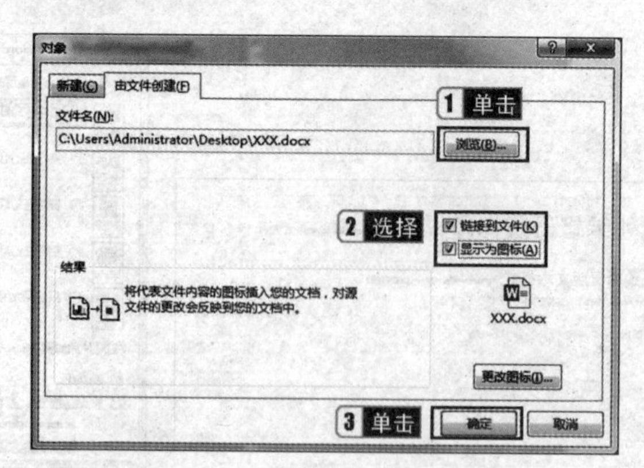

图 2.25

2.3 综合自测

1. 在 Word 2016 功能区中，包含的选项卡分别是（　　）。
   A. 开始、插入、布局、引用、邮件、审阅等
   B. 开始、插入、编辑、布局、引用、邮件等
   C. 开始、插入、编辑、布局、选项、邮件等
   D. 开始、插入、编辑、布局、选项、帮助等
2. 若希望 Word 中所有超链接的文本颜色在被访问后变为绿色，最优的操作方法是（　　）。
   A. 通过新建主题颜色，修改已访问的超链接的字体颜色
   B. 通过修改超链接样式的格式，改变字体颜色
   C. 通过查找和替换功能，将已访问的超链接的字体颜色进行替换
   D. 通过修改主题字体，改变已访问的超链接的字体颜色
3. 在 Excel 中，设定与使用主题的功能是指（　　）。
   A. 标题　　B. 一段标题文字
   C. 一个表格　　D. 一组格式集合
4. 江老师使用 Word 编写完成了课程教案，需根据该教案创建 PowerPoint 课件，最优的操作方法是（　　）。
   A. 参考 Word 教案，直接在 PowerPoint 中输入相关内容
   B. 在 Word 中直接将教案大纲发送到 PowerPoint
   C. 从 Word 文档中复制相关内容到幻灯片中
   D. 通过插入对象方式将 Word 文档内容插入幻灯片中
5. 小梅需将 PowerPoint 演示文稿内容制作成一份 Word 版本讲义，以便后续可以灵活地编辑及打印，最优的操作方法是（　　）。
   A. 将演示文稿另存为“大纲/RTF 文件”格式，然后在 Word 中打开
   B. 在 PowerPoint 中利用创建讲义功能，直接创建 Word 讲义
   C. 将演示文稿中的幻灯片以粘贴对象的方式一张张复制到 Word 文档中
   D. 切换到演示文稿的大纲视图，将大纲内容直接复制到 Word 文档中

第3章

利用Word 2016高效创建电子文档

本章主要介绍创建并编辑文档、美化文档外观、使用公式编辑器、编辑与管理长文档、修订与共享文档，以及使用邮件合并技术批量处理文档等操作的方法。通过本章的学习，考生可以根据需要，运用多种命令来创建文档。对于本章知识点的考查主要以文字处理题的形式出现。本章内容联系比较紧密，希望考生在理解、记忆的基础上，能综合运用各种操作。下面对本章考核的知识点进行全面分析。

考试要点分析明细表

考　点	考核概率	难易程度
新建 Word 文档	5%	★
输入文本	30%	★★
选择并编辑文本	20%	★
复制与粘贴文本	20%	★★
删除与移动文本	20%	★★
撤销与恢复文本	5%	★
查找、替换及保存文本	40%	★★
检查文档中文字的拼写与语法	10%	★
文档的打印设置	5%	★
Word 文档的保护	5%	★
Word 2016 的视图模式	5%	★
多窗口编辑文档	5%	★
设置文本格式	100%	★★★★★
设置段落格式	100%	★★★★★
添加边框和底纹	50%	★★
调整页面设置	100%	★★★★★
在文档中使用文本框	60%	★★★
在文档中使用表格	50%	★★★
美化表格	50%	★★★
表格的计算与排序	50%	★★★★
使用图表	60%	★★

续表

考　点	考核概率	难易程度
图片处理技术	100%	★★★★★
绘制形状	40%	★
创建 SmartArt 图形	100%	★★★★★
设计文档外观	15%	★
插入文档封面	15%	★
设置艺术字	60%	★★★
插入内置公式	10%	★
输入公式	30%	★★★
将公式添加到常用公式库中或将其删除	10%	★★★
定义并使用样式	20%	★★
文档分栏	30%	★★
插入分栏符	60%	★★★
文档分页及分节	80%	★★★★
设置文档页眉和页脚	90%	★★★★
设置页码格式	70%	★★★
使用编号列表	30%	★★★
使用多级列表	60%	★★★
使用项目符号	40%	★★★
创建文档目录	30%	★★★
在文档中添加引用内容	30%	★★★
修订文档	15%	★★
比较及合并文档	15%	★★
删除文档中的个人信息	15%	★★
使用文档部件	40%	★★
共享文档	10%	★★
邮件合并的概念	20%	★★★
使用信封制作向导制作信封	20%	★★★★
使用邮件合并技术制作邀请函	90%	★★★★★

3.1 创建并编辑文档

考点1 新建Word文档

真考链接

该知识点属于考试大纲中要求了解的内容，考核概率为5%。考生需了解新建Word文档的方法。

1. 新建空白文档

新建空白文档的方法有多种，接下来介绍两种常用的方法。

（1）启动应用程序。

单击Windows任务栏左侧的【开始】按钮，选择【所有程序】命令，在展开的程序列表中选择【Word 2016】命令，在弹出的Word开始界面中单击【空白文档】，如图3.1所示，系统会自动创建一个名为“文档1”的空白文档。

图3.1

（2）使用右键快捷菜单。

在Windows窗口中，在空白处单击鼠标右键，在弹出的快捷菜单中选择【新建】→【Microsoft Word文档】命令，系统将会创建一个名为“新建Microsoft Word文档”的空白文档。

小提示

在Word 2016启动的情况下，按【Ctrl+N】组合键，可以快速创建一个新的空白文档。

2. 创建联机模板

每次启动Word应用程序时，除了可以新建空白文档，还可以直接使用预先定义好的模板，这些模板反映了一些常见的文档需求，如字帖、发票、贺卡等。

若本机上已安装的模板不能满足需求，用户还可以使用微软提供的更多精美、专业的联机模板。使用联机模板的方法如下。

步骤1：在Word 2016中，选择【文件】选项卡中的【新建】，系统会打开【新建】界面。

步骤2：在【搜索联机模板】文本框中输入想要搜索的模板类型，如报告，单击【开始搜索】按钮 🔍，如图3.2所示。

步骤3：在搜索结果中单击选择一种合适的样式，如报告，在弹出的【报告】预览界面中单击【创建】按钮，如图3.3所示。

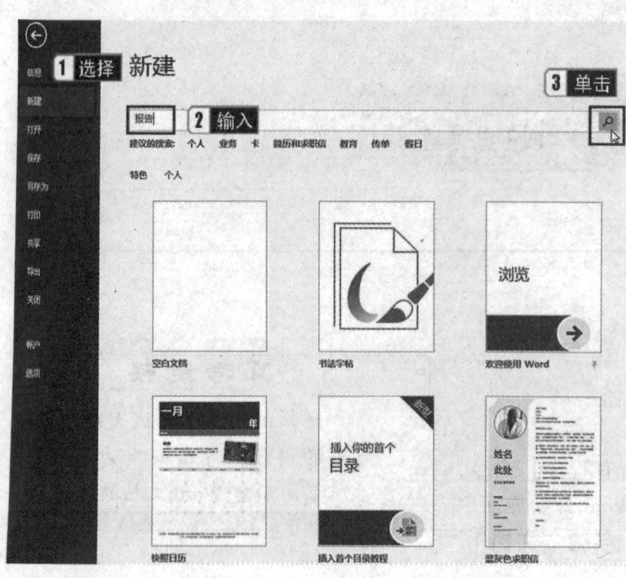

图 3.2

图 3.3

步骤4：进入下载界面，系统会显示“正在下载您的模板”字样，如图3.4所示。

步骤5：下载完毕的模板效果如图3.5所示，用户可以在模板中进一步编辑加工。

图 3.4

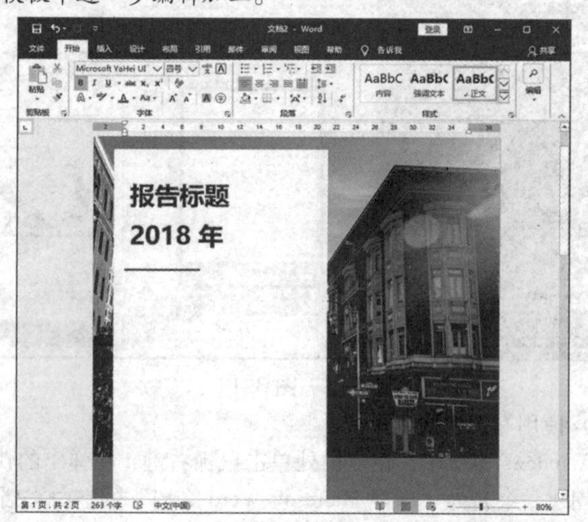

图 3.5

小提示

联机模板大大提高了工作效率，用户可以直接在Word内搜索工作或学习需要的模板，而不必去浏览器中搜索下载。但联机模板的下载需要连接网络，否则无法显示信息和下载。

考点2　输入文本

1. 输入普通文本

创建新文档后，在文档的编辑区域中会出现闪烁的光标，它表明了当前文档的输入位置，可在此输入文本内容。

安装了Word 2016程序后，微软拼音输入法将会被自动安装，用户可以使用微软拼音输入法完成文本的输入，也可以使用其他的输入法，如搜狗输入法等。输入文本的操作步骤如下。

真考链接

该知识点属于考试大纲中要求掌握的内容，考核概率为30%。考生需掌握输入文本的方法。

步骤1：单击Windows任务栏中的【输入法指示器】，在弹出的菜单中选择一种输入法。

步骤2：在输入文本之前，先将鼠标指针移至文本插入点并单击，光标会在插入点闪烁，此时即可开始输入。

步骤3：当输入的文本达到编辑区域边界，但还没有输入完时，Word 2016会自动换行。如果想另起一段，按【Enter】键即可换行并创建新的段落，如图3.6所示。

图3.6

小提示

按【Shift】键可以在输入法的中文状态和英文状态之间进行切换；按【Ctrl+Shift】组合键可以在各种输入法中互相切换；按【Caps Lock】键（大写锁定键）可以切换英文字母的大小写。

2. 输入特殊符号

在制作文档内容时，除了需要输入正常文本外，还经常需要输入一些特殊符号，如带圆圈的数字、数学运算符、货币符号等。普通的标点符号可以通过键盘直接输入，但对于一些特殊的符号，则可以利用Word的插入特殊符号功能来输入。具体的操作步骤如下。

步骤1：将光标定位在需要插入符号的位置，在【插入】选项卡的【符号】组中单击【符号】按钮，在弹出的下拉列表中选择【其他符号】选项，如图3.7所示。

步骤2：在弹出的【符号】对话框中，选择所需的符号，单击【插入】按钮，如图3.8所示。

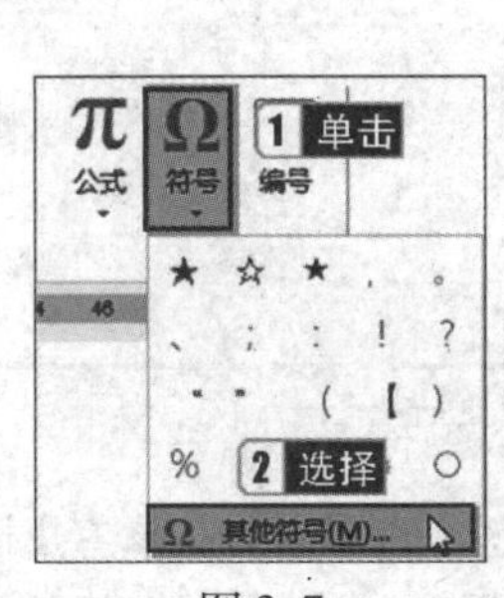

图3.7

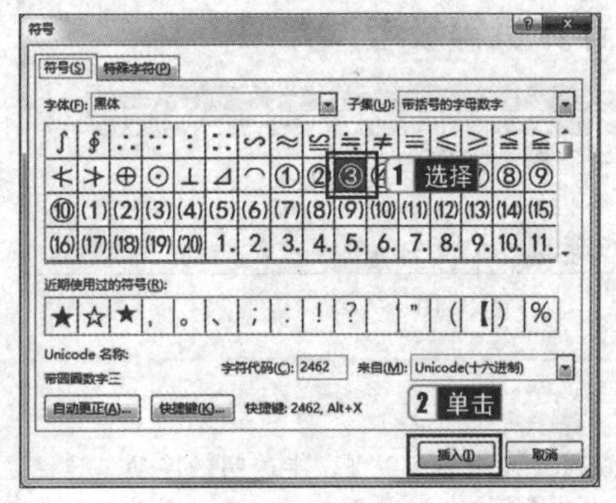

图3.8

真题精选

在考生文件夹中新建文档，按照要求完成下列操作，并以原文件名保存文档。

书娟是海明公司的前台文秘，她的主要工作是管理各种档案，为总经理起草各种文件。新年将至，公司定于2021年2月5日下午2:00，在中关村海龙大厦办公大楼五层多功能厅举办一个联谊会，公司联系电话为010－66668888。

制作一份请柬，以"董事长：王海龙"的名义发出邀请，请柬中需要包含标题、收件人名称、联谊会时间、联谊会地点和邀请人。

【操作步骤】

步骤1：打开Microsoft Word 2016，新建一个空白文档。

步骤2：按照题意在文档中输入标题、收件人名称等基本信息，标题为"请柬"二字，最后一段为"董事长：王海龙诚邀"，正文要包含"中关村海龙大厦""2021年2月5日下午2:00""五层多功能厅"等内容，由此请柬初步制作完毕，如图3.9所示。

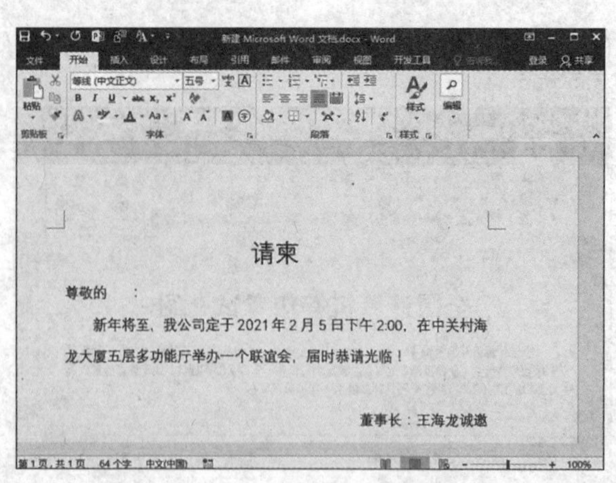

图 3.9

考点3 选择并编辑文本

> **真考链接**
>
> 该知识点属于考试大纲中要求掌握的内容，考核概率为20%。考生需掌握选择与编辑文本的方法。

1. 拖曳鼠标选择文本

拖曳鼠标选择文本是最基本、最灵活和最常用的方法。只需要将鼠标指针放到要选择的文本上，然后按住鼠标左键拖曳，拖到要选择的文本内容的结尾处，释放鼠标左键即可选择文本，如图3.10所示。

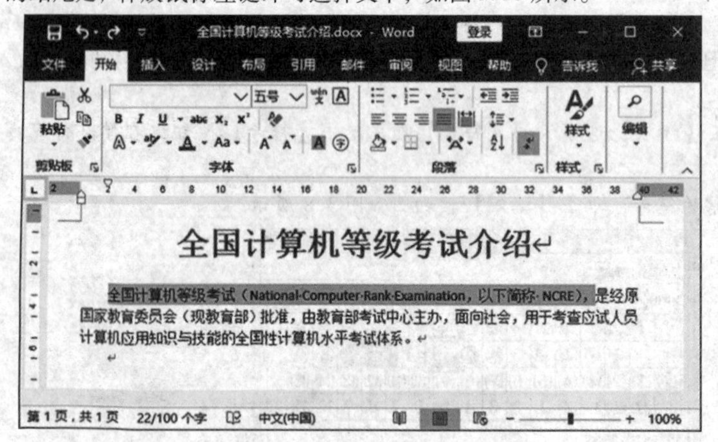

图 3.10

> **小提示**
>
> 选择文本时，可隐藏或显示一个微型、半透明的浮动工具栏，将鼠标指针悬停在该工具栏上，该工具栏就会变得清晰。它可以使用户很方便地使用字体、字号、文本颜色、对齐方式、缩进级别等功能。

2. 选择一行

将鼠标指针移至文本的左侧空白处，和想要选择的一行对齐，当鼠标指针变成↗形状时，单击即可选择一行。

3. 选择一个段落

将鼠标指针移至文本的左侧，当鼠标指针变成↗形状时，双击即可选择一个段落。另外，还可将鼠标指针放在段落的任意位置，然后连续单击2次，也可选择鼠标指针所在的段落。

4. 选择不相邻的多段文本

按住【Ctrl】键不放，同时按住鼠标左键并拖曳鼠标指针，选择要选取的部分文字，然后释放【Ctrl】键，即可将不相邻的多段文本选中。

5. 选择垂直文本

将鼠标指针移至要选择的文本左侧的空白处，按住【Alt】键不放，然后按住鼠标左键并拖曳选择需要的文本，选择完成后释放【Alt】键和鼠标左键，即可选择垂直文本。

6. **选择整篇文档**

将鼠标指针移至文档的左侧，当指针箭头朝右时，连续单击3次（或者按【Ctrl+A】组合键）即可选择整篇文档。

> **小提示**
>
> 在【开始】选项卡的【编辑】组中，单击【选择】按钮，在弹出的下拉列表中选择【全选】选项，也可选择整篇文档。

考点4 复制与粘贴文本

> **真考链接**
>
> 该知识点属于考试大纲中要求掌握的内容，考核概率为20%。考生需掌握复制与粘贴文本的方法。

1. **复制与粘贴文本**

（1）使用剪贴板复制文本。

使用剪贴板复制文本的具体操作步骤如下。

步骤1：选择要复制的文本，在【开始】选项卡的【剪贴板】组中单击【复制】按钮，如图3.11所示，选择的文本即被存放到剪贴板中。

步骤2：把插入点移动到要粘贴文本的位置。如果是在不同的文档间移动，则由活动文档切换到目标文档。

步骤3：单击【剪贴板】组中的【粘贴】按钮，即可将文本粘贴到目标位置，如图3.12所示。

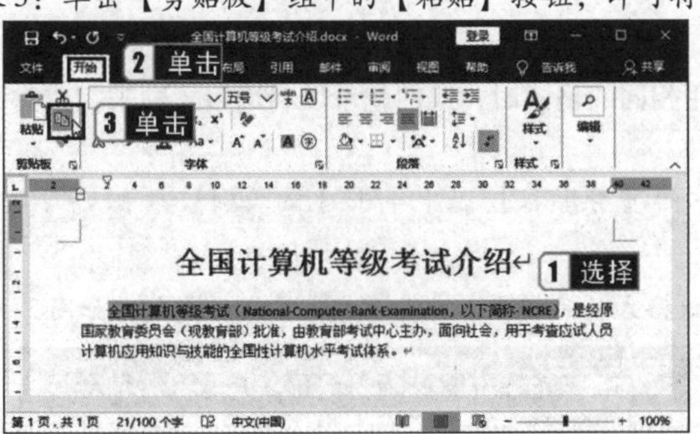

图3.11

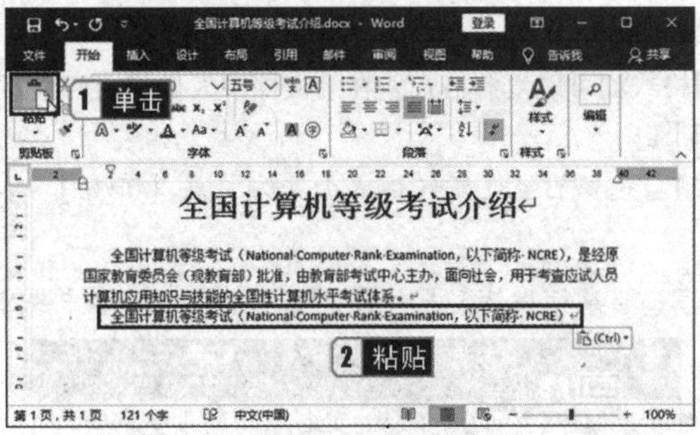

全国计算机等级考试介绍

1 单击

2 粘贴

图3.12

（2）使用拖放法复制文本。

使用拖放法复制文本的具体操作步骤如下。

步骤1：选择要复制的文本，按住【Ctrl】键，同时按住鼠标左键拖曳，此时鼠标指针变成形状，拖曳鼠标指针到要粘贴文本的位置，如图3.13所示。

步骤2：释放鼠标左键后，选中的文本便被复制到当前插入点位置。

（3）使用右键快捷菜单复制文本。

使用右键快捷菜单复制文本的具体操作步骤如下。

步骤1：选择要复制的文本并单击鼠标右键，在弹出的快捷菜单中选择【复制】命令，如图3.14所示。

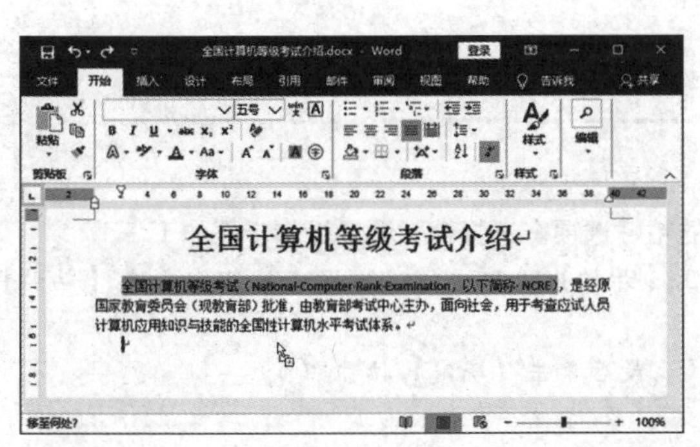

图3.13

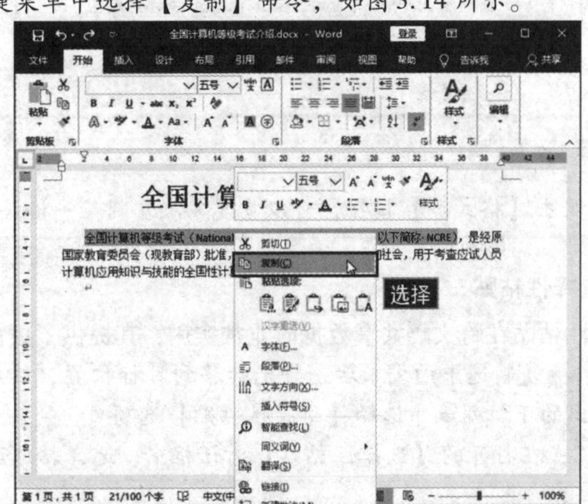

图3.14

步骤2：将光标定位到要粘贴文本的位置，单击鼠标右键，在弹出的快捷菜单中选择【粘贴选项】命令组中的【保留源格式】命令，如图3.15所示。

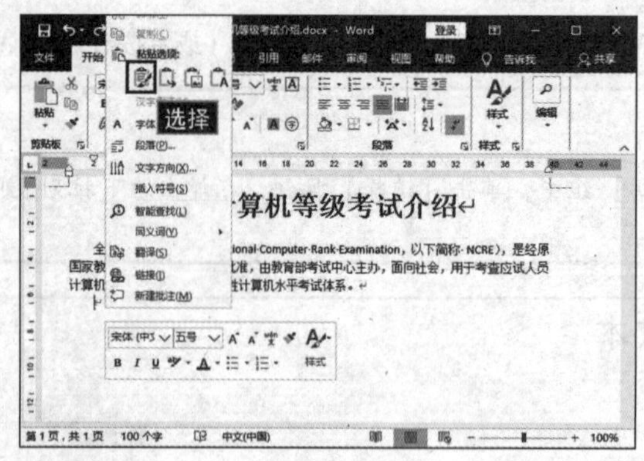

图3.15

执行命令后，系统将自动粘贴复制的文本内容。

小提示

使用快捷键也可以快速地进行复制、粘贴操作：选择需要复制的文本，按【Ctrl+C】组合键进行复制，将光标移动到目标位置，再按【Ctrl+V】组合键进行粘贴。

2. **复制格式**

使用格式刷可以复制格式。在给文档中大量的内容重复应用相同的格式时，我们就可以利用格式刷来完成，具体的操作步骤如下。

步骤1：选择已经设置好格式的文本，在【开始】选项卡的【剪贴板】组中单击【格式刷】按钮，如图3.16所示。

步骤2：当鼠标指针变成小刷子的形状时，选中要应用该格式的目标文本，即可完成格式的复制，如图3.17所示。

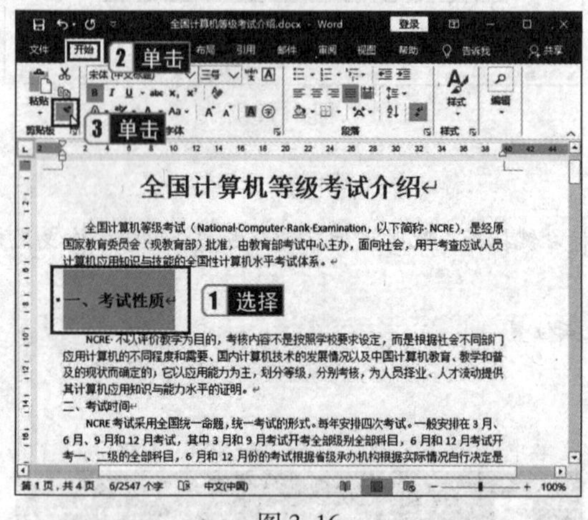

图3.16

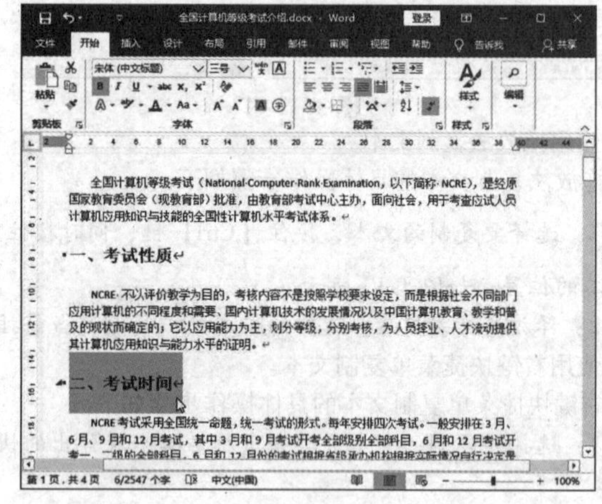

图3.17

小提示

双击【格式刷】按钮，可以重复多次复制某一格式。

3. **选择性粘贴**

选择性粘贴在跨文档共享数据时非常实用，其提供了更多的粘贴选项。选择性粘贴的操作步骤如下。

步骤1：复制选中的文本后，将光标移到目标位置，然后在【开始】选项卡的【剪贴板】组中单击【粘贴】下拉按钮，在弹出的下拉列表中选择【选择性粘贴】选项。

步骤2：在打开的【选择性粘贴】对话框中，选择粘贴形式，最后单击【确定】按钮即可。

考点5 删除与移动文本

> **真考链接**
>
> 该知识点属于考试大纲中要求掌握的内容，考核概率为20%。考生需掌握删除与移动文本的方法。

1. **删除文本**

最常用的删除文本的方法就是把插入点置于该文本的右边，然后按【Backspace】键。与此同时，后面的文本会自动左移一格来填补被删除的文本的位置。同样，也可以按【Delete】键删除插入点后面的文本。

要删除一大段文本，可以先选择该文本段，然后单击【剪贴板】组中的【剪切】按钮（把剪切下的内容存放在剪贴板上，以后可粘贴到其他位置），或者按【Delete】键或【Backspace】键将所选择的文本段删除。

2. **移动文本**

（1）使用拖放法移动文本。

在Word 2016中，可以使用拖放法来移动文本，其具体操作步骤如下。

步骤1：选择要移动的文本，如选择文本“创建新文档后”。

步骤2：按住鼠标左键拖曳，鼠标指针会变成形状，并且还会出现一条竖线，如图3.18所示。

步骤3：拖曳鼠标指针时，竖线表明将要移到的目标位置。

步骤4：释放鼠标左键后，选定的文本便从原来的位置移至新的位置，如图3.19所示。

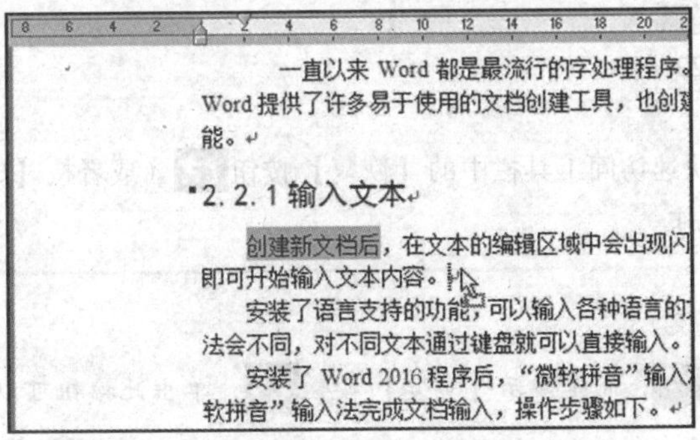

图3.18

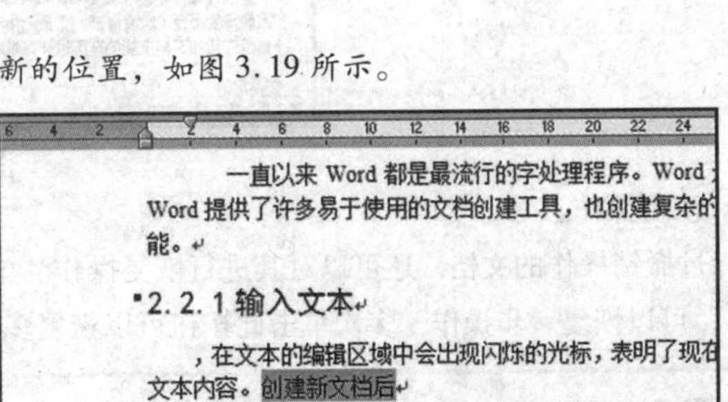

图3.19

（2）使用剪贴板移动文本。

如果文本的原位置离目标位置较远，不能在同一页面中显示，可以使用剪贴板来移动文本，其具体操作步骤如下。

步骤1：选择要移动的文本。

步骤2：在【开始】选项卡的【剪贴板】组中单击【剪切】按钮，或者按【Ctrl+X】组合键，选择的文本将从原位置处删除，并被存放到剪贴板中，如图3.20所示。

步骤3：把插入点移到目标位置。如果是在不同的文档间移动内容，则将活动文档切换到目标文档中。

步骤4：在【开始】选项卡的【剪贴板】组中单击【粘贴】按钮，或者按【Ctrl+V】组合键，即可将文本移动到目标位置，如图3.21所示。

图3.20

图3.21

考点6 撤销与恢复文本

在利用 Word 2016 编辑文档时，有时会操作错误，这时可以使用撤销与恢复功能来“拯救”文档。

真考链接

该知识点属于考试大纲中要求掌握的内容，考核概率为5%。考生需掌握撤销与恢复文本的方法。

(1) 撤销操作。

如果需要对操作进行撤销，可以单击快速访问工具栏中的【撤销】按钮右侧的下拉按钮（或者按【Ctrl + Z】组合键），从展开的下拉列表中选择需要撤销的操作即可，如图3.22所示。

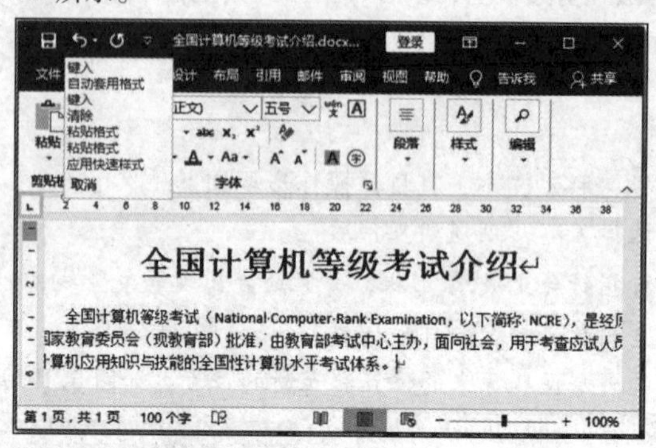

图3.22

(2) 恢复操作。

执行过撤销操作的文档，还可以对其进行恢复操作。单击快速访问工具栏中的【恢复】按钮（或者按【Ctrl + Y】组合键），可以恢复一步操作，多次单击此按钮可以恢复多步操作。

小提示

在没有执行过撤销操作的文档中不显示【恢复】按钮，而是显示【重复】按钮，单击此按钮可以重复上一步操作。

考点7 查找、替换及保存文本

1. 查找文本

真考链接

该知识点属于考试大纲中要求掌握的内容，考核概率为40%。考生需掌握查找、替换及保存文本的方法。

在 Word 2016 中，查找分为【查找】和【高级查找】两种方式。前者是查找到对象后，予以突出显示；后者是查找到对象后，同时将查找对象选定。

(1) 查找。

查找文本的具体操作步骤如下。

步骤1：在【开始】选项卡的【编辑】组中单击【编辑】按钮，在弹出的下拉列表中选择【查找】命令，或者直接按【Ctrl + F】组合键。

步骤2：在打开的【导航】任务窗格的【在文档中搜索】文本框中输入要查找的文本。

步骤3：此时，在文档中查找到的文本便会以黄色底纹突出显示出来，如图3.23所示。

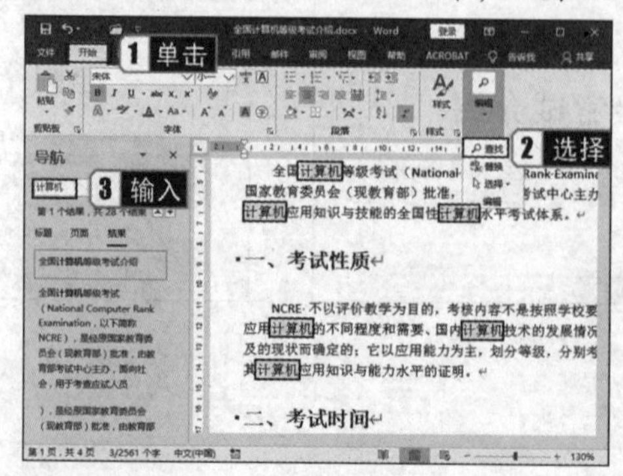

图3.23

（2）高级查找。

高级查找的具体操作步骤如下。

步骤1：选择要查找的区域（如果是全文查找，可以不选择），或者将光标置入开始查找的位置。

步骤2：在【开始】选项卡的【编辑】组中单击【查找】按钮右侧的下拉按钮，从弹出的下拉列表中选择【高级查找】选项，如图3.24所示。

步骤3：弹出【查找和替换】对话框，在【查找】选项卡的【查找内容】文本框中输入需要查找的内容，单击【查找下一处】按钮，如图3.25所示。

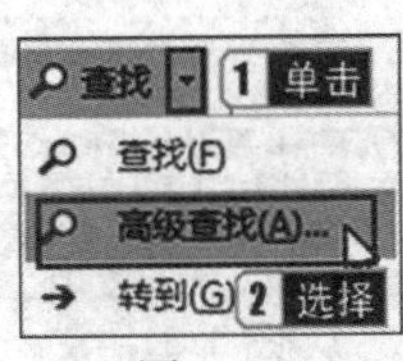

图3.24

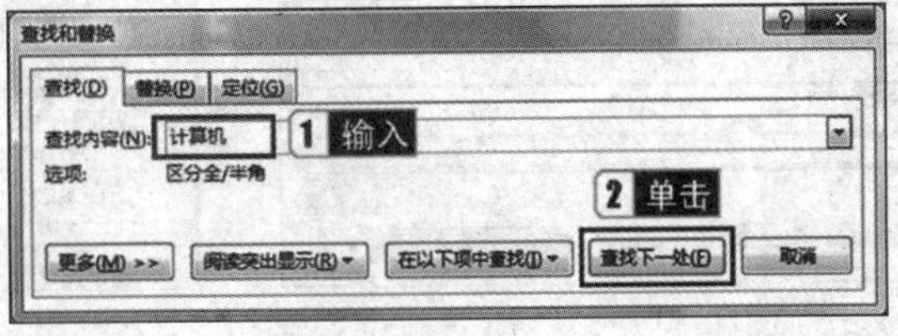

图3.25

步骤4：此时Word开始查找。如果查找不到，则会弹出提示信息对话框，如图3.26所示，单击【确定】按钮返回；如果查找到文本，Word将会定位文本的位置，并将查找到的文本背景使用特定颜色显示，如图3.27所示。

图3.26

图3.27

2. **在文档中定位**

通过查找特殊对象，可以在文档中定位，具体的操作步骤如下。

步骤1：在【开始】选项卡的【编辑】组中单击【查找】按钮右侧的下拉按钮，在弹出的下拉列表中选择【转到】选项，如图3.28所示。

步骤2：弹出【查找和替换】对话框，在【定位】选项卡左侧的【定位目标】列表框中选择用于定位的对象，如页、节、行等；在右侧的文本框中输入或选择定位对象的具体内容，如页码、图形编号等。然后单击【定位】按钮，如图3.29所示。

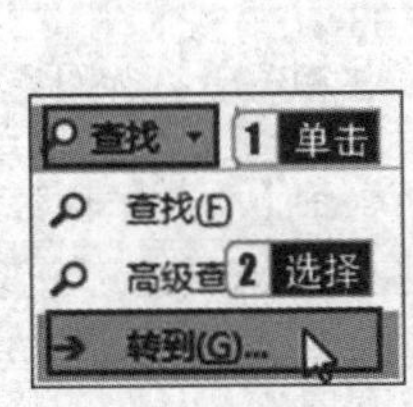

图3.28

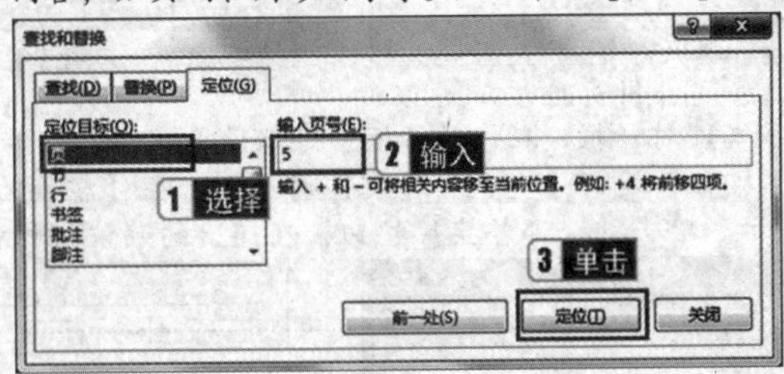

图3.29

> **小提示**
>
> 在【插入】选项卡的【链接】组中单击【书签】按钮，可以在文档中插入用于定位的书签。书签在审阅长文档时非常有用。

3. **替换文本**

替换文本的步骤如下。

步骤1：在【开始】选项卡的【编辑】组中单击【替换】按钮，弹出【查找和替换】对话框。

步骤2：在【替换】选项卡中的【查找内容】文本框中输入需要被替换的内容，在【替换为】文本框中输入替换后的新内容，如图3.30所示。

步骤3：单击【查找下一处】按钮，如果查找不到，则会弹出提示信息对话框，单击【确定】按钮返回。如果查找到文本，Word将定位到当前光标位置起第一个满足查找条件的文本位置，并以特定颜色背景显示。然后单击【替换】按钮，就可以将查找到的内容替换为新的内容，如图 3.31 所示。

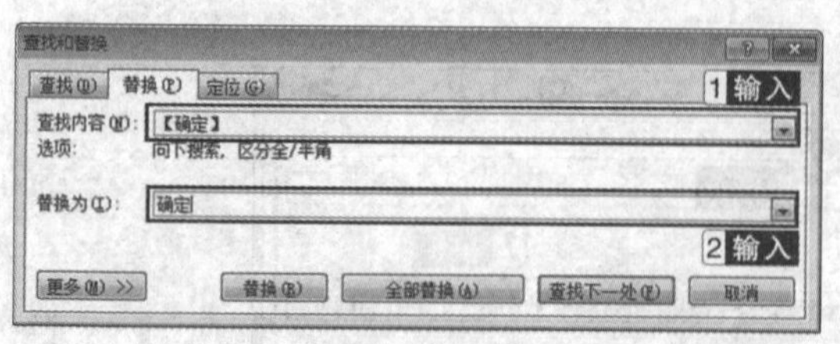

图 3.30

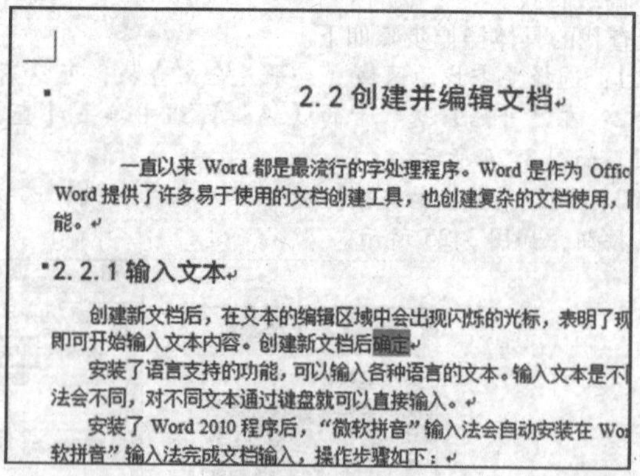

2.2 创建并编辑文档

一直以来 Word 都是最流行的字处理程序。Word 是作为 Offic
Word 提供了许多易于使用的文档创建工具，也创建复杂的文档使用，
能。

2.2.1 输入文本

创建新文档后，在文本的编辑区域中会出现闪烁的光标，表明了现
即可开始输入文本内容。创建新文档后确定
安装了语言支持的功能，可以输入各种语言的文本。输入文本是不
法会不同，对不同文本通过键盘就可以直接输入。
安装了 Word 2010 程序后，"微软拼音"输入法会自动安装在 Wor
软拼音"输入法完成文档输入，操作步骤如下：

图 3.31

步骤4：如果用户需要将文档中所有相同的内容替换掉，可以在【查找内容】和【替换为】文本框中输入相应的内容，然后单击【全部替换】按钮。此时 Word 会自动将整个文档内所有查找到的内容替换为新的内容，并弹出相应的对话框显示完成替换的数量，如图 3.32 所示。

4. 文本格式替换

上文介绍的替换方式只能简单地替换文本的内容，下面介绍如何替换文本的格式，具体的操作步骤如下。

步骤1：在【开始】选项卡的【编辑】组中单击【替换】按钮，或者直接按【Ctrl + H】组合键。

步骤2：弹出【查找和替换】对话框，在【查找内容】和【替换为】文本框中分别输入相应的内容。

步骤3：将光标置于【替换为】文本框中，单击【更多】按钮，在【替换】组中单击【格式】按钮，在弹出的列表中选择一种格式，如选择【字体】，如图 3.33 所示。

Microsoft Word

全部完成。完成 8 处替换。

确定

图 3.32

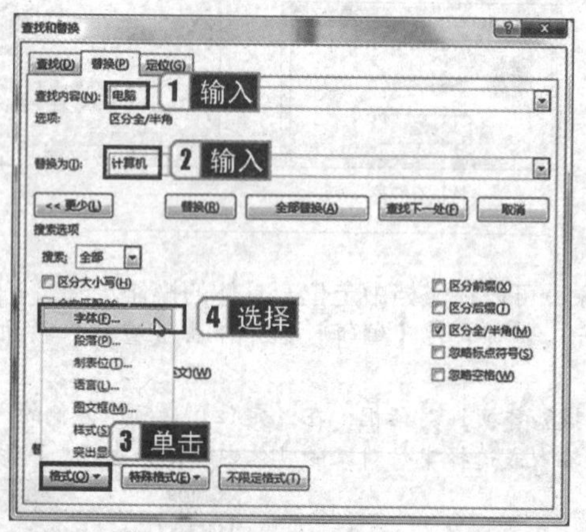

图 3.33

步骤4：弹出【替换字体】对话框，在该对话框中可以设置字体、字号、字体颜色等，如图 3.34 所示。

步骤5：单击【确定】按钮，返回【查找和替换】对话框。在【替换为】文本框下方的【格式】文本框中将显示设置的字体格式，如图 3.35 所示。单击【全部替换】按钮，在弹出的确认对话框中单击【确定】按钮，即可完成全部的替换。

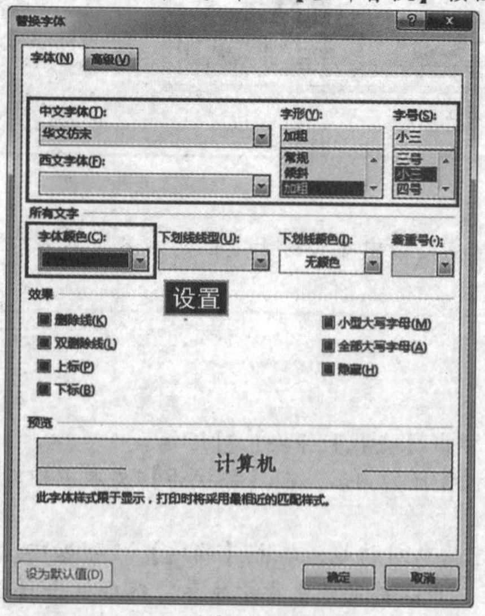

图 3.34

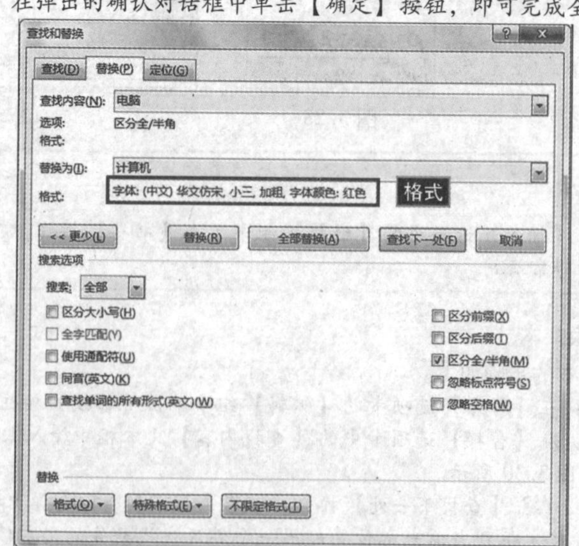

图 3.35

5. **特殊格式替换**

除了常用格式替换之外，还可以进行特殊格式替换、使用通配符替换等操作。例如，将文档中的所有手动换行符（软回车）替换为段落标记（硬回车），具体的操作步骤如下。

步骤1：在【开始】选项卡的【编辑】组中单击【替换】按钮，弹出【查找和替换】对话框。

步骤2：在【替换】选项卡中，将光标置于【查找内容】文本框中，单击下方的【更多】按钮，在【替换】组中单击【特殊格式】按钮，在弹出的列表中选择【手动换行符】，如图3.36所示；或者直接在【查找内容】文本框中输入“^l”。

步骤3：将光标置于【替换为】文本框中，单击【特殊格式】按钮，在弹出的列表中选择【段落标记】，或直接在【替换为】文本框中输入“^p”，单击【全部替换】按钮即可完成替换。

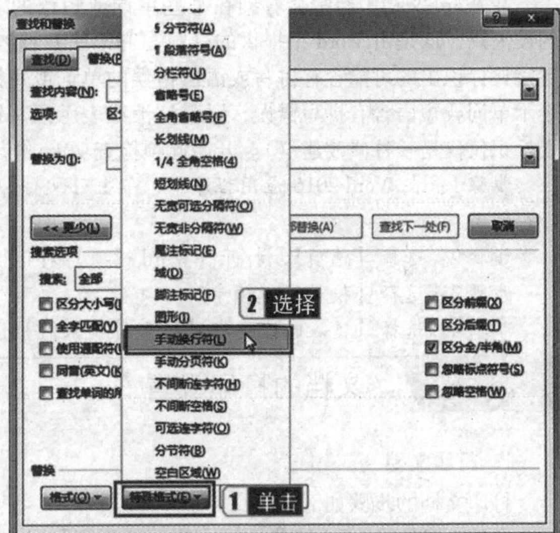

图3.36

6. **保存文档**

完成文档的创建并输入相应的内容后，应及时保存文档，从而保留工作成果。

保存文档不仅要在编辑结束时才进行，在编辑的过程中也要进行。因为随着编辑工作的不断进行，文档的信息也在不断地发生改变，必须时刻让Word有效地记录这些变化。以免由于一些意外情况而导致文档内容丢失。保存文档的操作步骤如下。

步骤1：在Word应用程序中，单击【文件】选项卡，在打开的图3.37所示的Office后台视图中执行保存操作（或者按【Ctrl＋S】组合键）。

步骤2：选择“另存为”命令，选择文档所要保存的位置，打开【另存为】对话框，在【文件名】文本框中输入文档的名称，单击【保存】按钮，如图3.38所示。

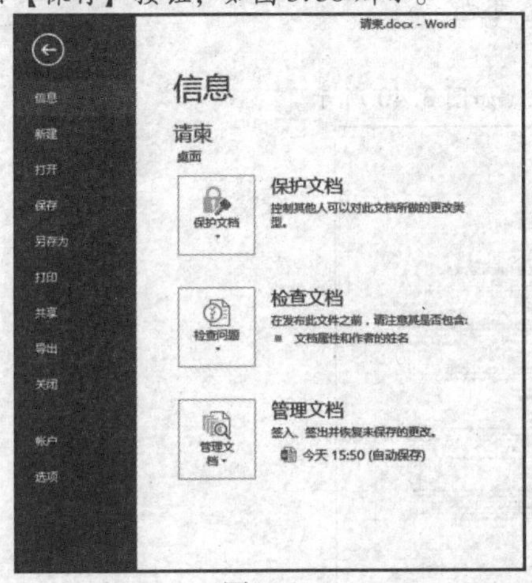

图3.37

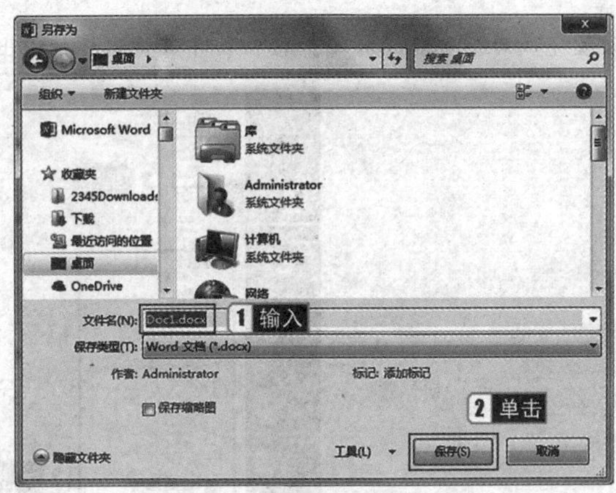

图3.38

> **小提示**
>
> 可单击自定义快速访问工具栏中的【保存】按钮对文档进行保存。

真题精选

在考生文件夹中打开WORD1.docx，按照要求完成下列操作，并以原文件名保存文档。

将文档中的西文空格全部删除。

【操作步骤】

步骤1：在【开始】选项卡的【编辑】组中单击【替换】按钮，弹出【查找与替换】对话框。

步骤2：在【查找与替换】对话框中，切换至【替换】选项卡。在【查找内容】文本框中输入西文空格（半角状态下按空格键，不分中英文）。将光标定位在【替换为】下拉列表框中，不输入任何内容，如图3.39所示，单击【全部替换】按钮即可。

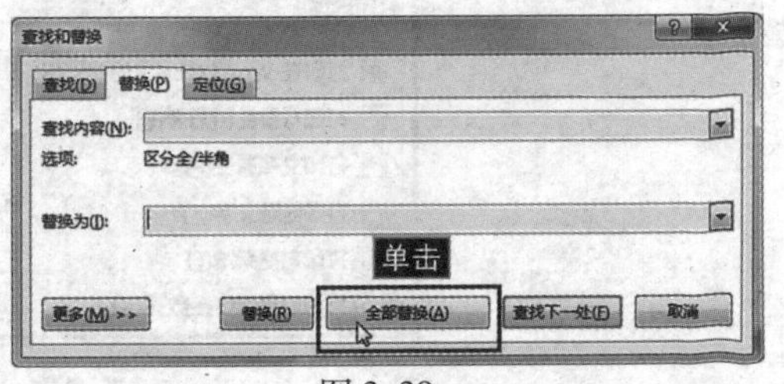

图3.39

步骤3：保存文档。

考点8 检查文档中文字的拼写与语法

真考链接

该知识点属于考试大纲中要求掌握的内容，考核概率为10%。考生需掌握检查文档中文字的拼写与语法的方法。

在Word文档中经常会看到在某些单词或短语的下方标有红色或绿色的波浪线，这是由Word中提供的【拼写和语法】检查工具根据Word的内置字典标识出的可能含有拼写或语法错误的单词或短语，其中红色波浪线表示单词或短语含有拼写错误，绿色波浪线表示语法错误（当然，这种错误标识仅仅是一种修改建议）。开启此项检查功能的操作步骤如下。

步骤1：在Word 2016应用程序中，单击【文件】选项卡，打开Office后台视图。

步骤2：选择【选项】，打开【Word选项】对话框。

步骤3：选择【校对】选项卡。

步骤4：选择【键入时检查拼写】和【键入时标记语法错误】复选框，单击【确定】按钮。

考点9 文档的打印设置

真考链接

该知识点属于考试大纲中要求了解的内容，考核概率为5%。考生只需了解打印文档的方法即可。

1. 打印文档

打印文档的步骤如下。

步骤1：在Word应用程序中，单击【文件】选项卡，在打开的Office后台视图中选择【打印】。

步骤2：在后台视图的右侧可以即时预览文档的打印效果。同时，用户可以在打印设置区域中对打印机或打印页面进行相关调整，如调整页边距、纸张大小等。

步骤3：设置完成后，单击【打印】按钮，即可将文档打印出来，如图3.40所示。

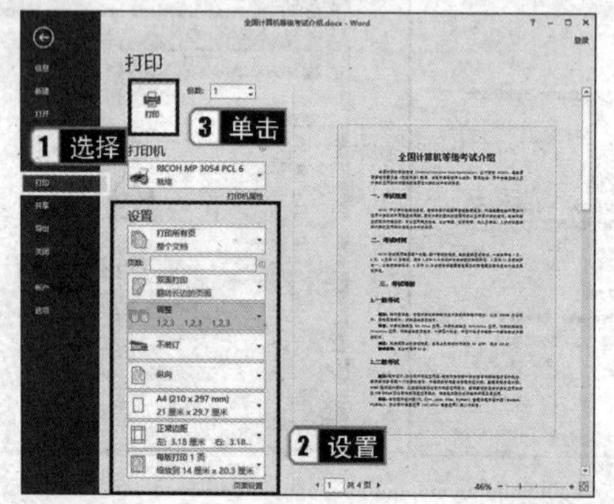

图3.40

2. 设置打印机属性和打印设置

设置打印机属性和打印设置的步骤如下。

步骤1：选择【文件】选项卡中的【选项】，弹出【Word选项】对话框，选择【显示】选项。

步骤2：【打印选项】组如图3.41所示，从中可以指定打印选项。

打印选项

- ☑ 打印在 Word 中创建的图形(R)
- ☐ 打印背景色和图像(B)
- ☐ 打印文档属性(P)
- ☐ 打印隐藏文字(X)
- ☐ 打印前更新域(F)
- ☐ 打印前更新链接数据(K)

图3.41

- 打印在Word中创建的图形：打印文档中用绘图工具栏中的工具绘制的图形对象。指定该选项，不仅打印文字，还打印所有的图形。
- 打印背景色和图像：选择该复选框后，如果为文档设置了背景色和图像，则打印背景色和图像。

- 打印文档属性：文档打印完毕后，将在另一页上打印文档属性。
- 打印隐藏文字：打印隐藏的字符。即使当时隐藏的字符未显示，它们也将被打印。
- 打印前更新域：若文档中插入了域，可让 Word 在打印文档前自动更新所有的域，从而使打印出来的文档总是包含域的最新结果。
- 打印前更新链接数据：如果文档中插入了链接的对象，可以让 Word 在打印前自动更新该对象，从而使打印出来的数据总是最新的。

考点 10　Word 文档的保护

在 Word 2016 中，可以将创建的文档设置为只读文档，也可以设置密码和启动强制保护，以防止无操作权限的人员对文档进行随意编辑，从而起到保护文档的作用。

> **真考链接**
>
> 该知识点属于考试大纲中要求掌握的内容，考核概率为 5%。考生需掌握 Word 文档的保护方法。

1．设置只读文档

（1）使用【常规选项】对话框进行设置。

使用【常规选项】对话框将文档设置为只读文档的具体操作步骤如下。

步骤 1：单击【文件】选项卡，在打开的 Office 后台视图中选择【另存为】命令，在右侧单击【浏览】按钮，如图 3.42 所示。

步骤 2：在打开的【另存为】对话框中单击【工具】按钮，在弹出的列表中选择【常规选项】，如图 3.43 所示。

图 3.42

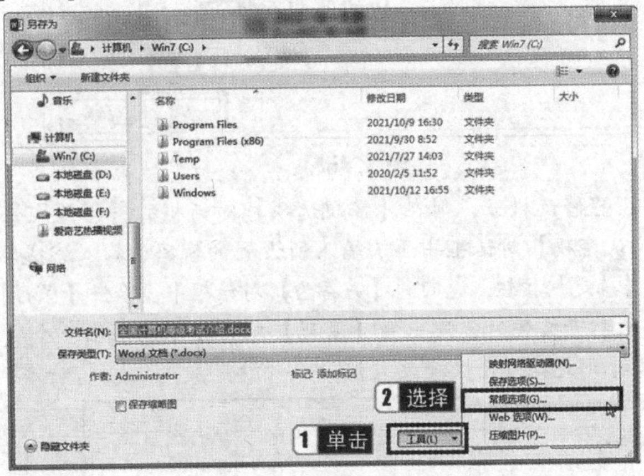

图 3.43

步骤 3：打开【常规选项】对话框，在【常规选项】对话框中选择【建议以只读方式打开文档】复选框，单击【确定】按钮，如图 3.44 所示。

步骤 4：返回到【另存为】对话框，单击【保存】按钮。

（2）标记为最终状态。

通过将文档标记为最终状态的方式也可以将文档设置为只读文档，并且会禁用相关的编辑命令，具体的操作步骤如下。

步骤 1：单击【文件】选项卡，打开 Office 后台视图。

步骤 2：在【信息】选项卡中，单击【保护文档】按钮，在弹出的下拉列表中选择【标记为最终状态】选项，如图 3.45所示，此时的文档将不再允许修改。

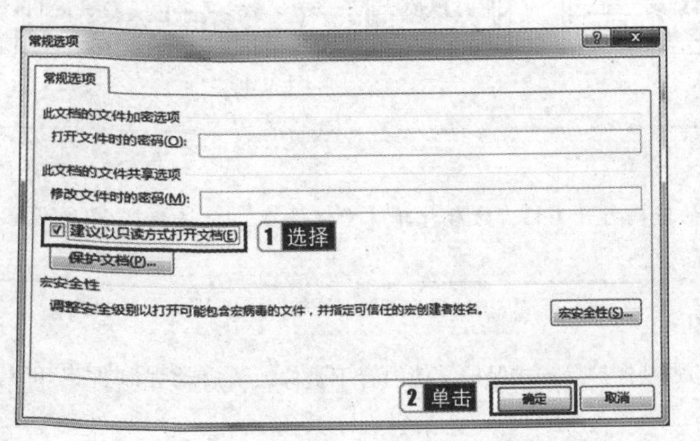

图 3.44

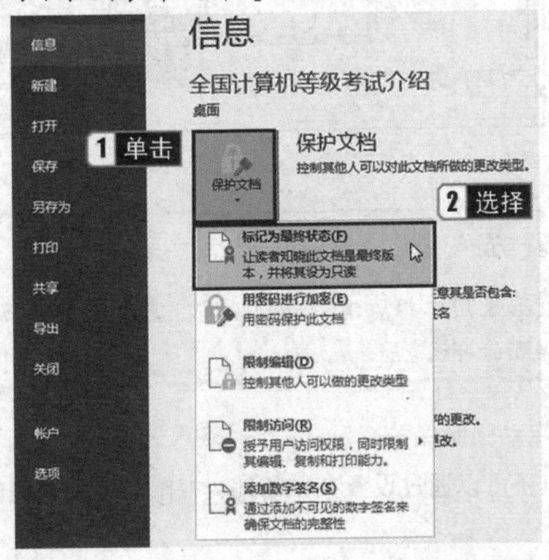

图 3.45

2. 设置加密文档

日常办公中，为了保证文档的安全，用户可以对文档进行加密，以限制其他人打开文档或修改文档。设置加密文档的操作步骤如下。

步骤1：单击【文件】选项卡，在打开的Office后台视图中选择【另存为】，在右侧单击【浏览】按钮。

步骤2：在打开的【另存为】对话框中单击【工具】按钮，在弹出的列表中选择【常规选项】。

步骤3：打开【常规选项】对话框，在【打开文件时的密码】文本框中输入要设置的密码，单击【确定】按钮。此时弹出【确认密码】对话框，要求用户再次输入所设置的密码，输入完成后单击【确定】按钮，如图3.46所示。

步骤4：当再次打开被加密的文档时，会弹出【密码】对话框，要求用户输入密码，如图3.47所示。

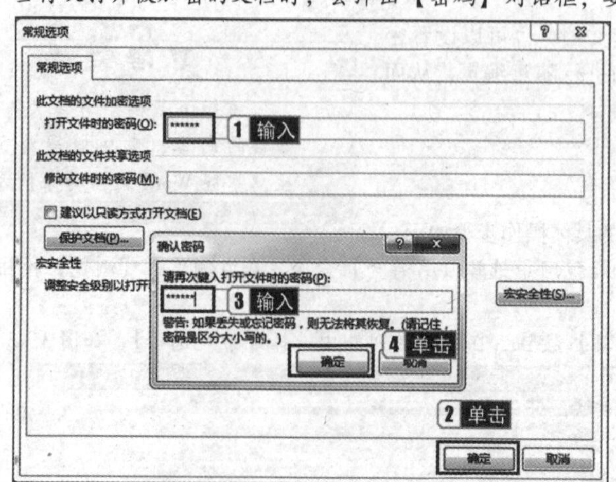

图3.46

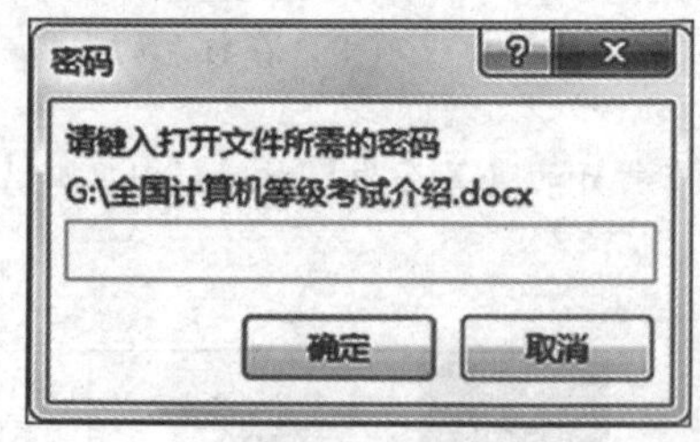

图3.47

步骤5：若要设置修改权限，则在【常规选项】对话框的【修改文件时的密码】文本框中输入密码，单击【确定】按钮，在弹出的【确认密码】对话框中再次输入所设置的密码，输入完成后单击【确定】按钮，如图3.48所示。

步骤6：单击【确定】按钮，返回到【另存为】对话框中，单击【保存】按钮，在弹出的提示对话框中单击【确定】按钮。

步骤7：当再次打开文件时，弹出的【密码】对话框中将多出一个【只读】按钮，如图3.49所示。如果不知道密码，则只能以只读方式打开文档，无权修改文档。

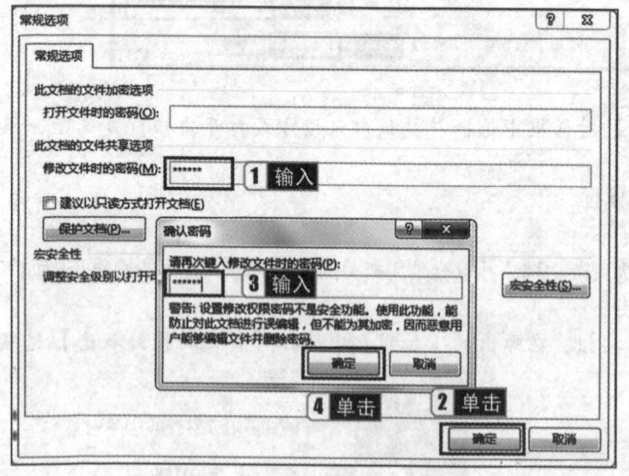

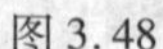
图3.48

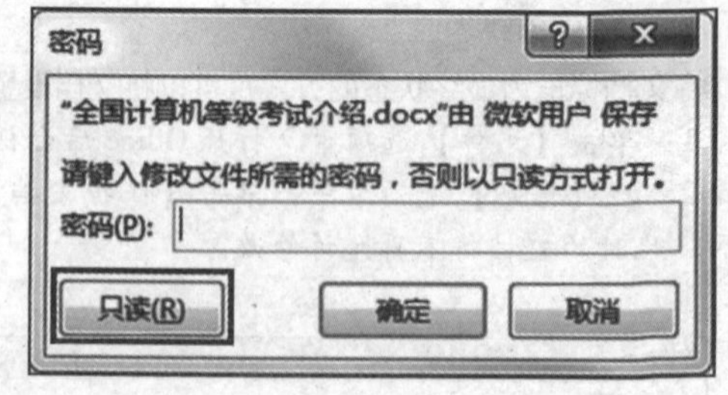

图3.49

小提示

如果用户想取消密码的设置，需要先用正确的密码打开文档，然后打开【常规选项】对话框，将所设置的密码删除即可。

3. 启动强制保护

用户还可以通过设置文档的编辑权限、启动文档的强制保护等方式保护文档内容不被修改。启动强制保护的具体操作步骤如下。

步骤1：单击【文件】选项卡，打开Office后台视图，在【信息】选项卡中，单击【保护文档】按钮，在弹出的下拉列表中选择【限制编辑】选项，如图3.50所示。

步骤2：在Word文档右侧将出现【限制编辑】窗格，选择【限制编辑】组合框中的【仅允许在文档中进行此类型的编辑】复选框，在下拉列表中选择【不允许任何更改（只读）】选项，单击【是，启动强制保护】按钮，如图3.51所示。

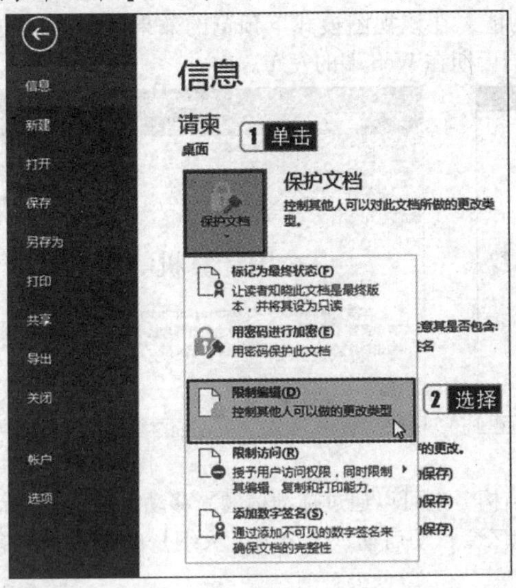

图3.50

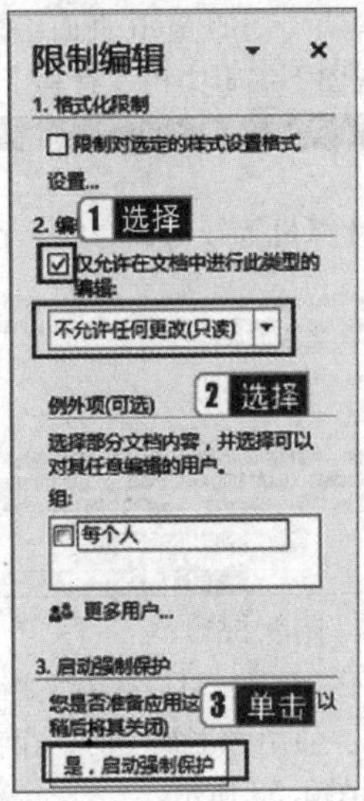

限制编辑
1. 格式化限制
限制对选定的样式设置格式
1 选择
仅允许在文档中进行此类型的编辑:
不允许任何更改(只读)
例外项(可选)
2 选择
选择部分文档内容，并选择可以对其任意编辑的用户。
组:
每个人
更多用户...
3. 启动强制保护
3 单击
是，启动强制保护

图3.51

步骤3：弹出【启动强制保护】对话框，依次在【新密码】和【确认新密码】文本框中输入密码，单击【确定】按钮，如图3.52所示。返回Word文档，此时文档处于保护状态。

步骤4：如果用户要取消强制保护，可在【限制编辑】窗格中单击【停止保护】按钮，弹出【取消保护文档】对话框，在【密码】文本框中输入密码，单击【确定】按钮即可，如图3.53所示。

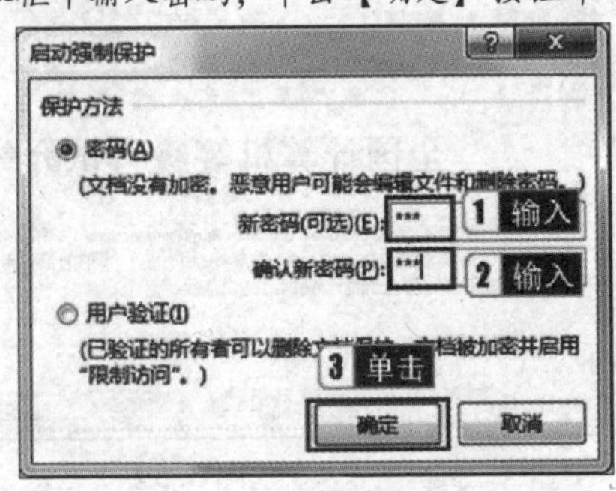

图3.52

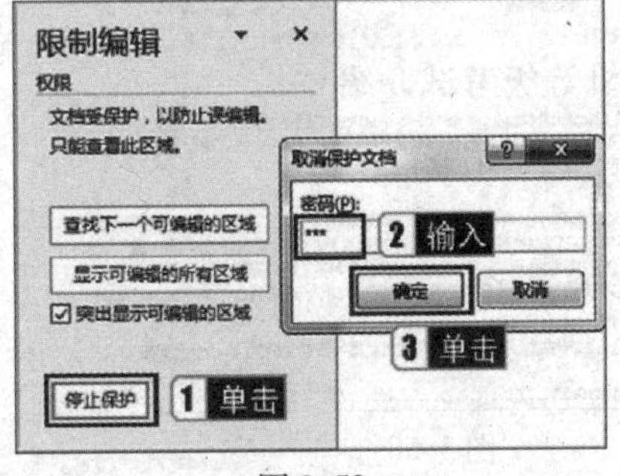

图3.53

考点11 Word 2016的视图模式

Word 2016提供了多种视图模式，包括阅读视图、页面视图、Web版式视图、大纲视图和草稿视图。用户可以根据自己的不同需要来选择不同的视图对文档进行查看，操作方法如下。

方法1：在功能区中选择【视图】选项卡，在【视图】组中单击某个视图命令按钮，即可将文档切换到该视图模式下浏览，如图3.54所示。

方法2：直接单击状态栏最右侧的3个视图按钮中的一个，也可以完成阅读视图、页面视图、Web版式视图的切换，如图3.55所示。

真考链接

该知识点属于考试大纲中要求熟记的内容，考核概率为5%。考生需熟记Word 2016视图模式的查看方法。

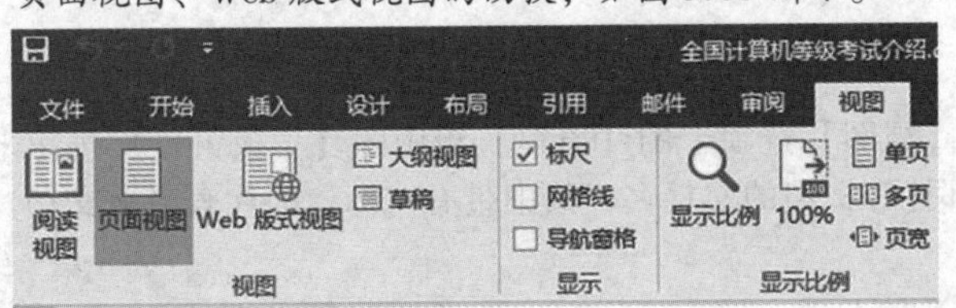

图3.54

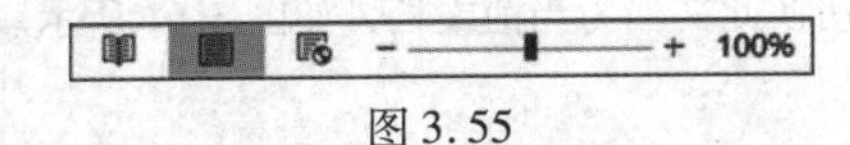

图3.55

• 页面视图：Word 2016 默认的视图模式，适合正常的文档编辑，也是最为常用的视图模式。

• 阅读视图：适合阅读文档，能尽可能地显示文档内容，但不能对文档进行编辑，只能对阅读的文档进行批注、保存、打印等处理。在该视图模式下，Word 会隐藏与文档编辑相关的组件，如图 3.56 所示。按【Esc】键可以退出阅读视图。

• Web 版式视图：具有专门的 Web 页面编辑功能，在该视图模式下预览的效果就像在浏览器中显示的一样，如图 3.57所示。在 Web 版式视图下编辑文档，有利于文档后期在 Web 端的发布。

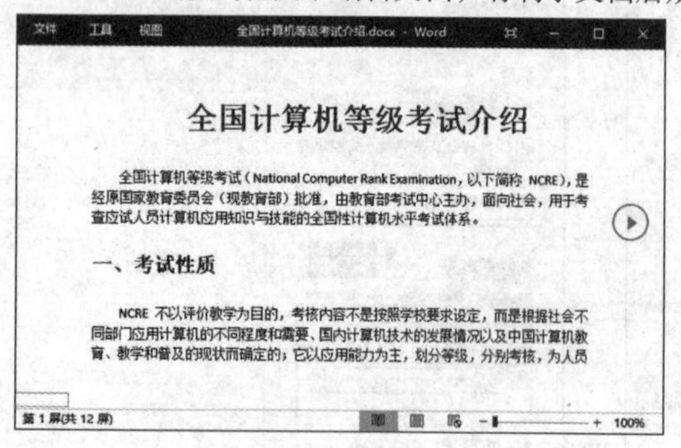

图 3.56

图 3.57

• 大纲视图：在大纲视图下，可以查看文档的结构，也可以通过拖动标题来移动、复制和重新组织文本，还可以通过折叠文档来查看文档标题。使用大纲视图时，在功能区会自动启动一个名为【大纲】的选项卡，单击【关闭大纲视图】按钮可以退出大纲视图，如图 3.58 所示。

• 草稿视图：模拟看草稿的形式来浏览文档，在此视图模式下，图片、页眉、页脚等要素将被隐藏，有利于用户快速编辑和浏览，如图 3.59 所示。

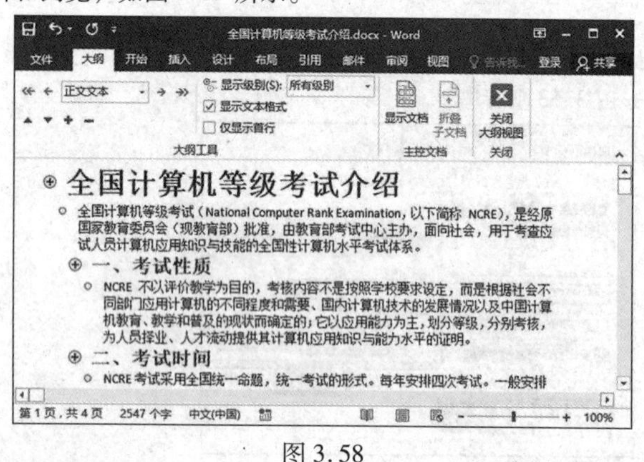

图 3.58

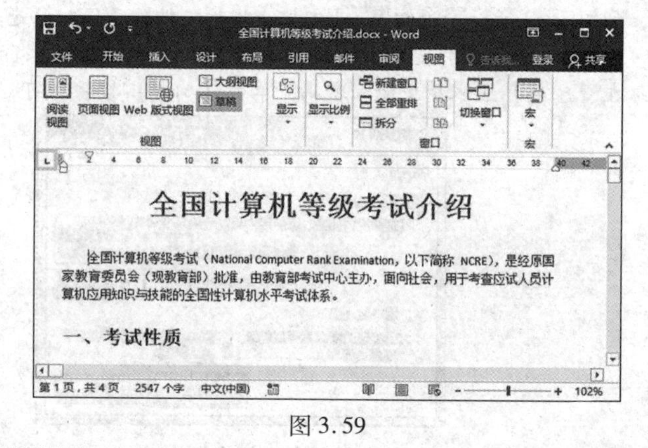

图 3.59

考点 12 多窗口编辑文档

Word 2016 为了方便用户浏览和编辑文档，提供了窗口编辑功能，用户可以进行文档的拆分、并排查看、多窗口切换等操作。

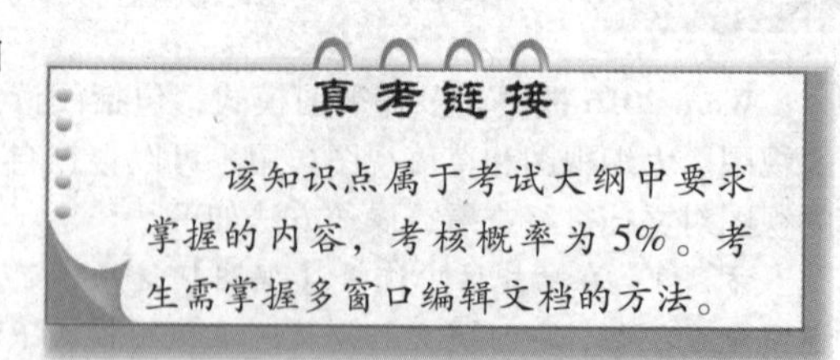

1. 多窗口编辑文档

（1）为同一文档新建窗口。

选择功能区中的【视图】选项卡，在【窗口】组中单击【新建窗口】按钮，建立一个新窗口。如果当前窗口为【***】，新建窗口后，原窗口自动编号为【***.1】，新窗口自动编号为【***.2】。单击【全部重排】按钮，可以在屏幕上同时显示这些窗口，如图3.60所示。

（2）多窗口切换。

在 Word 2016 中同时打开多个文档后，可以通过【视图】选项卡的【窗口】组中的【切换窗口】按钮来切换。单击【切换窗口】按钮，在弹出的下拉列表中显示的是全部打开文档的文档名，其中带有✔标记的代表当前文档。单击其他文档名就可以切换此文档为当前文档，如图 3.61 所示。

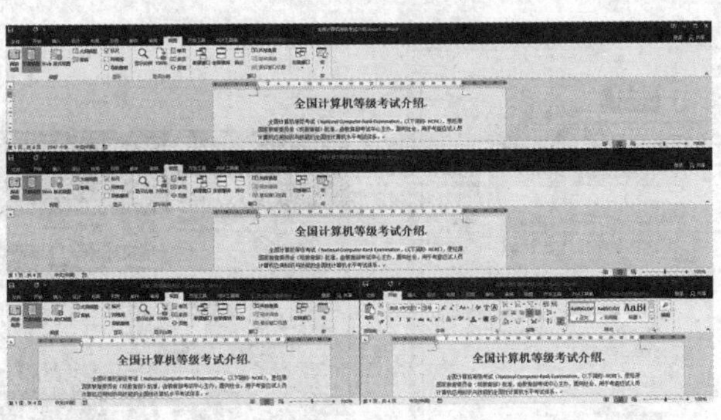

图 3.60

图 3.61

2. 文档窗口的拆分

选择功能区中的【视图】选项卡，在【窗口】组中单击【拆分】按钮，此时在窗口的中间会出现一条拆分线，如图3.62 所示。用鼠标拖动拆分线到指定位置后单击或按【Enter】键，即可将窗口拆分为两个。若要取消拆分，只需要在【视图】选项卡的【窗口】组中单击【取消拆分】按钮即可。

3. 并排查看

Word 2016 较为人性化的功能之一是可以同时打开两个文档并排显示。在【视图】选项卡的【窗口】组中单击【并排查看】按钮，可以将两个文档窗口并排显示，如图 3.63 所示。默认情况下，启动【并排查看】命令的同时会启动【同步滚动】命令，也就是当用户滚动阅读其中一个文档时，另一个并排文档也会同步滚动内容。要取消并排查看，可以在【视图】选项卡的【窗口】组中再次单击【并排查看】按钮。

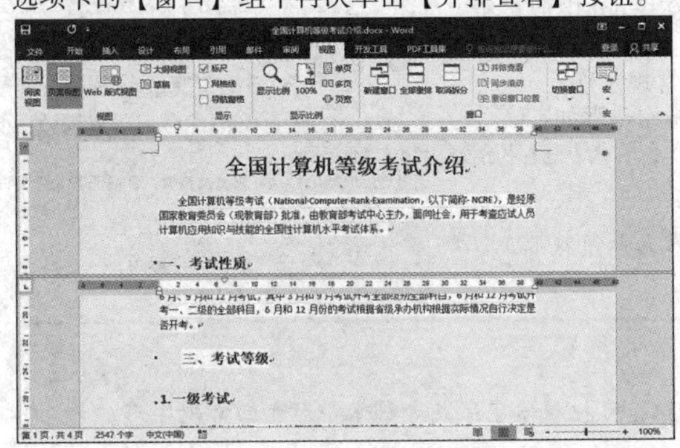

图 3.62

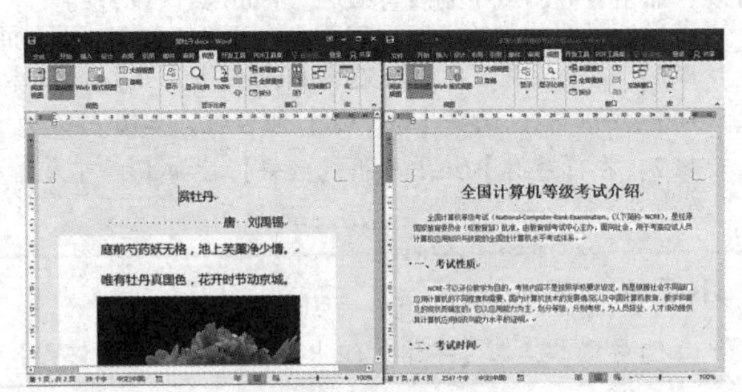

图 3.63

3.2 美化文档外观

考点 13 设置文本格式

1. 设置字体和字号

在 Windows 操作系统中，不同的字体有不同的外观形态，一些字体还可带有自己的符号集。设置字体有多种方式，如利用【字体】对话框、【字体】组及悬浮工具栏等，具体的操作步骤如下。

> **真考链接**
>
> 该知识点属于考试大纲中要求熟记的内容，考核概率为 100%。考生需熟记设置文本格式的方法。

步骤 1：选择所需的文本。

步骤 2：选择【开始】选项卡，在【字体】组中单击对话框启动器按钮，如图 3.64 所示。

步骤 3：弹出【字体】对话框，在【字体】选项卡的【中文字体】下拉列表中选择【华文中宋】选项，如图 3.65 所示。

步骤 4：设置完成后，单击【确定】按钮，即可将所选文本的字体更改为【华文中宋】。

步骤 5：在【开始】选项卡的【字体】组中单击【字号】列表框右边的下拉按钮，在弹出的下拉列表中选择【二号】选项，如图 3.66 所示。

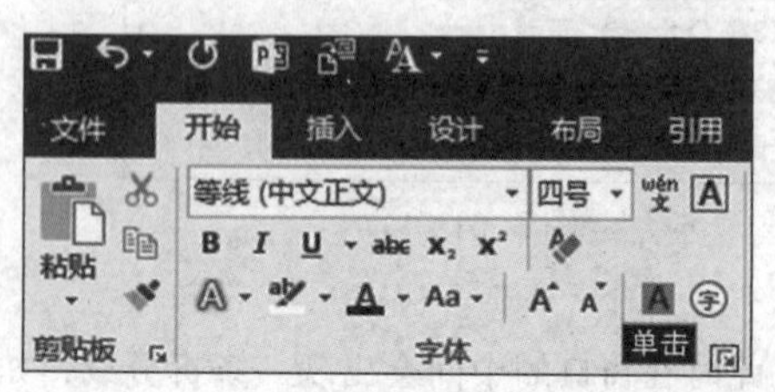

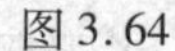

图 3.64

图 3.65

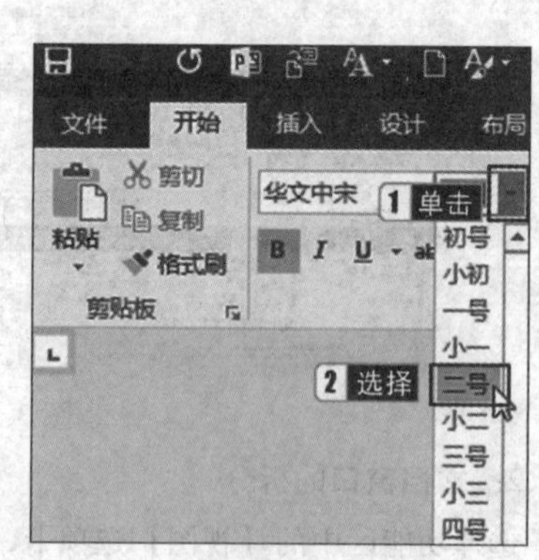

图 3.66

步骤 6：设置完成后，即可将所选文本的字号更改为二号。

小提示

选择文本后，在鼠标指针上方会出现一个浮动工具栏，在浮动工具栏中也可以对文本格式进行设置。

2. 设置字形

如果用户需要使文字或文章美观、突出和引人注目，可以在 Word 中通过给文字添加一些附加属性来改变字形。字形是指附加于文本的属性，包括给文字设置的常规、加粗、倾斜或下划线等效果。Word 默认设置的文本为常规字形。

下面举例说明如何为标题设置加粗，并进行倾斜，具体的操作步骤如下。

步骤 1：选择所需设置的标题文本，在【开始】选项卡的【字体】组中，单击【加粗】按钮 **B**，或按【Ctrl + B】组合键，如图 3.67 所示。

步骤 2：在【字体】组中单击【倾斜】按钮 *I*，可为文本设置倾斜效果。

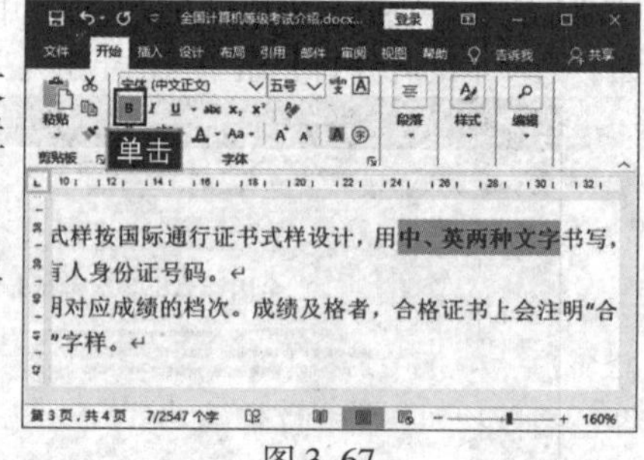

图 3.67

小提示

选中文本，在【字体】组中单击【清除所有格式】按钮，可把粗体字形或者斜体字形变回常规字形。

3. 设置字体颜色和效果

为了突出显示，可为文档中的文本设置各种颜色和效果。

(1) 设置字体颜色。

设置字体颜色会使文本更加突出，使文档更有表现力，具体的操作步骤如下。

步骤 1：选择要设置字体颜色的文本。在【开始】选项卡下【字体】组中单击【字体颜色】按钮右边的下拉按钮，在弹出的【字体颜色】下拉列表中选择【主题颜色】或【标准色】中符合要求的颜色，如图 3.68 所示。

步骤 2：如果【字体颜色】下拉列表中没有符合要求的颜色，可以选择【其他颜色】选项，在弹出的【颜色】对话框中定义新的颜色，如图 3.69 所示。

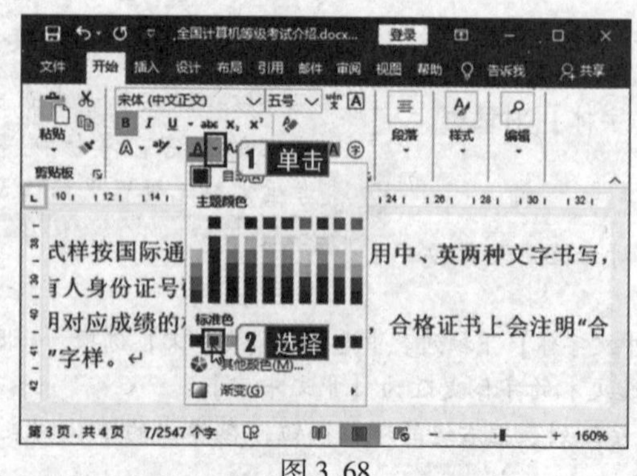

图 3.68

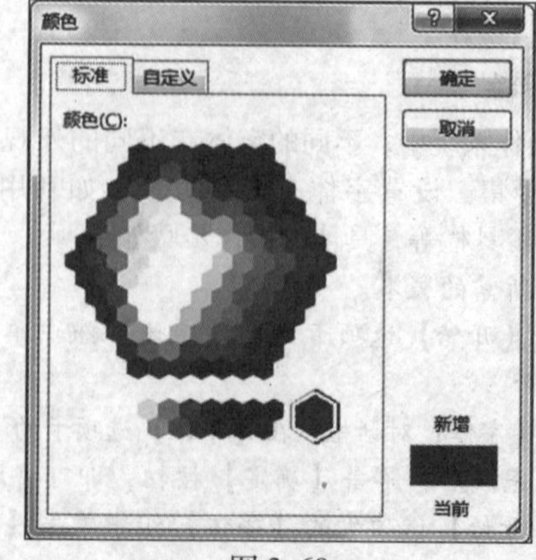

图 3.69

（2）设置文本效果。

文本效果是一种综合效果，融合了轮廓、阴影、映像、发光等多种修饰效果。用户可以选择系统已经设定好的多种综合文本效果，也可以单独设置某一种修饰效果，具体的操作步骤如下。

步骤1：在Word文档中选择要设置效果的文本内容。

步骤2：在【开始】选项卡的【字体】组中单击【文本效果和版式】按钮A▾，在展开的列表中选择所需要的效果主题，如图3.70所示。

步骤3：用户还可以通过选择列表中的【轮廓】【阴影】【映像】【发光】选项，在各自展开的级联列表中自定义设置。

4. 字体的高级设置

在Word 2016的字体高级设置中，用户可对文本字符间距、字符缩放及字符位置等进行调整。选择【开始】选项卡，单击【字体】组中右下角的对话框启动器按钮，弹出【字体】对话框。选择【高级】选项卡，在【字符间距】选项组中进行设置，如图3.71所示。

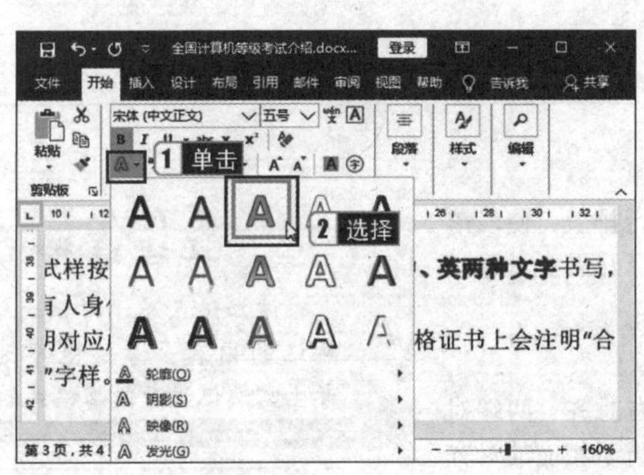

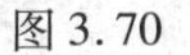
图3.70

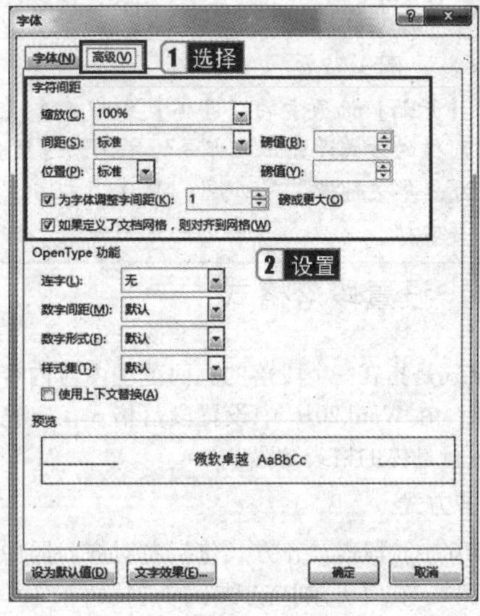

图3.71

●【缩放】下拉列表框：可以在其中输入任意一个值来设置字符缩放的比例，但字符只能在水平方向进行缩小或放大。

●【间距】下拉列表框：从中可以选择【标准】【加宽】【紧缩】选项。【标准】选项是Word中的默认选项，用户可以在其右边的【磅值】微调框中输入一个数值，其单位为磅。

●【位置】下拉列表框：从中可以选择【标准】【提升】【降低】选项来设置字符的位置。当选择【提升】或【降低】选项后，用户可在右边的【磅值】微调框中输入一个数值，其单位为磅。

●【为字体调整字间距】复选框：如果要让Word在大于或等于某一尺寸的条件下自动调整字符间距，就选择该复选框，然后在其右侧微调框中输入磅值。

●【如果定义了文档网格，则对齐到网格】复选框：选择该复选框，Word 2016将自动设置每行字符数，使其与【页面设置】对话框中设置的字符数相一致。

真题精选

在考生文件夹中打开WORD2.docx，按照要求完成下列操作，并以原文件名保存文档。

适当调整文字的字号、字体和颜色。

【操作步骤】

步骤1：打开WORD2.docx。

步骤2：选中标题"'领慧讲堂'就业讲座"，在【开始】选项卡的【字体】组中单击【字体】下拉按钮，在弹出的下拉列表中选择【华文琥珀】选项，如图3.72所示。

步骤3：在【开始】选项卡的【字体】组中单击【字号】下拉按钮，在弹出的下拉列表中选择【小一】选项，如图3.73所示。

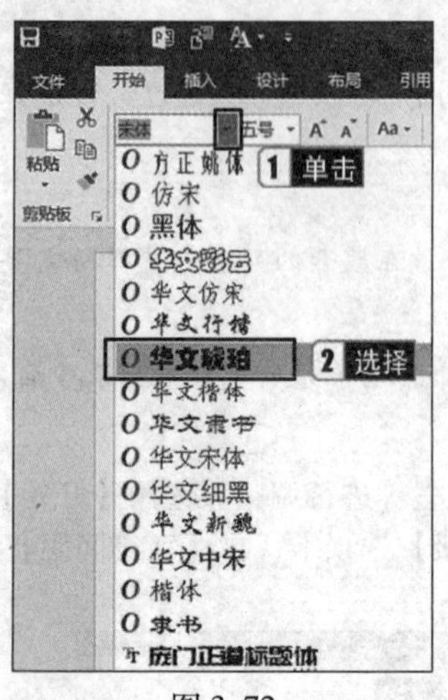

图 3.72

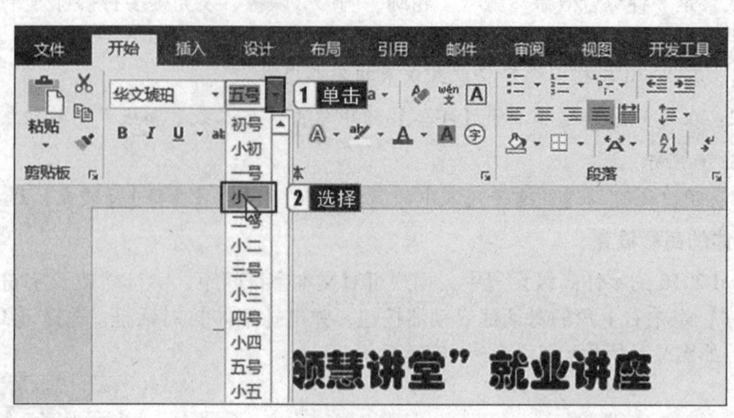

图 3.73

步骤4：在【开始】选项卡的【字体】组中单击【字体颜色】下拉按钮，在弹出的下拉列表中选择【红色】选项。

步骤5：以同样的方式设置正文部分的字体，这里我们把正文部分设置为"宋体""二号""深蓝"。将"欢迎大家踊跃参加!"设置为"华文行楷""初号""黑色，文字1"。

步骤6：保存文档。

考点14 设置段落格式

设置段落格式是指在一个段落的页面范围内对内容进行排版，使段落更加整齐、美观。在Word 2016中设置段落格式，应先选择好需要设置格式的段落，再进行具体的格式设置。

真考链接

该知识点属于考试大纲中要求熟记的内容，考核概率为100%。考生需熟记设置段落格式的方法。

1. 段落对齐方式

在Word 2016中，段落对齐方式包括左对齐、居中、右对齐、两端对齐和分散对齐5种。在【开始】选项卡的【段落】组中设置了相应的对齐按钮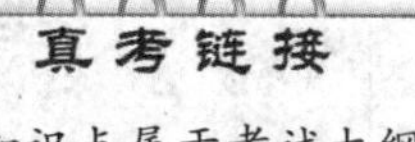，如图3.74所示。

图 3.74

- 【左对齐】按钮：单击该按钮，段落中的每行文本都向文档的左边界对齐。
- 【居中】按钮：单击该按钮，选择的段落将放在页面的中间，在排版中使用效果很好。
- 【右对齐】按钮：单击该按钮，选择的段落将向文档的右边界对齐。
- 【两端对齐】按钮：单击该按钮，段落中除最后一行文本外，其他行文本的左、右两端分别向左、右边界对齐。对于纯中文的文本来说，两端对齐方式与左对齐方式没有太大的差别。但文档中如果含有英文单词，左对齐方式可能会使文本的右边缘参差不齐。
- 【分散对齐】按钮：单击该按钮，段落中的所有行文本（包括最后一行）中的字符等距离分布在左、右边界之间。

2. 设置段落缩进

段落相对左、右边界向页中心缩进一段距离，可使文档段落显示出条理更加清晰的段落层次，以方便用户阅读。

在【开始】选项卡中单击【段落】组右下角的对话框启动器按钮，在弹出的【段落】对话框中选择【缩进和间距】选项卡，在【缩进】选项组中进行设置，如图3.75所示。

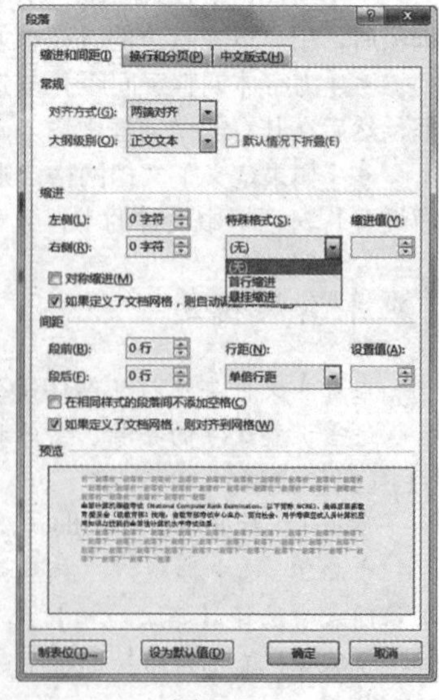
图 3.75

- 在【左侧】微调框中可以设置段落与左边界的距离。输入一个正值表示向右缩进，输入一个负值表示向左缩进。
- 在【右侧】微调框中可以设置段落与右边界的距离。输入一个正值表示向左缩进，输入一个负值表示向右缩进。
- 【首行缩进】选项：控制段落的第一行第一个字的起始位置。
- 【悬挂缩进】选项：控制段落中第一行以外的其他行的起始位置。

- 在【缩进值】微调框中可以设置特殊格式的缩进量。
- 【对称缩进】复选框：选择该复选框后，整个段落除了首行外的所有行的左边界向右缩进。
- 【如果定义了文档网格，则自动调整右缩进】复选框：选中该复选框，Word 2016 将自动调整右缩进量；不勾选即设置 Word 文档无网格。

> **小提示**
>
> 在 Word 2016 中，可以使用【标尺】和【段落】对话框来设置段落缩进。

3. 行距和段距

行距是指行与行之间的距离，段距则是指两个相邻段落之间的距离。用户可以根据需要来调整文本的行距和段距。设置行距的具体操作步骤如下。

步骤 1：将插入点置于要进行行距调整的段落中。

步骤 2：在【开始】选项卡中单击【段落】组右下角的对话框启动器按钮，在弹出的【段落】对话框中选择【缩进和间距】选项卡，单击【行距】右侧的下拉按钮，在弹出的下拉列表中选择【1.5 倍行距】选项，单击【确定】按钮，如图 3.76 所示。

> **小提示**
>
> 当在【行距】下拉列表框中选择【最小值】【固定值】【多倍行距】选项时，就需要在【设置值】微调框中输入相应的值。

设置段距可以有效地改善版面的外观效果。设置段距的具体操作步骤如下。

步骤 1：选择所需设置的段落，在【开始】选项卡中单击【段落】右下角的对话框启动器按钮，弹出【段落】对话框，选择【缩进和间距】选项卡，在【间距】选项组中的【段前】和【段后】微调框中设置需要的值。

步骤 2：设置完成后单击【确定】按钮。

4. 设置换行和分页

在对某些长篇文档进行排版时，经常需要对一些特殊的段落进行格式调整，以使版式更加美观。此时，可以通过【段落】对话框中的【换行和分页】选项卡进行设置，如图 3.77 所示。

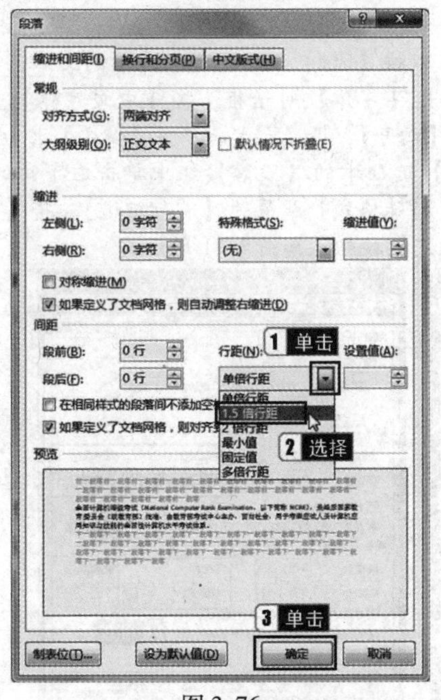

图 3.76

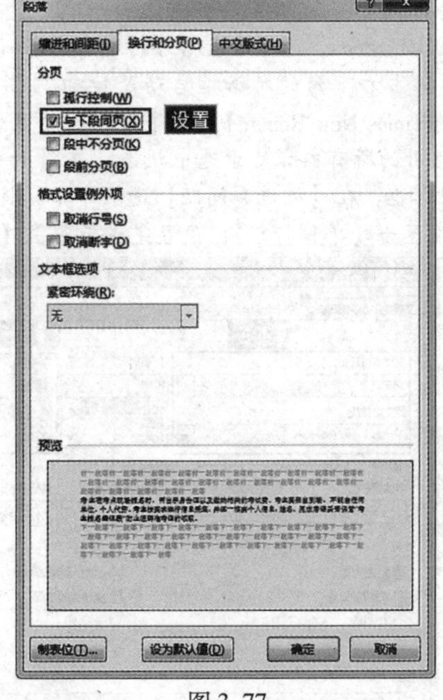

图 3.77

- 孤行控制：孤行是指在页面顶部仅显示段落的最后一行，或者在页面底部仅显示段落的第一行。专业的文档排版中不允许有孤行存在。选择【孤行控制】复选框，可避免出现这种情况。
- 与下段同页：在表格、图片的前后带有表注或图注时，常常希望表注和表、图注和图在同一页显示。选择【与下段同页】复选框，可以保持前后两个段落始终处于同一页中。
- 段中不分页：保持一个段落始终位于同一页上，不会被分开显示在两页上。
- 段前分页：相当于在段落之前自动插入了一个分页符，从当前段落开始会自动显示在下一页。

5. 设置首字下沉

首字下沉就是将段落中的第一个字做下沉处理，这样可以突出显示一个段落，起到强调的作用。设置首字下沉的具体操作步骤如下。

步骤1：在Word文档中选中要设置首字下沉的段落或将光标置入该段落中。

步骤2：在功能区【插入】选项卡的【文本】组中单击【首字下沉】按钮，在弹出的下拉列表中选择要设置下沉的类型，如【无】【下沉】【悬挂】，如图3.78所示。

步骤3：若要进行详细设置，可选择下拉列表中的【首字下沉选项】选项，打开【首字下沉】对话框。在该对话框的【位置】选项组中选择一种下沉类型，然后在【字体】下拉列表框中选择一种字体，在【下沉行数】微调框中输入下沉的行数，在【距正文】微调框中输入数值，如图3.79所示。单击【确定】按钮，返回原文档中。

图3.78

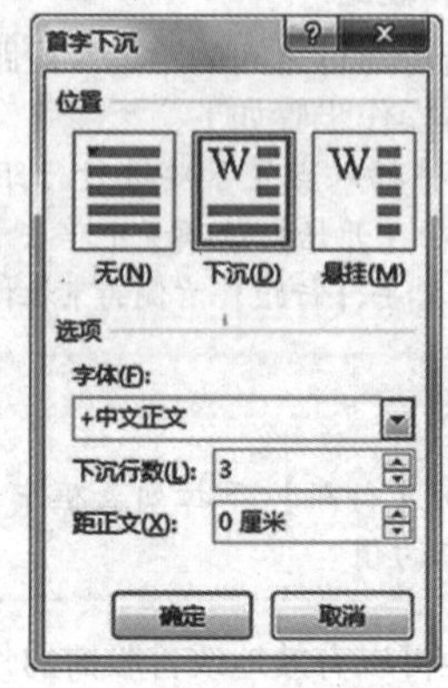

图3.79

真题精选

在考生文件夹中打开WORD3.docx，按照要求完成下列操作，并以原文件名保存文档。

将表格外的所有文本的中文字体及段落格式分别设为仿宋、四号和首行缩进2字符、单倍行距；将表格外的所有英文字体设为Times New Roman、四号。

【操作步骤】

步骤1：打开WORD3.docx，选中除表格外的所有内容（可以按【Ctrl】键，选择不连续的文本区域），在【开始】选项卡的【字体】组中单击右下角的对话框启动器按钮，弹出【字体】对话框，将【中文字体】设置为【仿宋】，将【西文字体】设置为【Times New Roman】，将【字号】设置为【四号】，设置完成后单击【确定】按钮，如图3.80所示。

步骤2：保持表格外的所有内容处于选中状态，在【开始】选项卡的【段落】组中单击右下角的对话框启动器按钮，弹出【段落】对话框，在【缩进和间距】选项卡中，将【特殊格式】设置为【首行缩进】，将【缩进值】设置为【2字符】，将【行距】设置为【单倍行距】，设置完成后单击【确定】按钮，如图3.81所示。

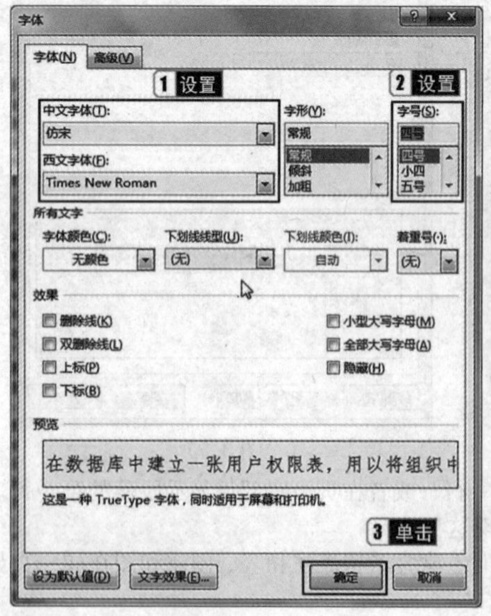

图3.80　　图3.81

步骤3：保存文档。

考点 15 添加边框和底纹

1. 添加边框

为了使文档更清晰、漂亮，可以为文档的内容添加各种边框。根据需要，用户可以为选中的文本添加边框，也可以为选中的段落、表格或图像添加边框。

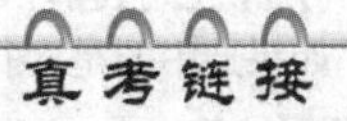

该知识点属于考试大纲中要求熟记的内容，考核概率为 50%。考生需熟记添加边框和底纹的方法。

(1) 利用【字符边框】按钮给文本添加单线框。

在【开始】选项卡中，单击【字体】组中的【字符边框】按钮。利用此按钮可以方便地为选中的文本添加单线边框，如图 3.82 所示。

(2) 利用【边框和底纹】对话框给段落或文本添加边框。

利用【段落】组中的按钮或使用【边框和底纹】对话框，还可以给选中的段落或文本添加其他样式的边框，操作步骤如下。

步骤 1：选中要添加边框的文本，在【开始】选项卡中，单击【段落】组中【边框】按钮 右侧的下拉按钮，在弹出的下拉列表中选中所需要的边框线样式，如图 3.83 所示。

步骤 2：选择完成后即可为选中的文本添加边框，如图 3.84 所示。

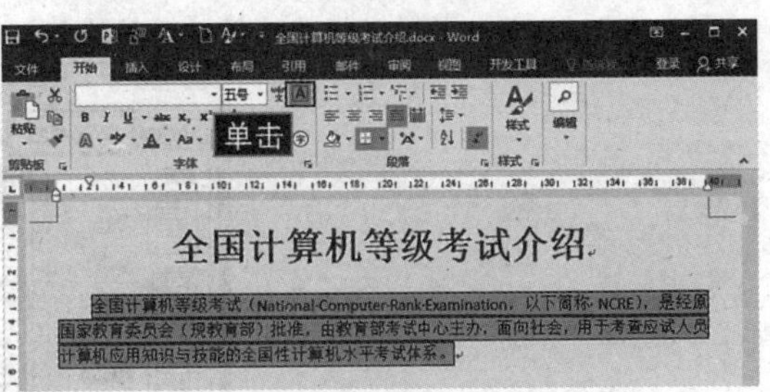

图 3.82

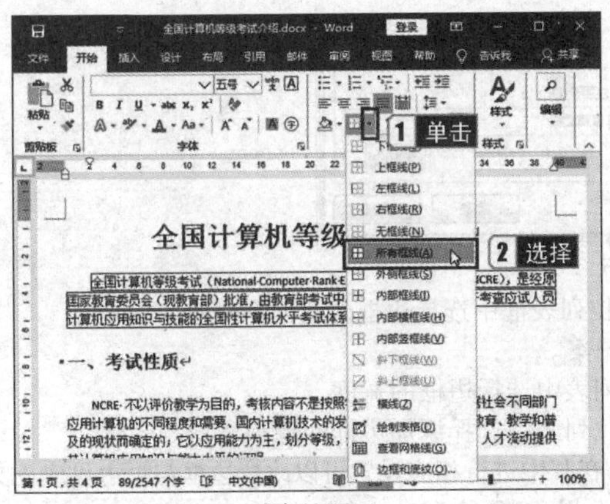

图 3.83

图 3.84

步骤 3：选中要添加边框的文本，在【开始】选项卡中单击【段落】组中【边框】按钮右侧的下拉按钮，在弹出的下拉列表中选择【边框和底纹】选项，弹出【边框和底纹】对话框，如图 3.85 所示。

步骤 4：在【边框】选项卡中根据需要进行设置，完成后单击【确定】按钮，效果如图 3.86 所示。

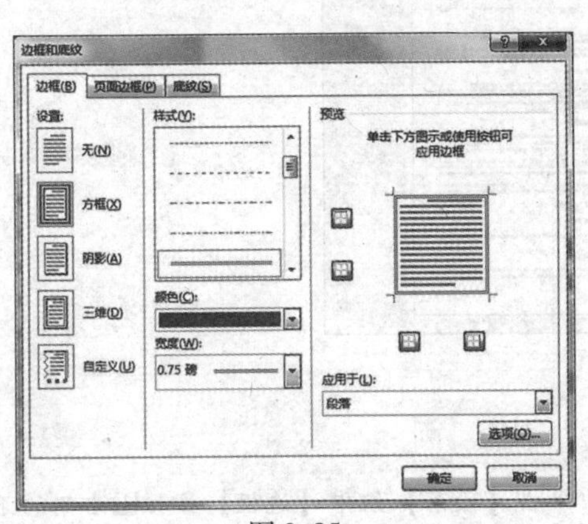

图 3.85

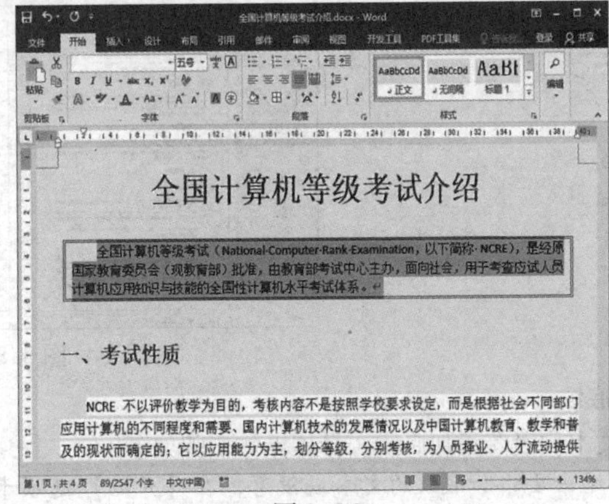

图 3.86

【边框和底纹】对话框中各选项的作用如下。

- 【无】选项：不设边框。若选中的文本或段落原来有边框，则边框将被去掉。
- 【方框】选项：给选中的文本或段落添加边框。
- 【阴影】选项：给选中的文本或段落添加具有阴影效果的边框。
- 【三维】选项：给选中的文本或段落添加具有三维效果的边框。
- 【自定义】选项：只在给段落添加边框时有效。利用该选项可以给段落的某一条或几条边添加边框线。

•【样式】列表框：可从中选择需要的边框样式。

•【颜色】和【宽度】下拉列表框：可设置边框的颜色和宽度。

•【应用于】下拉列表框：可从中选择添加边框的应用对象。若选择【文字】选项，则在选中的一个或多个文字的四周添加封闭的边框。如果选中的是多行文字，则给每行文字添加封闭边框。若选择【段落】选项，则给选中的所有段落添加边框。

2. 添加页面边框

页面边框是指文档中设置在页面周围的边框，可以设置普通的线型页面边框和各种图案样式的艺术型页面边框。添加页面边框的操作步骤如下。

步骤1：在【开始】选项卡中单击【段落】组中的【边框】按钮右侧的下拉按钮▾，在弹出的下拉列表中选择【边框和底纹】选项。

步骤2：在弹出的对话框中选择【页面边框】选项卡，从中设置需要的选项，如图3.87所示。

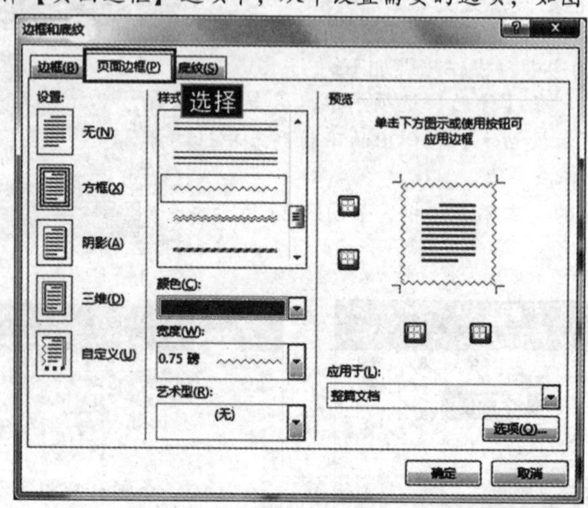

图3.87

- 设置线型边框，可分别从【样式】列表框和【颜色】下拉列表框中选择边框的线型和颜色。
- 设置艺术型边框，可从【艺术型】下拉列表中选择一种图案。
- 单击【宽度】下拉列表框的下拉按钮▾，在弹出的下拉列表中选择边框的宽度。
- 单击【应用于】下拉列表框的下拉按钮▾，在弹出的下拉列表中选择添加边框的范围。
- 单击【选项】按钮，将弹出【边框和底纹选项】对话框，在其中进行相应设置可以改变边框与页边界或正文的距离。

步骤3：设置完后单击【确定】按钮，即可应用页面边框，如图3.88所示。

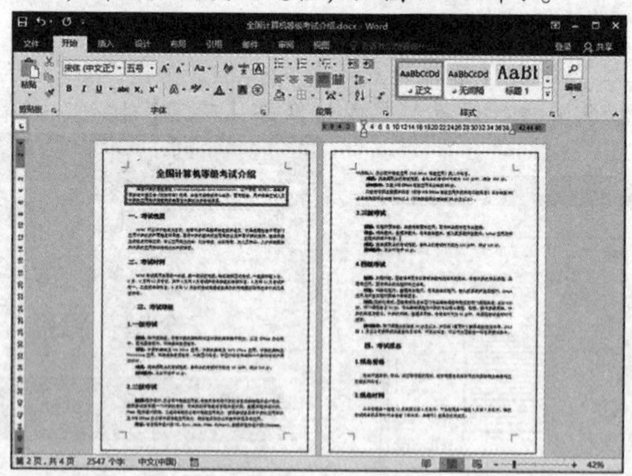

图3.88

3. 添加底纹

(1) 给文本或段落添加底纹。具体操作步骤如下。

步骤1：选中要添加底纹的文本或段落，在【开始】选项卡中单击【段落】组中【边框】按钮田右侧的下拉按钮▾，在弹出的下拉列表中选择【边框和底纹】选项。

步骤2：弹出【边框和底纹】对话框，单击【底纹】选项卡，在【填充】下拉列表框中选择底纹的填充色，在【样式】下拉列表框中选择底纹的样式，在【颜色】下拉列表框中选择底纹内填充点的颜色，在【预览】区域可以预览设置的底纹效果，如图3.89所示。

步骤3：单击【确定】按钮，即可应用底纹效果，如图3.90所示。

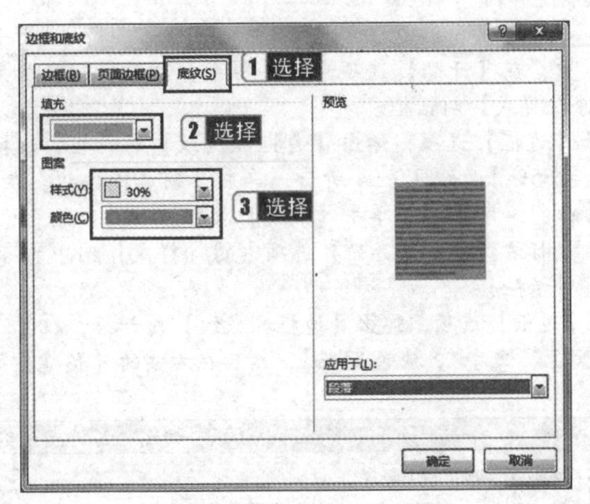

图 3.89

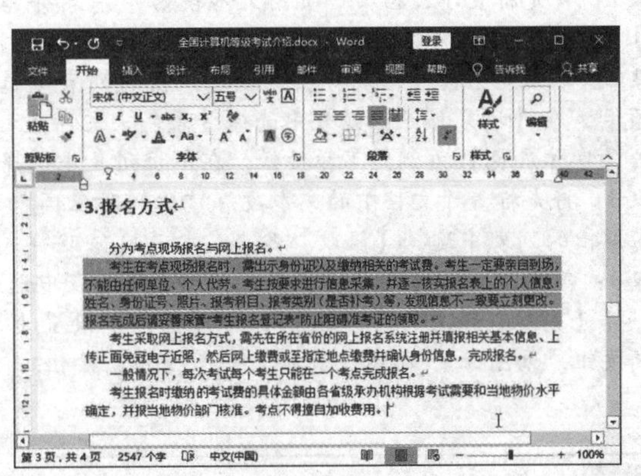
图 3.90

小提示

如果仅给一个段落添加底纹，可以把光标放在该段中。

(2) 删除底纹。具体操作步骤如下。

步骤：在【底纹】选项卡中将【填充】设为【无颜色】，将【样式】设为【清除】，然后单击【确定】按钮，如图3.91所示。

将底纹删除后的效果如图 3.92 所示。

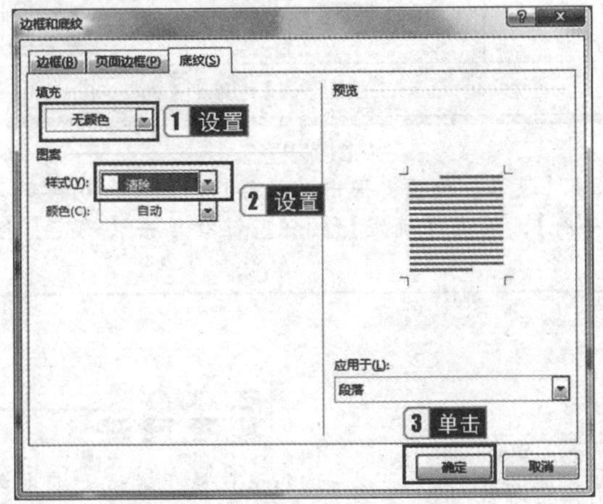

图 3.91

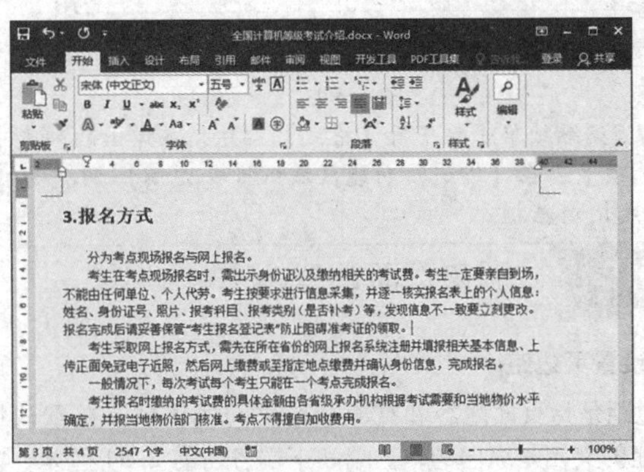
图 3.92

真题精选

1. 在考生文件夹中打开 WORD4. docx，按照要求完成下列操作，并以原文件名保存文档。

要求：添加阴影型页面边框。

【操作步骤】

步骤 1：打开 WORD4. docx，在【设计】选项卡的【页面背景】组中单击【页面边框】按钮，弹出【边框和底纹】对话框。

步骤 2：在【设置】组中选择【阴影】选项，如图 3.93 所示。

步骤 3：单击【确定】按钮。

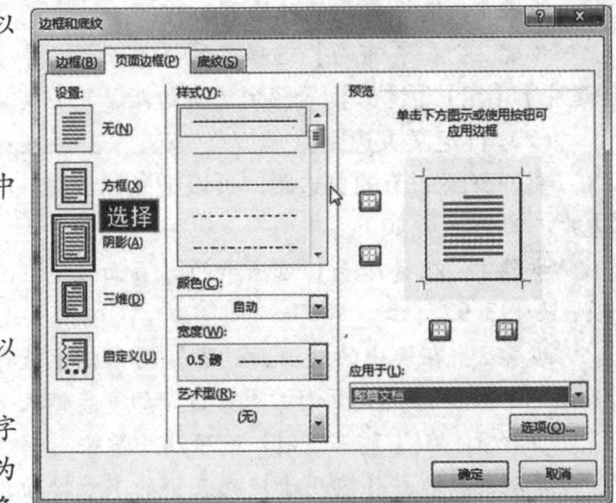

图 3.93

2. 在考生文件夹中打开 WORD5. docx，按照要求完成下列操作，并以原文件名保存文档。

要求：给样式为【标题 1】的文本所在段落添加颜色为【黑色，文字 1，淡色 35%】的底纹，并修改文本颜色为【白色，背景 1】；给样式为【标题 2】的文本所在段落添加宽度为 6 磅，颜色为【黑色，文字 1，淡色 35%】的左边框，并将其左侧缩进值设置为 1 字符。

【操作步骤】

步骤1：将光标置于文档第一页的文本段落“基本介绍”中，在【开始】选项卡的【样式】组中，用鼠标右键单击【标题1】样式，在弹出的列表中选择【修改】命令，打开【修改样式】对话框。

步骤2：单击左下角【格式】按钮，在弹出的列表中选择【边框】选项，弹出【边框和底纹】对话框，切换到【底纹】选项卡，在【填充】下拉列表中选择【黑色，文字1，淡色35%】，如图3.94所示，单击【确定】按钮。在【格式】栏下单击【字体颜色】右侧的下拉按钮，在下拉列表中选择【白色，背景1】，单击【确定】按钮。

步骤3：将光标置于文档中的文本段落“比利时王国”，用鼠标右键单击【开始】选项卡的【样式】组中的【标题2】样式，在弹出的列表中选择【修改】命令，打开【修改样式】对话框。

步骤4：单击左下角【格式】按钮，在弹出的列表中选择【边框】选项，弹出【边框和底纹】对话框，在【边框】选项卡中，将【宽度】设置为【6.0磅】，将【颜色】设置为【黑色，文字1，淡色35%】，然后在右侧的【预览】区域中单击左框线按钮，如图3.95所示，最后单击【确定】按钮。

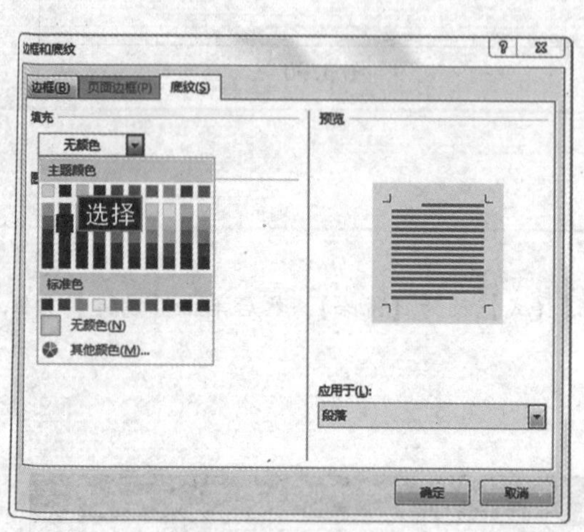

图3.94

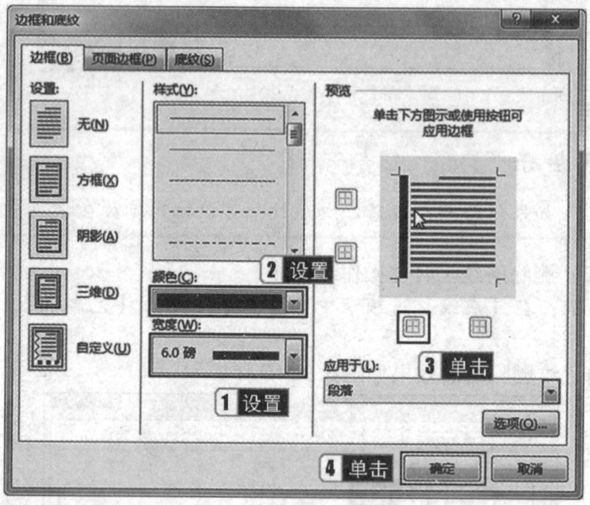

图3.95

步骤5：继续单击左下角【格式】按钮，在弹出的列表中选择【段落】选项，弹出【段落】对话框，切换到【缩进和间距】选项卡，在【缩进】功能区域中将【左侧】调整为【1字符】，单击【确定】按钮。继续单击【确定】按钮关闭【修改样式】对话框。

考点16 调整页面设置

1. 设置页边距

页边距是指页面内容和页面边缘之间的区域，在默认情况下，Word 2016创建的文档是纵向的，上端和下端各留有2.54厘米、左端和右端各留有3.17厘米的页边距。

> **真考链接**
>
> 该知识点属于考试大纲中要求熟记的内容，考核概率为100%。考生需熟记调整页面设置的方法。

用户可以根据需要设置页边距。

（1）使用预定的页边距。具体操作步骤如下。

步骤1：选择需要调整的页面。

步骤2：在【布局】选项卡的【页面设置】组中单击【页边距】按钮，在弹出的下拉列表中提供了【普通】【窄】【适中】【宽】【镜像】等预定义页边距，用户可以从列表中选择一个快速设置页边距，如图3.96所示。

（2）自定义页边距。

要调整某一节的页边距，可以把光标放在该节中。如果整篇文档没有分节，页边距的设置将影响整篇文档。自定义页边距的具体步骤如下。

步骤1：在【布局】选项卡的【页面设置】组中单击【页边距】按钮，在弹出的下拉列表中选择【自定义边距】选项，如图3.97所示。

步骤2：在弹出的【页面设置】对话框中选择【页边距】选项卡，在【上】【下】【左】【右】微调框中分别输入或者选择一个数值，设置页面四周页边距的宽度以及装订线的大小和位置。

步骤3：在【页码范围】选项组中单击【多页】右侧的下拉按钮，在弹出的列表中选择【普通】选项。

步骤4：单击【应用于】列表框的下拉按钮，在弹出的下拉列表中选择【整篇文档】选项或【插入点之后】选项，可以设置效果应用范围，系统默认为【整篇文档】。最后单击【确定】按钮即可完成自定义页边距的设置，如图3.98所示。

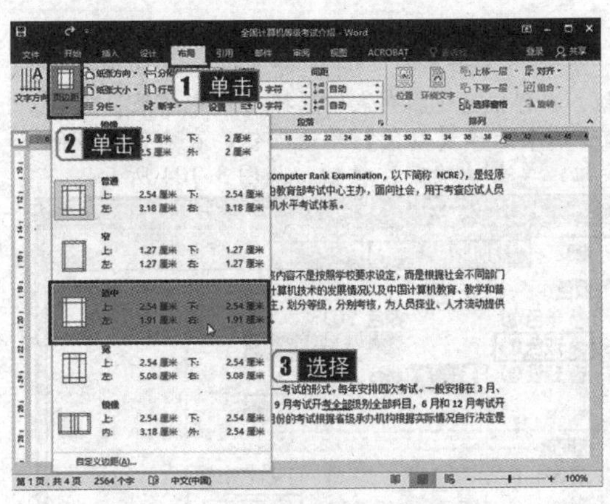

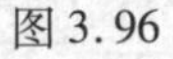

图 3.96

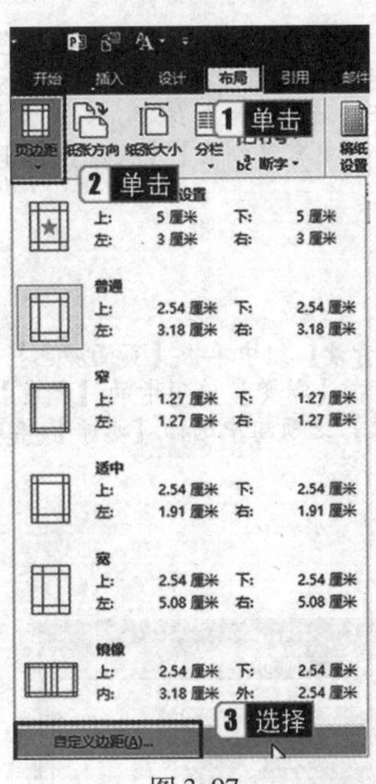

图 3.97

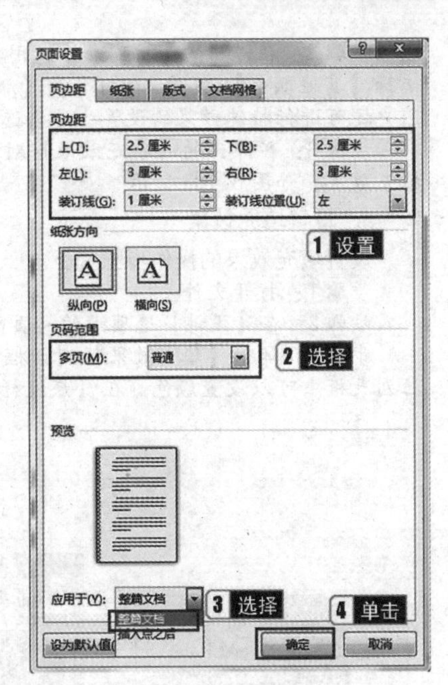

图 3.98

2. 设置纸张方向

默认情况下，Word 2016 创建的文档是纵向排列的。

如果需要改变纸张方向，可以在【布局】选项卡【页面设置】组中单击【纸张方向】按钮，在弹出的下拉列表中选择相应方向进行设置，如图 3.99 所示。

用户还可以在【页面设置】对话框中进行纸张方向的调整。单击【页面设置】组右下角的 按钮，弹出【页面设置】对话框，在【页边距】选项卡的【纸张方向】选项组中选择相应的选项，单击【确定】按钮即可，如图 3.100 所示。

3. 设置纸张大小

设置纸张大小的操作步骤如下。

步骤 1：在【布局】选项卡的【页面设置】组中单击【纸张大小】按钮，在弹出的下拉列表中选择需要的纸张类型，如图 3.101 所示。

步骤 2：如果用户需要进行更精确的设置，可在弹出的【纸张大小】下拉列表中选择【其他纸张大小】选项，在弹出的【页面设置】对话框中对纸张大小进行精确设置。设置完成后单击【确定】按钮。

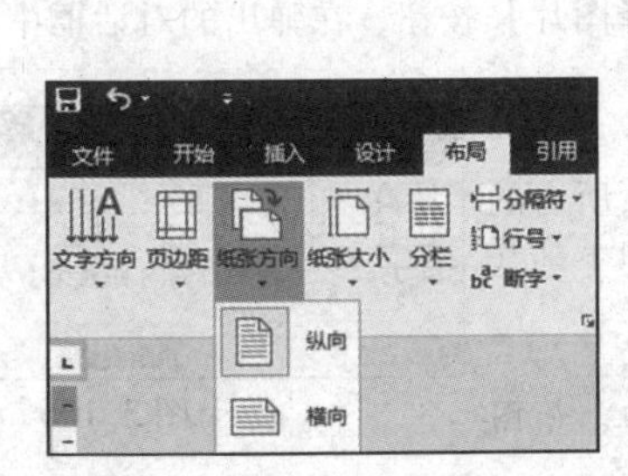

图 3.99

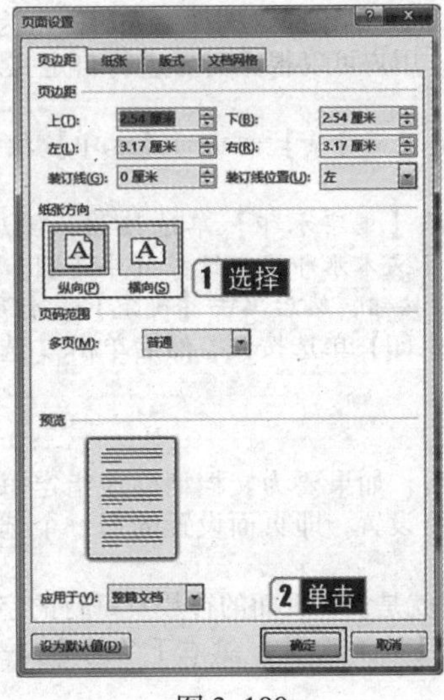

图 3.100

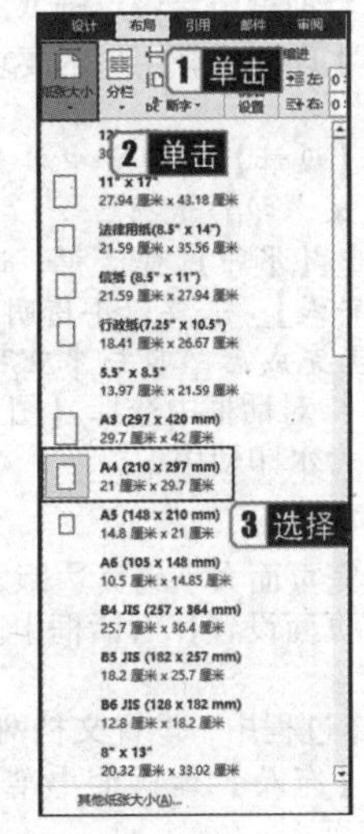

图 3.101

4. 设置页面和颜色背景

在 Word 2016 中，除了可以为背景设置颜色外，还可以设置填充效果，弥补背景颜色单一的缺点，从而为背景设置提供更加丰富的选择。具体操作步骤如下。

步骤 1：在【设计】选项卡的【页面背景】组中单击【页面颜色】按钮。

步骤2：在弹出的下拉列表中，用户可在【标准色】或【主题颜色】组中选择需要的颜色。若没有所需要的颜色，可选择【其他颜色】选项，在打开的【颜色】对话框中进行选择。如果在弹出的下拉列表中选择【填充效果】选项，那么用户还可进行特殊效果的设置，这里选择【填充效果】选项，如图3.102所示。

步骤3：在弹出的【填充效果】对话框中有【渐变】【纹理】【图案】【图片】4个选项卡，均可用于设置页面的特殊填充效果，如图3.103所示。

5. 设置填充效果

设置填充效果的操作步骤如下。

步骤1：打开文件。

步骤2：在【设计】选项卡的【页面背景】组中单击【页面颜色】按钮，在弹出的下拉列表中选择【填充效果】选项。

步骤3：弹出【填充效果】对话框，在【渐变】选项卡的【颜色】选项组中选择【双色】单选按钮，在右侧的颜色下拉列表框中可以设置颜色。在【底纹样式】选项组中选择【水平】单选按钮，单击【确定】按钮，如图3.104所示。

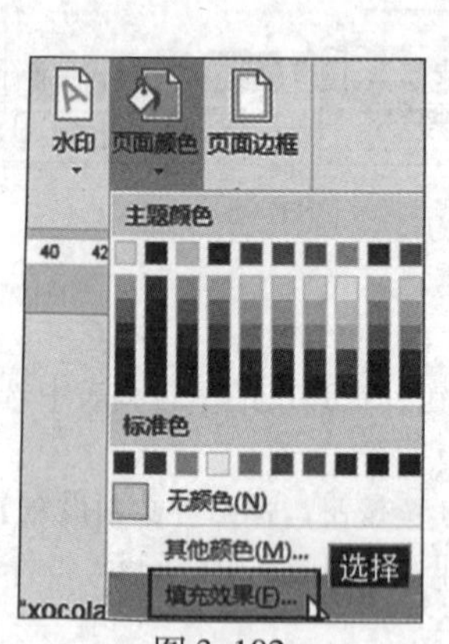

图3.102

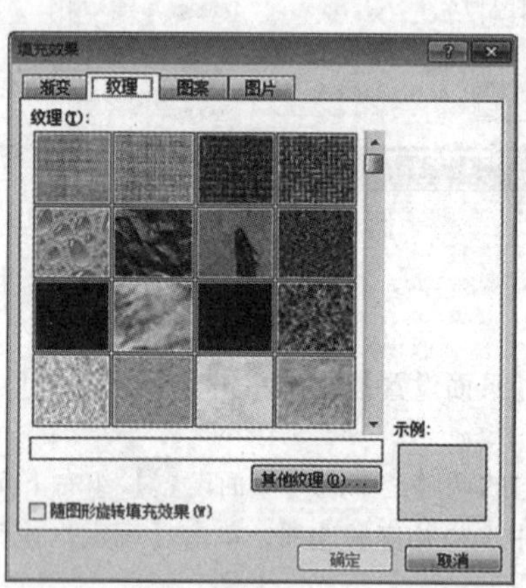

图3.103

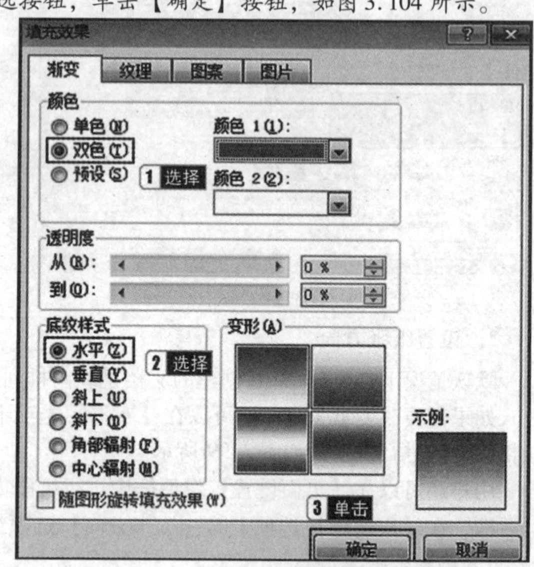

图3.104

6. 删除文档背景

在【设计】选项卡的【页面背景】组中单击【页面颜色】按钮，在弹出的下拉列表中选择【无颜色】选项，如图3.105所示，此时文档中的背景即可被删除。

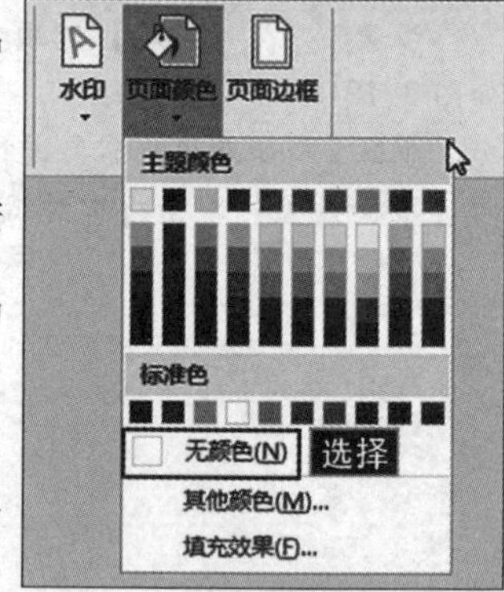

图3.105

7. 水印的设置

打开需要添加水印的文档，在【设计】选项卡中单击【页面背景】组中的【水印】按钮，在弹出的下拉列表中选择一种Word内置的水印。选择完成后即可为文档添加水印效果。

如果内置的水印不符合用户的要求，用户可以根据需要进行自定义水印的设置，具体的操作步骤如下。

步骤1：在【设计】选项卡中单击【页面背景】组中的【水印】按钮，在弹出的下拉列表中选择【自定义水印】选项。

步骤2：弹出【水印】对话框，选择【文字水印】单选按钮，然后输入水印文字，将【版式】设为【斜式】。若要以半透明显示文本水印，可选择【半透明】复选框。

步骤3：设置完成后，单击【应用】按钮，然后单击【确定】按钮即可。

若在【水印】对话框中选择【图片水印】单选按钮，然后单击【选择图片】按钮，在弹出的对话框中选择需要的图片，即可将其作为水印使用。

8. 指定每页字数

用户在设置完页面大小或页边距之后，如果要为文档精确地指定每页所占的字数，也可在【页面设置】对话框中进行设置，即页面设置的每一个选项卡都互相关联。

在Word操作过程中，设置文档网格就是设置页面的行数及每行的字数。

步骤1：在【布局】选项卡中单击【页面设置】组右下角的按钮，如图3.106所示。

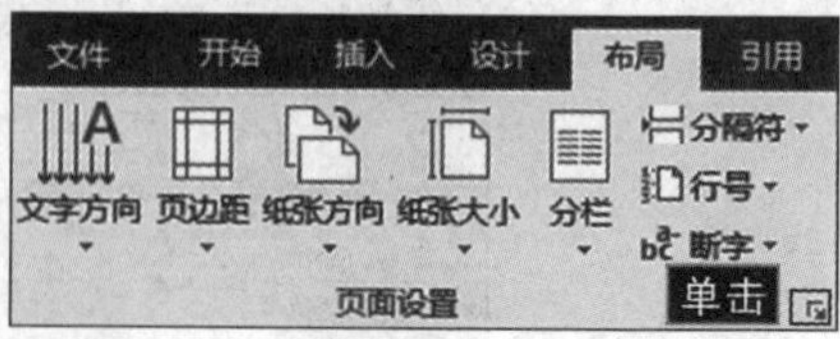

图3.106

步骤2：在弹出的【页面设置】对话框中选择【文档网格】选项卡，如图3.107所示。

步骤3：用户可根据自己的情况设置选项。选择【无网格】单选按钮，能使文档中所有段落样式文字的实际行距与样式版中的规定一致。在排版过程及在编辑图文混排的长文档时，一般都会指定每页的字数，因此应选择【指定行和字符网格】单选按钮，否则重新打开文档后，会出现图文不在原处的情况。

步骤4：在【文字排列】选项组中有【水平】和【垂直】两个单选按钮，若用户选择【水平】单选按钮，则会将文档中的文本进行横向排放；若选择【垂直】单选按钮，则会将文档中的文本进行纵向排放。

9. 显示网格和添加行号

将字符进行具体设置后，还可在文档中查看字符网格，具体的操作步骤如下。

步骤1：在【布局】选项卡中单击【页面设置】右下角的按钮，在弹出的【页面设置】对话框中选择【文档网格】选项卡，单击【绘图网格】按钮。

步骤2：在弹出的对话框中选择【在屏幕上显示网格线】和【垂直间隔】复选框，然后在【水平间隔】和【垂直间隔】微调框中分别输入相应的数字，最后单击【确定】按钮即可。

步骤3：在【页面设置】对话框的【版式】选项卡中单击【行号】按钮，如图3.108所示，在弹出的【行号】对话框中进行设置。

步骤4：选择【添加行编号】复选框，在【起始编号】微调框中输入编号，默认从1开始；选择【每页重新编号】单选按钮，在【距正文】微调框中设置距离，也就是编号的右边缘与文档文本左边缘之间的距离，默认距离为【自动】，如图3.109所示。

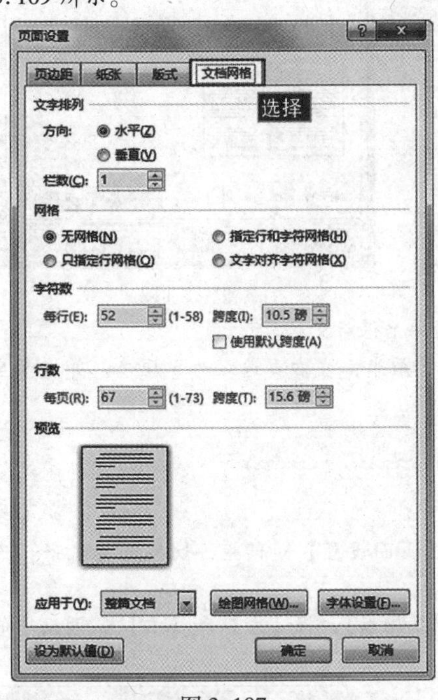

图3.107

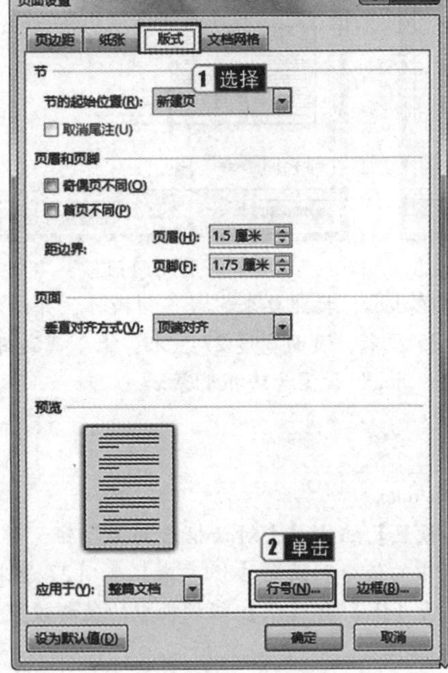

图3.108

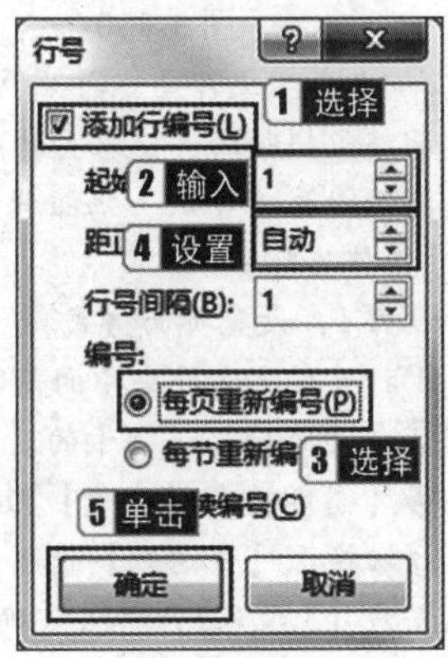

图3.109

步骤5：连续单击【确定】按钮，即可完成设置。

> **小提示**
>
> 若要在文档中的每页都出现边框效果，除了可以设置线型边框外，还可以设置多种艺术页面边框。其设置方法是在【页面设置】对话框的【版式】选项卡中单击【边框】按钮，在打开的【边框与底纹】对话框中进行设置。

真题精选

1. 在考生文件夹中打开WORD6.docx，按照要求完成下列操作，并以原文件名保存文档。

按要求进行页面设置：纸张大小16开，对称页边距，上边距2.5厘米、下边距2厘米，内侧边距2.5厘米、外侧边距2厘米，装订线1厘米，页脚距边界1.0厘米。

【操作步骤】

步骤1：打开考生文件夹中的WORD6.docx素材文件。

步骤2：根据题目要求，在【布局】选项卡的【页面设置】组中单击对话框启动器按钮，在打开的【页面设置】对话框中切换至【纸张】选项卡，将【纸张大小】设置为【16K】，如图3.110所示。

步骤3：切换至【页边距】选项卡，在【页码范围】选项组的【多页】下拉列表框中选择【对称页边距】；在【页边距】

选项组中，将【上】微调框中的值设置为【2.5 厘米】，【下】微调框中的值设置为【2 厘米】，【内侧】微调框中的值设置为【2.5 厘米】，【外侧】微调框中的值设置为【2 厘米】，【装订线】微调框中的值设置为【1 厘米】，如图 3.111 所示。

步骤 4：切换至【版式】选项卡，在【页眉和页脚】选项组的【距边界】组中，将【页脚】微调框中的值设置为【1.0 厘米】，如图 3.112 所示，单击【确定】按钮。

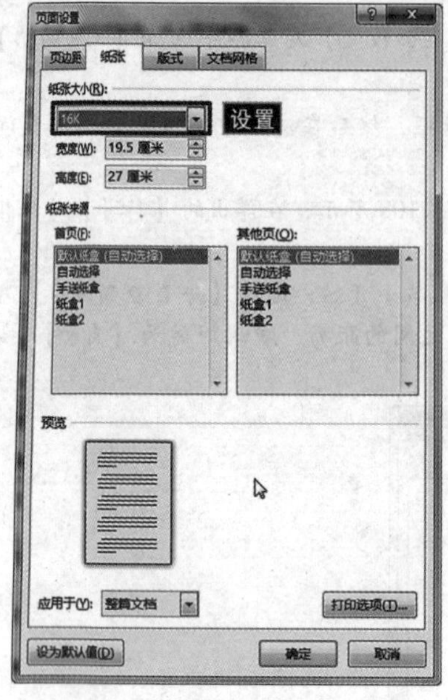

图 3.110

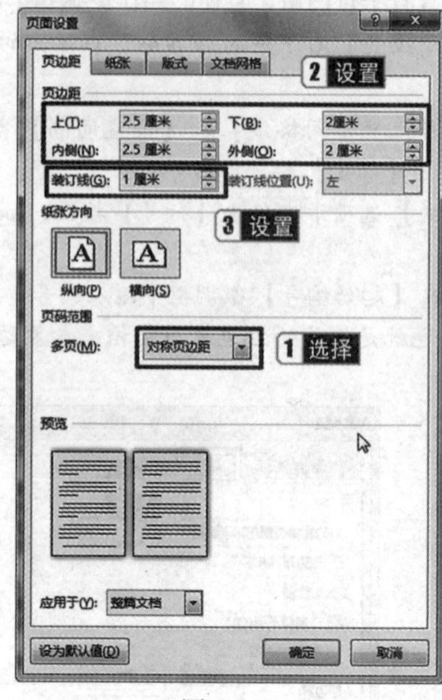

图 3.111

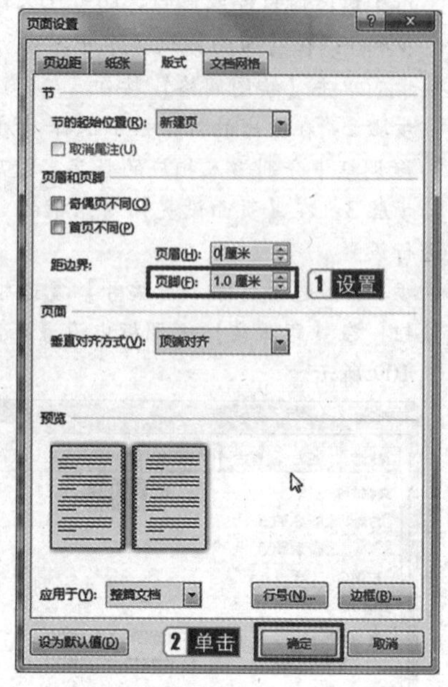

图 3.112

2. 在考生文件夹中打开 WORD7. docx，按照要求完成下列操作，并以原文件名保存文档。

调整文档版面，要求页面高度 35 厘米，页面宽度 27 厘米，上下页边距为 5 厘米，左右页边距为 3 厘米，并将考生文件夹中的图片“Word－海报背景图片.jpg”设置为海报背景。

【操作步骤】

步骤 1：设置页面格式。

①打开考生文件夹中的 WORD7. docx。

②在【布局】选项卡的【页面设置】组中单击对话框启动器按钮，弹出【页面设置】对话框，切换至【纸张】选项卡，将【高度】和【宽度】微调框中的值分别设置【35 厘米】和【27 厘米】。

③切换至【页边距】选项卡，将【上】和【下】微调框中的值都设置为【5 厘米】，将【左】和【右】微调框中的值都设置为【3 厘米】，单击【确定】按钮。

步骤 2：设置页面背景。

①在【设计】选项卡的【页面背景】组中单击【页面颜色】下拉按钮，在弹出的下拉列表中选择【填充效果】命令，弹出【填充效果】对话框。

②在对话框中切换至【图片】选项卡，单击【选择图片】按钮，如图 3.113 所示。弹出【插入图片】对话框，单击【从文件】按钮。打开【选择图片】对话框，从考生文件中选择“Word－海报背景图片.jpg”，单击【插入】按钮，返回到【填充效果】对话框。

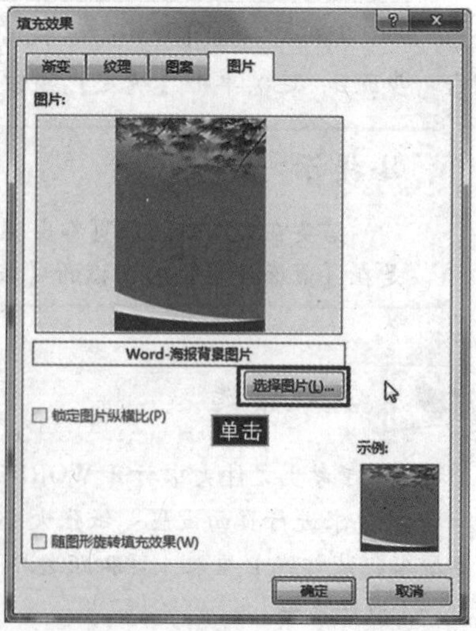

步骤 3：单击【确定】按钮后即可看到实际填充效果图，如图 3.114 所示。

3. 在考生文件夹中打开 WORD8. docx，按照要求完成下列操作，并以原文件名保存文档。

将考生文件夹中的图片“Tulips. jpg”设置为本文稿的水印，水印处于书稿页面的中间位置，图片增加冲蚀效果。

【操作步骤】

步骤 1：根据题意要求将光标插入文稿中，在【设计】选项卡的【页面背景】组中单击【水印】下拉按钮，在弹出的下拉列表中选择【自定义水印】。

图 3.113

步骤 2：在打开的对话框中选择【图片水印】选项，然后单击【选择图片】按钮，在打开的【插入图片】对话框中，选择【从文件－浏览】，选择考生文件夹中的素材“Tulips. jpg”，单击【插入】按钮，返回之前的对话框中，选择【冲蚀】复选框，如图3.115所示，单击【确定】按钮即可。

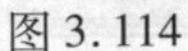

图 3.114

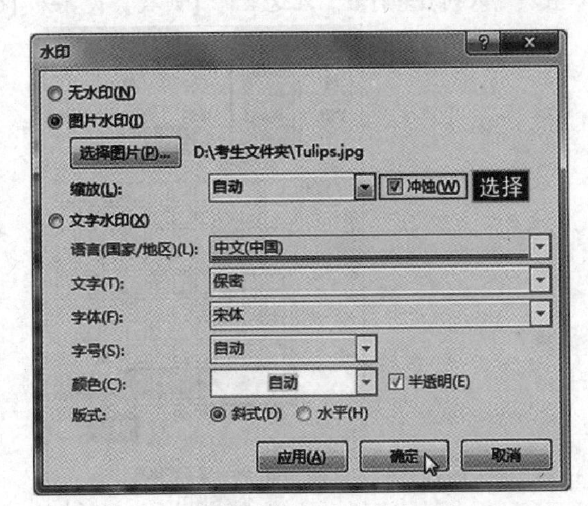

图 3.115

考点 17 在文档中使用文本框

Word 2016 中提供了一种可移动位置、可调整大小的文字或图形容器，称为文本框。使用它可以达到很好的排版效果。

真考链接

该知识点属于考试大纲中要求熟记的内容，考核概率为 60%。考生需熟记在文档中使用文本框的方法。

1. 插入文本框

文本框有横排文本框和竖排文本框两种，它们在本质上并没有区别，仅是排列方式不同而已。插入文本框后，用户还可对文本框的颜色与线条、大小、版式、对齐方式等进行设置。

步骤 1：在【插入】选项卡的【文本】组中单击【文本框】按钮，在弹出的下拉列表中根据需要选择一种样式，然后在工作区绘制文本框。

步骤 2：在文本框中输入文本。

步骤 3：选中编辑后的文本框，在【绘图工具】的【格式】选项卡中单击【形状样式】组右下角的按钮，即可在弹出的【设置形状格式】窗格中对文本框的颜色与线条、大小、版式、对齐方式等进行设置。

2. 文本框链接

将两个以上的文本框链接在一起称为文本框链接。若文字在上一文本框中排满，则会在链接的下一个文本框中接着排下去，但是横排文本框与竖排文本框不可创建链接。

步骤 1：创建多个文本框后，先选择其中的一个文本框。

步骤 2：在【绘图工具】的【格式】选项卡中单击【文本】组的【创建链接】按钮。

步骤 3：将鼠标指针移至其他文本框（此文本框必须为空文本框）中单击即可创建链接。

步骤 4：按【Esc】键即可结束文本链接。

考点 18 在文档中使用表格

真考链接

该知识点属于考试大纲中要求熟记的内容，考核概率为 50%。考生需熟记在文档中使用表格的方法。

1. 插入表格

在 Word 文档中插入表格的方法有两种：一种是使用【插入表格】对话框插入表格，另一种是使用表格网格插入表格。下面将对这两种方法分别进行介绍。

（1）使用【插入表格】对话框插入表格。

使用【插入表格】对话框插入表格，不仅可以设置表格格式，而且可以不受表格行数、列数的限制。【插入表格】对话框插入表格是最常用的插入表格的方法。操作步骤如下。

步骤 1：将光标移至文档中需要插入表格的位置。

步骤 2：在【插入】选项卡中单击【表格】组中的【表格】按钮，在弹出的下拉列表中选择【插入表格】选项，如图 3.116 所示。

步骤 3：在弹出的【插入表格】对话框中，单击【列数】和【行数】微调框中的微调按钮，可以改变表格的列数及行数，也可以直接输入列数和行数，在这里将【列数】设置为【6】，将【行数】设置为【5】，如图3.117所示。

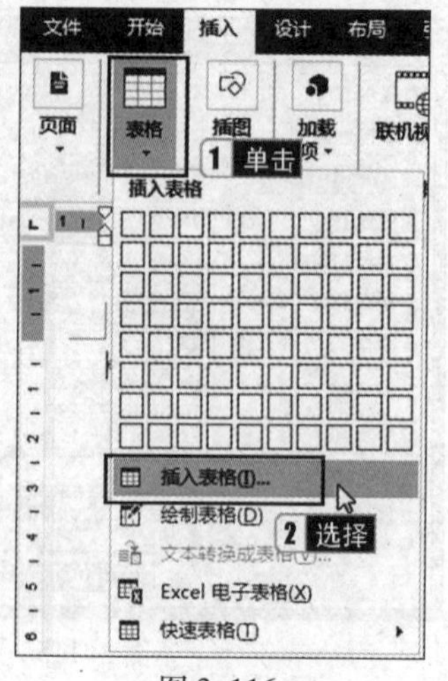

图3.116

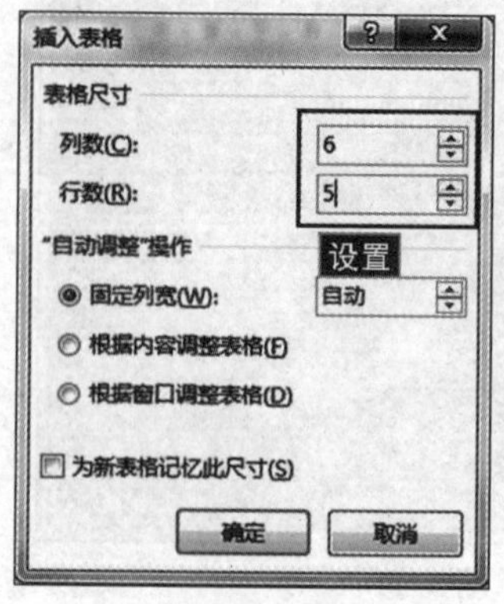

图3.117

步骤4：在【"自动调整"操作】选项组中选择一种定义列宽的方式，在这里使用默认方式。

步骤5：设置完成后单击【确定】按钮，即可插入一个6列5行的表格。

小提示

【固定列宽】单选按钮：给列宽指定一个确切的值，Word 2016将按指定的列宽建立表格。若在【固定列宽】微调框中选择【自动】选项，或者选择【根据窗口调整表格】单选按钮，则表格的宽度将与正文区的宽度相同，列宽等于正文区的宽度除以列数。

【根据内容调整表格】单选按钮：选择该单选按钮，表格的列宽将随每一列输入内容的多少而自动调整。

【为新表格记忆此尺寸】复选框：选择该复选框，【插入表格】对话框中的设置将成为以后新插入表格的默认设置。

（2）使用表格网格插入表格。

使用表格网格插入表格是插入表格中最快捷的方法，适用于插入那些行数、列数较少，并且具有规范的行高和列宽的简单表格，操作步骤如下。

步骤1：将光标移至文档中需要插入表格的位置。

步骤2：在【插入】选项卡中单击【表格】组中的【表格】按钮，在弹出的下拉列表中拖曳鼠标选择网格。例如，要创建一个4列5行的表格，可选择4列5行的网格，此时，所选网格会突出显示，同时文档中也将实时显示出要创建的表格。

步骤3：选定所需的单元格数量后单击，即可在光标处插入一个空白表格。

2. 手动绘制表格

用户不仅可以手动绘制不规则单元格的行高、列宽或带有斜线表头的复杂表格，还可以非常灵活、方便地绘制或修改非标准表格。手动绘制表格的操作步骤如下。

步骤1：选择【插入】选项卡，在【表格】组中单击【表格】按钮，在弹出的下拉列表中选择【绘制表格】选项。

步骤2：此时鼠标指针会变成铅笔形状，在需要绘制表格的位置单击并拖动鼠标绘制一个矩形。

步骤3：根据用户需要可绘制多条行线和列线。

步骤4：若要将多余的线条擦除，可选择【表格工具】中的【布局】选项卡，单击【绘图】组中的【橡皮擦】按钮。

步骤5：此时鼠标指针会变成橡皮的形状，单击要擦除的线条，即可将线条擦除。

小提示

在使用绘制工具时，在上下文选项卡中会自动选中【绘图】组中的【绘制表格】。

3. 向表格中输入文本

一个单元格中可包含多个段落，通常情况下，Word能自动按照单元格中最高的字符串高度来设置每行文本的高度。

当输入的文本到达单元格的右边线时，Word能自动换行并增加行高，以容纳更多的内容，按【Enter】键，即可在单元格中另起一段。单元格中可包含多个段落，也可包含多个段落样式。

在单元格中输入文本时，可以配合下面的快捷键在表格中快速地移动光标。

- 【Tab】键：将光标移到同一行的下一个单元格中。
- 【Shift + Tab】组合键：将光标移到当前行的前一个单元格中。
- 【Alt + Home】组合键：将光标移到当前行的第一个单元格中。
- 【Alt + End】组合键：将光标移到当前行的最后一个单元格中。
- 【↑】键：将光标移到上一行。
- 【↓】键：将光标移到下一行。
- 【Alt + PageUp】组合键：将光标移到所在列的最上方单元格中。
- 【Alt + PageDown】组合键：将光标移到所在列的最下方单元格中。

在单元格中输入文本与在文档中输入文本的方法是一样的，都是先指定光标的位置（在表格中单击要输入文本的单元格，即可将光标移到要输入文本的单元格中），然后输入文本。

4. 使用快速表格

Word 2016 中给用户提供了【快速表格】命令，通过选择【快速表格】命令，用户可直接选择之前设定好的表格格式，从而快速创建新的表格，这样可以节省大量的时间，提高工作效率。快速创建表格的操作步骤如下。

步骤1：将光标移至文档中需要创建表格的位置。

步骤2：在【插入】选项卡中单击【表格】组中的【表格】按钮，在弹出的下拉列表中选择【快速表格】选项，然后根据需要进行选择，如图3.118所示。例如，选择【矩阵】快速表格，则所选【矩阵】快速表格即会插入文档中。

步骤3：在自动打开的【表格工具】的【设计】选项卡中，用户可在【表格样式】组中对其进行相应的设置。

5. 将文本转换为表格

将文本转换为表格的操作步骤如下。

步骤1：选中需要转换为表格的文本。

步骤2：单击【插入】选项卡中的【表格】按钮，在弹出的下拉列表中选择【文本转换成表格】选项，打开【将文字转换成表格】对话框，在此可以根据实际需求对表格尺寸、“自动调整”操作、文字分隔位置进行设置，如图3.119所示。

步骤3：设置完成后单击【确定】按钮，即可将文本转换为表格。

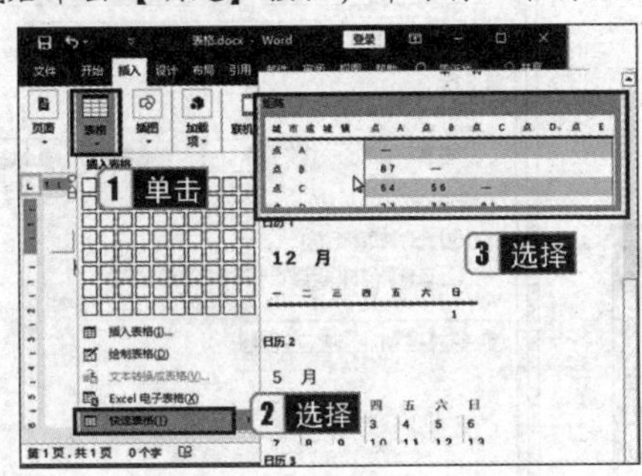

图3.118

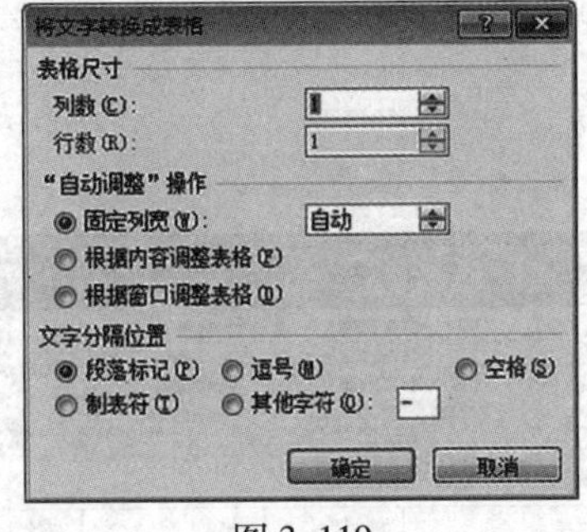

图3.119

(1)【列数】微调框中已自动显示出表格的列数，用户也可以指定转换后表格的列数。当指定的列数大于所选内容的实际需要时，多余的单元格将成为空单元格。

(2)【“自动调整”操作】选项组中提供了供用户设置列宽的选项。默认选择【固定列宽】，用户可在其后的微调框中指定表格的列宽或选择【自动】选项，由 Word 根据所选内容的情况自定义列宽。此外，用户还可以根据内容或窗口调整表格。

(3) 用户可在【文字分隔位置】选项组中选择一种分隔符。用分隔符隔开的各部分内容将分别成为相邻各个单元格中的内容。

- 段落标记：把选中的段落转换成表格，每个段落成为一个单元格的内容，行数等于所选段落数。
- 制表符：每个段落转换为一行单元格，用制表符隔开的各部分内容成为一行中各个单元格中的内容。
- 逗号：每个段落转换为一行单元格，用逗号隔开的各部分内容成为同一行中各个单元格的内容。转换后表格的列数等于各段落中逗号的最多个数加1。
- 其他字符：可在对应的文本框中输入其他的半角字符作为文本分隔符。每个段落转换为一行单元格，用输入的文本分隔符隔开的各部分内容作为同一行中各个单元格的内容。
- 空格：用空格隔开的各部分内容成为各个单元格的内容。

> **小提示**
>
> 将文本段落转换为表格时，【行数】微调框不可用。此时的行数由选定内容中的分隔符数和选定的列数决定。

6. 将表格转换为文本

在 Word 2016 中也可将表格中的内容转换为普通的文本段落，并将转换后各单元格中的内容用段落标记、逗号、制表符或用户指定的特定字符隔开。

步骤1：选中要转换的表格。

步骤2：在【表格工具】的【布局】选项卡中单击【数据】组中的【转换为文本】按钮，如图3.120所示。

步骤3：弹出【表格转换成文本】对话框，如图3.121所示。

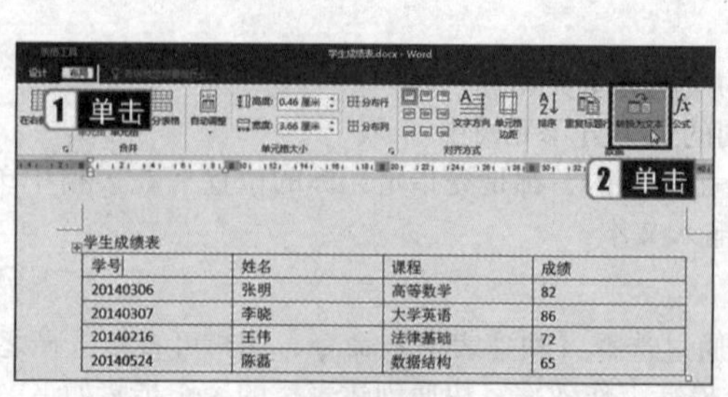

图3.120

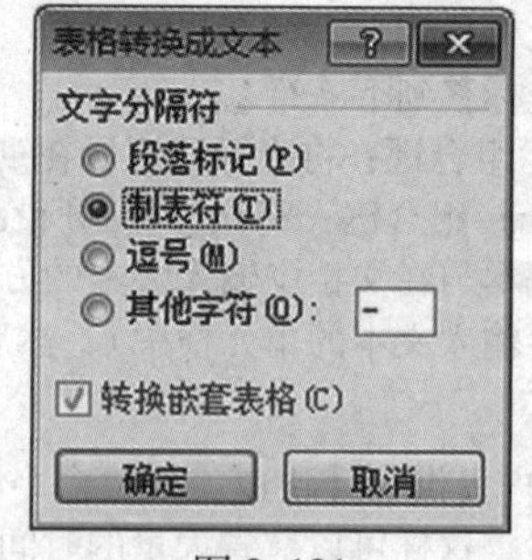

图3.121

步骤4：在【文字分隔符】选项组中选择要作为文本分隔符的单选按钮。

步骤5：单击【确定】按钮，即可将表格转换为文本。

7. **管理表格中的单元格、行和列**

(1) 调整行高和列宽。

步骤1：光标定位到表格需要调整的行或列中，切换到【表格工具】的【布局】选项卡中，在【单元格大小】组中，直接输入数值即可设置行高和列宽，如图3.122所示。

步骤2：在【表格工具】的【布局】选项卡中单击【表】组中的【属性】按钮，打开【表格属性】对话框，如图3.123所示。在【行】选项卡和【列】选项卡中也可以设置行高和列宽。

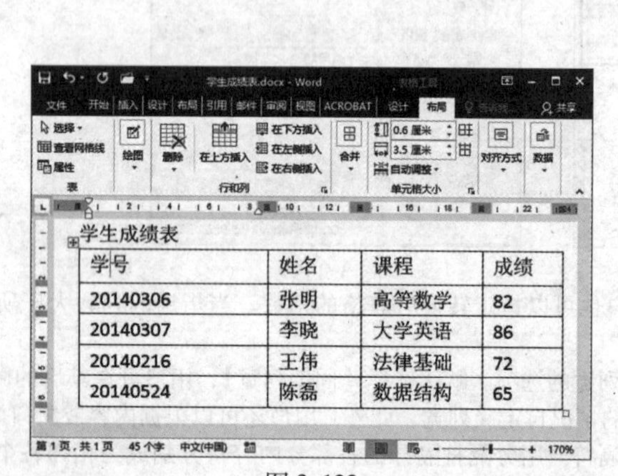

图3.122

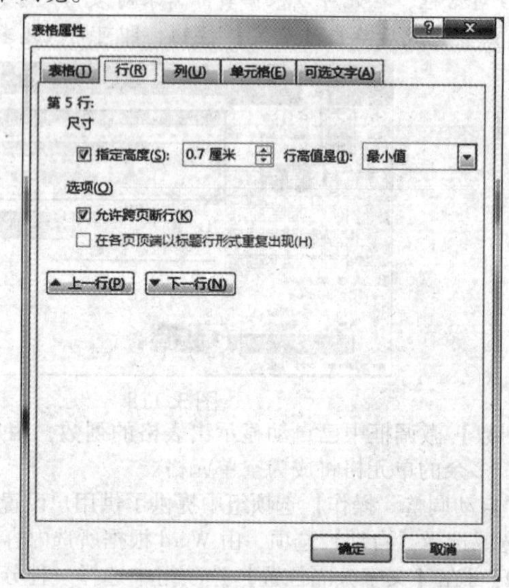

图3.123

(2) 添加单元格。

步骤1：将光标移至所需要插入单元格位置中的单元格内。

步骤2：单击鼠标右键，在弹出的快捷菜单中选择【插入】→【插入单元格】命令，弹出【插入单元格】对话框。

步骤3：用户可根据需要在该对话框的【活动单元格右侧】【活动单元格下移】【整行插入】【整列插入】4个单选按钮中进行选择。

> **小提示**
>
> 在Word 2016中插入空行表格有一种非常简单的方式：将光标放在需要插入的行末尾处，按【Enter】键，将会插入一个空行表格。

(3) 添加行。

步骤1：将光标移至目标位置。

步骤2：在【表格工具】的【布局】选项卡中选择【行和列】组，执行以下操作。

- 单击【在上方插入】按钮：将在光标所在行的上方插入新行。
- 单击【在下方插入】按钮：将在光标所在行的下方插入新行。

（4）添加列。

步骤1：将光标置于目标位置。

步骤2：选择【表格工具】中的【布局】选项卡，在【行和列】组中执行以下操作。

- 单击【在左侧插入】按钮：将在光标所在列的左侧插入新列。
- 单击【在右侧插入】按钮：将在光标所在列的右侧插入新列。

（5）删除单元格。

步骤1：将光标移至需要删除的单元格中。

步骤2：在【表格工具】的【布局】选项卡中，单击【行和列】组中的【删除】按钮，在弹出的下拉列表中选择【删除单元格】选项，如图3.124所示。

步骤3：在弹出的【删除单元格】对话框中，用户可根据需要选择相应的单选按钮，如图3.125所示。

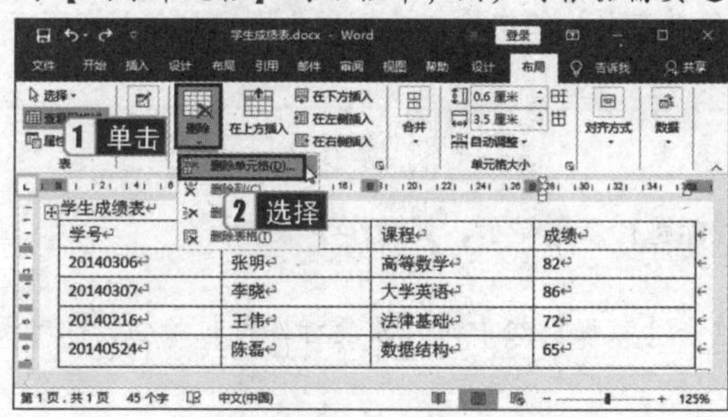

图3.124

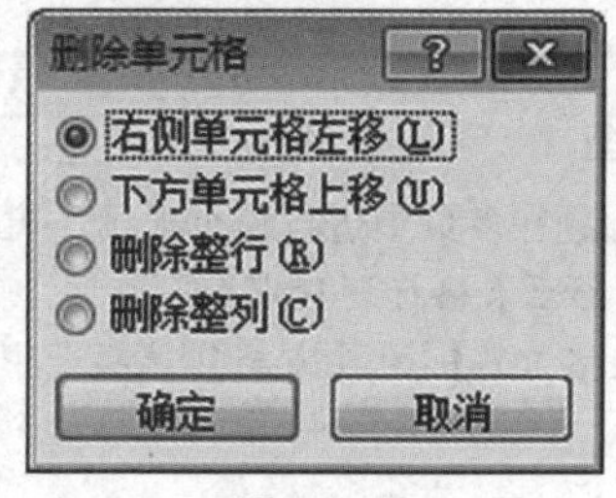

图3.125

- 选择【右侧单元格左移】单选按钮，将删除选定的单元格，并将该行中所有的其他单元格左移。
- 选择【下方单元格上移】单选按钮，将删除选定的单元格，并将该列中剩余的单元格上移一行，该列底部会添加一个新的空白单元格。
- 选择【删除整行】单选按钮，将删除包含选定的单元格在内的整行。
- 选择【删除整列】单选按钮，将删除包含选定的单元格在内的整列。

步骤4：选择完成后单击【确定】按钮即可。

（6）删除行或列。

在【表格工具】的【布局】选项卡中，单击【行和列】组中的【删除】按钮，在弹出的下拉列表中可选择以下3种命令。

- 选择【删除列】命令，将单元格所在的整列选中后进行删除。
- 选择【删除行】命令，将单元格所在的整行选中后进行删除。
- 选择【删除表格】命令，将整个表格进行删除。

8. 合并与拆分单元格或表格

（1）合并单元格。

步骤1：选中需要合并的单元格。

步骤2：在【表格工具】的【布局】选项卡中，单击【合并】组中的【合并单元格】按钮，即可对选中的单元格进行合并，如图3.126所示。

（2）拆分单元格。

步骤1：将光标移至需要拆分的单元格内。

步骤2：在【表格工具】的【布局】选项卡中，单击【合并】组中的【拆分单元格】按钮。

步骤3：在弹出的【拆分单元格】对话框中，设置需要拆分的列数和行数，单击【确定】按钮，即可将单元格进行拆分，如图3.127所示。

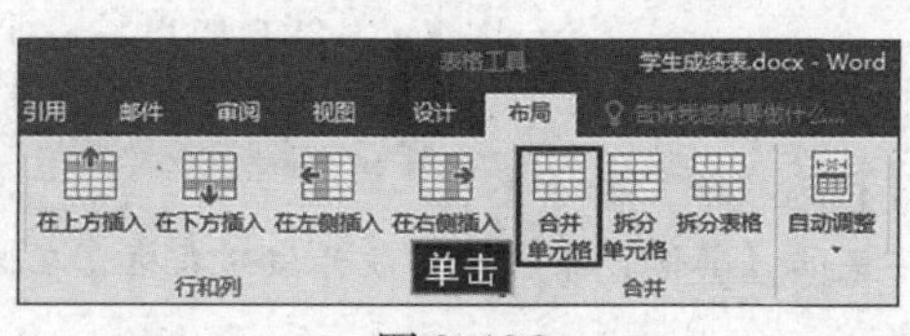

图3.126

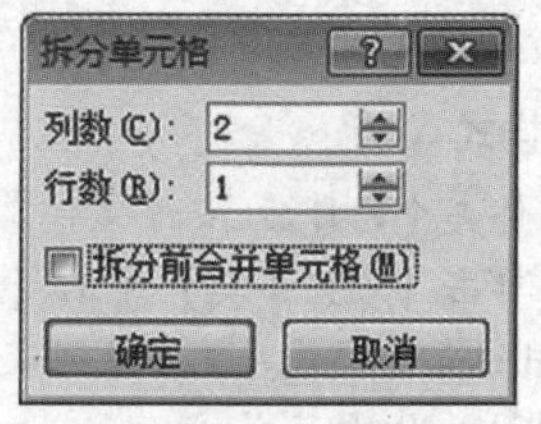

图3.127

小提示

在【拆分单元格】对话框中，如果选择【拆分前合并单元格】复选框，Word 2016 会先将所有选中的单元格合并成一个单元格，然后根据指定的行数和列数进行拆分。

(3) 拆分表格。

步骤1：将光标置入要拆分的行的任意一个单元格中。

步骤2：选择【表格工具】的【布局】选项卡，在【合并】组中单击【拆分表格】按钮，即可将表格拆分成两部分。

小提示

如果表格在页面中的第一行，但要在表格的前面输入标题或文字，只需将光标放置在表格第一行中的任意单元格中，然后在【表格工具】的【布局】选项卡的【合并】组中单击【拆分表格】按钮，即可在表格的上方插入一个空行。

9. 设置标题重复

若用户需要将标题在多页中进行跨页显示，可设置标题行重复显示，其操作步骤如下。

步骤1：将光标移至表格标题行中。

步骤2：在【表格工具】的【布局】选项卡中，单击【数据】组中的【重复标题行】按钮，即可设置标题重复。

真题精选

在考生文件夹中打开WORD9.docx，按照要求完成下列操作，并以原文件名保存文档。

将文档中“会议议程:”段落后的7行文字转换为3列、7行的表格，并根据窗口大小自动调整表格列宽。

【操作步骤】

步骤1：打开考生文件夹中的WORD9.docx素材文件。

步骤2：根据题目要求，选中“会议议程:”文字下方的7行文字，在【插入】选项卡的【表格】组中单击【表格】下拉按钮，在弹出的下拉列表中选择【文本转换成表格】命令，在弹出的对话框中，设置列数和行数（默认已经设置），单击【确定】按钮。

步骤3：选中表格，在【表格工具】的【布局】选项卡中，单击【单元格大小】组中的【自动调整】下拉按钮，选择【根据窗口自动调整表格】，如图3.128所示。

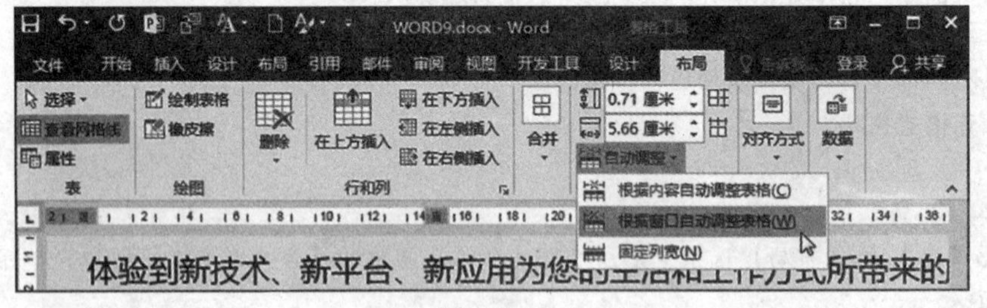

图3.128

考点19 美化表格

在Word 2016中，可以使用内置的表格样式，或者使用边框、底纹和图形填充功能来美化表格及页面。为表格或单元格添加边框或底纹的方法与设置段落填充颜色或纹理填充一样。

真考链接

该知识点属于考试大纲中要求掌握的内容，考核概率为50%。考生需掌握美化表格的方法。

1. 套用内置的表格样式

步骤1：打开素材文件夹中的日历.docx文件。

步骤2：选中表格，单击【表格工具】中的【设计】选项卡，在【表格样式】组中选择要使用的表格样式。单击该列表框右侧的【其他】按钮可展开该列表框，在选择的样式上单击，即可将其套用到表格上，如图3.129所示。

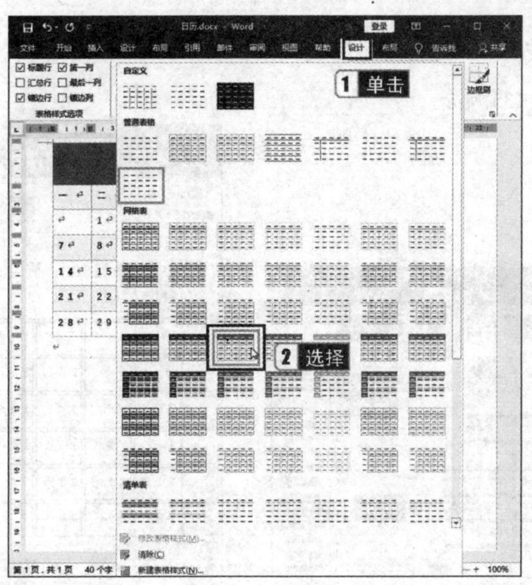

图 3.129

步骤3：再次单击【其他】按钮▼，在展开的列表中选择【修改表格样式】选项，打开【修改样式】对话框，利用该对话框可以在选择表格样式的基础上进行一些用户自定义设置。例如，将【样式基准】设置为【网格型1】，如图 3.130 所示。

步骤4：设置完成后单击【确定】按钮，修改样式后的效果如图 3.131 所示。

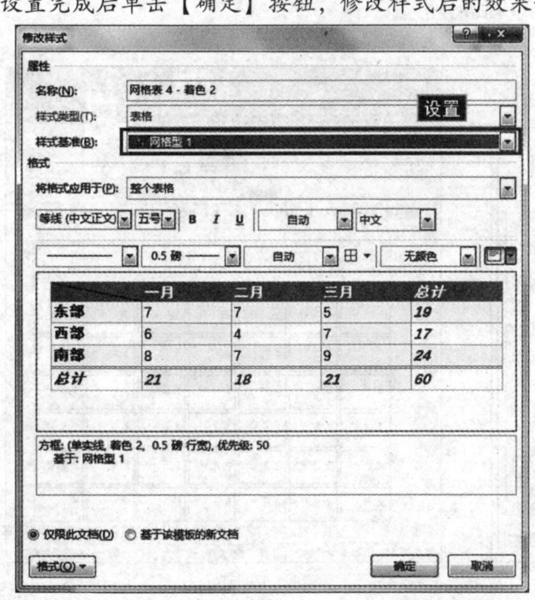

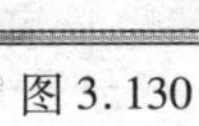

图 3.130

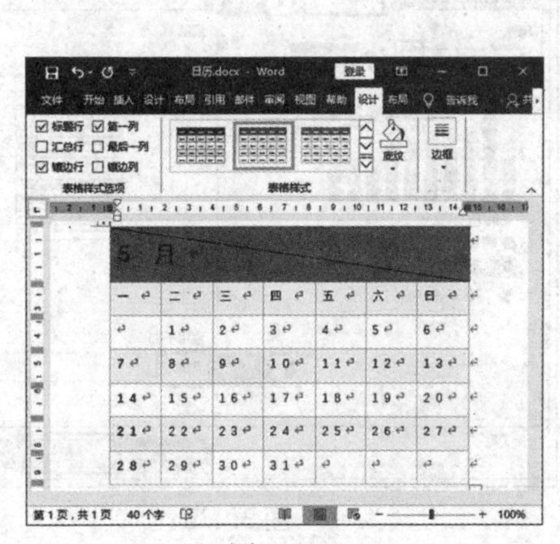

图 3.131

2. 设置表格边框和底纹

步骤1：打开素材文件夹中的日历.docx 文件，选中整个表格，在【表格工具】的【设计】选项卡中，单击【边框】组中的【边框样式】下拉按钮，从弹出的下拉列表中选择一种内置样式，如图 3.132 所示。

步骤2：在【边框】组中的【笔划粗细】下拉列表中选择【1.5 磅】，如图 3.133 所示。

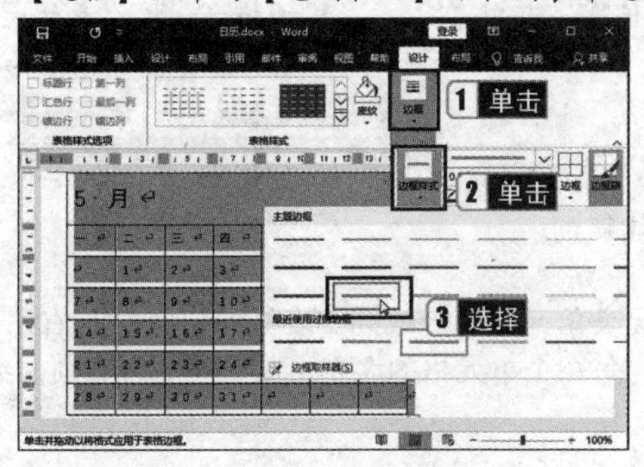

图 3.132

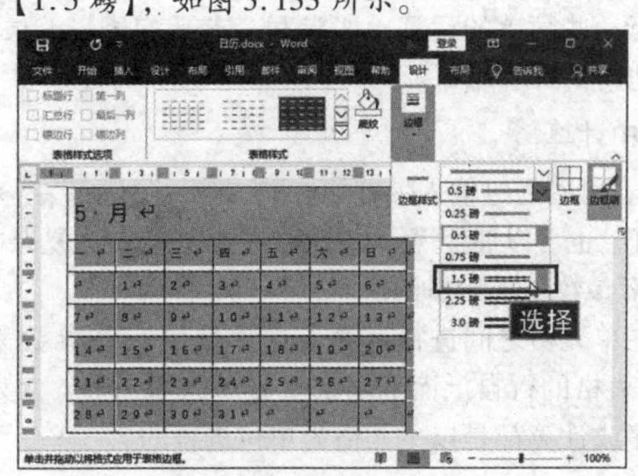

图 3.133

步骤3：单击【边框】组中的【边框】下拉按钮，从弹出的下拉列表中选择一种框线，如【内部框线】，如图3.134所示。

步骤4：设置完毕后效果如图3.135所示。

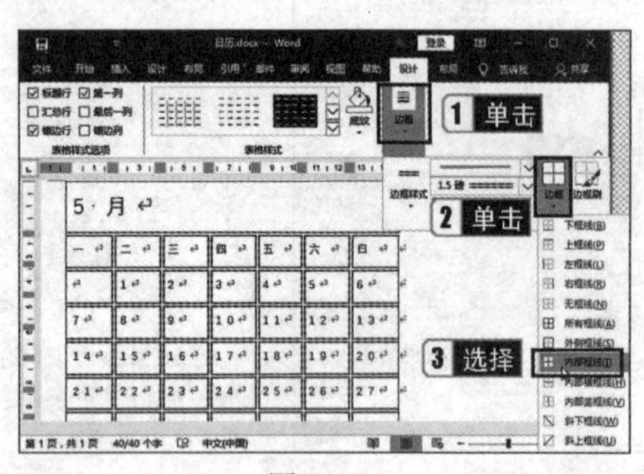

图3.134

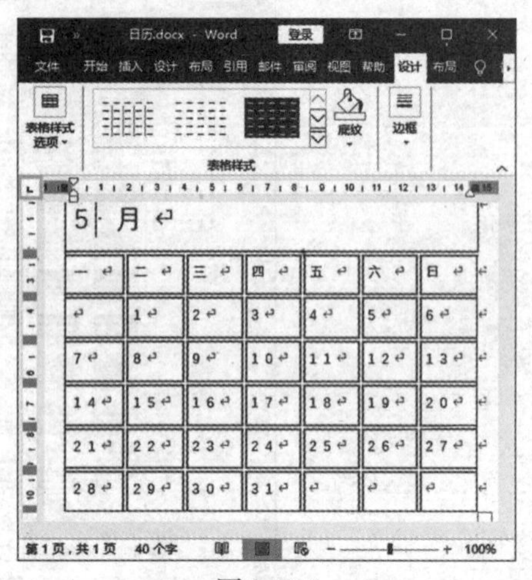

图3.135

步骤5：若要设置底纹，可单击【边框】组右下角的对话框启动器按钮，弹出【边框和底纹】对话框，切换到【底纹】选项卡，在【填充】下拉列表框中选择一种底纹颜色，如【蓝色，个性色5，淡色80%】；在【应用于】下拉列表框中选择【表格】，设置完成后单击【确定】按钮，如图3.136所示。

设置底纹后的表格效果如图3.137所示。

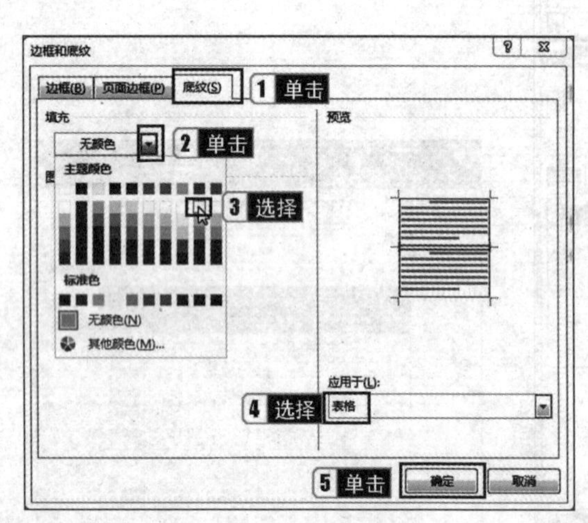

图3.136

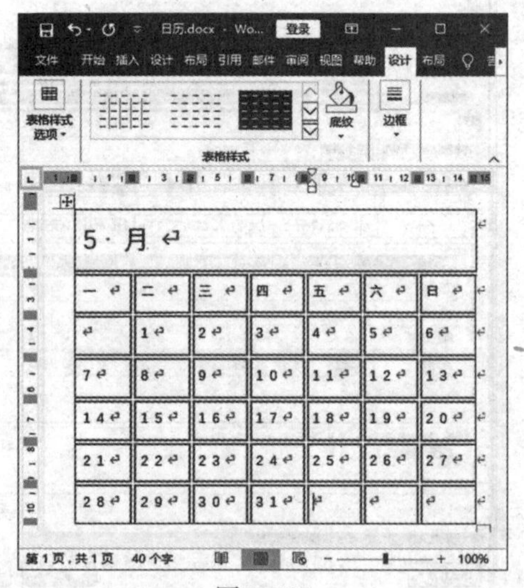

图3.137

考点20 表格的计算与排序

在Word表格中，可以依照某列对表格进行排序，对数值型数据还可以按从小到大或从大到小的不同方式进行排序。表格的计算功能可以对表格中的数据执行一些简单的运算，如求和、求平均值、求最大值等，并可以方便、快捷地得到计算结果。

> **真考链接**
>
> 该知识点属于考试大纲中要求掌握的内容，考核概率为50%。考生需掌握表格的计算与排序的方法。

1. 在表格中计算

在Word中，可以通过输入带有加、减、乘、除（+、-、×、/）等运算符的公式进行计算，也可以使用Word附带的函数进行较为复杂的计算。

（1）单元格参数与单元格的值。

为了方便在单元格之间进行运算，这里使用一些参数来代表单元格、行或列。表格的列从左至右用英文字母（a、b……）表示，表格的行自上而下用正整数（1、2……）表示，每一个单元格的名字由其所在的行和列的编号组合而成。在表格中，排序或计算都是以单元格为单位进行的。

单元格中实际输入的内容称为单元格的值。如果单元格为空或不以数字开始，则该单元格的值等于0。如果单元格以数字开始，后面还有其他非数字字符，则该单元格的值等于第一个非数字字符前的数值。

（2）在表格中进行计算。

步骤1：打开素材文件夹中的012.docx文件，其内容如图3.138所示。

代码	名称	一月	二月	总共
0001	平板电脑	200	190	
0002	液晶电脑	200	290	
0003	台式电脑	100	250	

图3.138

步骤2：选中第2行第5列的单元格，选择【表格工具】的【布局】选项卡，在【数据】组中单击【公式】按钮 fx 公式，打开【公式】对话框，如图3.139所示。

步骤3：此时【公式】对话框的【公式】文本框中显示出了公式“=SUM(LEFT)”，表示对选中单元格左侧各单元格中的数值进行求和，单击【确定】按钮，求和结果就会显示在选中单元格中。下面依此类推，效果如图3.140所示。

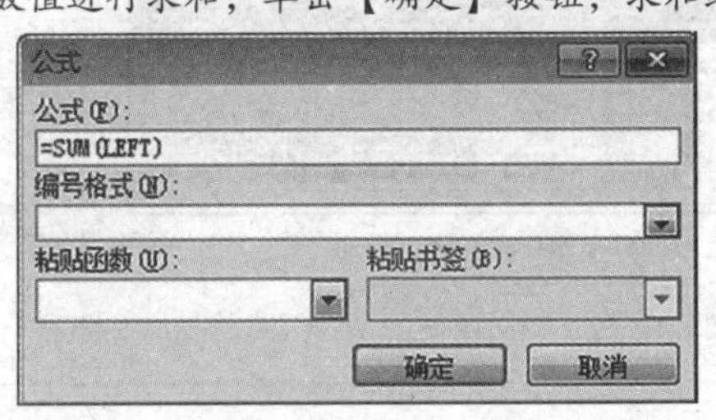

图3.139

代码	名称	一月	二月	总共
0001	平板电脑	200	190	390
0002	液晶电脑	200	290	490
0003	台式电脑	100	250	350

图3.140

2. 表格中的数据排序

步骤1：打开素材文件夹中的012.docx文件。

步骤2：选择【表格工具】的【布局】选项卡，在【数据】组中单击【排序】按钮，打开【排序】对话框，如图3.141所示。

步骤3：在该对话框中，单击【主要关键字】下拉列表框中的下拉按钮▼，在弹出的下拉列表中选择一种排序依据；单击【类型】下拉列表框中的下拉按钮，在弹出的下拉列表中选择一种排序类型，这里选择【拼音】；然后选择【升序】单选按钮。

步骤4：设置完成后单击【确定】按钮，排序后的效果如图3.142所示。

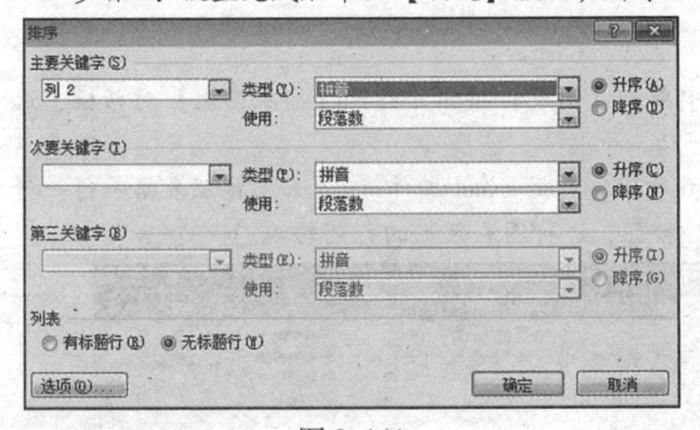

图3.141

代码	名称	一月	二月	总共
0001	平板电脑	200	190	
0003	台式电脑	100	250	
0002	液晶电脑	200	290	

图3.142

考点21 使用图表

在Word中可以使用图表，以对表格中的数据进行图示化，增强其可读性，具体的操作步骤如下。

> **真考链接**
>
> 该知识点属于考试大纲中要求掌握的内容，考核概率为60%。考生需掌握图表的使用方法。

步骤1：在文档中将光标定位于需要插入图表的位置。

步骤2：在【插入】选项卡的【插图】组中单击【图表】按钮 图表，弹出【插入图表】对话框，如图3.143所示。

步骤3：选择一种合适的图表类型，单击【确定】按钮，自动进入【Microsoft Word中的图表】工作表界面。

步骤4：在指定的数据区域中输入图表的数据源，拖动数据区域的右下角可以改变数据区域的大小。同时Word文档中将显示相应的图表，如图3.144所示。

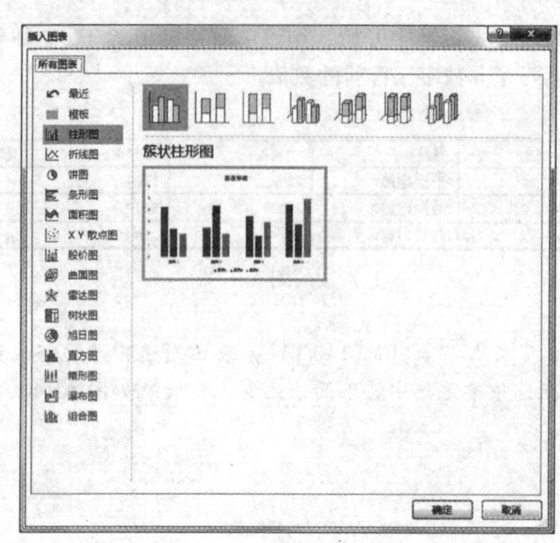

图 3.143

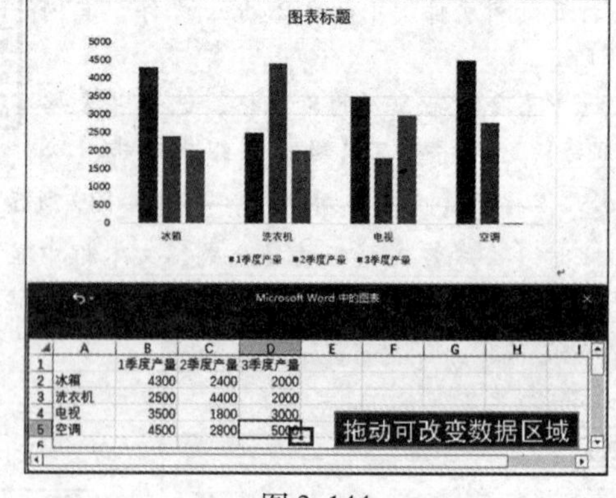

图 3.144

步骤5：关闭 Excel，图表即创建完成。

> **小提示**
>
> 在 Word 文档中通过【图表工具】的【设计】和【格式】选项卡可以对插入的图表进行各项设置，更多图表参数设置将会在第 4 章中讲述。

真题精选

在考生文件夹中打开 WORD10. docx，按照要求完成下列操作，并以原文件名保存文档。

根据表格内容，参考图 3.145 所示样例，在表格下方嵌入一个图表，要求图表的系列、图表类型、图例、坐标轴及标题、图表区格式等与样例图保持一致，并适当更换图表样式。

【操作步骤】

步骤 1：将光标置于表格下方，在【插入】选项卡的【插图】组中单击【图表】按钮，打开【插入图表】对话框，选择【簇状柱形图】，单击【确定】按钮。

步骤 2：将表格中的数据复制到出现的 Excel 工作簿中，如图 3.146 所示，关闭 Excel 工作簿。（如果按照表格一行一行地复制，需要在【图表工具】的【设计】选项卡中单击【切换行/列】按钮，进行图表数据的行列转换。）

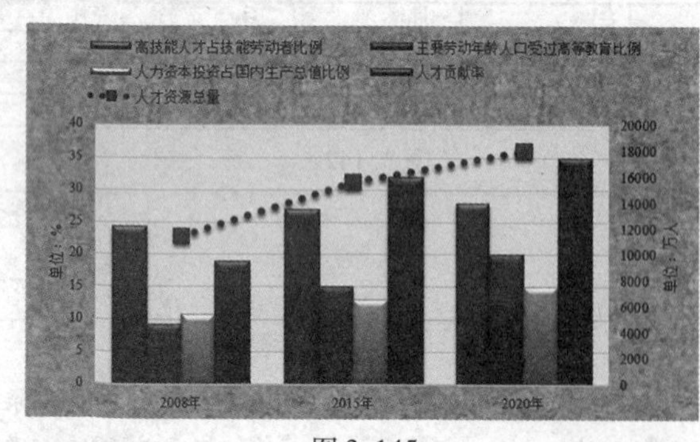

图 3.145

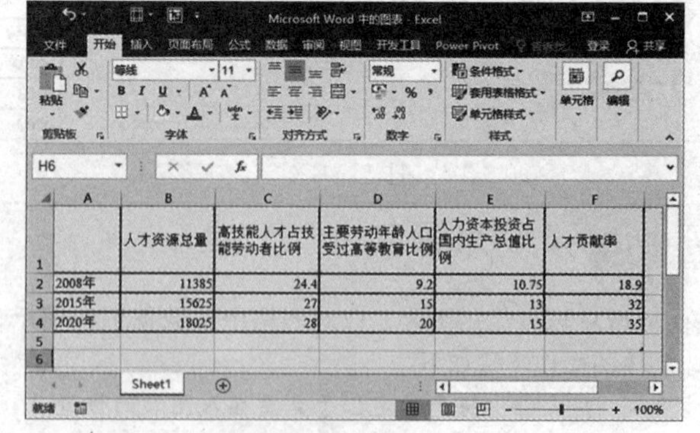

	A	B	C	D	E	F
1		人才资源总量	高技能人才占技能劳动者比例	主要劳动年龄人口受过高等教育比例	人力资本投资占国内生产总值比例	人才贡献率
2	2008年	11385	24.4	9.2	10.75	18.9
3	2015年	15625	27	15	13	32
4	2020年	18025	28	20	15	35

图 3.146

步骤 3：选择图表对象，在【图表工具】的【设计】选项卡中单击【图表样式】组的【样式 14】，为图表应用样式；在【图表工具】的【设计】选项卡中单击【图表布局】组的【添加图表元素】按钮，在弹出的下拉列表中选择【图例】→【顶部】；选中绘图区域中的“系列：人才资源总量”，单击鼠标右键，在弹出的快捷菜单中选择【设置数据系列格式】命令，弹出【设置数据系列格式】任务窗格，在其中将【系列重叠】设置为 0，【系列绘制在】设置为【次坐标轴】，单击【关闭】按钮。

步骤 4：在【图表工具】的【设计】选项卡中单击【图表布局】组的【添加图表元素】按钮，在弹出的下拉列表中选择【轴标题】→【主要纵坐标轴】，在出现的标题文本框中输入标题文本“单位:%”；继续单击【图表布局】组中的【添加图表元素】按钮，在弹出的下拉列表中选择【轴标题】→【次要纵坐标轴】，在出现的标题文本框中输入标题文本“单位：万人”。

步骤5：选中绘图区中的“系列：人才资源总量”，单击鼠标右键，在弹出的快捷菜单中选择【更改系列图表类型】命令，弹出【更改图表类型】对话框，在其中选择【折线图】→【带数据标记的折线图】，单击【确定】按钮。

步骤6：选中折线图系列对象，单击鼠标右键，在弹出的快捷菜单中选择【设置数据系列格式】命令，弹出【设置数据系列格式】任务窗格，切换到【填充与线条】选项卡，将【填充】设置为【纯色填充】，填充颜色设置为标准色【红色】；再切换到【数据标记选项】选项卡，将数据标记类型设置为【内置】，【类型】设置为带星号的标记，【大小】设置为【8】；切换到【线条】选项卡，将【短划线类型】设置为圆点，将颜色设置为标准色【蓝色】，关闭该任务窗格。

步骤7：将上方的【图例】拉伸至与绘图区等宽，即能显示出与示例图相等的布局效果；在绘图区中单击鼠标右键，在弹出的快捷菜单中选择【设置图表区域格式】命令，弹出【设置图表区格式】任务窗格，选择【填充】→【图片或纹理填充】单选按钮，将【纹理】设置为【粉色面巾纸】。单击图表绘图区，在右侧的【设置绘图区格式】任务窗格的【填充与线条】选项卡中，选择【纯色填充】单选按钮，【颜色】设置为【白色，背景1】。关闭【设置绘图区格式】任务窗格。

考点22　图片处理技术

该知识点属于考试大纲中要求熟记的内容，考核概率为100%。考生需熟记图片处理技术的使用方法。

1. 插入图片

在文档中插入图片的具体操作步骤如下。

步骤1：将光标移至需要插入图片的位置。

步骤2：在【插入】选项卡的【插图】组中单击【图片】按钮。

步骤3：在弹出的【插入图片】对话框中，单击【插入】按钮右侧的下拉按钮，在弹出的下拉列表中可以选择【插入】【链接到文件】【插入和链接】选项。在这里选择图片后直接单击【插入】按钮，如图3.147所示。

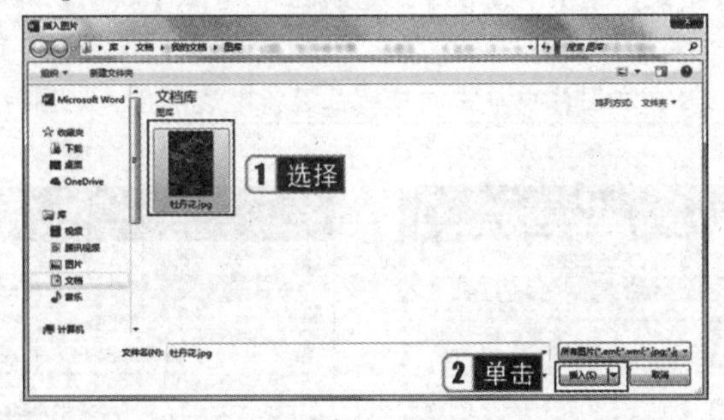

图3.147

步骤4：插入图片完成后，在Word 2016功能区中选择【图片工具】的【格式】选项卡，如图3.148所示。

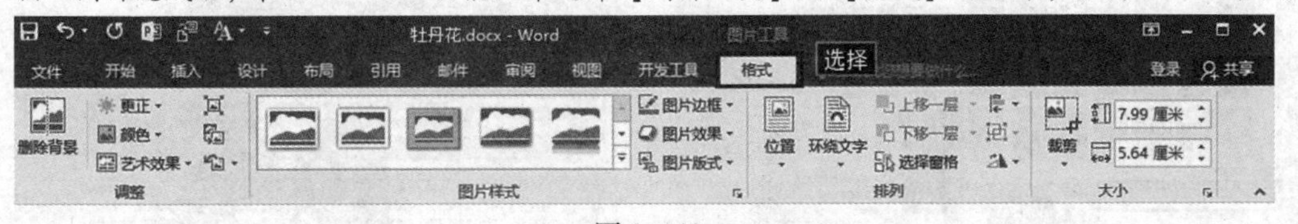

图3.148

步骤5：在【图片样式】组中选择所需的图片样式，还可单击【大小】组右下角的按钮，在弹出的【布局】对话框中调整图片的大小。

根据用户需要，可以在【图片样式】组中进行图片版式、图片边框、图片效果的设置，还可在【调整】组中进行更正和设置颜色与艺术效果。

2. 图片与文字环绕方式的设置

设置环绕方式也就是设置图片与文字之间的交互方式，具体的操作步骤如下。

步骤1：选中要设置的图片。

步骤2：在【图片工具】的【格式】选项卡中单击【排列】组中的【环绕文字】按钮，在弹出的下拉列表中选择采用的环绕方式，如选择【紧密型环绕】方式。

步骤3：还可在【排列】组中单击【环绕文字】按钮，在弹出的下拉列表中选择【其他布局选项】选项，在弹出的【布局】对话框中进行设置，如图3.149所示。

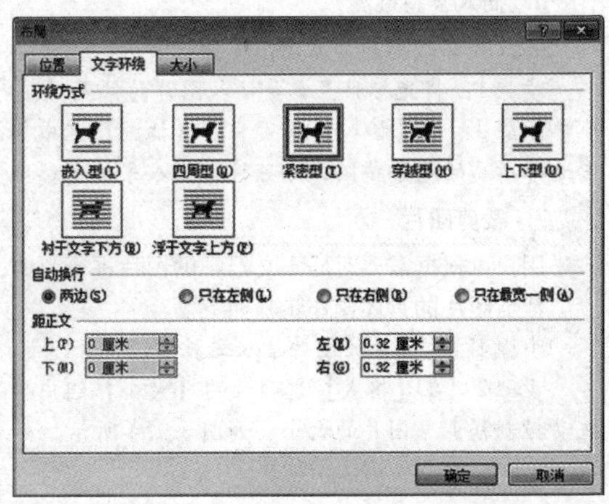

图3.149

3. **在页面中设置图片位置**

Word 2016 中提供了多种控制图片位置的工具，用户可以根据文档类型更快捷、更合理地布置图片。具体的操作步骤如下。

步骤 1：选择要设置的图片。

步骤 2：在【图片工具】的【格式】选项卡中单击【排列】组中的【位置】按钮，在弹出的下拉列表中选择所需要的位置布局方式。

步骤 3：还可在下拉列表中选择【其他布局选项】，在弹出的【布局】对话框中进行设置，如图 3.150 所示。

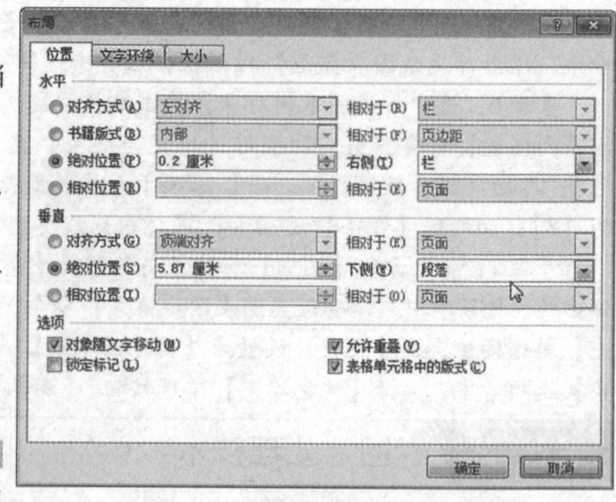

图 3.150

4. **设置图片的格式**

在文档中插入图片后，即可对图片的格式进行必要的设置和排版。

在【图片工具】的【格式】选项卡中单击【大小】组右下角的按钮，在弹出的【布局】对话框的【大小】选项卡中可以设置图片的高、宽、旋转、缩放比例等。单击【图片样式】组右下角的按钮，打开【设置图片格式】对话框，在该对话框中可以设置图片的亮度和对比度等。

5. **为图片设置透明色**

当用户将插入的图片设置为【浮于文字上方】时，可通过设置图片中的某种颜色为透明色使下面的部分文字显现出来。设置透明色的具体操作步骤如下。

步骤 1：将选择的图片插入文档中。

步骤 2：选择【图片工具】的【格式】选项卡，在【调整】组中单击【颜色】按钮，在弹出的下拉列表中选择【设置透明色】选项，如图 3.151 所示。

步骤 3：当鼠标指针变成形状时，在图片中单击相应的位置指定透明色，则图片中被该颜色覆盖的文字就会显示出来，如图 3.152 所示。

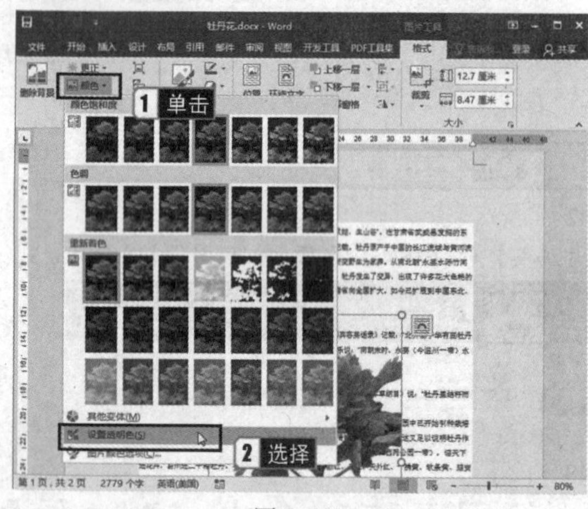

图 3.151

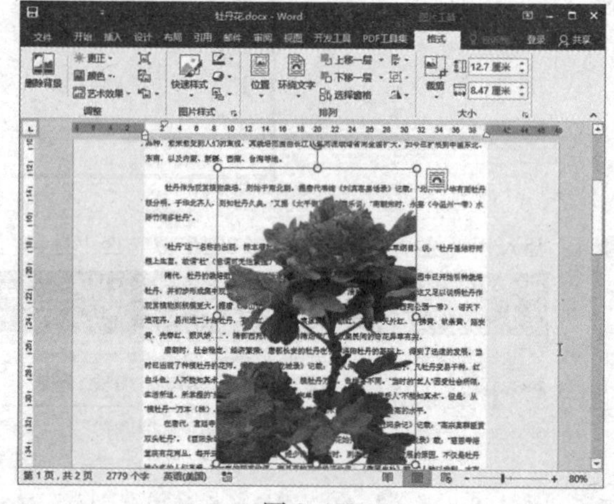

图 3.152

6. **插入屏幕截图**

插入屏幕截图的具体操作步骤如下。

步骤 1：将光标移至需要插入图片的位置。

步骤 2：在【插入】选项卡的【插图】组中单击【屏幕截图】按钮，如图 3.153 所示，在【可用的视窗】下拉列表框中选择所需的屏幕截图，即可将其插入文档中。

7. **裁剪图片**

用户可根据需要对插入文档中的图片进行裁剪，并可裁剪为多种形状。

裁剪图片的具体操作步骤如下。

步骤 1：将选择的图片插入文档中。

步骤 2：在【格式】选项卡的【大小】组中单击【裁剪】按钮，图片周围会显示 8 个方向的裁剪控制柄，可使用鼠标拖动控制柄调整图片的大小，如图 3.154 所示。

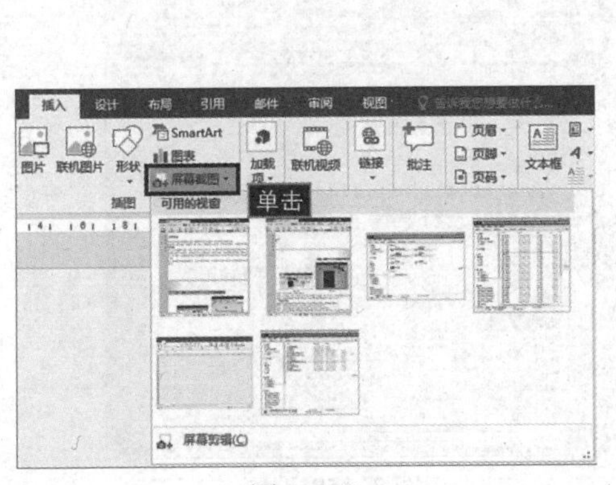

图 3.153

图 3.154

步骤 3：在空白位置单击，即可裁剪图片。

步骤 4：在【格式】选项卡的【大小】组中单击【裁剪】下拉按钮，弹出下拉列表，将鼠标指针拖曳至【裁剪为形状】选项上，在弹出的级联菜单中选择所需的形状，即可将图片裁剪为所选形状，如图 3.155 所示。

8. 消除图片背景

如果对插入文档中的图片的背景效果不满意，用户可以将其背景消除，具体的操作步骤如下。

步骤 1：选择要消除背景的图片，打开【图片工具】的【格式】选项卡。

步骤 2：单击【调整】组中的【删除背景】按钮，此时在图片上出现遮幅区域。

步骤 3：在图片上调整选择区域拖动柄，使要保留的图片内容浮现出来。调整完成后，在【背景消除】选项卡中单击【保留更改】按钮，如图 3.156 所示，即可完成图片背景消除工作。

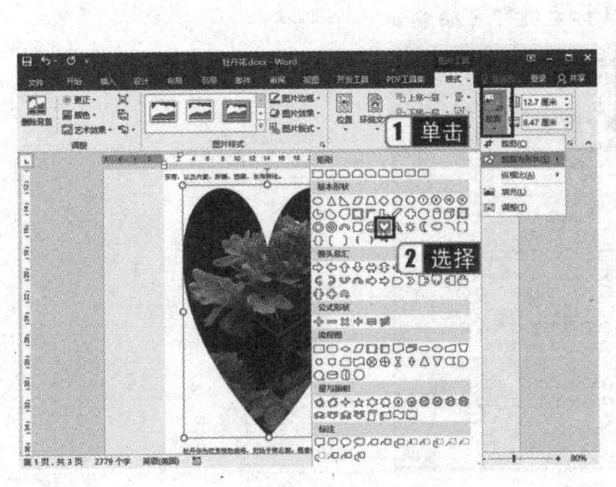

图 3.155

图 3.156

真题精选

在考生文件夹中打开 WORD11.docx，按照要求完成下列操作，并以原文件名保存文档。

在请柬的左下角位置插入一幅图片（图片自选），调整其大小及位置，不影响文字排列、不遮挡文字内容。

【操作步骤】

步骤 1：打开 WORD11.docx，首先，将光标置于正文下方，在【插入】选项卡的【插图】组中单击【图片】按钮，在弹出的【插入图片】对话框中，选择考生文件下合适的图片（图片 2.png），单击【插入】按钮，如图 3.157 所示。

步骤 2：选中图片，在【格式】选项卡的【排列】组中单击【环绕文字】，在下拉列表中选择一种环绕方式，如【浮于文字上方】。

步骤 3：拖动图片控制按钮调整大小，以不影响文字排列、不遮挡文字内容为标准。将其拖动到合适的位置即可，如图 3.158所示。

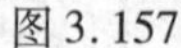

图 3.157

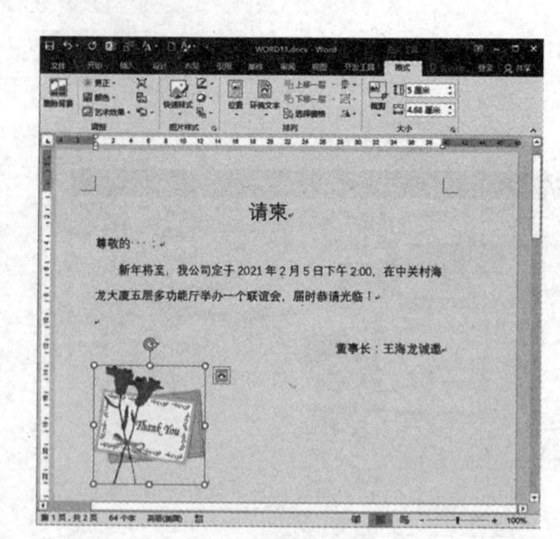

图 3.158

步骤4：保存文档。

考点23 绘制形状

Word 2016 提供了一套绘图工具，利用绘图工具可以绘制各种形状，包括可以调整形状的自选图形。将这些形状与文本交叉混排，可以使文档更加生动有趣。

> **真考链接**
>
> 该知识点属于考试大纲中要求掌握的内容，考核概率为40%。考生需掌握绘制形状的方法。

1. 绘制形状

绘制形状的具体操作步骤如下。

步骤1：将光标定位到文档中要绘制形状的位置，在【插入】选项卡的【插图】组中单击【形状】按钮，这时将会展开形状库，如图3.159所示。

步骤2：在展开的形状库中单击相应的形状按钮，移动鼠标指针至编辑区域后，鼠标指针变成“十字”形状，在绘图起始位置按住鼠标左键拖曳鼠标指针到绘图结束位置，释放鼠标左键即可绘制出一个形状。

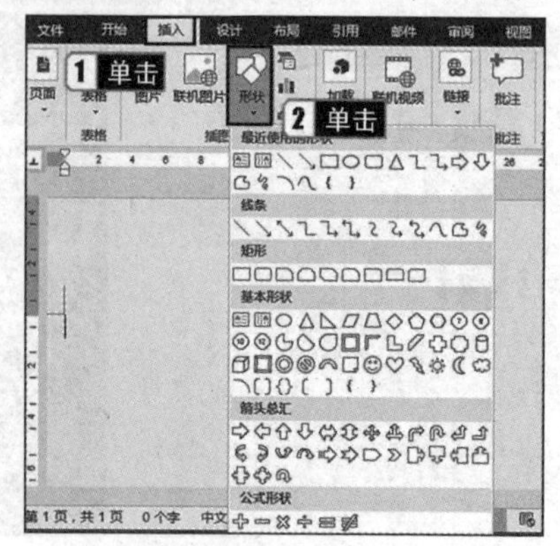

图 3.159

> **小提示**
>
> 选择绘制的形状后，功能区将会自动出现【绘图工具】的【格式】选项卡。在此选项卡中可以对选择的形状进行大小、阴影、三维、填充等效果设置。

2. 形状的叠放和组合

当多个形状重叠在一起时，新绘制的形状总会覆盖其他的形状。用户可以更改形状的叠放次序，具体的操作步骤如下。

步骤1：在文档中选中要设置叠放次序的形状，如图3.160(a)所示，选中五角星对象。

步骤2：单击鼠标右键，在弹出的快捷菜单中选择【置于顶层】命令；或者单击该命令右侧的三角形按钮，在展开的级联菜单中可以选择【置于顶层】【上移一层】【浮于文字上方】等命令，这里选择【置于顶层】命令，如图3.160(b)所示。选择【置于顶层】命令后，五角星对象的位置由原来的底层变成了顶层，如图3.160(c)所示。

另外，用户可以对多个形状进行组合设置，组合后的形状成为一个操作对象，这样可以避免在对整个图形进行操作时一个个选中形状的麻烦。组合形状的具体操作步骤如下。

步骤1：在文档中按住【Ctrl】键，选择要组合的多个形状。

步骤2：单击鼠标右键，在弹出的快捷菜单中选择【组合】→【组合】命令，如图3.161所示，此时选中的多个形状成为一个整体的图形对象，可对其进行整体移动、旋转等操作。

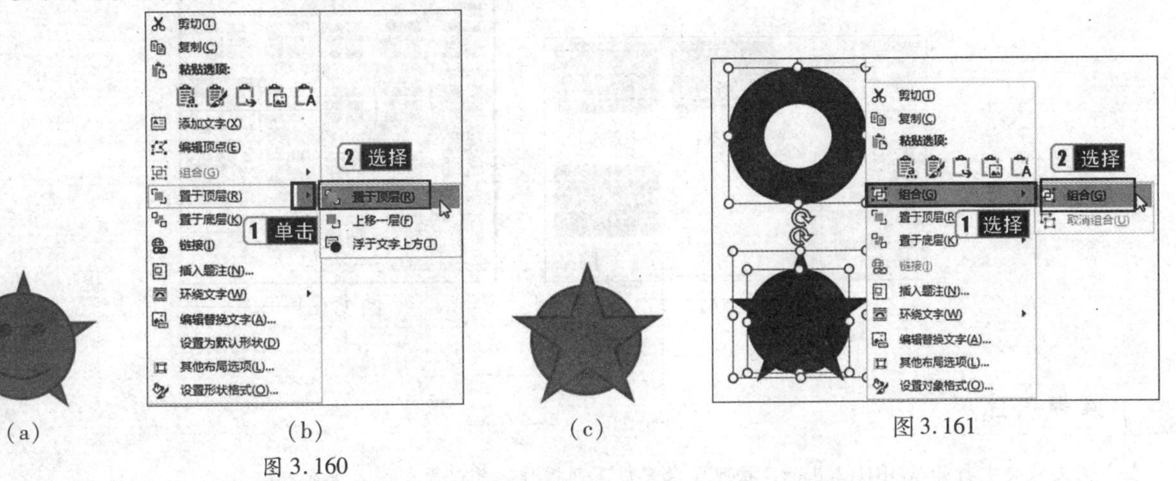

(a) (b) (c)

图3.160

图3.161

步骤3：如果要取消组合，可右击组合后的图形，在弹出的快捷菜单中选择【组合】→【取消组合】命令。

3. 使用绘图画布

在Word文档中插入图像时，可将各种图形、图片、文本框、艺术字放置在绘图画布中，可以对绘图画布进行移动、调整大小等格式设置，还可将多个形状的各个部分组合起来。

在Word中使用绘图画布的具体操作步骤如下。

步骤1：将光标移至文档中需要插入绘图画布的位置。

步骤2：在【插入】选项卡的【插图】组中单击【形状】按钮，在弹出的下拉列表中选择【新建绘图画布】选项，即可在文档中插入绘图画布。

考点24 创建SmartArt图形

SmartArt图形是信息和观点的视觉表示形式，能够快速、轻松、有效地传达信息。Word 2016中的SmartArt图形包括列表、流程、循环、层次结构、关系、矩阵、棱锥图和图片等。

> **真考链接**
>
> 该知识点属于考试大纲中要求掌握的内容，考核概率为100%。考生需掌握插入SmartArt图形及其样式设置方法。

1. 插入SmartArt图形

插入SmartArt图形的操作步骤如下。

步骤1：在【插入】选项卡的【插图】组中单击【SmartArt】按钮，在弹出的【选择SmartArt图形】对话框的左侧列表框中选择用户所需的类型，在中间的列表框中选择所需的结构图，单击【确定】按钮，即可在文档中插入选择的SmartArt图形，如图3.162所示。

步骤2：若用户要在插入的SmartArt图形中输入文本，可在SmartArt图形内直接单击“文本”字样，然后输入所需的文本即可。

2. 设置SmartArt图形样式

在文档中插入了SmartArt图形后，可以为插入的SmartArt图形设置不同的样式，具体的操作步骤如下。

步骤1：选择要设置样式的SmartArt图形。

步骤2：选择【SmartArt工具】的【设计】选项卡，在【SmartArt样式】组中单击【其他】按钮▾，在弹出的下拉列表中选择一种快速样式。

步骤3：单击【SmartArt样式】组中的【更改颜色】按钮，在弹出的下拉列表框中选择一种颜色，如图3.163所示。

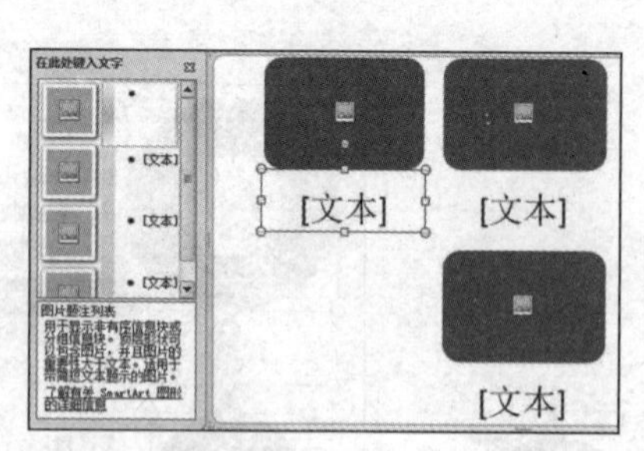

图 3.162

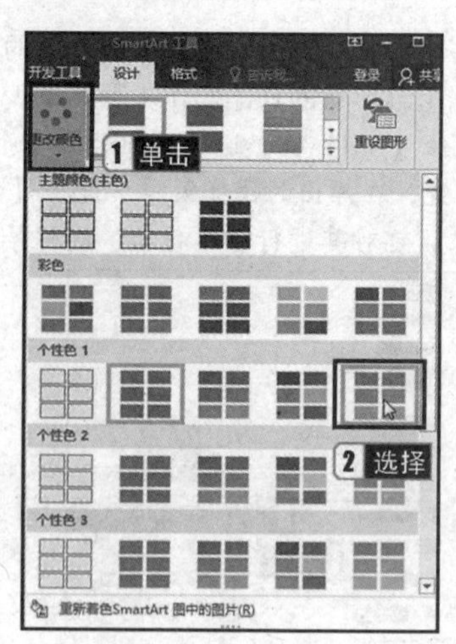

图 3.163

真题精选

在考生文件夹中打开 WORD12. docx，按照要求完成下列操作，并以原文件名保存文档。

在“报名流程”下面，利用 SmartArt 图形制作本次活动的报名流程（行政部报名、确认坐席、领取资料、领取门票）。

【操作步骤】

步骤 1：打开 WORD12. docx，将光标定位到“报名流程：”下方，在【插入】选项卡的【插图】组中单击【SmartArt】按钮，弹出【选择 SmartArt 图像】对话框，选择【流程】中的【基本流程】选项后，单击【确定】按钮。

步骤 2：根据题意，流程图中缺少一个矩形。因此，选中第三个矩形，在【SmartArt 工具】的【设计】选项卡中，单击【创建图形】组中的【添加形状】下拉按钮，在弹出的下拉列表中选择【在后面添加形状】选项，如图 3.164 所示。

步骤 3：在文本中输入相应的流程名称，如图 3.165 所示。

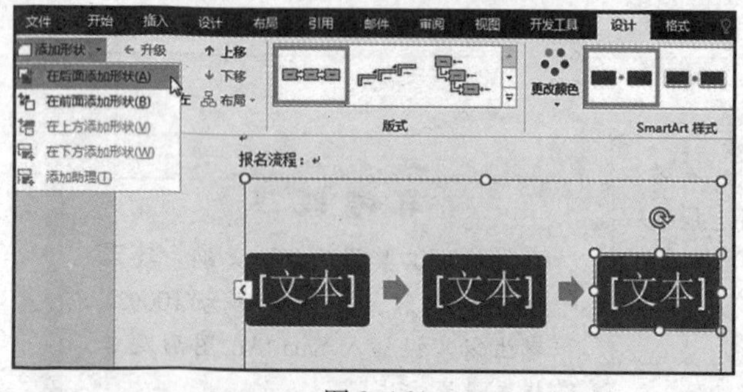

图 3.164

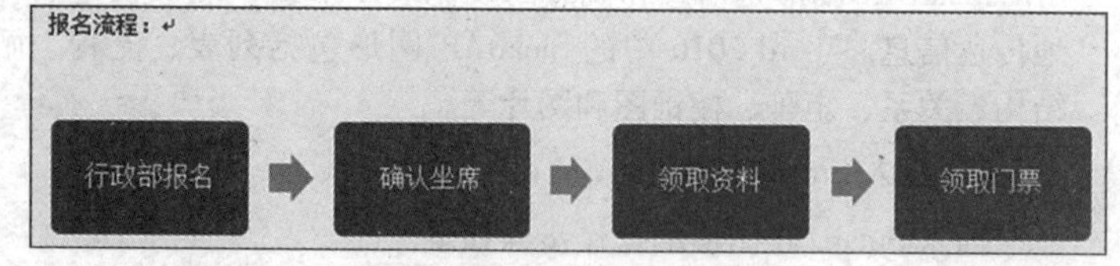

图 3.165

步骤 4：保存文档。

考点 25 设计文档外观

在 Word 2016 中设计文档外观比以往版本更加快捷，它省略了一系列的步骤，可迅速将文档设置成最佳效果，用户可按照以下步骤进行操作。

> **真考链接**
>
> 该知识点属于考试大纲中要求了解的内容，考核概率为 15%。考生需了解如何使用主题和样式集设计文档外观。

1. 主题设置

步骤 1：在【设计】选项卡中的【主题】组中单击【主题】按钮，在弹出的下拉列表中选择所需的系统内置主题库，在主题库中可通过移动鼠标指针观察各个主题的效果。

步骤 2：用户根据需要选择相应的主题，即可将其设置为文档的主题。

2. 样式集设置

样式集实际上就是文档中标题、正文和引用等不同文本和对象格式的集合。为了方便用户对文档样式进行设置，Word 2016 为不同类型的文档提供了多种内置的样式集，用户可以根据需要修改文档中使用的样式集，具体的操作步骤如下。

步骤1：在【设计】选项卡中，单击【文档格式】组中的【样式集】下拉按钮，然后在弹出的下拉列表中选择一种样式集。

步骤2：此时，选择的样式集将被加载到【开始】选项卡的【样式】组中的样式库列表中，同时文档格式将更改为这个样式集的样式。

步骤3：如果要恢复默认的样式集，可以在【样式集】下拉列表中选择【重置为默认样式集】选项。

步骤4：在【样式集】下拉列表中选择【另存为新样式集】选项，在弹出的【另存为新样式集】对话框中输入文件名，单击【保存】按钮，即可将其保存为新样式集，保存好后在其他文档中可以直接调用。

小提示

将鼠标指针指向快速样式集，可以快速查看该样式集的外观。单击快速样式集，可将其应用于文档。

考点26　插入文档封面

插入文档封面的具体操作步骤如下。

真考链接

该知识点属于考试大纲中要求熟记的内容，考核概率为15%。考生需熟记插入文档封面的方法。

步骤1：在【插入】选项卡的【页面】组中单击【封面】按钮，在弹出的下拉列表中有多种封面库，这里选择【边线型】选项，如图3.166所示。

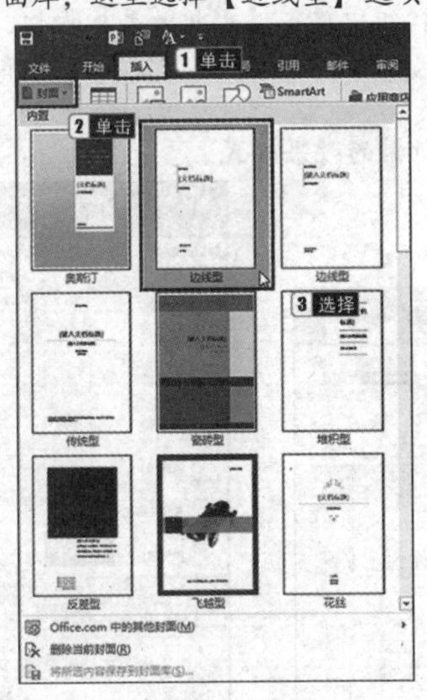

图3.166

步骤2：文档中的最前一页会被插入【边线型】封面，在文档中选择封面文本的属性，输入相应的信息，即可完成制作。

小提示

在【插入】选项卡的【页面】组中单击【封面】按钮，在弹出的下拉列表中选择【删除当前封面】选项，即可将封面删除。

考点27　设置艺术字

在文本区中选择艺术字后，【绘图工具】中的【格式】选项卡会在功能区中自动显示，用户可在【格式】选项卡中设置艺术字样式、颜色、形状、大小等，或重新对艺术字进行编辑，如图3.167所示。

真考链接

该知识点属于考试大纲中要求掌握的内容，考核概率为60%。考生需掌握设置艺术字的方法。

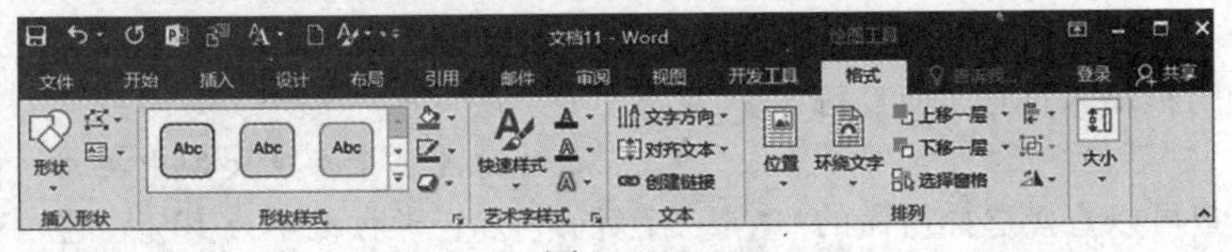

图3.167

1. 艺术字形状

用户可为艺术字重新设置样式，也可使用其他艺术字形状。

- 重新设置艺术字：在【艺术字样式】中选择新的艺术字样式。
- 艺术字的变形：单击【绘图工具】中的【格式】选项卡，在【形状样式】组中单击【形状效果】按钮，在弹出的下拉列表中根据需要选择艺术字的各种形状。

2. 翻转或旋转艺术字

用户可以对插入文档中的艺术字进行翻转和旋转等操作。具体的操作步骤如下。

步骤1：选择要翻转或旋转的艺术字。

步骤2：单击【绘图工具】中的【格式】选项卡，单击【大小】组中右侧的对话框启动器按钮，在弹出的【布局】对话框中单击【大小】选项卡，在【旋转】组中的【旋转】微调框中设置旋转角度，然后单击【确定】按钮即可。

3. 艺术字填充纹理

用户还可为创建的艺术字填充纹理，或者填充颜色、图案等，使艺术字的效果更佳。具体的操作步骤如下。

步骤1：选择要改变填充纹理的艺术字。

步骤2：单击【绘图工具】中的【格式】选项卡，在【形状样式】组中单击【形状填充】按钮，在弹出的下拉列表中选择【纹理】选项，在弹出的面板中选择用户所需的纹理效果，如图3.168所示。

4. 为艺术字设置阴影和三维效果

步骤1：选择要添加阴影和三维效果的艺术字。

步骤2：单击【绘图工具】中的【格式】选项卡，在【形状样式】组中单击【形状效果】按钮，在弹出的下拉列表中选择【阴影】选项，可对阴影进行设置，如图3.169所示。若在【形状效果】下拉列表中选择【三维旋转】选项，可对三维效果进行设置，如图3.170所示。

步骤3：根据用户需要，在【阴影】或【三维旋转】面板中选择所需的效果样式。

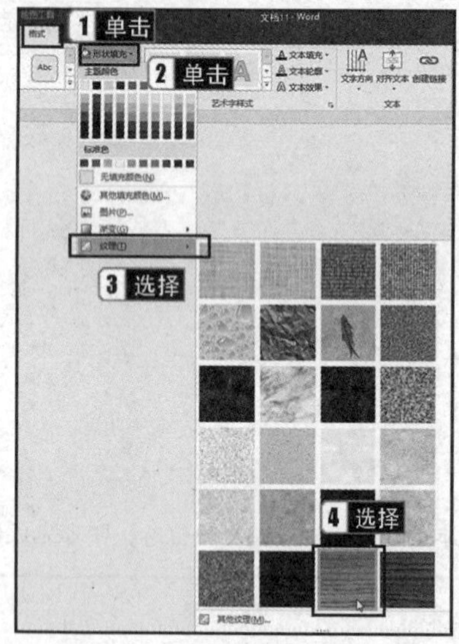

图3.168

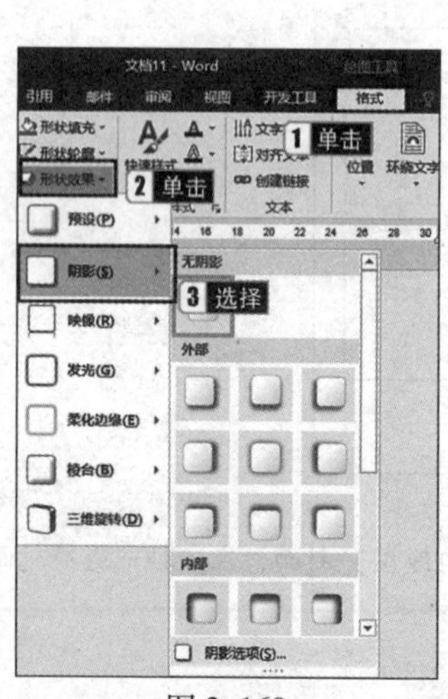

图3.169

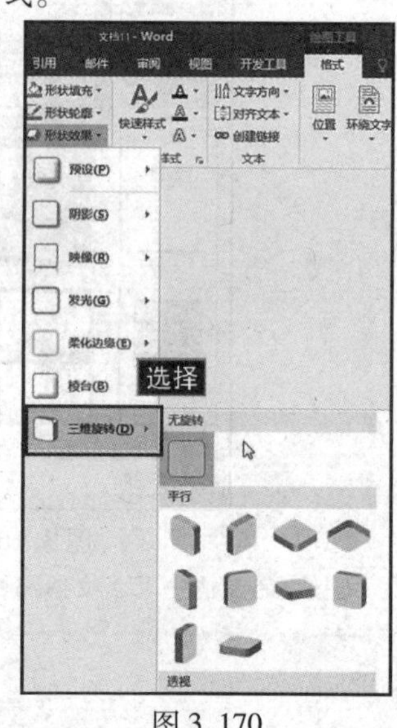

图3.170

3.3 公式编辑器

考点28 插入内置公式

要在文档中插入专业的数学公式，仅仅利用上、下标按钮来设置是远远不够的。使用Word 2016中的公式编辑器，不但可以输入符号，而且可以输入数字和变量。

> **真考链接**
>
> 该知识点属于考试大纲中要求了解的内容，考核概率为10%。考生需了解插入内置公式的方法。

Word 2016中内置了一些常用的公式样式，用户可以直接选择所需的公式样式，快速插入公式。插入内置公式的具体操作步骤如下。

步骤1：把光标移到要插入公式的位置，然后单击【插入】选项卡中【符号】组的【公式】按钮 π 公式 ▾，在弹出的下拉列表中将出现常用公式，在此单击选择即可，如图3.171所示。

步骤2：此时文档出现按默认参数创建的公式，如图3.172所示。根据实际需要，可以选择公式中的数据后按【Delete】键删除，然后输入新的内容。

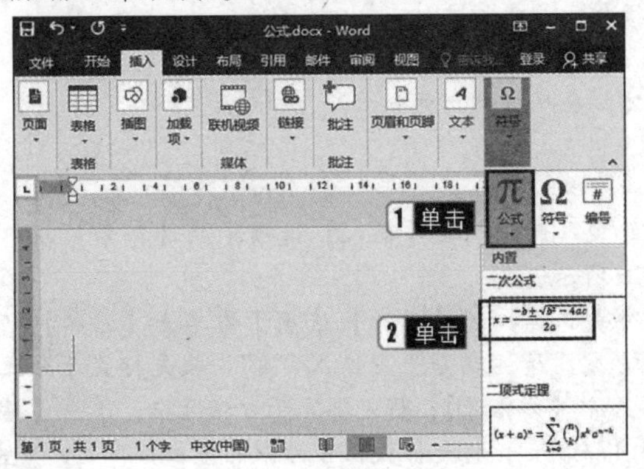

图3.171

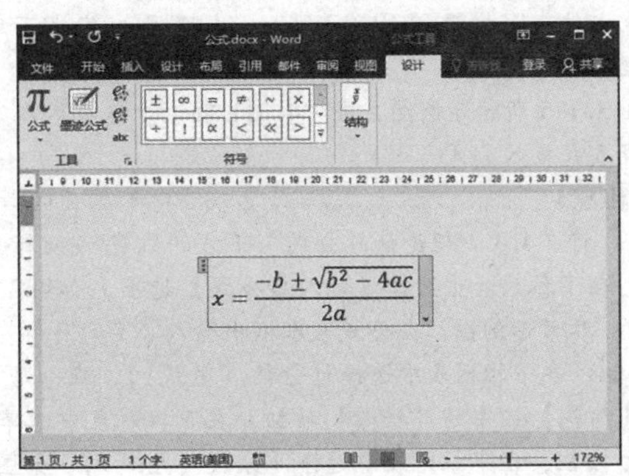

图3.172

考点29 输入公式

创建公式时，Word 2016会根据数学排版惯例自动调整字号、间距和格式。

真考链接

该知识点属于考试大纲中要求掌握的内容，考核概率为30%。考生需掌握输入公式的方法。

1. 工具栏中的数学公式模板

使用数学公式模板可以方便、快速地制作各种形式的数学公式。功能区中【公式工具】的【设计】选项卡包括【工具】组、【符号】组和【结构】组，其中【结构】组用于插入分数、上下标、根式、积分、大型运算符、括号、函数、导数符号、极限和对数、运算符、矩阵等模板，如图3.173所示。

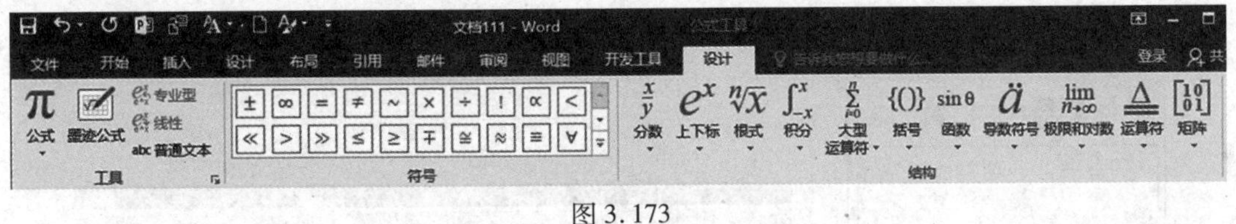

图3.173

2. 输入普通字符

在数学公式编辑环境中输入普通文字的操作方法与在Word文档中输入文字的操作方法基本相同。

步骤1：把光标移到要插入公式的位置。然后单击【插入】选项卡中【符号】组里的【公式】按钮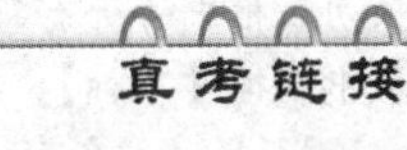，在弹出的下拉列表中选择【插入新公式】选项。

步骤2：在【符号】组中选择所需的数学符号，或者通过键盘输入所需的字母或符号。

步骤3：输入完成后，单击公式编辑框以外的任何位置即可返回文档。

3. 手写输入公式

在Word 2016中，增加了【墨迹公式】这种手写输入公式的功能。该功能可以识别手写的数学公式，并将其转换为标准形式插入文档中。这种输入方法对于手持设备用户来说非常人性化。使用【墨迹公式】功能的具体操作步骤如下。

步骤1：在【插入】选项卡的【符号】组中单击【公式】按钮，在弹出的下拉列表中选择【墨迹公式】选项。

步骤2：打开对话框，通过鼠标或触摸屏手写输入公式，如图3.174所示。

步骤3：在书写过程中，如果发现书写错误，单击下方的【选择和更正】按钮，选中要更正的内容，在弹出的下拉列表中选择符合要求的更正内容即可。

步骤4：单击【擦除】按钮，可以擦掉错误的内容；单击【写入】按钮，可以继续手写输入公式。

步骤5：公式输入完成后，单击【插入】按钮，即可插入文档中。

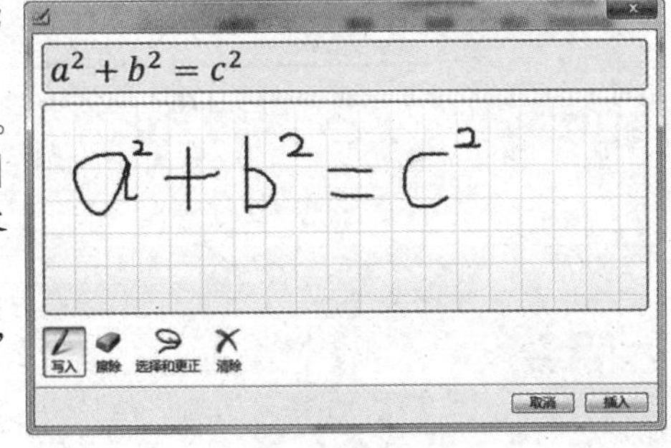

图3.174

真题精选

$$T=\frac{F}{2}\left(\frac{p}{\pi}+\frac{\mu_t d_2}{\cos\beta}+D_e\mu_n\right)$$

图 3.175

在考生文件夹下打开 WORD13. docx，按照要求完成下列操作，并以原文件名保存文档。

参考图 3.175 所示示例图，在“4.3.1 理论计算公式”下方红色底纹标出的位置以内嵌方式插入公式。

【操作步骤】

步骤1：将“4.3.1 理论计算公式”下方的红色底纹标出的文本删除，在【插入】选项卡的【符号】组中单击【公式】按钮，在下拉列表中选择【插入新公式】选项，如图 3.176 所示。

步骤2：参考示例图，在公式文本框中输入“T=”；在【公式工具】的【设计】选项卡中单击【结构】功能组中的【分数】按钮，在下拉列表中选择【分数（竖式）】，在分母中输入“2”，在分子中输入“F”；将光标置于分式的水平位置，单击【结构】组中的【括号】按钮，在下拉列表中选择第一个【方括号】；将光标置于方括号中，单击【结构】组中的【分数】按钮，在下拉列表中选择【分数（竖式）】，如图 3.177 所示，将光标放在分母中的虚线框位置，单击【符号】组中的【其他】按钮，在弹出的下拉列表中选择【π】，如图 3.178 所示，在分子中输入“p”；光标置于分式的水平位置，输入“+”；继续单击【结构】组中的【分数】按钮，在下拉列表中选择【分数（竖式）】，光标放在分母中的虚线框位置，单击【结构】组中的【函数】按钮，在下拉列表中选择【余弦函数】，在“cos”后单击【符号】组右侧的【其他】按钮，展开符号项列表框中的所有符号，选择【β】，将光标置于分子中的虚线框位置，单击【结构】组中的【上下标】按钮，在下拉列表中选择【下标】，将光标置于左上角的虚线框位置，单击【符号】组中的【其他】按钮，展开符号列表框中的所有符号，选择【μ】，在下标位置输入“t”，将光标置于“μ”水平位置，单击【结构】组中的【上下标】按钮，在下拉列表中选择【下标】，将光标置于左上角的虚线框位置，输入“d”，在下标位置输入“2”；将光标置于分式的水平位置，输入“+”，然后单击【结构】组中的【上下标】按钮，将光标置于左上角的虚线框位置，输入“D”，在下标位置输入“e”，单击【结构】组中的【上下标】按钮，在下拉列表中选择【下标】，将光标置于左上角的虚线框位置，单击【符号】组中的【其他】按钮，展开符号列表框中的所有符号，选择【μ】，在下标位置输入“n”。

步骤3：插入公式后，单击公式控件右侧的【公式选项】下拉按钮，若下拉列表中显示【更改为“显示”】命令，则表示公式为内嵌方式，如图 3.179 所示；否则应单击下拉列表中的【更改为“内嵌”】命令，将其改为内嵌方式。

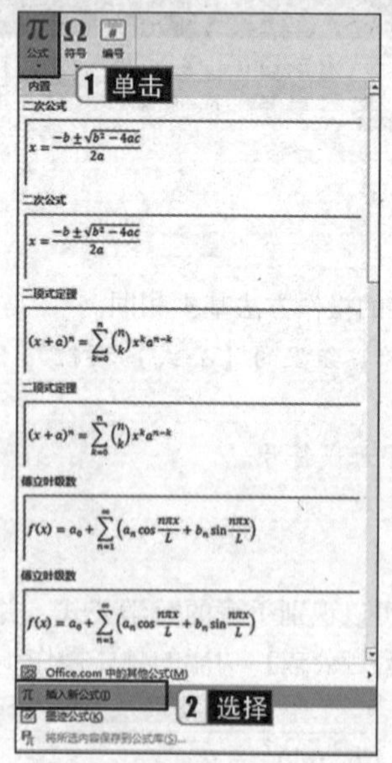

图 3.176

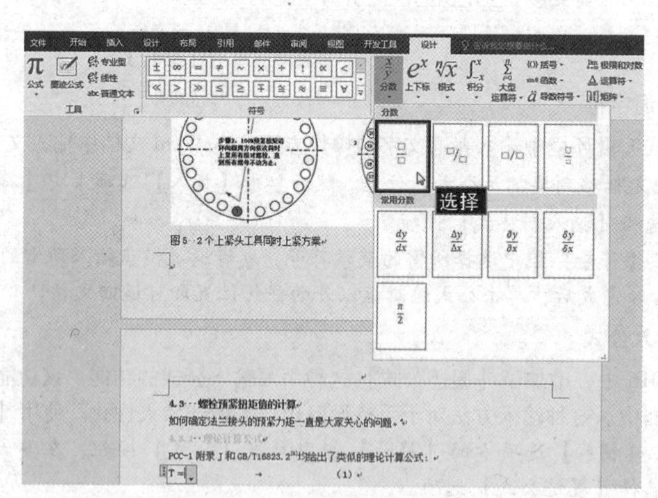

图 3.177

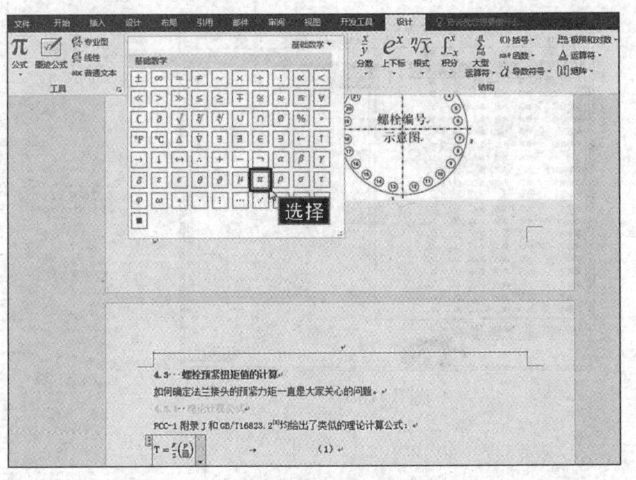

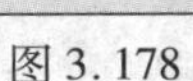

图 3.178

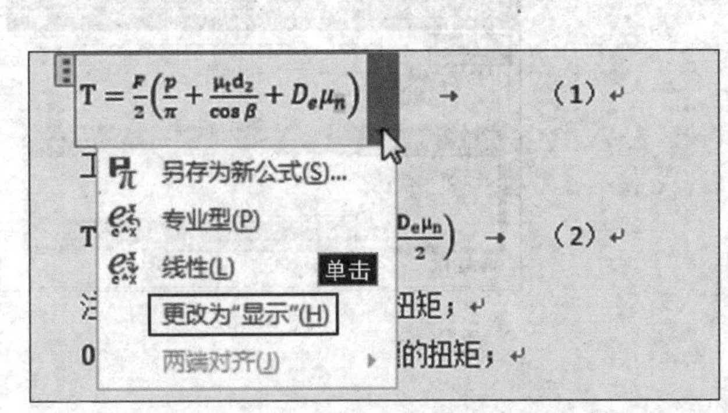

图 3.179

考点 30 将公式添加到常用公式库中或将其删除

用户可以将自己创建的公式添加到常用公式库，也可以将公式从常用公式库中删除。

真考链接

该知识点属于考试大纲中要求了解的内容，考核概率为10%。考生需了解将公式添加到常用公式库中或将其删除的方法。

步骤 1：选择要添加到常用公式库中的公式。

步骤 2：在【公式工具】的【设计】选项卡中单击【工具】组中的【公式】按钮，在弹出的下拉列表中，选择【将所选内容保存到公式库】选项，如图 3.180 所示。

步骤 3：弹出【新建构建基块】对话框，在【名称】文本框中输入名称，在【库】下拉列表框中选择【公式】选项，在【类别】下拉列表框中选择【常规】选项，在【保存位置】下拉列表框中选择【Normal. dotm】选项，然后单击【确定】按钮，如图 3.181 所示。

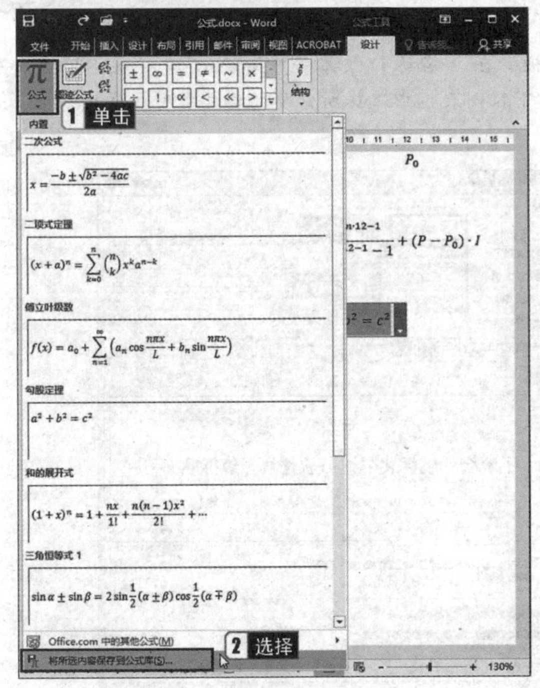

图 3.180

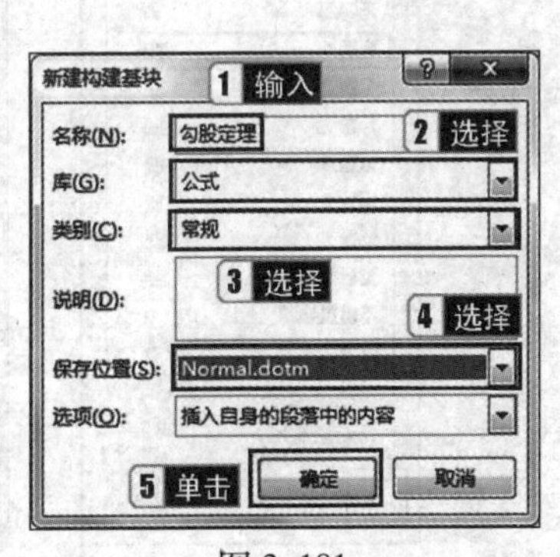

图 3.181

步骤 4：如果要在公式库中删除该公式，可在【公式工具】的【设计】选项卡中单击【工具】组中的【公式】按钮，在弹出的下拉列表中使用鼠标右键单击该公式，在弹出的快捷菜单中选择【整理和删除】命令，如图 3.182 所示。

步骤 5：在弹出的【构建基块管理器】对话框中选择基块名称，单击【删除】按钮，如图 3.183 所示。在弹出的【Microsoft Word】对话框中单击【是】按钮即可。

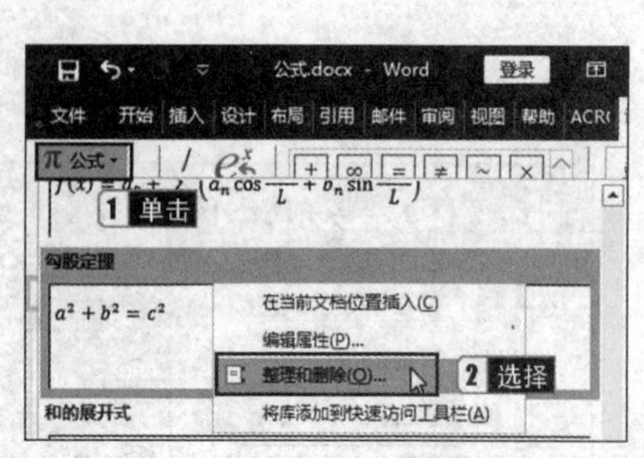

图 3.182

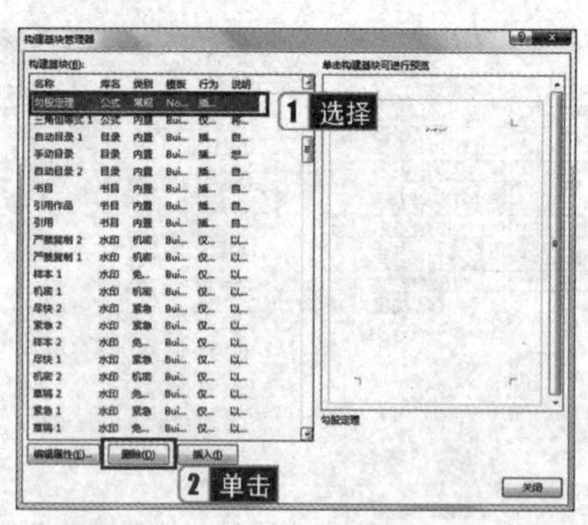

图 3.183

3.4 长文档的编辑与管理

考点 31 定义并使用样式

样式是指一组已经命名的字符和段落格式。

真考链接

该知识点属于考试大纲中要求掌握的内容，考核概率为 20%。考生需掌握定义并使用样式的方法。

1. 新建样式

文档中规定了标题、正文及要点等各个文本元素的格式，用户可以使用【样式】窗格将样式应用于选中的文本。具体的操作步骤如下。

步骤 1：在【开始】选项卡的【样式】组中单击对话框启动器按钮，在弹出的【样式】任务窗格中单击【新建样式】按钮，如图 3.184 所示。

步骤 2：弹出【根据格式设置创建新样式】对话框，在【名称】文本框中输入新建样式名称，如输入【自定义样式 1】，在【样式类型】【样式基准】【后续段落样式】下拉列表框中选择所需要的样式类型和样式基准，如图 3.185 所示。

图 3.184

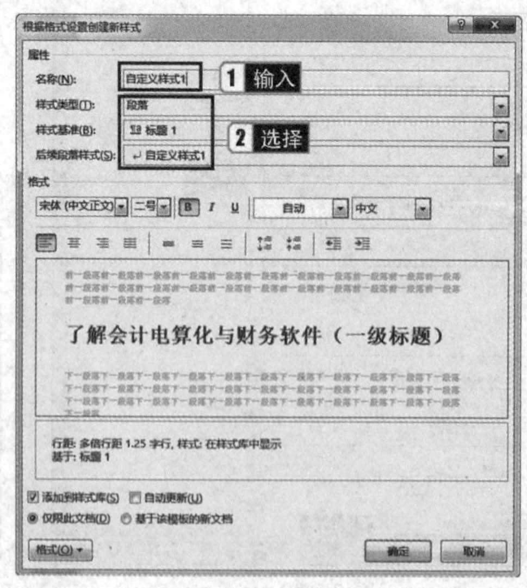

图 3.185

步骤 3：设置字体格式。分别在【字体】【字号】【颜色】【语言】下拉列表框中选择所需要的字体、字号、颜色和语言。如果需要设置加粗、倾斜或添加下划线，可分别单击【加粗】【倾斜】【下划线】按钮。

步骤 4：设置段落格式。分别在【对齐方式】和【段落】按钮组中设置所需要的对齐方式、行距、段落间距和缩进量。

步骤 5：单击【确定】按钮，即可完成自定义样式操作。

2. 使用样式

使用样式的操作步骤如下。

步骤1：在Word文档中选中要应用样式的标题和文本。

步骤2：在【开始】选项卡的【样式】组中，单击右下角的对话框启动器按钮。

步骤3：打开【样式】任务窗格，在列表框中选择希望应用到选中的标题和文本的样式，即可将该样式应用到文档中。

> **小提示**
>
> 在【样式】任务窗格中选择下方的【显示预览】复选框后，方可看到样式的预览效果，否则所用样式只以文字描述的形式列举出来。

3. 修改样式

如果已经为某些文本设置了相同的样式，但又需要进行个别格式的更改，则可以通过修改样式来完成，具体的操作步骤如下。

步骤1：单击【开始】选项卡的【样式】组中的对话框启动器按钮，打开【样式】任务窗格。

步骤2：选择需要修改的样式名称，单击右侧的下拉按钮，在弹出的下拉列表中选择【修改】选项，如图3.186所示。

步骤3：弹出【修改样式】对话框，在该对话框中可以重新定义样式基准和后续段落样式。单击左下角的【格式】按钮，可分别对样式的字体、段落、边框、编号、文字效果、快捷键等进行重新设置，如图3.187所示。

步骤4：修改完毕，单击【确定】按钮，对样式的修改将会反映到所有应用该样式的文本。

> **小提示**
>
> 直接在【开始】选项卡的【样式】组中，右击【标题1】样式，在弹出的快捷菜单中选择【修改】命令，如图3.188所示，也可以打开【修改样式】对话框。

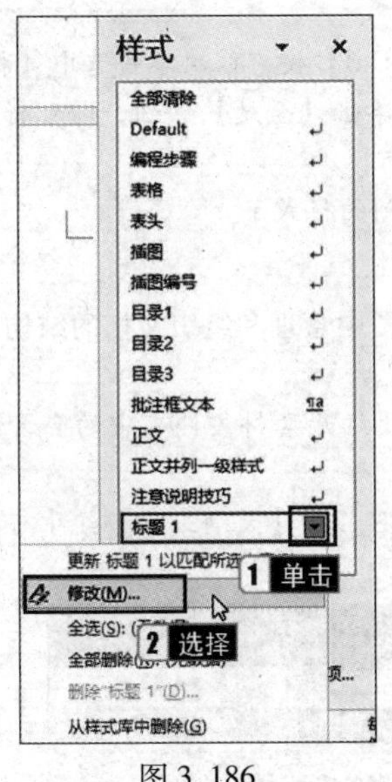

图3.186

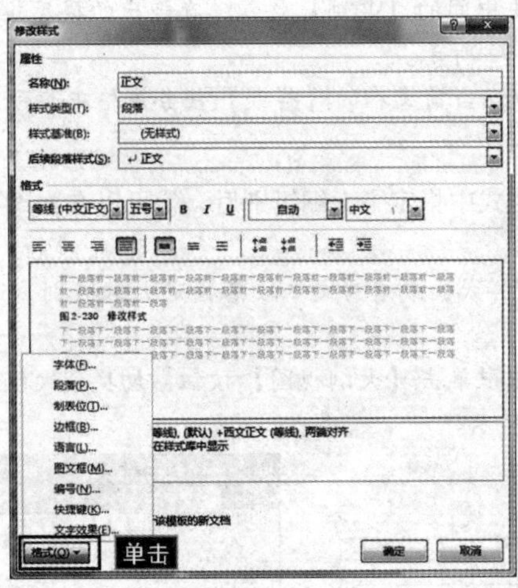

图3.187

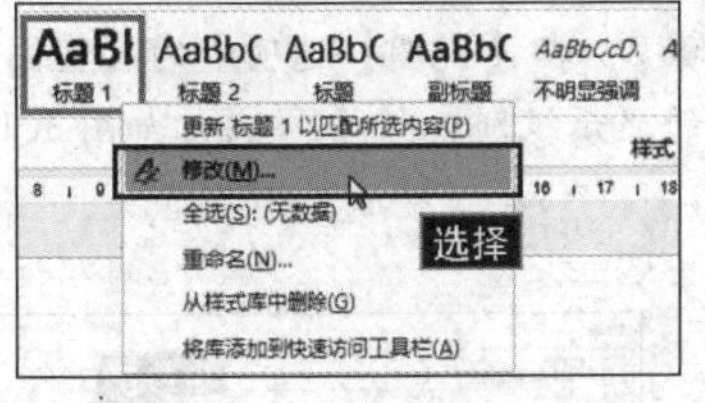

图3.188

4. 复制并管理样式

在编辑文档的过程中，如果需要使用其他模板或文档的样式，可以将其复制到当前的活动文档中。例如，要分别用样式.docx文档中的样式“标题1”“标题2”“正文1”“正文2”“正文3”替换Word.docx中的同名样式，具体的操作步骤如下。

步骤1：打开素材文件夹中的Word.docx文档，单击【开始】选项卡的【样式】组中的对话框启动器按钮，打开【样式】任务窗格，单击下方的【管理样式】按钮，如图3.189所示。

步骤2：弹出【管理样式】对话框，单击左下角的【导入/导出】按钮，弹出【管理器】对话框。在【样式】选项卡中，左侧区域显示的是当前文档所包含的样式列表，右侧区域显示的是Word默认文档模板中所包含的样式。

步骤3：【管理器】对话框右边的【样式位于】下拉列表框中显示的是“Normal.dotm（共用模板）”，而不是包含需要复制到目标文档样式的源文档。为了改变源文档，单击右侧的【关闭文件】按钮，原来的【关闭文件】按钮就会变成【打开文件】按钮，如图 3.190 所示。

步骤 4：单击【打开文件】按钮，弹出【打开】对话框。在【文件类型】下拉列表中选择【所有文件】，找到需要复制到目标文档样式的源文档，此处选择样式.docx 文件，如图 3.191 所示，单击【打开】按钮将源文档打开。

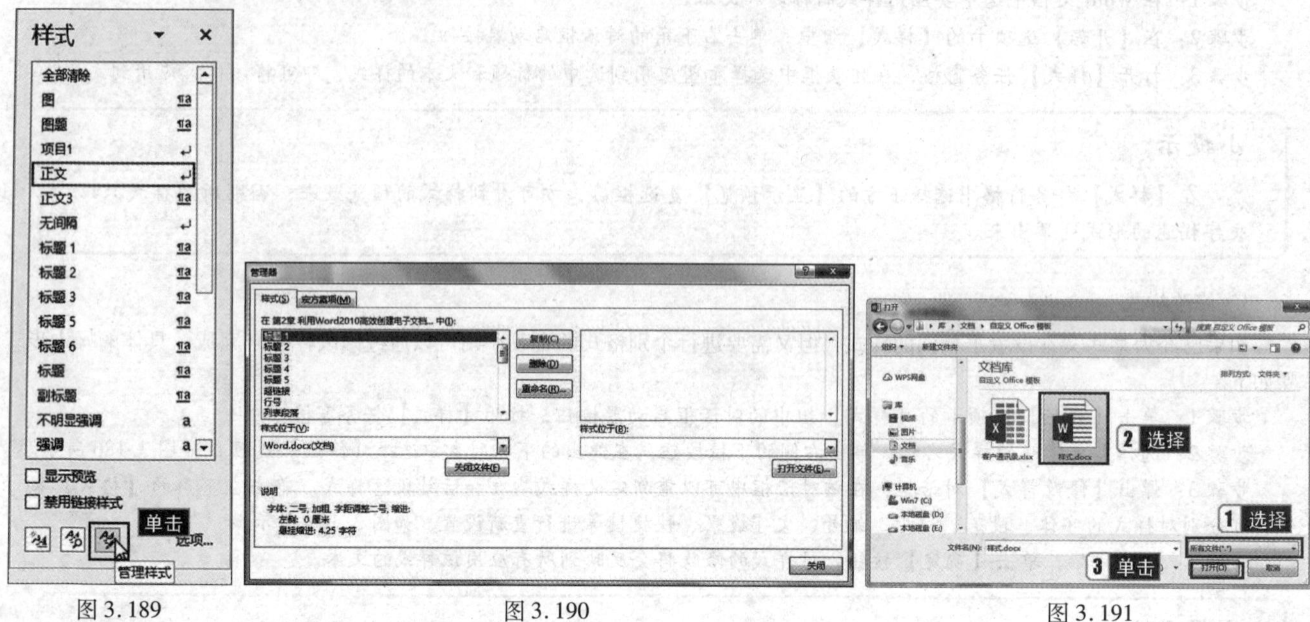

图 3.189　　图 3.190　　图 3.191

> **小提示**
>
> 这里一定要将【打开】对话框中的文件类型设置为【所有文件】，否则无法显示需要的文档。

步骤 5：在【管理器】对话框右侧的列表框中单击选中【标题 1】，按住键盘上的【Ctrl】键，依次单击选中【标题 2】【正文 1】【正文 2】【正文 3】样式，然后单击中间的【复制】按钮，在弹出的提示框中单击【全是】按钮，即可将选中的样式复制到左侧的当前目标文档中，如图 3.192 所示。

步骤 6：单击【关闭】按钮，此时就可以在当前文档的【样式】任务窗格中看到复制的样式了。

5. **在大纲视图中管理文档**

当为文本应用了内置标题样式或在段落格式中指定了大纲级别后，就可以在大纲视图中管理和组织文档的结构，具体的操作步骤如下。

步骤 1：为文本各级标题应用内置的标题样式，或者为文本段落指定大纲级别，此处打开素材文件夹中的会计电算化节节高升 2. docx 文件。

步骤 2：在【视图】选项卡的【视图】组中单击【大纲视图】按钮，切换到大纲视图。在【大纲工具】组中可以设置窗口中的显示级别，如【1 级】，如图 3.193 所示。

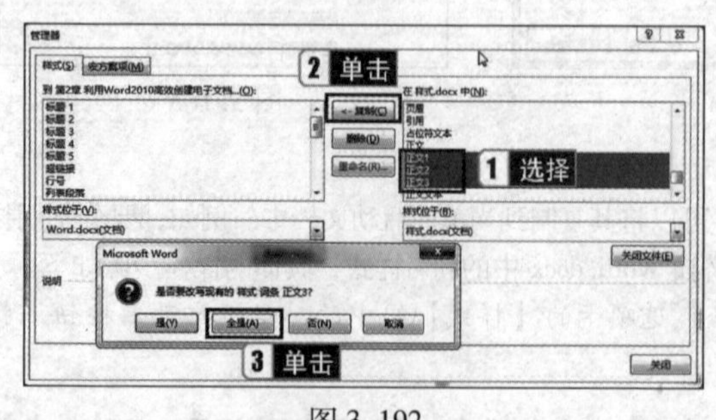

图 3.192

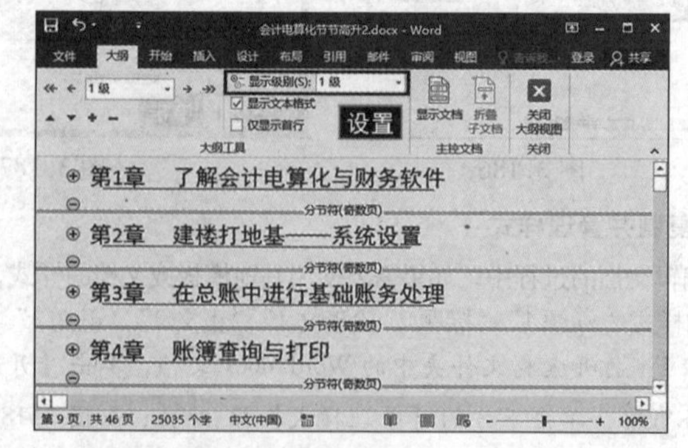

图 3.193

步骤 3：在【大纲工具】组中，也可以直接指定文本段落的大纲级别。此外，还可以展开/折叠大纲项目、上移/下移大纲项目、提升/降低大纲项目的级别。

步骤 4：单击【主控文档】组中的【显示文档】按钮，可以展开【主控文档】组，如图 3.194 所示。单击【创建】按钮，可以为当前选中的大纲项目创建子文档。单击【插入】按钮，可以为当前选中的标题嵌入子文档。在子文档中的修改可以即时反馈到主文档中。

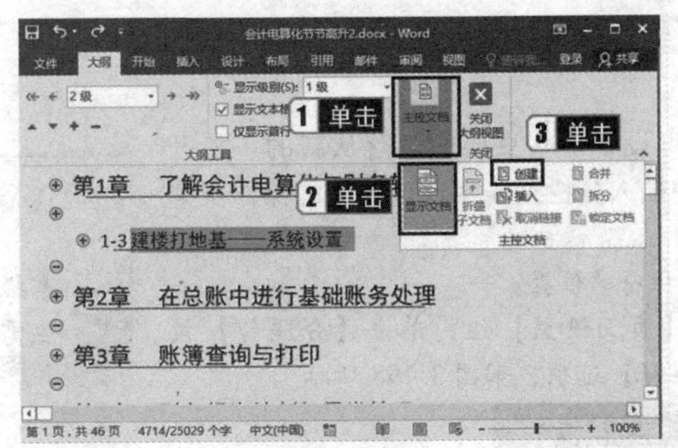

图 3.194

步骤5：单击【关闭】组中的【关闭大纲视图】按钮，即可返回页面视图编辑状态。

考点32 文档分栏

1. 利用分栏功能分栏

利用 Word 2016 提供的分栏功能可将文本分为两栏或多栏。具体的操作步骤如下。

步骤1：在【布局】选项卡的【页面设置】组中单击【分栏】按钮，如图3.195所示。

> **真考链接**
>
> 该知识点属于考试大纲中要求了解的内容，考核概率为30%。考生需了解文档分栏的方法。

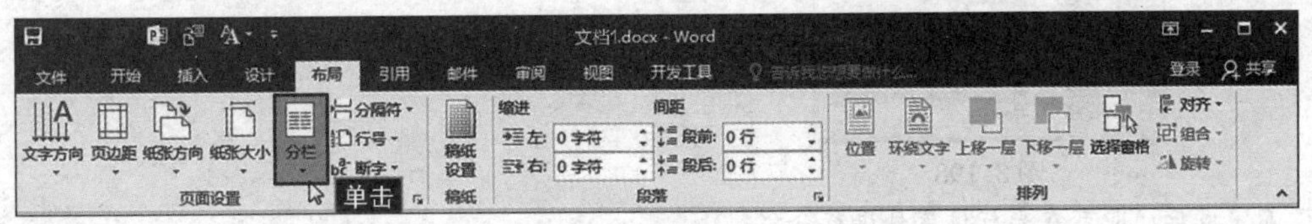

图 3.195

步骤2：在【分栏】下拉列表中选择需要的分栏数，即可完成分栏设置。例如，选择【两栏】选项，可将文档左右平均分为两栏；选择【偏左】选项，可将文档偏左侧分为两栏，左侧会窄一些。

2. 自定义分栏

当 Word 2016 提供的预设分栏不能满足用户需求时，可以自定义分栏。具体的操作步骤如下。

步骤1：单击【分栏】按钮，在【分栏】下拉列表中选择【更多分栏】选项，如图 3.196 所示。

步骤2：弹出【分栏】对话框，在【栏数】微调框中选择或输入需要分栏的栏数，Word 2016 默认的是栏宽相等，如图 3.197 所示。

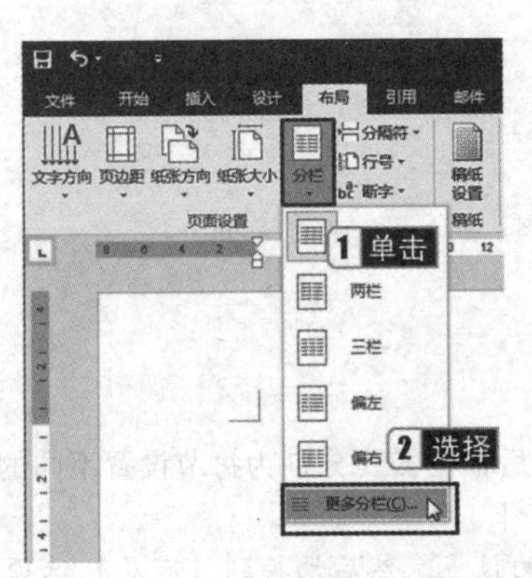

图 3.196

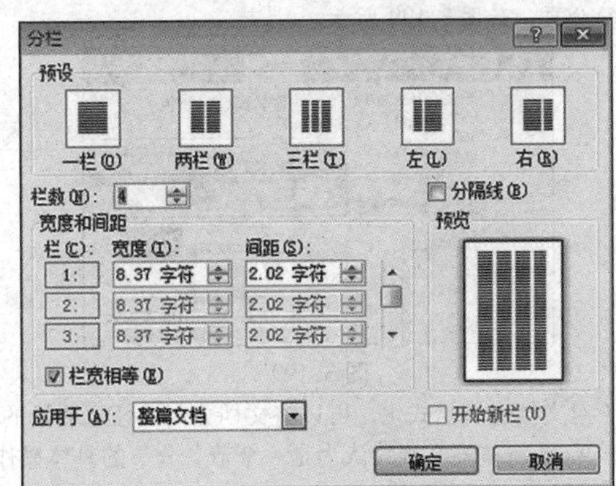

图 3.197

步骤3：如果只在第1栏的【宽度】和【间距】微调框中选择所需的字符数，则各栏将采用相同的宽度和间距。

步骤4：如果需要设置不同的栏宽，可取消选择【栏宽相等】复选框，此时各栏的【宽度】和【间距】微调框变为可用，即可从中输入宽度和间距值。

步骤5：单击【确定】按钮，即可对文档进行分栏。

考点33 插入分栏符

如果文档内容强调层次感，则可设置一些重要的段落从新的一栏开始。这种排版方式可以通过在文档中插入分栏符来实现。具体的操作步骤如下。

真考链接

该知识点属于考试大纲中要求掌握的内容，考核概率为60%。考生需掌握插入分栏符的方法。

步骤1：将光标置于需要插入分栏符的位置。

步骤2：在【布局】选项卡的【页面设置】组中单击【分隔符】按钮，在弹出的下拉列表中选择【分栏符】选项，如图3.198所示。

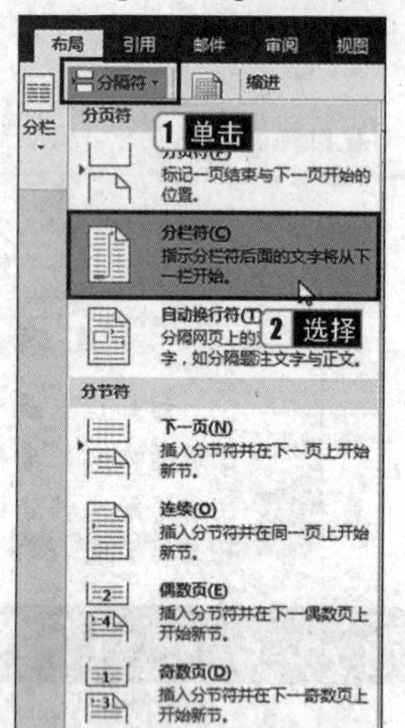

图3.198

步骤3：设置完成后，即可在光标位置处进行分栏。

考点34 文档分页及分节

对文档进行分页的操作步骤如下。

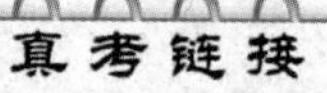

真考链接

该知识点属于考试大纲中要求掌握的内容，考核概率为80%。考生需掌握文档分页及分节的方法。

步骤1：打开Word 2016文档窗口，将光标定位到需要分页的位置。

步骤2：切换到【布局】选项卡，在【页面设置】组中单击【分隔符】按钮。

步骤3：在打开的【分隔符】下拉列表中选择【分页符】选项，即可完成对文档的分页，如图3.199所示。

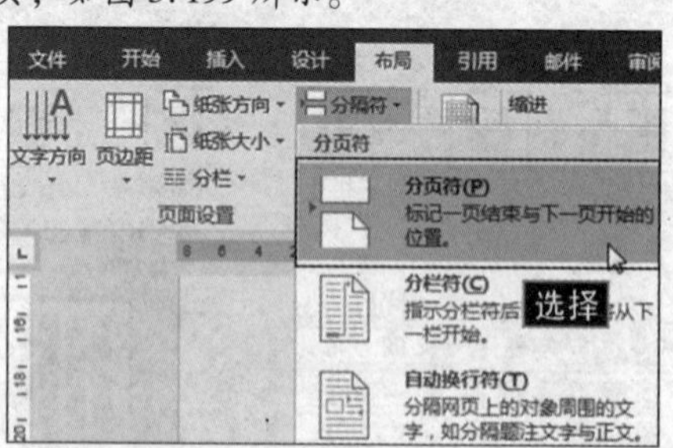

图3.199

为了便于对文档进行格式化，可以将文档分割成任意数量的节，然后根据需要分别为每节设置不同的格式。一般在建立新文档时，Word将整篇文档默认为是一个节。分节的具体操作步骤如下。

步骤1：打开Word 2016文档窗口，将光标定位到需要插入分节符的位置。然后切换到【布局】选项卡，在【页面设置】组中单击【分隔符】按钮，如图3.200所示。

步骤2：在打开的【分隔符】下拉列表中，列出了4种不同类型的分节符，如图3.201所示。

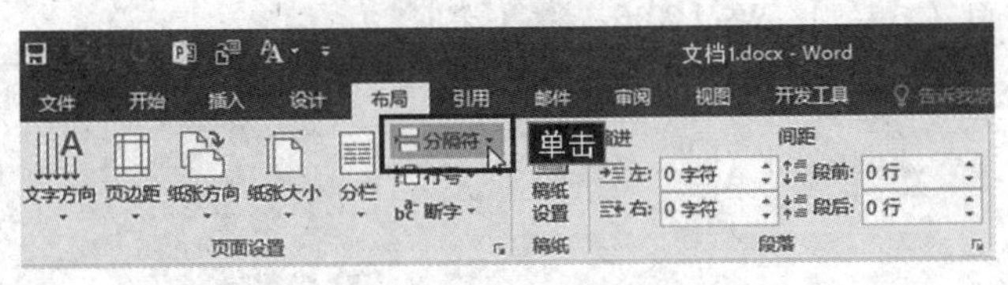

图 3.200

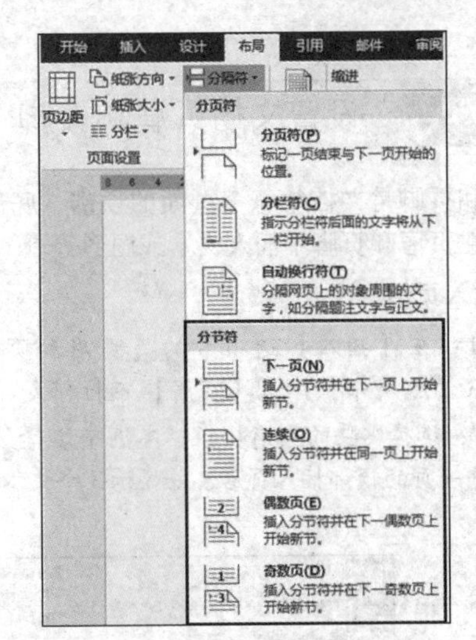

图 3.201

- 【下一页】选项：插入分节符并在下一页上开始新节。
- 【连续】选项：插入分节符并在同一页上开始新节。
- 【偶数页】选项：插入分节符并在下一偶数页上开始新节。
- 【奇数页】选项：插入分节符并在下一奇数页上开始新节。

步骤3：选择文档所需的分节符即可完成相应设置。

真题精选

在考生文件夹下打开WORD14.docx，按照要求完成下列操作，并以原文件名保存文档。

将文档中表格及其上方的表格标题“表1 质量信息表”排版在一页内，并设置该页的页面纸张大小为A4类型，将纸张方向设置为横向，此页页边距为普通页边距。

【操作步骤】

步骤1：打开WORD14.docx，将光标置于表格标题内容之前，在【布局】选项卡的【页面设置】组中单击【分隔符】按钮，选择【分节符】中的【下一页】选项，即可另起一页，如图3.202所示。再将光标置于表格下方“在数据库中建立一张用户权限表”段落之前，按相同办法设置分页。

步骤2：在【布局】选项卡的【页面设置】组中单击右下角的对话框启动器按钮，弹出【页面设置】对话框，切换至【纸张】选项卡，在【纸张大小】下拉列表框中选择【纸张大小】为【A4（210×297mm）】，在【应用于】下拉列表框中选择【所选节】，如图3.203所示。

步骤3：切换至【页边距】选项卡，选择【纸张方向】为【横向】。

步骤4：在【布局】选项卡的【页面设置】组中单击【页边距】按钮，在弹出的下拉列表中选择【普通】选项，如图3.204所示。

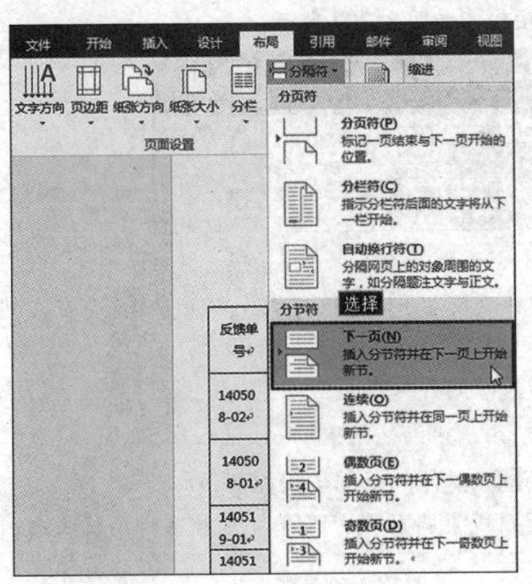

图 3.202

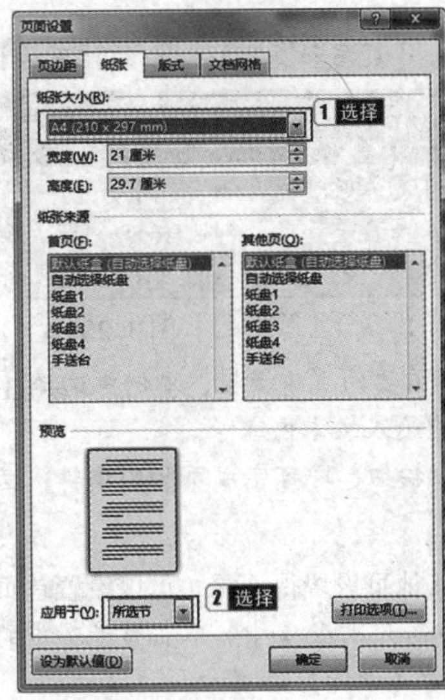

图 3.203

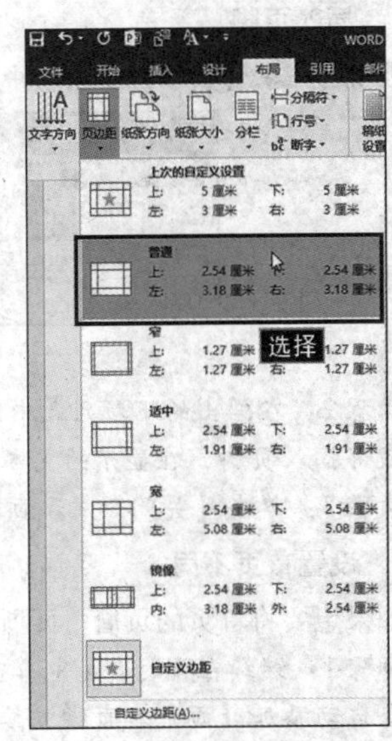

图 3.204

步骤5：保存文档。

考点35 设置文档页眉和页脚

页眉和页脚是文档中每个页面的顶部、底部和两边页边距中的区域，用户可以在页眉和页脚中插入文本或图形等。

真考链接

该知识点属于考试大纲中要求掌握的内容，考核概率为90%。考生需掌握如何设置文档的页眉和页脚。

1. 插入页眉

步骤1：在【插入】选项卡的【页眉和页脚】组中单击【页眉】按钮，如图3.205所示，弹出【页眉】下拉列表。

步骤2：选择需要的页眉模板，本例中选择【空白（三栏)】，Word 2016会在文档每一页的顶部插入页眉，并显示3个文本域，如图3.206所示。

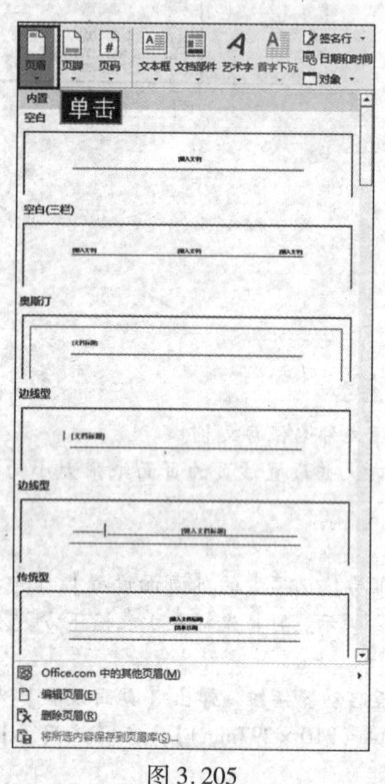

图3.205

图3.206

步骤3：在页眉的文本域中输入文本，即可完成设置。

步骤4：单击【关闭页眉和页脚】按钮，即可完成页眉的编辑，返回文档编辑状态。

2. 插入页脚

步骤1：在【插入】选项卡中单击【页眉和页脚】组中的【页脚】按钮，如图3.207所示。

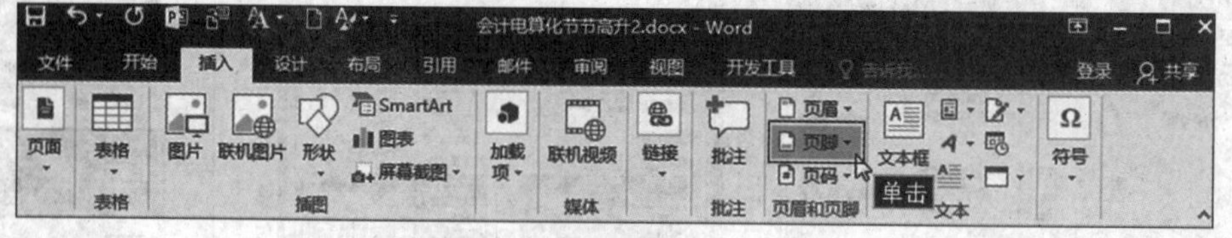

图3.207

步骤2：在弹出的下拉列表中选择需要的页脚模板，本例中选择【空白（三栏)】模板样式，Word 2016会在文档每一页的底部插入页脚，在显示的文本域中输入文本内容。

步骤3：单击【关闭页眉和页脚】按钮，即可完成页脚的编辑，返回文档编辑状态。

3. 设置首页不同

如果想要将首页的页眉、页脚和其他页设置得不同，可以设置首页不同，具体的操作步骤如下。

步骤1：继续在素材会计电算节节高升2.docx中，双击目录节中的页眉或页脚区域，进入页眉和页脚编辑状态，在功能区会自动添加【页眉和页脚工具】的【设计】选项卡。

步骤2：在【选项】组中选择【首页不同】复选框，目录第1页中原先设置的页眉和页脚就被删除了，如图3.208所示，可以根据需要另行设置首页页眉或页脚。

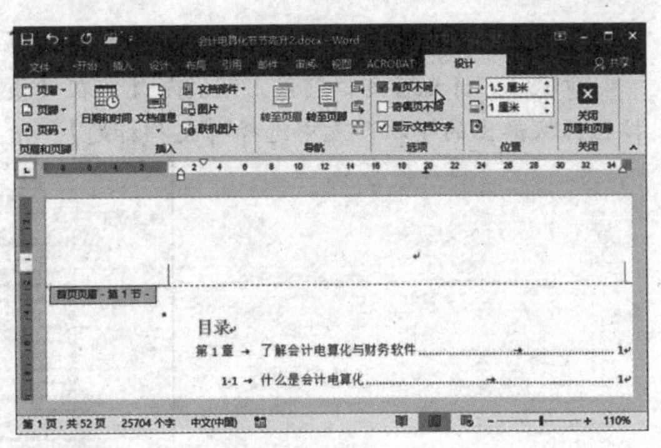

图3.208

4. 设置奇偶页不同

有时一个文档中的奇偶页上需要使用不同的页眉或页脚。例如，可以设置在奇数页上居右显示当前章节标题，在偶数页上居左显示文档标题，具体的操作步骤如下。

步骤1：重新打开素材会计电算节节高升2.docx，双击文档第1章内容中的页眉或页脚区域，进入页眉和页脚编辑状态。

步骤2：在【页眉和页脚工具】的【设计】选项卡的【选项】组中选择【奇偶页不同】复选框，如图3.209所示。

步骤3：将光标移动到奇数页页眉位置，在【设计】选项卡的【插入】组中单击【文档部件】按钮，从弹出的下拉列表中选择【域】选项，弹出【域】对话框。在【类别】下拉列表框中选择【链接和引用】，在【域名】列表框中选择【StyleRef】，在【样式名】列表框中选择【标题1】，设置完毕后单击【确定】按钮，如图3.210所示。然后将奇数页页眉设置为右对齐。

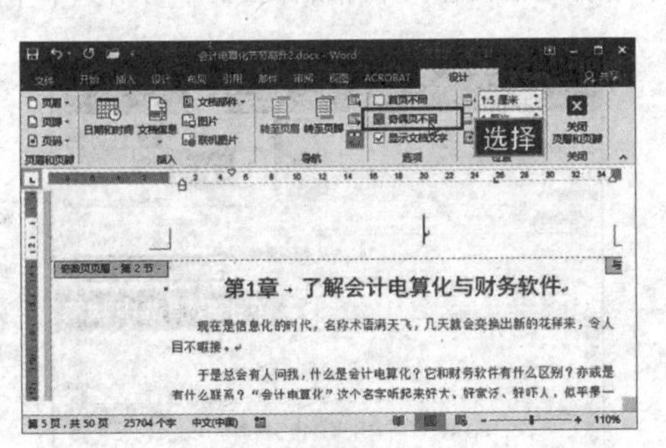

图3.209

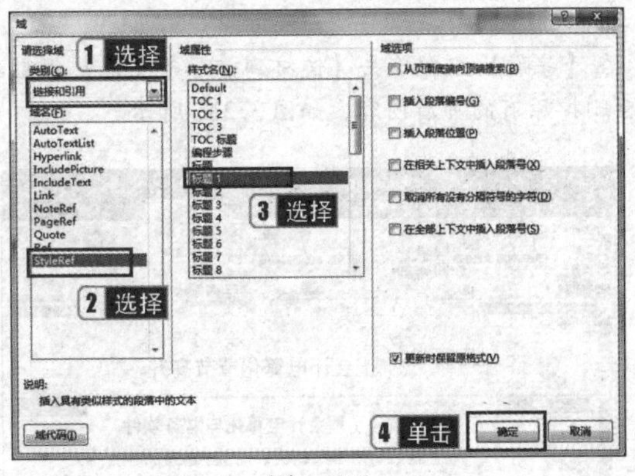

图3.210

步骤4：将光标移动到偶数页页眉位置，在【设计】选项卡的【插入】组中单击【文档信息】按钮，从弹出的下拉列表中选择【文档标题】，如图3.211所示。然后将偶数页页眉设置为左对齐。

步骤5：设置奇偶页不同后的效果如图3.212所示。

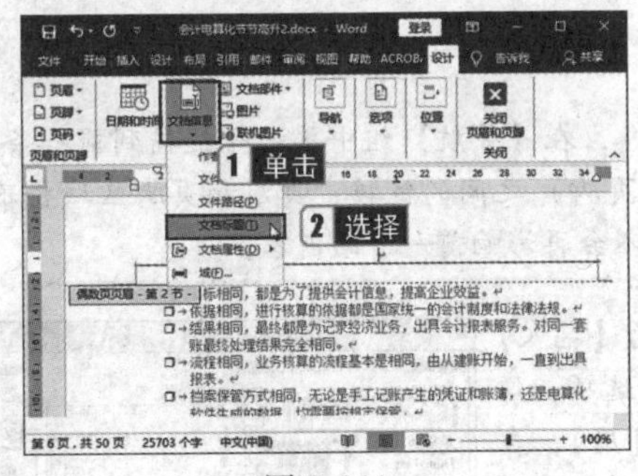

图3.211

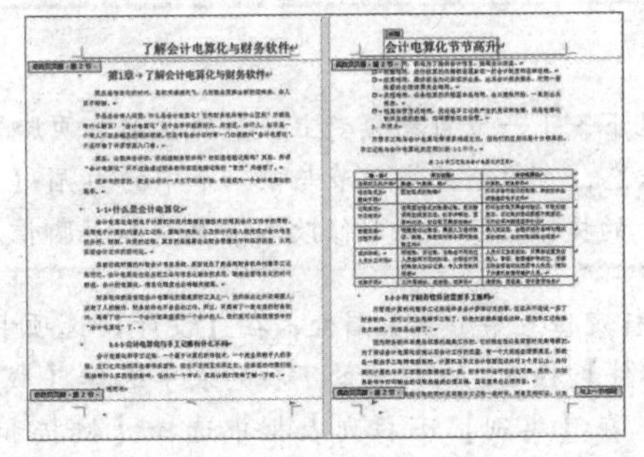

图3.212

> **小提示**
>
> 在【页眉和页脚工具】的【设计】选项卡中，单击【导航】组中的【转至页眉】按钮或【转至页脚】按钮，可以在页眉区域和页脚区域之间切换。如果文档已经分节或者选择了【奇偶页不同】复选框，则单击【上一节】按钮或【下一节】按钮，可以在不同节之间、奇数页和偶数页之间切换。

5. 为每节设置不同的页眉页脚

当对文档进行分节操作之后，可以为文档的每一节设置不同的页眉或页脚。例如，可以设置目录页眉显示文档标题，正文页眉显示当前章标题及编号，具体的操作步骤如下。

步骤1：重新打开素材会计电算节节高升2.docx，文档中已经用奇数页分节符分节完毕。

步骤2：首先将光标定位在目录节中，在该页的页眉或页脚区域中双击，进入页眉和页脚编辑状态。

步骤3：将光标定位到第1节页眉处，在【页眉和页脚工具】的【设计】选项卡中单击【插入】组中的【文档信息】按钮，从弹出的下拉列表中选择【文档标题】，结果如图3.213所示，目录节中显示文档标题。

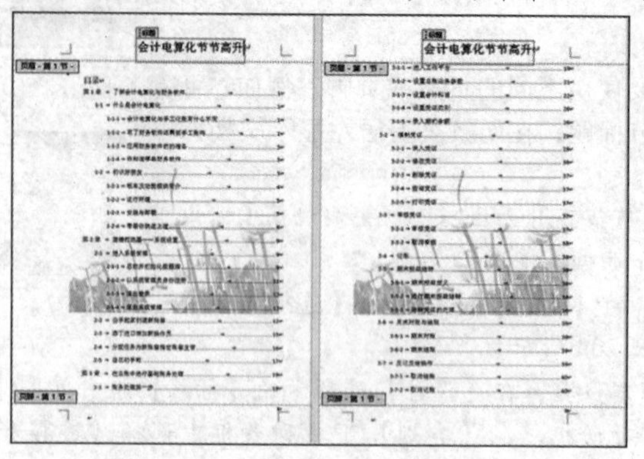

图3.213

步骤4：在【页眉和页脚工具】的【设计】选项卡中单击【导航】组的【下一节】按钮，进入下一节的页眉中，如图3.214所示。

步骤5：在【导航】组中单击【链接到前一条页眉】按钮，取消其选中状态，即可断开当前节与前一节中的页眉之间的链接，然后删掉原有的页眉内容，如图3.215所示。

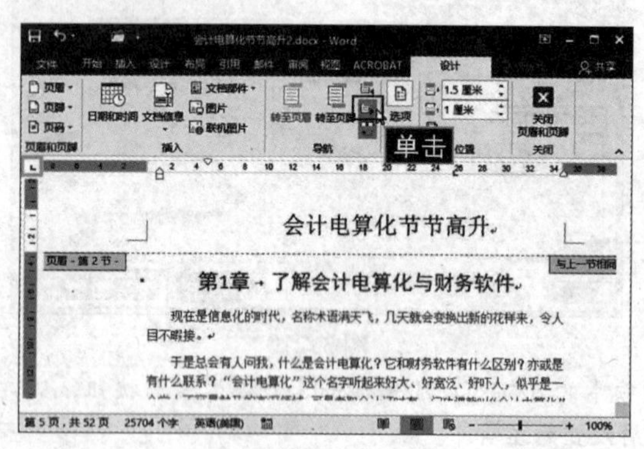

图3.214

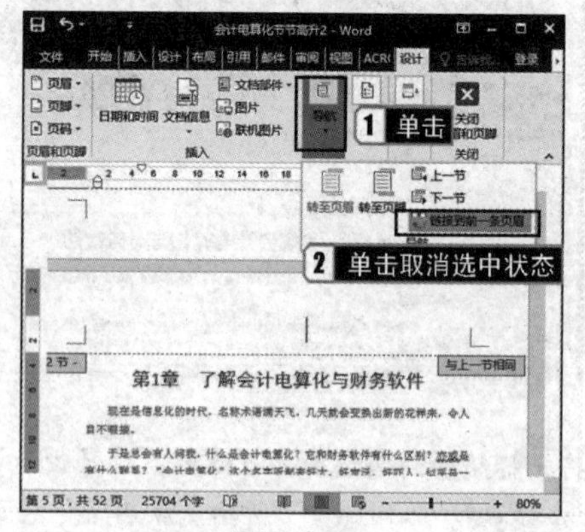

图3.215

> **小提示**
>
> 默认情况下，下一节自动接受上一节的页眉和页脚信息，在【导航】组中单击【链接到前一条页眉】按钮，取消其选中状态，可以断开当前节与前一节中的页眉（或页脚）之间的链接，页眉和页脚区域将不再显示“与上一节相同”的提示信息，此时修改本节页眉和页脚信息不会再影响前一节的内容。

步骤6：将光标定位到第1章页眉处，在【设计】选项卡的【插入】组中单击【文档部件】按钮，从弹出的下拉列表中选择【域】选项，弹出【域】对话框。在【类别】下拉列表框中选择【链接和引用】，在【域名】列表框中选择【StyleRef】，在【样式名】列表框中选择【标题1】，在【域选项】选项组中选择【插入段落编号】复选框，设置完毕后单击【确定】按钮，如图3.216所示，即可插入当前章编号。

步骤7：再次打开【域】对话框，在【类别】下拉列表框中选择【链接和引用】，在【域名】列表框中选择【StyleRef】，在【样式名】列表框中选择【标题1】，设置完毕后单击【确定】按钮，即可插入当前章标题。

步骤8：在文档的正文区域中双击鼠标，即可退出页眉和页脚编辑状态。

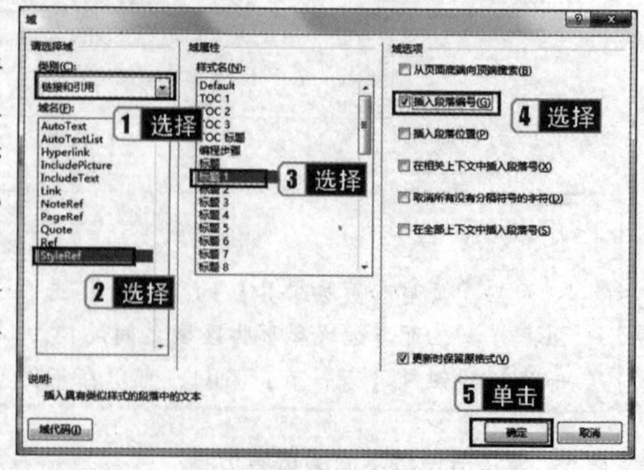

图3.216

6. 删除页眉和页脚

在页眉和页脚编辑状态下，正文区域变成灰色，表示当前不能对正文进行编辑，只能在页眉、页脚区域编辑。退出页眉和页脚编辑状态，返回正常文档编辑状态后，双击页眉和页脚区域，可重新进入页眉和页脚编辑状态。

若要删除页眉或页脚，可将光标放在文档中的任意位置，在【插入】选项卡的【页眉和页脚】组中单击【页眉】按钮，在弹出的下拉列表中选择【删除页眉】命令。

真题精选

在考生文件夹中打开WORD15.docx，按照要求完成下列操作，并以原文件名保存文档。

文档偶数页加入页眉，页眉中显示文档标题“黑客技术”，奇数页页眉没有内容。

【操作步骤】

步骤1：打开WORD15.docx，双击页面顶部进入【页眉和页脚工具】界面，将光标定位在正文第1页页脚中，选择【选项】组中的【奇偶页不同】复选框，如图3.217所示，打开【开始】选项卡，单击【段落】组中的【右对齐】按钮，设置页码居右显示。

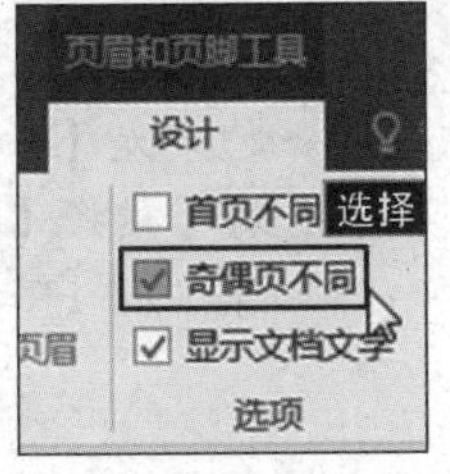

图3.217

步骤2：将光标定位在正文第2页页脚中，打开【页眉和页脚】组，单击【页码】下拉按钮，在弹出的下拉列表中选择【当前位置/普通数字】，设置页码居左显示。

步骤3：将光标定位在正文第2页页眉中，输入“黑客技术”。单击【关闭页眉和页脚】按钮。

考点36 设置页码格式

> **真考链接**
>
> 该知识点属于考试大纲中要求掌握的内容，考核概率为70%。考生需掌握设置页码格式的方法。

在长文档中插入页码，可以使阅读变得比较方便。页码是文档的一部分，若文档没有分节，整篇文档将视为一节，只有一种页码格式。用户也可以将文档分节来设置不同的页码格式。

插入并设置页码格式的具体操作步骤如下。

步骤1：在【插入】选项卡的【页眉和页脚】组中单击【页码】按钮，在弹出的列表中列出了系统内置的4类不同的页码样式，包括【页面顶端】【页面底端】【页边距】【当前位置】，如图3.218所示。将鼠标指针指向各类别后，会展开级联菜单，显示此类别中的所有的页码样式。

步骤2：选择一种页码样式并单击，即可插入页码。此时，将会出现【页眉和页脚工具】的【设计】选项卡，单击【页眉和页脚】组中的【页码】按钮，在弹出的列表中选择【设置页码格式】选项，打开【页码格式】对话框，如图3.219所示。在【编号格式】下拉列表框中可以选择插入的页码形式，选择【起始页码】单选按钮，在其后的微调框中可以设置第一个页码的编号，单击【确定】按钮即可完成页码的设置。

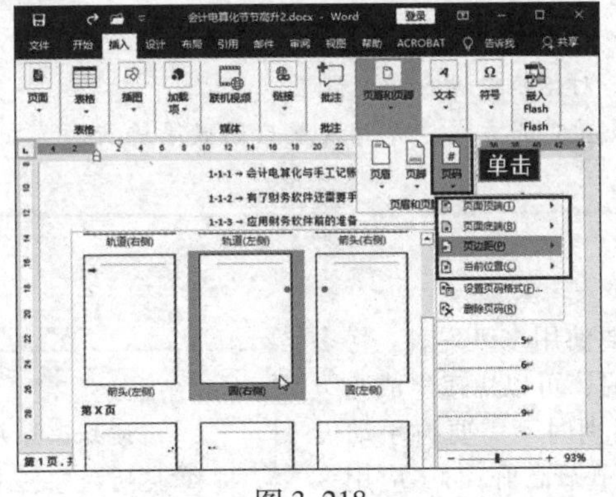

图3.218

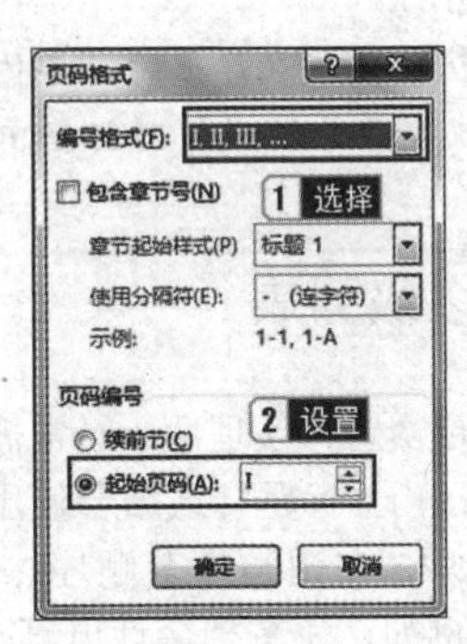

图3.219

- 【续前节】单选按钮：若选择该单选按钮，则页码连着前一节进行编号，不用再进行设置。
- 【包含章节号】复选框：选择该复选框即可激活其下面的选项，从中可以设置【章节起始样式】和【使用分隔符】，表示与页码一起显示及打印文档的章节号。

考点37 使用编号列表

> **真考链接**
>
> 该知识点属于考试大纲中要求掌握的内容，考核概率为30%。考生需掌握使用编号列表的方法。

1. 使用编号库

在文本前添加编号有助于增强段落的逻辑性和层次感，其具体的操作步骤如下。

步骤1：选择需要添加编号的段落。

步骤2：在【开始】选项卡的【段落】组中单击【编号】按钮，如图

3.220所示，即可直接在当前段落前面的位置添加默认的编号。

步骤3：单击【编号】按钮右侧的下拉按钮，弹出【编号库】下拉列表框。当将鼠标指针移动到【编号库】下拉列表框中时，【编号库】会按照当前指针所在的编号格式在文档中显示预览模式。用户也可以单击【最近使用过的编号格式】列表框中的一种编号格式，将其应用在光标所在的段落上，如图3.221所示。

2. 自定义段落编号

用户若想自定义段落的编号，可以使用自定义编号方式，具体的操作步骤如下。

步骤1：选择文档中需要编号的段落。

步骤2：在【开始】选项卡的【段落】组中单击【编号】按钮右侧的下拉按钮，弹出【编号库】下拉列表框。

步骤3：选择【编号库】下拉列表框中的【定义新编号格式】选项，弹出【定义新编号格式】对话框。

步骤4：在【编号样式】下拉列表框中选择相应的编号样式，如图3.222所示。

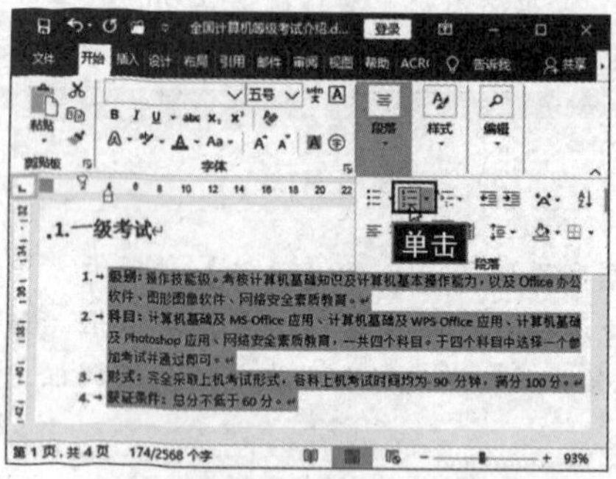

图3.220

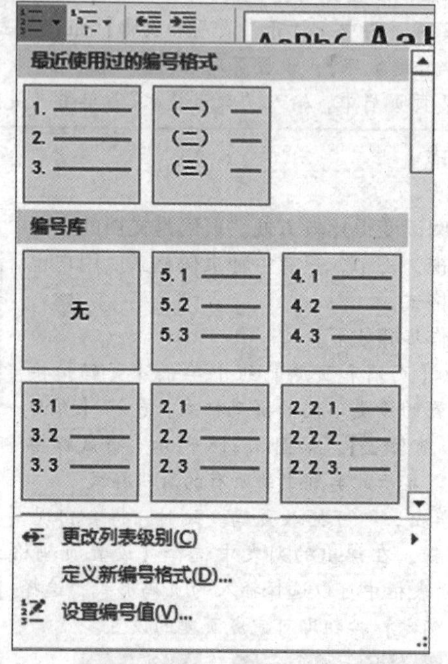

图3.221

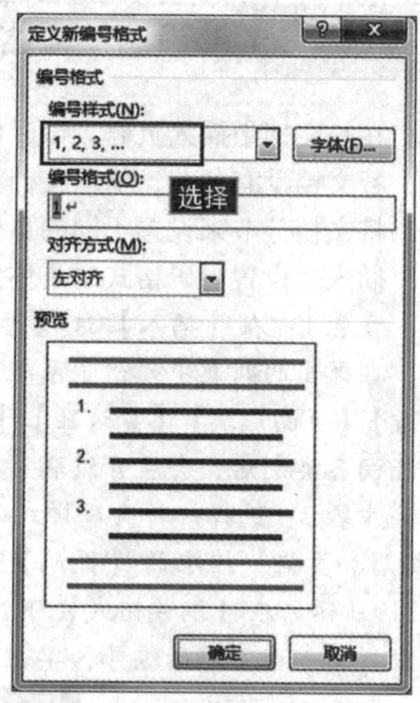

图3.222

步骤5：单击【字体】按钮，在弹出的【字体】对话框中进行相关设置。

步骤6：还可在【定义新编号格式】对话框中设置对齐方式，并对设置后的效果进行预览，最后单击【确定】按钮，即可完成编号设置。

考点38 使用多级列表

为了使文档内容更具层次感和条理性，经常需要使用多级列表。将多级编号与文档的大纲级别、内置标题样式结合使用时，可以快速生成分级别的编号。应用多级列表后，在调整章节顺序、级别时不需要再手动设置，编号能够自动更新。例如，为文档会计电算化节节高升.docx应用多级列表，使其一级标题、二级标题、三级标题能够自动编号，具体的操作步骤如下。

真考链接

该知识点属于考试大纲中要求掌握的内容，考核概率为60%。考生需掌握使用多级列表的方法。

步骤1：打开文件。为带有一级标题、二级标题、三级标题样式的文本应用内置标题样式。在【开始】选项卡的【编辑】组中单击【替换】按钮，弹出【查找和替换】对话框，在【查找内容】文本框中输入“一级标题”；将光标定位到【替换为】文本框，单击【更多】按钮，再单击下方的【格式】按钮，在弹出的列表中选择【样式】，如图3.223所示。

步骤2：弹出【替换样式】对话框，选择【标题1】，单击【确定】按钮，如图3.224所示。

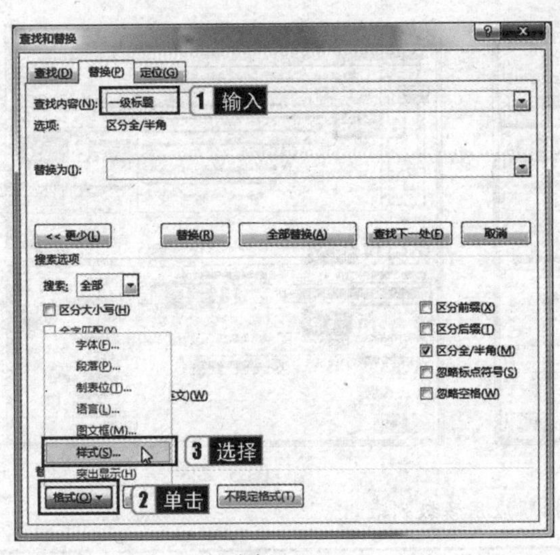

图 3.223

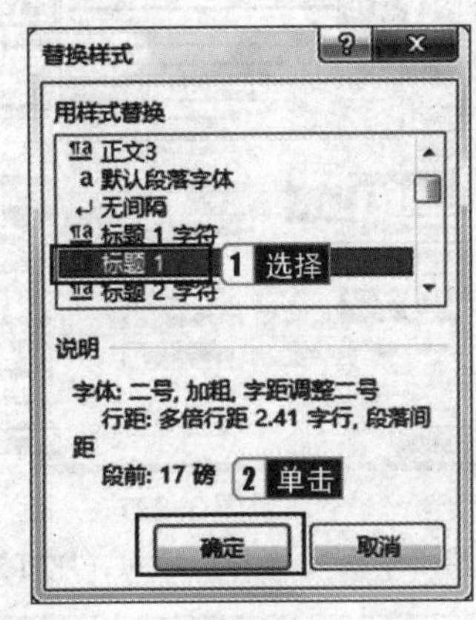

图 3.224

步骤3：返回【查找和替换】对话框，单击【全部替换】按钮，即可将所有带有一级标题样式的文本替换为标题1样式。

步骤4：按同样的方法，把带有二级标题样式的文本替换为标题2样式，把带有三级标题样式的文本替换为标题3样式，关闭【查找和替换】对话框。

步骤5：在【开始】选项卡的【段落】组中单击【多级列表】按钮，从弹出的下拉列表中选择【定义新的多级列表】选项，弹出【定义新多级列表】对话框，单击对话框左下角的【更多】按钮，进一步展开对话框，展开后的对话框如图3.225所示。

步骤6：在左上方的级别列表框中单击指定列表级别【1】，在右侧的【将级别链接到样式】下拉列表框中选择对应的内置标题样式【标题1】，在【此级别的编号样式】下拉列表框中选择【1，2，3，…】样式，在【输入编号的格式】文本框中会自动出现带有灰色底纹的数字“1”，在其前后分别输入“第”和“章”，如图3.226所示。

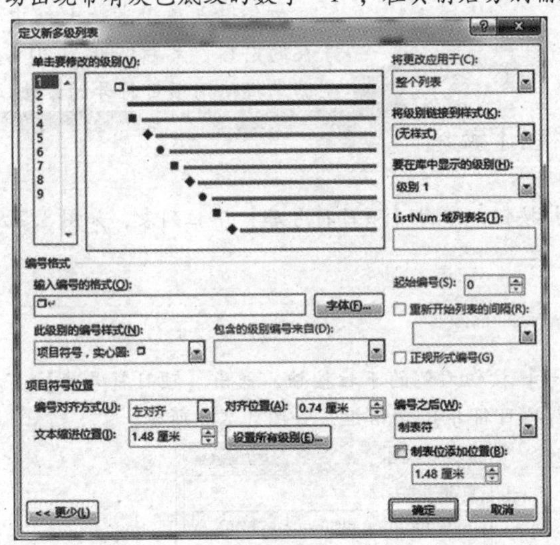

图 3.225

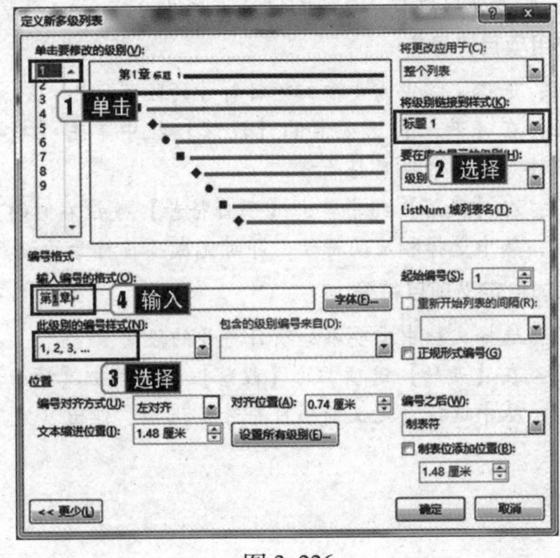

图 3.226

步骤7：在左上方的级别列表框中单击指定列表级别【2】，在右侧的【将级别链接到样式】下拉列表框中选择对应的内置标题样式【标题2】，在【此级别的编号样式】下拉列表框中选择【1，2，3，…】样式，删除【输入编号的格式】文本框中的内容。在【包含的级别编号来自】下拉列表框中选择【级别1】，然后在【输入编号的格式】文本框中会自动出现带有灰色底纹的数字“1”，在其后输入“.”。再次在【此级别的编号样式】下拉列表框中选择【1，2，3，…】样式，如图3.227所示。

步骤8：在左上方的级别列表框中单击指定列表级别【3】，在右侧的【将级别链接到样式】下拉列表框中选择对应的内置标题样式【标题3】，在【此级别的编号样式】下拉列表框中选择【1，2，3，…】样式，删除【输入编号的格式】文本框中的内容。在【包含的级别编号来自】下拉列表框中选择【级别1】，然后在【输入编号的格式】文本框中会自动出现带有灰色底纹的数字“1”，在其后输入“.”；再次在【包含的级别编号来自】下拉列表框中选择【级别2】，在【输入编号的格式】文本框中会自动出现带有灰色底纹的数字“1”，在其后输入“.”；再次在【此级别的编号样式】下拉列表框中选择【1，2，3，…】样式，如图3.228所示。

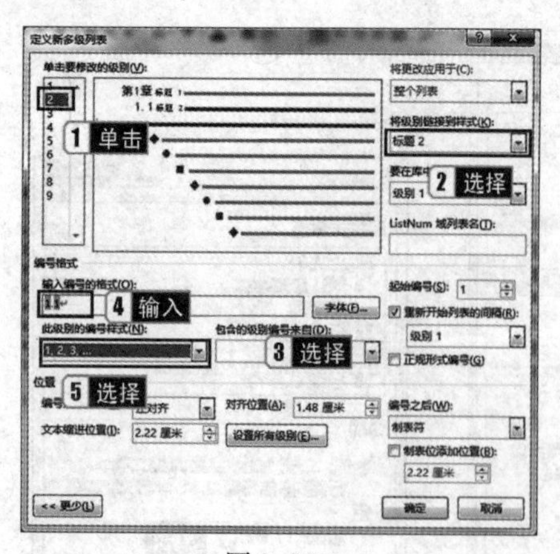

图 3.227

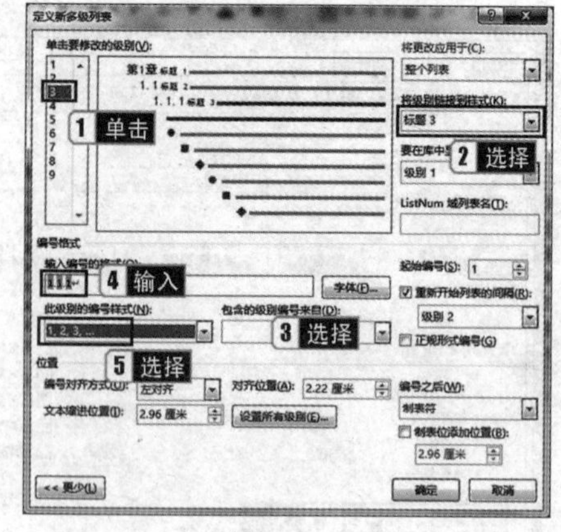

图 3.228

步骤9：设置完毕后单击【确定】按钮，即可为标题应用多级列表。

小提示

如需改变某一级编号的级别，可以将光标定位在文本段落之前按【Tab】键，也可以在【开始】选项卡的【段落】组中单击【减少缩进量】按钮 或【增加缩进量】按钮 。

考点39　使用项目符号

项目符号主要用于区分 Word 2016 文档中不同类别的文本内容，并以段落为单位进行标识。用户可在输入文本时自动创建项目符号列表，也可给已有文档添加项目符号，具体的操作步骤如下。

真考链接

该知识点属于考试大纲中要求掌握的内容，考核概率为40%。考生需掌握使用项目符号的方法。

1. 使用项目符号库

步骤1：选择文档中需要添加项目符号的段落。

步骤2：在【开始】选项卡的【段落】组中单击【项目符号】按钮 ，即可添加默认的项目符号。

步骤3：在【段落】组中单击【项目符号】按钮右侧的下拉按钮，弹出【项目符号库】下拉列表，如图3.229所示。

步骤4：从中选择相应的符号，即可完成项目符号的设置。

2. 添加自定义项目符号

步骤1：选择文档中需要添加项目符号的段落。

步骤2：在【开始】选项卡的【段落】组中单击【项目符号】按钮右侧的下拉按钮，弹出【项目符号库】下拉列表。

步骤3：从中选择【定义新项目符号】选项，弹出【定义新项目符号】对话框，如图3.230所示。

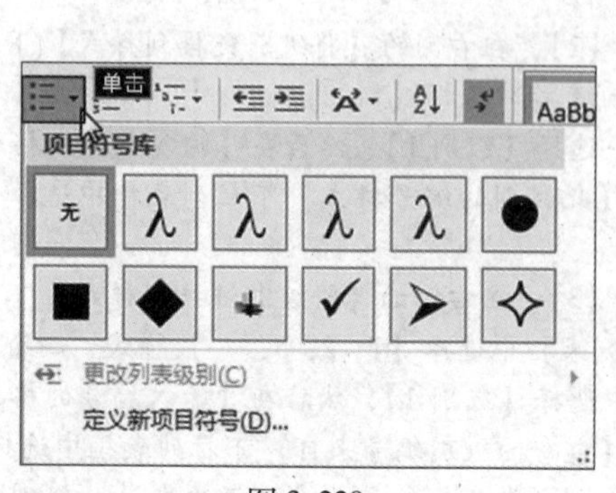

图 3.229

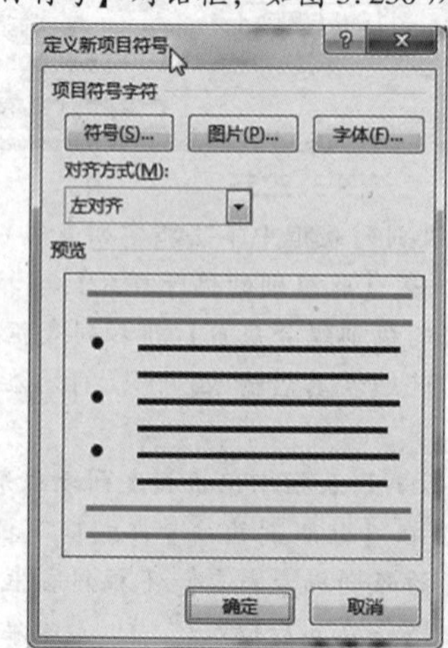

图 3.230

步骤4：单击【符号】按钮，在弹出的【符号】对话框中选择需要的符号。

步骤5：选择【定义新项目符号】对话框中的【字体】按钮，在弹出的【字体】对话框中设置字体、字形、字号和字体颜色等，设置完成后单击【确定】按钮，即可完成字体样式的设置。

步骤6：设置完成后，单击【定义新项目符号】对话框中的【确定】按钮，即可在当前段落中插入用户自定义的项目符号。

考点40 创建文档目录

目录是文档中不可缺少的一项内容，它列出了各级标题及其所在的页码，便于用户在文档中快速查找所需内容。Word 2016 提供了一个内置的目录库，以方便用户使用。创建文档目录的具体操作步骤如下。

> **真考链接**
>
> 该知识点属于考试大纲中要求掌握的内容，考核概率为30%。考生需掌握创建文档目录的方法。

步骤1：把光标插入需要创建文档目录的位置，一般在文档的最前面。

步骤2：单击【引用】选项卡中的【目录】按钮，弹出【目录】下拉列表，如图3.231(a)所示。

步骤3：在弹出的【目录】下拉列表中选择所需的样式，这里选择【手动目录】样式，即可创建相应的文档目录，如图3.231(b)所示。

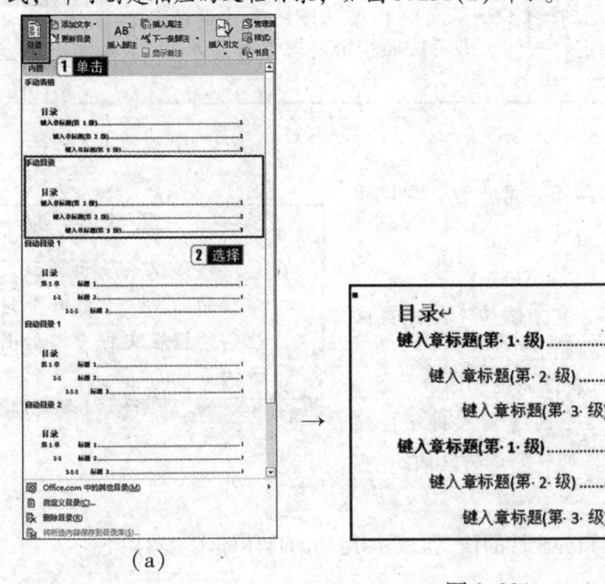

(a) (b)

图3.231

> **小提示**
>
> Word提供了自动生成目录的功能，使目录的制作变得非常简便。用户可以手动制作目录和核对页码，而不必担心目录与正文不符。而且在文档发生了改变以后，还可以利用更新目录的功能来适应文档的变化。此外，除了可以创建一般的标题目录外，还可以根据需要创建图表目录和引文目录等。

在【引用】选项卡的【目录】组中，选择【目录】下拉列表中的【自定义目录】命令，弹出【目录】对话框，如图3.232所示。【目录】对话框中各选项的功能如下。

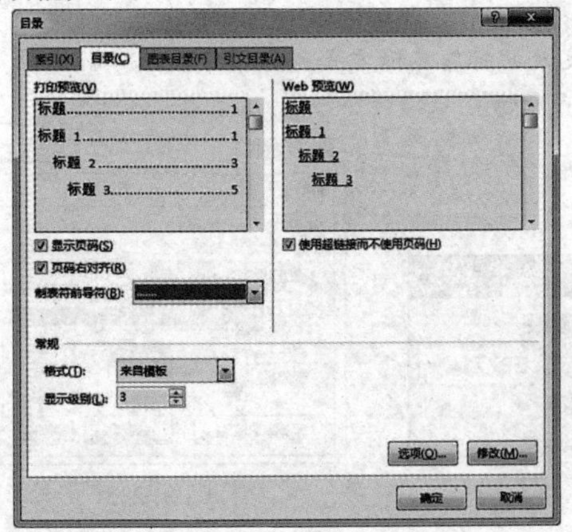

图3.232

- 【打印预览】组合框：用于预览打印出来的实际样式。

- 【Web 预览】组合框：用于预览在 Web 网页中所看到的样式。
- 【显示页码】复选框：选择该复选框，即可在目录中显示页码，否则页码将不显示。
- 【页码右对齐】复选框：选择该复选框，可使目录中的页码右对齐。
- 【制表符前导符】下拉列表框：制表符前导符是连接目录内容与页码的符号，可在该下拉列表框中选择相应的符号形式。
- 【使用超链接而不使用页码】复选框：选择该复选框，建立目录与正文之间的超链接，按住【Ctrl】键并单击目录行时，将连接到正文中该目录所指的具体内容。
- 【格式】下拉列表框：该下拉列表框用于设置目录的格式。Word 2016 中已经建立了几种内置目录格式，如【来自模板】【古典】【优雅】【流行】等。
- 【显示级别】微调框：该微调框用于设置目录的级别。例如，如果框中的值为 2，则显示 2 级目录；如果框中的值为 3，则显示 3 级目录。
- 【选项】按钮：用于设置目录的其他选项。多数情况下，不用设置该选项，就已经满足创建目录的需要了。
- 【修改】按钮：用于修改目录的内容。如果系统内置的目录与选项能满足要求，则可不进行修改。

更新和删除目录。将光标定位在已经生成的目录上，在【引用】选项卡的【目录】组中单击【更新目录】按钮，弹出【更新目录】对话框，选择【只更新页码】单选按钮或【更新整个目录】单选按钮，如图 3.233 所示，然后单击【确定】按钮，即可按照指定要求更新目录。

选择目录后，直接按【Delete】键即可删除目录。

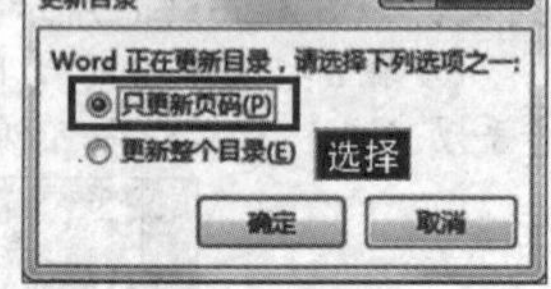

图 3.233

考点 41　在文档中添加引用内容

在长文档的编辑过程中，文档内容的索引和脚注等非常重要，它们可以使文档的引用内容和关键内容得到有效的组织。

> **真考链接**
>
> 该知识点属于考试大纲中要求掌握的内容，考核概率为 30%。考生需掌握在文档中添加引用内容的方法。

1. 添加脚注

脚注是对文章中的内容进行解释和说明的文字，它一般位于当前页面的底部或指定文字的下方，添加脚注的具体操作步骤如下。

步骤 1：在 Word 2016 中，将光标移动到要插入脚注的位置。

步骤 2：在【引用】选项卡中单击【脚注】组中的【插入脚注】按钮，如图 3.234 所示，在插入的位置输入脚注内容，即可完成脚注的添加。

2. 添加尾注

尾注用于在文档中显示引用资料的出处或解释和补充性的信息。添加尾注的具体操作步骤如下。

步骤 1：将光标移动到要插入尾注的位置。

步骤 2：在【引用】选项卡中单击【脚注】组中的【插入尾注】按钮，在文档最后输入尾注内容，即可完成尾注的添加。

3. 题注

（1）添加题注。

题注是一种可以为文档中的图标、表格、公式和其他对象添加编号的标签。插入题注的具体操作步骤如下。

步骤 1：将光标移动到要添加题注的位置。

步骤 2：在功能区中选择【引用】选项卡，单击【题注】组中的【插入题注】按钮。

步骤 3：在弹出的【题注】对话框中，可以根据添加题注的不同对象，在【选项】选项组的【标签】下拉列表框中选择不同的标签类型，如图 3.235 所示。

步骤 4：如果希望在文档中使用自定义的标签显示方式，则可以单击【新建标签】按钮，在弹出的【新建标签】对话框中设置相应的自定义标签，如图 3.236 所示。

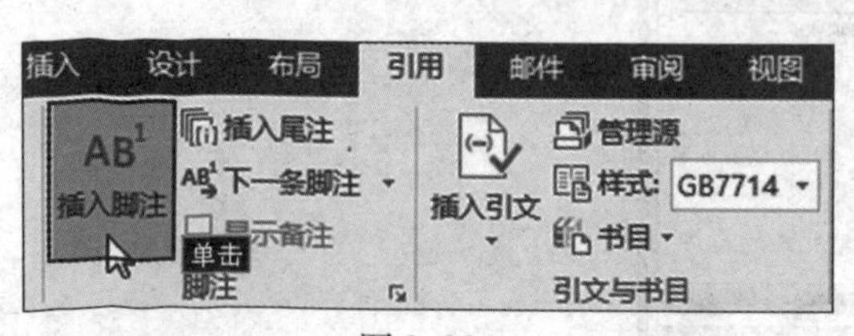

图 3.234

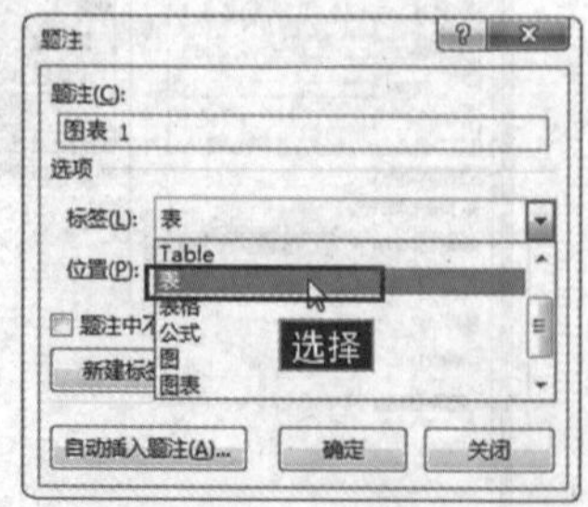

图 3.235

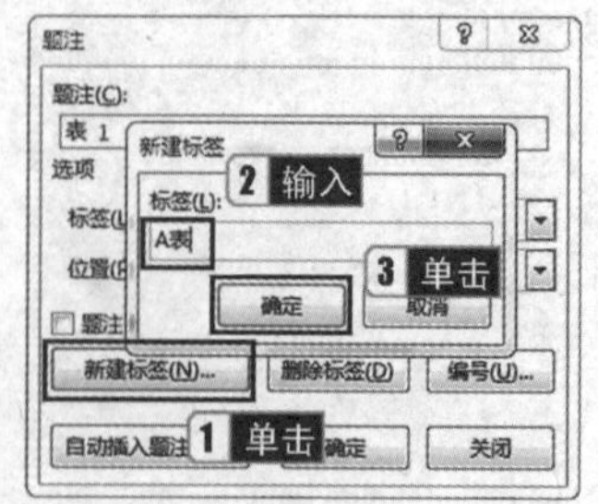

图 3.236

（2）交叉引用题注。

添加题注之后，在文章中经常需要引用，如“如表 1-1 所示”“如图 1-2 所示”等。交叉引用题注的具体操作步骤如下。

步骤1：在文档中应用标题样式并插入题注，然后将光标定位于需要引用题注的位置。

步骤2：在【引用】选项卡的【题注】组中单击【交叉引用】按钮，弹出【交叉引用】对话框，在【引用类型】下拉列表框中选择【编号项】，在【引用内容】下拉列表框中选择【段落编号】，在【引用哪一个编号项】列表框中选择引用的编号项，如图3.237所示。

步骤3：单击【插入】按钮，即可在当前位置插入引用题注。单击【关闭】按钮退出对话框。

小提示

交叉引用的题注是作为域插入文档中的，当文档中的某个题注发生变化后，只需进行打印预览，文档中的其他题注序号及引用内容就会随之自动更新。

4. 更改脚注或尾注的编号格式

更改脚注或尾注编号格式的操作步骤如下。

步骤1：将光标置于需要更改脚注或尾注格式的节中。

步骤2：单击【引用】选项卡的【脚注】组右下角的对话框启动器按钮，打开【脚注和尾注】对话框。

步骤3：选择【脚注】或【尾注】单选按钮，然后在【格式】选项组中设置用户需要的格式。

步骤4：设置完成后单击【插入】按钮，如图3.238所示。

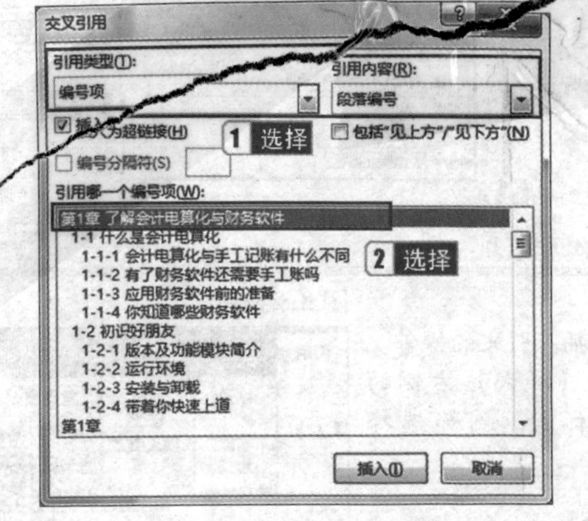

图3.237

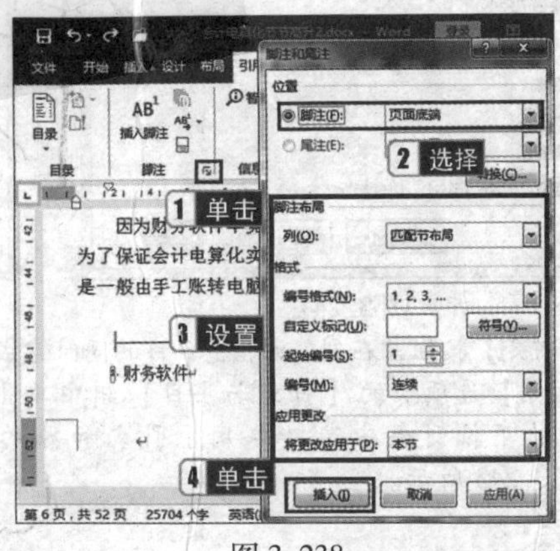

图3.238

5. 创建脚注或尾注延续标记

若脚注或尾注过长，将导致当前页面无法容纳，可以创建延续标记把脚注或尾注的内容延续到下一页。操作步骤如下。

步骤1：在页面视图中，在【引用】选项卡的【脚注】组中单击【显示备注】按钮。

步骤2：若文档同时包含脚注和尾注，则会弹出【显示备注】对话框，选择【查看脚注区】或【查看尾注区】单选按钮，然后单击【确定】按钮，如图3.239所示。

步骤3：在光标闪烁处输入延续标记所用的文字即可完成创建。

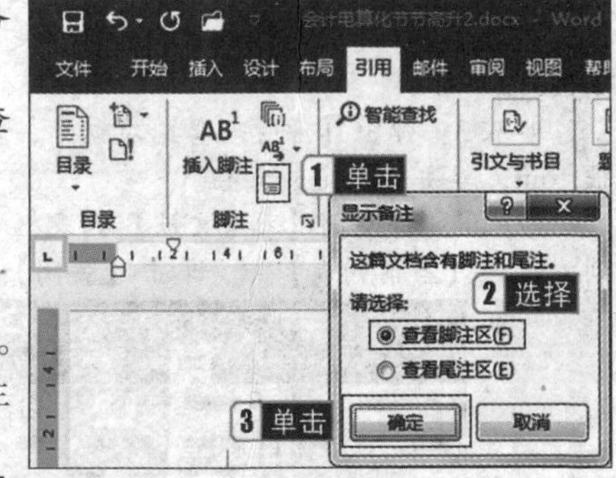

图3.239

6. 标记索引项

在Word中，索引用于列出文档中讨论的术语和主题，以及它们出现的页码。用户若要创建索引项，可以通过文档中的名称和交叉引用来标记索引项，然后生成索引。标记索引项的操作步骤如下。

步骤1：选中文档中需要作为索引的文本，然后在【引用】选项卡的【索引】组中单击【标记索引项】按钮，如图3.240所示。

图3.240

步骤2：在弹出的【标记索引项】对话框的【主索引项】文本框中会显示选定的文本，如图3.241所示。

步骤3：单击【标记】按钮即可标记索引项，单击【标记全部】按钮即可标记文档中与此文本相同的所有文本。

步骤4：此时【标记索引项】对话框中的【取消】按钮变为【关闭】按钮，单击【关闭】按钮，即可完成标记索引项的工作。

7. 书目

书目是在创建文档时参考或引用的源文档的列表，通常位于文档的末尾。在排版科普文章时，结尾通常需要列出参考文献，通过创建书目即可实现这一效果。在 Word 2016 中，需要先组织源信息，然后根据为该文档提供的源信息自动生成书目。

(1) 创建源。

源可能是一本书、一个网站，或者是期刊文章、会议记录等。在文档中添加新的引文的同时就可新建一个显示于书目中的源，具体的操作步骤如下。

步骤1：将光标定位到要引用书目的位置，在【引用】选项卡的【引文与书目】组中单击【插入引文】按钮，在弹出的下拉列表中选择【添加新源】选项。

步骤2：在弹出的【创建源】对话框中输入作为源的书目信息，如图3.242所示。

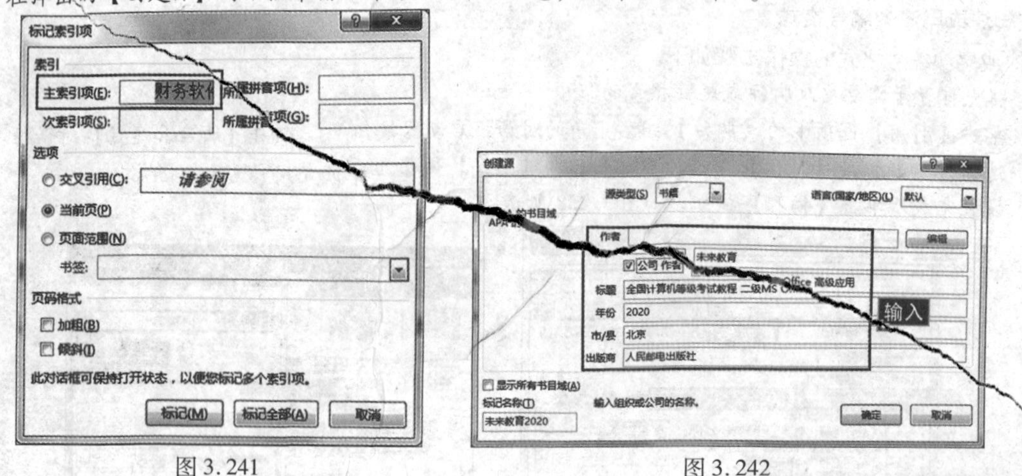

图3.241　　图3.242

步骤3：单击【确定】按钮，在创建源信息条目的同时完成插入引文的操作。

步骤4：在【引用】选项卡的【引文与书目】组中单击【样式】右侧的下拉按钮，在弹出的下拉列表中选择要用于引文和源的样式。例如选择【APA】样式，如图3.243所示。

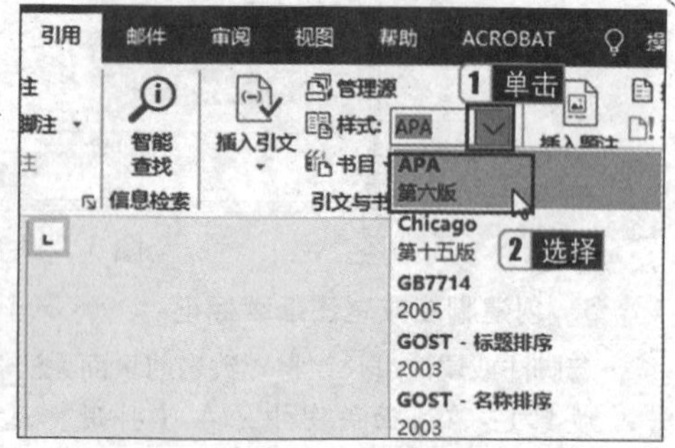

图3.243

(2) 插入书目。

除了可以自己创建书目源信息之外，还可以直接引用外部文档作为书目的来源。具体的操作步骤如下。

步骤1：打开素材文件夹中的会计电算化节节高升2.docx文件，将光标定位在文档中需要插入书目的位置，如定位于文档的末尾。

步骤2：在【引用】选项卡的【引文与书目】组中单击【管理源】按钮，如图3.244所示。

步骤3：弹出【源管理器】对话框，单击【浏览】按钮，弹出【打开源列表】对话框，浏览素材文件夹，选择参考文献.xml，单击【确定】按钮。

步骤4：将左侧【参考文献】列表框中的所有对象选中，单击中间位置的【复制】按钮，将左侧的参考文献全部复制到右侧的【当前列表】中，单击【关闭】按钮，如图3.245所示。

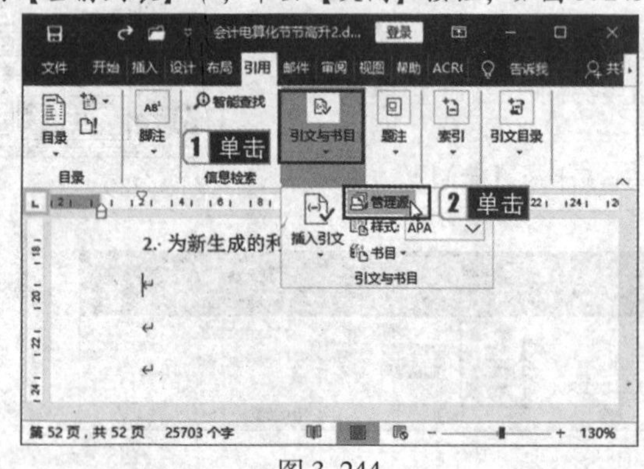

图3.244

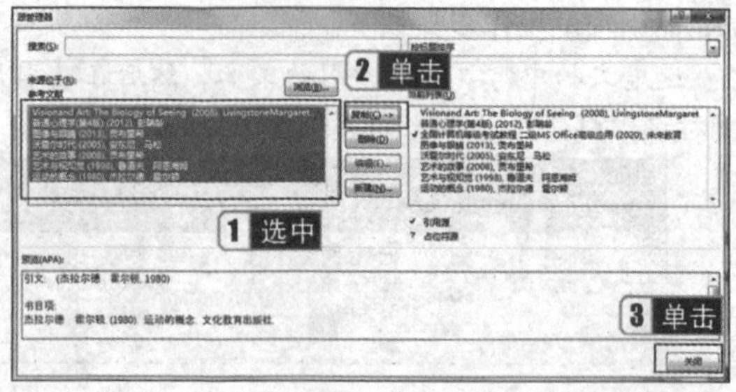

图3.245

步骤5：单击【引文与书目】组中的【书目】按钮，在弹出的下拉列表中选择一个内置的书目格式，或者直接选择【插入书目】选项，即可将书目插入文档。

真题精选

打开考生文件夹中的WORD16.docx文件，按照要求完成下列操作，并以源文件名保存文档。

为书稿中用黄色底纹标出的文字“手机上网比例首超传统PC”添加脚注，脚注位于页面底部，编号格式为①、②……，内容为“最近半年使用过台式机、笔记本电脑或同时使用台式机和笔记本电脑的网民统称为传统PC用户”。

【操作步骤】

步骤1：在文档中选中用黄色底纹标出的文字“手机上网比例首超传统PC”，在【引用】选项卡的【脚注】组中单击【插入脚注】按钮，单击【脚注】组右下角的对话框启动器按钮，打开【脚注和尾注】对话框，在【位置】选项组的【脚注】下拉列表框中选择【页面底端】，在【格式】选项组的【编辑格式】下拉列表框中选择【①、②、③……】，如图3.246所示。

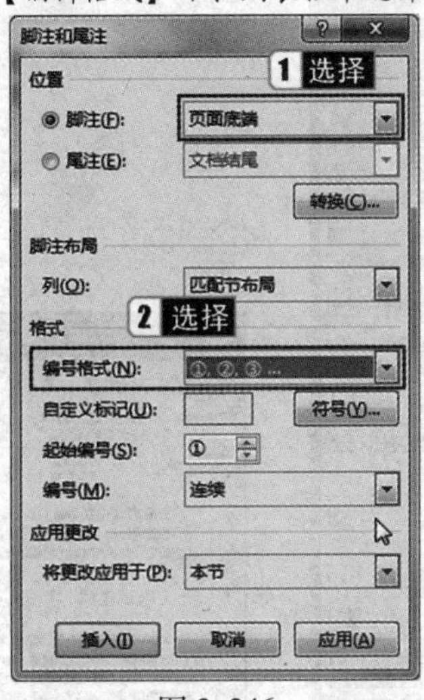

图3.246

步骤2：单击【应用】按钮，关闭【脚注和尾注】对话框，在页面底端的脚注位置输入“最近半年使用过台式机、笔记本电脑或同时使用台式机和笔记本电脑的网民统称为传统PC用户”。

3.5 修订及共享文档

考点42 修订文档

1. 修订文档

在修订状态下修改文档时，Word后台应用程序会自动跟踪全部内容的变化情况，并且会把用户在编辑时对文档所做的删除、修改、插入等每一项内容详细地记录下来。

在【审阅】选项卡的【修订】组中单击【修订】按钮，即可进入文档的修订状态。

真考链接

该知识点属于考试大纲中要求熟记的内容，考核概率为15%。考生需熟记修订的方法。

小提示

若用户文档处在修订状态下，则删除的内容会出现在文档右侧空白处，插入的文档将会用颜色及下划线进行标记。

用户还可根据需要对修订内容的样式进行自定义设置，具体的操作步骤如下。

步骤1：在【审阅】选项卡的【修订】组中单击【修订】按钮。

步骤2：根据阅读习惯及具体需求，在弹出的【修订选项】对话框中单击【高级选项】，在弹出的【高级修订选项】对话框中对【标记】【移动】【格式】等选项进行相应的设置，如图3.247所示。

2. 审阅修订文档

⑴ 查看指定审阅者的修订。

在默认状态下，Word 显示的是所有审阅者的修订标记。如果只想查看某个审阅者的修订，可进行如下操作。

步骤1：在【审阅】选项卡的【修订】组中单击【显示标记】按钮，在弹出的下拉列表中选择【特定人员】选项。

步骤2：取消选择【PC】复选框，则文档中只显示 Minerva 的修订内容，如图 3.248 所示。

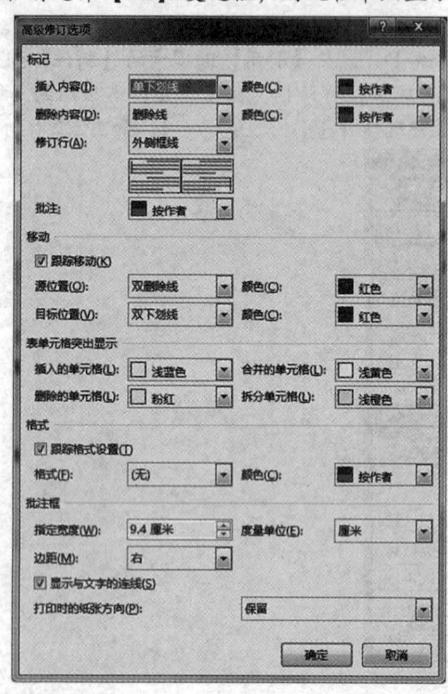

图 3.247

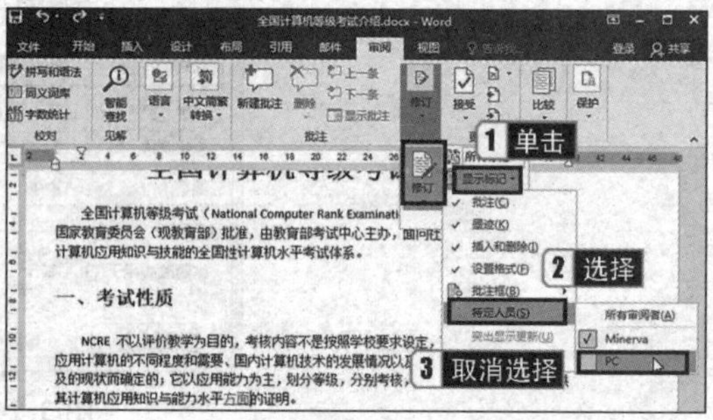

图 3.248

（2）接受或拒绝修订。

用户可接受或拒绝文档中的修订，具体的操作步骤如下。

步骤1：在文档修订状态下，在【审阅】选项卡的【更改】组中单击【上一条】或【下一条】按钮，即可定位到文档中的上一处或下一处修订。

步骤2：在【审阅】选项卡的【更改】组中单击【接受】或【拒绝】按钮，可以选择接受或拒绝当前修订。

步骤3：重复步骤1~2，直到文档中的修订不再存在。

步骤4：如果用户想要拒绝或接受所有的修订，可直接选择【更改】组中的【拒绝】→【拒绝所有修订】或【接受】→【接受所有修订】，如图 3.249 所示。

3. 添加批注

在 Word 中，用户若要对文档进行特殊的说明，可添加批注对象（如文本、图片等）对文档进行审阅。批注与修订的不同之处是，它在文档页面的空白处添加相关的注释信息，并用带颜色的方框框起来。其具体的操作步骤如下。

步骤1：将光标移至需要插入批注的位置。

步骤2：在【审阅】选项卡中单击【批注】组中的【新建批注】按钮后，相应的文字上将会出现底纹，并在页面空白处显示批注。在【批注】文本框中输入用户所需的文字，即可完成添加批注，如图 3.250 所示。

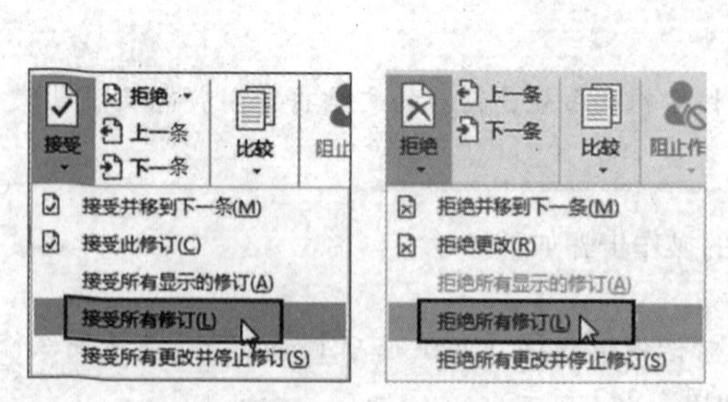

图 3.249

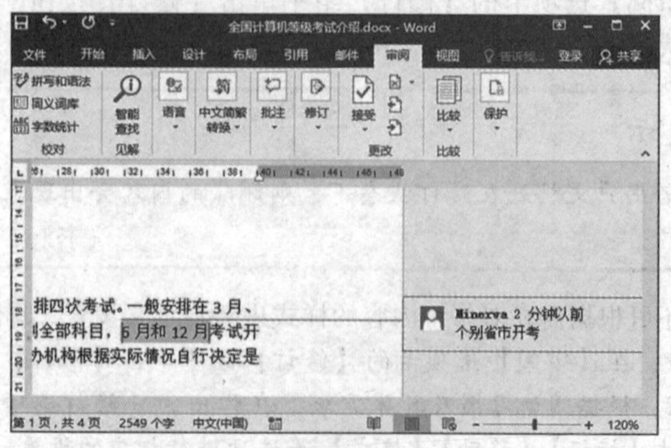

图 3.250

小提示

批注的颜色会根据用户的不同而改变。

4. 删除批注

若用户在操作文档过程中需要删除批注，可按以下步骤进行操作。

步骤1：将光标移至要删除的批注中。

步骤2：在【审阅】选项卡中单击【批注】组中的【删除】按钮，即可删除所选的批注，如图3.251所示。

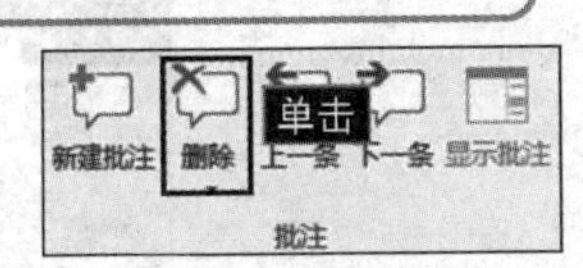

图3.251

小提示

【删除所有显示的批注】与【删除文档中的所有批注】具有不同的设置效果。【删除所有显示的批注】是将文档中所有显示出来的批注删除。【删除文档中的所有批注】是将文档中添加的所有批注删除。

考点43 比较及合并文档

用户对文档进行最终审阅后，可通过【比较】功能查看修订前后两个文档版本的变化情况。具体的操作步骤如下。

真考链接

该知识点属于考试大纲中要求熟记的内容，考核概率为15%。考生需熟记比较和合并文档的方法。

步骤1：在Word功能区中单击【审阅】选项卡中【比较】组的【比较】按钮，在弹出的下拉列表中选择【比较】选项，弹出【比较文档】对话框，选择原文档和修订的文档，如图3.252所示。

步骤2：单击【确定】按钮后，两个文档的不同之处将突出显示在文档的中间位置处，以供用户随时查看。在文档比较视图左侧的【修订】任务窗格中，自动统计了原文档与修订文档之间的具体差异情况。

使用合并文档功能，可以将多位作者的修订内容合并到一个文档中。合并文档的操作步骤如下。

步骤1：在【审阅】选项卡的【比较】组中单击【比较】按钮，在弹出的下拉列表中选择【合并】选项，弹出【合并文档】对话框，选择原文档和修订的文档。

步骤2：单击【确定】按钮后，将会新建一个合并的文档。在合并的文档中，可审阅修订，决定接受还是拒绝相关修订内容。

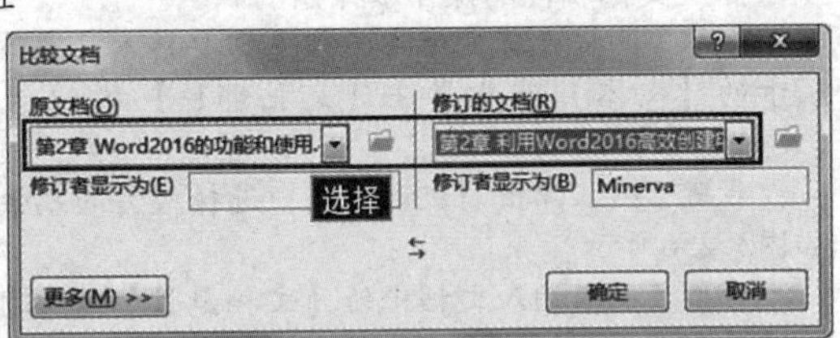

图3.252

考点44 删除文档中的个人信息

编辑文件完成后，文档的属性中可能存在隐藏信息。为了保护用户隐私不被泄露，Word 2016提供了【文档检查器】工具，用以帮助查找并删除隐藏在文档中的个人信息。具体的操作步骤如下。

真考链接

该知识点属于考试大纲中要求熟记的内容，考核概率为15%。考生需熟记删除文档中的个人信息的方法。

步骤1：打开要检查个人信息的文件。

步骤2：在【文件】选项卡中打开后台视图，选择【信息】→【检查问题】→【检查文档】。

步骤3：在弹出的【文档检查器】对话框中选择要检查的隐藏内容类型，然后单击【检查】按钮。

步骤4：检查完成后，在【文档检查器】对话框中审阅检查结果，单击所需删除内容的类型右侧的【全部删除】按钮。

考点45 使用文档部件

文档部件可对文档的某段内容进行存储和重复使用，内容包括图片、表格、段落等。文档部件包括自动图文集、文档属性以及域等。

真考链接

该知识点属于考试大纲中要求熟记的内容，考核概率为40%。考生需熟记使用文档部件的方法。

1. 自动图文集

步骤1：在文档中输入需要定义为自动图文集的内容，如文章名称和作者信息等，并且可以设置适当的格式。

步骤2：选择需要定义为自动图文集词条的内容，在【插入】选项卡的【文本】组中单击【文档部件】按钮，在弹出的下拉列表中选择【自动图文集】→【将所选内容保存到自动图文集库】，如图3.253所示。

步骤3：在弹出的【新建构建基块】对话框中，输入词条名称并设置相关属性后，单击【确定】按钮，如图3.254所示。

图3.253

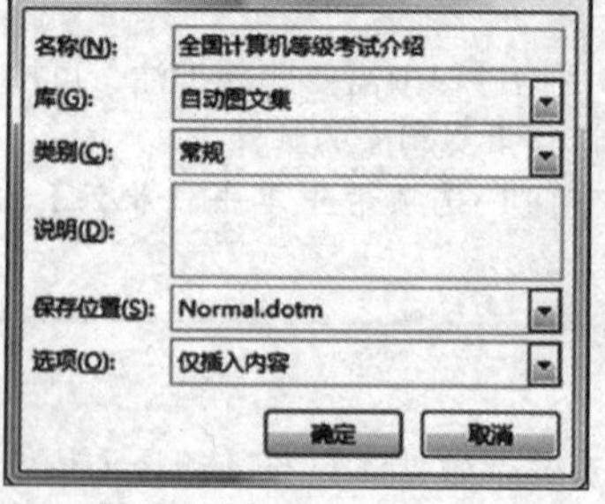

图3.254

步骤4：将光标定位在文档中需要插入自动图文集词条的位置，在【插入】选项卡的【文本】组中单击【文档部件】按钮，选择【自动图文集】中定义好的词条名称，即可快速插入相关词条内容。

2. 文档属性

文档属性指当前文档的标题、作者、主题等文档信息，可以在后台视图中对其进行编辑。

修改文档属性的操作步骤如下。

步骤1：单击【文件】选项卡，打开后台视图。

步骤2：在左侧的列表中单击【信息】选项卡，在右侧的属性区域中进行各项文档属性的设置。例如，单击作者名称，进入编辑状态，修改作者名称后单击【检查文档】组中的【允许将此信息保存在您的文档中】选项，即可保存作者信息，如图3.255所示。

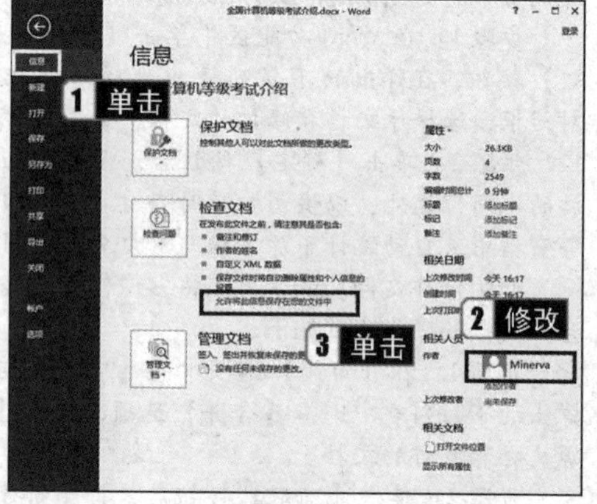

图3.255

插入文档属性的操作步骤如下。

步骤1：将光标定位在文档中需要插入文档属性的位置，在【插入】选项卡的【文本】组中单击【文档部件】按钮，在弹出的下拉列表中选择【文档属性】选项。

步骤2：在弹出的级联列表中选择所需的属性名称，即可将其插入文档，如图3.256所示。

步骤3：在插入文档中的【文档属性】文本框中可以修改属性内容，并且修改可同步到后台视图的文档信息中。

3. 域

域实际上是Word中的指令代码。在【域】对话框中，有编号、等式和公式、链接和引用等多种类别，通过选择这些类别，可以使用域来实现自动更新的相关功能，包括公式计算、日期、页码、目录、邮件合并等。

在文档中使用特定操作时，如插入页码、插入封面或者创建目录时，Word会自动插入域。除此之外，还可以手动插入域。例如，在一个包含多个章节的长文档中，需要在页眉处自动插入每章的标题内容，在页脚处插入页码，并且页码形式为“第×页共×页”（注意：页码和总页数应能自动更新），具体的操作步骤如下。

步骤1：打开素材文件夹中的域.docx文档，将光标定位到页眉中，在【插入】选项卡的【文本】组中单击【文档部件】按钮，在弹出的下拉列表中选择【域】选项，如图3.257所示。

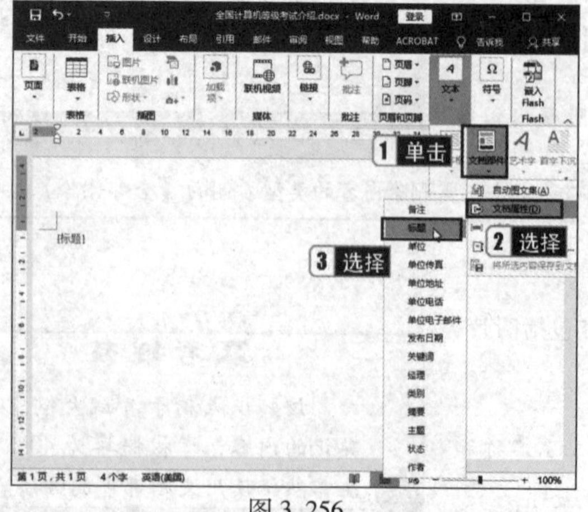

图3.256

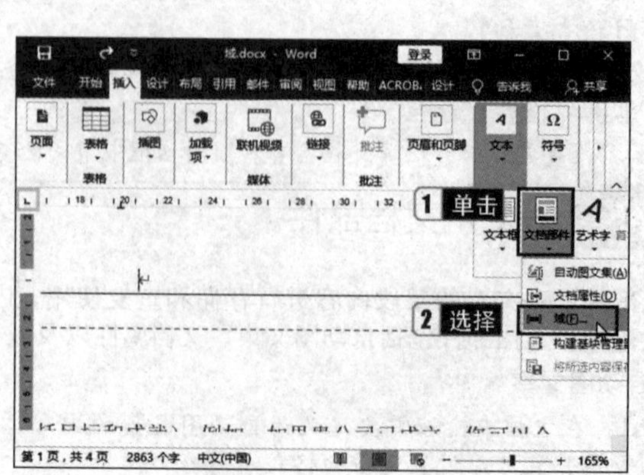

图3.257

步骤2：弹出【域】对话框，可选择类别、域名，设置相关域属性。此处在【类别】下拉列表框中选择【链接和引用】选项，在【域名】列表框中选择【StyleRef】选项，在【样式名】列表框中选择【标题1，标题样式一】选项，单击【确定】按钮，如图3.258所示。

步骤3：将光标定位到第1页页脚中，输入文字“第页共页”。将光标定位到“第”和“页”之间，按同样的方法打开【域】对话框，在【类别】下拉列表框中选择【全部】选项，在【域名】列表框中选择【Page】，在右侧的【格式】列表框中选择一种格式，如图3.259所示，单击【确定】按钮。

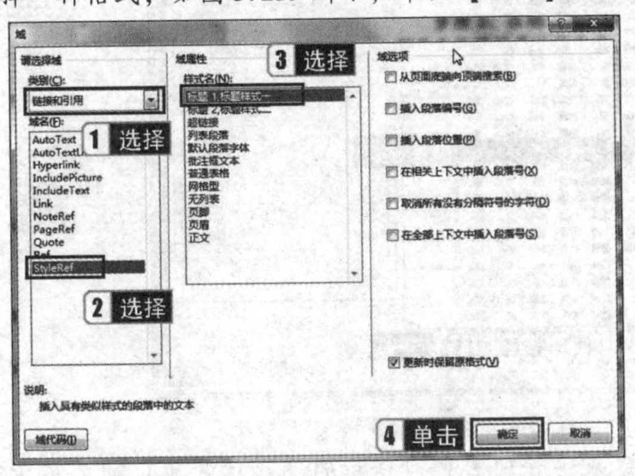

图3.258

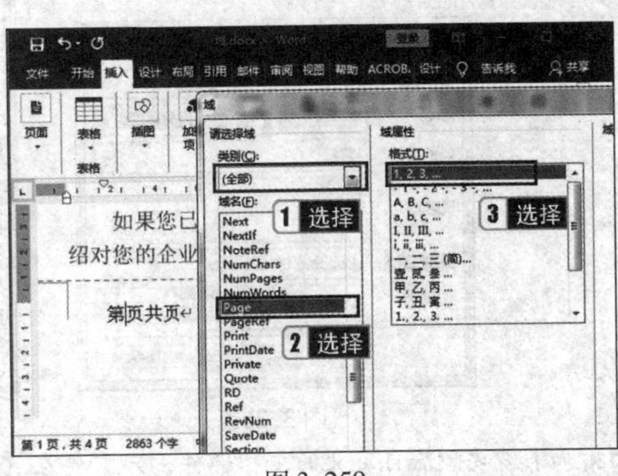

图3.259

步骤4：将光标定位到“共”和“页”之间，按同样的方法打开【域】对话框，在【类别】下拉列表框中选择【全部】选项，在【域名】列表框中选择【NumPages】，在右侧的【格式】列表框中选择一种格式，如图3.260所示，单击【确定】按钮。

步骤5：关闭页眉和页脚，文档效果如图3.261所示。

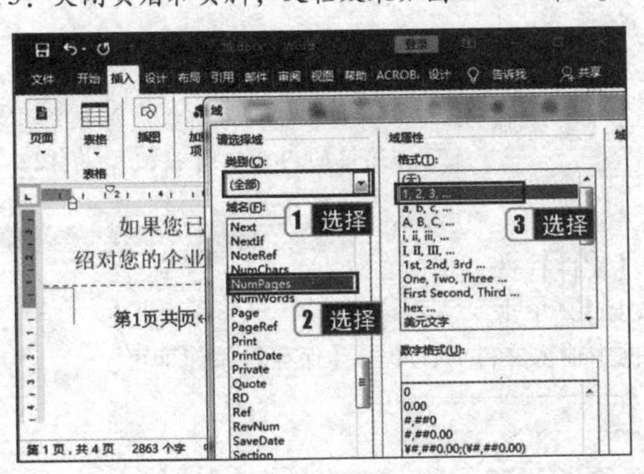

图3.260

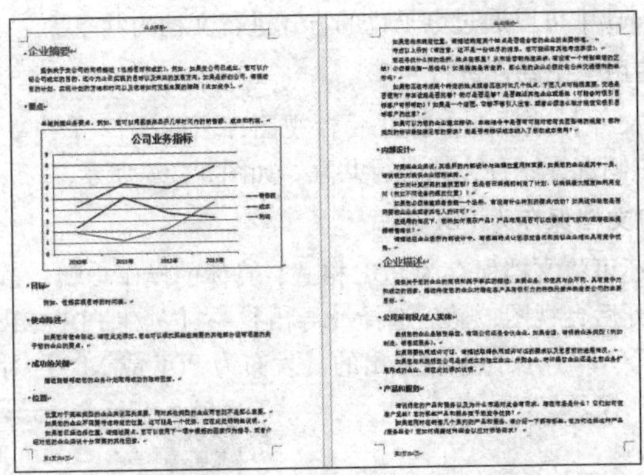
图3.261

小提示

1. 在【域】对话框的【域名】列表框下方会显示对当前域功能的简单说明。

2. 在插入的域上单击鼠标右键，利用弹出的快捷菜单可以实现更新域、编辑域、切换域代码等操作。

3. 可通过按快捷键实现相关操作，如按【F9】键可以更新选定域；按【Ctrl + F9】组合键可以插入空域，直接在其中输入域代码；按【Alt + F9】组合键可以在所有域代码及其结果之间进行切换；按【Shift + F9】组合键可以在所选域代码及其结果之间进行切换；按【Ctrl + Shift + F9】组合键可以将域转换为普通文本。

4. 注意：个别笔记本电脑在使用【F1】～【F12】键的时候，需要同时按【Fn】键。

4. 自定义文档部件

如果要将文档中已经编辑好的某一部分内容保存为文档部件以供反复使用，可自定义文档部件，方法与自定义自动图文集类似。例如，为了可以在以后制作的文档中再利用会议议程内容，将文档中的表格内容保存至文档部件库，并将其命名为“会议议程”。具体的操作步骤如下。

步骤1：打开素材文件夹中的指定的Word文档，选中所有表格内容，在【插入】选项卡的【文本】组中单击【浏览文档部件】按钮，在弹出的下拉列表中选择【将所选内容保存到文档部件库】选项。

步骤2：在弹出的【新建构建基块】对话框中的【名称】文本框中输入“会议议程”，在【库】下拉列表框中选择【表格】，单击【确定】按钮，如图3.262所示。

步骤3：打开或新建另外一个文档，将光标定位在要插入文档部件的位置，在【插入】选项卡的【文本】组中单击【浏览文档部件】按钮，在弹出的下拉列表中选择【构建基块管理器】选项，弹出【构建基块管理器】对话框。

步骤4：从【构建基块】列表框中选择新建的【会议议程】文档部件，单击【插入】按钮，如图3.263所示，即可将其直接插入文档中。

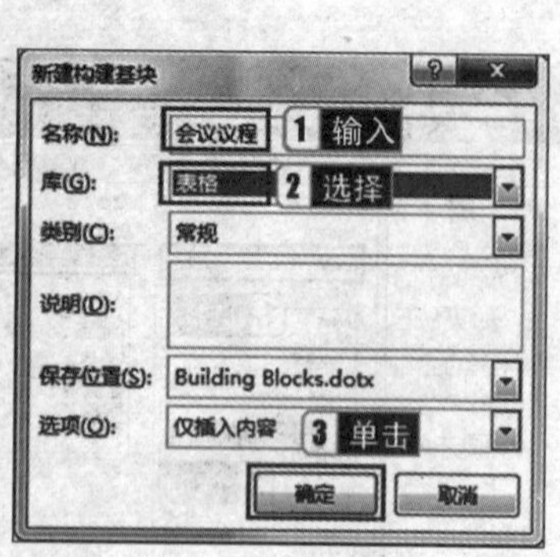

图3.262

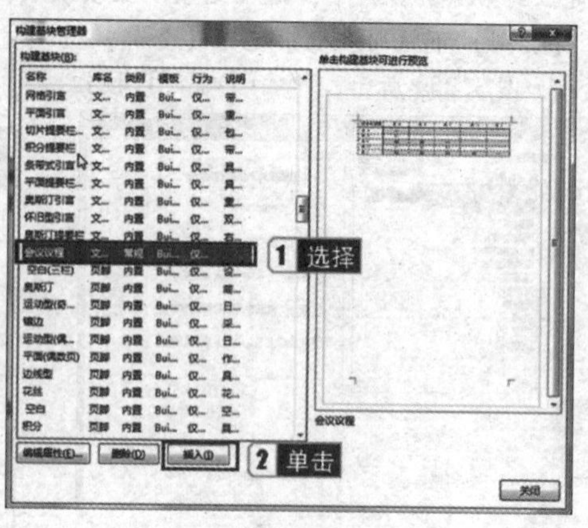

图3.263

步骤5：如果需要删除自定义的文档部件，只需要在【构建基块管理器】对话框的【构建基块】列表框中选中该部件，单击【删除】按钮即可。

考点46 共享文档

在Word中可以通过电子化的方式进行文档的共享。

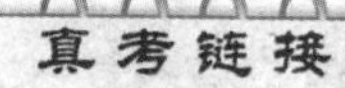

真考链接

该知识点属于考试大纲中要求熟记的内容，考核概率为12%。考生需熟记共享文档的方法。

1. 使用电子邮件进行共享

在【文件】选项卡中打开后台视图，然后选择【共享】→【电子邮件】，在右侧选择一种方式进行共享，如图3.264所示。

2. 将文档保存为PDF格式

用户还可将文档保存为PDF格式，具体的操作步骤：单击【文件】选项卡，打开后台视图，然后选择【导出】→【创建PDF/XPS文档】，单击【创建PDF/XPS】按钮，在弹出的【发布为PDF或XPS】对话框中输入文件名，单击【保存】按钮即可。

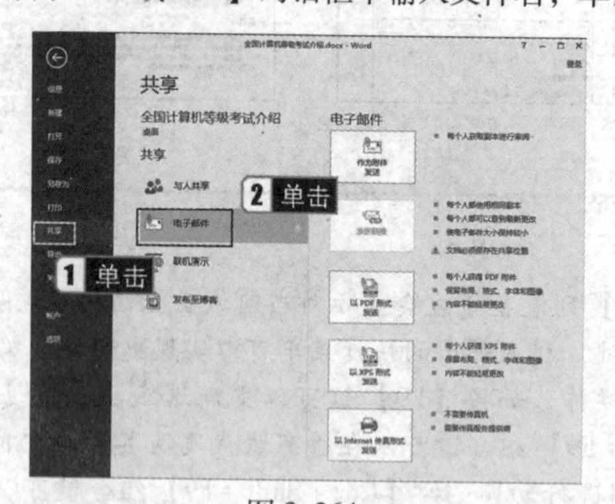

图3.264

3.6 使用邮件合并技术批量处理文档

考点47 邮件合并的概念

如果用户希望批量创建一组文档，可以通过Word 2016提供的邮件合并功能来实现。邮件合并主要是指在主文档的固定内容中，合并与发送信息相关的一组通信资料，从而批量生成需要的邮件文档。这种功能可以大大提高工作效率。

邮件合并功能除了可以批量处理信函、信封等与邮件相关的文档外，还可以轻松地批量制作标签、工资条、成绩单等。

真考链接

该知识点属于考试大纲中要求了解的内容，考核概率为20%。考生需了解邮件合并的概念。

1. **邮件合并所需的文档**

主文档是用于创建输出文档的“蓝图”，是经过特殊标记的 Word 文档。数据源是用户希望合并到输出文档的一个数据列表。

2. **适用范围**

邮件合并功能适用于需要制作的数量比较大且内容可分为固定不变部分和变化部分的文档，变化的内容来自数据表中含有标题行的数据记录表。

3. **利用邮件合并向导**

Word 2016 提供了邮件合并分步向导功能，它可以帮助用户逐步了解整个邮件合并的具体过程，并能便捷、高效地完成邮件合并任务。

考点48 使用信封制作向导制作信封

真考链接

该知识点属于考试大纲中要求熟记的内容，考核概率为20%。考生需熟记使用信封制作向导制作信封的方法。

Word 2016 中有两种制作信封的方法，即使用信封制作向导制作信封或自行创建信封。下面通过信封制作向导功能来具体说明制作信封的操作步骤。

步骤1：在【邮件】选项卡的【创建】组中单击【中文信封】按钮，如图3.265所示。

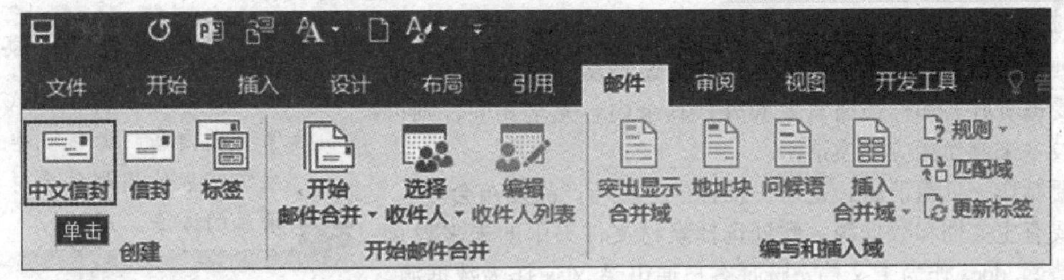

图 3.265

步骤2：在弹出的【信封制作向导】对话框的左侧有一个树状的制作流程，并将当前步骤以绿色显示。

步骤3：单击【下一步】按钮，在【信封样式】下拉列表框中选择所需的信封样式。

步骤4：设置好后单击【下一步】按钮，选择【键入收信人信息，生成单个信封】单选按钮，如图 3.266 所示。

步骤5：单击【下一步】按钮，输入收信人信息，分别在【姓名】【称谓】【单位】【地址】【邮编】等文本框中输入收信人的信息，如图 3.267 所示。

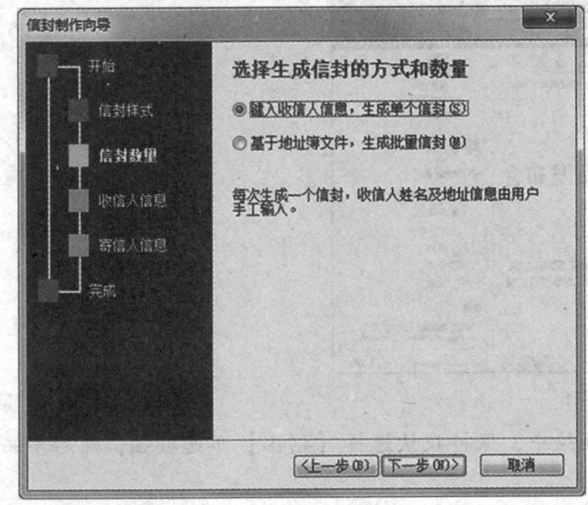

图 3.266

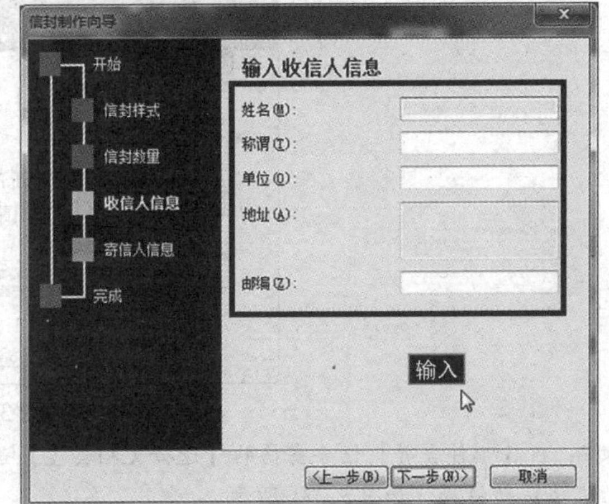

图 3.267

步骤6：单击【下一步】按钮，输入寄信人信息，分别在【姓名】【单位】【地址】【邮编】等文本框中输入寄信人的信息，如图 3.268 所示。

步骤7：输入完成后单击【下一步】按钮，在打开的对话框中单击【完成】按钮，即可完成信封的制作，如图3.269所示。

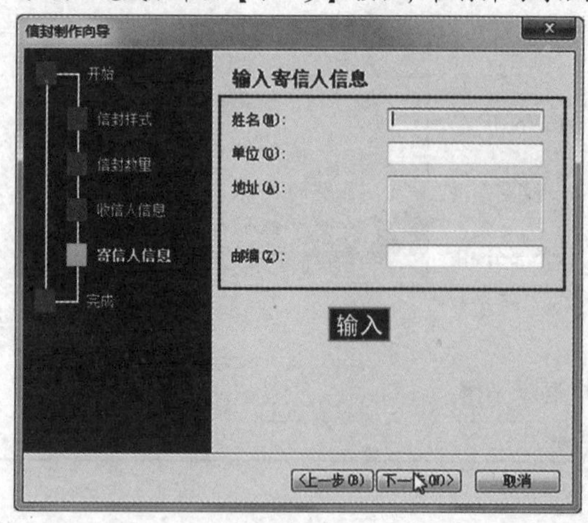

图3.268

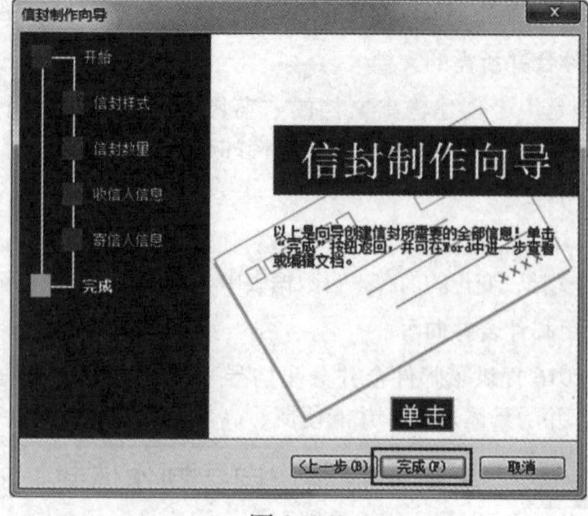

图3.269

小提示

用户在打印信封时，需要先确认打印机是否具有打印信封的功能。

考点49　使用邮件合并技术制作邀请函

真考链接

该知识点属于考试大纲中要求掌握的内容，考核概率为90%。考生需掌握使用邮件合并技术制作邀请函的方法。

1. 准备主文档和数据源

如果用户想要向自己的合作伙伴或者客户发送邀请函，而在所有函件中，除了编号、受邀者姓名和称谓略有差异外，其余内容完全相同，则可以应用邮件合并技术来制作相应的邀请函。

例如，公司要制作一批邀请函，邀请一批客户参加新产品发布会。

制作邀请函要有主文档和数据源，此处选择素材文件夹中的未来教育新产品发布会邀请函.docx作为主文档，选择客户通讯录.xlsx作为数据源。在“尊敬的”和“:”之间插入不同的客户姓名，最终为每一位客户制作一张邀请函。

2. 将数据源合并到主文档中

将数据源合并到主文档中的操作步骤如下。

步骤1：在主文档中，将光标置于“尊敬的”和“:”之间，在【邮件】选项卡的【开始邮件合并】组中单击【开始邮件合并】按钮，在弹出的下拉列表中选择【邮件合并分步向导】选项，即可打开【邮件合并】任务窗格，如图3.270所示。

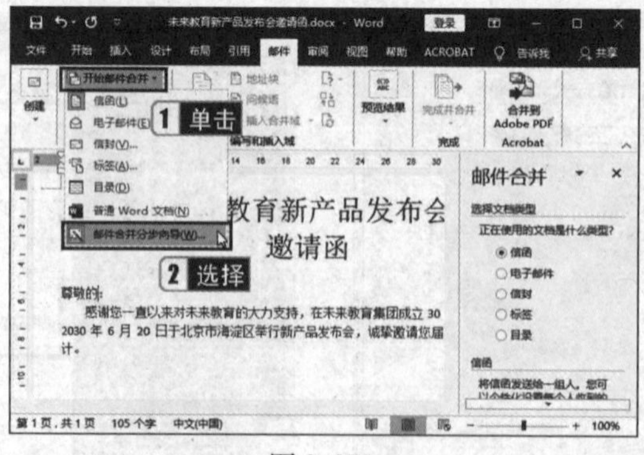

图3.270

步骤2：在【邮件合并】任务窗格的【选择文档类型】选项组中，保持默认选择【信函】单选按钮，然后单击【下一步：开始文档】超链接，如图3.271所示。

步骤3：在【邮件合并】任务窗格的【选择开始文档】选项组中，保持默认选择【使用当前文档】单选按钮，单击【下一步：选择收件人】超链接。

步骤4：在【邮件合并】任务窗格的【选择收件人】选项组中，保持默认选择【使用现有列表】单选按钮，单击【浏览】按钮，如图3.272所示。

步骤5：在打开的【选取数据源】对话框中选择素材文件夹中的客户通讯录.xlsx，单击【打开】按钮，在弹出的【选择表格】对话框中，选择保存客户信息的工作表，单击【确定】按钮，如图3.273所示。

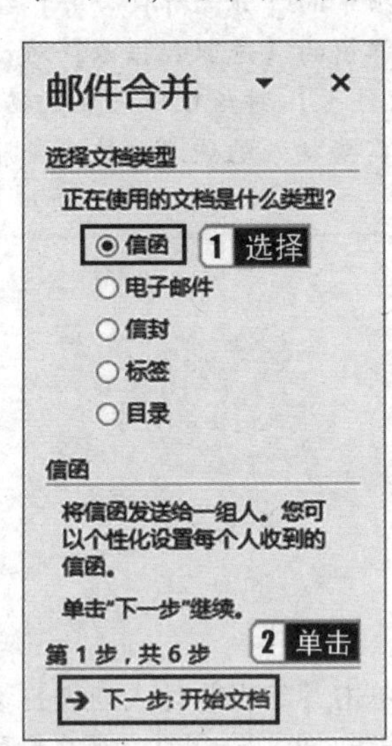

图3.271

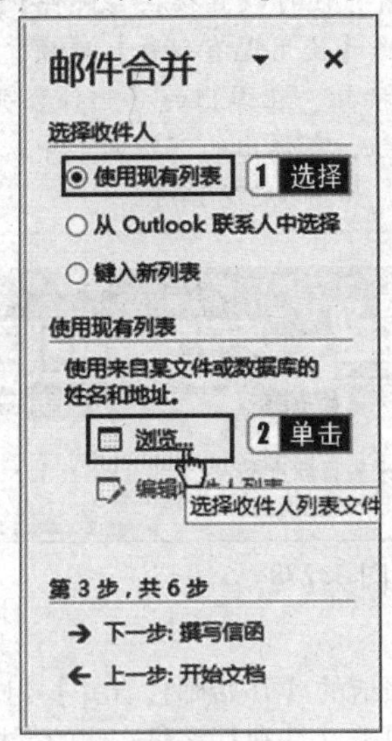

图3.272

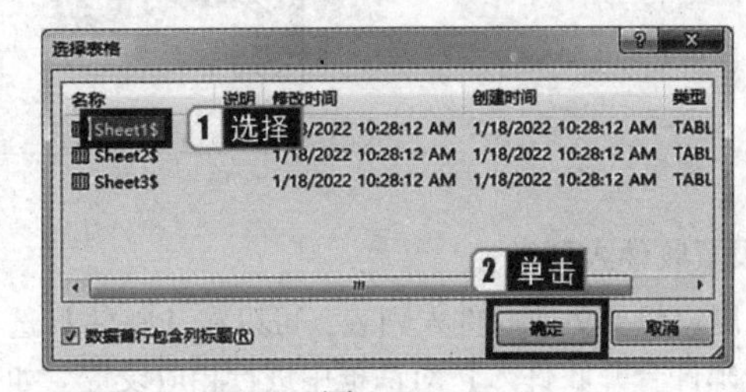

图3.273

步骤6：打开【邮件合并收件人】对话框，保持默认设置，单击【确定】按钮，如图3.274所示。

步骤7：在【邮件合并】任务窗格中单击【下一步：撰写信函】超链接，在弹出的新任务窗格中，用户可以根据需要单击相应的超链接选项，此处单击【其他项目】超链接，打开图3.275所示的【插入合并域】对话框，在【域】列表框中选择要添加到邀请函的邀请人的【姓名】，单击【插入】按钮。插入完毕后单击【关闭】按钮，此时文档中的相应位置就会出现已插入的域标记。

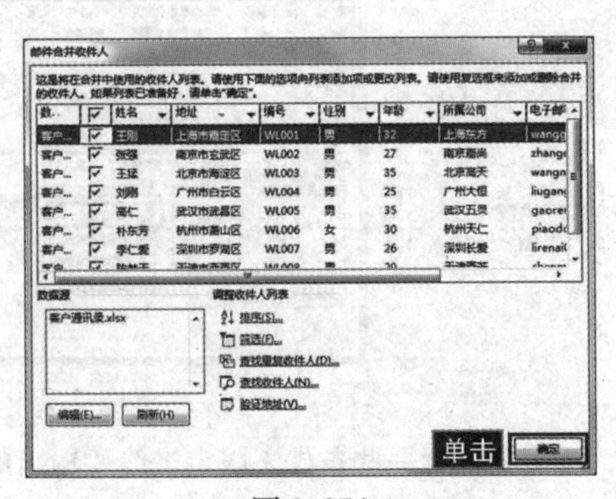

图3.274

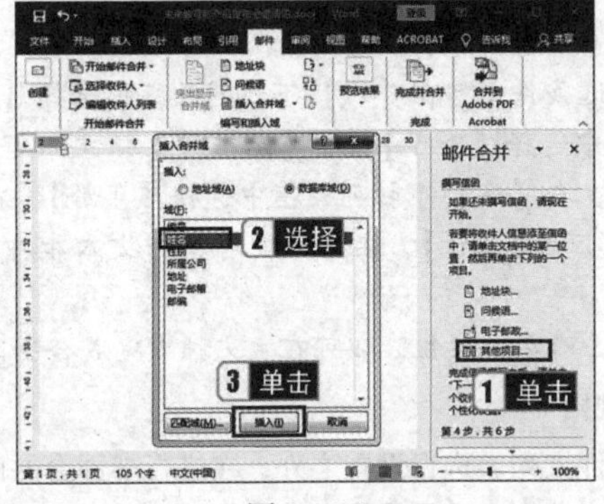

图3.275

步骤8：在【邮件合并】任务窗格中单击【下一步：预览信函】超链接，在【预览信函】选项组中单击【上一记录】按钮◀或【下一记录】按钮▶，可以查看具有不同邀请人姓名的信函。

步骤9：预览并处理输出文档后，单击【下一步：完成合并】超链接，进入邮件合并的最后一步。在【合并】选项组中，用户可以根据实际需要单击【打印】或【编辑单个信函】超链接进行合并。

步骤10：此处单击【编辑单个信函】超链接，打开【合并到新文档】对话框，选择【全部】单选按钮，单击【确定】按钮，如图3.276所示。这样Word就将Excel中存储的收件人信息自动添加到邀请函正文中，并合并生成一个图3.277所示的新文档。

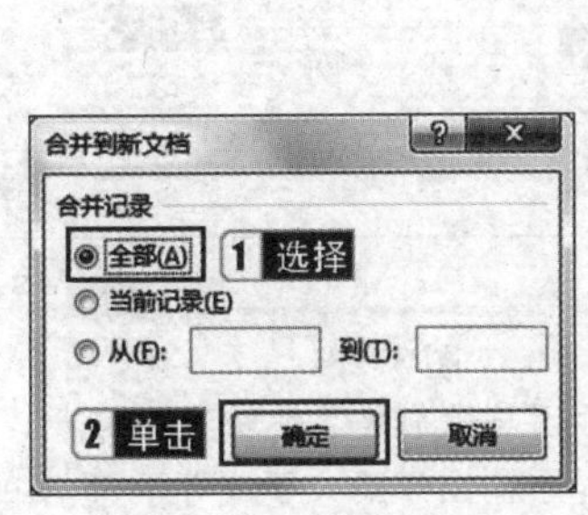

图3.276

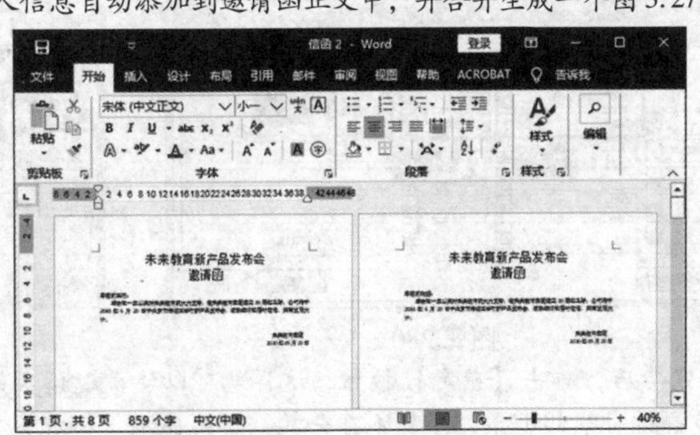

图3.277

小提示

除了可以利用【邮件合并分步向导】制作邮件外，还可以直接在【邮件】选项卡的【开始邮件合并】组中单击【选择收件人】按钮，在弹出的下拉列表中选择【使用现有列表】选项，在弹出的【选取数据源】对话框中选择数据源文件；然后单击【编辑收件人列表】按钮，在弹出的【邮件合并收件人】对话框中设置数据源；再在【编写和插入域】组中单击【插入合并域】按钮，在弹出的下拉列表中选择需要插入的域名；最后在【完成】组中单击【完成并合并】按钮，选择输出方式，如图3.278所示。

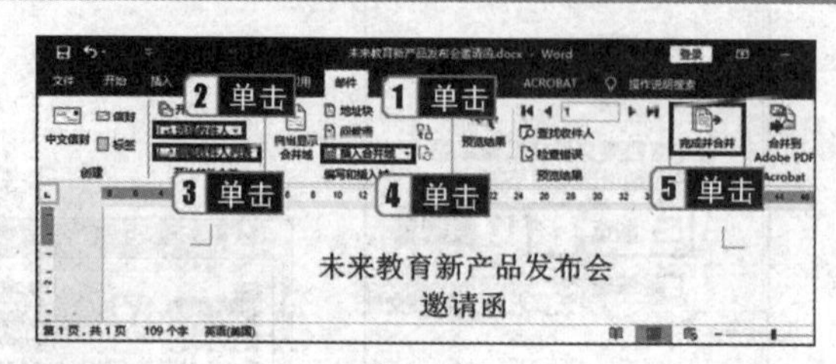

图3.278

3. 设置收件人列表

如果用户想要更改收件人列表，可以在【邮件】选项卡的【开始邮件合并】组中单击【编辑收件人列表】按钮，在弹出的【邮件合并收件人】对话框中进行相应设置。如单击【性别】字段右侧的下拉按钮，可筛选男性，那么最后合并的文档中将只包含男性记录。

在【邮件合并收件人】对话框中，还可以进行多个条件的筛选。如果要筛选出年龄小于或等于30，且性别为女的记录，具体的操作步骤如下。

步骤1：在【邮件】选项卡的【开始邮件合并】组中单击【编辑收件人列表】按钮，弹出【邮件合并收件人】对话框，单击【调整收件人列表】下方的【筛选】超链接，如图3.279所示。

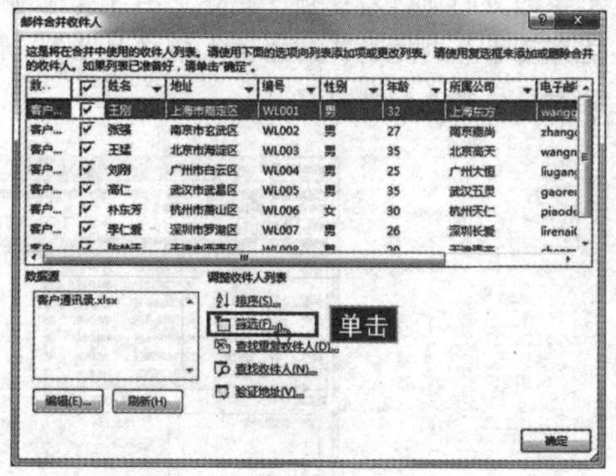

图3.279

步骤2：打开【筛选和排序】对话框，在【筛选记录】选项卡中设置筛选条件。在第1行筛选条件中，在【域】下拉列表框中选择【性别】，在【比较关系】下拉列表框中选择【等于】，在【比较对象】文本框中输入“女”。在第2行筛选条件中，在【域】下拉列表框中选择【年龄】，在【比较关系】下拉列表框中选择【小于或等于】，在【比较对象】文本框中输入“30”，如图3.280所示。

步骤3：单击【确定】按钮，即可在主文档中完成合并。

4. 邮件合并规则

除了需要对收件人列表进行设置之外，在进行邮件合并时，还需要设置一些条件来限定最终要输出的结果。例如，设置客户称谓根据客户性别自动显示为“先生”或“女士”，具体的操作步骤如下。

步骤1：在主文档中插入合并域后，在【邮件】选项卡的【编写和插入域】组中单击【规则】按钮。

步骤2：在弹出的下拉列表中选择【如果…那么…否则…】选项，弹出【插入Word域：IF】对话框。

步骤3：在【域名】下拉列表框中选择【性别】，在【比较条件】下拉列表框中选择【等于】，在【比较对象】文本框中输入“男”。在【则插入此文字】文本框中输入“先生”，在【否则插入此文字】文本框中输入“女士”，设置结果如图3.281所示。

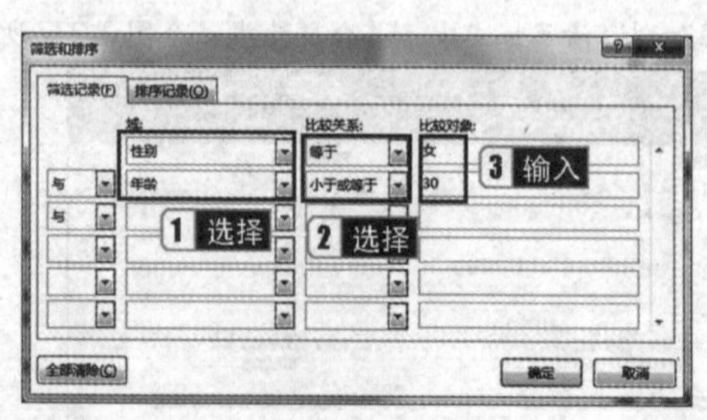

图3.280

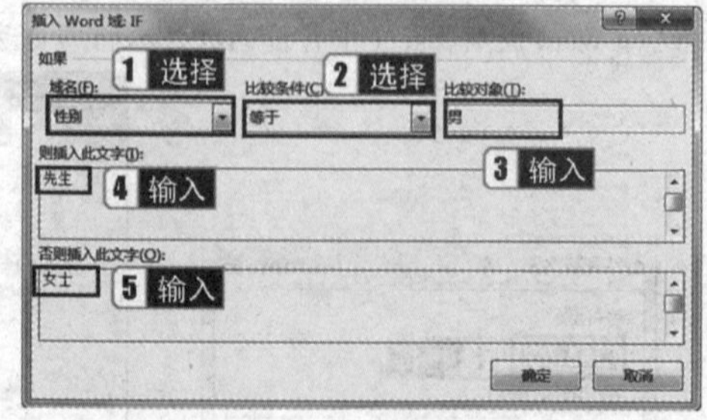

图3.281

步骤4：设置完毕后，单击【确定】按钮，这样就可以使被邀请人的称谓与性别建立关联。

用户也可以设置跳过某些记录，使其不在合并结果中显示。例如，只显示输出年龄大于或等于35岁的客户，即设置年龄小于35岁的客户记录自动跳过，具体的操作步骤如下。

步骤1：在主文档中插入合并域后，在【邮件】选项卡的【编写和插入域】组中单击【规则】按钮。

步骤2：在弹出的下拉列表中选择【跳过记录条件】选项，弹出【插入 Word 域：Skip Record If】对话框。

步骤3：在【域名】下拉列表框中选择【年龄】，在【比较条件】下拉列表框中选择【小于】，在【比较对象】文本框中输入“35”，如图3.282所示。

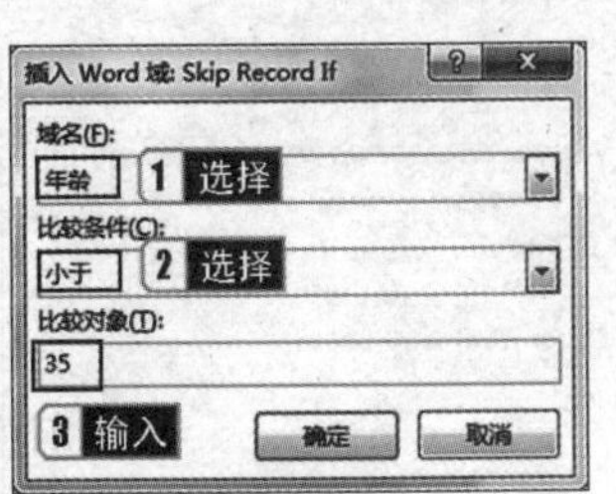

图3.282

步骤4：设置完毕后，单击【确定】按钮，这样就可以自动跳过年龄小于35岁的客户记录。

小提示

邮件合并功能除了可以用于批量处理信封、信函之外，还可以用于制作标签。方法：在【邮件】选项卡的【开始邮件合并】组中单击【开始邮件合并】按钮，在弹出的下拉列表中选择【标签】选项，弹出【标签选项】对话框，单击下方的【新建标签】按钮，弹出【标签详情】对话框，在该对话框中可进行详细设置。

真题精选

在考生文件夹中打开WORD17.docx，按照要求完成下列操作。

参考考生文件夹中完成效果2.jpg样例效果，并按照下列要求完成标签邮件合并。

①数据源为考生文件夹中的邮寄地址.xlsx文档。

②每张标签自上而下分别插入合并域“姓名”“地址”“邮编”“电话”。

③姓名之后须根据学员的性别进行判断，如果性别为男，则插入先生，如果性别为女则插入女士。

④在“地址”“邮编”“电话”3个合并域之前，插入文本“地址：”“邮编：”“电话：”。

⑤标签上电话号码的格式应为“×××－××××－××××”（前3位数字后面和末4位数字前面各有一个“－”）。

⑥完成合并，为每位学员生成标签，删除没有实际学员信息的标签内容，并将结果另存为合并结果.docx（.docx为扩展名）。

【操作步骤】

步骤1：单击【开始邮件合并】组中的【选择收件人】按钮，在弹出的下拉列表中选择【使用现有列表】，弹出【选取数据源】对话框，浏览并选中考生文件夹中的邮寄地址.xlsx文档，单击【打开】按钮，弹出【选择表格】对话框，采用默认设置，直接单击【确定】按钮。

步骤2：参考完成效果2.jpg文件，将光标置于左上角第一个标签第一行，在【邮件】选项卡的【编写和插入域】组中单击【插入合并域】按钮，在弹出的下拉列表中选择【姓名】，如图3.283所示。在当前位置插入“姓名”域。

步骤3：在下一行中单击【插入合并域】按钮，在弹出的下拉列表中选择【地址】，插入“地址”域，按照同样的方法插入“邮编”域和“电话”域，在“地址”域前输入文本“地址：”，在“邮编”域前输入文本“邮编：”，在“电话”域前输入文本“电话：”。

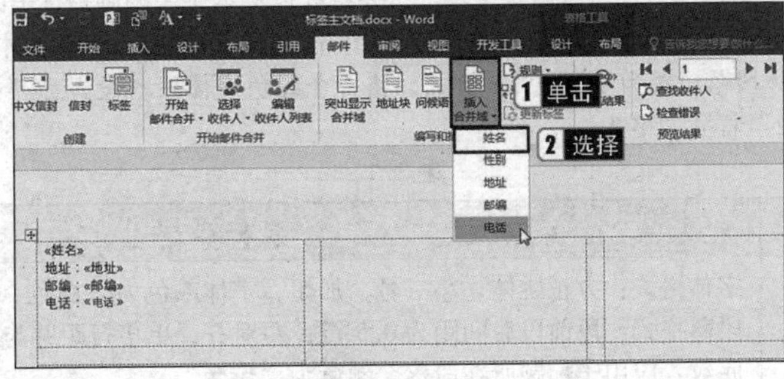

图3.283

步骤4：将光标置于“姓名”域之后的位置，单击【编写和插入域】组中的【规则】按钮，在下拉列表中选择【如果…那么…否则】，弹出【插入 Word 域：IF】对话框，在【域名】下拉列表框中选择【性别】，在【比较条件】下拉列表框中选择【等于】，在【比较对象】文本框中输入“男”，在下方的文本框中分别输入“先生”和“女士”，单击【确定】按钮。

步骤5：选中“电话”域，单击鼠标右键，在弹出的快捷菜单中选择【编辑域】命令，弹出【域】对话框，单击下方的【域代码】按钮，在右侧的【域代码】文本框中输入“MERGEFIELD 电话 \ ###′- ####′- ####”，然后单击【确定】按钮，如图3.284所示。

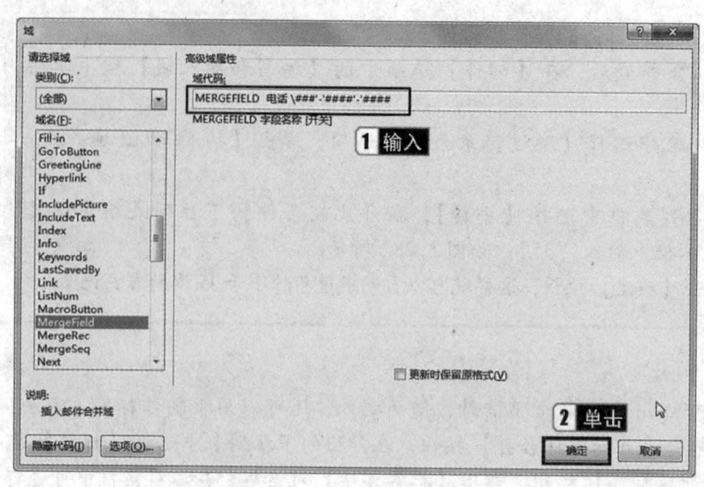

图 3.284

步骤6：单击【编写和插入域】组中的【更新标签】按钮，然后单击右侧【完成】组中的【完成并合并】按钮，在弹出的下拉列表中选择【编辑单个文档】，弹出【合并到新文档】对话框，单击【确定】按钮。最后将合并生产的文档的最后一页中所有空白标签删除。

步骤7：单击快捷工具栏中的【保存】按钮，弹出【另存为】对话框，将路径选择为考生文件夹，将文件名命名为“合并结果”，单击【保存】按钮。

步骤8：保存并关闭 WORD17. docx 文档。

3.7　综合自测

1. 在某学校任教的林涵需要对一篇 Word 格式的科普文章进行排版，按照如下要求，帮助她完成相关工作。

（1）打开考生文件夹中的素材文档 Word. docx。

（2）修改文档的纸张方向为横向，纸张大小为宽 25 厘米，高 17.6 厘米，上、下页边距均为 2.5 厘米，左、右页边距均为 2.3 厘米，页眉和页脚距离边界均为 1.6 厘米。

（3）为文档插入“信号灯”型封面，将文档开头的标题文本“西方绘画对运动的描述和它的科学基础”移动到封面页标题占位符中，将下方的作者姓名“林凤生”移动到作者占位符中，适当调整它们的字体和字号，并删除其他占位符。

（4）删除文档中的所有全角空格。

（5）在文档的第 2 页插入“奥斯汀引言”型内置文本框，并将红色文本“一幅画最优美的地方和最大的生命力就在于它能够表现运动，画家们将运动称为绘画的灵魂。——拉玛左（16 世纪画家）”移动到该文本框内。

（6）将文档中 8 个蓝色字体段落设置为“标题 1”样式，将 3 个绿色字体段落设置为“标题 2”样式，并按照表 3.1 要求修改“标题 1”和“标题 2”样式的格式。

表 3.1

样式	要求
标题 1 样式	字体格式：方正姚体，小三号，加粗，字体颜色为“白色，背景 1”； 段落格式：段前段后间距为 0.5 行，左对齐，单倍行距并与下段同页； 底纹：应用于标题所在段落，颜色为“紫色”
标题 2 样式	字体格式：方正姚体，四号，字体颜色为“紫色”； 段落格式：段前段后间距为 0.5 行，左对齐，单倍行距并与下段同页； 边框：对标题所在段落应用下框线，宽度为 0.5 磅，颜色为“紫色”，且距正文的间距为 3 磅

（7）新建“图片”样式，将其应用于文档正文中的 10 张图片，并修改样式为居中对齐和与下段同页；修改图片下方的注释文字，将手动的标签和编号“图 1”到“图 10”替换为可以自动编号和更新的题注，并设置所有题注内容为居中对

齐，小四号字，中文字体为黑体，西文字体为 Arial，段前、段后间距为 0.5 行；修改标题和题注以外的所有正文文字的段前和段后间距为 0.5 行。

（8）将正文中使用黄色突出显示的文本“图 1”到“图 10”替换为可以自动更新的交叉引用，引用类型为图片下方的题注，只引用标签和编号。

（9）在标题“参考文献”下方，为文档插入书目，样式为“APA 第六版”，书目中文献的来源为素材文档参考文献. xml。

（10）在标题“人名索引”下方插入格式为“流行”的索引，栏数为 2，排序依据为拼音，索引项来自素材文档人名. docx；在标题“参考文献”和“人名索引”前分别插入分页符，使它们位于独立的页面中（文档最后如存在空白页，将其删除）。

（11）除了首页外，为文档在页脚正中央添加页码，正文页码自 1 开始，格式为“Ⅰ，Ⅱ，Ⅲ，…”。

（12）为文档添加自定义属性，名称为“类别”，类型为“文本”，取值为“科普”。

2. 在某卫生站工作的营养科医生李一凡，要为社区居民制作一期关于巧克力知识的宣传页。按照如下要求帮助他完成此项工作。

（1）在考生文件夹中，打开 Word 素材. docx 文档，将其另存为 Word. docx。

（2）调整纸张大小为 A4，页边距上下各为 2.5 厘米，左右各为 3 厘米。

（3）插入内置的“怀旧型引言”文本框，并将文档标题下方以“巧克力（英语：chocolate，粤港澳译为朱古力）…”开头的段落移动到文本框中，并适当调整字体与字号，完成效果可参考首页. png 文件中的效果图。

（4）按照如下要求修改文档各级标题的格式。

①为样式为“标题”的文本应用一种恰当的文本效果，并将其字号设置为 28，字体为微软雅黑。

②为样式为“标题 1”的文本所在段落添加颜色为“黑色，文字 1，淡色 35%”的底纹，并修改文本颜色为“白色，背景 1”。

③为样式为“标题 2”的文本所在段落添加宽度为 6 磅，颜色为“黑色，文字 1，淡色 35%”的左边框，并将其左侧缩进值设置为 1 字符。

（5）参照首页. png 示例文件中的效果为首页文档标题下方的 6 行文字设置如下格式。

①为这 6 行文字添加制表位，前导符和对齐方式应与示例效果一致。

②设置前导符左侧文字的宽度为 4 字符。

（6）将标题“历史发展”下方的项目符号列表转换为 SmartArt 图形，布局为“重复蛇形流程”，修改图形中 4 个箭头的形状为“燕尾箭头”，并适当调整 SmartArt 图形样式和文字对齐方式。

（7）将标题“营养介绍”及其所属内容和标题“关于误解”及其所属内容置于独立的页面中，且纸张方向为横向。

（8）根据表格和图表. png 文件中的样例效果，将标题“营养介绍”下方表格中从“微量元素”行开始的内容转换为图表，按照样例设置图表标题、水平轴标签排列顺序、垂直轴的刻度。将数据系列的间隙宽度调整为 60%，并为图表应用一种恰当的样式，删除图例和网格线。

（9）根据表格和图表. png 文件中的样例效果，适当调整标题“营养介绍”下方表格中剩余部分（“营养价值”及所属行）的格式和宽度，并调整表格和图表的文字环绕方式，使得二者并排分别位于页面左侧和右侧（注意：在完成效果中，标题“营养介绍”和所属的表格及图表应在一个页面内呈现）。

（10）根据分栏. png 文件中的样例效果，为标题“关于误解”所属内容按下列要求分栏。

①栏数为 3 栏，并且使用分隔线。

②每个标题 2 及其所属内容，位于独立的栏中。

（11）按照下列要求设置文档中的图片。

①将标题“历史发展”“加工过程”“饮食文化”下方的 3 张图片的文字环绕方式都设置为“紧密型”，适当调整图片大小和位置。

②锁定 3 张图片的标记。

③为 3 张图片添加可以自动更新的题注，内容如表 3.2 所示。

表 3.2

图片	题注内容
标题“历史发展”下方图片	图 1 巧克力的玛雅文写法
标题“加工过程”下方图片	图 2 烘焙过的可可豆
标题“饮食文化”下方图片	图 3 可可树与可可豆

（12）在页面底端，为文档添加合适的页码。

第4章

使用Excel 2016创建并处理电子表格

本章主要介绍Excel制表基础、工作簿与多工作表的基本操作、Excel公式和函数、在Excel中创建图表、Excel数据分析及处理等。对于本章知识点的考查主要以电子表格题的形式出现。本章知识点较多，需要记忆、理解的知识点也较多，希望考生能够认真学习。下面对本章考核的知识点进行全面分析。

操作题分析明细表

考点	考核概率	难易程度
在表格中输入编辑数据	70%	★★
导入外部数据	20%	★★
整理与修饰表格	90%	★★
格式化工作表高级技巧	30%	★★★
工作表的打印	20%	★★
相邻的单元格中填充相同的数据	50%	★★★
数据验证	10%	★★
工作簿的基本操作	100%	★★★
工作簿的编辑	90%	★★★
工作簿的隐藏与保护	15%	★★★
工作表的基本操作	100%	★★★
保护和撤销保护工作表	10%	★★
对多张工作表同时进行操作	20%	★★
工作窗口的视图控制	15%	★★
使用公式的基本方法	90%	★★
名称的定义及引用	40%	★★★
使用函数的基本方法	90%	★★★★★
Excel中常用函数的应用	100%	★★★★★
公式与函数的常见问题	40%	★★★

续表

考点	考核概率	难易程度
创建及编辑迷你图	20%	★★★
创建图表	80%	★★★
编辑图表	80%	★★★★
打印图表	10%	★★
合并计算	50%	★★★
数据排序	60%	★★★
数据筛选	60%	★★★
分级显示及分类汇总	80%	★★★★★
数据透视表	90%	★★★★★
数据透视图	90%	★★★★★
模拟分析及运算	10%	★★★★
Excel 共同创作	10%	★★
与其他应用程序共享数据	10%	★★
宏的简单应用	10%	★★★

4.1 Excel 制表基础

考点1 在表格中输入编辑数据

1. **Excel 常用术语**

通过桌面快捷方式、【开始】菜单等途径，均可启动 Excel 2016。Excel 2016 的工作界面如图 4.1 所示。Excel 2016 的工作界面整体类似于 Word 2016 的工作界面，用户除了需要掌握标题栏、选项卡、功能区、状态栏、滚动条等常用工具的使用方法外，还需掌握一些 Excel 特有的常用术语含义及其作用。

真考链接

该知识点属于考试大纲中要求熟记的内容，考核概率为 70%。考生需熟记 Excel 制表的基础知识、Excel 常用术语，并注意数值型数据、日期、时间、文本及公式的输入技巧。

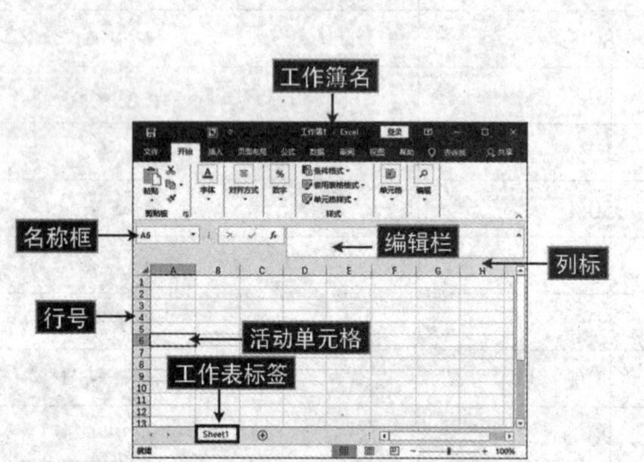

图 4.1

- 工作簿与工作表：一个工作簿就是一个 Excel 文件，工作表是工作簿中组织数据的部分，是由很多行和列组成的二维表格。举例而言，工作簿相当于一本书，而工作表相当于书中的每一页。工作簿是由工作表组成的，工作表必须建立在工作簿之中，工作表是不能单独存在的。启动 Excel 2016 后，系统会自动创建一个名为工作簿 1. xlsx 的工作簿，. xlsx 是扩展名。
- 工作表标签：位于工作表的下方，用于显示工作表名称。默认情况下，一个工作簿包含 1 个工作表，以 Sheet1 命名。单击工作表标签，可以在不同的工作表间切换，当前可以编辑的工作表称为活动工作表。
- 行号：每一行左侧的阿拉伯数字为行号，表示该行的行数。
- 列标：每一列上方的大写英文字母为列标，代表该列的列名。
- 单元格：每一行和每一列交叉的区域称为单元格，单元格是 Excel 操作的最小对象。默认情况下，单元格按所在的行列位置来命名。例如，A2 指的是 A 列与第 2 行交叉位置处的单元格。
- 活动单元格：在工作表中，被选中的单元格以粗框标出，该单元格被称为活动单元格，表示当前可以操作的单元格。
- 名称框：一般位于工作表的左上方，框中显示活动单元格的默认名称或者已命名单元格的名称。
- 编辑栏：一般位于名称框的右侧，用于显示、输入、编辑、修改当前单元格中的数据或公式。

2. **输入数值型数据**

在 Excel 2016 中，数值型是使用最多、最为复杂的数据类型。数值型数据由数字 0 ~ 9、正号（+）、负号（-）、小数点（.）、除号（/）、百分号（%）、货币符号（¥）或（$）和千位分隔号（,）等组成。在 Excel 2016 中输入数值型数据时，Excel 2016 自动将其沿单元格右边对齐。

输入负数时，必须在数字前加一个负号（-）或给数字加上圆括号。例如，输入“-10”和“(10)”都可在单元格中得到 -10。如果要输入正数，则直接将数字输入单元格内。

如果输入百分比数据，直接在数字后输入百分号“%”。例如，要输入“450%”，应先输入“450”，然后输入“%”。

输入小数时，一般直接在指定的位置输入小数点即可。当输入的数据量较大，且都具有相同的小数位数时，可以利用自动插入小数点功能，从而省去了输入小数点的麻烦。

下面介绍自动插入小数点功能的使用方法，具体的操作步骤如下。

步骤 1：单击【文件】选项卡，在弹出的后台视图中选择【选项】，即可弹出【Excel 选项】对话框。

步骤 2：在【Excel 选项】对话框中单击【高级】选项卡，选择右侧【编辑选项】选项组中的【自动插入小数点】复选框，然后在【位数】微调框中输入小数位数。设置完成后，在表格中输入数字即可出现自动添加设置的小数点位数。

小提示

一旦设置了小数点预留位置，这种格式将始终保留，直到取消选择【自动插入小数点】复选框为止。另外，如果输入的数据量较大，且后面有相同数量的0，则可设置在数字后自动添加0。选择【Excel 选项】对话框中的【高级】选项卡，然后在【编辑选项】选项组的【位数】文本框中输入一个负数作为需要的0的个数。例如，输入“-3”，即可在数字后面添加3个0，效果如图4.2所示。

3. 输入日期和时间

（1）输入日期。

可以用“/”或“-”来分隔日期的年、月、日。例如，输入“20/6/15”并按【Enter】键，Excel 2016将其转换为默认的日期格式，即“2020/6/15”或“2020年6月15日”，如图4.3所示。

（2）输入时间。

小时与分钟或秒之间用冒号分隔，Excel一般把插入的时间默认为上午时间。若输入的是下午时间，则在时间后面加一空格，然后输入“PM”，如输入“5:05:05 PM”。还可以采用24小时制表示时间，即把下午的小时时间加12。例如，输入“17:05:05”。输入时间后的效果如图4.4所示。

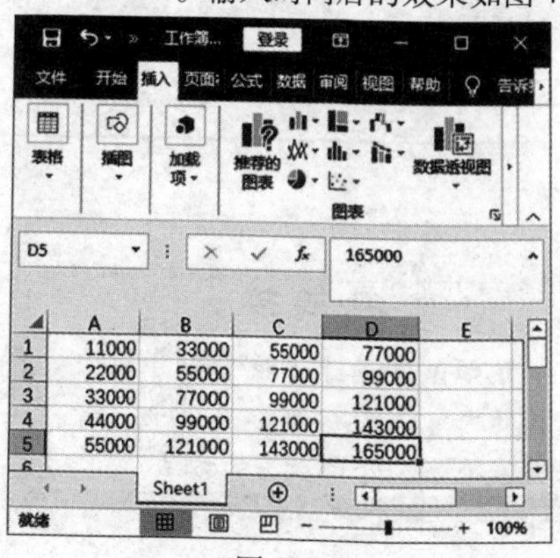

图4.2

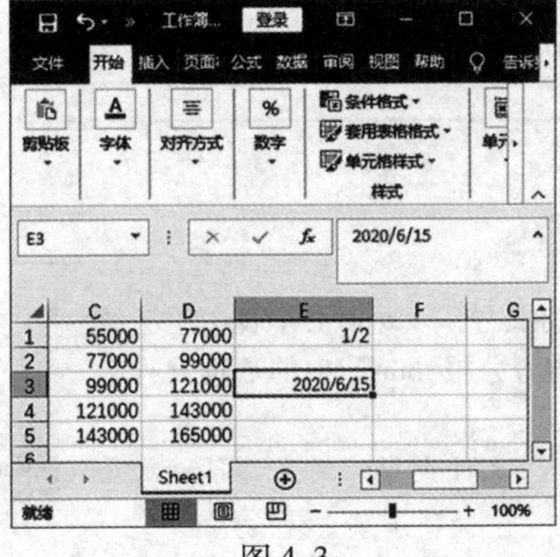

图4.3

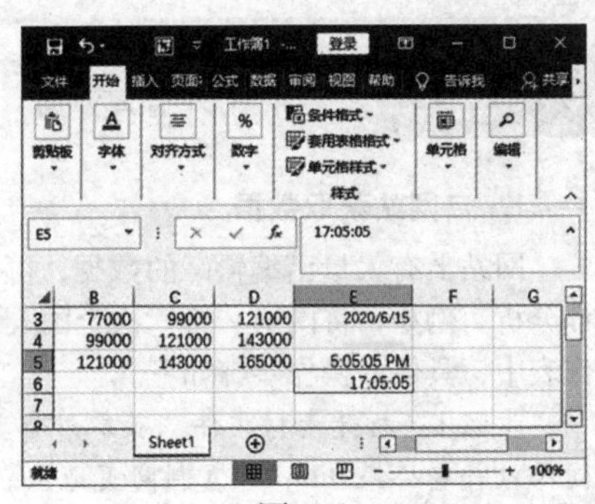

图4.4

小提示

输入系统当前日期的快捷键为【Ctrl+;】，输入系统当前时间的快捷键为【Ctrl+Shift+;】，日期和时间都可以进行算术运算。

4. 输入文本

在Excel中，单元格中的文本包括汉字、英文字母、数字、空格和特殊符号等。每个单元格最多可以包含32767个字符。

要在单元格中输入文本，首先要选择单元格，输入文本后按【Enter】键确认。Excel可自动识别文本类型，并将文本对齐方式默认为左对齐，即文本沿单元格左边对齐。

如果数据全部由数字组成，如编码、学号等，则输入时应在数据前输入英文状态下的单引号“'”。例如，若输入“'123456”，Excel就会将其看作文本，将它沿单元格左边对齐，如图4.5所示。此时，该单元格的左侧会出现文本格式图标，当鼠标指针停在此图标上时，其右侧将出现一个下拉按钮，单击它就会弹出图4.6所示的列表，用户可根据需要进行选择。

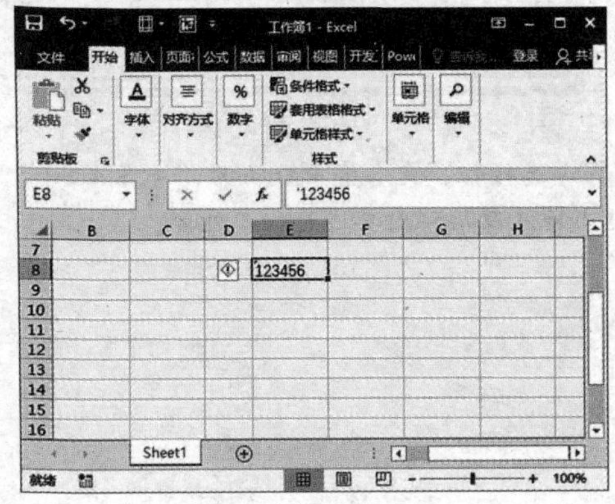

图4.5

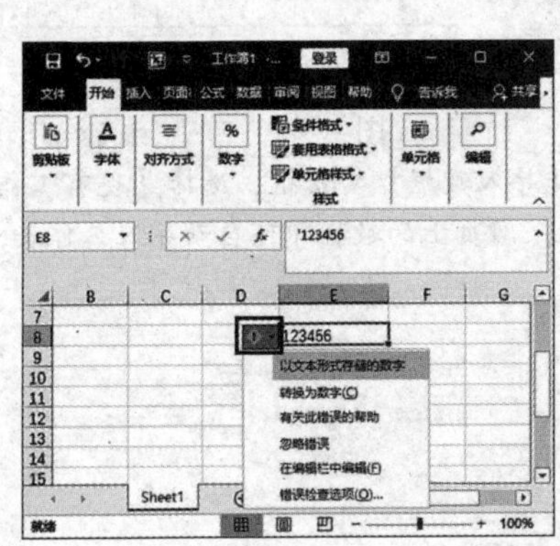

图4.6

当用户输入的文字过多，超过了单元格列宽时，会产生以下两种结果。

- 如果右边相邻的单元格中没有任何数据，则超出单元格列宽的文字会显示在右边相邻的单元格中，如图4.7所示。
- 如果右边相邻的单元格已存在数据，那么超出单元格宽度的部分将不显示，如图4.8所示。

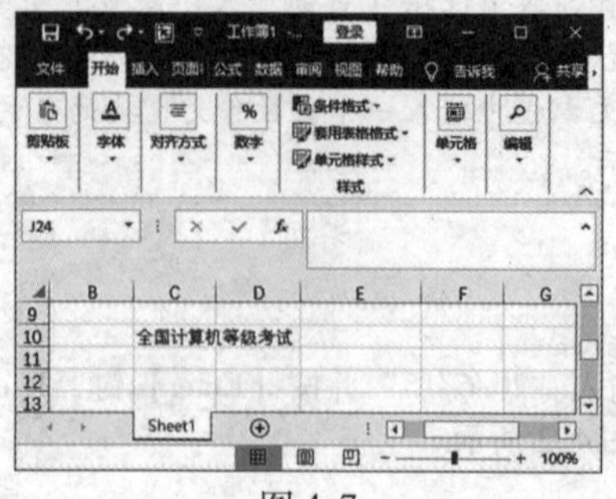

图4.7

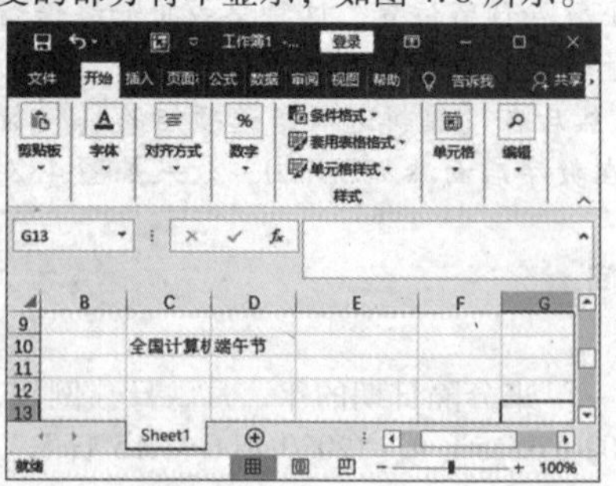

图4.8

小提示

如果在单元格中输入的是多行数据，在换行处按【Alt + Enter】组合键，可以实现换行。换行后在一个单元格中将显示多行文本，行的高度也会自动增大。

考点2 导入外部数据

1. 自网站获取数据

真考链接

该知识点属于考试大纲中要求掌握的内容，考核概率为20%。考生需掌握导入外部数据的方法。

网站上有大量已编辑好的数据，可以将其导入Excel工作表中用于统计分析。例如，将网页“第六次全国人口普查公报.htm”中的数据导入工作表中，具体的操作步骤如下。

步骤1：打开素材文件“获取外部数据”文件夹中的网页“第六次全国人口普查公报.htm”，复制网页地址。

步骤2：打开Excel1工作簿，选中Sheet1工作表中的A1单元格，在【数据】选项卡的【获取外部数据】组中单击【自网站】按钮，如图4.9所示。

步骤3：弹出【新建Web查询】对话框，在【地址】文本框中粘贴网页“第六次全国人口普查公报.htm”的地址(也可以手动输入其他所需网址)，单击右侧的【转到】按钮，如图4.10所示。

步骤4：单击要选择的表旁边的带黄色方框的箭头，使其变成✔，然后单击【导入】按钮，如图4.11所示。

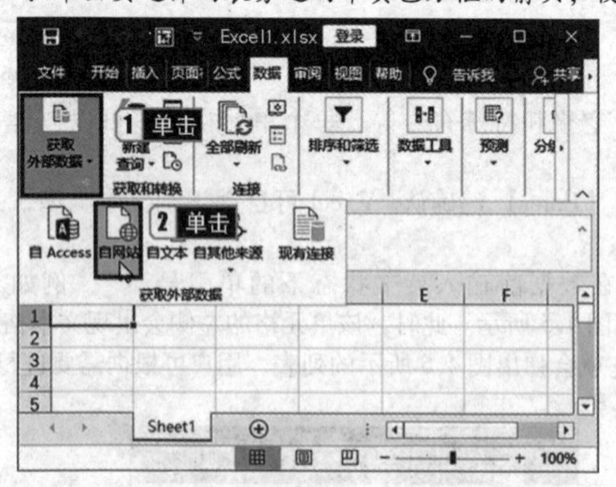

图4.9

图4.10

步骤5：弹出【导入数据】对话框，选择【现有工作表】单选按钮，文本框中默认为“= $A$1”，单击【确定】按钮，如图4.12所示。网页上的数据即可自动导入工作表，适当地修改后可对其进行加工处理。

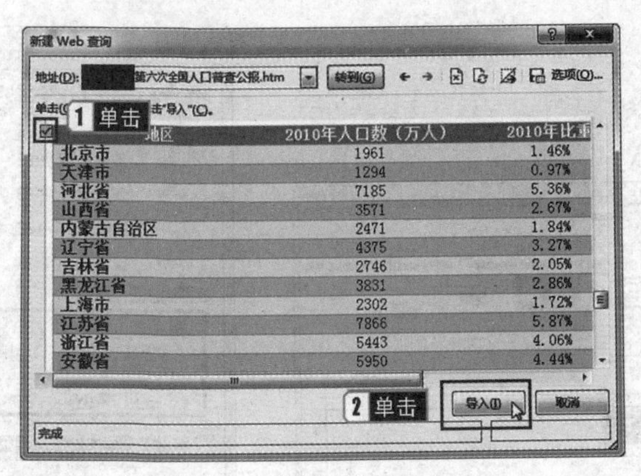
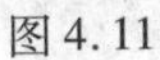

图 4.11

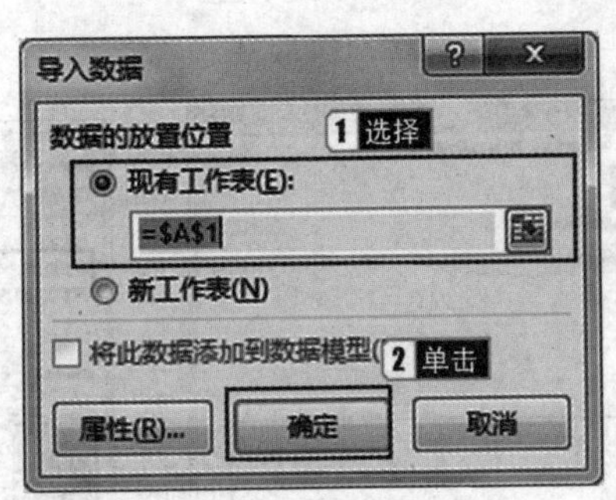

图 4.12

2. 自文本获取数据

Excel 可以导入文本数据，形成数据列表，例如在工作表 Sheet1 中，从 A1 单元格开始，导入数据源.txt 中的数据，具体的操作步骤如下。

步骤 1：打开素材文件夹“获取外部数据”中的 Excel2.xlsx 工作簿，选中 Sheet1 工作表中的 A1 单元格，在【数据】选项卡的【获取外部数据】组中单击【自文本】按钮，如图 4.13 所示。

步骤 2：弹出【导入文本文件】对话框，选择数据源.txt 文件，单击【导入】按钮，弹出【文本导入向导－第 1 步，共 3 步】对话框，保持默认设置，如图 4.14 所示。

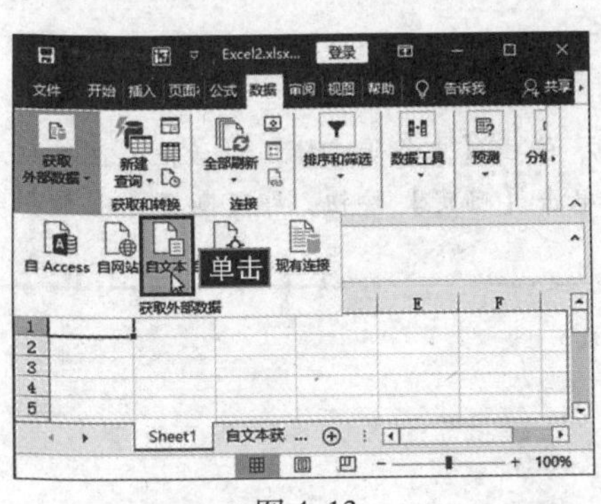

图 4.13

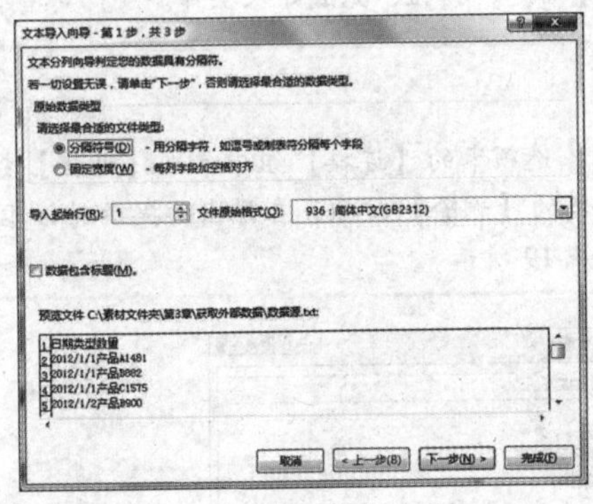

图 4.14

小提示

在【请选择最合适的文件类型】下确定列分隔方式：如果文本文件中的各项以逗号、冒号、制表符等作为分隔符号，则选择【分隔符号】单选按钮；如果每个列中所有项的长度都相同，则选择【固定宽度】单选按钮。在【导入起始行】微调框中输入“1”，即导入时包含标题行；如果不需要导入标题行，可输入“2”。在【文件原始格式】下拉列表框中选择相应的语言编码，通常选择【936：简体中文（GB2312）】。

步骤 3：单击【下一步】按钮，在弹出的【文本导入向导－第 2 步，共 3 步】对话框中，进一步确认文本文件中实际采用的分隔符号类型，本例中保持默认选择的【Tab 键】，如图 4.15 所示。

小提示

如果分隔符号中没有实际所用字符，则选择【其他】复选框，在其右侧的文本框中输入该字符。如果第 1 步选择的文件类型为固定宽度，则这些选项都不可用。在【数据预览】区域可以看到导入后的效果。

步骤 4：单击【下一步】按钮，弹出【文本导入向导－第 3 步，共 3 步】对话框，在【数据预览】区域，选中【日期】列，在【列数据格式】选项组中，设置【日期】列格式为【YMD】，如图 4.16 所示。按照同样的方法设置【类型】列数据格式为【文本】，设置【数量】列数据格式为【常规】。

步骤 5：单击【完成】按钮，弹出图 4.17 所示的【导入数据】对话框，指定数据的放置位置，可以是现有工作表，也可以是新工作表。

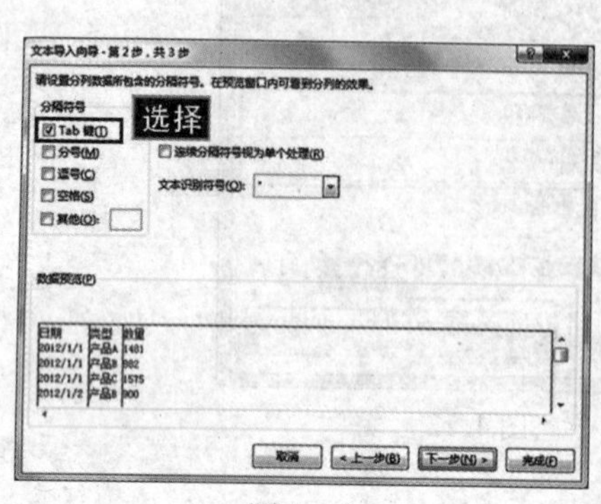

图 4.15

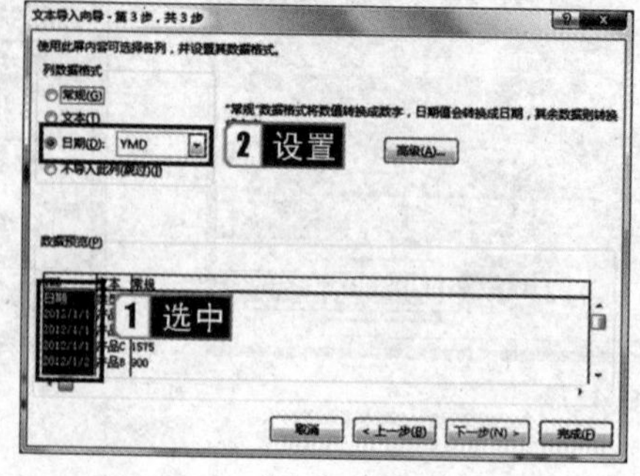

图 4.16

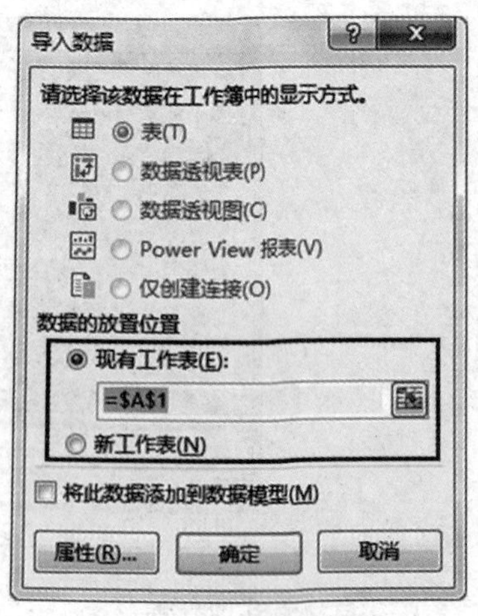

图 4.17

小提示

在【导入数据】对话框中单击【属性】按钮，弹出【外部数据区域属性】对话框，可在其中设置刷新方式，如图 4.18 所示。

步骤 6：单击【确定】按钮，完成导入操作。

小提示

在【数据】选项卡的【连接】组中单击【连接】按钮，弹出【工作簿连接】对话框。在其列表框中选择文件名，单击右侧的【删除】按钮，在弹出的提示对话框中单击【确定】按钮，即可断开导入数据与源数据之间的连接，如图 4.19 所示。

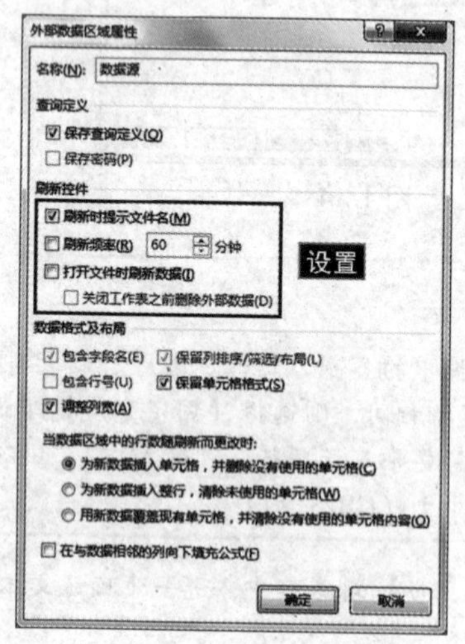

图 4.18

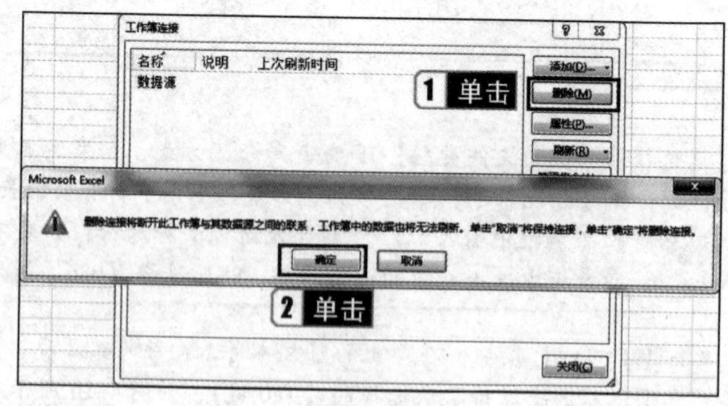

图 4.19

3. **数据分列**

如果导入的一列数据中包含了应分开显示的两列内容，可以通过分列功能自动将其分为两列显示。例如，将Excel3. xlsx工作簿中的第 1 列数据从左到右依次分成“学号”和“姓名”两列显示，具体的操作步骤如下。

步骤 1：打开素材文件夹“获取外部数据”中的 Excel3. xlsx 工作簿，在 Sheet1 工作表中选中 B 列单元格，单击鼠标右键，在弹出的快捷菜单中选择【插入】命令，如图 4.20 所示，即可插入空列，新拆分的内容将显示在其中。

步骤 2：选中 A1 单元格，将光标置于“学号”和“名字”之间，按 3 次空格键，这样做是为了设置分隔符号，手动加空格使字段对齐，结果如图 4.21 所示。

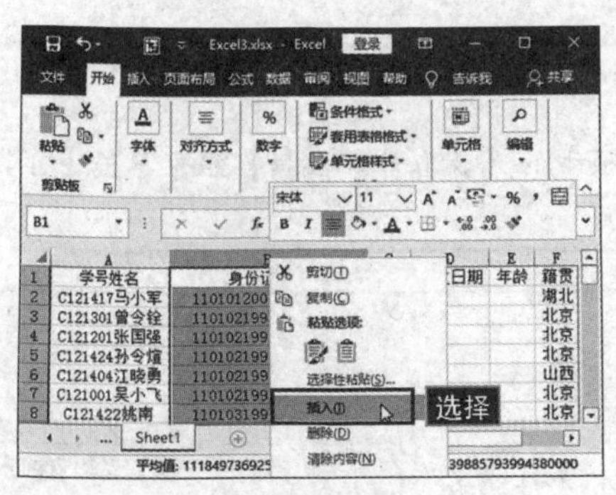

图 4.20

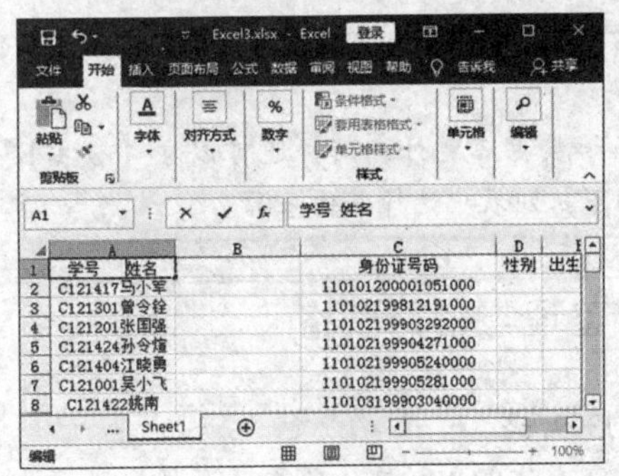

图 4.21

步骤 3：选中 A 列单元格，在【数据】选项卡的【数据工具】组中单击【分列】按钮，弹出【文本分列向导 - 第 1 步，共 3 步】对话框，在【请选择最合适的文件类型】下选择【固定宽度】单选按钮，如图 4.22 所示。

步骤 4：单击【下一步】按钮，弹出【文本分列向导 - 第 2 步，共 3 步】对话框，在【数据预览】区域中拖动鼠标指针建立分列线，如图 4.23 所示。

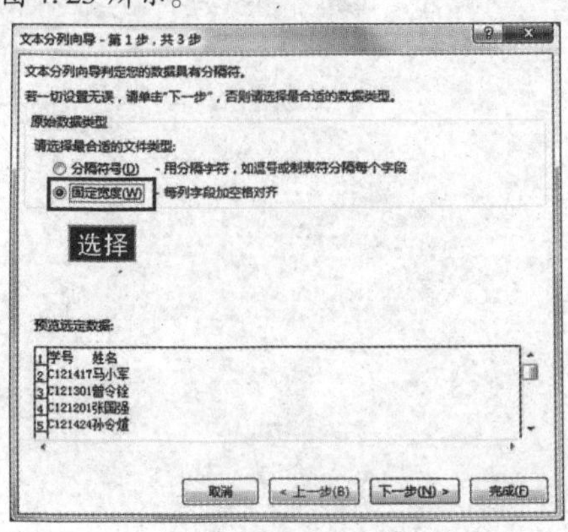

图 4.22

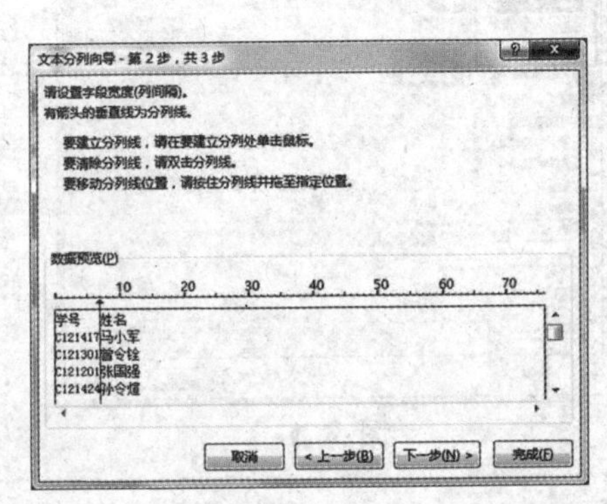

图 4.23

步骤 5：单击【下一步】按钮，弹出【文本分列向导 - 第 3 步，共 3 步】对话框，选中【学号】列和【姓名】列，在【列数据格式】选项组中设置格式为【常规】或者【文本】，此处设置为【文本】，如图 4.24 所示。

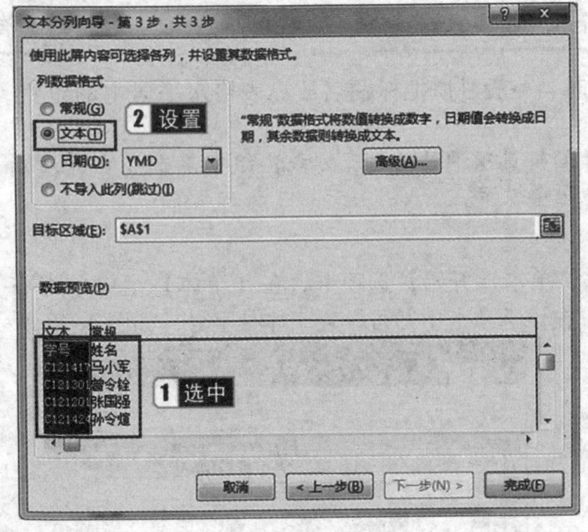

图 4.24

步骤 6：单击【完成】按钮，完成分列操作。

4．自 Access 获取数据

Excel 具有直接导入常用 Access 数据库文件的功能，以便用户从数据库中获取大量数据，具体的操作步骤如下。

步骤 1：在【数据】选项卡的【获取外部数据】组中单击【自 Access】按钮，弹出【选取数据源】对话框。

步骤 2：在【选取数据源】对话框中找到目标文件，并选中此文件，单击【打开】按钮，弹出【选择表格】对话框。

步骤 3：选中所需的数据表，单击【确定】按钮，弹出【导入数据】对话框，选择数据的存放位置。

小提示

除了 Access 数据库之外，用户还可以在【数据】选项卡的【获取外部数据】组中单击【自其他来源】按钮，在弹出的下拉列表中选择其他来源。

考点3 整理与修饰表格

真考链接

该知识点属于考试大纲中要求重点掌握的内容，考核概率为90%。考生需熟练掌握单元格的基本操作。

1. 设置文本对齐方式

选中要设置对齐方式的单元格，单击【开始】选项卡，在【对齐方式】组中单击右下角的对话框启动器按钮，在弹出的【设置单元格格式】对话框中选择【对齐】选项卡，在该选项卡中即可设置文本的对齐方式，如图 4.25 所示。

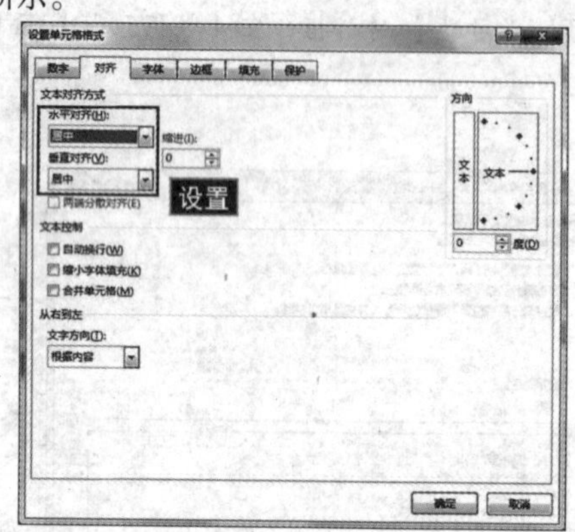

图 4.25

小提示

两端对齐只有当单元格中的内容是多行时才起作用，其多行文本两端对齐；分散对齐是指将单元格中的内容以两端撑满的方式与两边对齐；填充对齐通常用于修饰报表，当选择填充对齐时，即使在单元格中只输入一个星号（*），Excel 也会自动用多个星号将单元格填满，而且星号的个数会随着列宽自行调整。

此外，在 Excel 中设计表格标题时，一般习惯把标题名放在表格水平居中的位置，在此需要设置单元格合并及居中，具体操作如下。

选择需要合并的单元格，在【开始】选项卡的【对齐方式】组中单击【合并后居中】按钮，即可将所选单元格合并为一个，并且新单元格中的内容水平居中显示。

2. 设置字体与字号

选中要设置字体和字号的单元格，单击【开始】选项卡，在【字体】组中单击右下角的对话框启动器按钮，在弹出的对话框中选择【字体】选项卡，在该选项卡中即可设置字体与字号，如图 4.26 所示。

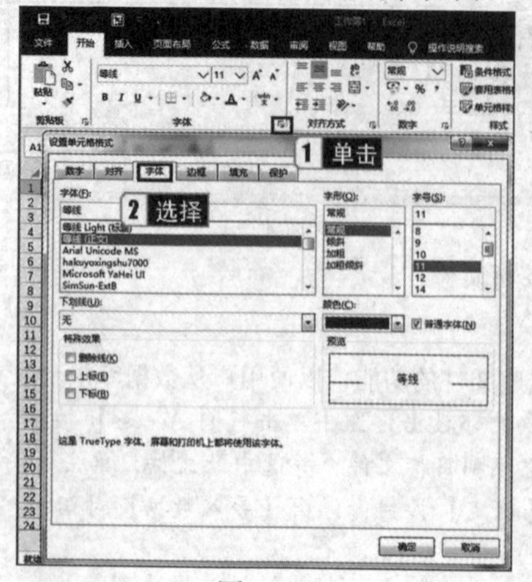

图 4.26

此外，也可以使用快捷菜单进行格式化工作。方法是先选中要设置的单元格或单元格区域（或文本），然后单击鼠标右键，打开相应的快捷菜单，选择其中的【设置单元格格式】命令，这时也将出现【设置单元格格式】对话框。

小提示

如果要设置单元格中的某个数据为特殊字体，例如，要设置上标或下标及删除线，则除了要选定相应单元格外，还应在编辑栏中选定相应的数据，用鼠标拖曳相应数据，使其呈高亮显示，再选择要设置的格式。

3. 设置数字格式

（1）使用按钮设置数字格式。

如果格式化的工作比较简单，则可以通过【数字】组中的按钮来完成。用于设置数字格式的按钮有5个，它们的功能如表4.1所示。

表4.1

图标	名称	功能
	会计数字格式	将选定单元格设置为货币格式
%	百分比样式	将单元格值显示为百分比
,	千位分隔样式	显示单元格值时使用千位分隔符
←.0 .00	增加小数位数	每单击一次，数据增加一个小数位数
.00 →.0	减少小数位数	每单击一次，数据减少一个小数位数

例如，要为图4.27所示工作表中的价格数字设置货币格式，可按如下步骤操作。

步骤：选中C2:C10单元格区域，在【开始】选项卡的【数字】组中单击【会计数字格式】按钮右侧的下拉按钮，在弹出的下拉列表中选择【￥中文（中国）】选项，如图4.27所示。数字前面将插入货币符号“￥”，效果如图4.28所示。

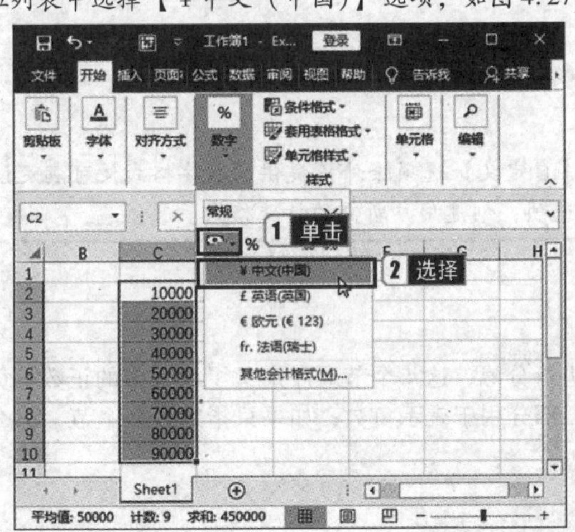

图4.27

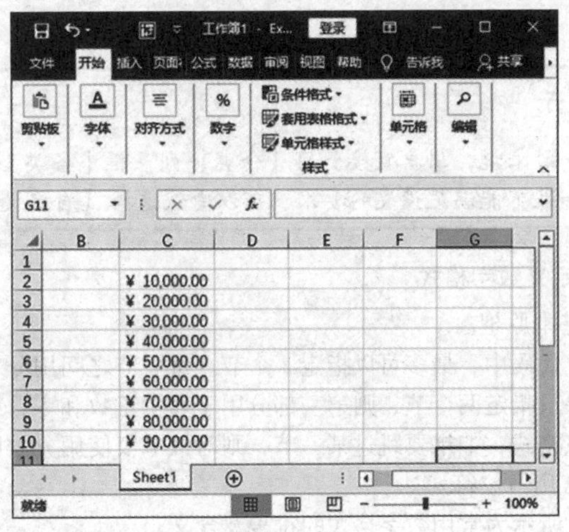

图4.28

小提示

数字格式是指工作表中数据的显示形式，改变数字的格式并不会影响数据本身，数据本身会显示在编辑栏中。

（2）使用【数字】选项卡。

步骤1：选定要设置格式的单元格、单元格区域或文本。

步骤2：使用前面介绍的设置文本和单元格格式的方法中的任何一种，打开【设置单元格格式】对话框。

步骤3：选择【设置单元格格式】对话框中的【数字】选项卡，从【分类】列表框中选择所需的类型，此时对话框右侧便显示本类型中可用的格式及示例，用户可以根据需要选择所需格式。表4.2所示为数字格式的分类及说明。

步骤4：单击【确定】按钮完成设置。

表 4.2

分类	说明
常规	不包含特定的数字格式
数值	可用于一般数字的表示，包括千位分隔符、小数位数，不可以指定负数的显示方式
货币	可用于一般货币值的表示，包括货币符号、小数位数，不可以指定负数的显示方式
会计专用	与货币一样，只是小数或货币符号是对齐的
日期	把日期和时间序列数值显示为日期值
时间	把日期和时间序列数值显示为时间值
百分比	将单元格值乘 100 并添加百分号，还可以设置小数点位置
分数	以分数形式显示数值中的小数，还可以设置分母的位数
科学记数	以科学记数法显示数字，还可以设置小数点位置
文本	在文本单元格格式中，数字作为文本处理
特殊	用来在列表或数据中显示邮政编码、电话号码、中文大写数字、中文小写数字
自定义	用于创建自定义的数字格式

例如，把图 4.28 中的货币符号改成 $，可按以下步骤操作。

步骤 1：选中单元格区域 C2:C10。

步骤 2：单击【数字】组中右下角的对话框启动器按钮，打开【设置单元格格式】对话框。

步骤 3：在【数字】选项卡的【分类】列表框中选择【货币】选项，并在右侧的【货币符号（国家/地区）】下拉列表框中选择货币符号 $。

步骤 4：单击【确定】按钮，则数字前面货币符号改为 $。

小提示

一般来说，用户直接套用【分类】列表框中各类型（【自定义】选项除外）提供的数字格式便可满足设置要求。如果不能满足设置的要求，可以尝试选择【自定义】选项，创建用户所需的特殊格式。

4. 自定义数字格式

（1）基本原理。

在格式代码中，最多可以指定 4 个节。每个节之间用分号进行分隔，这 4 个节顺序定义了格式中的正数、负数、零和文本。如果只指定两个节，则第一部分用于表示正数和零，第二部分用于表示负数；如果只指定了一个节，那么所有数字都会使用该格式；如果要跳过某一节，则对该节仅使用分号即可。

（2）常用占位符。

表 4.3 所示为常用数字格式的符号及含义。

表 4.3

占位符	注释	自定义	常规	格式后
G/通用格式	以常规的数字显示，作用相当于【分类】列表框中的【常规】选项		24.5	24.5
0	数字占位符。如果单元格内数字的位数大于占位符的数量，则显示实际数字；如果单元格内数字的位数小于占位符的数量，则用 0 补足	00000	1234567	1234567
			123	00123
		00.000	1234.1	1234.100
			12.8	12.800
			2.3	02.300

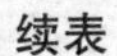

续表

占位符	注释	自定义	常规	格式后
#	数字占位符。只显示有意义的零而不显示无意义的零。小数点后数字的位数如果大于“#”的数量，则按“#”的位数四舍五入	#,##0	2356.122	2,356
		###.##	1710.3	1710.30
?	数字占位符。在小数点两边为无意义的零添加空格，以便按固定宽度时小数点可对齐，还可用于显示分数	??.??	23.35784	23.35
		???.???		23.357
@	文本占位符，如果只使用单个@，作用是引用原始文本。要在输入数据之前自动添加文本，使用自定义格式为：" 文本内容" @；要在输入数据之后自动添加文本，使用自定义格式为：@" 文本内容"。@符号的位置决定了输入的数据相对于添加文本的位置。如果使用多个@，则可以重复文本	"未来教育"@"图书"	计算机	未来教育计算机图书
		@@@		计算机计算机计算机
.（句点）	在数字中显示小数点	##.00	54	54.00
,（逗号）	在数字中显示千位分隔符	#,###	12	12,000
[ ]（方括号）	[颜色 n]：调用调色板中的颜色，n 是 0~56 的整数，如 1 代表红色、2 代表黑色、3 代表黄色	[黄色] 或 [颜色3]	123	黄色数字 123
	[条件]：最多使用 3 个条件，其中两个条件是明确的，另一个是“所有的其他”	[>0]"正数"; [=0];"零"; "负数"	3	正数
			-5	-负数
			0	零
		[红色][<=100]; [蓝色][>100]	88	红色数字 88

小提示

在数字占位符中，“#”“?”“0”这 3 个符号的不同之处在于是否显示额外的 0。“#”只显示有意义的数字，而不显示无意义的 0。如果数字位数少于格式中 0 的个数，则将显示若干个 0，从而保证显示的数据保持同一精度。“?”与“0”类似，只是不显示 0，而是显示空格，从而使数字的小数点对齐。

（3）修改数字格式。

新建一个数字格式代码是比较麻烦的，可以在已有的内置格式中选择一个相近的格式，在此基础上修改代码使其符合要求，具体的操作步骤如下。

步骤 1：打开素材文件夹中的自定义数据格式.xlsx 文件，选中 B4 单元格，输入公式“=TODAY()”，插入当前日期，如图 4.29 所示。

步骤 2：单击【开始】选项卡【数字】组右下角的对话框启动器按钮，弹出【设置单元格格式】对话框。

步骤 3：在【数字】选项卡的【分类】列表框中，选择【日期】选项，在右侧的【类型】列表框中选择一种格式，如图 4.30 所示。

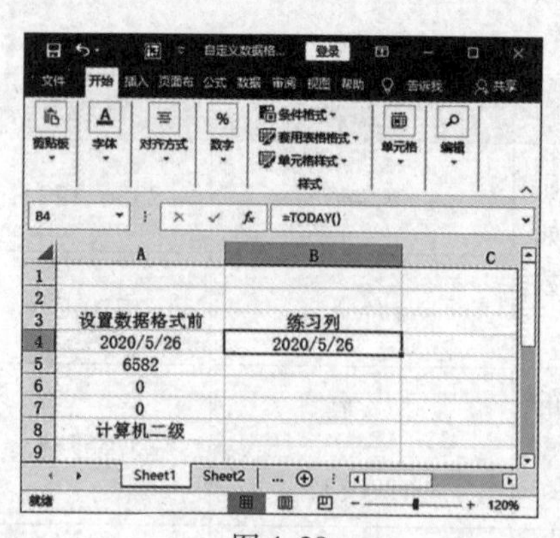

图 4.29

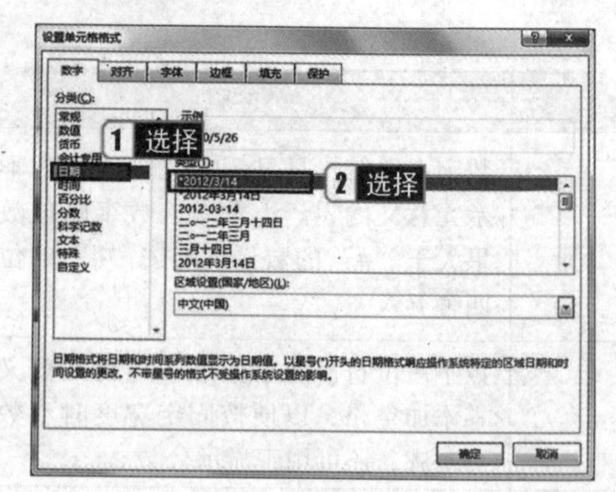

图 4.30

步骤 4：选择【分类】列表框最下方的【自定义】，右侧【类型】下方的文本框中将会显示当前日期格式的代码，在下方的代码列表框中选择合适的参照代码类型，如图 4.31 所示。

步骤 5：在【类型】下方的文本框中输入参照代码为"yyyy"年"m"月"d"日"[$-804]aaa;@"，该代码表示将日期格式修改为"xxxx 年 xx 月 xx 日周 x"，单击【确定】按钮即生成新的格式，如图 4.32 所示。

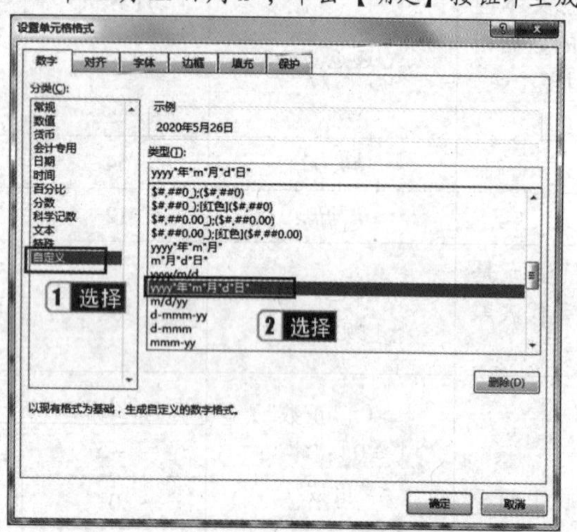

图 4.31　　图 4.32

步骤 6：选中 B4:B8单元格区域，按上述方式打开【设置单元格格式】对话框。

步骤 7：选择【分类】列表框最下方的【自定义】，在【自定义】右侧的【类型】下方的文本框中输入参照代码为"#,##0.00;[绿色]-#,##0.00;0.00;@"!""。该代码表示正数保留两位小数、使用千位分隔符；负数以绿色表示并添加负号、保留两位小数、使用千位分隔符；零保留两位小数；文本后面自动显示叹号。单击【确定】按钮即生成新的格式，如图 4.33 所示。效果如图 4.34 所示。

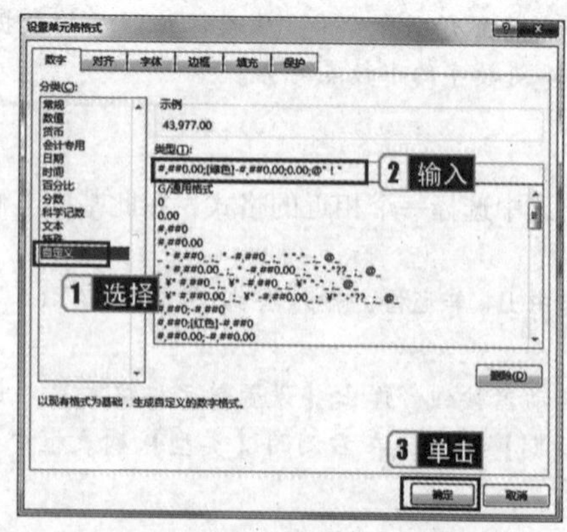

图 4.33

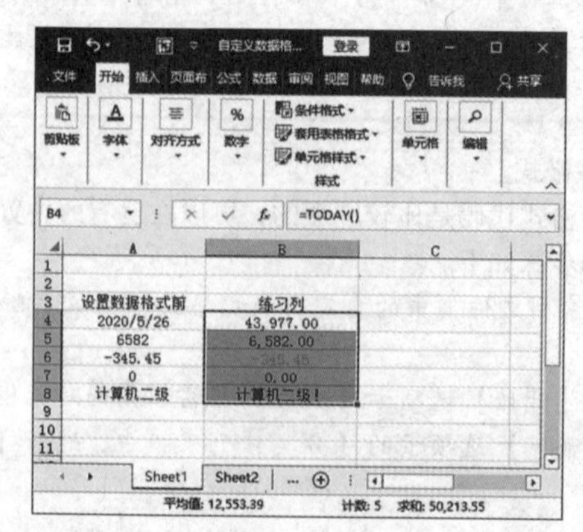

图 4.34

5. 设置单元格边框

要设置单元格的边框，可在【开始】选项卡的【字体】组中单击【边框】按钮，或者使用【设置单元格格式】

对话框中的【边框】选项卡。对于简单的单元格边框设置，在选定了要设置的单元格或单元格区域后，直接单击【开始】选项卡中【边框】按钮右侧的下拉按钮，弹出下拉列表，从中选择需要的边框线即可，如图 4.35 所示。

但是，使用【开始】选项卡进行边框设置有很大的局限性，而使用【设置单元格格式】对话框中的【边框】选项卡可以解决这一问题。

选定要设置的单元格或单元格区域后，使用前面介绍的设置文本和单元格格式方法中的任何一种，打开【设置单元格格式】对话框，选择【边框】选项卡，如图 4.36 所示。用户可根据对话框中提示的内容进行选择，然后单击【确定】按钮即可。

图 4.35

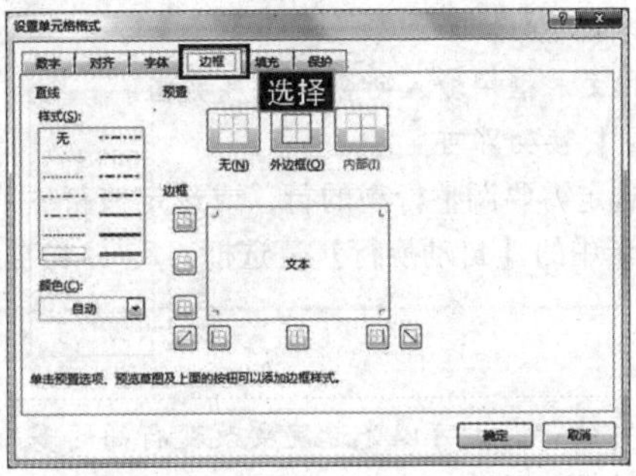

图 4.36

6. 设置单元格底纹

设置单元格底纹颜色，可以在选定要设置图案的单元格后，单击【开始】选项卡中【字体】组中的【填充颜色】按钮右侧的下拉按钮，弹出下拉列表，然后选择所需的颜色，如图 4.37 所示。此方法虽然操作比较方便，但也受到了一定的限制，而利用【设置单元格格式】对话框中的【填充】选项卡则可突破这种限制，如图 4.38 所示。

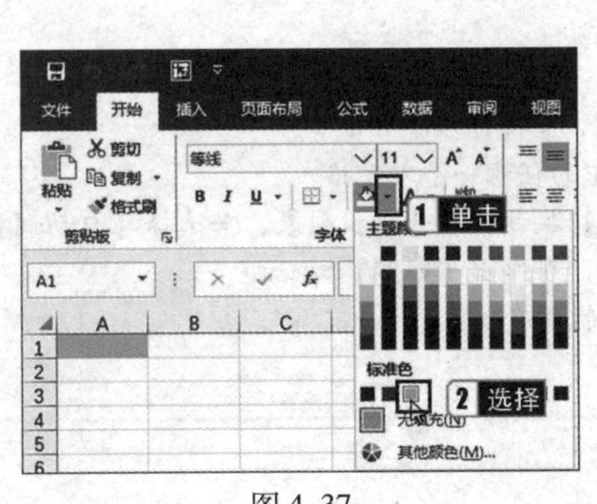

图 4.37

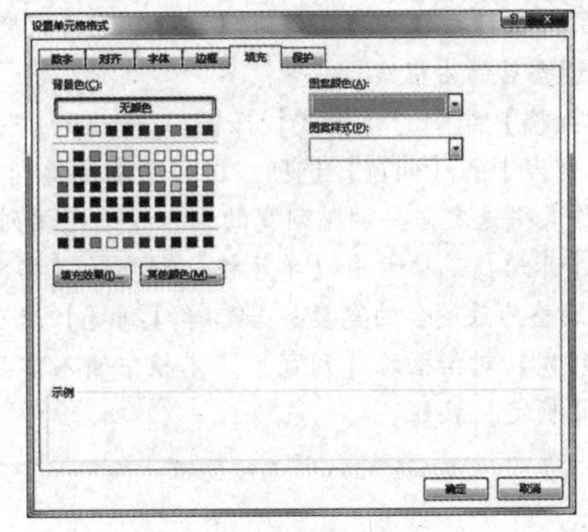

图 4.38

7. 调整行高

(1) 使用鼠标拖曳框线。

在对单元格高度要求不是十分精确时，可按照如下步骤快速调整行高。

步骤 1：将鼠标指针指向任意一行行号下框线，这时鼠标指针变为双向箭头 ✛ 形状，表明该行高度可用鼠标拖曳的方式自由调整。

步骤 2：拖曳鼠标指针上下移动，直到调整到合适的高度为止。拖曳时在工作表中有一条横线，释放鼠标时，这条横线就成为该行调整后的下框线，如图 4.39(a)、图 4.39(b)所示。

(2) 使用【单元格】组中的【格式】按钮。

使用【格式】下拉列表中的【行高】命令，可以精确地调整行高，其操作步骤如下。

步骤1：在工作表中选定需要调整行高的行或选定该行中的任意一个单元格。

步骤2：在【开始】选项卡的【单元格】组中单击【格式】按钮，展开下拉列表，选择【自动调整行高】选项，即可自动将该行高度调整为最适合的高度。如果选择【行高】选项，则弹出【行高】对话框，如图4.40所示。

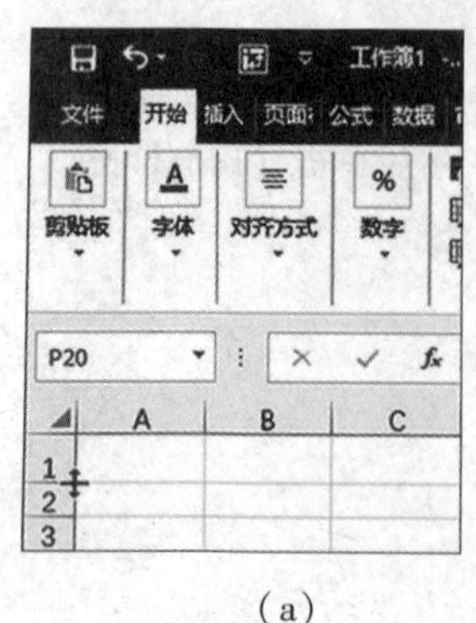

(a)

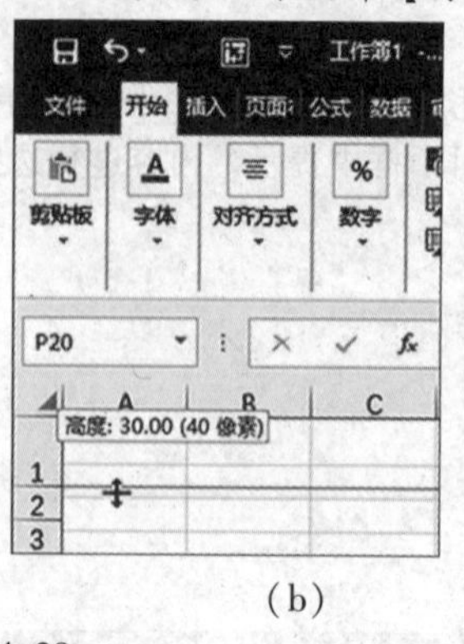

(b)

图4.39

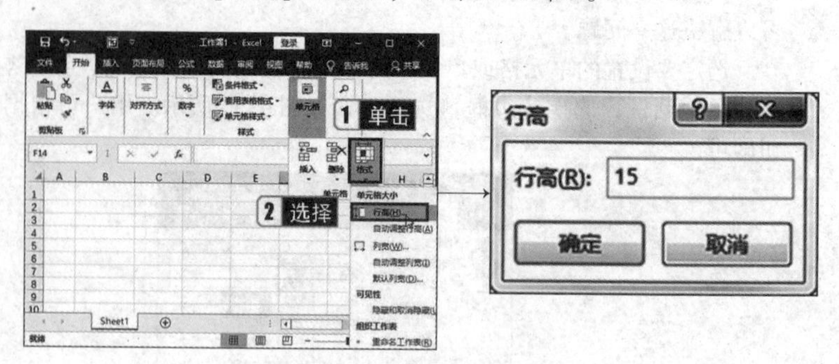

图4.40

步骤3：在【行高】文本框中输入所需的高度数值。

步骤4：单击【确定】按钮即可。

此外，在工作表中选定需要调整行高的行，或选定该行中的任意一个单元格之后，可在【设置单元格格式】对话框中，选择【对齐】选项卡中的【自动换行】复选框，Excel将自动调整该行高度并使单元格中的内容完全显示。

小提示

若要改变多个行的行高，可以先选定要改变行高的多个行，然后按上述步骤进行调整。不过，此时所选定的多行的行高将调整为同一数值。

8. 调整列宽

(1) 使用鼠标拖曳框线。

当对单元格的列宽要求不十分精确时，可按如下步骤快速调整列宽。

步骤1：将鼠标指针指向任意一列列标右框线，这时鼠标指针变为✛形状，表明该列宽度可用鼠标拖曳的方式自由调整。

步骤2：拖曳鼠标指针左右移动，直到调整到合适的宽度为止。拖曳时在工作表中有一条纵向直线，释放鼠标时，这条直线就成为该列调整后的右框线。

(2) 使用【单元格】组中的【格式】按钮。

使用【格式】列表中的【列宽】选项，可以精确调整列宽，其操作步骤如下。

步骤1：在工作表中选定需要调整列宽的列，或选定该列中的任意一个单元格。

步骤2：单击【开始】选项卡中【单元格】组内的【格式】按钮，展开下拉列表，若选择【自动调整列宽】选项，则可自动将该列宽度调整为最适合的宽度；若选择【列宽】选项，则弹出【列宽】对话框。

步骤3：在【列宽】对话框的【列宽】文本框中输入需要的宽度数值。

步骤4：单击【确定】按钮。

小提示

若要改变多个列的宽度，可以先选定要改变列宽的多个列，然后按上述步骤调整即可。不过，此时所选定的多个列的列宽将调整为同一宽度。

真题精选

打开考生文件夹中的工作簿文件EXCEL1.xlsx，要求如下。

将Sheet1工作表标题跨列合并后居中，适当调整其字体，加大字号并改变字体颜色。适当加大数据表行高和列宽，设置对齐方式及销售额数据列的数值格式（保留2位小数），并为数据区域增加边框线。

【操作步骤】

步骤1：选中A1:E1单元格区域，单击鼠标右键，在弹出的快捷菜单中选择【设置单元格格式】命令，弹出【设置单元格格式】对话框。在【对齐】选项卡的【文本控制】选项组中，选择【合并单元格】复选框，在【文本对齐方式】选项组的【水平对齐】下拉列表中选择【居中】选项，而后单击【确定】按钮即可，如图 4.41 所示。

步骤 2：按照同样的方式打开【设置单元格格式】对话框，切换至【字体】选项卡，在【字体】下拉列表中选择一种合适的字体，此处我们选择【黑体】选项。在【字号】下拉列表中选择一种合适的字号，此处我们选择【14】选项。在【颜色】下拉列表中选择合适的颜色，此处我们选择【深蓝，文字 2，深色 50%】选项。设置完毕后单击【确定】按钮即可，如图 4.42 所示。

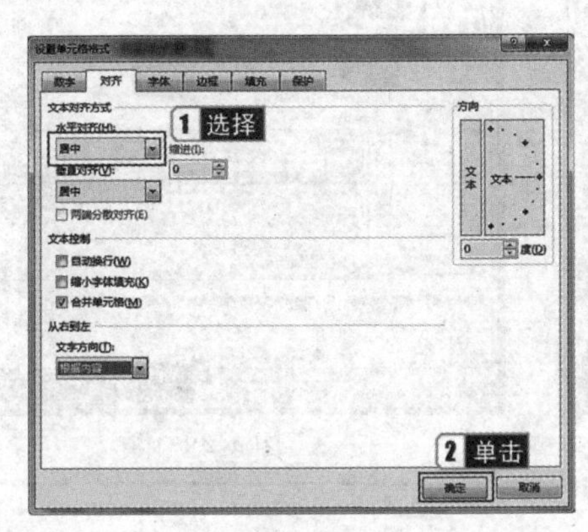

图 4.41

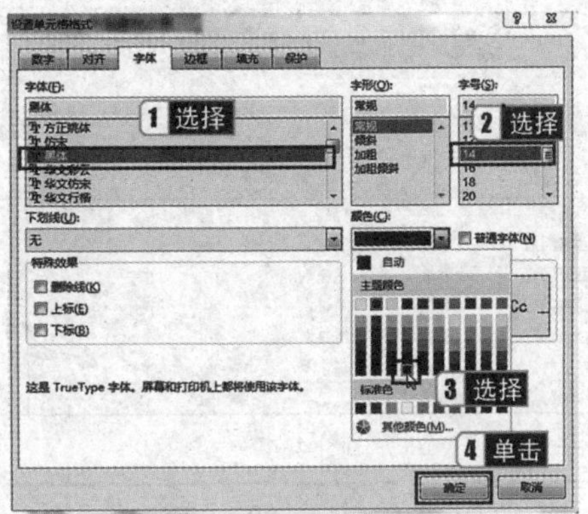

图 4.42

步骤 3：选中 A1:E83 单元格区域，在【开始】选项卡的【单元格】组中单击【格式】按钮，展开下拉列表，选择【行高】选项，在弹出的对话框中输入合适的数值即可，此处我们输入“20”，然后单击【确定】按钮即可，如图 4.43 所示。

步骤 4：按照同样的方式选择【列宽】选项，此处我们输入“12”，然后单击【确定】按钮即可，如图 4.44 所示。设置完行高及列宽，便可看到实际显示的效果，如图 4.45 所示。

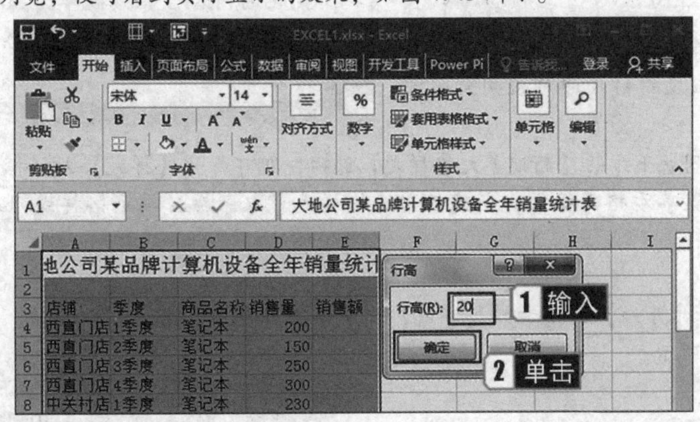

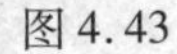

图 4.43

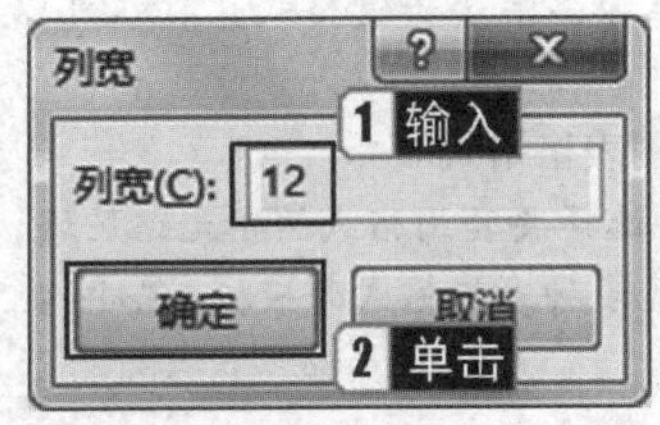

图 4.44

步骤 5：选中数据表，在【开始】选项卡的【对齐方式】组中选择合适的对齐方式，此处我们选择【居中】，效果如图 4.46 所示。

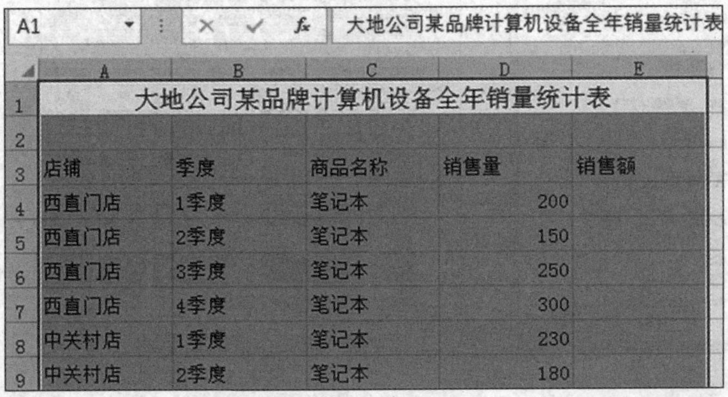

图 4.45

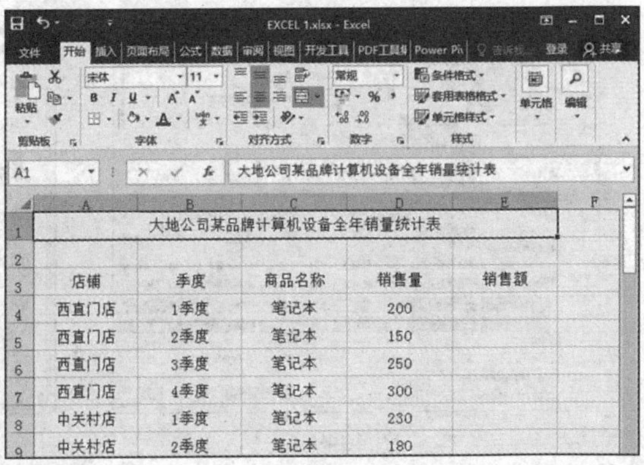

图 4.46

步骤 6：选中数据区域，单击鼠标右键，在弹出的快捷菜单中选择【设置单元格格式】命令，弹出【设置单元格格式】对话框。切换至【边框】选项卡，在【预置】选项组中选中【外边框】选项，在【直线】选项组的【样式】列表框中选择一种线条样式，最后单击【确定】按钮即可。实际效果如图4.47所示。

步骤7：选中“销售额”数据列，单击鼠标右键，在弹出的快捷菜单中选择【设置单元格格式】命令，弹出【设置单元格格式】对话框。切换至【数字】选项卡，在【分类】列表框中选择【数值】，在右侧的【小数位数】微调框中输入“2”，设置完毕后单击【确定】按钮，如图4.48所示。

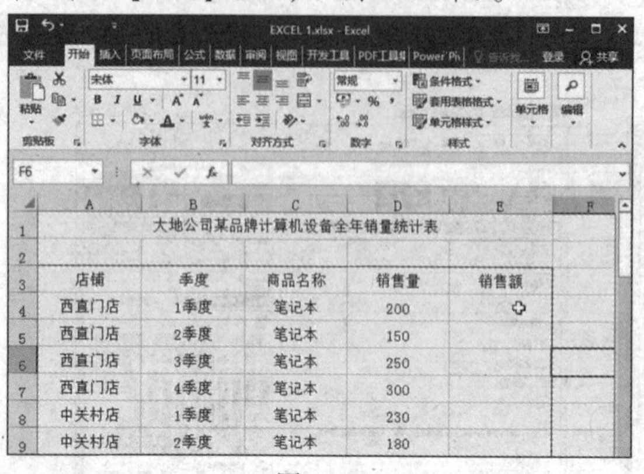

图4.47

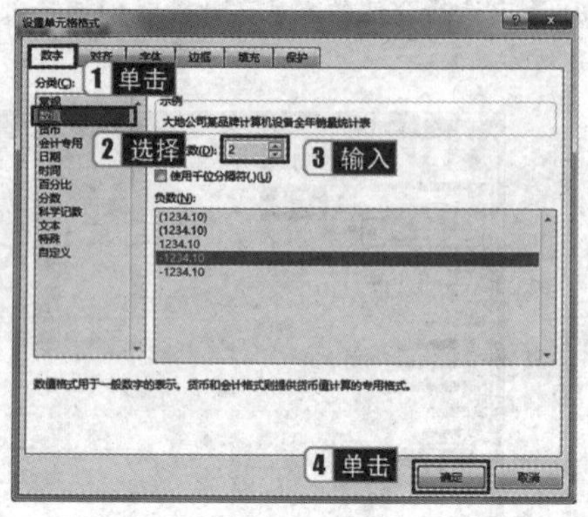

图4.48

考点4 格式化工作表高级技巧

> **真考链接**
>
> 该知识点属于考试大纲中要求熟记的内容，考核概率为30%。考生需熟记单元格的样式和格式的设置方法。

1. **设置单元格样式和格式**

(1) 指定单元格样式。

步骤1：选择要设置单元格样式的单元格。

步骤2：在【开始】选项卡的【样式】组中单击【单元格样式】按钮，即可弹出【单元格样式】下拉列表，如图4.49所示。

步骤3：从中单击选择某一个预定样式，相应的格式即可应用到当前选定的单元格中。

步骤4：若要自定义单元格样式，选择样式列表下方的【新建单元格样式】选项，即可打开【样式】对话框，如图4.50所示，为样式命名后单击【格式】按钮可以设置单元格的格式，新建的单元格样式可以保存在单元格样式列表的【自定义】选项组中。

(2) 套用表格格式。

步骤1：选择要套用格式的单元格区域，在【开始】选项卡的【样式】组中单击【套用表格格式】按钮，在弹出的下拉列表中出现多种表格格式的模板，如图4.51所示。

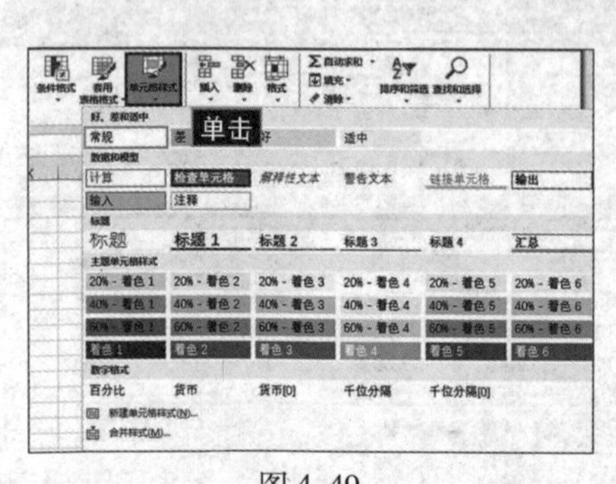

图4.49

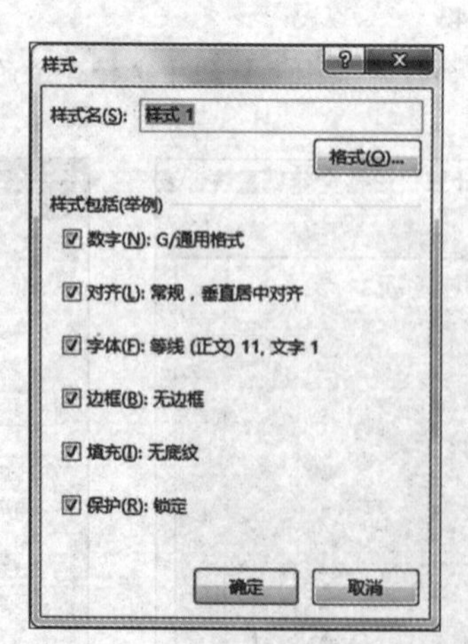

图4.50

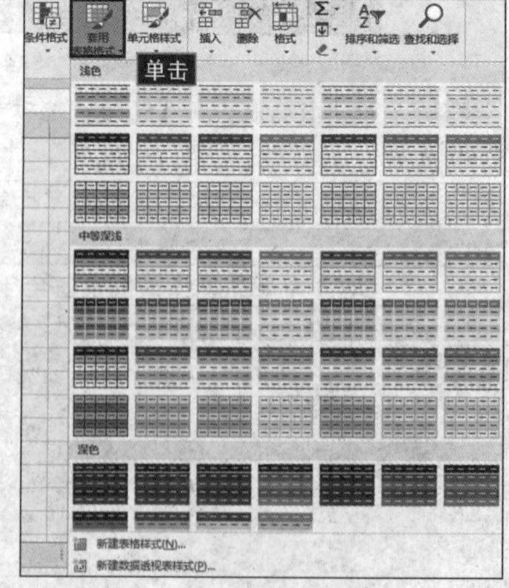

图4.51

步骤2：从中单击选择任意一个单元格格式模板，相应的格式即可应用到当前选定的单元格区域。

步骤3：若要自定义表格格式，可选择格式列表下方的【新建表格样式】选项，即可打开【新建表样式】对话框，如图4.52所示。在对话框中输入样式名称，选择需要设置的【表元素】，设置【格式】，单击【确定】按钮后，新建的表格格式即可在格式列表中的【自定义】选项组中显示。

步骤4：若要取消套用格式，可以选中已套用表格格式的单元格区域，在【表格工具】的【设计】选项卡中单击【表格样式】组中的【其他】按钮，在弹出的样式列表中选择【清除】选项即可，如图4.53所示。

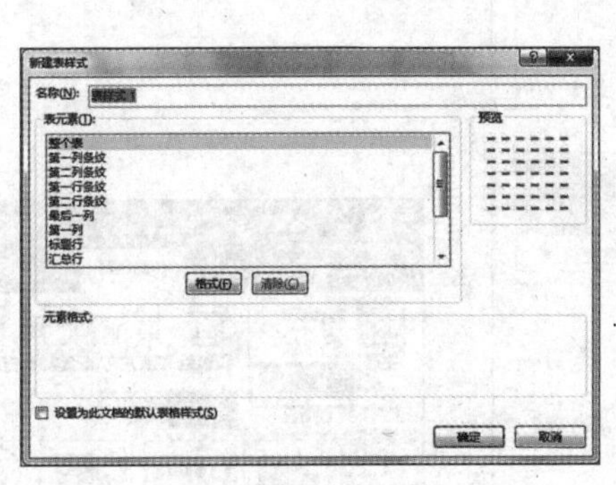

图4.52

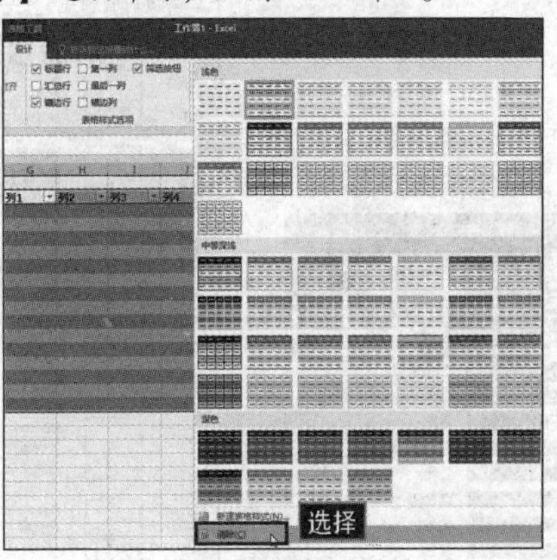

图4.53

小提示

自动套用格式只能应用在不包括合并单元格的数据列表中。

2. 在工作表中创建"表"

在对工作表单元格区域套用表格格式后，会发现所选区域的第一行自动出现了【筛选】下拉按钮，这是因为Excel自动将该区域定义成了一个"表"。"表"是在Excel工作表中创建的独立数据区域，可以看作"表中表"。

(1) 创建"表"。

通过【套用表格格式】可以将所选区域定义为一个"表"，通过插入表格的方式也可以创建"表"，具体的操作步骤如下。

步骤1：打开工作簿，选中数据区域，在【插入】选项卡的【表格】组中单击【表格】按钮，弹出【创建表】对话框。

步骤2：如果所选择区域的第一行包含要显示为表格标题行的数据，则选择【表包含标题】复选框。如果不选择【表包含标题】复选框，则自动向上扩展一行并显示默认标题名称。

步骤3：单击【确定】按钮，所选区域将自动应用默认表格样式并被定义为一个"表"。

小提示

不能将带有外部连接的数据区域定义为"表"。创建"表"后，通过上方的【表格工具】的【设计】选项卡可自定义或编辑该"表"。

(2) 将"表"转换为区域。

被定义为"表"的区域，不可以进行分类汇总以及单元格合并操作。有的时候可能仅仅是为了快速应用一个表格样式，但无须使用"表"功能，这时就可以将"表"转换为常规数据区域，同时保留所套用的格式，具体的操作步骤如下。

步骤1：将光标定位"表"中的任意位置，功能区会显示【表格工具】的【设计】选项卡。

步骤2：在【表格工具】的【设计】选项卡中单击【工具】组中的【转换为区域】按钮，在弹出的提示对话框中单击【是】按钮。

3. 设置主题与使用主题

(1) 使用主题。

新建工作表，在【页面布局】选项卡的【主题】组中单击【主题】按钮，打开主题下拉列表，然后从中选择需要的主题即可。

(2) 自定义主题。

步骤1：在【页面布局】选项卡的【主题】组中单击【颜色】按钮，在弹出的下拉列表中选择【自定义颜色】选项，可以自行设置颜色组合，如图4.54所示。

步骤2：单击【字体】按钮，在弹出的下拉列表中选择【自定义字体】选项，可以自行设置字体组合，如图4.55所示。

步骤3：单击【效果】按钮，在弹出的下拉列表中可以选择一组主题效果，如图4.56所示。

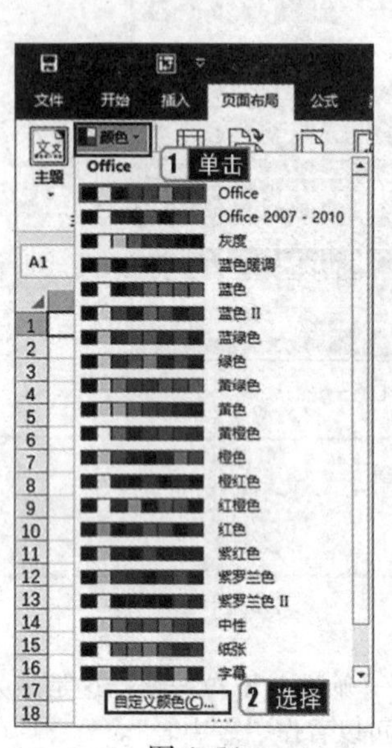
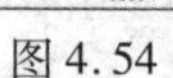
图 4.54

图 4.55

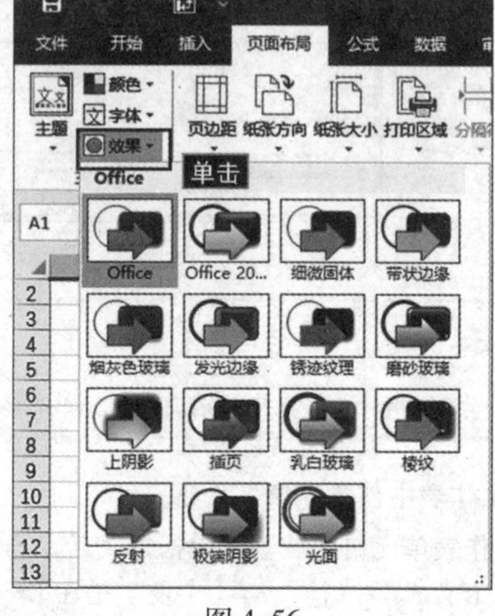
图 4.56

步骤 4：在【页面布局】选项卡的【主题】组中单击【主题】按钮，在弹出的主题列表中选择【保存当前主题】选项，即可弹出【保存当前主题】对话框。在【文件名】文本框中输入主题名称，然后选择保存位置，单击【保存】按钮，即可完成保存主题的操作，如图 4.57 所示。新建主题可在主题列表的【自定义】选项组中显示。

4. 条件格式

（1）利用预置条件实现快速格式化。

步骤 1：选中工作表中的单元格或单元格区域，在【开始】选项卡的【样式】组中选择【条件格式】按钮，即可弹出【条件格式】下拉列表，如图 4.58 所示。

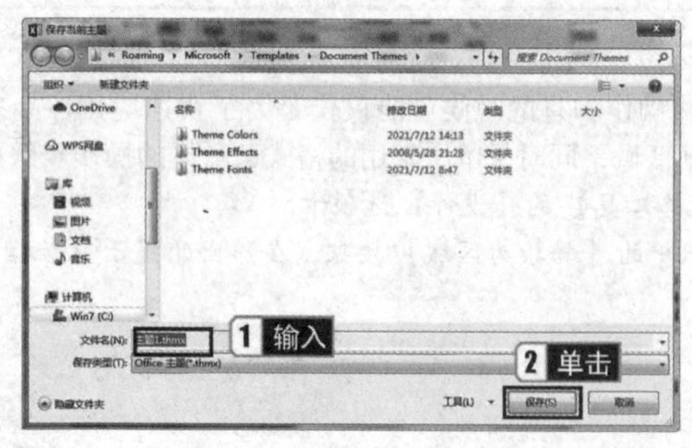
图 4.57

图 4.58

步骤 2：将鼠标指针指向任意一个条件规则，即可弹出下拉列表，从中选择任意预置的条件格式，即可完成条件格式设置，如图 4.59 所示。

各条件格式的功能如下。

- 突出显示单元格规则：使用大于、小于、等于、包含等比较运算符限定数据范围，对属于该数据范围内的单元格设置格式。例如，在成绩表中，为成绩小于 60 分的单元格设置红色底纹，其中，“<60”就是条件，红色底纹就是格式。
- 项目选取规则：将选中单元格区域中的前若干个值或后若干个值大于或小于该区域平均值的单元格设置为特殊格

式。例如，在成绩表中，用红色字体标出某科目成绩排在前10名的学生，其中，“成绩排在前10名”就是条件，红色字体就是格式。

- 数据条：数据条可帮助查看某个单元格相对于其他单元格的值，数据条的长短代表单元格中值的大小。数据条越长，表示值越大；数据条越短，表示值越小。在展示大量数据中的较大值和较小值时，数据条的用处很大。
- 色阶：通过使用2种或3种颜色的渐变效果直观地比较单元格区域中的数据，用来显示数据分布和数据变化。一般情况下，颜色的深浅表示值的大小。
- 图标集：可以使用图标集对数据进行注释，每种图标代表一种值的范围。

（2）自定义规则实现高级格式化。

步骤1：选中工作表中的单元格或单元格区域。在【开始】选项卡的【样式】组中单击【条件格式】按钮，从弹出的下拉列表中选择【管理规则】选项，如图4.60所示，即可打开【条件格式规则管理器】对话框，如图4.61所示。

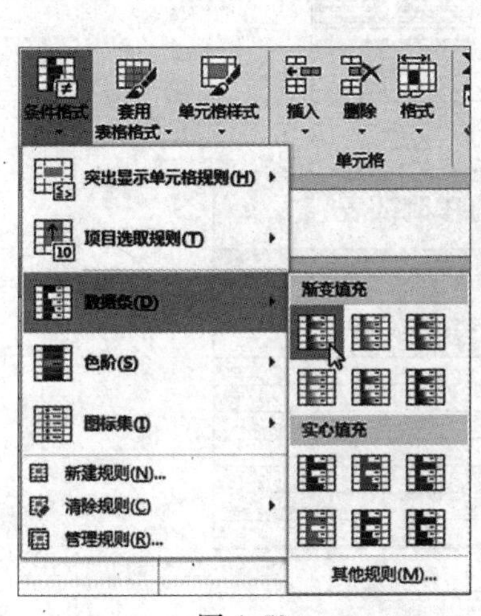

图4.59

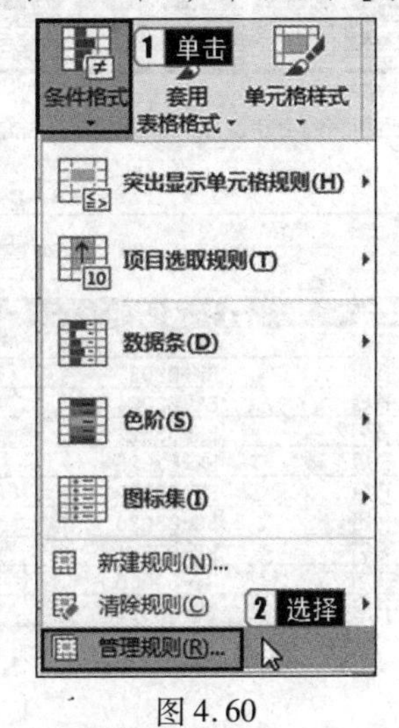

图4.60

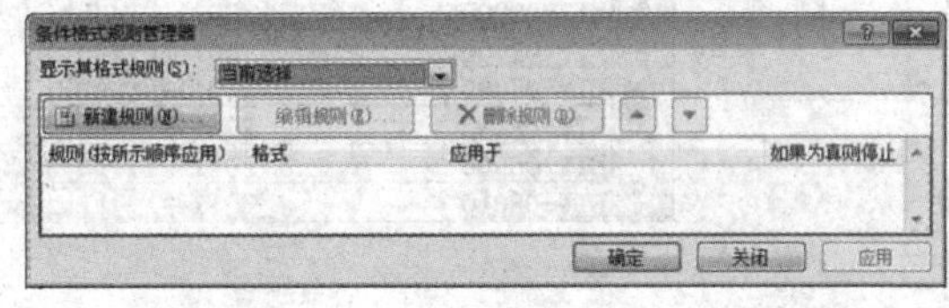

图4.61

步骤2：在【条件格式规则管理器】对话框中单击【新建规则】按钮，即可弹出【新建格式规则】对话框。在【选择规则类型】选项组中选择一个规则类型，然后在【编辑规则说明】选项组中设置规则说明，最后单击【确定】按钮退出，如图4.62所示。单击【删除规则】按钮可删除选定的规则。

步骤3：设置规则完成后，单击【确定】按钮退出对话框，如图4.63所示。

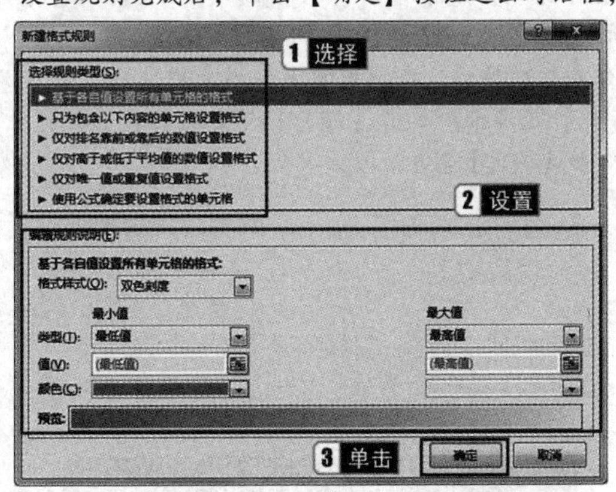

图4.62

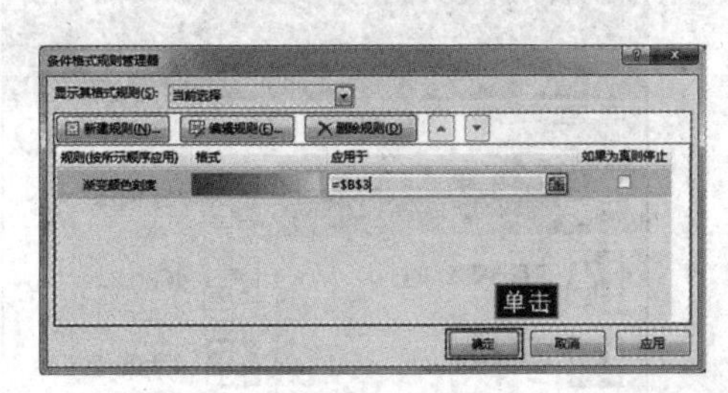

图4.63

真题精选

【例1】 打开考生文件夹中的工作簿文件EXCEL2.xlsx，按照要求完成下列操作，并以原文件名保存文档。

小李今年毕业后，在一家计算机图书销售公司担任市场部助理，主要的工作职责是为部门经理提供销售信息的分析和汇总。

请对【订单明细表】工作表进行格式调整，通过套用表格格式方法将所有的销售记录调整为一致的外观格式。

【操作步骤】

步骤1：打开考生文件中的EXCEL2.xlsx，打开【订单明细表】工作表。

步骤2：选中工作表中的A2:H636单元格区域，在【开始】选项卡的【样式】组中单击【套用表格格式】按钮，如

图 4.64 所示。在弹出的下拉列表中选择一种表样式，此处我们选择【表样式浅色 12】，如图 4.65 所示。弹出【套用表格式】对话框，保留默认设置后单击【确定】按钮即可。实际效果如图 4.66 所示。

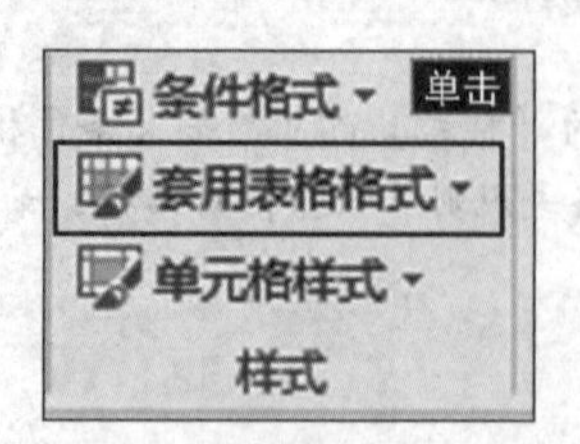

图 4.64

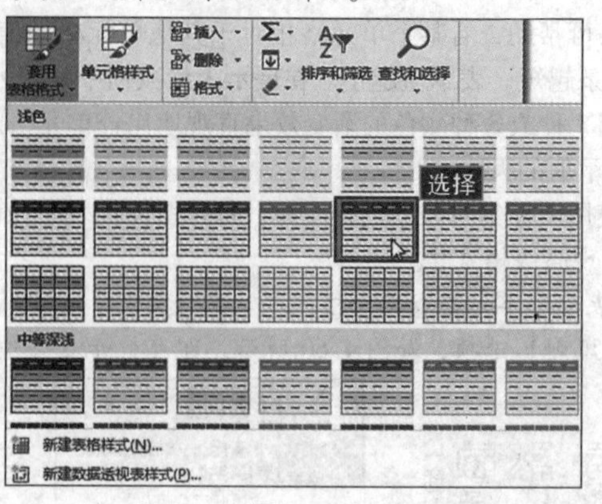

图 4.65

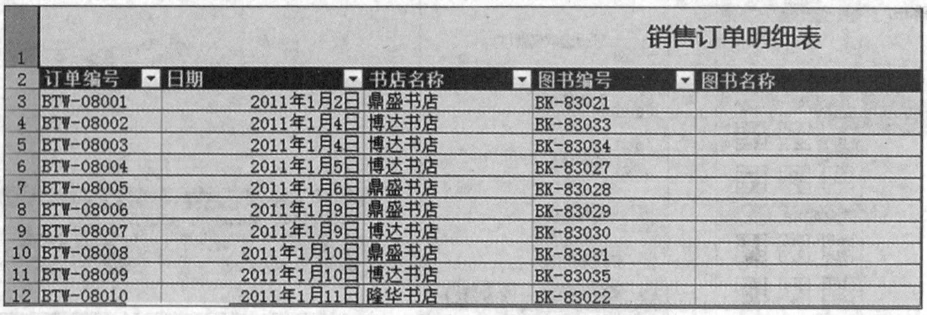

销售订单明细表

	订单编号	日期	书店名称	图书编号	图书名称
3	BTW-08001	2011年1月2日	鼎盛书店	BK-83021	
4	BTW-08002	2011年1月4日	博达书店	BK-83033	
5	BTW-08003	2011年1月4日	博达书店	BK-83034	
6	BTW-08004	2011年1月5日	博达书店	BK-83027	
7	BTW-08005	2011年1月6日	鼎盛书店	BK-83028	
8	BTW-08006	2011年1月9日	鼎盛书店	BK-83029	
9	BTW-08007	2011年1月9日	博达书店	BK-83030	
10	BTW-08008	2011年1月10日	鼎盛书店	BK-83031	
11	BTW-08009	2011年1月10日	博达书店	BK-83035	
12	BTW-08010	2011年1月11日	隆华书店	BK-83022	

图 4.66

步骤 3：单击【保存】按钮保存文档。

【例 2】打开考生文件夹中的工作簿文件 EXCEL3. xlsx，要求如下。

将【销售订单】工作表所有重复的订单编号数值标记为紫色（标准色）字体，然后将其排列在销售订单列表区域的顶端。

【操作步骤】

步骤 1：选中 A3: A678 单元格区域，在【开始】选项卡的【样式】组中单击【条件格式】下拉按钮，选择【突出显示单元格规则】级联菜单中的【重复值】命令，如图 4.67 所示。

步骤 2：弹出【重复值】对话框，单击【设置为】下拉列表框的按钮，在弹出的下拉列表中选择【自定义格式】，如图 4.68 所示，即可弹出【设置单元格格式】对话框，在【字体】选项卡中单击【颜色】下拉按钮，选择标准色中的【紫色】，单击【确定】按钮。返回到【重复值】对话框中再次单击【确定】按钮。

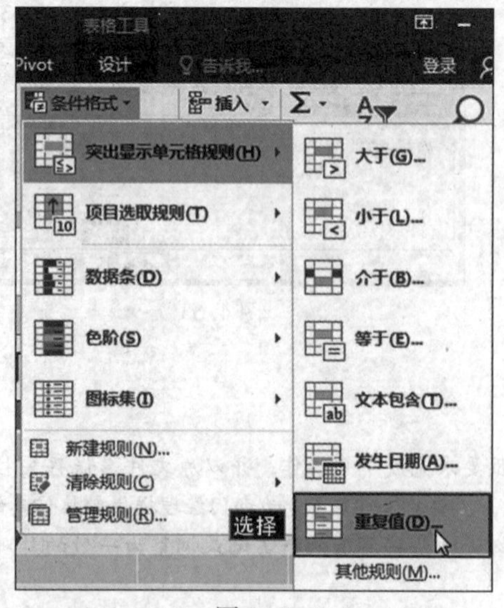

图 4.67

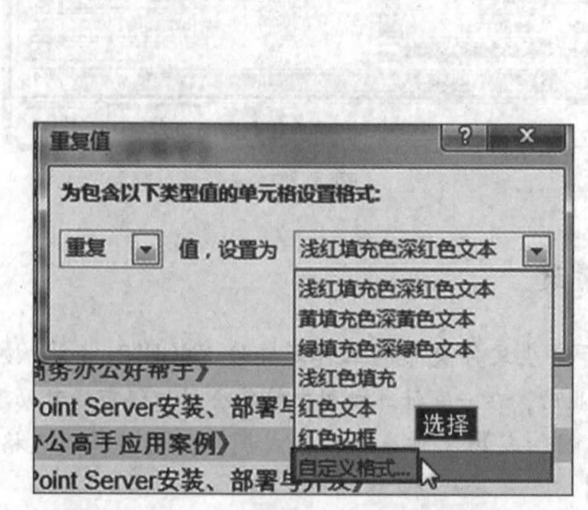

图 4.68

步骤 3：在【开始】选项卡的【编辑】组中单击【排序和筛选】下拉按钮，在弹出的下拉列表中选择【自定义排序】。

在打开的对话框中将【列】设置为【订单编号】，将【排序依据】设置为【字体颜色】，将【次序】设置为【紫色】【在顶端】，如图 4.69 所示，单击【确定】按钮。

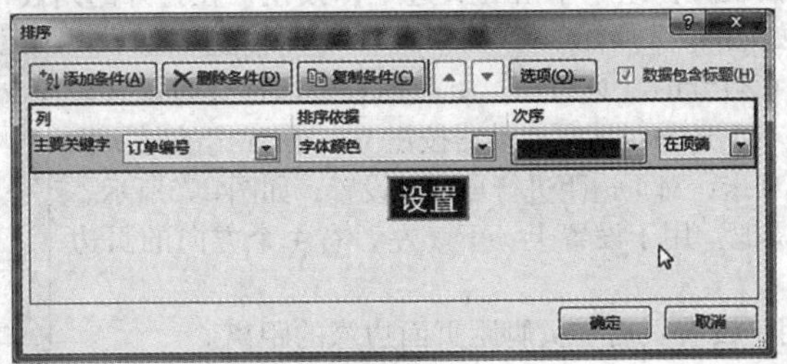

图 4.69

考点 5　工作表的打印

1. 页面的设置

用户可以通过在【页面布局】选项卡中单击【页面设置】组中的【纸张方向】按钮，在弹出的列表中选择【纵向】或【横向】两种纸张方向，如图 4.70 所示。单击【页面设置】组中的【纸张大小】按钮，在弹出的下拉列表中用户可以选择合适的纸张规格，如图 4.71 所示。

该知识点属于考试大纲中要求熟记的内容，考核概率为 20%。考生需熟记工作表打印时各种格式的设置方法。

除上述方法之外，还可以单击【页面设置】组中右下角的对话框启动器按钮，在打开的【页面设置】对话框中切换至【页面】选项卡。【页面】选项卡中各部分的功能如下。

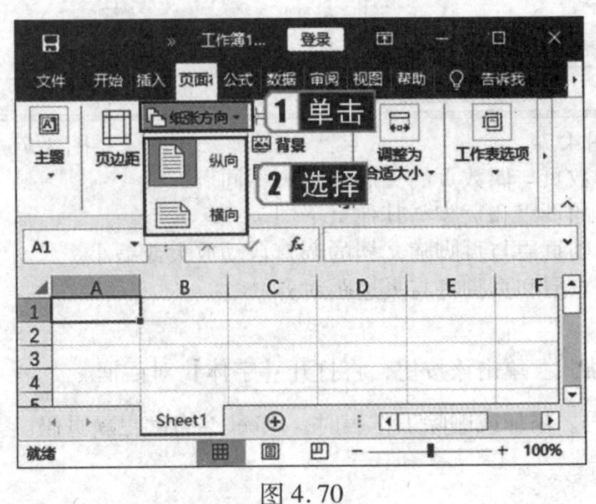

图 4.70

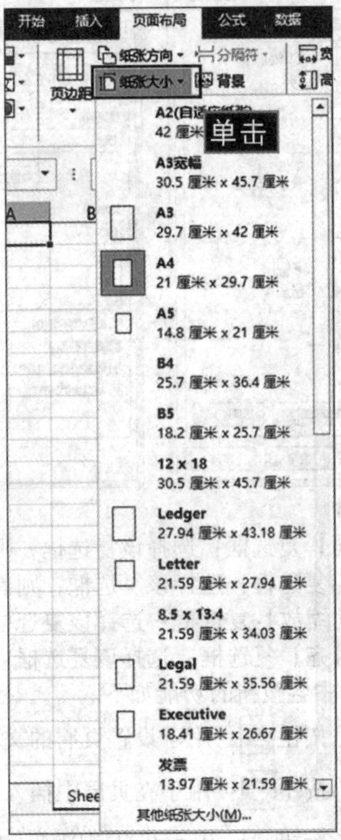

图 4.71

- 【方向】选项组：用于设置打印方向。
- 【缩放】选项组：可以通过设置缩放百分比来缩小或放大工作表，也可以通过设置页宽、页高来进行缩放。
- 【纸张大小】下拉列表框：用于设置打印纸张的大小，可以从其下拉列表中选择所需的纸张，默认的纸张大小为 A4。
- 【打印质量】下拉列表框：用于设置打印的质量。
- 【起始页码】文本框：用于设置页码的起始编号，默认为自动，即从 1 开始编号，如果需要更改起始页码，直接在文本框中输入所需的页码即可。

2. 页边距的设置

在【页面布局】选项卡的【页面设置】组中单击【页边距】按钮，在打开的列表中，用户可以选择 Excel 内置的【普通】【宽】【窄】3 种页边距样式，如图 4.72 所示。

用户若需要自定义页边距，可以在打开的【页边距】下拉列表中选择【自定义边距】选项，或单击【页面设置】组中右下角的对话框启动器按钮，在弹出的【页面设置】对话框中切换至【页边距】选项卡，对页边距进行自定义设置，如图4.73所示。

- 【上】【下】【左】【右】微调框：用于设置上、下、左、右 4 个方向的页边距大小。
- 【页眉】【页脚】微调框：用于设置页眉与页脚距页面边缘的距离。
- 【居中方式】选项组：用于设置页面内容在页面中的居中方式。

3. 页眉与页脚的设置

用户可以通过【页面设置】对话框，或在【视图】选项卡的【工作簿视图】组中单击【页面布局】按钮，对工作表的页眉和页脚进行设置。

在【页面布局】选项卡的【页面设置】组中单击右下角的对话框启动器按钮，在弹出的【页面设置】对话框中切换至【页眉/页脚】选项卡，如图 4.74 所示，在该选项卡中可以对页眉、页脚进行设置。

- 【页眉】【页脚】下拉列表框：单击其下拉按钮，在弹出的下拉列表中可以选择 Excel 内置的页眉、页脚。
- 【自定义页眉】【自定义页脚】按钮：单击【自定义页眉】按钮或【自定义页脚】按钮，在弹出的对话框中，用户可以自定义所需的页眉或页脚，图 4.75 所示为单击【自定义页眉】按钮后弹出的【页眉】对话框。

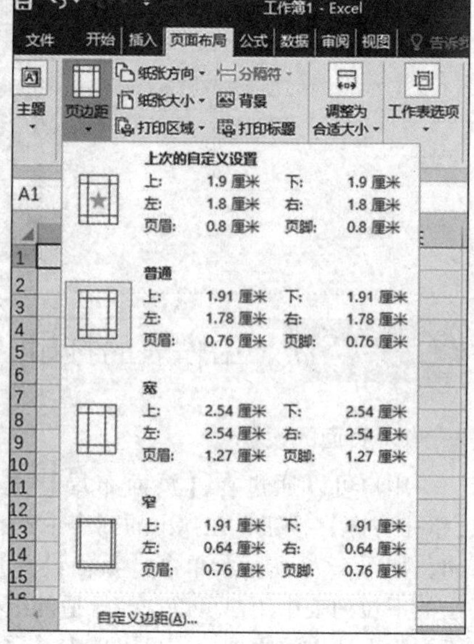

图 4.72

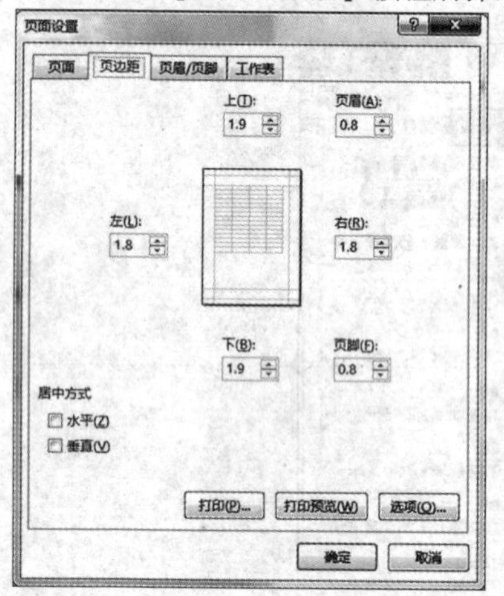

图 4.73

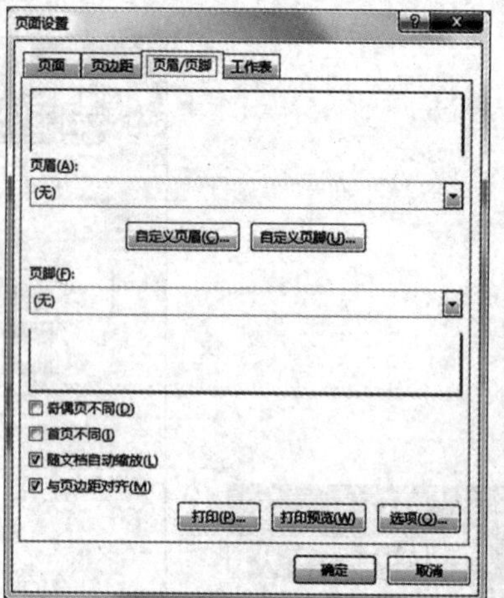

图 4.74

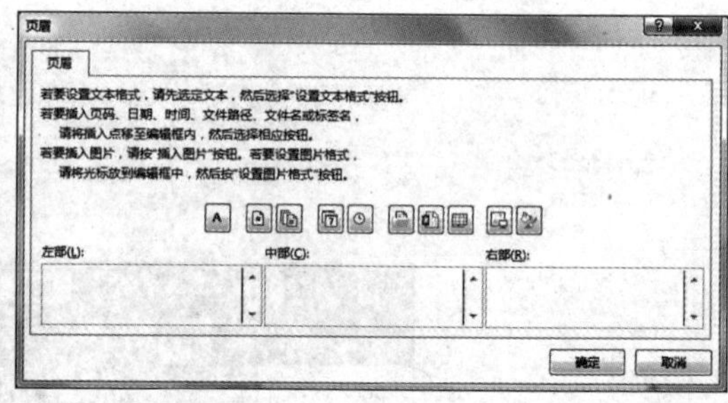

图 4.75

- 【奇偶页不同】复选框：选择该复选框，则奇数页与偶数页的页眉和页脚不同。
- 【首页不同】复选框：选择该复选框，则首页的页眉和页脚与其他页不同。
- 【随文档自动缩放】复选框：选择该复选框，则页眉与页脚随文档的调整自动放大或缩小。
- 【与页边距对齐】复选框：选择该复选框，则页眉和页脚将与页边距对齐。

【页眉】对话框中各按钮的功能如下。

- 【格式文本】按钮：用于设置页眉的文本格式。单击该按钮，将打开【字体】对话框。
- 【插入页码】按钮：用于在页眉中插入页码。添加或删除工作表时，Excel 会自动更新页码。
- 【插入页数】按钮：用于在页眉中插入总页数。
- 【插入日期】按钮：用于在页眉中插入当前日期。
- 【插入时间】按钮：用于在页眉中插入当前时间。
- 【插入文件路径】按钮：用于在页眉中插入当前工作簿的路径。
- 【插入文件名】按钮：用于在页眉中插入当前工作簿的名称。
- 【插入数据表名称】按钮：用于在页眉中插入当前工作表的标签名。
- 【插入图片】按钮：单击该按钮可以在页眉中插入图片。

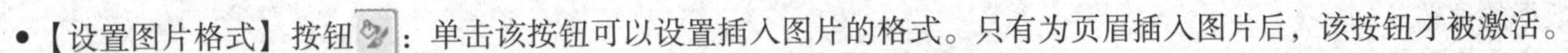

- 【设置图片格式】按钮：单击该按钮可以设置插入图片的格式。只有为页眉插入图片后，该按钮才被激活。
- 【左部】文本框：在该文本框中输入或插入的内容将位于页眉的左边。
- 【中部】文本框：在该文本框中输入或插入的内容将位于页眉的中间。
- 【右部】文本框：在该文本框中输入或插入的内容将位于页眉的右边。

小提示

用户也可以先从【页眉】或【页脚】的下拉列表中选择一种内置的页眉或页脚，再单击【自定义页眉】按钮或【自定义页脚】按钮，然后在相应的文本框中对其进行修改。

4. 设置打印区域

在工作表中选择需要打印的单元格区域，然后在【页面布局】选项卡的【页面设置】组中单击【打印区域】按钮，在弹出的下拉列表中选择【设置打印区域】命令，如图 4.76 所示，即可将选择的区域设置为打印区域。

用户也可以在【页面设置】对话框的【工作表】选项卡中进行打印区域的设置，如图 4.77 所示。

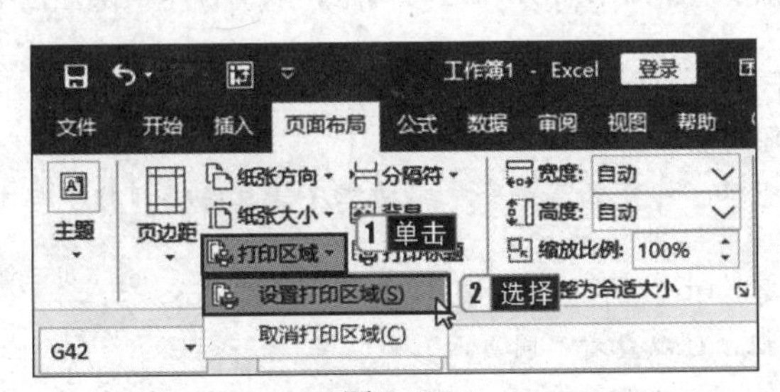

图 4.76

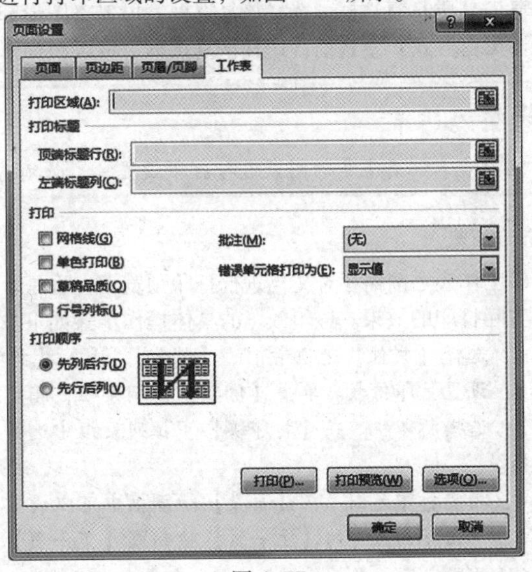

图 4.77

常见问题

用户同时设置多个打印区域的方法是什么？

同时设置多个打印区域的方法如下。

(1) 在工作表中利用【Ctrl】键选择多个区域，然后在【页面布局】选项卡的【页面设置】组中，单击【打印区域】列表中的【设置打印区域】按钮。

(2) 打开【页面设置】对话框，在【工作表】选项卡的【打印区域】文本框中输入多个打印区域的引用，区域引用之间用逗号隔开；或者将【页面设置】对话框折叠，再利用【Ctrl】键在工作表中选择多个区域。

如果要取消打印区域，可先选中该区域，然后单击【页面设置】组中的【打印区域】按钮，在打开的列表中选择【取消打印区域】选项即可。

5. 设置打印效果

在【页面设置】对话框的【工作表】选项卡中，用户可以设置一些打印的特殊效果（如打印标题、网格线、批注等）。各选项效果功能如下。

- 【打印标题】选择组：包括两个选项，即【顶端标题行】和【左端标题列】。当某个工作表中的内容很多、数据很长时，为了能看懂每页内各列或各行所表示的意义，需要在每一页上打印出行或列的标题。
- 【网格线】复选框：选择该复选框，即可在工作表中打印网格线。
- 【单色打印】复选框：选择该复选框，打印时可忽略其他打印颜色，适用于单色打印机用户。
- 【草稿质量】复选框：选择该复选框，可缩短打印时间。打印时将不打印网格线，同时图形将以简化方式输出。
- 【行和列标题】复选框：选择该复选框，打印时可打印行号或列标。行号打印在工作表数据的左端，列号打印在工作表数据的顶端。

- 【注释】下拉列表框：用于设置打印时是否包含批注，其中包含【无】、【工作表末尾】和【如同工作表中的显示】3个选项。【工作表末尾】选项将批注单独打印在一页上，【如同工作表中的显示】选项将随工作表在批注显示的位置处打印。

6. **设置打印顺序**

在【页面设置】对话框的【工作表】选项卡中，用户还可以设置打印顺序。打印顺序用于指定工作表中的数据如何阅读和打印，包括【先列后行】和【先行后列】两个单选按钮，其功能如下。

- 【先列后行】单选按钮：选择该单选按钮后，可先由上向下再由左向右打印工作表。
- 【先行后列】单选按钮：选择该单选按钮后，可先由左向右再由上向下打印工作表。

7. **图表**

如果用户打印的是图表工作表或工作表中的图表，则【页面设置】对话框中的【工作表】选项卡变为【图表】选项卡，其他选项卡及其内容仍保持不变。

【图表】选项卡中各选项的功能如下。

- 【草稿品质】复选框：选择该复选框，可忽略图形和网格线打印，加快打印速度，节省内存。
- 【按黑白方式】复选框：选择该复选框，将以黑白形式打印图表数据系列。

> **小提示**
>
> 用户在对工作表中的图表进行打印设置时，必须首先选择图表将其激活。

8. **打印预览**

在打印工作表之前需要对文档进行打印预览，查看是否符合要求，以便于及时进行调整，减少打印错误，打印预览的效果就是实际打印的效果。打印预览的具体操作步骤如下。

步骤1：选择【文件】选项卡中的【打印】，进入【打印】界面，如图4.78所示。

步骤2：设置打印份数。单击【份数】微调按钮，指定打印份数。

步骤3：选择打印机。在【打印机】下拉列表框中选择打印机。计算机需要安装驱动程序并且连接到打印机才能在此处进行选择。

步骤4：指定打印范围。在【页数】微调框中可以设置需要打印的页，如从1至10页。

步骤5：单击界面底部的【上一页】按钮或【下一页】按钮，可以查看不同页面。

步骤6：设置完毕，单击左上角的【打印】按钮进行打印。如果暂不需要打印，只要单击⊖按钮即可切换回编辑窗口。

9. **完成案例表格的打印输出**

将打印输出工作表.xlsx工作簿中的数据区域设置为打印区域，并设置标题行在打印时重复出现在每页顶端。然后将工作表的纸张方向都设置为横向，缩减打印输出使得所有列只占1个页面宽（但不得改变页边距），水平居中打印在纸上。最后为所有工作表添加页眉和页脚，页眉中间位置显示“成绩报告”文本，页脚样式为“页码 of 总页数”（如“3of10”），且位于页脚正中。具体的操作步骤如下。

步骤1：打开素材文件夹中的打印输出工作表.xlsx工作簿，选择“成绩单”工作表的B2:M336单元格区域，在【页面布局】选项卡的【页面设置】组中单击【打印区域】按钮，在弹出的下拉列表中选择【设置打印区域】选项，如图4.79所示。

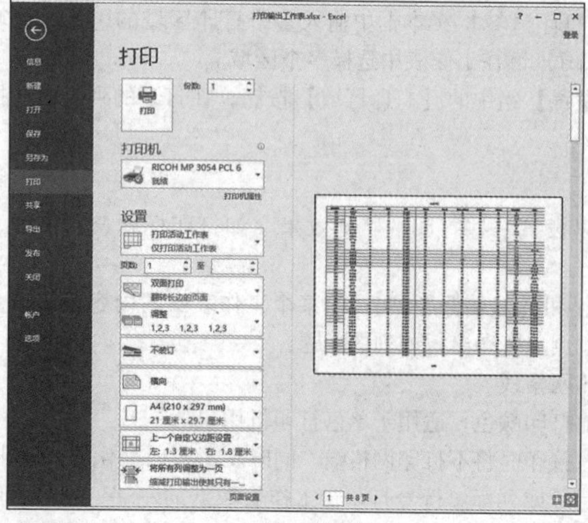

图4.78

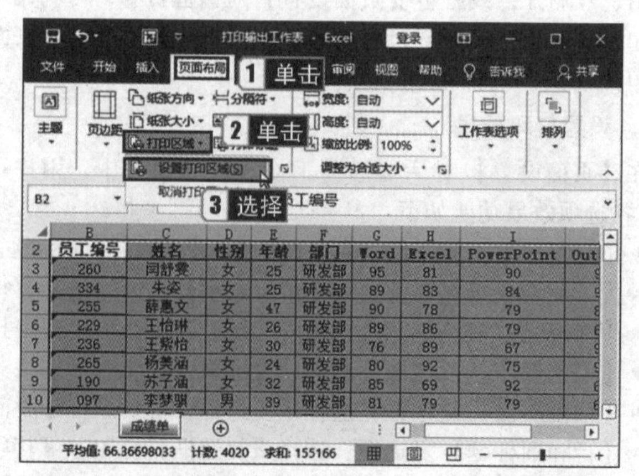

图4.79

步骤2：单击【打印标题】按钮，弹出【页面设置】对话框的【工作表】选项卡，单击【顶端标题行】文本框右侧的按钮，在【页面设置 - 顶端标题行:】对话框中选择【成绩单】工作表中的第2行，此时数据变为“$2:$2”，单击按钮，返回【工作表】选项卡，设置完成后单击【确定】按钮，如图4.80所示。

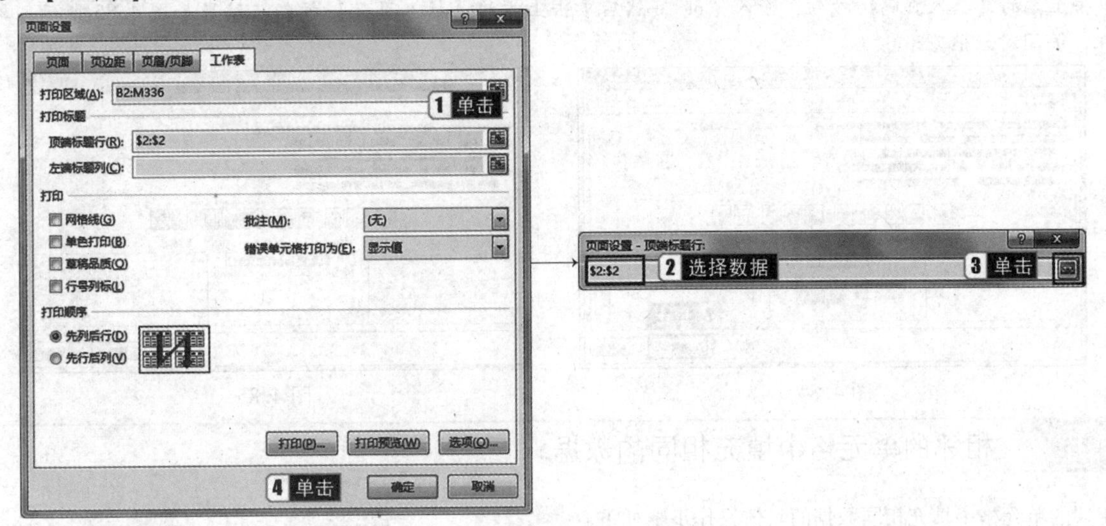

图4.80

步骤3：选择“成绩单”工作表的B2:M336数据区域，单击【页面设置】组中的【纸张方向】下拉按钮，在弹出的下拉列表中选择【横向】选项，如图4.81所示。

步骤4：单击【页面设置】组中的【页边距】按钮，在弹出的下拉列表中选择【自定义页边距】选项，弹出【页面设置】对话框，在【页边距】选项卡的【居中方式】选项组中选择【水平】复选框，如图4.82所示。

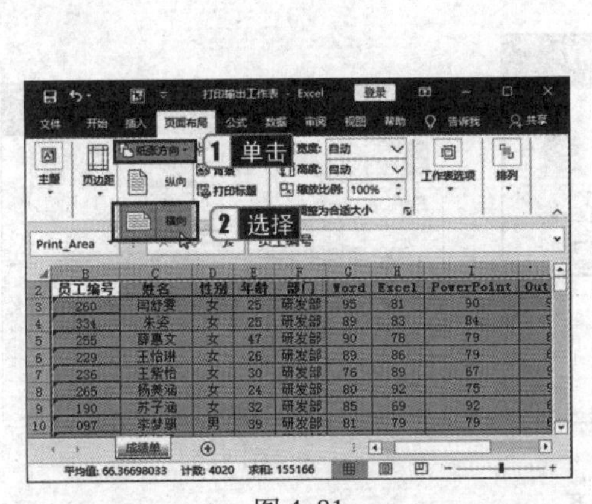

图4.81

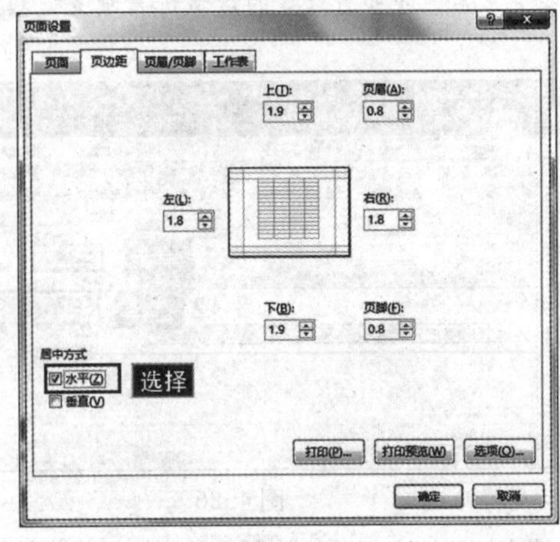

图4.82

步骤5：切换到【页面】选项卡，选择【缩放】选项组中的【调整为】单选按钮，设置为1页宽（高度为空，默认为自动），使所有列显示在一页中，如图4.83所示。

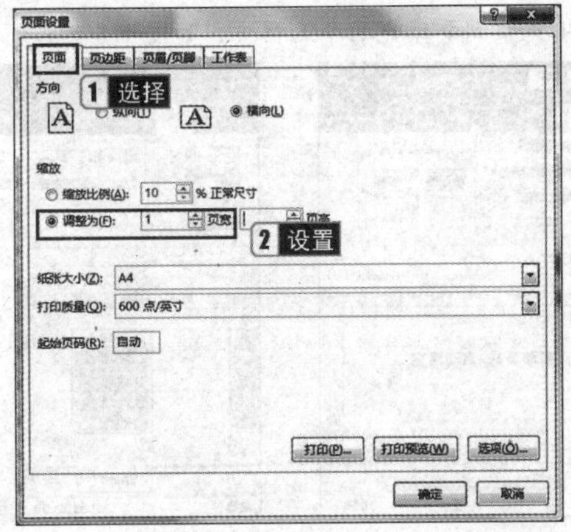

图4.83

步骤6：切换到【页眉/页脚】选项卡，单击【自定义页眉】按钮，弹出【页眉】对话框，在对话框的【中部】文本框中输入“成绩报告”，单击【确定】按钮，如图4.84所示。

步骤7：返回到【页眉/页脚】选项卡，单击【自定义页脚】按钮，弹出【页脚】对话框，将光标置于【中部】文本框中，单击上方的【插入页码】按钮，输入“of”，然后单击上方的【插入页数】按钮，结果如图4.85所示，单击【确定】按钮，关闭对话框。

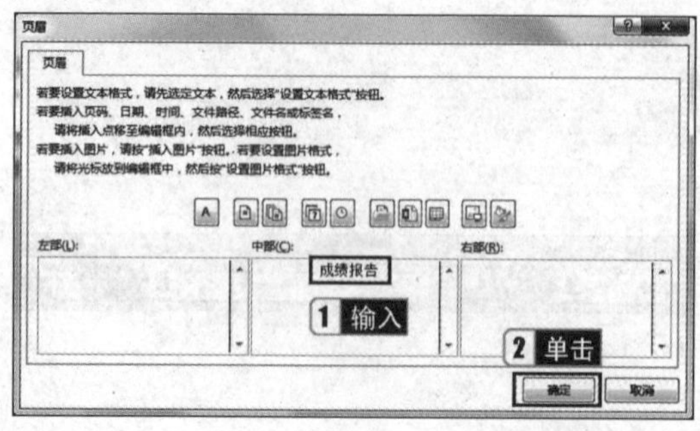

图4.84

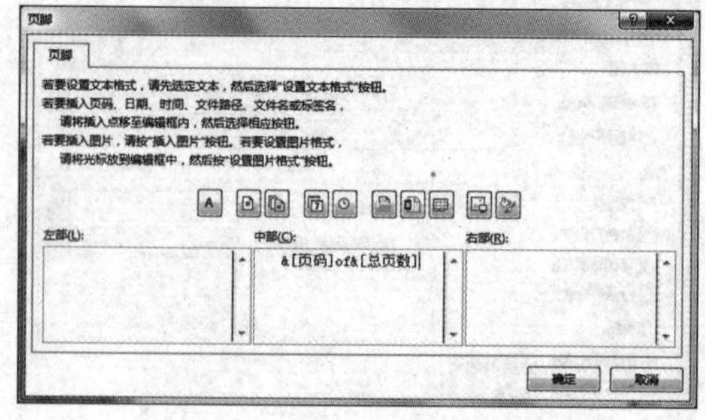

图4.85

考点6 相邻的单元格中填充相同的数据

在相邻的单元格中填充相同数据的具体操作步骤如下。

步骤1：新建工作簿，并在B3单元格中输入文字“自动填充”。

步骤2：选择B3:F3单元格区域，在【开始】选项卡的【编辑】组中单击【填充】按钮，在弹出的下拉列表中选择【向右】选项，如图4.86所示。

步骤3：选择完成后，即可对选择的区域进行填充，填充后的效果如图4.87所示。

真考链接

该知识点属于考试大纲中要求熟记的内容，考核概率为50%。考生需掌握填充数据的方法。

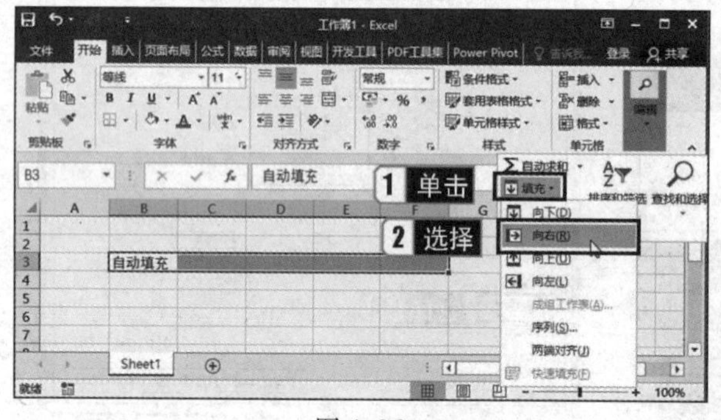

图4.86

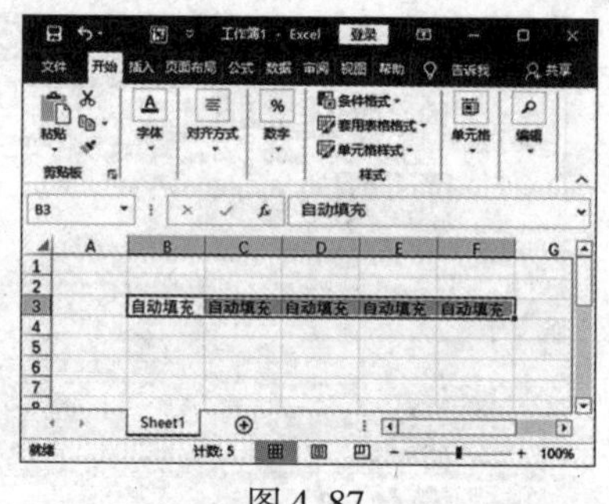

图4.87

使用单元格填充柄可填充相同的数据，具体的操作步骤如下。

步骤1：继续上一个例子，选择B3单元格，将鼠标指针移动到该单元格右下角的填充柄上，此时指针变为➕形状，如图4.88所示。

步骤2：按住鼠标左键拖曳单元格填充柄到要填充的单元格中，如图4.89所示。

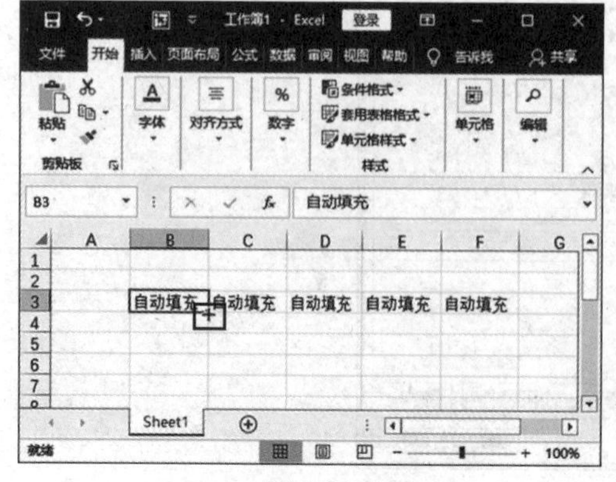

图4.88

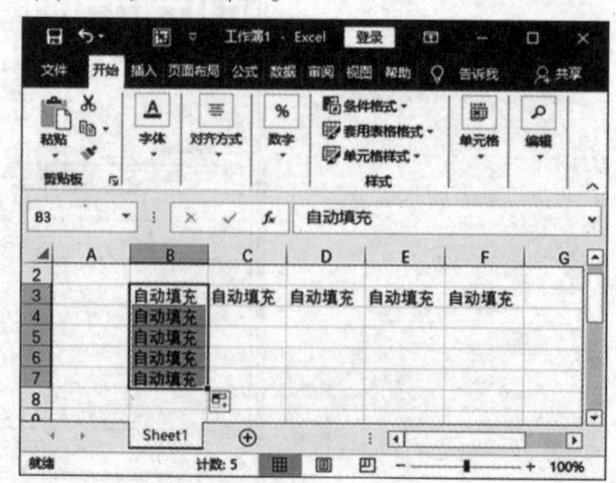

图4.89

1. 自动填充可扩展序列数字和日期等

对日期进行可扩展序列的填充的具体操作步骤如下。

步骤1：新建一个空白工作簿，在A1单元格中输入“2021/6/16”，然后在【开始】选项卡的【对齐方式】组中单击【居中】按钮。

步骤2：选择A1单元格，当鼠标指针变为✚形状时，向下拖曳该单元格右下角的填充柄，如图4.90所示。

步骤3：此时Excel就会自动填充序列的其他值，填充完毕后即可看到实际效果，如图4.91所示。

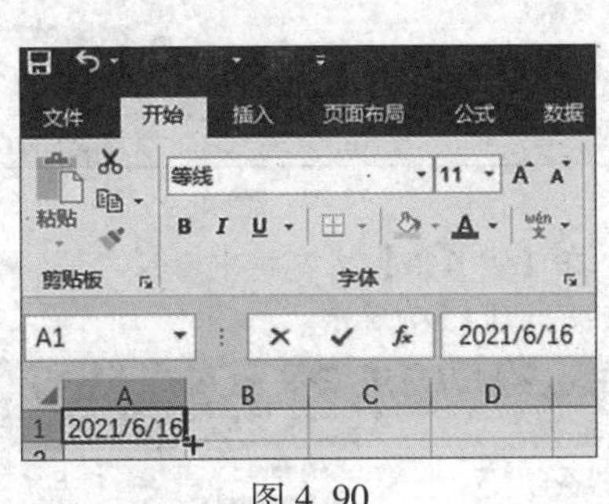

图4.90

图4.91

2. 填充等差序列

步骤1：新建一个工作簿，在A1单元格中输入“5”，在A2单元格中输入“6.5”，如图4.92所示。

步骤2：选择这两个单元格，当鼠标指针变为✚形状时，向下拖曳其右下角的填充柄。

步骤3：将其拖曳到合适的位置上并释放鼠标，即可对选定的单元格进行等差序列填充，如图4.93所示。

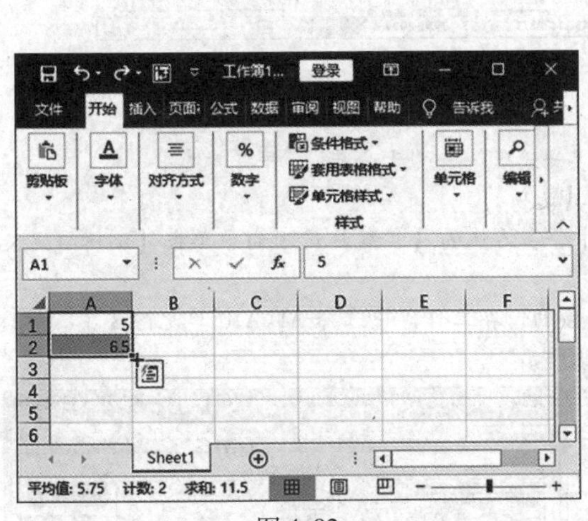

图4.92

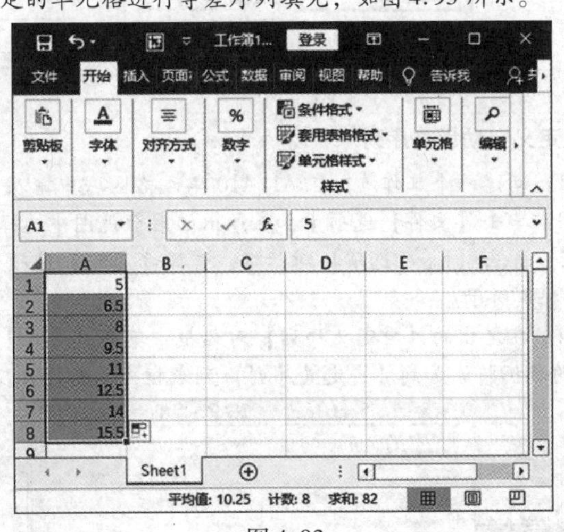

图4.93

3. 填充等比序列

步骤1：新建一个工作簿，在单元格A1中输入“1”，然后选择从该单元格开始的行方向单元格区域或列方向单元格区域，此处选择A1:G1单元格区域，如图4.94所示。

步骤2：在【开始】选项卡的【编辑】组中单击【填充】按钮，在弹出的下拉列表中选择【系列】选项，如图4.95所示，即可弹出【序列】对话框。

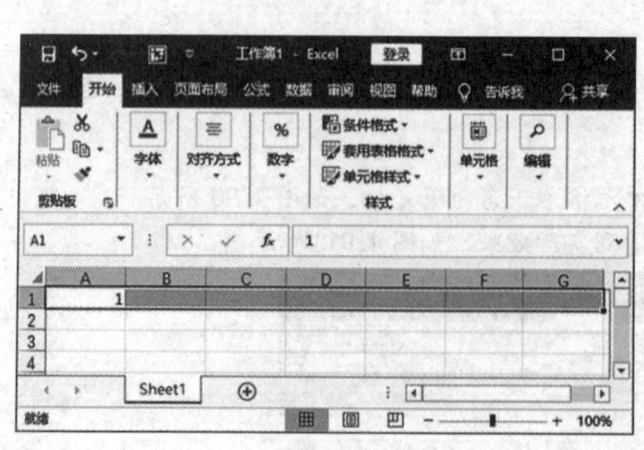

图 4.94

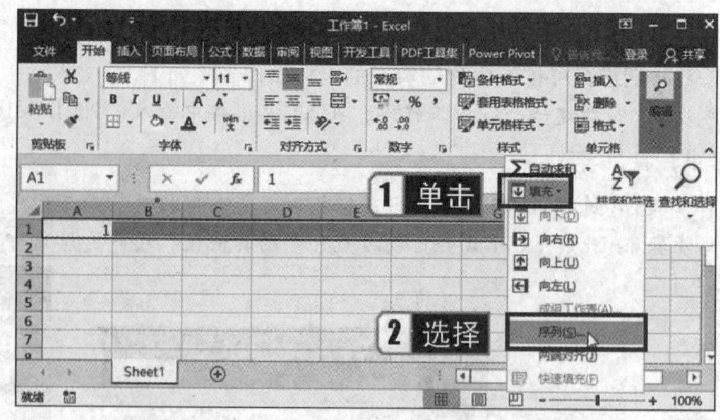

图 4.95

步骤3：在【序列】对话框中选择【等比序列】单选按钮，在【步长值】文本框中输入“3”，如图4.96所示。

步骤4：设置完成后，单击【确定】按钮即可完成填充，效果如图4.97所示。

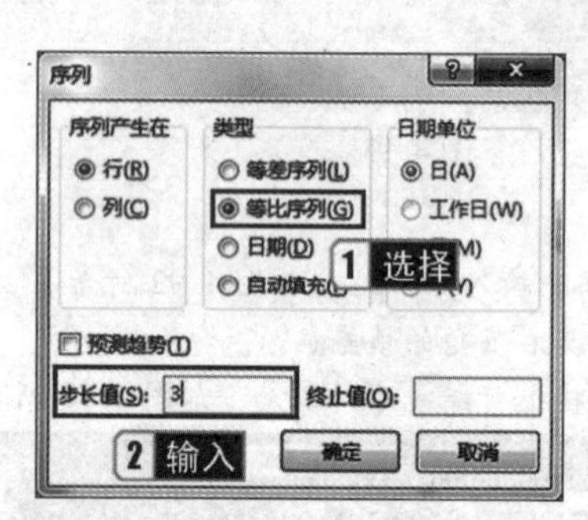

图 4.96

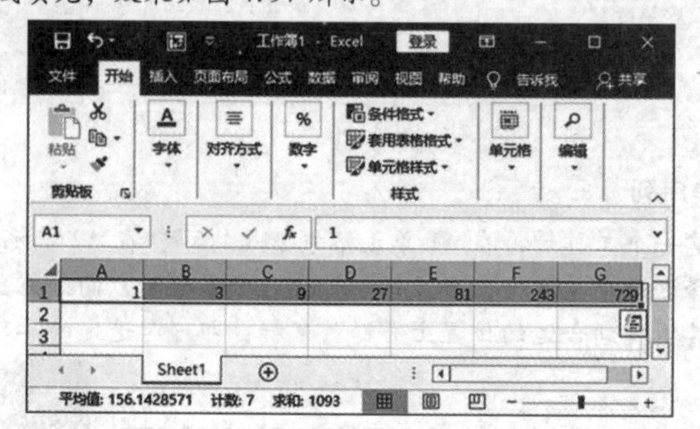

图 4.97

4. **自定义自动填充序列**

步骤1：新建一个工作簿，在A1:A10单元格区域中输入“一分店”~“十分店”，并将其选中。

步骤2：单击【文件】选项卡，在弹出的后台视图中选择【选项】。

步骤3：弹出【Excel选项】对话框，选择【高级】选项卡，在右侧的【常规】选项组中单击【编辑自定义列表】按钮，如图4.98所示。

步骤4：在弹出的【自定义序列】对话框中单击【导入】按钮，在工作簿中选择A1:A10单元格区域，所选择的单元格区域中的数据将添加到【自定义序列】列表框中，如图4.99所示。

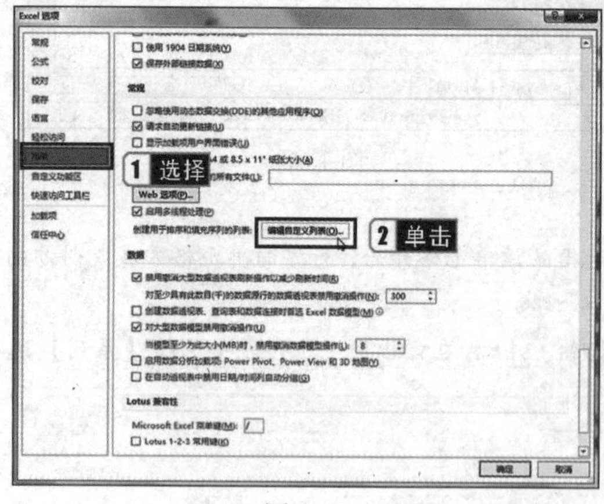

图 4.98

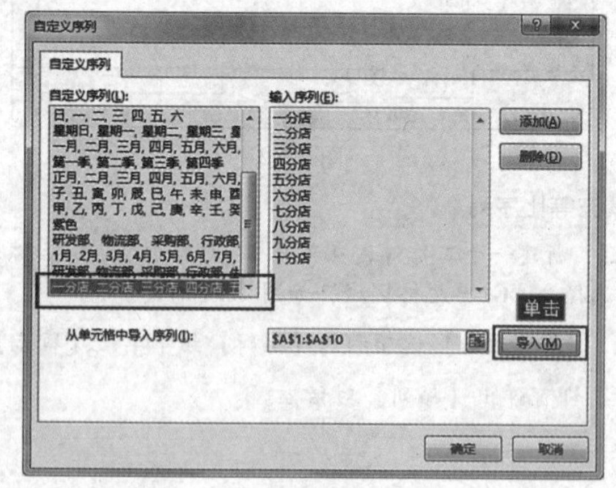

图 4.99

步骤5：单击【确定】按钮返回【Excel选项】对话框，再单击【确定】按钮返回工作表。以后在需要输入“一分店”~“十分店”序列时，只需在第一个单元格中输入“一分店”，然后拖曳填充柄，即可进行自动填充序列操作。

另外，用户还可以直接通过【自定义序列】对话框输入要定义的序列，具体的操作步骤如下。

步骤1：在弹出的【自定义序列】对话框的【输入序列】文本框中输入需要定义的序列项，每输入一个按一次【Enter】键。

步骤2：单击【添加】按钮，输入的序列项将添加到左侧【自定义序列】列表框中。完成后单击【确定】按钮即可。

小提示

在自定义序列中，序列中每一个数据的第一个字符不能是数字。如果要删除自定义序列，选择【自定义序列】列表框中想删除的序列，单击【删除】按钮即可，但不能删除Excel默认的序列。

真题精选

打开考生文件夹中的工作簿文件EXCEL4.xlsx，按照要求完成下列操作，并以原文件名保存文档。要求如下。

文涵是大地公司的销售部助理，负责对全公司的销售情况进行统计分析，并将结果提交给销售部经理。年底，她根据各门店提交的销售报表进行统计分析。

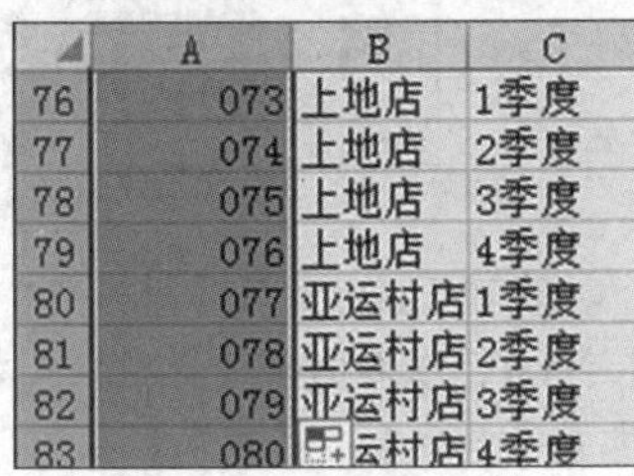

图4.100

在“店铺”列左侧插入一个空列，输入列标题为“序号”，并以001、002、003……的方式向下填充该列到最后一个数据行。

【操作步骤】

步骤1：选中“店铺”所在的列，单击【单元格】组的【插入】下拉按钮，选择【插入工作表列】，如图4.100所示，工作表中随即出现新插入的一列。

步骤2：双击A3单元格，输入“序号”二字。

步骤3：在A4单元格中输入“001”，然后将鼠标指针移至A4右下角的填充柄处。

步骤4：拖动填充柄，继续向下填充该列，直到最后一个数据行，实际效果如图4.101所示。

步骤5：单击【保存】按钮保存文档。

	A	B	C
76	073	上地店	1季度
77	074	上地店	2季度
78	075	上地店	3季度
79	076	上地店	4季度
80	077	亚运村店	1季度
81	078	亚运村店	2季度
82	079	亚运村店	3季度
83	080	运村店	4季度

图4.101

考点7 数据验证

在Excel中，设置数据验证可以防止输入无效数据，有效提升数据录入的准确率，还可以在输入无效数据时自动发出警告，提升用户的录入体验与录入效率。

真考链接

该知识点属于考试大纲中要求掌握的内容，考核概率为10%。考生需掌握数据验证的方法。

例如，限定Excel工作簿中的“责任人”列内容只能是员工姓名张三、李四、王五中的一个，并可通过下拉列表选择；【性别】列只能输入【男】或【女】两个属性，并设置错误提示“性别输入错误，男或女!”；身份证号只能是18位，并设置错误提示“身份证号位数不正确!”。具体的操作步骤如下。

步骤1：打开素材文件夹中的数据验证.xlsx工作簿，选中C2单元格，在【数据】选项卡的【数据工具】组中单击【数据验证】按钮，如图4.102所示。

步骤2：弹出【数据验证】对话框，在【设置】选项卡的【允许】下拉列表框中选择【序列】，在【来源】文本框中输入“张三，李四，王五”（注意：要在英文输入法状态下输入逗号进行分隔），设置完成后单击【确定】按钮，如图4.103所示。

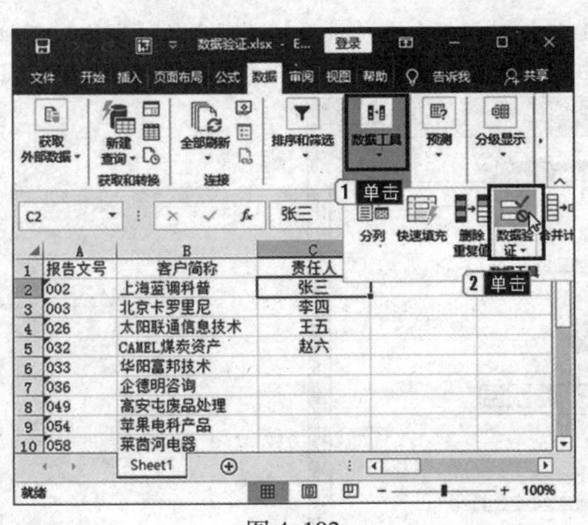

图4.102

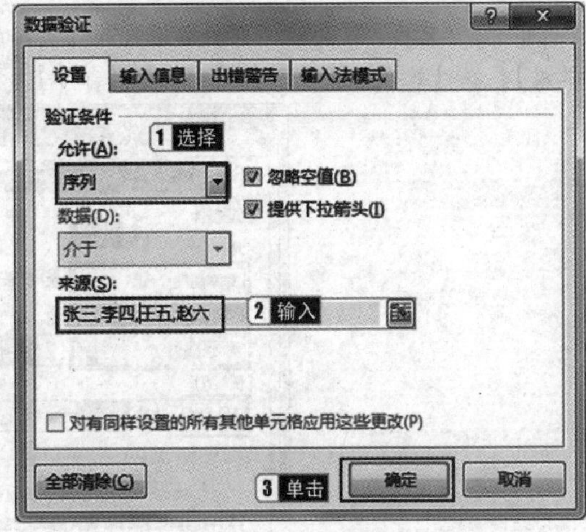

图4.103

步骤3：单击C2单元格右侧的下拉按钮，即可在弹出的下拉列表中选择责任人，如图4.104所示。

步骤4：选中D2单元格，按上述同样的方法打开【数据验证】对话框，在【设置】选项卡的【允许】下拉列表框中选择【序列】，在【来源】文本框中输入“男，女”（注意：要在英文输入法状态下输入逗号进行分隔），如图4.105所示。

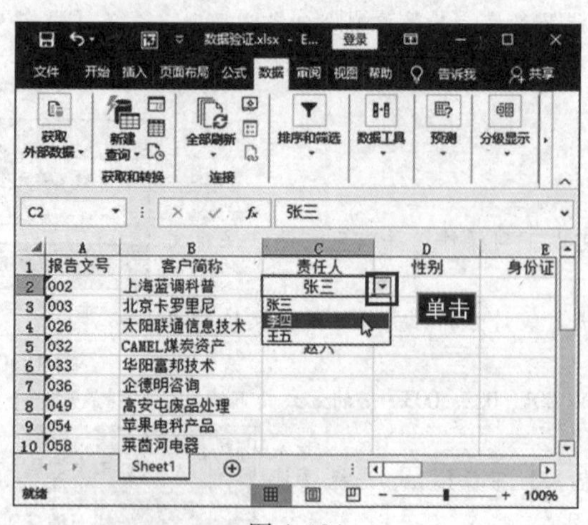

图4.104

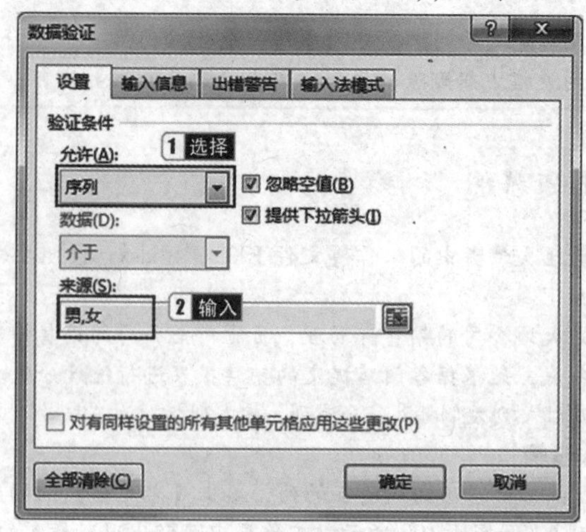

图4.105

步骤5：切换到【出错警告】选项卡，选择【输入无效数据时显示出错警告】复选框，从【样式】下拉列表框中选择【停止】，在右侧的【标题】文本框中输入【输入错误提示】，在【错误信息】文本框中输入【性别输入错误，男或女!】，设置完成后单击【确定】按钮，如图4.106所示。

步骤6：单击D2单元格右侧的下拉按钮，即可在弹出的下拉列表中选择性别。如输入其他文字，则会弹出输入错误提示，如图4.107所示。

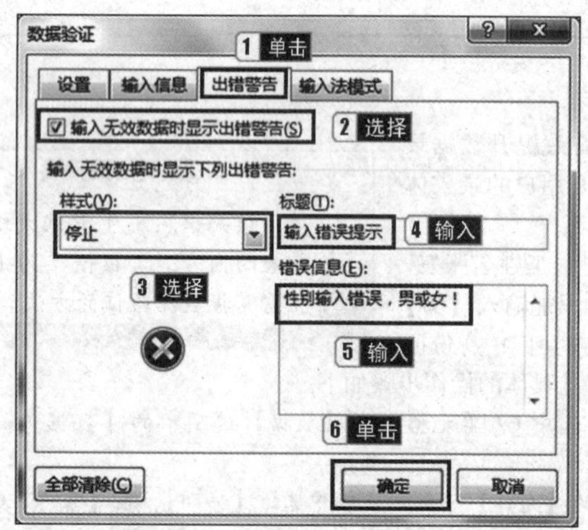

图4.106

图4.107

步骤7：选中E2单元格，按上述同样的方法打开【数据验证】对话框，在【设置】选项卡的【允许】下拉列表框中选择【文本长度】，在【数据】下拉列表框中选择【等于】，在【长度】文本框中输入“18”，如图4.108所示。

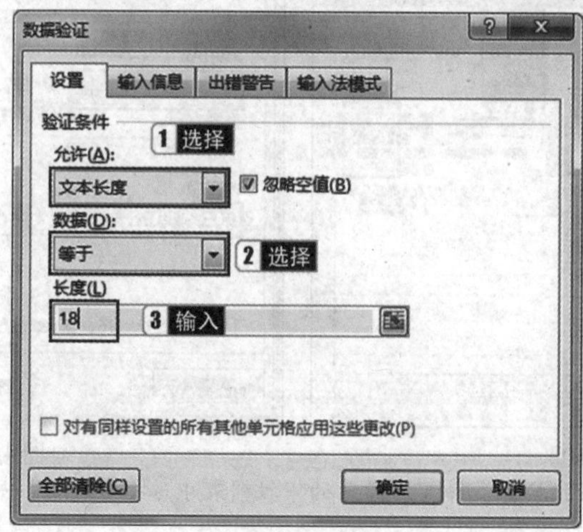

图4.108

步骤8：切换到【出错警告】选项卡，选择【输入无效数据时显示出错警告】复选框，在【样式】下拉列表框中选择【停止】，在右侧的【标题】文本框中输入“输入错误提示”，在【错误信息】文本框中输入“身份证号位数不正确!”，设置完成后单击【确定】按钮。

步骤9：在E2单元格中输入身份证号，如不是18位，则会弹出输入错误提示。

小提示

如需取消数据验证控制，在【数据验证】对话框中单击左下角的【全部清除】按钮即可。

4.2 工作簿与多工作表的基本操作

考点8 工作簿的基本操作

1. 创建工作簿

（1）创建空白工作簿。

步骤1：选择【文件】选项卡中的【新建】，或按【Ctrl+N】组合键，在【可用模板】组中选择【空白工作簿】模板。

步骤2：使用默认的设置，然后单击【创建】按钮，即可创建新的空白工作簿。

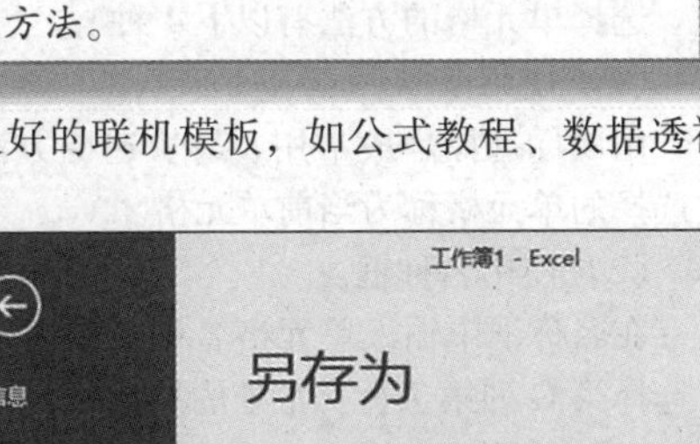

真考链接

该知识点为考试大纲中要求重点掌握的内容，考核概率为100%。考生需牢固掌握工作簿的基本操作方法。

（2）使用联机模板创建新工作簿。

每次启动Excel软件后，除了可以新建空白工作簿，还可以直接使用预先定义好的联机模板，如公式教程、数据透视表教程、超出饼图的教程等。

2. 保存工作簿和设置密码

（1）保存工作簿。

第一次保存工作簿的操作步骤如下。

步骤1：选择【文件】选项卡中的【保存】或【另存为】，单击右侧的【浏览】按钮，如图4.109所示。

步骤2：在【文件名】文本框中输入工作簿名，在【保存位置】下拉列表框中选择要保存的位置，在【保存类型】下拉列表框中选择保存文件的格式，然后单击【保存】按钮，即可将工作簿保存。

对已经保存过的文件，只需单击快速访问工具栏上的【保存】按钮，或者直接按【Ctrl+S】组合键，或者选择【文件】选项卡中的【保存】命令，即可将修改或编辑过的文件按原来的路径名称保存。

图4.109

（2）设置工作簿的密码。

在保存工作簿时可以对其设置密码，其操作步骤如下。

步骤1：选择【保存】命令，单击右侧的【浏览】按钮，弹出【另存为】对话框，在该对话框中选择要保存的类型及位置。

步骤2：单击【另存为】对话框右下方的【工具】按钮，在其下拉列表中选择【常规选项】选项，如图4.110所示。

步骤3：弹出【常规选项】对话框，在其中设置密码，设置完成后单击【确定】按钮，如图4.111所示。

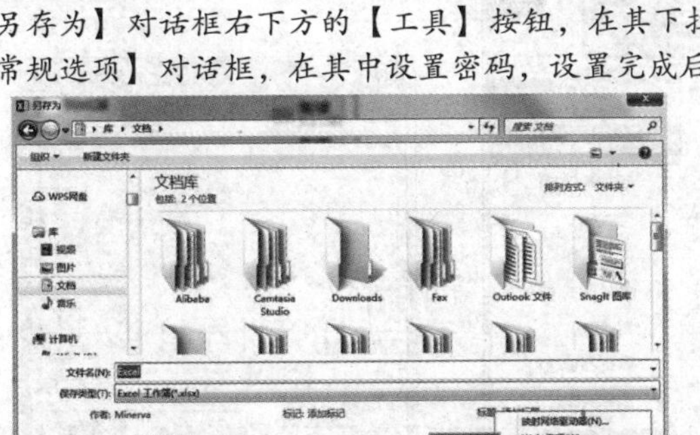

图4.110

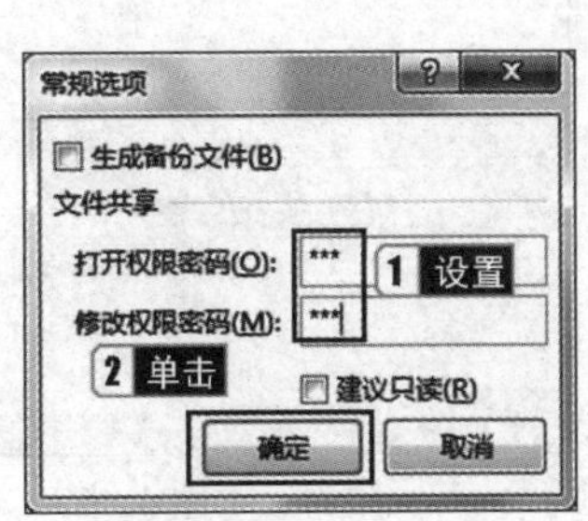

图4.111

步骤4：弹出【确认密码】对话框，输入相同的密码，单击【确定】按钮，返回【另存为】对话框，单击【保存】按钮，这样就可以保存带有密码的文件。

3. 关闭工作簿与退出 Excel

关闭工作簿有以下两种方法。

- 选择【文件】选项卡中的【关闭】命令，此时会关闭一个工作簿。
- 按【Ctrl + F4】组合键，可以关闭选定的工作簿。

想要退出 Excel 程序，可以单击窗口右上角的【关闭】按钮。如果有未保存的文档，则会弹出提示是否保存的对话框。

4. 打开工作簿

打开工作簿有以下 3 种方法。

- 选择【文件】选项卡中的【打开】命令，单击右侧的【浏览】按钮，此时会弹出【打开】对话框。找到要打开文件的位置，将其选中，然后单击【打开】按钮。
- 启动 Excel 后，在【文件】选项卡中单击【打开】右侧的【最近】按钮，在右侧的列表中将显示最近打开的 Excel 工作簿名称，单击需要打开的文件名即可将其打开。
- 直接在资源管理器文件夹中选择需要打开的 Excel 文档，双击即可将其打开。

小提示

如果要快速打开一个工作簿，可以按【Ctrl + O】组合键，然后在弹出的【打开】对话框中进行选择。

考点9 工作簿的编辑

真考链接

该知识点属于考试大纲中要求重点掌握的内容，考核概率为 90%。考生需掌握工作簿的编辑方法。

1. 选择单元格

选择单元格的方法有以下 4 种。

（1）使用鼠标。

用鼠标选择是最常用、最快速的方法，只需要在单元格上单击即可，被选择的单元格称为当前单元格。

（2）使用名称框。

在名称框中输入单元格名称，如输入“G7”，然后按【Enter】键，即可选择第 G 列第 7 行交汇处的单元格。

（3）使用方向键。

使用键盘上的上、下、左、右 4 个方向键，也可以选择单元格。在运行 Excel 2016 时，默认的选择是 A1 单元格，按向下方向键可选择下一个单元格，即 A2 单元格；按向右方向键，可选择右面的单元格，即 B1 单元格。例如，当前单元格为 C4，若按向右方向键 3 次，再按向下方向键 5 次，则选择的单元格就是 F9 单元格。

（4）使用定位命令。

步骤1：新建一个空白工作簿，在【开始】选项卡的【编辑】组中单击【查找和选择】按钮，在弹出的下拉列表中选择【转到】选项，如图 4.112 所示。

步骤2：弹出【定位】对话框，在【引用位置】文本框中输入“H7”，如图 4.113 所示。

步骤3：单击【确定】按钮，这时 H7 单元格就成为当前单元格。

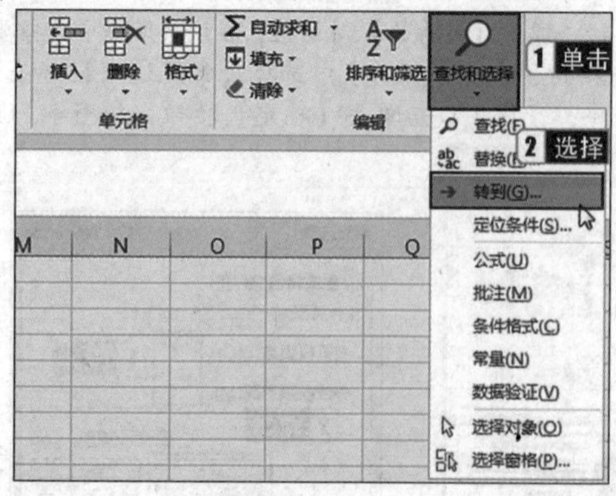

图 4.112

图 4.113

2. 选择单元格区域

（1）选择连续的单元格区域。

步骤1：新建一个工作簿，选择A4单元格。

步骤2：按住鼠标左键，并拖动鼠标指针到H10单元格的右下角。

步骤3：释放鼠标左键，即可选择A4:H10单元格区域。

还可以使用快捷键选择，具体的操作步骤如下。

步骤1：新建一个工作簿，选择A4单元格。

步骤2：按住【Shift】键的同时单击H10单元格，这时就可以选择A4:H10单元格区域。

> **小提示**
>
> 若想取消选择单元格区域，则单击工作簿中的任意一个单元格即可。

（2）选择不相邻的单元格区域。

选择不连续的单元格区域就是选择不相邻的单元格或单元格区域。其具体的操作步骤如下。

步骤1：新建一个工作簿，选择C2单元格，按住鼠标左键并拖动鼠标指针到H4单元格的右下角，然后释放鼠标左键。

步骤2：按住【Ctrl】键，拖动鼠标选择E5:M6单元格区域。

在一个工作簿中经常选择一些特殊的单元格区域。

- 整行：单击工作簿的行号。
- 整列：单击工作簿的列标。
- 整个工作簿：单击工作簿左上角行号1与列标A的交叉处，也可以按【Ctrl+A】组合键。
- 相邻的行或列：单击工作簿的行号或列标，并按住鼠标左键向目标行或列拖动。
- 不相邻的行或列：单击第一个行号或列标，按住【Ctrl】键，再单击其他的行号或列标。

3. 移动和复制单元格

（1）移动单元格。

步骤1：打开Excel。

步骤2：选择A5:F8单元格区域，将鼠标指针放置在A5单元格的右上角。

步骤3：当指针变为十字形状以后，按住鼠标左键向下拖曳至A11单元格处，然后松开鼠标左键。

（2）复制单元格。

步骤1：选择A5:F8单元格区域，将鼠标指针放置在A5单元格的右上角。

步骤2：按住【Ctrl】键，当鼠标指针变为形状时，按住鼠标左键拖曳到F11单元格处，然后释放鼠标左键即可。

4. 插入行、列、单元格或单元格区域

（1）插入行。

步骤1：单击【文件】选项卡，在弹出的后台视图中选择【打开】，在弹出的对话框中选择并打开素材文件夹中的010.xlsx文件，而后单击【打开】按钮。

步骤2：选择第六行单元格，在【开始】选项卡中单击【单元格】组中的【插入】按钮，在弹出的下拉列表中选择【插入工作表行】选项。

步骤3：Excel将在当前位置插入空行，原有的行自动下移。

（2）插入列。

步骤1：单击【文件】选项卡，在弹出的后台视图中选择【打开】，在弹出的对话框中选择并打开素材文件夹中的010.xlsx文件，而后单击【打开】按钮。

步骤2：选择第B列单元格，在【开始】选项卡中单击【单元格】组中的【插入】按钮，在弹出的下拉列表中选择【插入工作表列】选项。

步骤3：Excel将在当前位置插入空列，原有的列自动右移。

> **小提示**
>
> 也可以在选择的行或列区域上单击鼠标右键，在弹出的快捷菜单中选择【插入】命令插入行或列。

（3）插入单元格或单元格区域。

步骤1：单击【文件】选项卡，在弹出的后台视图中选择【打开】，在弹出的对话框中选择并打开素材文件夹中的010.xlsx文件，单击【打开】按钮。

步骤2：选择B2:F7单元格区域，在选择的单元格区域单击鼠标右键，在弹出的快捷菜单中选择【插入】命令。

步骤3：弹出【插入】对话框，选择【活动单元格下移】单选按钮，然后单击【确定】按钮。

步骤4：设置完成后，即可看到实际效果。

【插入】对话框中有以下4个选项供用户选择。

- 【活动单元格右移】单选按钮：选择该单选按钮，插入的单元格出现在所选择单元格的左边。
- 【活动单元格下移】单选按钮：选择该单选按钮，插入的单元格出现在所选择单元格的上方。
- 【整行】单选按钮：选择该单选按钮，在选定的单元格上方插入一行。
- 【整列】单选按钮：选择该单选按钮，在选定的单元格左边插入一列。

5. 删除行、列、单元格或单元格区域

（1）删除行和列。

步骤1：单击【文件】选项卡，在弹出的后台视图中选择【打开】，在弹出的对话框中选择并打开素材文件夹中的010.xlsx文件，然后单击【打开】按钮。

步骤2：选择第D列单元格区域，在【开始】选项卡的【单元格】组中单击【删除】按钮的下拉按钮，在弹出的下拉列表中选择【删除工作表列】选项。

步骤3：选择【删除工作表列】选项后，与其相邻的列自动左移。

步骤4：以同样的方法选择第二行，在【开始】选项卡的【单元格】组中单击【删除】按钮的下拉按钮，在弹出的下拉列表中选择【删除工作表行】选项即可。

常见问题

上述的删除方式与按【Delete】键删除单元格或单元格区域的效果有什么不同？上述的删除方式与按【Delete】键删除单元格或单元格区域的效果不同：按【Delete】键仅清除单元格内容，其空白单元格仍保留在工作簿中；而删除行、列、单元格或单元格区域，其内容连同单元格将被删除，空出的位置由周围的单元格补充。

（2）删除单元格或单元格区域。

步骤1：单击【文件】选项卡，在弹出的后台视图中选择【打开】，在弹出的对话框中选择并打开素材文件夹中的010.xlsx文件，然后单击【打开】按钮。

步骤2：选择E4单元格，在【开始】选项卡的【单元格】组中单击【删除】按钮的下拉按钮，在弹出的下拉列表中选择【删除单元格】选项。

步骤3：弹出【删除】对话框，选择【下方单元格上移】单选按钮即可。

【删除】对话框中有以下4个选项供用户选择。

- 【右侧单元格左移】单选按钮：选中该单选按钮，选定的单元格或区域右侧已存在的数据将补充到该位置。
- 【下方单元格上移】单选按钮：选中该单选按钮，选定的单元格或区域下方已存在的数据将补充到该位置。
- 【整行】单选按钮：选中该单选按钮，选定的单元格或区域所在的行将被删除。
- 【整列】单选按钮：选中该单选按钮，选定的单元格或区域所在的列将被删除。

（3）清除单元格。

清除单元格的具体操作步骤如下。

步骤1：单击【文件】选项卡，在弹出的后台视图中选择【打开】，在弹出的对话框中选择并打开素材文件夹中的010.xlsx文件，然后单击【打开】按钮。

步骤2：选择要清除内容的E2:E8单元格区域，在【开始】选项卡中单击【编辑】组中的【清除】按钮，在弹出的下拉列表中选择【全部清除】选项即可。

【清除】下拉列表中有多个命令供用户选择，常用的5个命令的作用如下。

- 【全部清除】命令：选择该命令，清除单元格的内容和批注，并将格式置回常规。
- 【清除格式】命令：选择该命令，仅清除单元格的格式设置，将格式置回常规。
- 【清除内容】命令：选择该命令，仅清除单元格的内容，不改变其格式和批注。
- 【清除批注】命令：选择该命令，仅清除单元格的批注，不改变单元格的内容和格式。
- 【清除超链接】命令：选择该命令，仅清除单元格的超链接，不改变其格式和批注。

6. 设置图案

（1）设置单元格图案。

步骤1：选择要填充图案的单元格。

步骤2：在【开始】选项卡的【字体】组中单击右下方的对话框启动器按钮。

步骤3：打开【设置单元格格式】对话框，然后选择【填充】选项卡，在【图案颜色】下拉列表框中选择一种图案背景颜色，然后在【图案样式】下拉列表框中选择一种图案样式。

(2) 设置工作表的背景图案。

步骤1：单击选中要设置背景的工作表。

步骤2：在【页面布局】选项卡的【页面设置】组中单击 背景 按钮。

步骤3：打开【背景】对话框，在该对话框中选择所需图片，单击【插入】按钮即可。

考点10 工作簿的隐藏与保护

真考链接

该知识点属于考试大纲中要求熟悉的内容，考核概率为15%。考生需熟悉工作簿的隐藏与保护的方法。

1. 隐藏工作簿

步骤：打开Excel文件，在【视图】选项卡的【窗口】组中单击【隐藏】按钮。当前工作簿窗口从屏幕上消失。

2. 取消隐藏工作簿

步骤1：单击【窗口】组中的【取消隐藏】按钮。

步骤2：弹出【取消隐藏】对话框，在【取消隐藏工作簿】列表框中选择想恢复显示的工作簿，然后单击【确定】按钮。

3. 保护工作簿

步骤1：打开需要受保护的工作簿文档。

步骤2：在【审阅】选项卡的【更改】组中，单击【保护工作簿】按钮。

步骤3：打开【保护结构和窗口】对话框，在其中设置需要保护的对象和密码。

在【保护结构和窗口】对话框中，有两个复选框可供用户选择。

- 【结构】复选框：选择该复选框，将阻止其他人对工作表的结构进行修改，包括查看已经隐藏的工作表，移动、删除、隐藏工作表或更改工作表的表名和将工作簿移动或复制到另一工作表中等。
- 【窗口】复选框：选择该复选框，将阻止其他人修改工作表窗口的大小和位置，包括移动窗口、调整窗口大小或关闭窗口等。

步骤4：在【密码（可选）】文本框中输入密码，单击【确定】按钮，在随后弹出的对话框中再次输入相同的密码进行确认。

小提示

若不设置密码，则任何人都可以取消对工作簿的保护；若使用密码，一定要牢记所输入的密码，否则本人也无法再对工作簿的结构和窗口进行设置。

4. 取消工作簿的保护

步骤1：打开需要取消保护的工作簿文档。

步骤2：在【审阅】选项卡的【更改】组中单击【保护工作簿】按钮。

步骤3：在弹出的【撤销工作簿保护】对话框中输入设置的密码即可。

考点11 工作表的基本操作

真考链接

该知识点属于考试大纲中要求重点掌握的内容，考核概率为100%。考生要牢固掌握工作表的插入、删除，以及工作表名称的更改、标签颜色的设置等操作。

1. 插入工作表

(1) 在现有工作表的末尾快速插入新工作表。

步骤1：打开Excel 2016文件。

步骤2：单击工作表标签右侧的【新工作表】按钮⊕，新的工作表将在现有工作表的末尾插入。

小提示

插入的新工作表的名称由Excel自动命名，默认情况下第一个插入的工作表为Sheet2，以后依次是Sheet3、Sheet4……

(2) 在现有工作表之前插入新工作表。

步骤1：选择要在前面插入新工作表的工作表标签，在【开始】选项卡的【单元格】组中单击【插入】按钮中的下拉按钮，在弹出的下拉列表中选择【插入工作表】选项。

步骤2：完成上述操作后，即可在选择的工作表前插入一个新的工作表。

常见问题

用户插入多个工作表的方法是什么？

方法是按住【Shift】键，在打开的工作簿中选择与要插入的工作表数目相同的现有工作表标签。例如，要添加3个新工作表，则选择3个现有工作表的标签，然后在【开始】选项卡的【单元格】组中，单击【插入】按钮中的下拉按钮，在弹出的下拉列表中选择【插入工作表】选项即可。

2. 删除工作表

选择要删除的工作表标签，在【开始】选项卡的【单元格】组中单击【删除】按钮下方的下拉按钮，在弹出的下拉列表中选择【删除工作表】选项即可。

小提示

对于不需要的工作表，可以将其删除，但操作时一定要慎重，因为删除的工作表将被永久删除，且不能恢复。

3. 改变工作表名称

（1）在工作表标签上直接重命名。

步骤1：双击要重命名的工作表标签"Sheet1"，此时该标签已高亮显示，进入可编辑状态。

步骤2：输入新的标签名，按【Enter】键即可完成对该工作表的重命名操作。

（2）使用快捷菜单重命名。

步骤1：在要重命名的工作表标签上单击鼠标右键，在弹出的快捷菜单中选择【重命名】命令。

步骤2：此时工作表已高亮显示，在标签上输入新的标签名，按【Enter】键即可完成工作表的重命名。

小提示

Excel 2016规定，工作表的名称最多可以使用31个中、英文字符。另外，还可以选择要重命名的工作表标签，方法：在【开始】选项卡的【单元格】组中，单击【格式】下拉按钮，在弹出的下拉列表中选择【重命名工作表】选项进行重命名。

4. 设置工作表标签颜色

在要改变颜色的工作表标签上单击鼠标右键，在弹出的快捷菜单中选择【工作表标签颜色】命令，或者在【开始】选项卡的【单元格】组中，单击【格式】下拉按钮，在弹出的下拉列表中选择【组织工作表】中的【工作表标签颜色】命令，在随后显示的列表中单击选择一种颜色。

5. 移动或复制工作表

（1）移动工作表。

可以在一个或多个工作簿中移动工作表，若要在不同的工作簿中移动工作表，则这些工作簿必须是打开的。移动工作表有以下两种方法。

①直接拖动法。

步骤1：选择"Sheet1"工作表标签，按住鼠标左键拖曳鼠标指针到工作表的新位置。

步骤2：黑色倒三角随鼠标指针移动而移动，到达目标位置后释放鼠标左键，工作表即移动到目标位置。

②快捷菜单法。

步骤1：选择"Sheet1"工作表标签，单击鼠标右键，在弹出的快捷菜单中选择【移动或复制】命令。

步骤2：在弹出的对话框中的【下列选定工作表之前】列表框中选择【（移至最后）】选项。

步骤3：单击【确定】按钮，即可将工作表移动到指定的位置，即移动到最后。

（2）复制工作表。

选择工作表后，拖动鼠标的同时按住【Ctrl】键，即可复制工作表。另外，也可使用快捷菜单复制工作表。

步骤1：选择Sheet1工作表，单击鼠标右键，在弹出的快捷菜单中选择【移动或复制】命令。

步骤2：在弹出的对话框中，在【下列选定工作表之前】列表框中选择一个工作表选项，然后选择【建立副本】复选框。

步骤3：单击【确定】按钮，即可完成复制工作表的操作。

【移动或复制工作表】对话框中有以下3个选项供用户选择。

- 【将选择的工作表移至工作簿】下拉列表框：用于选择目标工作簿。
- 【下列选定工作表之前】列表框：用于选择将工作表复制或移动到目标工作簿的位置。如果选择列表框中的某一工作表标签，则复制或移动的工作表将位于该工作表之前；如果选择【（移至最后）】选项，则复制或移动的工作表将位于列表框中所有工作表之后。
- 【建立副本】复选框：选择该复选框，则执行复制工作表的命令；不选择该复选框，则执行移动工作表的命令。

6. 显示或隐藏工作表

（1）隐藏工作表。

单击【文件】选项卡，在弹出的后台视图中选择【打开】命令，在弹出的对话框中选择需要的文件，单击【打开】按钮。选择需要隐藏的工作表，单击鼠标右键，在弹出的快捷菜单中选择【隐藏】命令，如图4.114所示，则工作表被隐藏。

（2）取消隐藏工作表。

在任意一个工作表标签上单击鼠标右键，在弹出的快捷菜单中选择【取消隐藏】命令，如图4.115所示。在弹出的【取消隐藏】对话框中选择要取消隐藏的选项，单击【确定】按钮，即可将工作表取消隐藏。

7. 完成案例表格的设置

打开素材文件夹中的开支明细表.xlsx，复制工作表“小赵的美好生活”，将副本放置到原表右侧；改变该副本表标签的颜色，并重命名为“按季度汇总”；删除“月均开销”对应行。

步骤1：在“小赵的美好生活”工作表标签处单击鼠标右键，在弹出的快捷菜单中选择【移动或复制】命令，在弹出的对话框中选择【建立副本】复选框，选择【（移至最后）】选项，单击【确定】按钮，如图4.116所示。

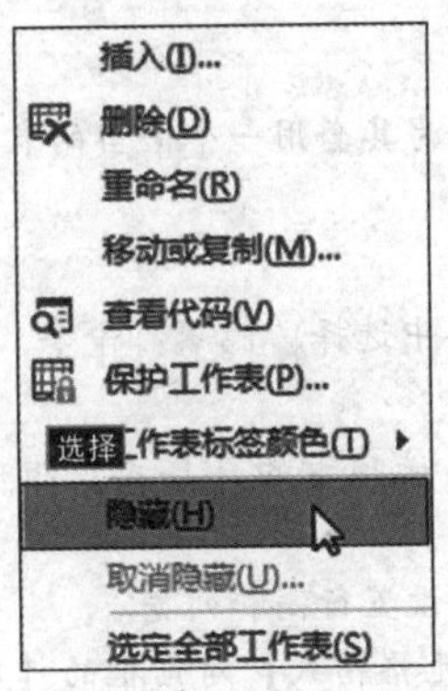

图4.114

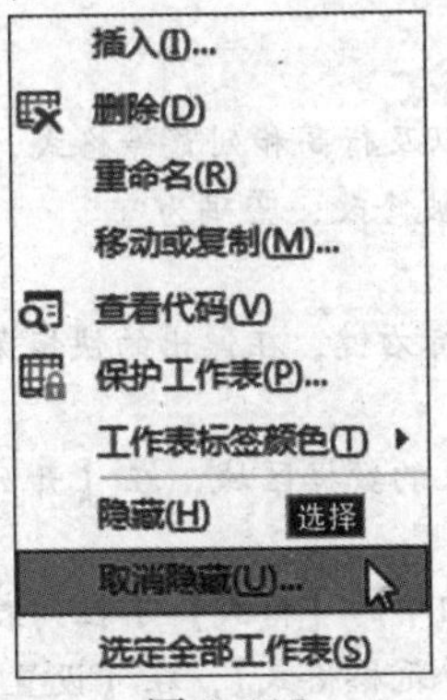

图4.115

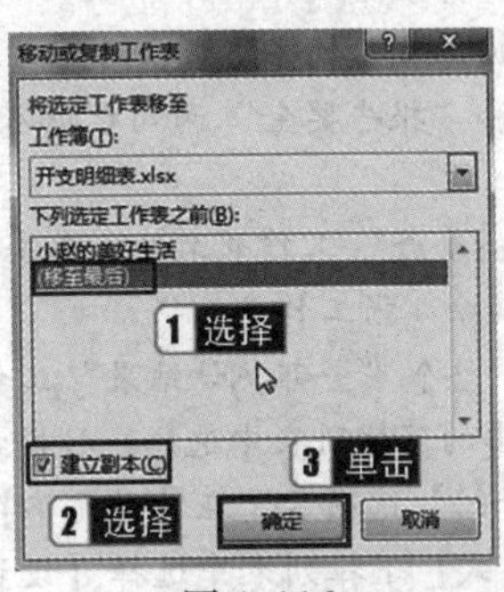

图4.116

步骤2：在“小赵的美好生活（2）”标签处单击鼠标右键，在弹出的快捷菜单中选择【工作表标签颜色】命令，在弹出的列表中为工作表标签选择一种合适的标签颜色，如图4.117所示。

步骤3：在“小赵的美好生活（2）”标签处单击鼠标右键，在弹出的快捷菜单中选择【重命名】命令，在标签处输入文本“按季度汇总”；选择“按季度汇总”工作表的第15行，将鼠标指针定位在行号处，单击鼠标右键，在弹出的快捷菜单中选择【删除】命令，如图4.118所示。

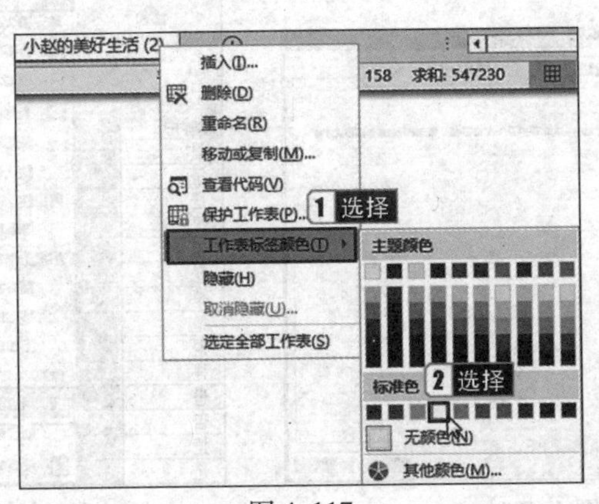

图4.117

图4.118

真题精选

1. 打开考生文件夹中的工作簿文件 EXCEL5. xlsx，按照要求完成下列操作，并以原文件名保存文档。

小蒋是一位中学教师，在教务处负责初一年级学生的成绩管理。由于学校地处偏远地区，缺乏必要的教学设施，因此只有一台配置不太高的计算机可以使用。他在这台计算机中安装了 Microsoft Office，决定通过 Excel 来管理学生成绩，以弥补学校缺少数据库管理系统的不足。现在，第一学期期末考试刚刚结束，小蒋将初一年级 3 个班的成绩均录入了文件名为 EXCEL5. xlsx的工作簿文档中。

复制工作表“第一学期期末成绩”，将副本放置到原表之后；改变该副本表标签的颜色，并重新命名，新表名需包含“分类汇总”字样。

【操作步骤】

步骤 1：复制工作表“第一学期期末成绩”，粘贴到 Sheet2 工作表中；然后在副本的工作表名上单击鼠标右键，在弹出的快捷菜单中选择【工作表标签颜色】命令，在其级联菜单中选择一种颜色，此处我们选择红色。

步骤 2：双击副本表名，使其呈可编辑状态，重新命名为“第一学期期末成绩分类汇总”，实际效果如图 4.119 所示。

步骤 3：单击【保存】按钮保存文档。

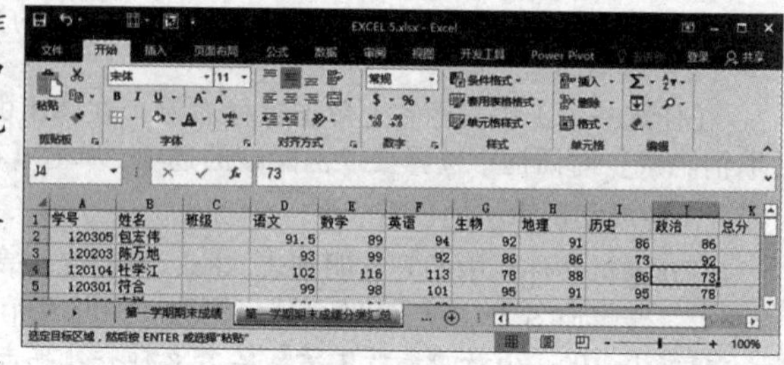

图 4.119

2. 打开考生文件夹中的工作簿文件 EXCEL6. xlsx，按照要求完成下列操作，并以原文件名保存文档。

(1) 将前面 5 个工作表隐藏。

(2) 适当调整数据区域的数字格式、对齐方式以及行高和列宽等格式，并为其套用一个恰当的表格样式。最后设置表格中仅“完成情况”和“报告奖金”两列数据不能被修改，密码为空。

【操作步骤】

(1) 步骤：在“高小丹”工作表名处，单击鼠标右键，在弹出的快捷菜单中选择“隐藏”命令，如图 4.120 所示。按照同样的方法，隐藏其余 4 张工作表。

(2) 步骤 1：选中整个“全部统计结果”工作表的数据区域，在【开始】选项卡的【样式】组中单击【套用表格格式】下拉按钮，在弹出的下拉列表中选择一种样式。

步骤 2：单击【开始】选项卡，在【单元格】组中的【格式】下拉列表中设置行高和列宽。

步骤 3：再在【格式】下拉列表中选择【设置单元格格式】，在【设置单元格格式】对话框的【对齐】选项卡中设置【水平对齐】和【垂直对齐】方式均为【居中】；切换到对话框中的【保护】选项卡，取消选择【锁定】复选框，如图 4.121 所示，单击【确定】按钮。

步骤 4：选中 I3: J94 数据区域，在【开始】选项卡的【单元格】组中单击【格式】下拉按钮，在弹出的下拉列表中选择【锁定单元格】，然后在【单元格】组中单击【格式】下拉按钮，在弹出的下拉列表中选择【保护工作表】，如图 4.122 所示，弹出【保护工作表】对话框，不设置密码，单击【确定】按钮。

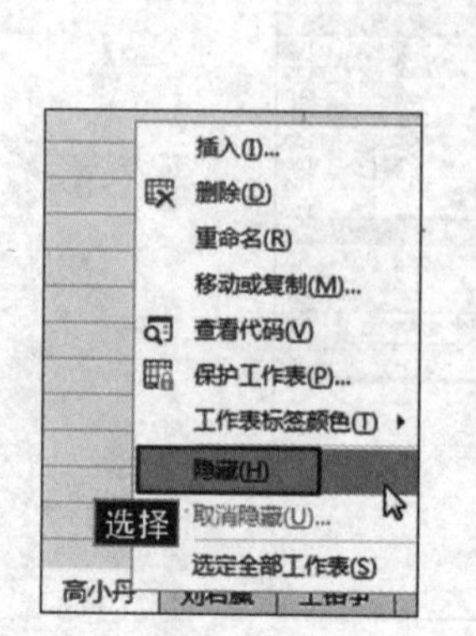

图 4.120

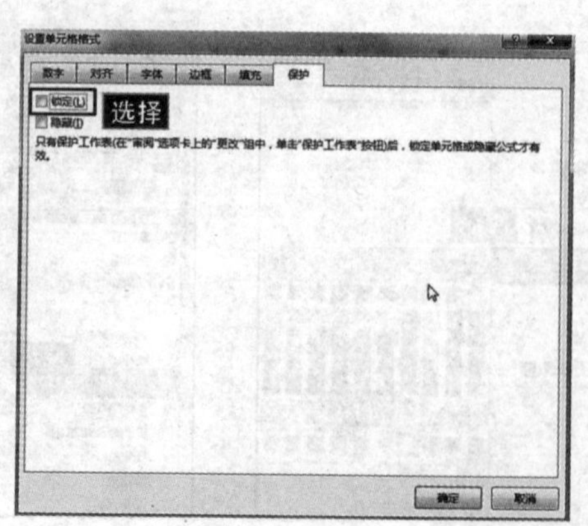

图 4.121

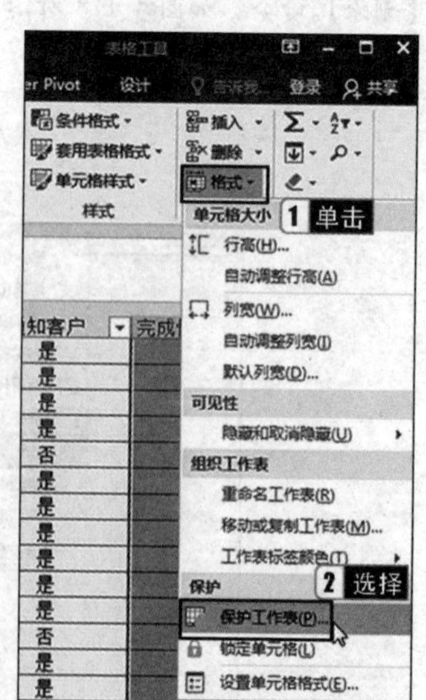

图 4.122

考点 12 保护和撤销保护工作表

真考链接

该知识点的考核概率为 10%。考生只需了解保护和撤销工作表的方法即可。

1. 保护工作表

步骤 1：单击【文件】选项卡，在弹出的后台视图中选择【打开】，在右侧单击【浏览】按钮，选择需要打开的文件，单击【打开】按钮。

步骤 2：在【审阅】选项卡中单击【更改】组中的【保护工作表】按钮，弹出【保护工作表】对话框，在【允许此工作表的所有用户进行】列表框中选择相应的编辑对象复选框，此处我们选择【选定锁定单元格】和【选定未锁定的单元格】复选框，并在【取消工作表保护时使用的密码】文本框中输入密码。

步骤 3：单击【确定】按钮，弹出【确认密码】对话框，在其中输入与刚才相同的密码。

步骤 4：单击【确定】按钮，当前工作表便处于保护状态。

2. 撤销工作表保护

步骤 1：在【审阅】选项卡中单击【更改】组中的【撤销工作表保护】按钮。

步骤 2：若设置了密码，则会弹出【撤销工作表保护】对话框，输入保护时设置的密码。

步骤 3：单击【确定】按钮，即可撤销工作表保护。

考点 13 对多张工作表同时进行操作

该知识点的考核概率为 20%。考生需了解对多张工作表同时进行操作的方法。

1. 选择多张工作表

- 选择全部工作表：在某个工作表的标签中单击鼠标右键，在弹出的快捷菜单中选择【选定全部工作表】命令，就可以选择当前工作簿中的所有工作表。
- 选择连续的多张工作表：单击要选中的第一张工作表标签，按住【Shift】键，在要选中的最后一张表标签上单击，就可以选择连续的多张工作表。
- 选择不连续的多张工作表：单击要选中的工作表标签，按住【Ctrl】键，再依次单击其他要选择的工作表标签，就可以选择不连续的多张工作表。

选择多张工作表之后，工作簿标题栏中的文件名后会增加“［工作组］”字样，如图 4.123 所示。

2. 同时对多张工作表进行操作

步骤 1：选择多张工作表组合，然后在组内的一张工作表中输入数据和公式，进行格式化操作等。

步骤 2：取消工作表组合后，再对每张表进行个性化设置。

3. 填充成组工作表

建立工作表组合后，在一张工作表中输入数据并进行格式化操作，可以将这张工作表中的内容及格式填充到同组的其他工作表中。例如，将填充成组工作表.xlsx 工作簿中“法一”工作表的格式应用到其他工作表中，具体的操作步骤如下。

步骤 1：打开素材文件夹中的填充成组工作表.xlsx 工作簿，选中 A1:K27 单元格区域，按住【Shift】键，同时选中“法一”“法二”“法三”“法四”工作表标签，使其形成工作表组，如图 4.124 所示。

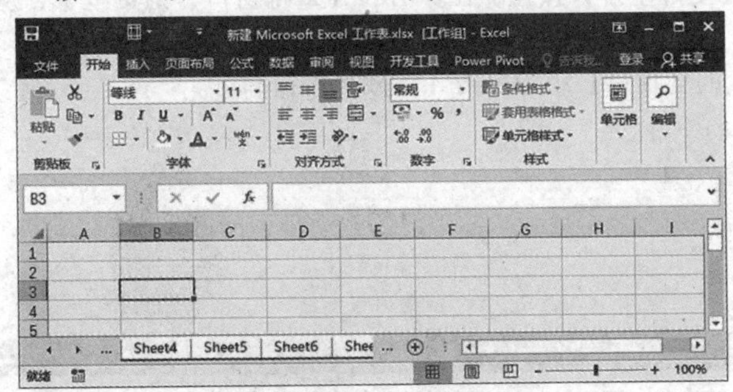

图 4.123

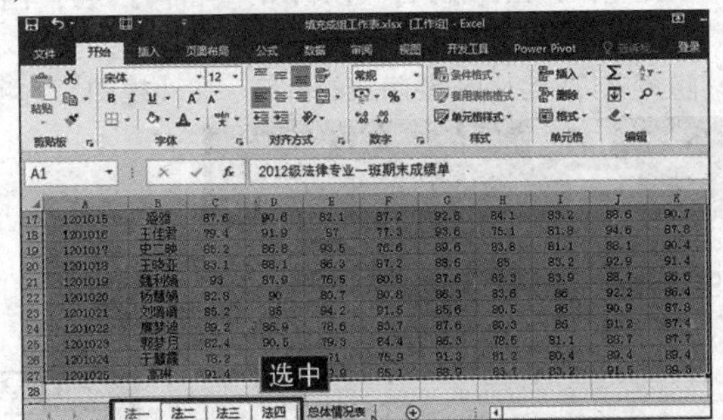

图 4.124

步骤 2：在【开始】选项卡的【编辑】组中单击【填充】按钮，从弹出的下拉列表中选择【成组工作表】选项，如图 4.125 所示。

步骤3：弹出【填充成组工作表】对话框，在【填充】区域中选择需要填充的项目，此处选择【格式】单选按钮，如图4.126所示。

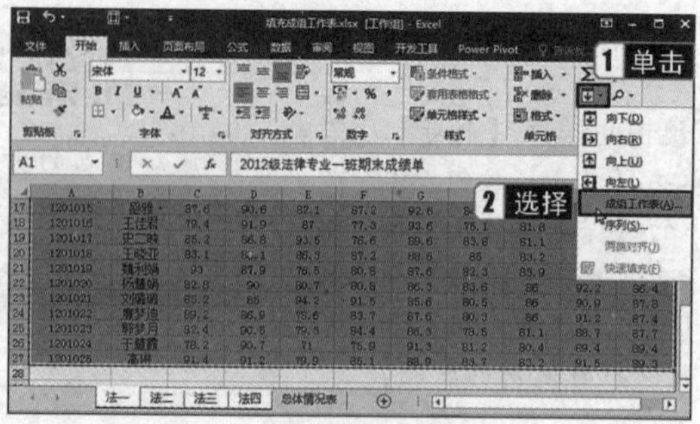

图4.125

图4.126

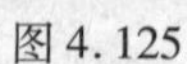

小提示

【全部】表示填充选中的全部内容（包括格式及数据），【内容】表示只填充选中的数据内容，【格式】表示只填充选中的格式。

步骤4：选择后单击【确定】按钮。此时，【法一】工作表中的格式将应用到其他工作表，并且在其中任意一张工作表中输入数据、设置格式，均会同时显示在同组的其他工作表中。

4. **查看多个工作表**

步骤1：在【视图】选项卡的【窗口】组中单击【新建窗口】按钮。

步骤2：在【视图】选项卡的【窗口】组中单击【全部重排】按钮，弹出【重排窗口】对话框，选择【平铺】单选按钮，然后单击【确定】按钮。

考点14 工作窗口的视图控制

1. **多窗口显示与切换**

真考链接

该知识点属于考试大纲中要求熟悉的内容，考核概率为15%。考生需熟悉工作窗口的视图控制操作。

在Excel中可以同时打开多个工作簿。若是其中的工作表很大，一个窗口中很难显示出全部的行或列时，还可以将工作表划分为多个临时窗口。

- 定义窗口：打开一个工作簿，在一个工作表中选择某个区域，在【视图】选项卡的【窗口】组中，单击【新建窗口】按钮，被选定区域就会显示在一个新的窗口中。
- 切换窗口：在【视图】选项卡的【窗口】组中，单击【切换窗口】按钮，在弹出的下拉列表中将会显示所有窗口的名称，其中工作簿以文件名显示，工作表中划分出的窗口则以“工作簿名：序号”的形式显示，单击其中的名称，就可以切换到相应的窗口，如图4.127所示。
- 并排查看：切换到一个工作簿中，在【视图】选项卡的【窗口】组中单击【并排查看】按钮，则两个窗口将并排显示。默认情况下，操作一个窗口中的滚动条，另一个窗口将会同步滚动。在【视图】选项卡的【窗口】组中单击【同步滚动】按钮，可以取消两个窗口的联动，如图4.128所示。单击【并排查看】按钮就可以取消并排比较。
- 全部重排：在【视图】选项卡的【窗口】组中单击【全部重排】按钮，在弹出的【重排窗口】对话框中，从【排列方式】选项组中选择显示方式。
- 隐藏窗口：切换到要隐藏的窗口，在【视图】选项卡的【窗口】组中单击【隐藏】按钮即可。

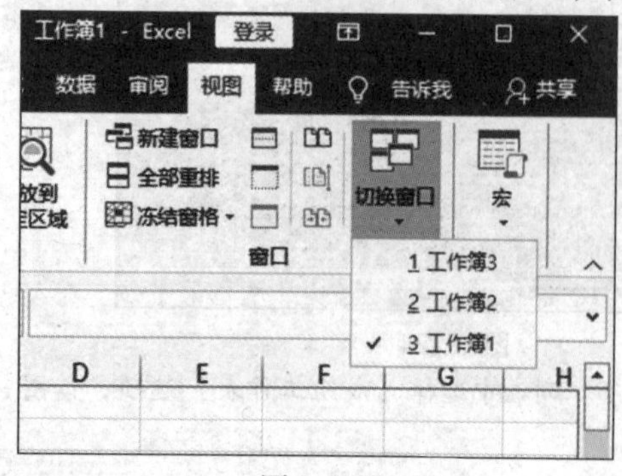

图4.127

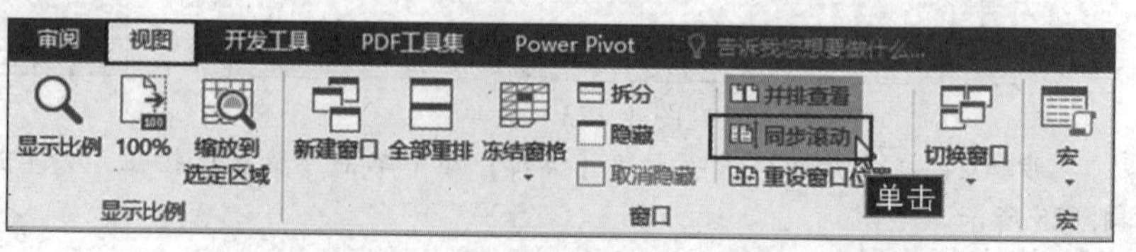

图4.128

2. **冻结窗口**

在工作表的某个单元格中单击，单元格上方的行和左侧的列将在锁定范围之内。在【视图】选项卡的【窗口】组中单击【冻结窗格】按钮，从弹出的下拉列表中选择【冻结窗格】命令。此后，当前单元格上方的行和左侧的列始终保持可见，不会随着操作滚动条而消失。

若要取消窗口冻结，只需从【冻结窗格】下拉列表中选择【取消冻结窗格】命令即可。

3. **拆分窗口**

在【视图】选项卡的【窗口】组中单击【拆分】按钮，以当前单元格为坐标，将窗口拆分为4个，每个窗口中均可进行编辑，再次单击【拆分】按钮可以取消窗口拆分效果。

4. **窗口缩放**

在【视图】选项卡的【显示比例】组中单击【显示比例】按钮，如图4.129所示。在弹出的【显示比例】对话框中将当前显示进行编辑设置。

图4.129

在【视图】选项卡的【显示比例】组中有【显示比例】【100%】【缩放到选定区域】按钮，下面分别进行介绍。

- 【显示比例】按钮：单击该按钮，弹出【显示比例】对话框，可以自由指定一个显示比例。
- 【100%】按钮：单击该按钮，可以恢复正常大小的显示比例。
- 【缩放到选定区域】按钮：选择某一区域，单击该按钮，窗口中会显示选定区域。

4.3　Excel公式和函数

考点15　使用公式的基本方法

1. **公式的格式**

公式是Excel中一项强大的功能，利用公式可以方便、快捷地对复杂的数据进行计算。在Excel中，公式始终以“=”开头，公式的计算结果显示在单元格中，公式本身显示在编辑栏中。公式一般由单元格引用、常量、运算符、函数等组成。

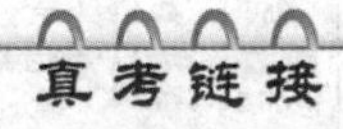

该知识点属于考试大纲中要求掌握的内容，考核概率为90%。考生需掌握公式的使用方法。

例如：

=A2+F2

=2015+2022

=Sum(A3:C3)

=If(C2>2020,"True","False")

- 单元格引用：即前面提到的单元格地址，表示单元格在工作表中所处的位置。例如A列中的第2行，则表示为“A2”。
- 常量：指固定的数值和文本，此常量不是经过计算得出的值，例如数字“125”和文本“一月”等都是常量。表达式或由表达式计算出的值不属于常量。
- 运算符：会针对一个以上的数据进行运算。
- 函数：Excel中预先编写的公式。

2. **公式中的运算符**

公式是工作表中的数值执行计算的等式，它可以对工作表中的数值进行各种运算。

公式中的信息还可以引用同一工作表中的其他单元格、同一工作簿的不同工作表中的单元格，或其他工作簿的工作表中的单元格信息。

一个公式中可以包含各种运算符、常量、变量、函数及单元格引用等。运算符用于对公式中的元素进行特定类型的运算，它分为4种类型，即算术、比较、文本连接和引用。

（1）算术运算符是可以完成基本的数学运算的符号，如表4.4所示。

表4.4

算术运算符	含义（示例）
+（加号）	加法（1+2+3）
-（减号）	减法（3-1）或者负数（-1）
*（乘号）	乘法（2*2）
/（正斜杠）	除法（4/2）
%（百分号）	百分比（20%）
^（脱字号）	乘方（2^3）

（2）比较运算符是可以比较两个数值并产生逻辑值的符号，如表4.5所示。

表4.5

比较运算符	含义（示例）
=（等号）	等于（A1=B1）
>（大于号）	大于（A1>B1）
<（小于号）	小于（A1<B1）
>=（大于或等于号）	大于或等于（A1>=B1）
<=（小于或等于号）	小于或等于（A1<=B1）
<>（不等号）	不等于（A1<>B1）

（3）文本连接运算符。

文本连接运算符只有一个，即“&”，用来连接一个或多个文本字符串，以生成一段文本。

例如，在单元格D6中输入“五一”，在F6中输入“劳动节”，在D8中输入公式“=D6&F6”，如图4.130(a)所示，按【Enter】键确认，结果如图4.130(b)所示。

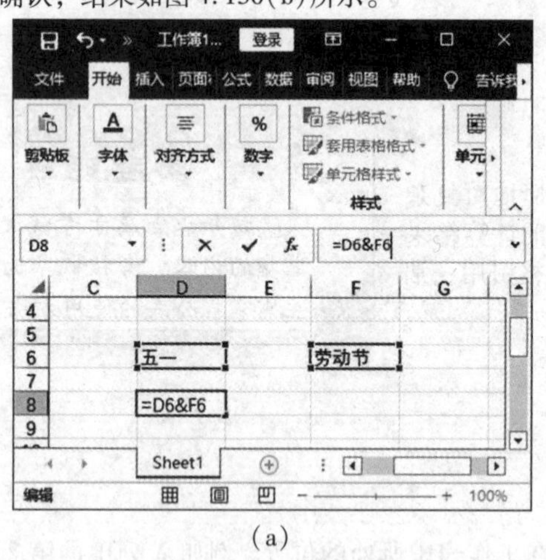

(a)

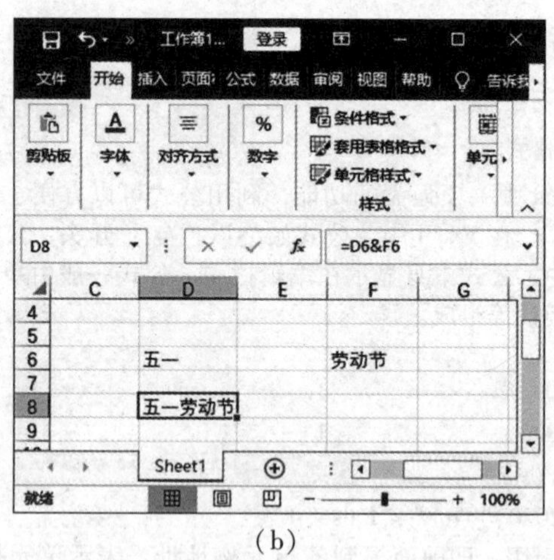

(b)

图4.130

（4）引用运算符。

引用运算符可以将单元格区域合并计算，它包括冒号、逗号和空格，如表4.6所示。

表4.6

引用运算符	含义
:（冒号）	区域运算符，生成对两个引用之间所有单元格的引用，包括这两个引用，如“A1:B2”
,（逗号）	联合运算符，将多个引用合并为一个引用，如“SUM(A1:B2,A1:B2)”
空格	交叉运算符，生成对两个引用共同的单元格的引用，如“B2:D10 C10:C12”

3. 公式中的运算顺序

（1）运算符优先级。

如果一个公式中有若干个运算符，Excel 将按照表 4.7 中的次序进行计算。如果一个公式中的若干运算具有相同的优先顺序，Excel 将从左到右进行计算。

表 4.7

运算符	优先级（由高到低）
:（冒号）;（单个空格）;,（逗号）	1
–	2
%	3
^	4
* 和/	5
+ 和 –	6
&	7
=、<、>、<=、>=和<>	8

（2）使用括号。

如果要更改求值的顺序，可以将公式中要先计算的部分用括号括起来，具体的操作步骤如下。

步骤 1：打开 Excel 2016，新建一个空白工作簿。在单元格中输入图 4.131 所示的数据。

*步骤 2：选择 E1 单元格，在编辑栏中输入“=（A1+B1+C1）*D1”，如图 4.132 所示。*

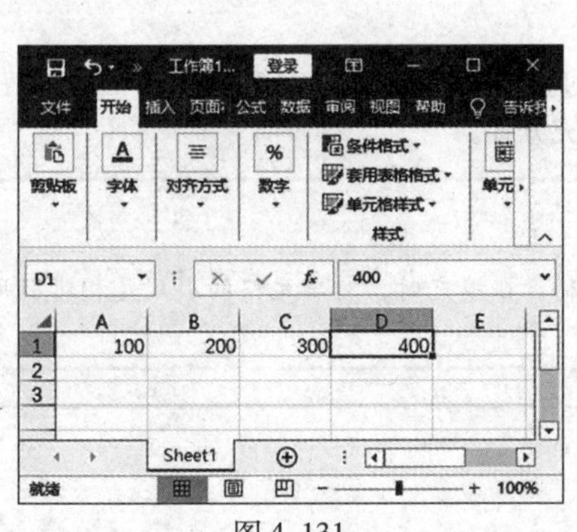

图 4.131

图 4.132

步骤 3：按【Enter】键，即可在 E1 单元格中显示计算结果，如图 4.133 所示。

4. 公式的输入和修改

（1）输入公式。

输入公式与输入文字的操作类似。用户可以手动输入公式，也可以单击输入公式。

- 手动输入公式：在选定的单元格中输入等号“=”，然后在其后面输入其他内容，如“=A1+B1”，按【Enter】键确认。输入时，字符会同时出现在单元格和编辑栏中。
- 单击输入公式：单击输入公式更为简单、快速，且不容易出问题，如要在 C1 单元格中输入“=A1+B1”，操作步骤如下。

步骤 1：选择 C1 单元格，在其内输入“=”，单击 A1 单元格，这时编辑栏中会自动输入“A1”，如图 4.134 所示。

步骤 2：在编辑栏内输入“+”，单击 B1 单元格，编辑栏中会自动输入“B1”，如图 4.135 所示，最后按【Enter】键，完成公式输入。

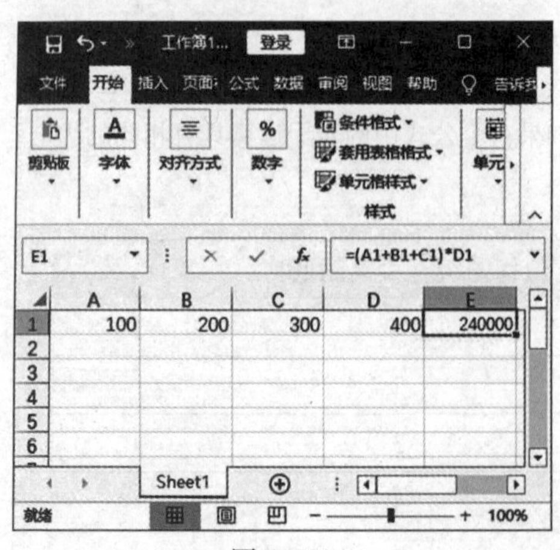

图 4.133

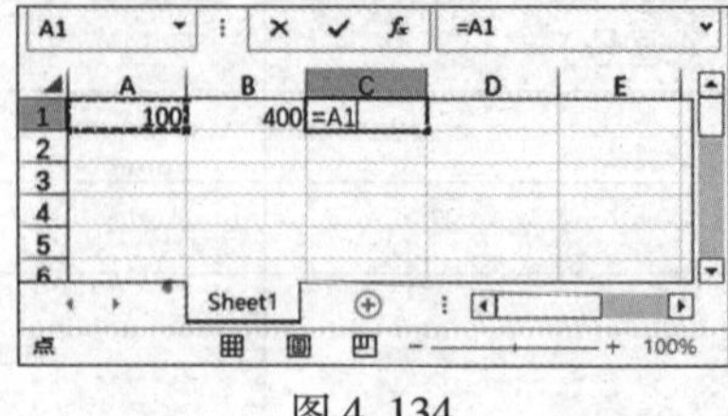

图 4.134

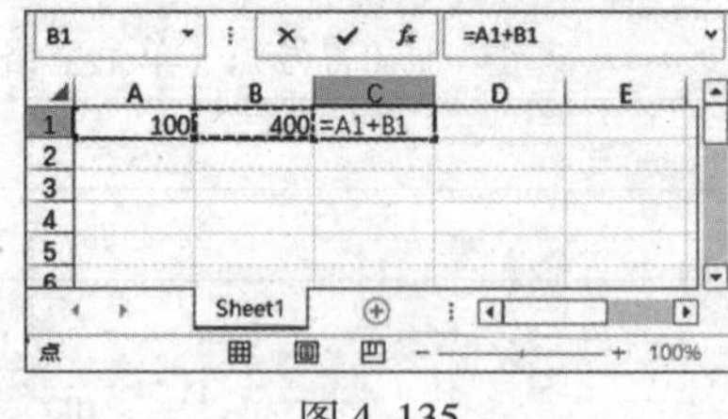

图 4.135

小提示

在公式中所输入的运算符都必须是英文半角字符。

（2）修改公式。

双击需要修改公式的单元格，使其处于编辑状态，此时单元格和编辑栏中就会显示该公式本身，用户可以根据需要在单元格或编辑栏中对公式进行修改。

如果要删除公式，选择该公式单元格，按【Delete】键即可。

5. 公式的复制与填充

公式的复制和填充方式与普通数据的复制与填充一样，通过拖动单元格的右下角的填充柄，或在【开始】选项卡【编辑】组中单击【填充】按钮，在弹出的下拉列表中选择一种填充方式。

小提示

自动填充实际上不是复制数据本身，而是对公式的复制。在填充时，对单元格的引用是相对引用还是绝对引用由被引用的单元格中的引用方式决定。

考点 16　名称的定义及引用

1. 名称的命名规则

为单元格或单元格区域命名需要遵守一定的规则，否则名称将不能使用。名称的命名规则如下。

（1）名称长度限制：一个名称不能超过 255 个字符。

（2）有效字符：名称中的第一个字符必须是字母、下划线或反斜杠（\），名称中的其余字符可以是字母、数字、句点和下划线，但名称中不能使用大、小写字母“C”“c”“R”“r”。

（3）名称中不能包含空格：名称中不允许使用空格，但小数点和下划线可用作分隔符，如 Reader. Info 或 Class_Info。

（4）不能与单元格地址相同：如 A123、$H $4、R2C5 等。

（5）唯一性原则：名称在其适用范围内不可重复，须始终唯一。

（6）不区分大小写：名称可以包含大、小写字母，但 Excel 在名称中不区分大、小写。

真考链接

该知识点属于考试大纲中要求理解的内容，考核概率为 40%。考生需注意单元格名称的命名和引用方法。

2. 命名单元格或单元格区域

在 Excel 中可对单元格和单元格区域进行命名，具体的操作步骤如下。

步骤 1：使用名称框定义名称。打开素材文件夹中的 011 统计表. xlsx。

步骤 2：选择需要命名的单元格或单元格区域，在名称框中直接输入定义的单元格名称，按【Enter】键，效果如图 4.136 所示。

步骤 3：使用【新建名称】对话框定义名称。选择包含行/列标志的单元格区域，在【公式】选项卡的【定义的名称】

组中单击【定义名称】按钮，打开【新建名称】对话框，在【名称】文本框中输入单元格的名称，在【范围】下拉列表框中选择单元格名称作用的范围，然后单击【确定】按钮即可。

步骤4：根据所选内容批量创建名称。在Sheet1工作表中选中要命名的A1:D12单元格区域，在【公式】选项卡的【定义的名称】组中单击【根据所选内容创建】按钮，弹出【以选定区域创建名称】对话框。

步骤5：在该对话框中，通过选择【首行】复选框，取消选中其他复选框，单击【确定】按钮，如图4.137所示，即可将数据区域的首行作为各列的名称。

小提示

选择【首行】复选框可将所选单元格区域的第1行标题设为各列数据的名称，此外还可以根据要求选择【最左列】【末行】或【最右列】复选框来指定包含标题的位置。

步骤6：上述操作一次性创建了4个名称，因为选定区域包含4个字段。单击【定义的名称】组中的【名称管理器】按钮，弹出【名称管理器】对话框，可以看到这些名称的定义，如图4.138所示。

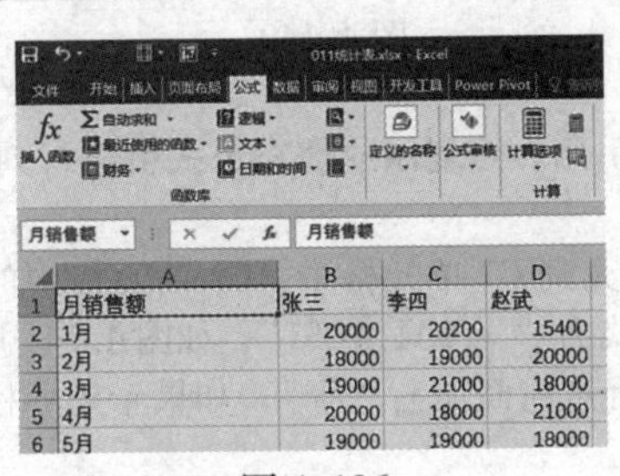

图4.136

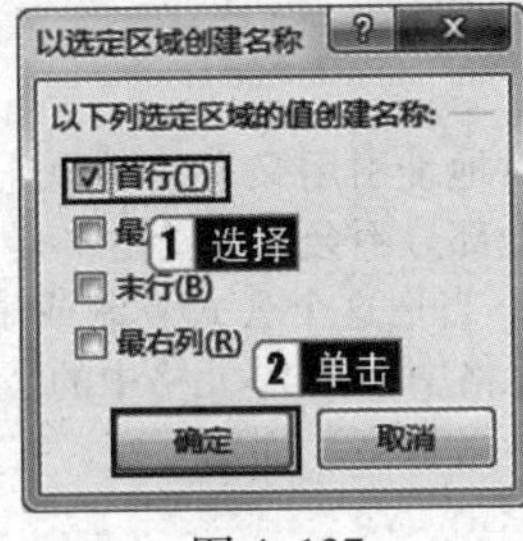

图4.137

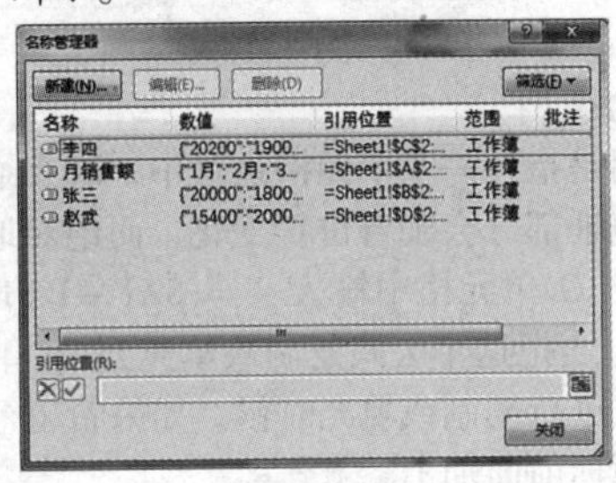
图4.138

3. 更改或删除名称

如果更改了某个已定义的名称，则所有引用该名称的位置均会自动更新。如果删除了公式已引用的某个名称，可能导致公式出错。更改或删除名称的具体操作步骤如下。

步骤1：更改名称。在【公式】选项卡的【定义的名称】组中单击【名称管理器】按钮，或者按【Ctrl+F3】组合键，弹出【名称管理器】对话框。

步骤2：在名称列表中，选择要更改的名称，单击【编辑】按钮，弹出【编辑名称】对话框，在其中修改名称，修改完成后单击【确定】按钮。

步骤3：删除名称。在名称列表中，选择要删除的名称，单击【删除】按钮，出现提示对话框，单击【确定】按钮完成删除操作。

步骤4：返回【名称管理器】对话框，单击【关闭】按钮关闭对话框。

4. 单元格名称的引用方法

（1）引用同一工作簿中的单元格名称：在【公式】选项卡的【定义的名称】组中单击【用于公式】按钮，在弹出的下拉列表中选择【粘贴名称】命令，打开【粘贴名称】对话框。选择需要粘贴的名称后，单击【确定】按钮，该名称被插入当前位置。

（2）引用不同工作簿中的单元格名称：若要引用其他工作簿中定义的单元格名称，需要先打开源工作簿，然后在当前要引用名称的单元格的公式中输入"'源工作簿文件名.xlsx工作表名'!定义的名称"。

小提示

当源工作簿的目标位置被保存在MY Documents文件夹中时，引用时可不打开源工作簿，也可不添加该文件的路径。

5. 单元格引用

在公式中很少输入常量，最常见的就是单元格引用。可以在单元格中引用一个单元格、一个单元格区域、另一个工作簿或工作表中的单元格区域。

单元格引用分为以下3种。

（1）相对引用。

相对引用是指当把一个含有单元格引用的公式复制或填充到另一个位置的时候，公式中的单元格引用内容会随着目标单元格位置的改变而相对改变。Excel中默认的单元格引用为相对引用。

例如，在C1单元格中输入"=A1+B1"，这就是引用，也就是在C1单元格中使用了A1和B1单元格之和。

当把这个公式复制或填充到C2单元格中，C2单元格中的公式变成了“=A2+B2”；当把这个公式复制或填充到D1单元格中，D1单元格中的公式变成了“=B1+C1”，如图4.139所示。也就是说，其实C1这个单元格中存储的并不是A1、B1的内容，而是和A1、B1的相对关系。

（2）绝对引用。

绝对引用是指当把一个含有单元格引用的公式复制或填充到另一个位置的时候，公式中的单元格引用内容不会发生改变。在行号和列标前面加上“$”符号，代表绝对应用，如$A$1、$B$1等形式。

例如，在C1单元格中输入“=$A$1+$B$1”，当把这个公式复制或填充到C2单元格中，C2单元格中的公式仍为“=$A$1+$B$1”；当把这个公式复制或填充到D1单元格中，D1单元格中的公式也仍为“=$A$1+$B$1”，如图4.140所示。也就是说，这时C1单元格中存储的就是A1、B1的内容，这个内容并不会随着单元格位置的变化而变化。

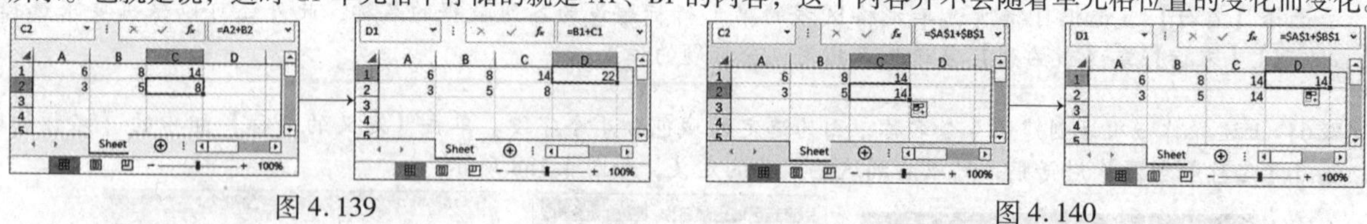

图4.139　　　　图4.140

（3）混合引用。

混合引用是指在一个单元格地址中，既有绝对地址引用又有相对地址引用。当复制或填充公式引起行列变化的时候，公式的相对地址部分会随着位置变化，而绝对地址部分不会发生变化。

例如，在C1单元格中输入“=$A1+B$1”，当把这个公式复制或填充到C2单元格中，C2单元格中的公式为“=$A2+B$1”；当把这个公式复制或填充到D1单元格中，D1单元格中的公式为“=$A1+C$1”，如图4.141所示。也就是说，在对公式进行复制或填充时候，如果希望行号（数字）固定不变，在行号前面加上“$”；如果希望列标（字母）固定不变，在列标前面加上“$”。

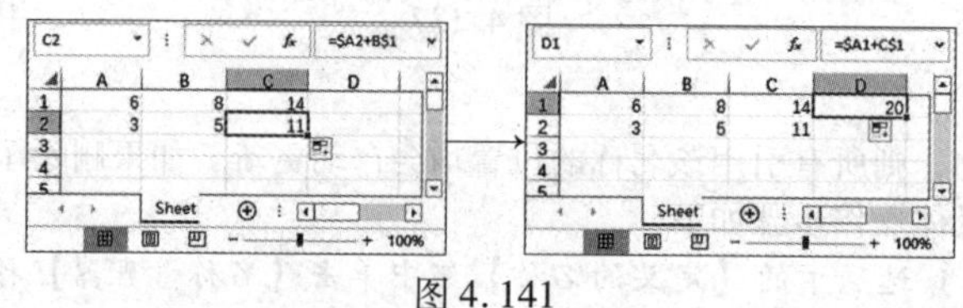

图4.141

小提示

Excel提供了快捷键【F4】，在公式中选定引用的单元格地址时，可以对引用类型进行快速切换。例如，选中A1，按【F4】键可依次转换引用类型为$A$1、A$1、$A1、A1。

考点17　使用函数的基本方法

1. 函数可用于执行简单或复杂的计算

例如，求单元格区域A1:D1中数字之和，输入函数“=SUM(A1:D1)”即可。在输入“A1”时，该单元格会出现蓝色边框。每个函数都由以下3部分构成。

真考链接

该知识点属于考试大纲中要求重点掌握的内容，考核概率为90%。考生需掌握函数的基本使用方法。

（1）等号（=）：表示后面跟着函数（公式）。函数以等号开始，后面紧跟函数名和左括号，然后以逗号分隔输入该函数的参数，最后是右括号。

（2）函数名：表示将执行的操作。如果要查看可用函数的列表，可单击一个单元格并按【Shift+F3】组合键。

（3）参数：参数可以是数字、文本、TRUE或FALSE等值，以及数组、错误值、常量、公式或其他函数。

此外，还有参数工具提示，即在输入函数时，会出现一个带有语法和参数的工具提示。

2. 函数的分类

Excel按照功能把函数分为数学和三角函数、财务函数、逻辑函数、文本函数、日期和时间函数、查找与引用函数、统计函数、工程函数、多维数据集函数、信息函数及与加载项一起安装的用户定义的函数等。

3. 函数的输入和修改

（1）函数的输入。

函数的输入和公式的输入类似，主要有以下3种方法。

方法1：用户对函数名称和参数都比较了解的情况下，可以直接在单元格或编辑栏中输入函数，按【Enter】键或单击【编辑栏】左侧的【输入】按钮确认。

方法2：通过【函数库】选项组输入公式，具体的操作步骤如下。
步骤1：打开工作簿，在要输入函数的单元格中单击，使其成为活动单元格。
步骤2：输入等号“=”，在【公式】选项卡的【函数库】组中，选择【数学和三角函数】中的【SUM】函数。
步骤3：打开【函数参数】对话框，默认选中求和区域。

小提示

在【函数参数】对话框中设置函数的参数，参数可以是常量或者引用单元格区域。不同的函数，参数的个数、名称及用法均不相同，可以单击对话框左下角的【有关该函数的帮助】超链接获得帮助信息。

步骤4：当数据较多，对引用单元格区域无法把握时，可单击参数文本框右侧的按钮，可以暂时折叠对话框，显露出工作表。此时，可以用鼠标在工作表中选择要引用的单元格区域。
步骤5：单击已折叠对话框右侧的按钮或者按【Enter】键，展开【函数参数】对话框。设置完毕后，单击【确定】按钮。
步骤6：返回到工作表中，在单元格中会显示计算结果，编辑栏中会显示函数。
方法3：通过【插入函数】按钮插入公式，操作步骤如下。
步骤1：在要输入函数的单元格中单击，使其成为活动单元格。
步骤2：输入等号“=”，在【公式】选项卡的【函数库】组中单击【插入函数】按钮，打开【插入函数】对话框。
步骤3：在【搜索函数】文本框中输入需要解决的问题的简单说明，然后单击【转到】按钮，在【选择函数】列表框中选择需要的函数，单击【确定】按钮，将会同样打开【函数参数】对话框。

小提示

进行一些简单数学运算的时候，可以直接使用【自动求和】按钮Σ自动求和进行快速计算，如求和、平均值、计数、最大值、最小值等。

（2）函数的修改。
在包含函数的单元格中双击，进入编辑状态，对函数进行修改后按【Enter】键确认。

考点18 Excel中常用函数的应用

下面介绍Excel中常用函数的基本用法。

真考链接

该知识点属于考试大纲中要求重点掌握的内容，考核概率为100%。考生需重点掌握SUM、VLOOKUP等函数的应用方法。

1. SUM函数

SUM(number1,[number2],…)
功能：将指定的参数number1、number2……相加求和。
参数说明：至少需要包含一个参数number1，每个参数都可以是区域、单元格引用、数组、常量、公式或另一个函数的结果。

2. SUMIF函数

SUMIF(range,criteria,sum_range)
功能：对指定单元格区域中符合指定条件的值求和。
参数说明如下。
- range：必需的参数，用于条件判断的单元格区域。
- criteria：必需的参数，求和的条件，其形式可以为数字、表达式、单元格引用、文本或函数。

常见问题

在函数中，输入任何文本条件或任何含有逻辑或数学符号的条件时需要注意什么？若条件为数字呢？

在函数中，任何文本条件或任何含有逻辑或数学符号的条件都必须使用双引号（""）括起来。若是条件为数字，则无须使用双引号。

- sum_range：可选参数区域，要求和的实际单元格区域，如果sum_range参数被省略，Excel会对在range参数中指定的单元格求和。

3. SUMIFS函数

SUMIFS(sum_range,criteria_ range1,criteria1,[criteria_ range2,criteria2],…)

功能：对指定单元格区域中满足多个条件的单元格求和。

参数说明如下。

- sum_range：必需的参数，求和的实际单元格区域，忽略空白值和文本值。
- criteria_range1：必需的参数，在其中计算关联条件的第一个区域。
- criteria1：必需的参数，求和的条件，条件的形式可以为数字、表达式、单元格地址或文本，可以用来定义将对criteria_range1参数中的单元格求和。
- criteria_range2,criteria2：可选的参数，附加的区域及其关联条件，最多允许127个区域/条件，其中每个criteria_range参数区域所包含的行数和列数必须与sum_range参数相同。

4. SUMPRODUCT 函数

SUMPRODUCT(array1,array2,array3,…)

功能：先计算各个数组或区域内位置相同的元素之间的乘积，然后计算它们的和。

参数说明：array 可以是数值、逻辑值或作为文本输入的数字的数组常量，或者包含这些值的单元格区域，空白单元格被视为0。

例如，区域计算要求，计算 B、C、D 这3列对应数据乘积的和。

公式为“=SUMPRODUCT(B2:B4,C2:C4,D2:D4)”,则计算方式为“=B2*C2*D2+B3*C3*D3+B4*C4*D4”，即3个单元格区域 B2:B4,C2:C4,D2:D4同行数据乘积的和，参数输入如图4.142所示。

例如，数组计算要求，把单元格区域 B2:B4,C2:C4,D2:D4中的数据按一个区域作为一个数组，即 B2:B4表示为数组{B2;B3;B4},C2:C4表示为数组{C2;C3;C4},D2:D4表示为数组{D2;D3;D4}，则公式为“=SUMPRODUCT({B2;B3;B4},{C2;C3;C4},{D2;D3;D4})”，其中单元格名称在计算时要换成具体的数据，参数输入如图4.143所示。

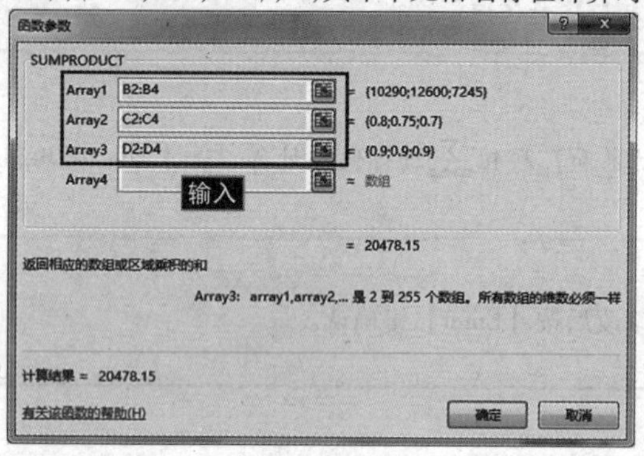

图4.142

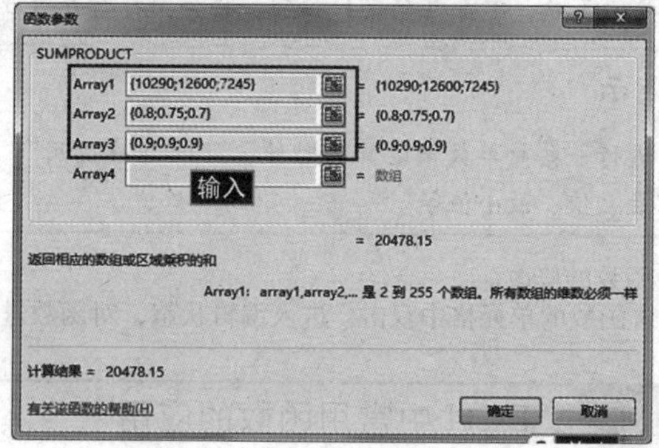

图4.143

5. ABS 函数

ABS(number)

功能：返回数值 number 的绝对值，number 为必需的参数。

6. INT 函数

INT(number)

功能：将数值 number 向下舍入到最接近的整数，number 为必需的参数。

7. SQRT 函数

SQRT(number)

功能：为参数 number 求平方根。

例如，“=SQRT(4)”返回结果为2。

8. MOD 函数

MOD(number,divisor)

功能：返回两数相除的余数。

参数说明：number 表示被除数，divisor 表示除数。

例如，“=MOD(5,2)”返回结果为1。

9. CEILING 函数

CEILING(number,significance)

功能：将数字向上舍入最接近指定基数的整倍数。

参数说明：number 表示需要进行舍入的参数，significance 表示用于向上舍入的基数。

例如，“=CEILING(3.5,1)”返回结果为4，即将3.5向上舍入到最接近的1的倍数。

例如，“=CEILING(3.5,0.1)”返回结果为3.5，即将3.5向上舍入到最接近的0.1的倍数。

10. ROUND 函数

ROUND(number,num_digits)

功能：将指定数值 number 按指定的位数 num_digits 进行四舍五入。

11. ROUNDUP 函数

ROUNDUP(number,num_digits)

功能：向上舍入数字。

参数说明：number 表示需要向上舍入的任意实数，num_digits 表示保留多少位小数。如果小数位数大于0，则向上舍入到指定的小数位；如果小数位数等于0，则向上舍入到最接近的整数；如果小数位数小于0，则在小数点左侧向上进行舍入。

例如，“=ROUNDUP(-3.14159,1)”表示将-3.14159 向上舍入，保留一位小数，返回结果为-3.2。

“=ROUNDUP(3.3,0)”表示将3.3 向上舍入，小数位为0，返回结果为4。

“=ROUNDUP(31415.92653,-2)”表示将31415.92653 向上舍入到小数点左侧两位，返回结果为31500。

12. ROUNDDOWN 函数

ROUNDDOWN(number,num_digits)

功能：向下舍入数字。

参数说明：number 表示需要向下舍入的任意实数，num_Digits 表示保留多少位小数。如果小数位数大于0，则向下舍入到指定的小数位；如果小数位数等于0，则向下舍入到最接近的整数；如果小数位数小于0，则在小数点左侧向下进行舍入。

例如，“=ROUNDDOWN(-3.14159,1)”表示将-3.14159 向下舍入，保留一位小数，返回结果为-3.1。

“=ROUNDDOWN(3.3,0)”表示将3.3 向下舍入，小数位为0，返回结果为3。

“=ROUNDDOWN(31415.92653,-2)”表示将31415. 92653 向下舍入到小数点左侧两位，返回结果为31400。

13. TRUNC 函数

TRUNC(number,[num_digits])

功能：将指定数值 number 的小数部分截去，返回整数。num_digits 为取整精度，默认为0。

例如，“= TRUNC(8.9)”表示取8.9 的整数部分，结果为8。“=TRUNC(-8.9)”表示取-8.9 的整数部分，结果为-8。

14. VLOOKUP 函数

VLOOKUP(lookup_value, table_array,col_index_num,[range_lookup])

功能：搜索指定单元格区域的第一列，然后返回该区域相同行上任何指定单元格中的值。

参数说明如下。

- lookup_value：必需的参数，表示要在表格或区域的第一列中搜索到的值。
- table_array：必需的参数，表示要查找的数据所在的单元格区域。table_array 第一列中的值就是 lookup_value 要搜索的值。
- col_index_num：必需的参数，表示最终返回数据所在的列号。col_index_num 为1 时，返回 table_array 第一列中的值；col_index_num 为2 时，返回 table_array 第二列中的值，以此类推。如果 col_index_num 参数小于1，则 VLOOKUP 返回错误值“#VALUE!”；如果 col_index_num 参数大于 table_array 的列数，则 VLOOKUP 返回错误值“#REF!”。
- range_lookup：可选的参数。该值为一个逻辑值，取值为 TRUE 或 FALSE，用于指定希望 VLOOKUP 查找的是精确匹配值还是近似匹配值。如果 range_lookup 为 TRUE 或被省略，则返回近似匹配值。如果找不到精确匹配值，则返回小于 lookup _value 的最大值。如果 range _lookup 参数为 FALSE, VLOOKUP 将只查找精确匹配值。如果 table_array 的第一列中有两个或更多值与 lookup_value 匹配，则使用第一个找到的值。如果找不到精确匹配值，则返回错误值“#N/A”。

小提示

如果 range_lookup 为 TRUE 或被省略，则必须按升序排列 table_array 第一列中的值，否则，VLOOKUP 可能无法返回正确的值。如果 range_lookup 为 FALSE，则不需要对 table_array 第一列中的值进行排序。

例如，“=VLOOKUP(1,A2:C10,2)”要查找的区域为 A2:C10，因此 A 列为第一列，B 列为第二列，C 列则为第三列，表示使用近似匹配搜索 A 列（第一列）中的值1，如果在 A 列中没有1，则近似找到 A 列中与1 最接近的值，然后返回同一行中 B 列（第二列）的值。

“= VLOOKUP(0.7,A2:C10,3,FALSE)”表示使用精确匹配在 A 列中搜索值0.7。如果 A 列中没有0.7 这个值，则返回一个错误值“#N/A”。

15. LOOKUP 函数

LOOKUP(lookup_value,lookup_vector,result_vector)

功能：从单行或单列或从数组中查找一个值。

参数说明：lookup_value 表示查询条件，即要查找的值；lookup_vector 表示条件区域，即要查找的范围；result_vector 表示要查找的内容区域，即要获得的值。

例如，“=LOOKUP(A2,B2:B15,C2:C15)”表示从 B2:B15 单元格区域里面找 A2 单元格的值,并返回 C2:C15 单元格区域相对应行的值。

16. INDEX 函数

INDEX(array,row_num,column_num)

功能：在给定的单元格区域中，返回指定行列交叉处单元格的值，常和 MATCH 函数组合使用。

参数说明：array 表示数据区域，row_num 表示行号，column_num 表示列标。

例如，"=INDEX(B1:D10,5,2)"表示获取区域 B1:D10 中第 5 行和第 2 列的交叉处，即单元格 C5 中的内容。

17. MATCH 函数

MATCH(lookup_value,lookup_array,match_type)

功能：返回指定值在指定数据区域中的相对位置，通常作为 INDEX 函数的一个参数。

参数说明：lookup_value 表示指定值；lookup_array 表示指定数据区域；match_type 表示匹配方式。匹配方式有 3 种，为 1 或省略，表示 Match 函数会查找小于或等于指定值的最大值；为 0 表示 Match 函数会查找等于指定值的第一个值；为 -1 表示 Match 函数会查找大于或等于指定值的最小值。

例如，"=MATCH(B6,B4:B8,1)"表示返回单元格 B6 在区域 B4:B8中的位置，B6 在区域中是第 3 个，故返回 3。

18. IF 函数

IF(logical_test,[value_if_true],[value_if_false])

功能：如果指定条件的计算结果为 TRUE，IF 函数将返回某个值；如果该条件的计算结果为 FALSE，则返回另一个值。

小提示

在 Excel 2016 中，最多可以使用 64 个 IF 函数进行嵌套，以构建更复杂的测试条件。也就是说，IF 函数也可以作为 value_if_true 和 value_if_false 参数包含在另一个 IF 函数中。

参数说明如下。

- logical_test：必需的参数，作为判断条件的任意值或表达式。例如，A2=100 就是一个逻辑表达式，其含义是如果单元格 A2 中的值等于 100，表达式的计算结果为 TRUE，否则为 FALSE。该参数中可使用比较运算符。
- value_if_true：可选的参数，表示 logical_test 参数的计算结果为 TRUE 时所要返回的值。
- value_if_false：可选的参数，表示 logical_test 参数的计算结果为 FALSE 时所要返回的值。

例如，"=IF(A2>=60,"及格","不及格")" 表示，如果单元格 A2 中的值大于等于 60，则显示"及格"字样，否则显示"不及格"字样。

"=IF(A2>=90,"优秀",IF(A2>=80,"良好",IF(A2>=60,"及格","不及格")))" 表示下列对应关系，如表 4.8 所示。

表 4.8

单元格 A2 中的值	公式单元格显示的内容
A2>=90	优秀
90>A2>=80	良好
80>A2>=60	及格
A2<60	不及格

19. AND 函数

AND(logical1,logical2,…)

功能：表达式同时成立时，结果为 True，只要其中任意一个表达式不成立，结果为 False。

参数说明：logical 表示检测表达式，内容可以是逻辑值、数组或引用。

例如，"=AND(1+2=3,2+3=5)" 返回结果为 True；"=AND(1+2=4,2+3=5)" 返回结果为 False。

20. OR 函数

OR(logical1,logical2,…)

功能：只要其中一个或一个以上的表达式成立，结果为 True，所有表达式均不成立时，结果为 False。

参数说明：logical 表示检测表达式。

例如，"=OR(1+2=4,2+3=5)" 返回结果为 True；"=OR(1+2=4,2+3=6)" 返回结果为 False。

21. IFERROR 函数

IFERROR(value,value_if_error)

功能：如果公式计算结果为错误值，则返回指定的值，否则返回公式正常计算的结果。

参数说明：value 表示任意值、表达式或引用，value_if_error 表示返回的指定值。

例如，"=IFERROR(A2/B2," 错误")" 表示判断 A2/B2 的值是否正确，如果正确则返回 A2/B2 的结果，否则返回"错误"字符。

22. ROW 函数

ROW(reference)

功能：返回指定单元格所在的行数。

参数说明：reference 表示单元格地址。

例如，“=ROW(F13)”返回结果为13。

23. COLUMN 函数

COLUMN(reference)

功能：返回指定单元格所在的列数，只返回数字。

参数说明：reference 表示单元格地址。

例如，“=COLUMN(C18)”返回结果为3（C列是第3列）。

24. NOW 函数

NOW()

功能：返回当前日期和时间。当将数据格式设置为数值时，将返回当前日期和时间所对应的序列号，该序列号的整数部分表明其与1900年1月1日之间的天数。当需要在工作表上显示当前日期和时间，或者需要根据当前日期和时间计算一个值并在每次打开工作表时更新该值时，该函数很有用。

参数说明：该函数没有参数，所返回的是当前计算机系统的日期和时间。

25. YEAR 函数

YEAR(serial_number)

功能：返回指定日期对应的年份。返回值为1900~9999的整数。

参数说明：serial_number 必须是一个日期值，其中包含要查找的年份。

例如，“= YEAR(A2)”表示当在A2单元格中输入日期“2008/12/27”时，该函数返回年份2008。

注意：公式所在的单元格不能是日期格式。

26. TODAY 函数

TODAY()

功能：返回今天的日期。当将数据格式设置为数值时，将返回今天日期所对应的序列号，该序列号的整数部分表明其与1900年1月1日之间的天数。通过该函数，可以实现无论何时打开工作簿，工作表上都能显示当前日期；该函数也可以用于计算时间间隔，以及用来计算一个人的年龄。

参数说明：该函数没有参数，所返回的是当前计算机系统的日期。

例如，“=YEAR(TODAY())-1963”假设一个人出生在1963年，该公式使用TODAY函数作为YEAR函数的参数来获取当前年份，然后减去1963，最终返回对方的年龄。

27. MONTH 函数

MONTH(serial_number)

功能：返回指定日期或引用单元格中对应的月份，返回值为1~12的整数。

参数说明：serial_number 必需参数。是一个日期值，其中包含要查找的月份。

例如，直接在单元格中输入公式“=MONTH("2021-12-18")”，返回月份12。

28. HOUR(serial_number)、MINUTE(serial_number)、SECOND(serial_number)函数

功能：分别表示提取时间中的时、分、秒。

参数说明：serial_number 表示时间。

例如，当在A2单元格中输入时间“9:23:45”时，公式“=HOUR(A2)”返回时值“9”，“=MINUTE(A2)”返回分值“23”，“=SECOND(A2)”返回秒值“45”。

29. WEEKDAY 函数

WEEKDAY(serial_number,return_type)

功能：判断日期是星期几。

参数说明：serial_number 表示日期，第二个参数 return_type 表示排序方式，一般使用2，表示星期一是每周的第一天，返回数字1就是星期一，返回数字7就是星期日，一一对应。

例如，“=WEEKDAY("2021/02/23",2)”返回2，表示星期二。

30. DATE 函数

DATE(year,month,day)

功能：构造日期，可以把年、月、日组合在一起，返回一个日期。

参数说明：年份 year 介于数字1900和9999之间，月份 month 介于数字1和12之间，日 day 介于数字1和31之间。

31. DAYS360 函数

DAYS360(start_date,end_date,method)

功能：计算两个日期间隔的天数，每月按30天，一年按360天计算，一般题目会特别要求。

参数说明：start_date 表示开始日期，end_date 表示结束日期，method 表示一个指定计算方法的逻辑值，如 False 或忽略，表示使用美国（Nasd）方法；True，表示使用欧洲方法。

例如，一年按360天计算2020年9月30日和2021年9月30日之间相差的天数，公式为“=DAYS360(DATE(2020,9,30),DATE(2021,9,30))”，返回结果为360。

32. DATEDIF 函数

DATEDIF(start_date,end_date,unit)

DATEDIF 函数是 Excel 的隐藏函数，在帮助和插入公式里面没有，要手动输入。

功能：计算日期之间的差值。

参数说明：第一个参数 start_date 表示开始日期，第二个参数 end_date 表示结束日期，第三个参数 unit 表示间隔类型，共有6种，分别如下。

YD：表示计算起始日期与结束日期的同年间隔天数，忽略日期中的年份。

Y：表示计算时间段中的整年数。

M：表示计算时间段中的整月数。

D：表示计算时间段中的天数。

MD：表示计算起始日期与结束日期的同月间隔天数，忽略日期中的月份和年份。

YM：表示计算起始日期与结束日期的间隔月数，忽略日期中年份。

例如，“=DATEDIF("1900-4-1",TODAY(),"YD")”表示计算日期1900-4-1和当前日期的不计年数的间隔天数。

33. AVERAGE 函数

AVERAGE(number1,[number2],…)

功能：求指定参数 number1、number2……的算术平均值。

参数说明：至少需要包含一个参数 number1，最多可包含255个。

例如，“=AVERAGE(A2:A6)”表示对单元格区域 A2~A6 中的数值求平均值。“=AVERAGE(A2:A6,C6)”表示对单元格区域 A2~A6 中数值与 C6 中的数值求平均值。

34. AVERAGEIF 函数

AVERAGEIF(range,criteria,[average_range])

功能：对指定区域中满足给定条件的所有单元格中的数值求算术平均值。

参数说明如下。

• range：必需的参数，用于指定条件计算的单元格区域。

• criteria：必需的参数，用于指定求平均值的条件，其形式可以为数字、表达式、单元格引用、文本或函数。例如，条件可以表示为32、">32"、B5、"苹果"或 TODAY()。

• average_range：可选的参数，用于指定要计算平均值的实际单元格。如果 average_range 参数被省略，Excel 会对在 range 参数中指定的单元格求平均值。

• 例如，“=AVERAGEIF(A2:A5,"<5000")”表示求单元格区域 A2~A5 中小于5000的数值的平均值。“=AVERAGEIF(A2:A5,">5000",B2:B5)”表示对单元格区域 B2~B5 中与单元格区域 A2~A5 中大于5000的单元格所对应的单元格中的值求平均值。

35. AVERAGEIFS 函数

AVERAGEIFS(average_range,criteria_range1,criteria1,[criteria_range2,criteria2],…)

功能：对指定区域中满足多个条件的所有单元格中的数值求算术平均值。

参数说明如下。

• average_range：必需的参数，要计算平均值的实际单元格区域。

• criteria_range1,criteria_range2,…：在其中计算关联条件的区域，其中 criteria_range1 是必需的，随后的 criteria_range2 等是可选的，最多可以有127个区域。

• criteria1,criteria2,…：求平均值的条件，其中 criteria1 是必需的，随后的 criteria2 等是可选的，最多可以有127个条件。

其中每个 criteria_range 的大小和形状必须与 average_range 相同。

例如，“=AVERAGEIFS(A1:A20,B1:B20,">70",C1:C20,"<90")”表示对区域 A1~A20 中符合以下条件的单元格的数值求平均值：B1~B20 中的相应数值大于70且 C1~C20 中的相应数值小于90。

36. COUNT 函数

COUNT(value1,[value2],…)

功能：统计指定区域中包含数值的个数。只对包含数字的单元格进行计数。

参数说明：至少包含一个参数，最多可包含255个。

例如，“=COUNT(A2:A8)”表示统计单元格区域 A2~A8 中包含数值的单元格的个数。

37. COUNTA 函数

COUNTA(value1,[value2],…)

功能：统计指定区域中不为空的单元格的个数。可对包含任何类型信息的单元格进行计数。

参数说明：至少包含一个参数，最多可包含255个。

例如，“=COUNTA(A2:A8)”表示统计单元格区域A2～A8中非空单元格的个数。

38. COUNTIF 函数

COUNTIF(range, criteria)

功能：统计指定区域中满足单个指定条件的单元格的个数。

参数说明如下。

- range：必需的参数，计数的单元格区域。
- criteria：必需的参数，计数的条件，条件的形式可以为数字、表达式、单元格地址或文本。

例如，“=COUNTIF(B2:B5,">55")”表示统计单元格区域B2～B5中值大于55的单元格的个数。

39. COUNTIFS 函数

COUNTIFS(criteria_range1,criteria1,[criteria_range2,criteria2],…)

功能：统计指定区域内符合多个给定条件的单元格的数量，可以将条件应用于跨多个区域的单元格，并计算符合所有条件的次数。

参数说明如下。

- criteria_range1：必需的参数，在其中计算关联条件的第一个区域。
- criteria1：必需的参数，计数的条件，条件的形式可以为数字、表达式、单元格地址或文本。
- criteria_range2,criteria2,…：可选的参数，附加的区域及其关联条件，最多允许127个区域/条件对。

每一个附加的区域都必须与参数criteria_rangel具有相同的行数和列数。这些区域可以不相邻。

例如，“=COUNTIFS(A2:A7,">80",B2:B7,"<100")”表示统计单元格区域A2～A7中包含大于80的数，同时统计在单元格区域B2～B7中包含小于100的数的行数。

40. MAX 函数

MAX(numberl,[number2],…)

功能：返回一组值或指定区域中的最大值。

参数说明：参数至少有一个，且必须是数值，最多可以有255个。

例如，“=MAX(A2:A6)”表示从单元格区域A2～A6中查找并返回最大数值。

41. MIN 函数

MIN(numberl,[number2],…)

功能：返回一组值或指定区域中的最小值。

参数说明：参数至少有一个，且必须是数值，最多可以有255个。

例如，“=MIN(A2:A6)”表示从单元格区域A2～A6中查找并返回最小数值。

42. RANK. EQ 函数

RANK. EQ(number,ref,[order])和RANK. AVG(number,ref,[order])

功能：返回一个数值在指定数值列表中的排位。如果多个值具有相同的排位，使用函数RANK. AVG将返回平均排位，使用函数RANK. EQ则返回实际排位。

参数说明如下。

- number：必需的参数，要确定其排位的数值。
- ref：必需的参数，要查找的数值列表所在的位置。
- order：可选的参数，指定数值列表的排序方式。其中，如果order为0或忽略，对数值的排位就会基于ref是按照降序排序的列表；如果order不为零，对数值的排位就会基于ref是按照升序排序的列表。

例如，“=RANK. EQ("3.5",A2:A6,1)”表示求取数值3.5在单元格区域A2～A6中的数值列表中的升序排位。

43. LARGE 函数

LARGE(array,k)

功能：返回数据区域第几个大的单元格值，可求任意名次。

参数说明：array表示用来计算第k个最大值的数据区域，k表示所要返回的最大值点在数据区域中的位置。

例如，“=LARGE(C1:C100,3)”表示求C1:C100单元格区域中的第三名。

44. CONCATENATE 函数

CONCATENATE(textl,[text2],…)

功能：将几个文本项合并为一个文本项，可将最多255个文本项连接成一个文本项。连接项可以是文本、数字、单元格地址或这些项目的组合。

参数说明：至少有一个文本项，最多可有255个，文本项之间以逗号分隔。

例如，“=CONCATENATE(B2,"",C2)”表示将单元格B2中的字符串、空格字符以及单元格C2中的值相连接，构成一个新的文本项。

小提示

也可以用文本连接运算符“&”代替CONCATENATE函数来连接文本项。例如，“=A1&Bl”与“=CONCATENATE(A1,B1)”返回的值相同。

45. MID 函数

MID(text,start_num,num_chars)

功能：从文本字符串中的指定位置开始返回特定个数的字符。

参数说明如下。

- text：必需的参数，包含要提取字符的文本字符串。
- start_num：必需的参数，文本中要提取的第一个字符的位置。文本中第一个字符的位置为1，依此类推。
- num_chars：必需的参数，指定希望从文本字符串中提取并返回字符的个数。

例如，“=MID(A2,7,4)”表示从单元格 A2 中的文本字符串中的第七个字符开始提取 4 个字符。

46. LEFT 函数

LEFT(text,[num_chars])

功能：从文本字符串最左边开始返回指定个数的字符，也就是最前面的一个或几个字符。

参数说明如下。

- text：必需的参数，包含要提取字符的文本字符串。
- num_chars：可选的参数，指定要从左边开始提取的字符的数量。num_chars 必须大于或等于零，如果省略该参数，则默认其值为 10。

例如，“=LEFT(A2,4)”表示从单元格 A2 中的文本字符串中的最左边开始提取 4 个字符。

47. RIGHT 函数

RIGHT(text,[num_chars])

功能：从文本字符串最右边开始返回指定个数的字符，也就是最后面的一个或几个字符。

参数说明如下。

- text：必需的参数，包含要提取字符的文本字符串。
- num_chars：可选的参数，指定要提取的字符的数量。num_chars 必须大于或等于零，如果省略该参数，则默认其值为 10。

例如，“=RIGHT(A2,4)”表示从单元格 A2 中的文本字符串中的最右边开始提取 4 个字符。

48. TRIM 函数

TRIM(text)

功能：删除指定文本或区域中的空格。除了单词之间的单个空格外，该函数将会清除文本中所有的空格。在从其他应用程序中获取带有不规则空格的文本时，可以使用函数 TRIM。

例如，“=TRIM("第 1 季度")”表示删除中文文本的前导空格、尾部空格，以及字符间超过单个空格外的空格。

49. LEN 函数

LEN(text)

功能：统计并返回指定文本字符串中的字符个数。

参数说明：text 为必需的参数，代表要统计其长度的文本，空格也将作为字符进行计数。

例如，“=LEN(A2)”表示统计位于单元格 A2 中的字符串的长度。

50. LENB 函数

LENB(text)

功能：测量字符串长度，其中汉字作为两个字符计算，标点、空格、英文字母作为一个字符计算。

参数说明：text 表示需要计算字符数的文本。

例如，如果 A1 中内容是“文本函数 Abcd”，则“LEN(A1)”返回 8，“LENB(A1)”返回 12。

51. REPLACE 函数

REPLACE(old_text,start_num,num_chars,new_text)

功能：替换字符串中指定内容，可用于屏蔽或隐藏字符，例如隐藏手机号后 4 位，目前只在选择题中考过。

参数说明：old_text 表示要进行字符替换的文本，start_num 表示开始替换位置，num_chars 表示替换个数，new_text 表示替换后的字符。

例如，C2 单元格中有电话号码，将后 4 位数字替换为星号“*”，公式为“=REPLACE(C2,8,4,"****")”。

52. FIND 函数

FIND(find_text,within_text,start_num)

功能：寻找某一个字符串在另一个字符串中出现的起始位置（区分大小写）。

参数说明：find_ text 表示要查找的字符串，within_text 表示要在其中进行搜索的字符串，start_num 表示起始搜索位置。

53. SEARCH 函数

SEARCH(find_text,within_text,start_num)

功能：与 FIND 函数用法一样，区别在于 FIND 函数是精确查找的，区分大小写；SEARCH 函数是模糊查找的，不区分大小写。

参数说明：find_text 表示要查找的字符串，within_text 表示要在其中进行搜索的字符串，start_num 表示起始搜索位置。

54. CLEAN 函数

CLEAN(text)

功能：删除文本中所有不可见字符（不可打印字符）。

参数说明：text 表示任何想要从中删除非打印字符的工作表信息。

55. TEXT 函数

TEXT(value,format_text)

功能：根据指定的数值格式将数字转成文本。

参数说明：第 1 个参数 value 表示数值，第 2 个参数 format_text 表示格式代码，如“@”。

真题精选

1. 打开考生文件夹中的工作簿文件 EXCEL7. xlsx，按照要求完成下列操作，并以原文件名保存文档。

文涵是大地公司的销售部助理，负责对全公司的销售情况进行统计分析，并将结果提交给销售部经理。年底，她根据各门店提交的销售报表进行统计分析。

将工作表 Sheet2 中的区域 B3: C7 定义名称为“商品均价”。运用公式计算工作表 Sheet1 中 F 列的销售额，要求在公式中通过 VLOOKUP 函数自动在工作表 Sheet2 中查找相关商品的单价，并在公式中引用所定义的名称“商品均价”。

【操作步骤】

步骤 1：选中 Sheet2 工作表中的 B3: C7 区域，单击鼠标右键，在弹出的快捷菜单中选择【定义名称】命令，打开【新建名称】对话框。在【名称】文本框中输入“商品均价”后单击【确定】按钮即可，如图 4.144 所示。

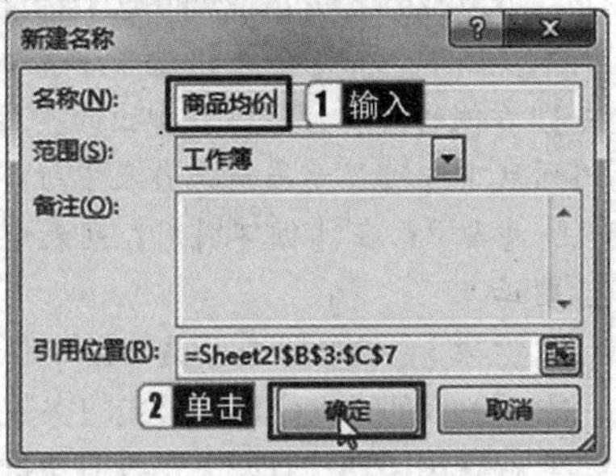

图 4.144

步骤 2：根据题意，在 Sheet1 表中选中“销售额”列，单击鼠标右键，在弹出的快捷菜单中选择【插入】命令，即可在左侧插入一列，在新增列的 F3 单元格中输入标题“平均单价”。

步骤 3：在 F4 单元格中输入“= VLOOKUP(D4, EXCEL7. xlsx！ 商品均价, 2, FALSE)”，然后按【Enter】键确认，即可把 Sheet2 工作表中的平均单价引入 Sheet1 工作表中，如图 4.145 所示。

步骤 4：拖动 F4 右下角的填充柄直至最下一行数据处，完成平均单价的填充。

步骤 5：根据销售量及平均单价计算销售额，在 G4 单元格中输入“= E4 * F4”，按【Enter】键即可得出结果，如图 4.146 所示。

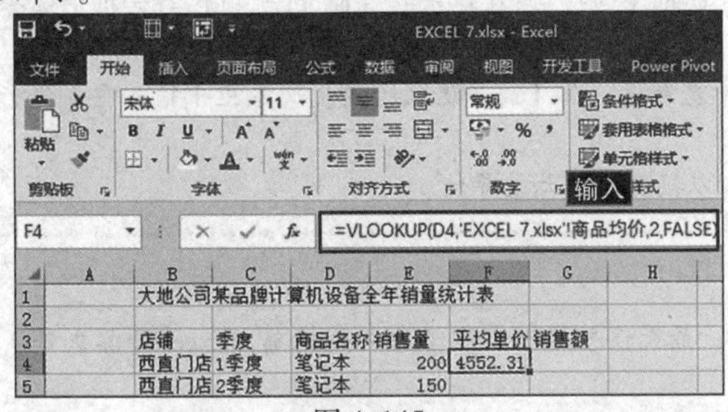

图 4.145

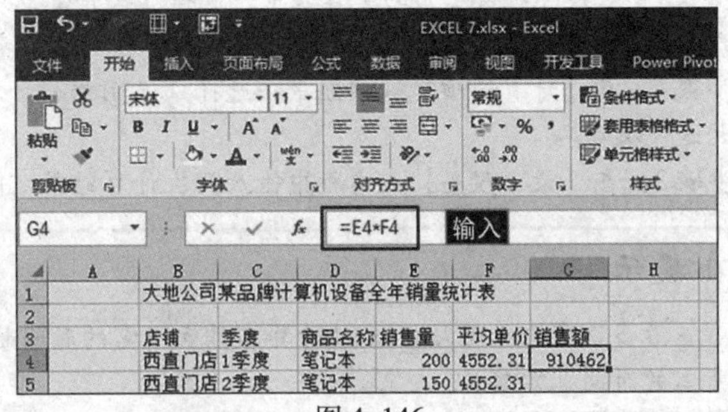

图 4.146

步骤 6：拖动 G4 右下角的填充柄直至最下一行数据处，完成销售额的填充。

步骤 7：单击【保存】按钮保存文档。

2. 打开考生文件夹中的工作簿文件 EXCEL8. xlsx，按照要求完成下列操作，并以原文件名保存文档。

在初三学生档案工作表中，利用公式及函数依次输入每个学生的性别“男”或“女”、出生日期“××××年××月××日”和年龄。其中：身份证号的倒数第 2 位用于判断性别，奇数为男性，偶数为女性；身份证号的第 7 ~ 14 位代表出生年月日；年龄需要按周岁计算，满 1 年才计 1 岁。最后适当调整工作表的行高和列宽、对齐方式等，以方便阅读。

【操作步骤】

步骤 1：选中 D2 单元格，在该单元格内输入“= IF(MOD (MID(C2,17,1) , 2) =1, "男","女")”，按【Enter】键完成操作，如图 4.147 所示，利用自动填充功能对其他单元格进行填充。

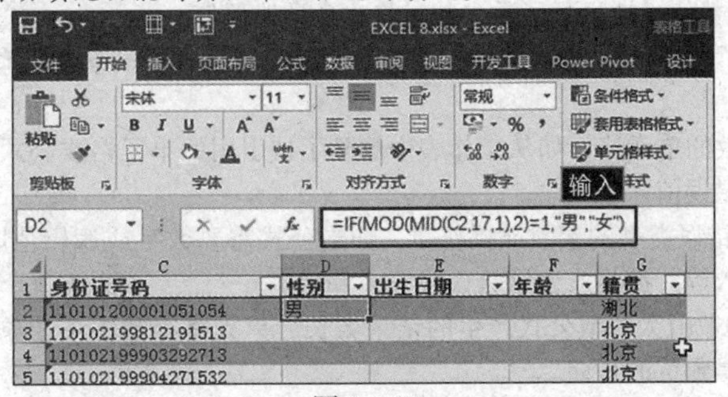

图 4.147

步骤2：选中E2单元格，在该单元格内输入公式"=MID(C2,7,4)&"年"&MID(C2,11,2)&"月"&MID(C2,13,2)&"日""，按【Enter】键完成操作，利用自动填充功能对剩余的单元格进行填充。

步骤3：选中F2单元格，在该单元格内输入公式"=INT((TODAY()-E2)/365)"，按【Enter】键完成操作，利用自动填充功能对剩余的单元格进行填充。

步骤4：选中A1:G56区域，在【开始】选项卡的【对齐方式】组中单击【居中】按钮。

步聚5：适当调整表格的行高和列宽。

考点19 公式与函数的常见问题

1. 公式中的循环引用

(1) 定位并更正循环引用。

编辑公式时，若显示有关创建循环引用的错误消息，则很可能是无意中创建了一个循环引用，状态栏中会显示相关循环引用的信息。这种情况下，可以找到、更正或删除这个错误的引用，具体的操作步骤如下。

真考链接

该知识点属于考试大纲中要求熟记的内容，考核概率为40%。考生需熟记Excel中常见的错误值，并能够在实际应用中避免这些错误。

步骤1：在【公式】选项卡上的【公式审核】组中，单击【错误检查】右侧的下拉按钮，在弹出的下拉列表中选择【循环引用】选项，弹出的列表中即可显示当前工作表中所有发生循环引用的单元格位置。

步骤2：在【循环引用】列表中单击某个发生循环引用的单元格，就可以定位该单元格，检查其发生错误的原因并进行更正。

步骤3：继续检查并更正循环引用，直到状态栏中不再显示"循环引用"一词。

(2) 更改Excel迭代公式的次数使循环引用起作用。

若启用了迭代计算，但没有更改最大迭代或最大误差的值，则Excel会在100次迭代后，或者循环引用中的所有值在两次相邻迭代之间的差异小于0.001时（以先发生的为准）停止计算。可以通过以下步骤设置最大迭代值和可接受的差异值。

步骤1：在发生循环引用的工作表中，选择【文件】选项卡中的【选项】，在弹出的【Excel选项】对话框中选择【公式】选项卡。

步骤2：在【计算选项】选项组中，选择【启用迭代计算】复选框，在【最多迭代次数】文本框中输入重新进行计算的最大迭代次数。

步骤3：在【最大误差】文本框中输入两次计算结果之间可以接受的最大差异值。

小提示

最多迭代次数越大，Excel计算工作表所需的时间越长；最大误差越小，计算结果越精确，Excel计算工作表所需的时间也就越长。

2. Excel中常见的错误值

公式一般由用户自定义，难免会出现错误。当输入的公式不能进行正确的计算时，将在单元格中显示一个错误值，如"#DIV/0!""NULL!""#NUM!"等。产生错误的原因不同，显示的错误值也不同。

(1) #DIV/0!：以0作为分母或使用空单元格除以公式时将出现该错误值。

(2) #NULL!：使用了不正确的区域运算或单元格引用时将出现该错误值。

(3) #NUM!：在需要使用数字参数的函数中使用了无法识别的参数；公式的计算结果太大或太小，无法在Excel中进行显示；使用IRR、PATE等迭代函数进行计算，无法得到计算结果，都将出现该错误值。

(4) #N/A：公式中无可用的数值或缺少了函数参数时将出现该错误值。

(5) #NAME?：公式中引用了无法识别的文本，删除了正在使用的公式中的名称，使用文本时引用了不相符的数据，都将返回该错误值。

(6) #REF!：引用了一个无效的单元格，如从工作表中删除了被引用的单元格或公式使用的对象链接、嵌入链接所指向的程序未运行等，都将出现该错误值。

(7) #VALUE!：公式中含有错误类型的参数或操作数，如当公式需要数字或逻辑值时，输入了文本，将单元格引用、公式或函数作为数组常量进行输入等，都将产生该错误。

(8) #####：输入单元格中的数值太长或公式产生的结果太长，单元格容纳不下；单元格包含负的日期或时间值。用过去的日期减去将来的日期，将得到负的日期。

常见问题

在单元格中输入公式后，Excel一般会自动进行的操作是什么？

在单元格中输入公式后，Excel将自动对其进行检测，如果存在错误，将返回错误值，并在单元格右侧显示一个黄色的图标，单击该图标可在弹出的下拉列表中查看错误的原因或帮助信息。

3. 审核和更改公式中的错误

(1) 打开或关闭错误检查规则。

选择【文件】选项卡中的【选项】命令，弹出【Excel选项】对话框。在【公式】选项卡的【错误检查规则】选项组中，按照需要选择或取消选择某一检查规则的复选框，然后单击【确定】按钮，如图4.148所示。

(2) 检查并依次更正常见公式错误。

步骤1：选中要检查错误公式的工作表。

步骤2：在【公式】选项卡的【公式审核】组中单击【错误检查】按钮，自动启动对工作表中的公式和函数进行检查的功能。

步骤3：当找到可能的错误时，将会打开图4.149所示的【错误检查】对话框。

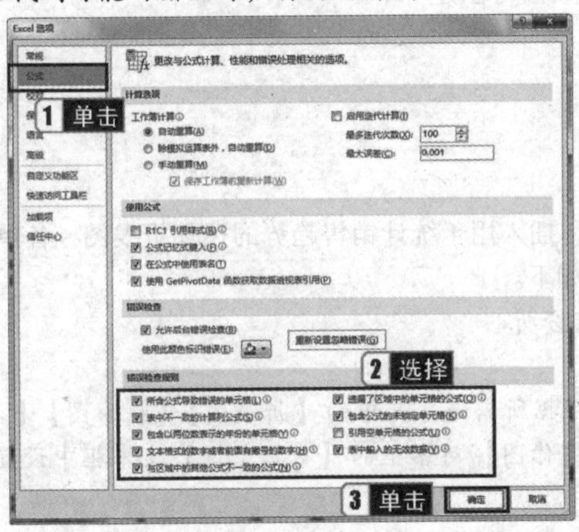

图4.148

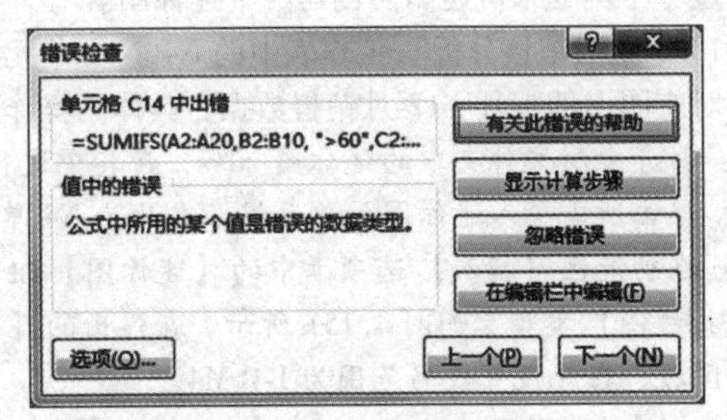

图4.149

步骤4：根据需要，单击对话框右侧的按钮进行操作。

小提示

可进行的操作会因为错误类型不同而有所不同。如果单击【忽略错误】按钮，将标记此错误，后面的每次检查都会忽略它。

步骤5：单击【下一个】按钮，直至完成整个工作表的错误检查，在最后出现的对话框中单击【确定】按钮结束检查。

(3) 通过【监视窗口】监视公式及其结果。

当工作表比较大，某些单元格在工作表上不可见时，也可以使用【监视窗口】监视公式及其结果，具体的操作步骤如下。

步骤1：在工作表中选择需要监视的公式所在的单元格。

步骤2：在【公式】选项卡的【公式审核】组中单击【监视窗口】按钮，打开【监视窗口】任务窗格。

步骤3：单击【添加监视】按钮，打开【添加监视点】对话框，其中会显示已选中的单元格，也可以重新选择监视单元格，设置好之后单击【添加】按钮，如图4.150所示。

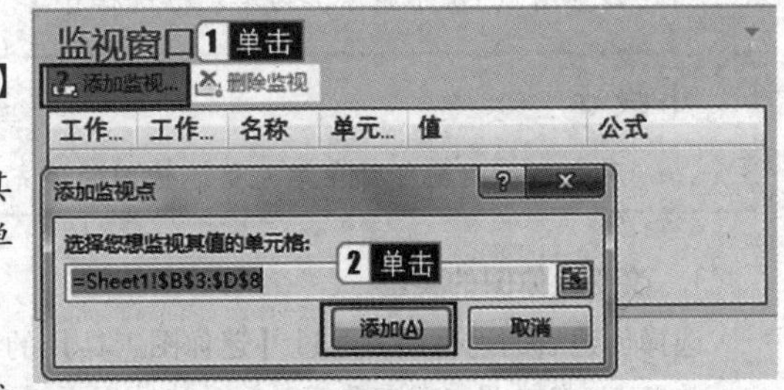

图4.150

步骤4：重复步骤3，可继续添加其他单元格中的公式作为监视点。

步骤5：在【监视窗口】任务窗格中的监视条目上双击，即可定位监视的公式。

步骤6：如果需要删除监视条目，选择监视条目，单击【删除监视】按钮，即可将其删除。

4.4 在Excel中创建图表

考点20 创建及编辑迷你图

真考链接

该知识点属于考试大纲中要求了解的内容，考核概率为20%。考生需了解迷你图的创建及编辑方法。

1. 迷你图的特点及作用

- 迷你图是插入工作表单元格内的微型图表，可将迷你图作为背景在单元格内输入文本信息。
- 占用空间少，可以更加清晰、直观地表现数据的趋势。
- 可以根据数据的变化而变化，要创建多个迷你图，可选择多个单元格内相对应的基本数据。
- 可在迷你图的单元格内使用填充柄，方便以后为添加的数据行创建迷你图。
- 打印迷你图表时，迷你图将不会同时被打印。

2. 创建迷你图

下面通过一个例题来讲述如何创建一个迷你图。

在“2013年图书销售分析”工作表中的N4: N11单元格中，插入用于统计销售趋势的迷你折线图，各单元格中迷你图的数据为所对应图书的1月~12月销售数据，具体的操作步骤如下。

步骤1：打开素材文件夹中的迷你图.xlsx，在其中进行销售分析。

步骤2：单击所需插入迷你图的单元格，在此为N4单元格。

步骤3：在功能区【插入】选项卡中的【迷你图】组中，根据所需选择其中的【折线图】【柱形图】【盈亏】等类型，在此选择【折线图】类型，如图4.151所示。在弹出的【创建迷你图】对话框的【数据范围】文本框中设置含有迷你图数据的单元格区域，在此设置数据范围为B4: M4。

步骤4：在【选择放置迷你图的位置】下方的【位置范围】文本框中指定迷你图的放置位置，默认情况下显示已选定的单元格地址，此处不做改变，如图4.152所示。

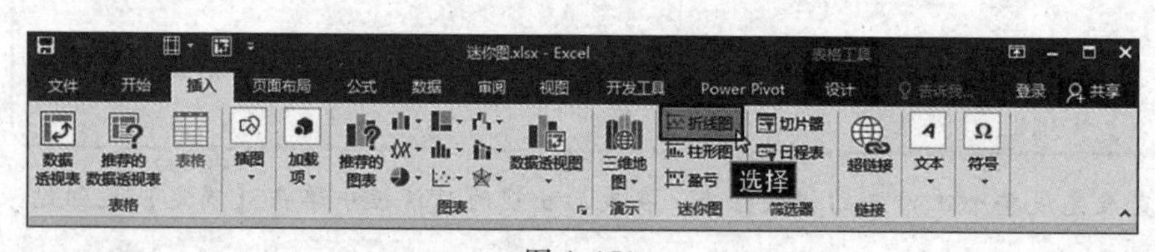

图4.151

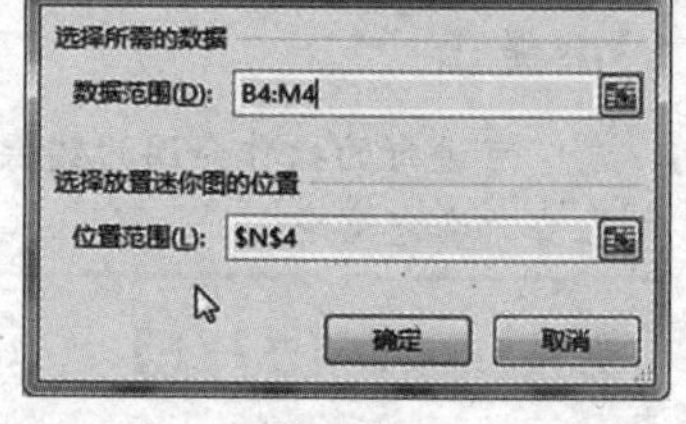

图4.152

步骤5：单击【确定】按钮，即可插入迷你图。

步骤6：还可向迷你图中输入文本信息、进行文本的设置，以及为单元格填充背景颜色等。这里在N4单元格中输入文本“销售趋势图”，居中显示，为单元格选择背景。

小提示

用户还可以拖曳所在单元格迷你图的填充柄对其他数据进行迷你图填充。

3. 改变迷你图的类型

选择创建后的迷你图，通过【迷你图工具】的【设计】选项卡进行设置。

步骤1：单击用户所需改变类型的迷你图。

步骤2：在功能区中选择【迷你图工具】的【设计】选项卡，在【类型】组中选择某一类型，如选择【柱形图】，即可将迷你图改变为柱形图。

4. 突出显示数据点

用户可设置突出显示迷你图中的每项数据，具体的操作步骤如下。

步骤1：指定要突出显示数据点的迷你图。

步骤2：在【迷你图工具】的【设计】选项卡【显示】组中可进行下列设置。

- 显示最高值和最低值：分别选择【高点】和【低点】复选框。
- 显示第一个值和最后一个值：分别选择【首点】和【尾点】复选框。
- 显示所有数据标记：选择【标记】复选框。
- 显示负点：选择【负点】复选框。

5. 迷你图样式和颜色设置

步骤1：指定要设置样式和颜色的迷你图。

步骤2：在【迷你图工具】的【设计】选项卡的【样式】组中，根据用户所需单击要应用的样式。

步骤3：自定义迷你图的颜色。

小提示

在【样式】组中单击【迷你图颜色】按钮，可以设置线条颜色及线条粗细等；可在【样式】组中单击【标记颜色】按钮，更改标记值的颜色。

6. 处理隐藏和空单元格

在设置迷你图时，可对隐藏的和空单元格进行处理，具体的操作步骤如下。

步骤1：指定要设置的迷你图。

步骤2：在【迷你图工具】的【设计】选项卡中单击【迷你图】组中的【编辑数据】下拉按钮，在弹出的下拉列表中选择【隐藏和清空单元格】选项，在弹出的【隐藏和空单元格设置】对话框中进行相应设置。

7. 清除迷你图

指定要清除的迷你图，在【迷你图工具】的【设计】选项卡中单击【分组】组中的【清除】按钮即可。

考点21 创建图表

1. 图表的类型

Excel 2016 提供了15种标准的图表类型、数十种子图表类型和多种自定义图表类型，比较常用的图表类型包括柱形图、条形图、折线图、饼图等，如图4.153所示。

真考链接

该知识点属于考试大纲中要求熟记的内容，考核概率为80%。考生需熟记图表的创建方法。

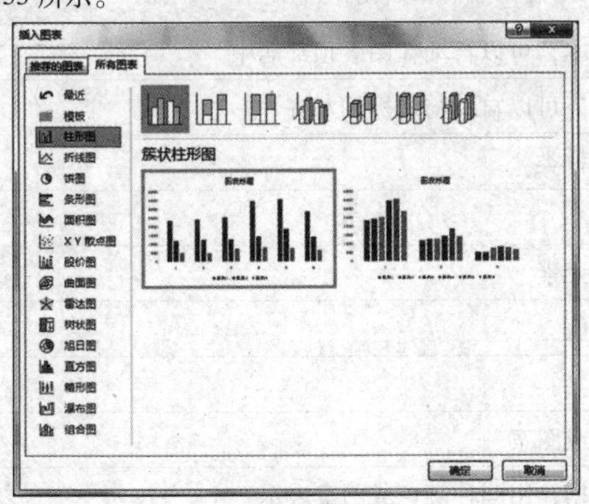

图4.153

常用的图表及其功能如表4.8所示。

表 4.8

类型	功能
柱形图	用于显示一段时间内的数据变化或显示各项之间的比较情况。一般情况下，横坐标表示类型，纵坐标表示数值
折线图	显示在相等时间间隔下数据的连续性和变化趋势。一般情况下，水平轴表示类别，垂直轴表示所有的数值
饼图	显示一个数据系列中各项数值的大小及占总和的比例。饼图中的数据点显示了整个饼图的百分比
条形图	适用于数据之间的比较，条形图纵横坐标与柱形图的正好相反
面积图	适用于表示数据的大小，面积越大，值越大
XY 散点图	显示若干数据系列中各数值之间的关系，或者将两组数字绘制为 X、Y 坐标的一个系列
股价图	用来显示股价的波动，也可用于显示其他科学数据
曲面图	可以找到两组数据之间的最佳组合。当类别和数据系列都是数值时，可以使用曲面图
圆环图	像饼图一样，显示各个部分与整体之间的关系，可以包含多个数据系列
气泡图	在给定的坐标下绘制的图，这些坐标确定了气泡的位置，值的大小决定了气泡的大小
雷达图	对每个分类都有一个单独的轴线，如蜘蛛网一样

2. 图表的组成

下面以柱形图为例介绍图表的组成，如图 4.154 所示。

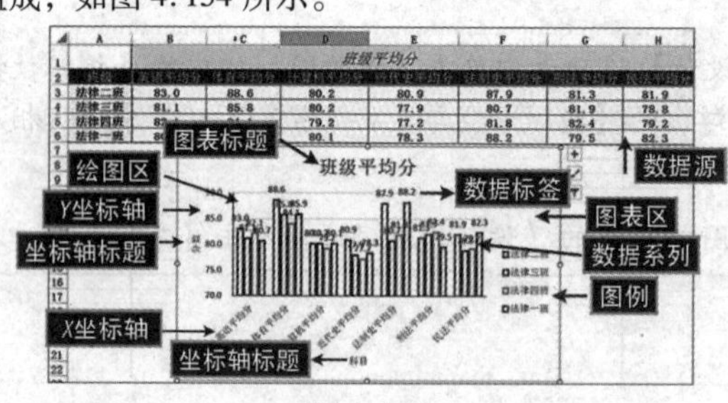

图 4.154

各项功能如表 4.9 所示。

表 4.9

名称	功能
图表标题	对整个图表的说明性文本，可以自动在图表顶部居中
坐标轴标题	对坐标轴的说明性文本，可以自动与坐标轴对齐
X 坐标轴	代表水平方向的时间或种类
Y 坐标轴	代表垂直方向数值的大小
图表区	包含整个图表及其全部元素
数据标签	显示数据系列的名称或值
绘图区	以坐标轴为界的区域
图例	各数据系列指定的颜色或图案
数据系列	在图表中绘制的相关数据，用同种颜色或图案表示
数据源	生成图表的原始数据表

3. 使用快捷键创建图表

使用快捷键快速创建图表的具体操作步骤如下。

步骤 1：选择数据区域中的任意一个单元格。

步骤 2：按【F11】键，即可创建默认图表。

4. 使用功能区创建图表

使用功能区创建图表时可以选择图表类型，具体的操作步骤如下。

步骤1：选择数据区域中的任意一个单元格，在【插入】选项卡中的【图表】组中选择一种图表类型，然后在其下拉列表中选择该图表类型的子类型，即可将图表插入表中。

步骤2：用户也可以单击【推荐的图表】按钮，或者在【图表】组中单击对话框启动器按钮，即可打开图4.155所示的【插入图表】对话框，可以从【推荐的图表】或者【所有图表】选项卡中选择一种合适的图表类型，单击【确定】按钮，即可将图表插入表中。

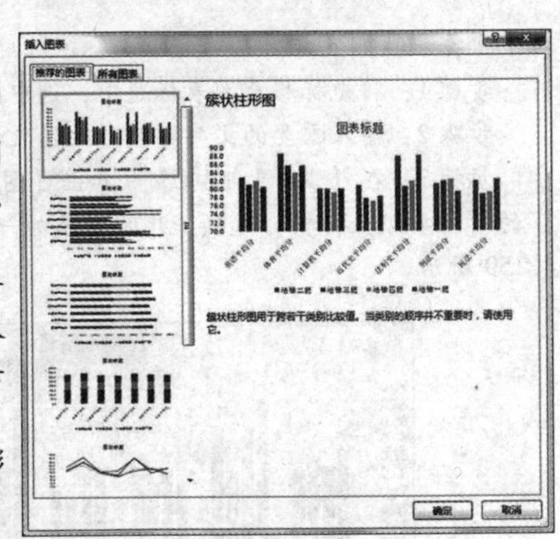

图4.155

步骤3：移动图表位置。将鼠标指针移动到图表的空白位置，当鼠标指针形状变为✥时，按住鼠标左键拖动到合适的位置即可。

步骤4：改变图表大小。选择图表，将鼠标指针移动到图表外边框上的四边或四个角的控制点位置，当鼠标指针形状变为⇕或⤡时，按住鼠标左键拖动调整到合适的大小。

考点22 编辑图表

1. 修改图表

对图表进行编辑的具体操作步骤如下。

步骤1：选择要进行编辑的图表区域。

步骤2：在功能区中选择【图表工具】的【格式】选项卡，在【当前所选内容】组中单击【图表元素】下拉按钮，在弹出的下拉列表中选择所需的图表元素，以便对其进行格式设置。

真考链接

该知识点属于考试大纲中要求熟记的内容，考核概率为80%。考生需熟记图表的编辑方法，尤其是图表的修改以及图表标题和坐标轴标题的编辑。

小提示

选择图表单元格区域后，图表的周围会出现一个类似透明的细线矩形框，将在各条边的中点和四角出现点状的控制柄，调整该控制柄可以调整图表的大小。

2. 更改图表类型

更改图表类型的具体操作步骤如下。

步骤1：选择要更改图表类型的区域。

步骤2：在【图表工具】的【设计】选项卡中，单击【类型】组中的【更改图表类型】按钮，如图4.156所示。

步骤3：在弹出的【更改图表类型】对话框中选择【折线图】选项，在右侧的折线图列表中选择【折线图】类型。

步骤4：单击【确定】按钮，即可将图表类型改为折线图，如图4.157所示。

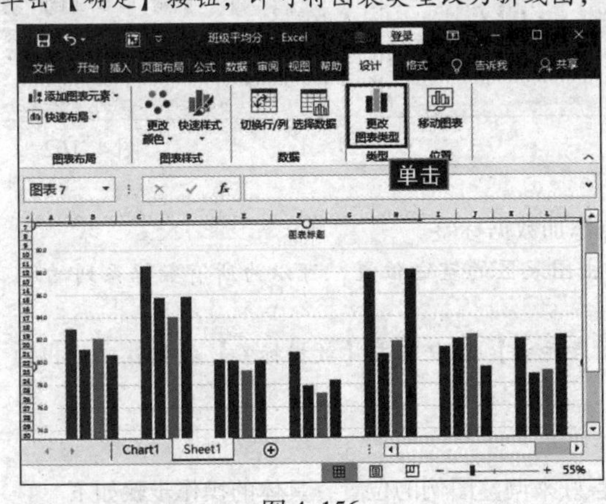

图4.156

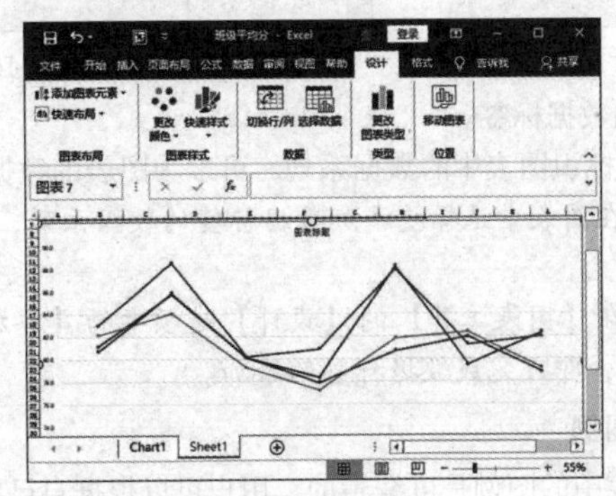

图4.157

3. 编辑图表标题和坐标轴标题

利用【设计】选项卡，可以为图表添加图表标题和坐标轴标题。选择所需改变的标题，输入新文本即可更改标题。具体的操作步骤如下。

步骤1：将光标移至图表标题中，选中图表标题中的文本，如图4.158所示。

步骤2：输入需要的文字即可更改图表的标题。

步骤3：在【设计】选项卡中单击【图表布局】组中的【添加图表元素】按钮，在弹出的下拉列表中选择【轴标题】下的【主要纵坐标轴】选项，此时会添加一个坐标轴标题文本框，显示在图表左侧，选择该标题，输入需要的文字，如图4.159所示。

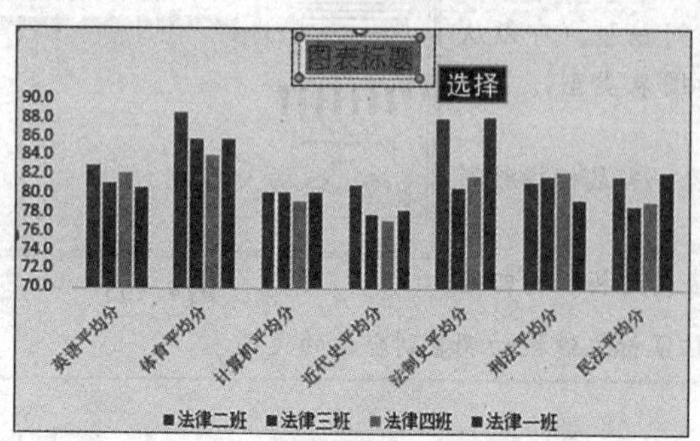

图4.158

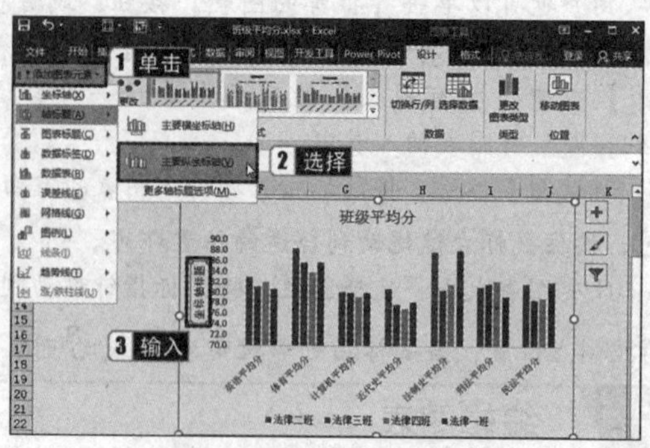

图4.159

步骤4：单击【轴标题】下的【更多轴标题选项】，在弹出的【设置坐标轴标题格式】任务窗格中可以对坐标轴标题的填充、边框、效果等进行详细的设置，如图4.160所示。

4. 添加网格线和数据标签

（1）添加网格线。

为了使图表中的数值更容易确定，可以使用网格线将坐标轴上的刻度进行延伸，具体的操作步骤如下。

步骤：选择所需的图表，在【图表工具】的【设计】选项卡中单击【图表布局】组中的【添加图表元素】按钮，在弹出的下拉列表中选择【网格线】→【主轴主要水平网格线】选项，如图4.161所示。为图表添加网格线的实际效果如图4.162所示。

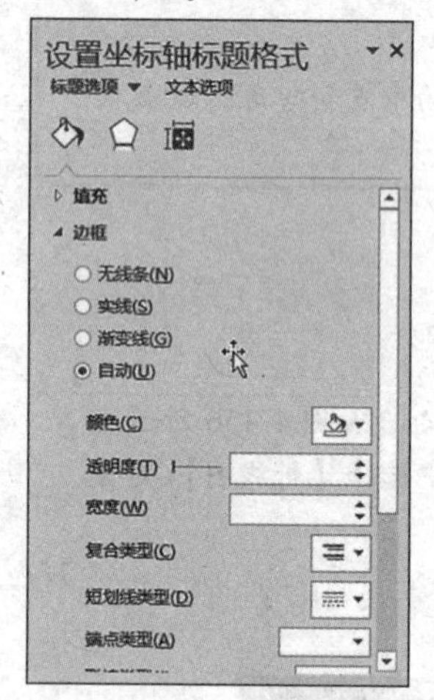

图4.160

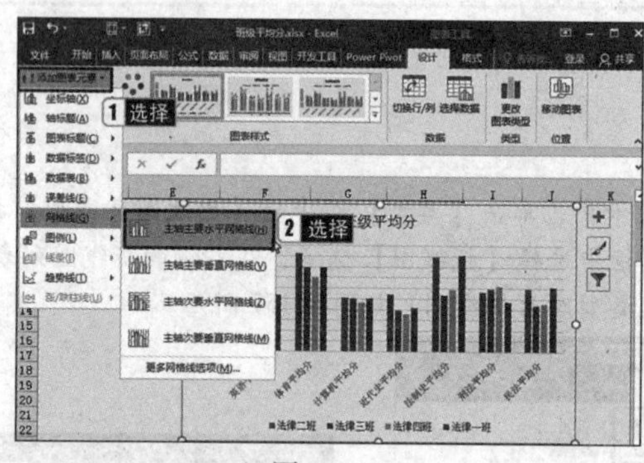

图4.161

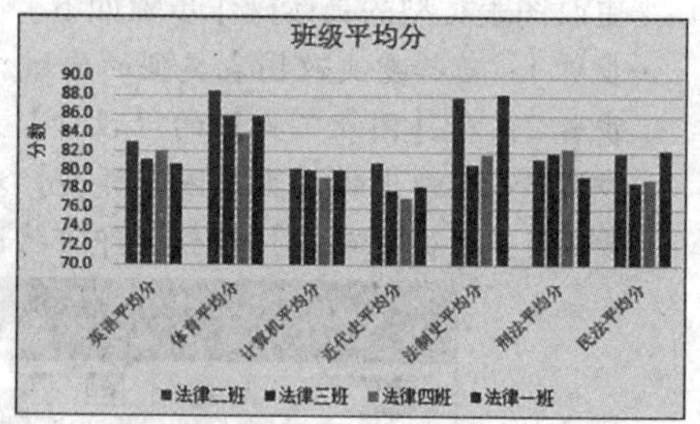

图4.162

（2）添加数据标签。

若要快速标识图表中的数据系列，可以为图表的数据点添加数据标签。

步骤1：在图表中选择要添加数据标签的数据系列，单击图表区的空白位置，可以为所有数据系列的所有数据点添加数据标签。

步骤2：在【图表工具】的【设计】选项卡的【添加图表元素】组中单击【数据标签】按钮，在弹出的下拉列表中选择相应的选项，即可完成数据标签的添加。

5. 设置图例

Excel图表中的图例是可编辑的，用户可以根据自己的喜好来调整图例的位置，具体的操作步骤如下。

步骤1：选中图表，在【图表工具】的【设计】选项卡中单击【图表布局】组中的【添加图表元素】按钮，在弹出的下拉列表中选择【图例】选项，在级联列表中选择图例位置，其中【无】表示隐藏图例。

步骤2：选择下拉列表最下方的【其他图例选项】，弹出【设置图例格式】任务窗格，按照需要可对图例的位置、填充色及边框等格式进行设置。

> **小提示**
>
> 通过【开始】选项卡的【字体】组也可设置图例文本的字体、字号和颜色等格式。

6. 更改图表布局

对于已经创建的图表，用户还可以根据需要更改图表的布局。具体的操作步骤如下。

步骤1：选择要更改布局的图表。

步骤2：在【图表工具】的【设计】选项卡中单击【图表布局】组中的【快速布局】按钮，在弹出的下拉列表中选择所需的图表布局，如选择【布局2】，如图4.163所示。更改图表布局后的效果如图4.164所示。

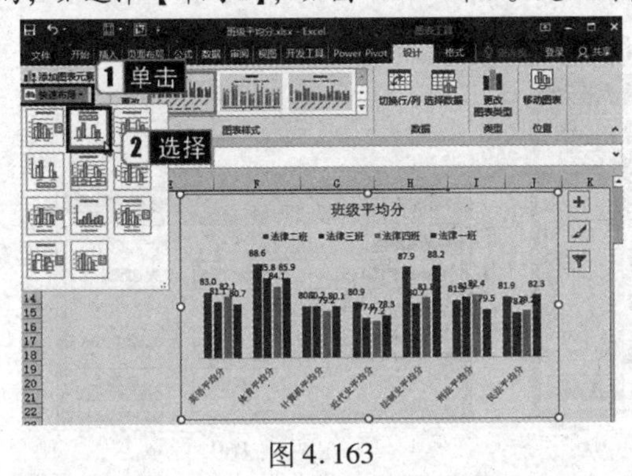

图4.163

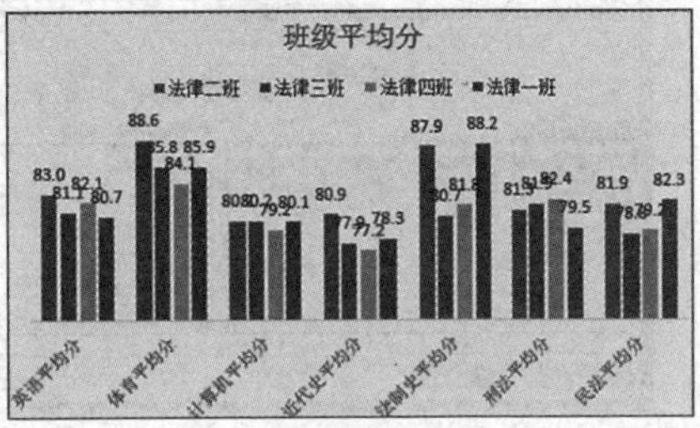

图4.164

7. 更改图表样式

用户还可对图表样式进行更改，具体的操作步骤如下。

步骤1：选择要设置样式的图表。

步骤2：在【图表工具】的【设计】选项卡中单击【图表样式】组中的【其他】按钮，在弹出的下拉列表中选择所需的图表样式，如选择【样式10】，如图4.165所示。更改图表样式后的效果如图4.166所示。

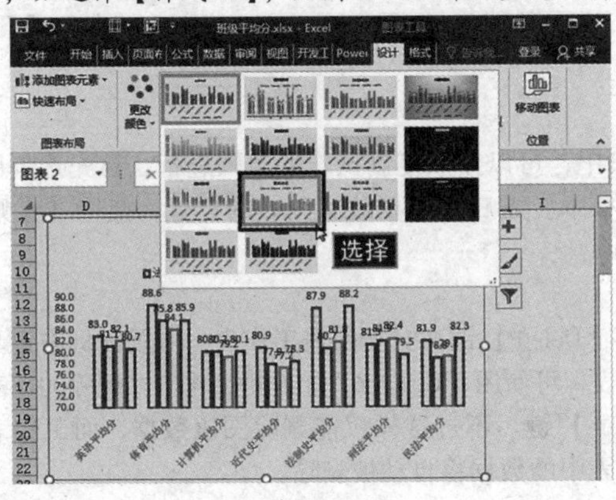

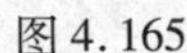

图4.165

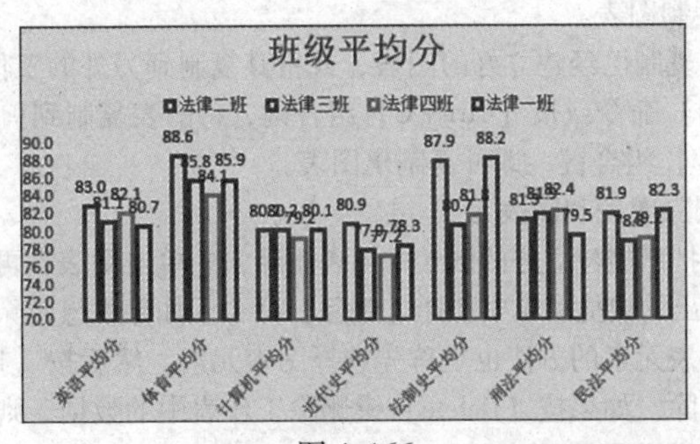

图4.166

> **小提示**
>
> 用户可在更改完成的样式中的“图表标题”处添加新的标题。

8. 添加与删除数据

在对图表进行实际操作的过程中，用户可以随时对图表中的数据进行编辑，可为图表添加或者删除某组数据等。具体的操作步骤如下。

步骤1：选择要添加数据的图表。

步骤2：在【设计】选项卡的【数据】组中单击【选择数据】按钮，如图4.167所示。

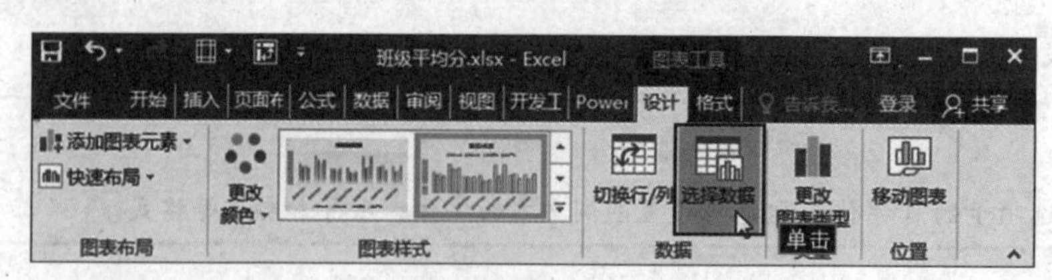

图 4.167

步骤 3：在弹出的【选择数据源】对话框中单击【图例项（系列）】组中的【添加】按钮，如图 4.168 所示，在弹出的【编辑数据系列】对话框中将光标置于【系列名称】文本框中，在工作表中选择 A5 单元格。

步骤 4：单击【系列值】文本框中右侧的按钮，将【编辑数据系列】对话框折叠，在工作表中选择 A5: H5单元格区域，然后单击按钮展开【编辑数据系列】对话框，如图 4.169 所示。

步骤 5：完成以上操作后，即可在图表中显示新增的一列数据。

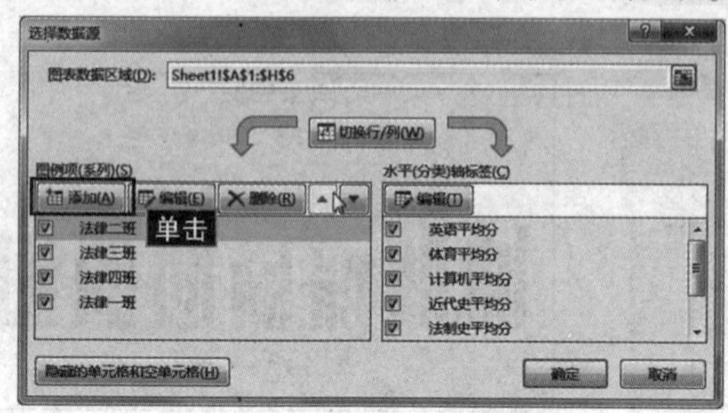

图 4.168

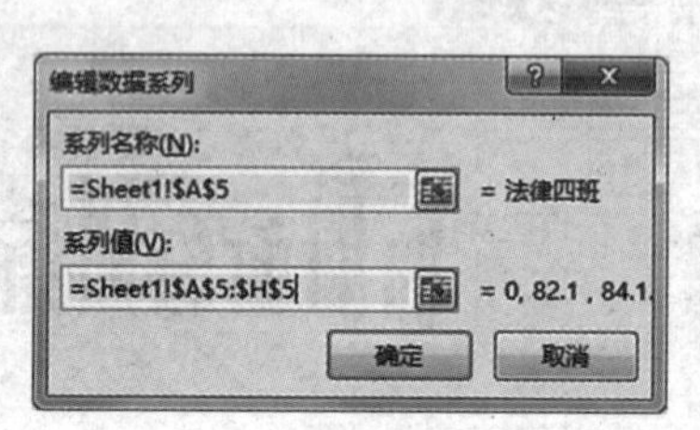

图 4.169

小提示

在图表上删除数据系列时，可单击该数据系列，按【Delete】键，或者在数据系列上单击鼠标右键，在弹出的快捷菜单中选择【删除】命令，即可删除该数据系列。若用户要同时删除工作表和图表中的数据，可从工作表中删除数据，图表将会自动更新。

9. 复制、删除、格式化图表

（1）复制图表。

如果要复制已经建立好的图表，或将其复制到另外的工作表中，可以按照复制操作的步骤进行。首先选择图表，然后使用【复制】命令或按【Ctrl＋C】组合键，将图表复制到剪贴板中。之后选择要放置图表的位置，使用【粘贴】命令或按【Ctrl＋V】组合键，即可复制出图表。

（2）删除图表和图表元素。

如果要把已经建立好的嵌入式图表删除，先单击图表，再按【Delete】键；对于图表工作表，可用鼠标右键单击工作表标签，在弹出的快捷菜单中选择【删除】命令。如果不想删除图表，可使用【Ctrl＋Z】组合键，将刚才删除的图表恢复。

删除图表元素的方法也是首先选择图表元素，然后按【Delete】键。不过这样仅能删除图表数据，而工作表中的数据将不会被删除。如果按【Delete】键删除工作表中的数据，则图表中的数据将自动被删除。

（3）格式化图表。

用户可以对图表中的各种元素进行格式化操作。当图表元素被选定之后，会出现【图表工具】的【格式】选项卡。使用【格式】选项卡设置图表元素的格式与在 Word 中设置文档格式非常相似，这里不再详细介绍。

考点 23 打印图表

1. 打印整页图表

在工作表中放置单独的图表，即可直接将其打印到一张纸中。当用户的数据与图表在同一工作表中时，可先选择用户所需打印的图表，在功能区中单击【文件】选项卡中的【打印】按钮，即可将选中的图表打印在一张纸上。

真考链接

该知识点属于考试大纲中要求了解的内容，考核概率为 10%。考生需了解图表的打印方法。

2. 打印工作表中的数据

若用户不需要打印工作表中的图表，可只将工作表中的数据区域设为打印区域，然后在功能区中选择【文件】选项卡中的【打印】命令，在打印界面单击【打印】按钮即可打印工作表中的数据而不打印图表。

也可以在功能区中选择【文件】选项卡中的【选项】命令，在弹出的【Excel 选项】对话框中选择【高级】选项卡，在【此工作簿的显示选项】中的【对于对象，显示：】选项组下，选择【无内容（隐藏对象）】单选按钮，隐藏工作表中的所有图表。在功能区中选择【文件】选项卡中的【打印】命令，在打印界面单击【打印】按钮即可打印工作表中的数据而不打印图表。

3．作为表格的一部分打印图表

若数据与图表在同一页中，可选择该页工作表，然后在功能区中选择【文件】选项卡中的【打印】命令，在打印界面中单击【打印】按钮。

4.5　Excel 数据分析及处理

考点 24　合并计算

如果数据分散在各个明细表中，当需要将这些数据汇总到一个总表中时，可以使用合并计算功能。具体的操作步骤如下。

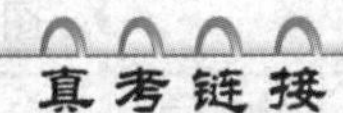

该知识点属于考试大纲中要求熟记的内容，考核概率为 50%。考生需熟记合并计算的应用。

步骤 1：打开素材文件夹中的合并计算.xlsx 文件。切换到“月销售合计”工作表中，选中 A1 单元格，在【数据】选项卡的【数据工具】组中单击【合并计算】按钮。

步骤 2：弹出【合并计算】对话框，在【函数】下拉列表框中选择一个汇总函数，此处选择【求和】，单击【引用位置】文本框右侧的按钮，如图 4.170 所示。

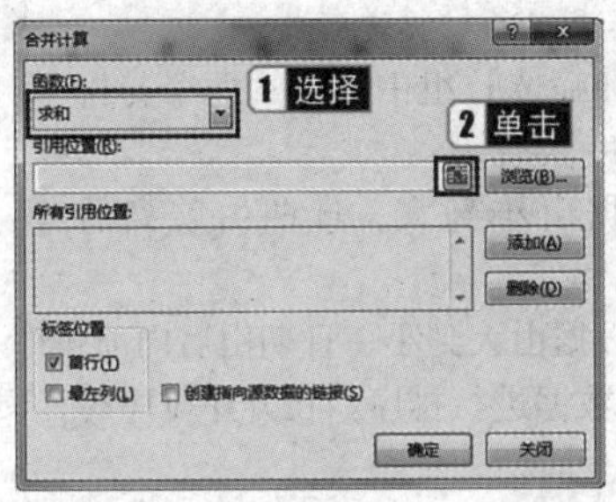

图 4.170

步骤 3：此时对话框变为折叠形式，在第 1 周工作表中，选择 A1:H106 单元格区域，选择完成后单击【合并计算 - 引用位置】文本框右侧的按钮，如图 4.171 所示。

步骤 4：展开【合并计算】对话框，单击【添加】按钮，将数据区域添加到下方的【所有引用位置】列表框中，如图 4.172 所示。再次单击【引用位置】文本框右侧的按钮。

图 4.171

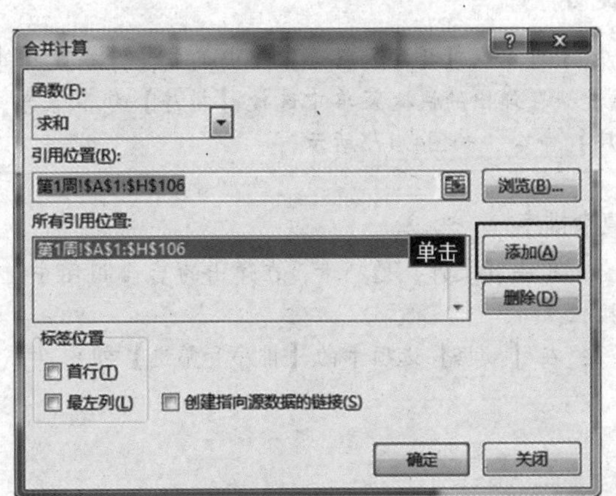

图 4.172

步骤5：在第2周工作表中，选择A1:H147单元格区域，选择完成后单击【合并计算-引用位置】文本框右侧的按钮，展开【合并计算】对话框，单击【添加】按钮，将数据区域添加到下方的【所有引用位置】列表框中。

步骤6：按同样的操作方法添加第3周和第4周的数据区域到【所有引用位置】列表框中，选择下方的【首行】和【最左列】复选框，单击【确定】按钮，如图4.173所示。

步骤7：此时，所选的4个工作表的数据就可以进行合并计算了，在A1单元格中输入信息文本，如“名称”，完成后的效果如图4.174所示。

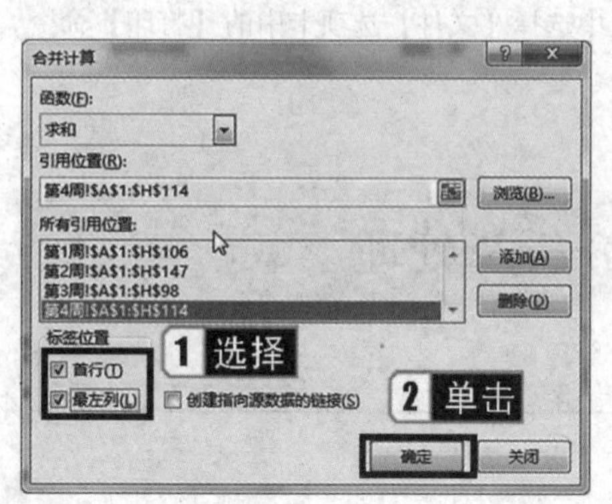

图4.173

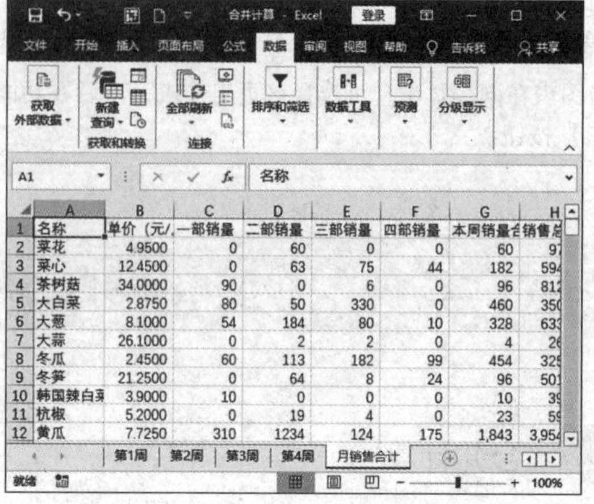

图4.174

考点25 数据排序

1. 简单排序

> **真考链接**
>
> 该知识点属于考试大纲中要求熟记的内容，考核概率为60%。考生需熟记数据排序的方法。

步骤1：单击【文件】选项卡，在弹出的后台视图中选择【打开】，在弹出的对话框中选择相应的文件，然后单击【打开】按钮。

步骤2：在【数据】选项卡中单击【排序和筛选】组中的【升序】或【降序】按钮，即可按递增或递减方式对工作表中的数据进行排序。

Excel 2016在【数据】选项卡的【排序和筛选】组中提供了两个与排序相关的按钮，分别为【升序】按钮和【降序】按钮。

- 【升序】按钮：按字母表顺序、数据由小到大、日期由前到后排序。
- 【降序】按钮：按反向字母表顺序、数据由大到小、日期由后向前排序。

Excel默认的排序方式是根据单元格中的数据进行排序。在升序排序时，Excel使用以下的排序方式。

- 数值从最小的负数到最大的正数排序。
- 文本按A～Z排序。
- 逻辑值False在前，True在后。
- 空格排在最后。

> **小提示**
>
> 除了可以在【排序和筛选】组中单击【升序】或【降序】按钮进行排序外，还可在选择的单元格上单击鼠标右键，在弹出的快捷菜单中选择【排序】级联菜单中的【升序】或【降序】命令进行排序，此处依旧选择【降序】命令，如图4.175所示。

2. 复杂排序

步骤1：单击【文件】选项卡，在弹出的后台视图中选择【打开】，在弹出的对话框中选择相应的文件，然后单击【打开】按钮。

步骤2：在【数据】选项卡的【排序和筛选】组中单击【排序】按钮，如图4.176所示。

图 4.175

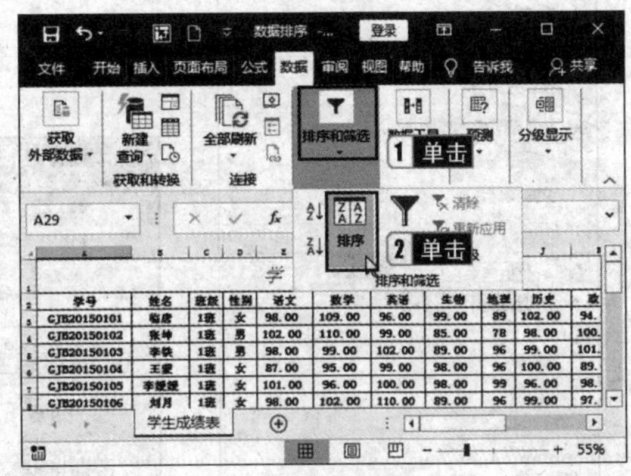

图 4.176

步骤 3：打开【排序】对话框，在该对话框中设置排序的主要关键字的字段名。在【列】区域的【主要关键字】下拉列表框中选择【语文】选项，在【排序依据】下拉列表框中选择【单元格值】选项，在【次序】下拉列表框中选择【升序】选项。

步骤 4：单击【添加条件】按钮，在【列】区域的【次要关键字】下拉列表框中选择【英语】，在【排序依据】下拉列表框中选择【单元格值】，在【次序】下拉列表框中选择【降序】，选择完成后单击【确定】按钮，如图 4.177 所示。

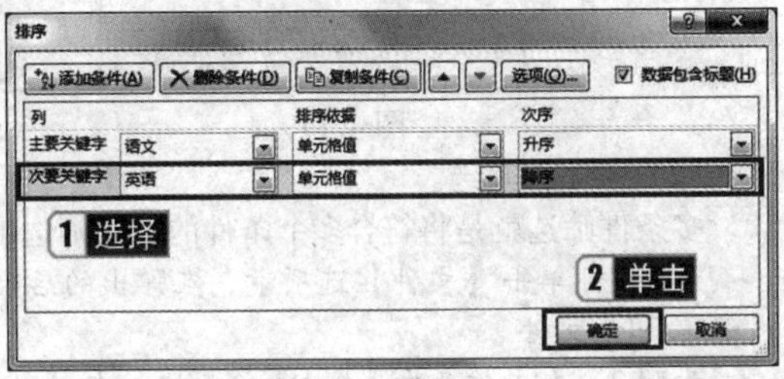

图 4.177

【排序】对话框中常用选项的功能如下。

- 主要关键字：选择列标题名，作为要排序的第一列，如选择“语文”。
- 排序依据：选择是依据指定列中的数值还是格式进行排序，如选择【数值】【单元格颜色】【字体颜色】【单元格图标】等。
- 次序：选择要排序的顺序，如选择【降序】、【升序】或【自定义序列】。

考点 26　数据筛选

在 Excel 2016 中，用户可以使用自动筛选或者高级筛选两种方法来完成数据的筛选。自动筛选是一种极其简便的筛选列表方法，高级筛选则可规定很复杂的筛选条件。筛选可以将那些符合条件的记录显示在工作表中，而将其他不满足条件的记录在视图中隐藏起来。

> **真考链接**
>
> 该知识点属于考试大纲中要求熟记的内容，考核概率为 60%。考生需熟记筛选数据的方法。

1. 自动筛选

（1）单条件筛选。

单条件筛选就是将符合一种条件的数据筛选出来，具体的操作步骤如下。

步骤 1：单击【文件】选项卡，在弹出的后台视图中选择【打开】，在弹出的对话框中选择打开素材文件夹中的学生成绩单.xlsx 文件。

步骤 2：在工作表中选择 A1: J1单元格区域，在【数据】选项卡中单击【排序和筛选】组中的【筛选】按钮，如图 4.178 所示。

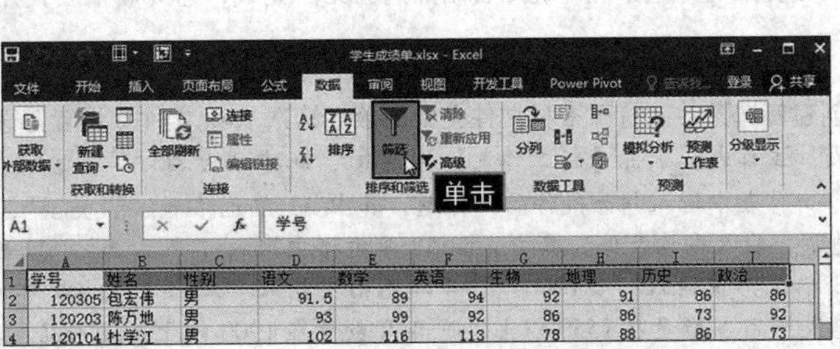

图 4.178

步骤3：此时，数据列表中每个字段名的右侧将出现一个下拉按钮。

步骤4：单击C2单元格右侧的下拉按钮，在弹出的下拉列表中取消选择【（全选）】单选按钮，选择【男】复选框，如图4.179所示。

步骤5：单击【确定】按钮即可看到其他成绩被隐藏，如图4.180所示。

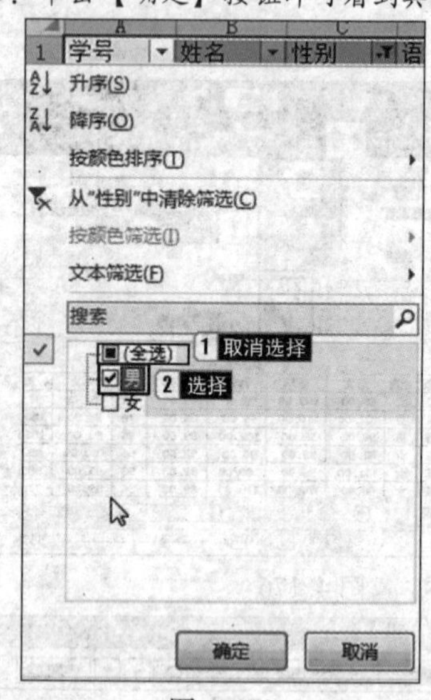

图4.179

学号	姓名	性别	语文	数学	英语	生物	地理	历史	政治
120305	包宏伟	男	91.5	89	94	92	91	86	86
120203	陈万地	男	93	99	92	86	86	73	92
120104	杜学江	男	102	116	113	78	88	86	73
120206	李北大	男	100.5	103	104	88	89	78	90
120204	刘康锋	男	95.5	92	96	84	95	91	92
120201	刘鹏举	男	93.5	107	96	100	93	92	93
120304	倪冬声	男	95	97	102	93	95	92	88
120103	齐飞扬	男	95	85	99	98	92	92	88
120105	苏解放	男	88	98	101	89	73	95	91
120102	谢如康	男	110	95	98	99	93	93	92

图4.180

（2）多条件筛选。

多条件筛选就是将符合多个条件的数据筛选出来，具体步骤如下。

步骤1：单击【文件】选项卡，在弹出的后台视图中选择【打开】，在弹出的对话框中选择打开素材文件夹中的学生成绩单.xlsx文件。

步骤2：在工作表中选择D2单元格，在【数据】选项卡中单击【排序和筛选】组中的【筛选】按钮，进入【自动筛选】状态。单击"语文"单元格右侧的下拉按钮，在弹出的下拉列表中取消选择【（全选）】复选框，选择语文成绩是【90】和【95】的复选框，如图4.181所示。

步骤3：单击【确定】按钮即可看到实际筛选后的效果，如图4.182所示。

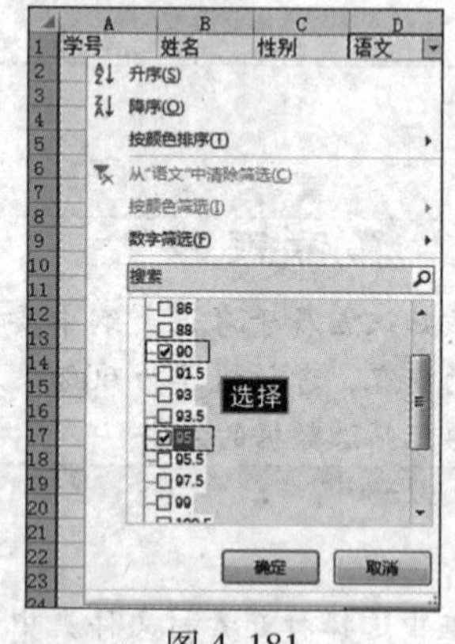

图4.181

学号	姓名	性别	语文	数学	英语	生物	地理	历史	政治
120304	倪冬声	男	95	97	102	93	95	92	88
120103	齐飞扬	男	95	85	99	98	92	92	88
120106	张桂花	女	90	111	116	72	95	93	95

图4.182

2. 高级筛选

在实际应用中，常常涉及更复杂的筛选条件，利用自动筛选已无法完成，这时就需要使用高级筛选功能。进行高级筛选的具体操作步骤如下。

（1）创建筛选条件。

利用高级筛选，首先要创建筛选条件。打开素材文件夹中的数据筛选.xlsx文件，设置筛选条件的具体操作步骤如下。

步骤1：选择"销售记录"工作表，单击【新工作表】按钮⊕，新建"大额订单"工作表。

步骤2：在"大额订单"工作表中输入作为条件的列标题，其中A1单元格输入"类型"，B1单元格中输入"数量"。

步骤3：在相应的列标题下，输入查询条件。其中，在A2单元格中输入"产品A"，B2单元格中输入">1550"，A3单元格中输入"产品B"，B3单元格中输入">1900"，A4单元格中输入"产品C"，B4单元格中输入">1500"，如图4.183所示。条件的含义是查找产品A数量在1550以上、产品B数量在1900以上以及产品C数量在1500以上的记录。

（2）依据筛选条件进行高级筛选。

接着上面的操作，下面介绍如何进行高级筛选，具体的操作步骤如下。

步骤1：在【数据】选项卡的【排序和筛选】组中单击【高级】按钮，如图4.184所示。

步骤2：在【方式】选项组中设置筛选结果存放的位置，此处选择【将筛选结果复制到其他位置】单选按钮。

步骤3：在【列表区域】文本框中单击按钮，选择“销售记录”工作表中的A3: E891数据区域，如图4.185所示。

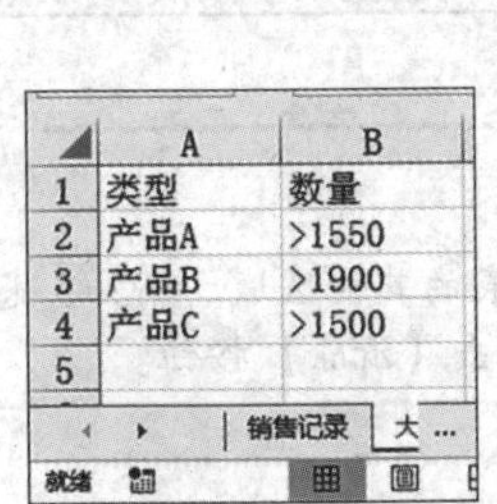

	A	B
1	类型	数量
2	产品A	>1550
3	产品B	>1900
4	产品C	>1500
5		

图4.183

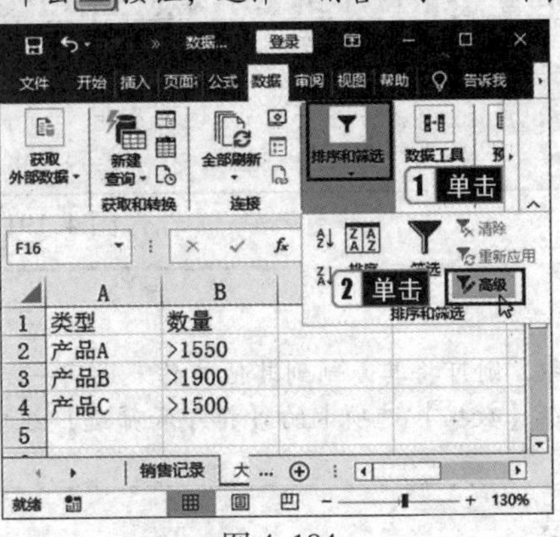

图4.184

图4.185

步骤4：单击按钮展开对话框，在【条件区域】文本框中单击按钮，选择“大额订单”工作表中的A1: B4数据区域，如图4.186所示。

步骤5：单击按钮展开对话框，在【复制到】文本框中单击按钮，选择“大额订单”工作表中的A6单元格，按【Enter】键展开【高级筛选】对话框，如图4.187所示，筛选结果将从该单元格开始向右向下填充。

步骤6：单击【确定】按钮，符合条件的筛选结果将显示在数据列表的指定位置，如图4.188所示。

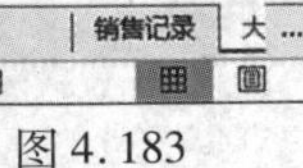

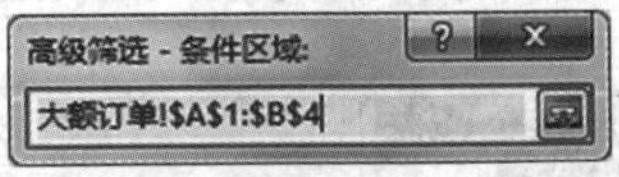

图4.186

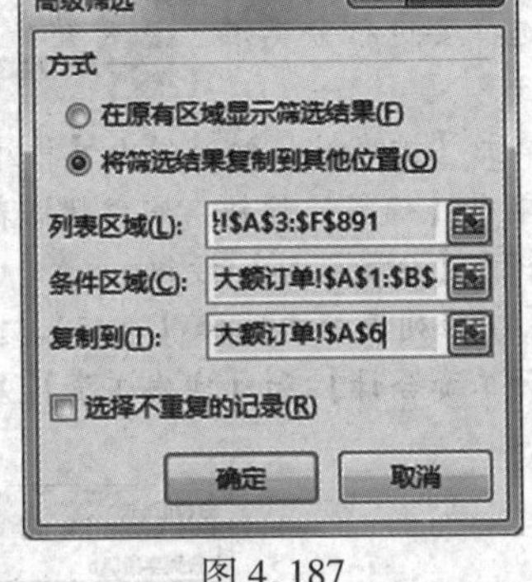
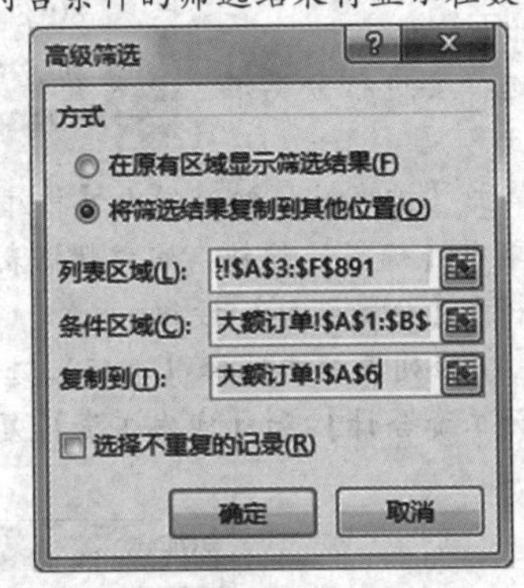

图4.187

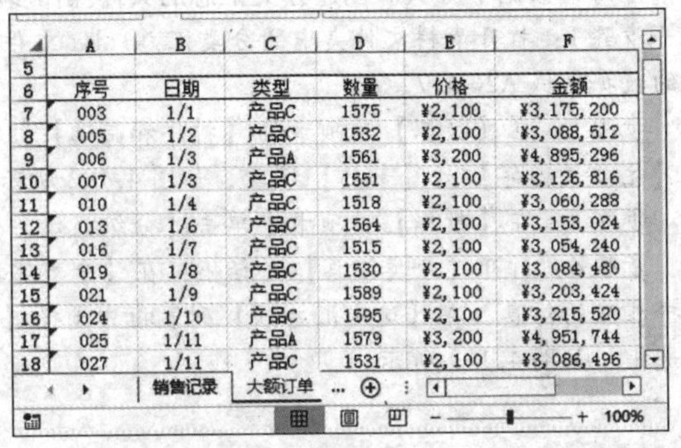

	A	B	C	D	E	F
5						
6	序号	日期	类型	数量	价格	金额
7	003	1/1	产品C	1575	¥2,100	¥3,175,200
8	005	1/2	产品C	1532	¥2,100	¥3,088,512
9	006	1/3	产品A	1561	¥3,200	¥4,895,296
10	007	1/3	产品C	1551	¥2,100	¥3,126,816
11	010	1/4	产品C	1518	¥2,100	¥3,060,288
12	013	1/6	产品C	1564	¥2,100	¥3,153,024
13	016	1/7	产品C	1515	¥2,100	¥3,054,240
14	019	1/8	产品C	1530	¥2,100	¥3,084,480
15	021	1/9	产品C	1589	¥2,100	¥3,203,424
16	024	1/10	产品C	1595	¥2,100	¥3,215,520
17	025	1/11	产品A	1579	¥3,200	¥4,951,744
18	027	1/11	产品C	1531	¥2,100	¥3,086,496

图4.188

小提示

要将筛选后的数据复制到其他位置，可以先将所需的行标签输入相应的单元格中，然后通过【高级筛选】对话框进行筛选，并将筛选后的数据复制到相应的单元格中。

3. 自定义筛选

自动筛选数据时，如果自动筛选的条件不能满足用户需求，则需要进行自定义筛选。

步骤1：单击【文件】选项卡，在弹出的后台视图中选择【打开】，在弹出的对话框中打开素材文件夹中的学生成绩单.xlsx文件，选择A1: J1单元格区域，在【数据】选项卡中单击【排序和筛选】组中的【筛选】按钮。

步骤2：单击D1单元格右侧的下拉按钮，在弹出的下拉列表中选择【数字筛选】选项，在打开的子列表中选择【大于】选项，如图4.189所示。

步骤3：在弹出的【自定义自动筛选方式】对话框中，单击【大于】下拉按钮，在打开的列表中选择【100】选项，如图4.190所示。单击【确定】按钮即可完成筛选，如图4.191所示。

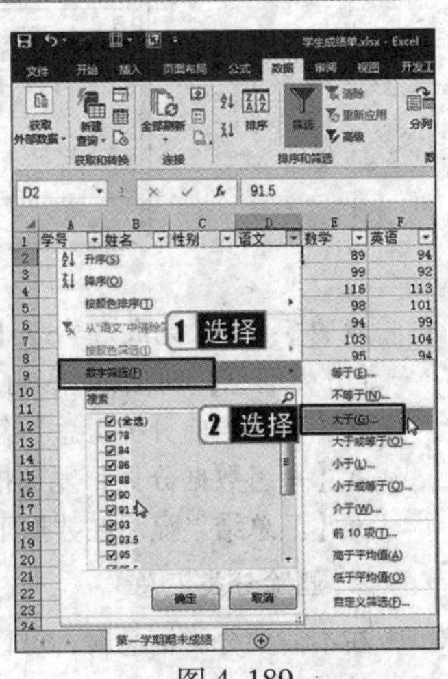

图4.189

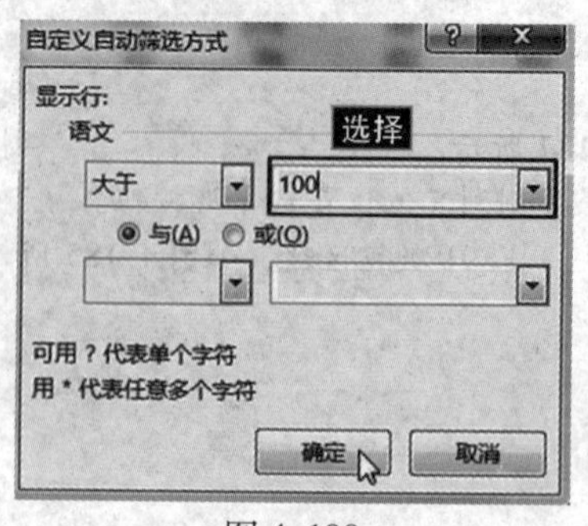

图 4.190

	A	B	C	D	E	F	G	H	I
1	学号	姓名	性别	语文	数学	英语	生物	地理	历史
4	120104	杜学江	男	102	116	113	78	88	
6	120306	吉祥	女	101	94	99	90	87	
7	120206	李北大	男	100.5	103	104	88	89	
15	120205	王清华	女	103.5	105	105	93	93	
16	120102	谢如康	男	110	95	98	99	93	
20									

图 4.191

小提示

若要对筛选后的数据进行保存或打印，则可将其复制到其他工作表或同一工作表的其他区域。例如，想取消在数据列表中所进行的筛选操作，可以在【数据】选项卡的【排序和筛选】组中单击【清除】按钮。

考点 27 分级显示及分类汇总

真考链接

该知识点属于考试大纲中要求重点掌握的内容，考核概率为80%。考生需掌握分级显示及分类汇总的方法。

1. 创建分类汇总

使用分类汇总的数据列表时，每一列数据都有列标题。Excel 使用列标题来决定如何创建数据组及如何计算总和。例如，在“分类汇总”工作表中通过分类汇总功能求出各部门“应付工资合计”与“实发工资”的和，且每组数据不分页。创建分类汇总的具体操作步骤如下。

步骤 1：打开素材文件夹中的分类汇总. xlsx 文件，选择要进行分类汇总的数据区域 A2: M17。

步骤 2：在【数据】选项卡的【排序和筛选】组中单击【排序】按钮，弹出【排序】对话框，在弹出的对话框中，选择【主要关键字】为【部门】字段，如图 4.192 所示，单击【确定】按钮，完成数据表的排序。

步骤 3：在【数据】选项卡中单击【分级显示】组中的【分类汇总】按钮。

步骤 4：打开【分类汇总】对话框，在【分类字段】下拉列表框中选择【部门】选项，在【汇总方式】下拉列表框中选择相应的信息，在【选定汇总项】列表框中选择【应付工资合计】和【实发工资】复选框，取消选择【每组数据分页】复选框，如图 4.193 所示。

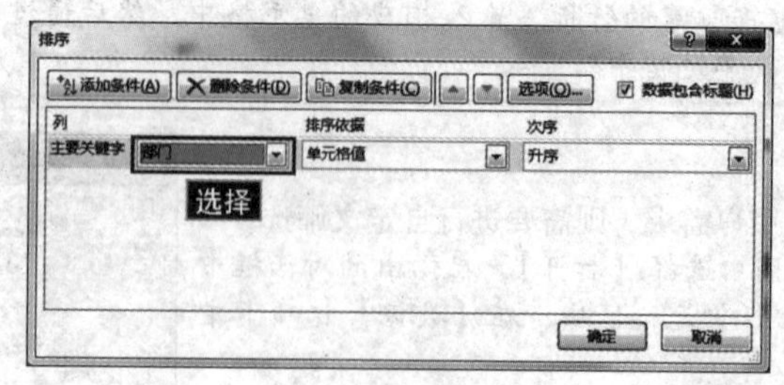

图 4.192

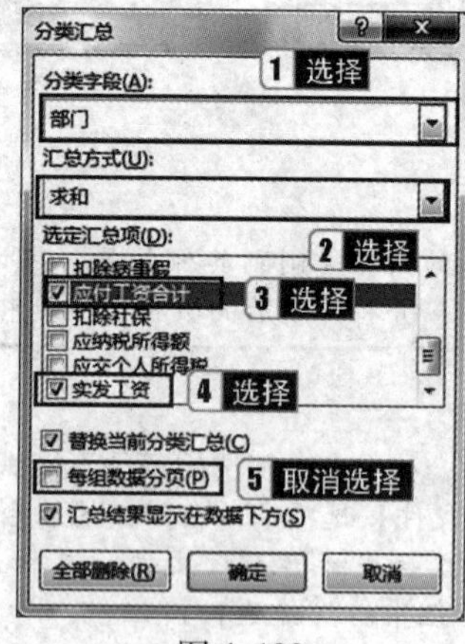

图 4.193

步骤 5：设置完成后单击【确定】按钮，即可得到分类汇总结果。

【分类汇总】对话框中除了常规的【分类字段】【汇总方式】【选定汇总项】选项外，还有如下一些选项。

- 【替换当前分类汇总】复选框：选择该复选框，表示按本次分类要求进行汇总。
- 【每组数据分页】复选框：选择该复选框，表示将每一类分页显示。
- 【汇总结果显示在数据下方】复选框：选择该复选框，表示将分类汇总数放在本类的最后一行。

2. 删除分类汇总

在不需要分类汇总时，可以将其删除。删除分类汇总的具体操作步骤如下。

步骤1：选择分类汇总后的任意单元格，在【数据】选项卡的【分级显示】组中单击【分类汇总】按钮。

步骤2：在弹出的对话框中单击【全部删除】按钮，即可将分类汇总删除。

3. 分级显示

分类汇总的结果可以形成分级显示，也可以为数据列表自行创建分级显示。

单击不同的分级显示符号，将显示不同的级别。

（1）显示或隐藏组的明细数据。

- 单击 + 按钮，将显示该组的明细数据。
- 单击 − 按钮，将隐藏该组的明细数据。

（2）显示或隐藏特定级别的分级显示。

在分级显示符号 1 2 3 中，单击某一级别编号，处于较低级别的明细数据将变为隐藏状态。

单击分级显示符号中的最低级别，将显示所有明细数据。

（3）自行创建分级显示。

步骤1：打开需要建立分级显示的工作表，在数据列表中的任意位置上单击定位。

步骤2：对作为分组依据的数据进行排序，在每组明细行的下方或上方插入带公式的汇总行，输入摘要说明和汇总公式。

步骤3：选择同组中的明细行或列，在【数据】选项卡的【分级显示】组中单击【创建组】按钮中的下拉按钮，在弹出的下拉列表中选择【创建组】选项，所选行或列将联为一组，同时窗口左侧出现分级符号。依次为每组明细创建一个组。

（4）复制分级显示的数据。

步骤1：使用分级显示符号将不需要复制的明细数据进行隐藏，选择要复制的数据区域。

步骤2：在【开始】选项卡的【编辑】组中单击【查找和选择】按钮，在弹出的下拉列表中选择【定位条件】选项，如图4.194所示。

步骤3：在弹出的【定位条件】对话框中，选择【可见单元格】单选按钮，单击【确定】按钮，如图4.195所示。再通过复制和粘贴操作将选定的分级数据复制到其他位置。

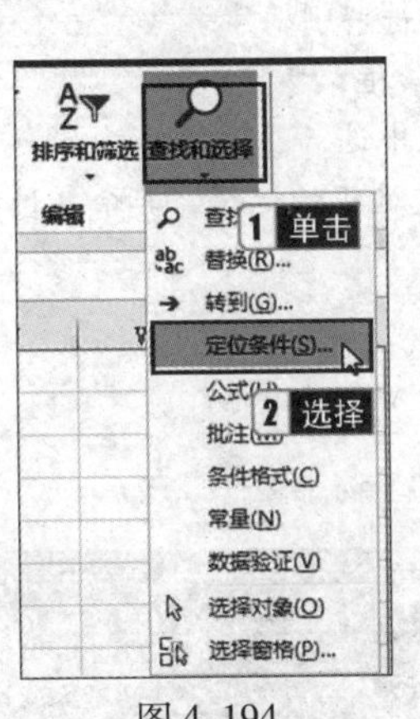

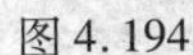
图4.194

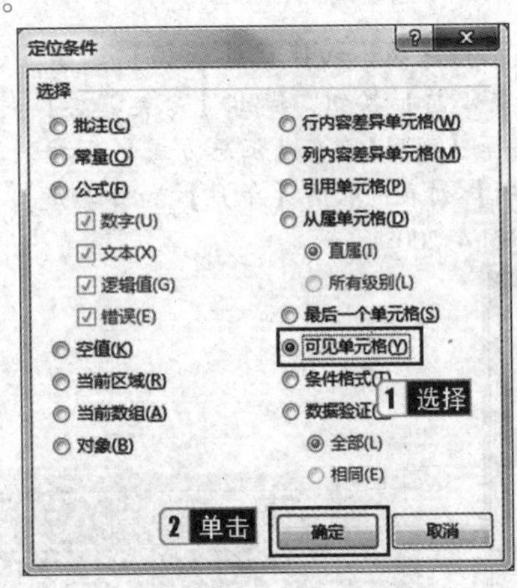

图4.195

> **小提示**
>
> 被隐藏的明细数据将不会被复制。

（5）删除分级显示。

步骤1：在【数据】选项卡的【分级显示】组中，单击【取消组合】按钮中的下拉按钮，在弹出的下拉列表中选择【清除分级显示】选项，如图4.196所示。

步骤2：若有隐藏的行列，可在【开始】选项卡的【单元格】组中单击【格式】下拉按钮，在弹出的下拉列表的【隐藏和取消隐藏】子列表中选择【取消隐藏行】或【取消隐藏列】选项，即可恢复显示，如图4.197所示。

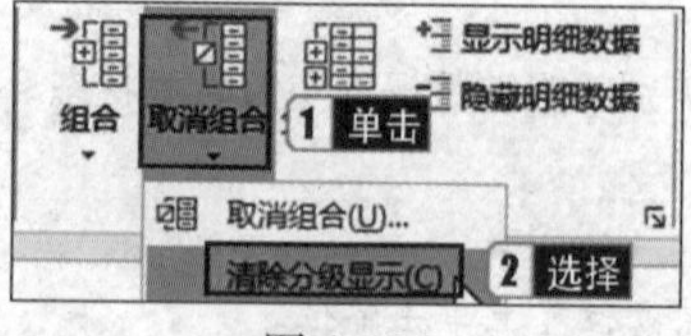

图 4.196

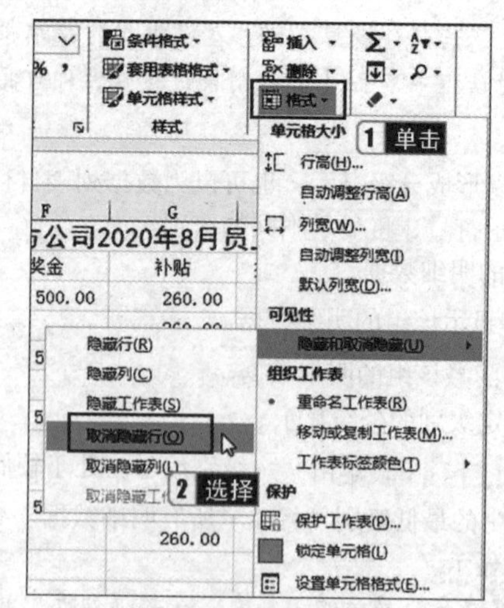

图 4.197

真题精选

打开考生文件夹中的工作簿文件“EXCEL9. xlsx”，按照要求完成下列操作，并以原文件名保存文档。

通过分类汇总功能，按季度升序求出每个季度各类开支的月均支出金额。

【操作步骤】

步骤1：在“按季度汇总”工作表中，选择A1:M13单元格区域，切换至【开始】选项卡，在【编辑】组中单击【排序和筛选】下拉按钮，在弹出的下拉列表中选择【自定义排序】，弹出【排序】对话框，在【主要关键字】中选择【季度】，在【次序】中选择【升序】，如图4.198所示，单击【确定】按钮。

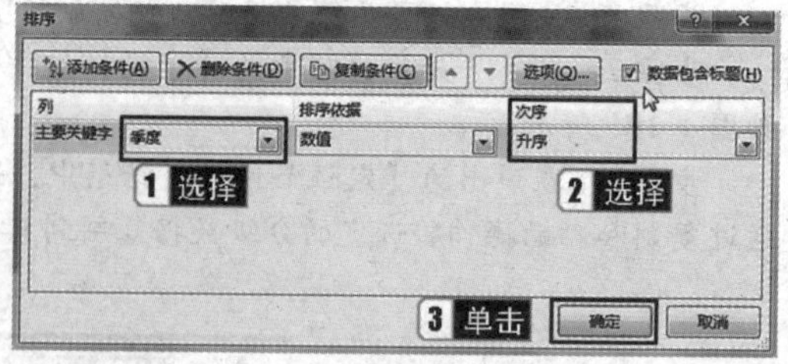

图 4.198

步骤2：选择A1:M13单元格区域，切换至【数据】选项卡，选择【分级显示】选项组中的【分类汇总】按钮，弹出【分类汇总】对话框，在【分类字段】下拉列表中选择【季度】，在【汇总方式】下拉列表中选择【平均值】，在【选定汇总项】列表中取消【年月】和【季度】复选框的选择，其余复选框全选，如图4.199所示。最后单击【确定】按钮，效果如图4.200所示。

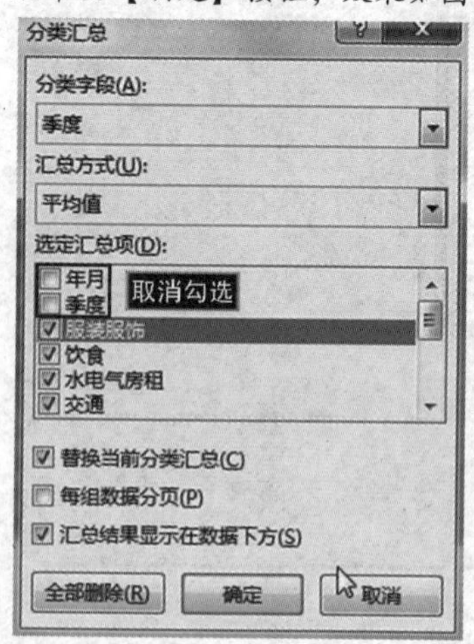

图 4.199

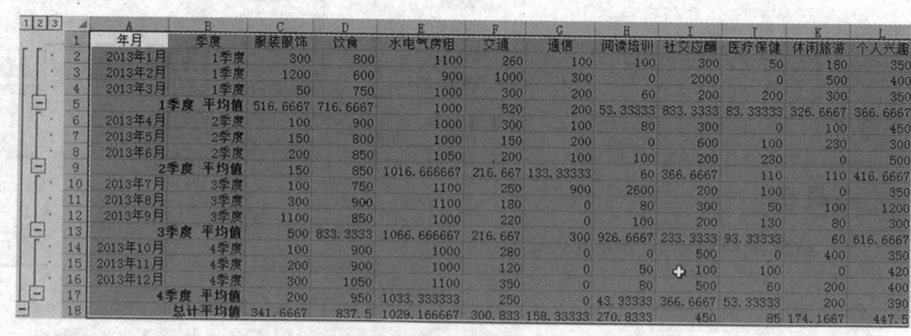

图 4.200

步骤3：单击【保存】按钮保存文档。

考点28 数据透视表

1. 创建数据透视表

创建数据透视表的具体操作步骤如下。

步骤1：单击【文件】选项卡，在弹出的后台视图中选择【打开】命令，在弹出的对话框中打开素材文件夹中的销售情况.xlsx文件。

步骤2：在要创建数据透视表的数据清单中选择任意一个单元格。

步骤3：在【插入】选项卡的【表格】组中单击【数据透视表】按钮，如图4.201所示。

> **真考链接**
>
> 该知识点属于考试大纲中要求重点掌握的内容，考核概率为90%。考生需掌握数据透视表的创建及应用方法。

步骤4：弹出【创建数据透视表】对话框，在【选择一个表或区域】下方的【表/区域】文本框中已经由系统自动判断并输入了单元格区域，如果其内容不正确可以直接修改或单击文本框右侧的按钮折叠对话框，以便在工作表中手动选取要创建数据透视表的单元格区域，如图4.202所示。选择完成后单击按钮展开【创建数据透视表】对话框。

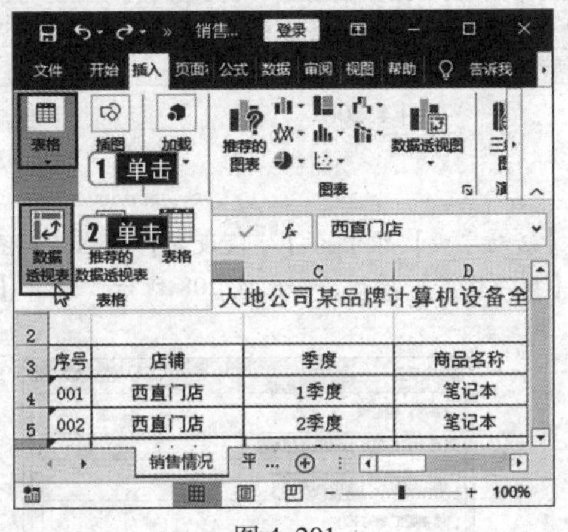

图4.201

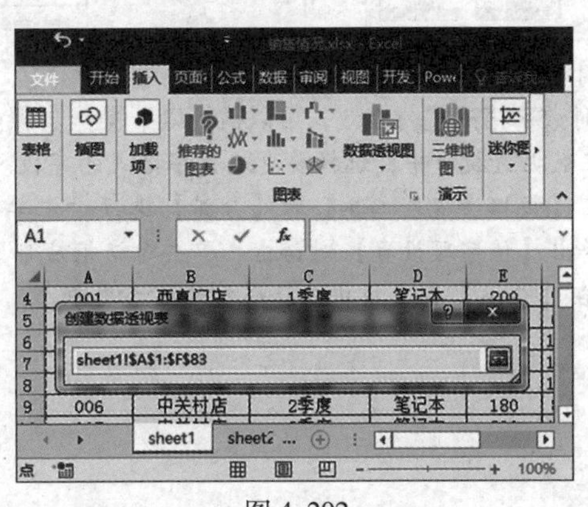

图4.202

步骤5：在【选择放置数据透视的位置】选项组中选择【新工作表】单选按钮，单击【确定】按钮，空的数据透视表会放置在新插入的工作表中，并在右侧显示【数据透视表字段】任务窗格，该任务窗格的上半部分为【选择要添加到报表的字段】选项组；下半部分为【在以下区域间拖动字段】选项组，包含【筛选器】列表框、【列】列表框、【行】列表框和【值】列表框，如图4.203所示。

步骤6：在【选择要添加到报表的字段】列表框中选中【商品名称】，将其拖曳到【筛选器】列表框中，以同样的方法拖曳【店铺】字段到【行】列表框中，拖曳【季度】字段到【列】列表框中，拖曳【销售额】字段到【值】列表框中，即可完成数据透视表的创建，如图4.204所示。

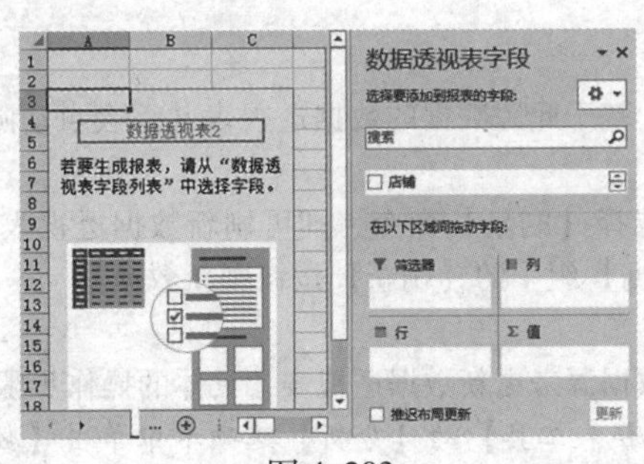

图4.203

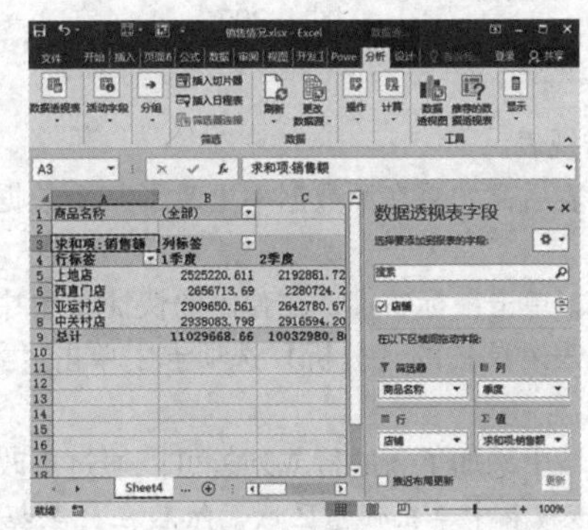

图4.204

步骤7：单击B1单元格中的筛选按钮，在弹出的下拉列表中选择商品名称，即可看到各门店每个季度的销售额，如图4.205所示。

> **常见问题**
>
> 如何删除数据透视表中的字段？
>
> 删除字段时，只需要在【数据透视表字段】任务窗格字段列表中取消选择该字段名复选框即可。

2. **设置数据透视表格式**

步骤1：单击数据透视表。

步骤2：在【数据透视表工具】的【设计】选项卡的【数据透视表样式选项】组中根据需要进行选择。若要用较亮或较浅的颜色格式替换每行，则选择【镶边行】复选框；若要用较亮或较浅的颜色格式替换每列，则选择【镶边列】复选框；若要在镶边样式中包括行标题，则选择【行标题】复选框；若要在镶边样式中包括列标题，则选择【列标题】复选框，如图4.206所示。

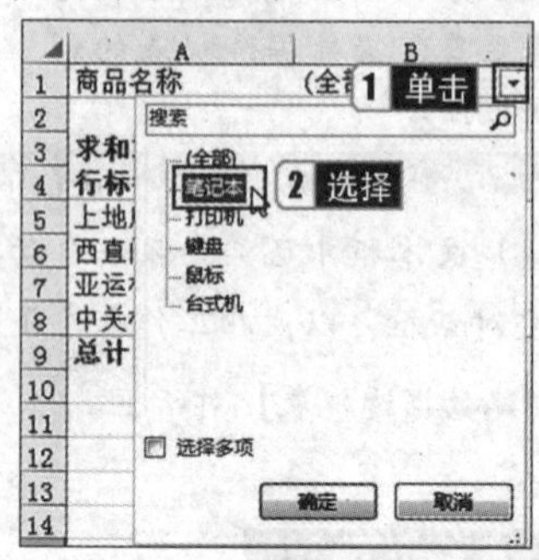

图4.205

图4.206

如果想要对数字格式进行修改，可以执行以下操作步骤。

步骤1：在数据透视表中，选择要更改数字格式的字段。

步骤2：在【数据透视表工具】的【分析】选项卡中单击【活动字段】组中的【字段设置】按钮，如图4.207所示。

步骤3：弹出【值字段设置】对话框。单击对话框底部的【数字格式】按钮，如图4.208所示，弹出【设置单元格格式】对话框，在【分类】列表框中选择所需的格式类别。

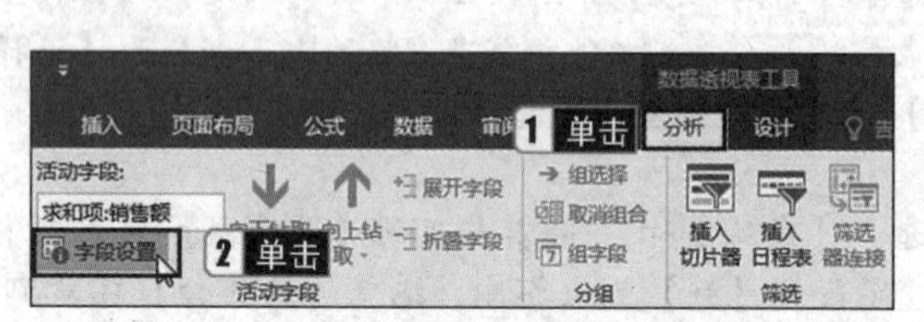

图4.207

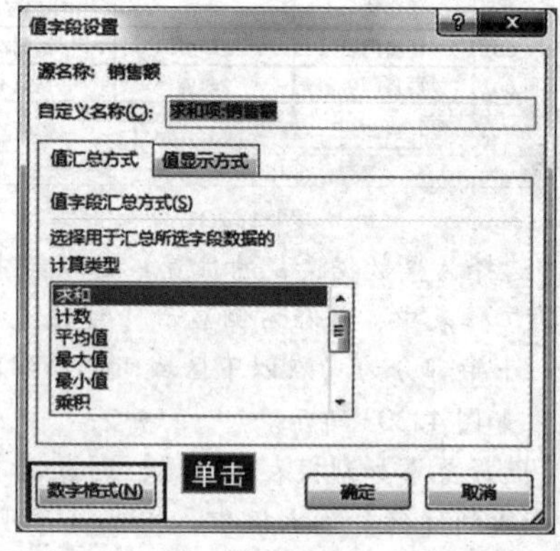

图4.208

3. **更新数据**

（1）刷新数据透视表。

创建了数据透视表后，如果在源数据中更改了某个数据，基于此源数据的数据透视表并不会自动随之改变，需要更新数据源。

选中数据透视表，单击鼠标右键，在弹出的快捷菜单中选择【刷新】命令，即可刷新数据透视表，如图4.209所示。也可以在【数据透视表工具】的【分析】选项卡中单击【数据】组中的【刷新】按钮刷新数据。

（2）更改数据源。

如果在源数据区域中添加了新的行或列，可以通过更改数据源来更新数据透视表，具体的操作步骤如下。

步骤1：在数据透视表中单击任意区域，然后在【数据透视表工具】的【分析】选项卡中单击【数据】组中的【更改数据源】按钮下方的下拉按钮。

步骤2：从打开的下拉列表中选择【更改数据源】选项，打开【更改数据透视表数据源】对话框。

步骤3：在对话框中选择新的数据源区域，然后单击【确定】按钮，如图4.210所示。

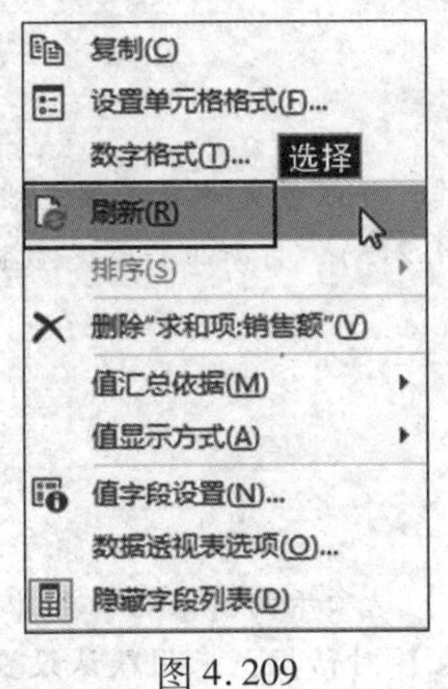

图 4.209

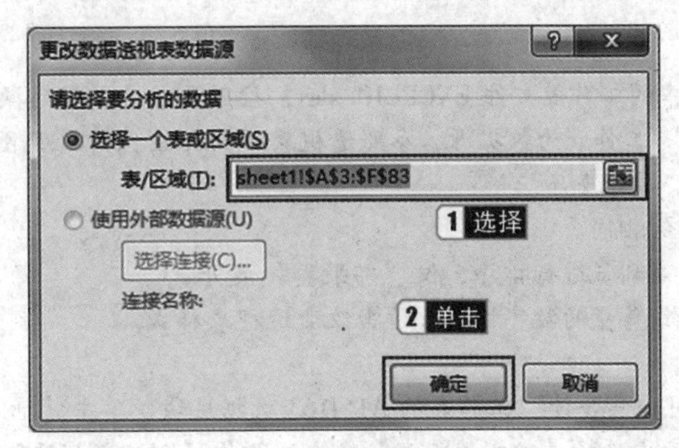

图 4.210

4. 更改数据透视表名称

在【数据透视表工具】的【分析】选项卡的【数据透视表】组中，可以更改数据透视表名称，具体的操作步骤如下。

步骤 1：在【数据透视表名称】文本框中输入新的数据透视表名称后按【Enter】键，可重新命名当前透视表，如图 4.211所示。

步骤 2：单击【选项】按钮，弹出【数据透视表选项】对话框，可对数据透视表的布局、数据显示方式等进行设定，如图 4.212 所示。

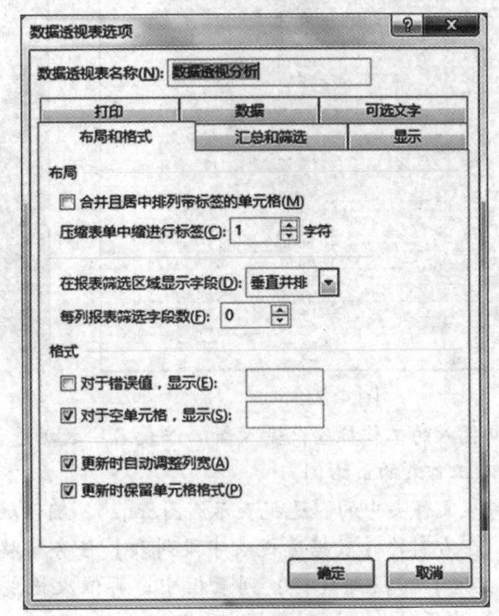

图 4.211

图 4.212

5. 设置活动字段

在【数据透视表工具】的【分析】选项卡的【活动字段】组中，可以设置活动字段，具体的操作步骤如下。

步骤 1：在【活动字段】文本框中输入新的字段名后按【Enter】键，可更改当前字段名称。

步骤 2：单击【字段设置】按钮，弹出【值字段设置】对话框，在该对话框中可以对值汇总方式、值显示方式等进行设置。

小提示

通过行标签或列标签右侧的筛选按钮，可对数据透视表中的数据按指定字段进行排序及筛选。

6. 删除数据透视表

步骤 1：在【数据透视表工具】的【分析】选项卡中，单击【操作】组中的【选择】按钮。

步骤 2：在弹出的下拉列表中选择【整个数据透视表】选项。

步骤 3：按【Delete】键即可删除数据透视表。

真题精选

打开考生文件夹中的工作簿文件EXCEL10. xlsx，按照要求完成下列操作，并以原文件名保存文档。

以“月销售合计”工作表为数据源，参照透视表示例. png图片（见图4.213），自新工作表“数据透视”的A3单元格开始生成数据透视表，要求如下。

① 列标题应与示例相同。

② 按月销售额由高到低进行排序，仅“茄果类”展开。

③ 设置销售额和销售量的数字格式，适当改变透视表样式。

【操作步骤】

步骤1：选中“月销售合计”工作表的A1:I163数据区域，单击【插入】选项卡的【表格】组中的【数据透视表】按钮，在弹出的下拉列表中选择【数据透视表】命令，弹出【创建数据透视表】对话框，采用默认设置，直接单击【确定】按钮，如图4.214所示。

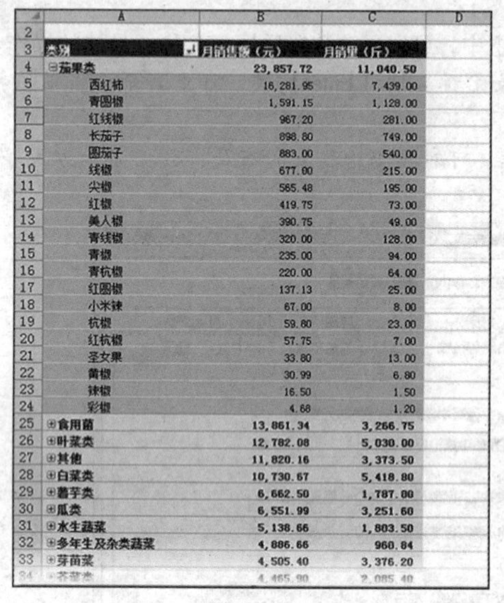

图4.213

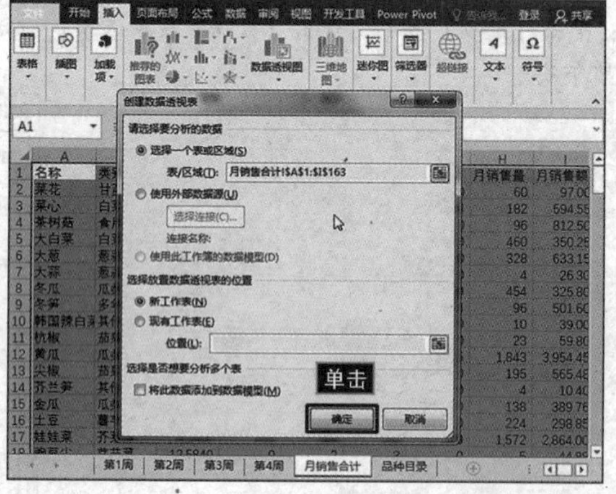

图4.214

步骤2：双击新插入的工作标签，输入新工作表名“数据透视”。拖动工作表标签调整工作表的顺序，确保“品种目录”工作表位于所有工作表的最右侧。

步骤3：参照考生文件夹中的“透视表示例图. png”，确认数据透视表起始于A3单元格，在右侧的【数据透视表字段列表】任务窗格中，依次拖曳【类别】和【名称】字段到【行】列表框中；再依次拖曳【月销售额】和【月销售量】字段到【值】列表框中，如图4.215所示。

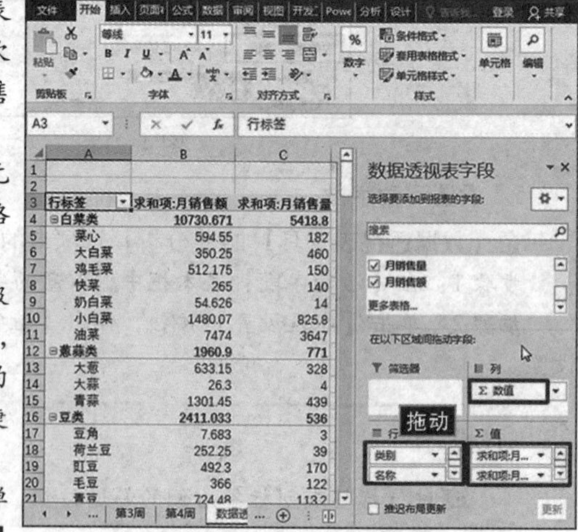

图4.215

步骤4：双击A3单元格，将单元格内容修改为“类别”；双击B3单元格，将单元格内容修改为“月销售额（元）”；双击C3单元格，将单元格内容修改为“月销售量（斤）”。

步骤5：选中B4单元格，右击，在弹出的快捷菜单中选择【排序】级联菜单中的【降序】命令，按照销售额降序排列数据。选中A4单元格，单击【活动字段】组中的【折叠整个字段】按钮，单击“茄果类”前的展开按钮，仅“茄果类”展开。最后选中B5单元格，右击在弹出的快捷菜单中选择【排序】级联菜单中的【降序】命令，如图4.216所示。

步骤6：选中“销售额”和“销售量”数据列，单击鼠标右键，在弹出的快捷菜单中选择【设置单元格格式】命令，弹出【设置单元格格式】对话框，在【数字】选项卡的【分类】列表框中选中【数值】选项，将【小数位数】设置为【2】并选择【使用千位分隔符】复选框，单击【确定】按钮。

步骤7：选中整个数据透视表数据区域，在【数据透视表工具】的【设计】选项卡中单击【数据透视表样式】组中的【其他】按钮，展开所有样式选项，选择【深色/数据透视表样式深色3】，如图4.217所示。

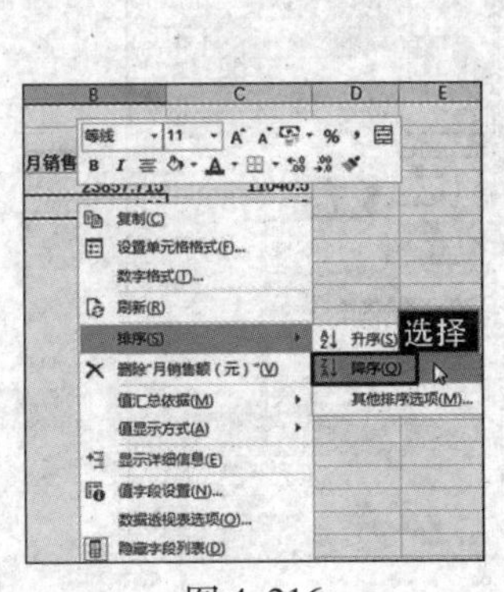

图 4.216

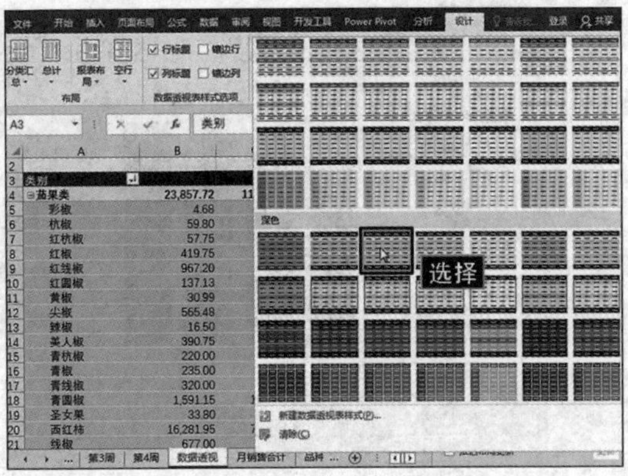

图 4.217

步骤 8：单击快速访问工具栏中的【保存】按钮，关闭 Excel 工作簿。

考点 29　数据透视图

1. 创建数据透视图

真考链接

该知识点属于考试大纲中要求重点掌握的内容，考核概率为 90%。考生需掌握数据透视图的创建及应用方法。

创建数据透视图的操作步骤如下。

步骤 1：单击【文件】选项卡，在弹出的后台视图中选择【打开】，在弹出的对话框中选择打开素材文件夹中的数据分析图.xlsx 文件，在【数据透视分析】工作表中，单击 B1 单元格右侧的筛选按钮，在展开的列表中只选择【打印机】，单击【确定】按钮。这样，就只会对打印机销售额进行统计。

步骤 2：单击数据透视表区域中的任意单元格，在【数据透视表工具】的【分析】选项卡中，单击【工具】组中的【数据透视图】按钮，如图 4.218 所示。

步骤 3：打开【插入图表】对话框，在列表中选择一种图表类型，此处选择【柱形图】中的【簇状柱形图】，单击【确定】按钮，如图 4.219 所示。

步骤 4：数据透视图即插入当前数据透视表中。单击图表区中的字段筛选器，可以更改图表中显示的数据，如图 4.220 所示。

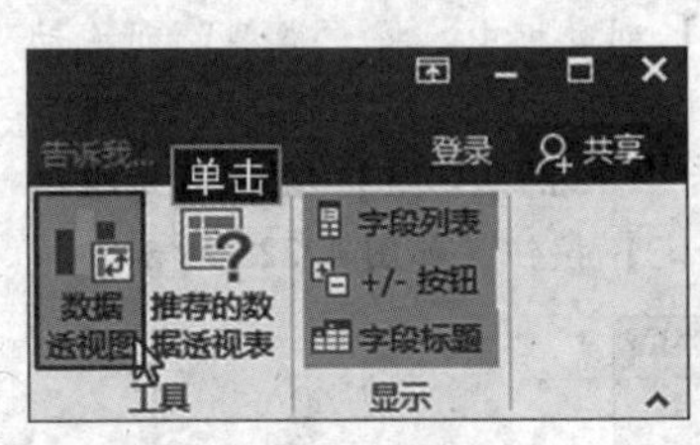

图 4.218

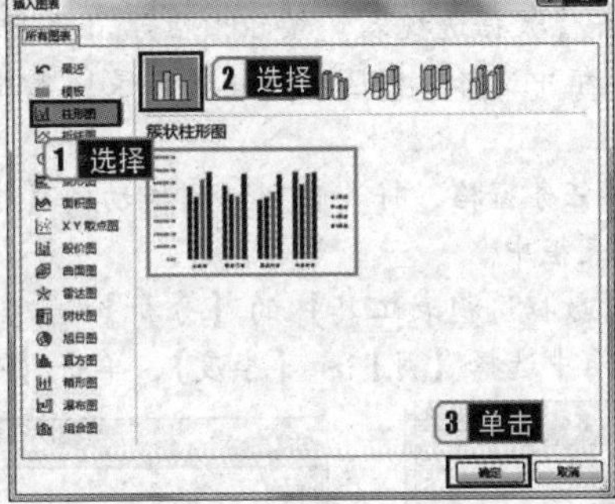

图 4.219

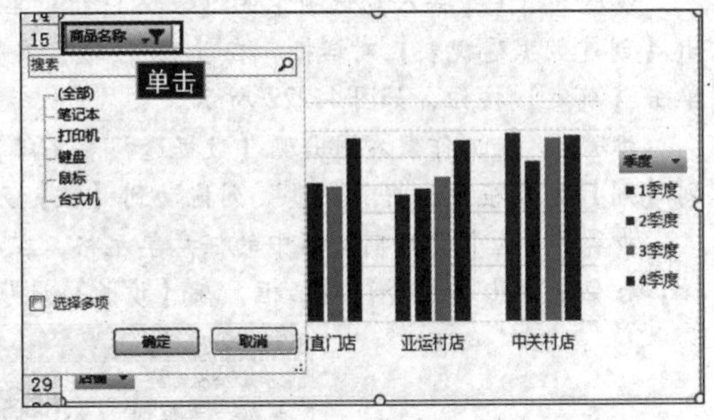

图 4.220

小提示

在数据透视图中单击任意区域，功能区出现【数据透视图工具】的【分析】【设计】【格式】3 个选项卡，通过这 3 个选项卡，可以对数据透视图格式进行修改，修改方法与修改普通图表的相同。

2. 调整数据透视图

（1）选择性显示分类变量。

初始的数据透视图创建成功后，可以像数据透视表一样选取分类变量的不同类型。既可以通过数据透视表的过滤功能来实现数据透视图的实时更改，也可以使用【数据透视图筛选窗口】浮动栏来实现。

例如，在【数据透视表字段】任务窗格中，只选择【店铺】和【销售额】复选框，在左侧就可以看到销售额，如图 4.221 所示。

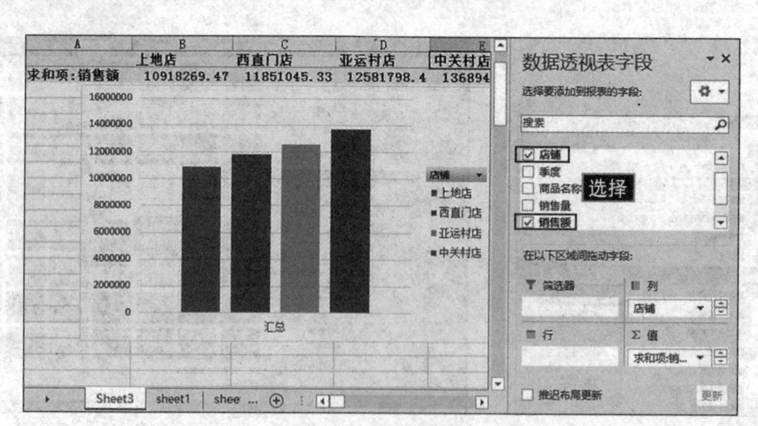

图 4.221

(2) 更改图表类型。

步骤 1：选中数据透视图后，在【设计】选项卡的【类型】组中单击【更改图表类型】按钮。

步骤 2：打开【更改图表类型】对话框，选择折线图，单击【确定】按钮即可得到更改后的效果。

3. 删除数据透视图

删除数据透视图的方法与删除普通图表的方法相同，首先选中数据透视图，再按【Delete】键，即可将其删除。删除数据透视图不会删除与之相关联的数据透视表。

真题精选

打开考生文件夹中的工作簿文件 EXCEL11. xlsx，按照要求完成下列操作，并以原文件名保存文档。

在名为“销售量汇总”的新工作表中自 A3 单元格开始创建数据透视表，按照月份和季度对【销售记录】工作表中的 3 种产品的销售数量进行汇总；在数据透视表右侧创建数据透视图，图表类型为“带数据标记的折线图”，并为“产品 B”系列添加线性趋势线，显示“公式”和“R^2 值”；将“销售量汇总”工作表移动到“销售记录”工作表的右侧。

【操作步骤】

步骤 1：单击“折扣表”工作表后面的【新工作表】按钮，添加一张新的 Sheet1 工作表，双击 Sheet1 工作表名称，输入文字“销售量汇总”。

步骤 2：在“销售量汇总表”中选中 A3 单元格。

步骤 3：在【插入】选项卡的【表格】组中单击【数据透视表】按钮，在弹出的下拉列表中选择【数据透视表】。弹出【创建数据透视表】对话框，在【表/区域】文本框中选择数据区域“销售记录！$A$3:$F$891”，其余采用默认设置，单击【确定】按钮，如图 4.222 所示。

步骤 4：在工作表右侧出现【数据透视表字段】任务窗格，将“日期”列拖动到【行】列表框中，将“类型”列拖动到【列】列表框中，将“数量”列拖动到【值】列表框中。

步骤 5：选中“日期”列中的任意单元格，在【数据透视表工具】的【分析】选项卡中单击【分组】组中的【组选择】按钮。弹出【组合】对话框，在【步长】选项组中选择【月】和【季度】，单击【确定】按钮，如图 4.223 所示。

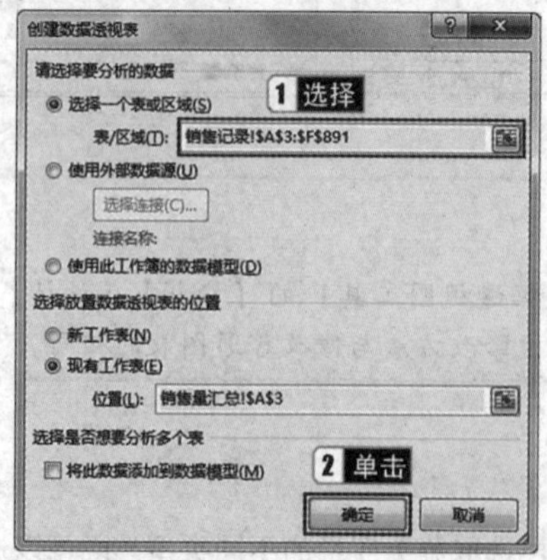

图 4.222

图 4.223

步骤 6：选中数据透视表的任一单元格，在【插入】选项卡的【图表】组中单击【插入折线图或面积图】按钮，在弹出的下拉列表中选择【带数据标记的折线图】，如图 4.224 所示。

步骤7：选中图表后单击右侧【图表元素】➕中的【图例】向右的导向按钮▶，选择图例的【底部】，再单击【图表元素】➕中的【网格线】向右的导向按钮▶，在弹出的子列表中取消选择【主轴主要水平网格线】，如图4.225所示。

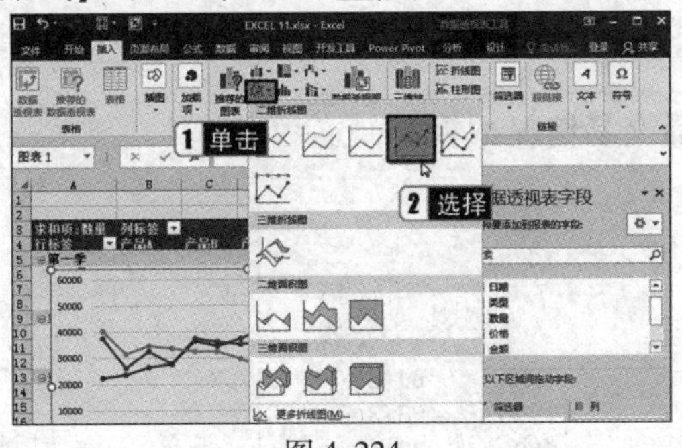

图4.224

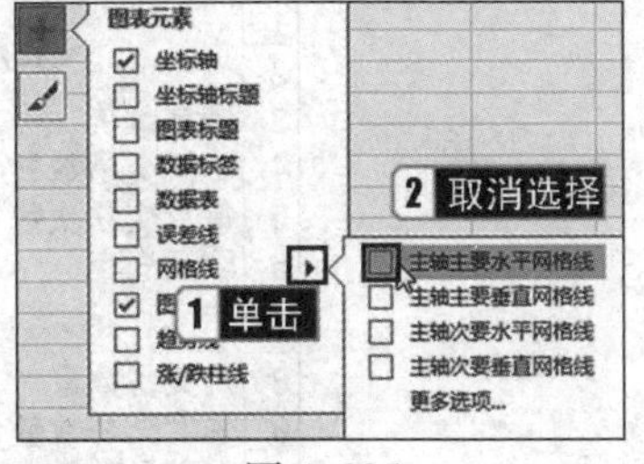

图4.225

步骤8：选中图表绘图区中“产品B”的销售量曲线，单击【图表元素】中的【趋势线】向右的导向按钮，从弹出的列表中选择【更多选项】。

步骤9：弹出【设置趋势线格式】任务窗格，在下方的【趋势预测】选项组中选择【显示公式】和【显示R平方值】复选框，如图4.226所示，单击【关闭】按钮。

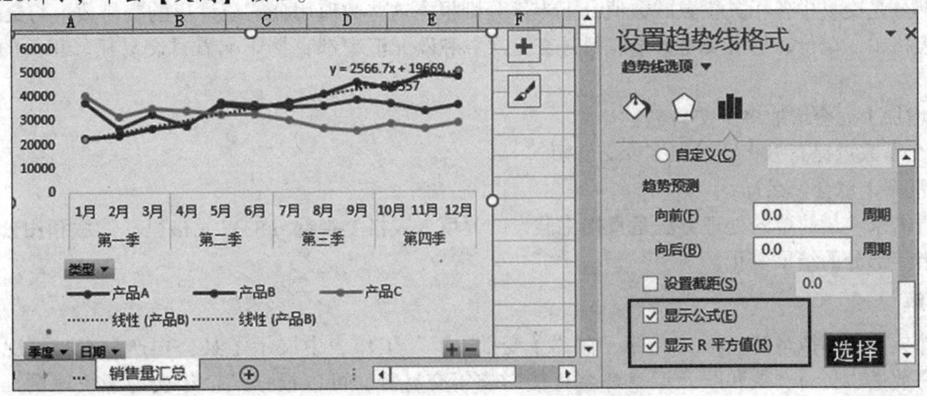

图4.226

步骤10：选择折线图左侧的坐标轴，单击鼠标右键，弹出【设置坐标轴格式】任务窗格，在【坐标轴选项】选项组中，设置【坐标轴选项】中的【最小值】为【固定】【20000】，【最大值】为【固定】【50000】，【主要刻度单位】为【固定】【10000】，单击【关闭】按钮。

步骤11：适当调整公式的位置以及图表的大小，移动图表到数据透视表的右侧位置，如图4.227所示。

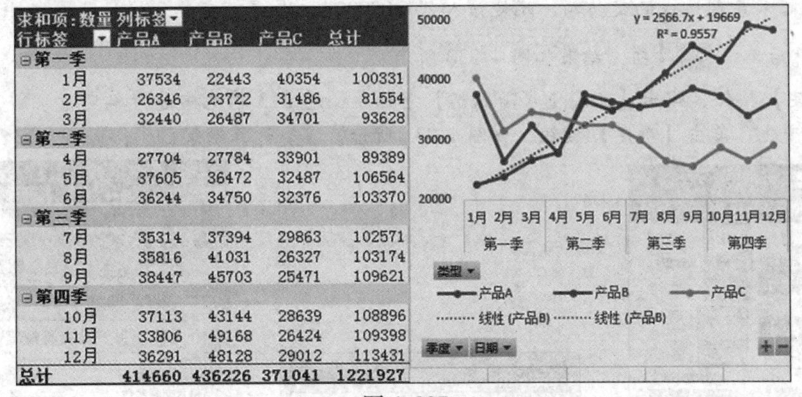

求和项:数量 列标签				
行标签	产品A	产品B	产品C	总计
⊟第一季				
1月	37534	22443	40354	100331
2月	26346	23722	31486	81554
3月	32440	26487	34701	93628
⊟第二季				
4月	27704	27784	33901	89389
5月	37605	36472	32487	106564
6月	36244	34750	32376	103370
⊟第三季				
7月	35314	37394	29863	102571
8月	35816	41031	26327	103174
9月	38447	45703	25471	109621
⊟第四季				
10月	37113	43144	28639	108896
11月	33806	49168	26424	109398
12月	36291	48128	29012	113431
总计	414660	436226	371041	1221927

图4.227

考点30 模拟分析及运算

Excel附带了3种模拟分析工具：单变量求解、模拟运算表和方案管理器。单变量求解是指根据希望获取的结果来确定生成该结果的可能的输入值；模拟运算表和方案管理器可获取一组输入值并确定可能的结果。

真考链接

该知识点属于考试大纲中要求了解的内容，考核概率为10%。考生需了解模拟分析及运算的方法。

1. **手动模拟运算**

在不用 Excel 工具进行模拟分析时，可以手动进行模拟运算。打开素材文件夹中的模拟运算. xlsx 工作簿，在“手动模拟运算”工作表中展示了某公司产品交易情况的试算表格，如图 4.228 所示。

	A	B	C
1	某产品交易情况试算表		
2			
3	销售单价	25	
4	每次交易数量	200	
5	每月交易次数	2	
6	欧元汇率	7.6	
7			公式
8	月交易数量	400	=B4*B5
9	季度交易数量	1200	=B8*3
10	年交易数量	4800	=B9*4
11	月交易额（人民币）	76,000	=B8*B3*B6
12	季度交易额（人民币）	228,000	=B11*3
13	年交易额（人民币）	912,000	=B12*4

图 4.228

表格的上半部分是交易中各相关指数的数值，下半部分则根据这些数值用公式统计出的交易数量与交易额。

在这个试算表格中，单价、每次交易数量、每月交易次数和欧元汇率都直接影响着月交易额。相关的模拟分析需求可能如下。

- 如果单价增加 1 元会增加多少交易额?
- 如果每次交易数量提高 100 会增加多少交易额?
- 如果欧元汇率上涨会怎么样?

面对这些分析需求，最简单的处理方法是直接将假设的值填入表格上半部分的单元格里，然后利用公式自动重算的特性，观察表格下半年部分的结果变化。

2. **单变量求解**

打开素材文件夹中的模拟运算. xlsx 工作簿，在“单变量求解”工作表中展示了某公司产品交易情况的试算表格，其中销售单价、交易数量、交易次数和欧元汇率都会直接影响年交易额，可以根据某个年交易额快速倒推，计算出销售单价、交易数量、交易次数和欧元汇率的具体状况，具体的操作步骤如下。

步骤 1：选择年交易额所在的单元格 B13，在【数据】选项卡的【预测】组中单击【模拟分析】按钮，在弹出的下拉列表中选择【单变量求解】选项，如图 4.229 所示。

步骤 2：弹出【单变量求解】对话框，在【目标单元格】文本框中显示了目标值的单元格地址，此处为 B13 单元格。在【目标值】文本框中输入希望达成的交易额，此处输入“1200000”。在【可变单元格】文本框中单击按钮，在工作表中选取 B4 单元格，然后单击按钮，结果如图 4.230 所示。

步骤 3：单击【确定】按钮，弹出【单变量求解状态】对话框，对 B13 单元格进行单变量求解，求得一个解，同时工作表中的相关值发生了变化。单击【确定】按钮，如图 4.231 所示，接受计算结果。

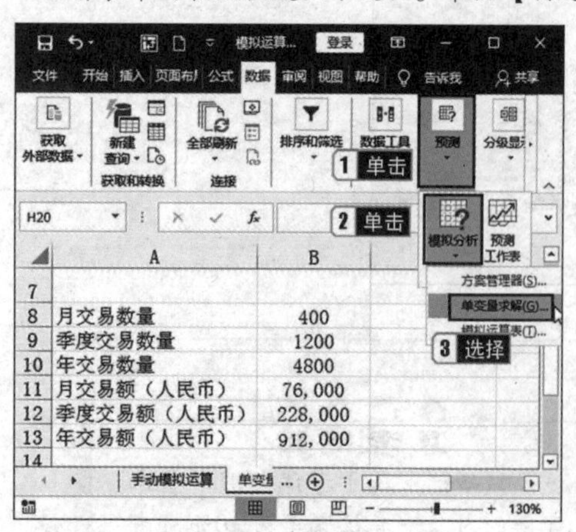

图 4.229

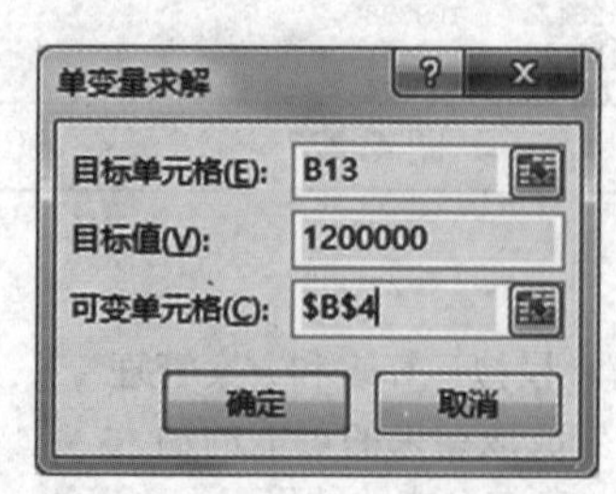

图 4.230

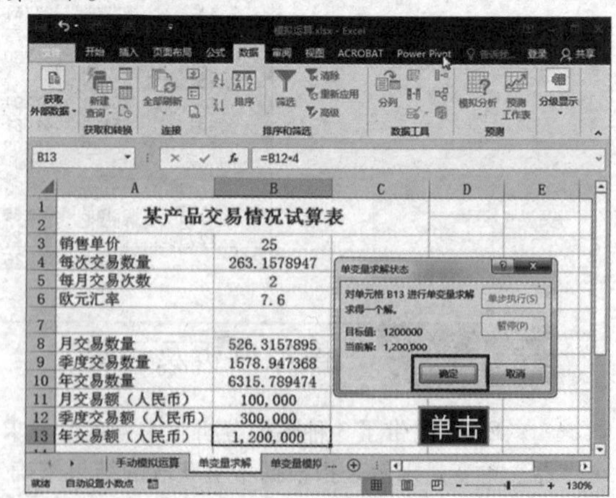

图 4.231

> **小提示**
>
> 计算结果表明，在其他条件不变的情况下，要使年交易额达到120万元人民币，可以提高每次交易数量为263。

步骤4：重复步骤1~3，可以重新测试销售单价、每月交易次数等。

3. 模拟运算表

(1) 单变量模拟运算表。

在素材文件夹中模拟运算.xlsx工作簿的“单变量模拟运算表”工作表中，借助模拟运算表分析欧元汇率变化对月交易额的影响，具体的操作步骤如下。

步骤1：在D4:D13单元格区域中，输入可能的欧元汇率（7.1~8.1），在E3单元格中输入公式“=B11”，结果如图4.232所示。

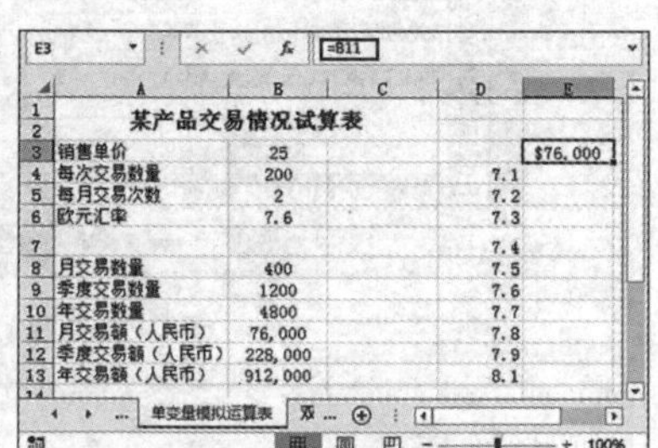

	A	B	C	D	E
1	某产品交易情况试算表				
2					
3	销售单价	25			$76,000
4	每次交易数量	200		7.1	
5	每月交易次数	2		7.2	
6	欧元汇率	7.6		7.3	
7				7.4	
8	月交易数量	400		7.5	
9	季度交易数量	1200		7.6	
10	年交易数量	4800		7.7	
11	月交易额（人民币）	76,000		7.8	
12	季度交易额（人民币）	228,000		7.9	
13	年交易额（人民币）	912,000		8.1	

图4.232

步骤2：选择要创建模拟运算表的D3:E13单元格区域，在【数据】选项卡的【预测】组中单击【模拟分析】按钮，在弹出的下拉列表中选择【模拟运算表】选项。

步骤3：弹出【模拟运算表】对话框，在【输入引用列的单元格】文本框中单击按钮，在工作表中单击B6单元格，将自动输入“$B$6”，如图4.233所示，单击【确定】按钮。

步骤4：选定区域自动生成模拟运算表，结果如图4.234所示。

图4.233

	A	B	C	D	E
1	某产品交易情况试算表				
2					
3	销售单价	25			$76,000
4	每次交易数量	200		7.1	71000
5	每月交易次数	2		7.2	72000
6	欧元汇率	7.6		7.3	73000
7				7.4	74000
8	月交易数量	400		7.5	75000
9	季度交易数量	1200		7.6	76000
10	年交易数量	4800		7.7	77000
11	月交易额（人民币）	76,000		7.8	78000
12	季度交易额（人民币）	228,000		7.9	79000
13	年交易额（人民币）	912,000		8.1	81000

图4.234

> **小提示**
>
> 计算结果展示了在不同的欧元汇率下月交易额的变化。如果模拟运算表变量值输入在一行中，应在【输入引用行的单元格】文本框中选择变量值所在的位置。

(2) 双变量模拟运算表。

双变量模拟运算可以帮助用户分析两个因素对最终结果的影响。在素材文件夹的模拟运算.xlsx工作簿的“双变量模拟运算表”工作表中，分析销售单价和欧元汇率同时变化对月交易额的影响，具体的操作步骤如下。

步骤1：在D4:D13单元格区域中，输入不同的销售单价，在E3:J3单元格区域中输入可能的欧元汇率，在D3单元格中输入公式“=B11”，结果如图4.235所示。

	D	E	F	G	H	I	J
1							
2							
3	76,000	7.4	7.5	7.6	7.7	7.8	7.9
4	25						
5	26						
6	27						
7	28						
8	29						
9	30						
10	31						
11	32						
12	33						
13	34						
14							

图4.235

步骤2：选择要创建模拟运算表的D3:J13单元格区域，在【数据】选项卡的【预测】组中单击【模拟分析】按钮，在弹出的下拉列表中选择【模拟运算表】选项，弹出【模拟运算表】对话框。

步骤3：在【输入引用行的单元格】文本框中单击按钮，在工作表中单击B6单元格，将自动输入“$B$6”；在

【输入引用列的单元格】文本框中单击按钮，在工作表中单击B3单元格，将自动输入“$B$3”，如图4.236所示，单击【确定】按钮。

步骤4：选定区域自动生成模拟运算表，结果如图4.237所示。

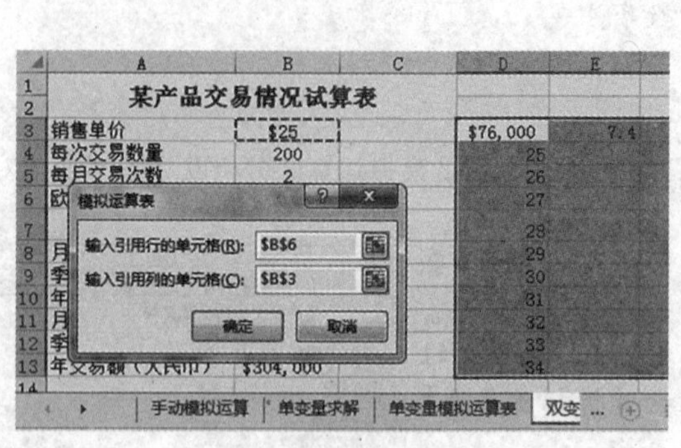

图4.236

	D	E	F	G	H	I	J
1							
2							
3	76,000	7.4	7.5	7.6	7.7	7.8	7.9
4	25	74000	75000	76000	77000	78000	79000
5	26	76960	78000	79040	80080	81120	82160
6	27	79920	81000	82080	83160	84240	85320
7	28	82880	84000	85120	86240	87360	88480
8	29	85840	87000	88160	89320	90480	91640
9	30	88800	90000	91200	92400	93600	94800
10	31	91760	93000	94240	95480	96720	97960
11	32	94720	96000	97280	98560	99840	101120
12	33	97680	99000	100320	101640	102960	104280
13	34	100640	102000	103360	104720	106080	107440
14							

图4.237

小提示

计算结果展示了在不同的销售单价和欧元汇率下月交易额的变化。此处也可根据需要模拟运算其他结果，如将D3中的公式改为“=B13”，将会计算在不同的销售单价和欧元汇率下的年交易额。

4. 方案管理器

模拟运算表无法容纳两个以上的变量，如果要同时考虑更多的因素来进行分析，可以使用方案管理器。

（1）建立分析方案。

在素材文件夹的模拟运算.xlsx工作簿的“方案管理器”工作表中，可以为销售单价、每次交易数量、欧元汇率等因素设置不同值的组合。例如，要试算多种目标下的交易额情况，如最好状态、平均状态、最差状态3种，可以定义3个方案与之对应，每个方案中都为这些因素设定不同的值，具体的操作步骤如下。

步骤1：选择B3:B6单元格区域，在【数据】选项卡的【预测】组中单击【模拟分析】按钮，在弹出的下拉列表中选择【方案管理器】选项，弹出图4.238所示的【方案管理器】对话框。

步骤2：单击对话框右上方的【添加】按钮，弹出【编辑方案】对话框。在【方案名】文本框中输入方案名称“最好状态”，在【可变单元格】文本框中选择B3:B6单元格区域，如图4.239所示。

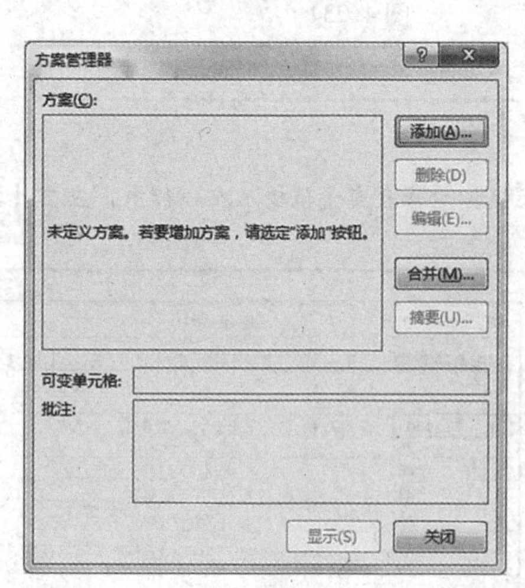

图4.238

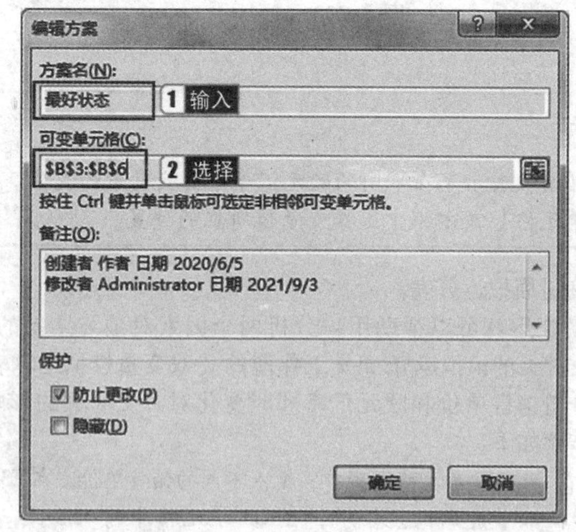

图4.239

步骤3：单击【确定】按钮，弹出【方案变量值】对话框，依次输入最好情况下方案变量值，如图4.240所示。

步骤4：单击【确定】按钮，返回到【方案管理器】对话框。

步骤5：重复步骤2~4，继续添加平均状态下、最差状态下方案变量值。

步骤6：添加完成后如图4.241所示，操作过程中引用的可变单元格区域始终保持不变，所有方案添加完毕后，单击【方案管理器】对话框中的【关闭】按钮。

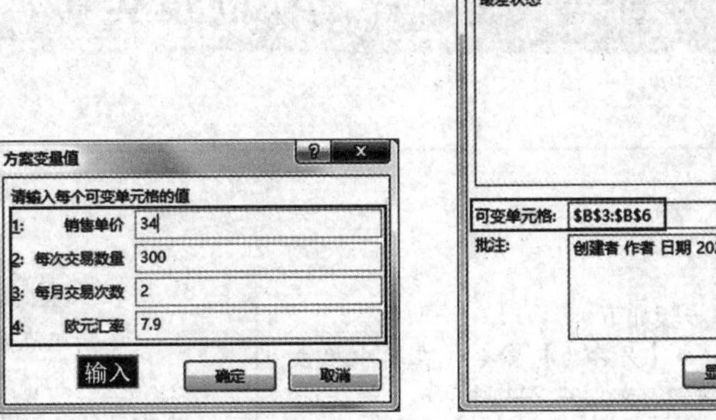

图 4.240

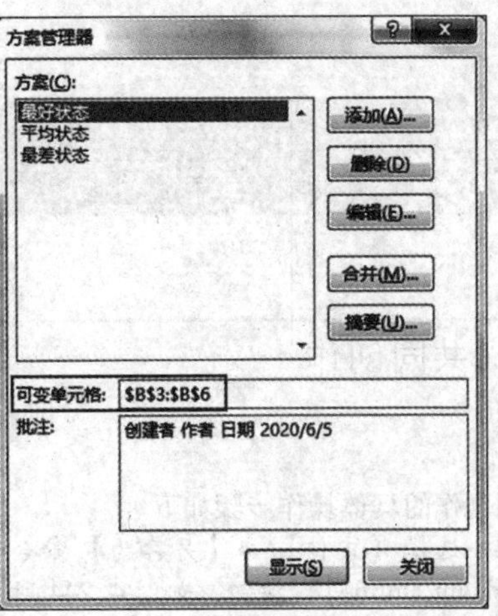

图 4.241

（2）显示方案。

分析方案制定好后，任何时候都可以执行方案，以查看不同的执行结果，具体的操作步骤如下。

步骤1：在【数据】选项卡的【预测】组中单击【模拟分析】按钮，在弹出的下拉列表中选择【方案管理器】选项，弹出【方案管理器】对话框。

步骤2：在【方案】列表框中选中一个方案后，单击下方的【显示】按钮，或者直接双击某个方案，Excel将用该方案中设定的变量值替换掉工作表中相应单元格原来的值，同时公式中显示方案执行结果。

（3）修改或删除方案。

打开【方案管理器】对话框，在【方案】列表框中选择要修改的方案，单击【编辑】按钮，在随后弹出的对话框中可修改名称、变量值等。单击【删除】按钮，可以删除方案。

（4）生成方案报告。

如果每次查看一个方案所生成的结果，显然不便于对比分析，Excel的方案功能允许用户生成报告，将所有方案的执行结果都显示出来并进行比较，具体的操作步骤如下。

步骤1：在“方案管理器”工作表中，在【数据】选项卡的【预测】组中单击【模拟分析】按钮，从弹出的下拉列表中选择【方案管理器】选项，弹出【方案管理器】对话框。

步骤2：单击对话框右侧的【摘要】按钮，弹出图4.242所示的【方案摘要】对话框。

步骤3：在该对话框中选择报表类型，其中方案摘要以大纲形式展示报告，方案数据透视表以数据透视表形式展示报告。

步骤4：在结果单元格中指定方案中的计算结果，即用户希望进行分析对比的数据单元格。此处Excel根据计算模型自动推荐结果单元格为B12和B13，用户也可以自己修改。

步骤5：单击【确定】按钮，将会在当前工作表之前自动插入“方案摘要”工作表，其中显示各种方案的计算结果，用户可以立即比较各方案的优劣，如图4.243所示。

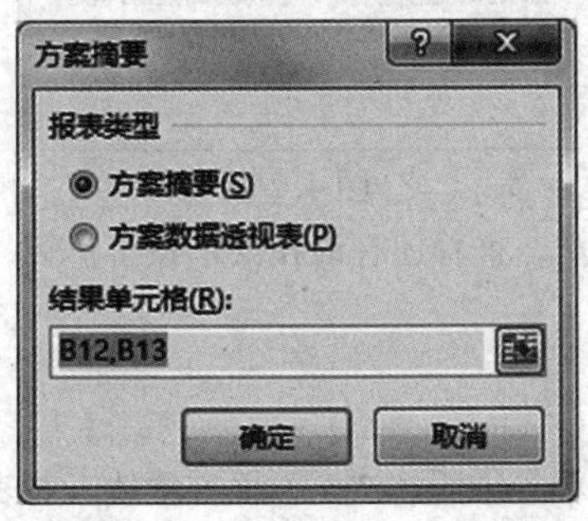

图 4.242

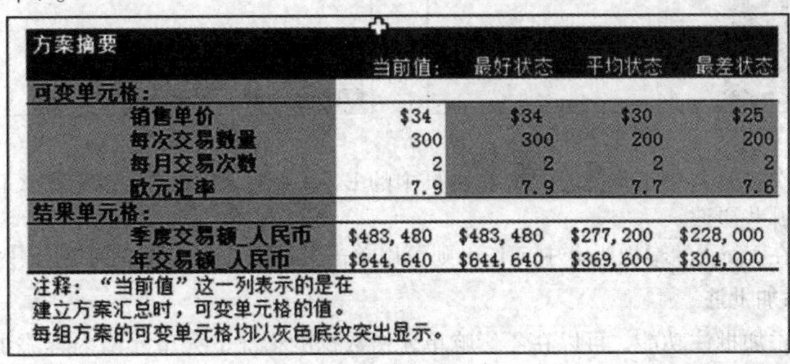

方案摘要

	当前值:	最好状态	平均状态	最差状态
可变单元格:				
销售单价	$34	$34	$30	$25
每次交易数量	300	300	200	200
每月交易次数	2	2	2	2
欧元汇率	7.9	7.9	7.7	7.6
结果单元格:				
季度交易额_人民币	$483,480	$483,480	$277,200	$228,000
年交易额_人民币	$644,640	$644,640	$369,600	$304,000

注释：“当前值”这一列表示的是在建立方案汇总时，可变单元格的值。
每组方案的可变单元格均以灰色底纹突出显示。

图 4.243

4.6 Excel 与其他程序的协同及共享

考点 31 Excel 共同创作

1. 共同创作

> **真考链接**
>
> 该知识点属于考试大纲中要求了解的内容，考核概率为 10%。考生需了解工作簿的共享、修订和批注方法。

使用 Excel 进行共同创作的具体操作步骤如下。

步骤 1：上载工作簿。选择【文件】→【另存为】命令，在其中单击【OneDrive】或（【SharePoint Online】）按钮，如图 4.244 所示。

步骤 2：共享工作簿。单击 Excel 右上角的【共享】按钮，打开【共享】任务窗格，在【邀请人员】文本框中输入要与之共享工作簿的人员的电子邮件地址，默认选择【可编辑】，可以根据需要输入消息，然后单击【共享】按钮，即可向所邀请人员发送电子邮件，如图 4.245 所示。

步骤 3：被邀请的人可以在电子邮件邀请中单击【打开】按钮以打开共享工作簿。

步骤 4：如果不想通过电子邮件共享工作簿，单击【共享】任务窗格底部的【获取共享链接】超链接，可以通过提供【编辑链接】或者【仅供查看的链接】来共享文档，如图 4.246 所示。

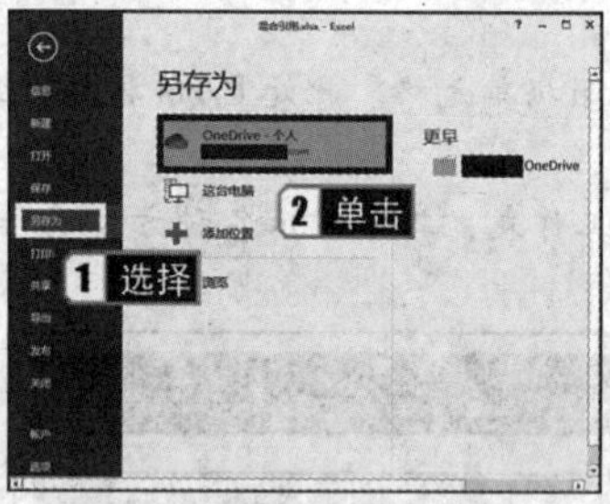

图 4.244

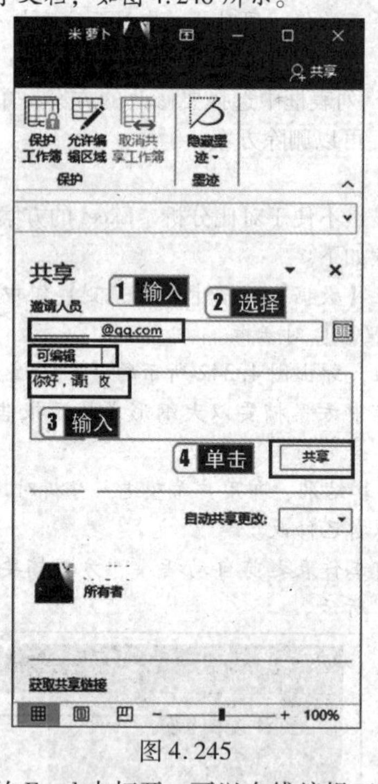

图 4.245

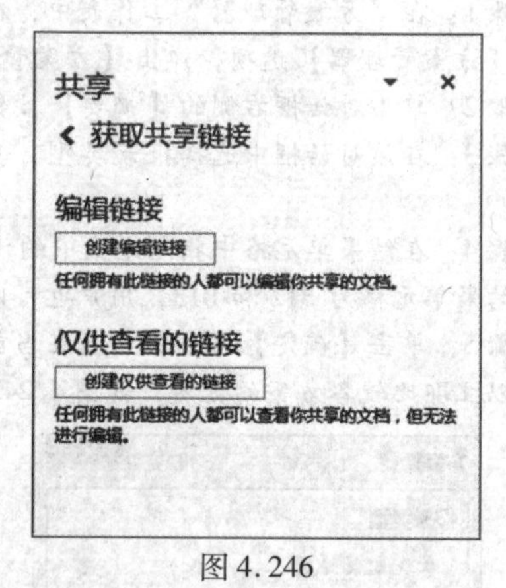

图 4.246

第一次打开共享工作簿时，会在网页中的 Excel 中打开，可以在线编辑工作簿，查看还有谁在共享该工作簿，以及他们进行了哪些更改。

若要在 Excel 的桌面版本中工作，则可以单击【在桌面应用程序中打开】。

2. 添加批注

利用添加批注功能，可以在不影响单元格数据的情况下为单元格内容添加解释等说明性文字，以方便他人对表格内容的理解。

- 添加批注：单击需要添加批注的单元格，在【审阅】选项卡的【批注】组中单击【新建批注】按钮，或者从右击弹出的快捷菜单中选择【插入批注】命令，在批注框中输入批注内容。
- 查看批注：默认情况下批注是隐藏的，单元格右上角的红色三角形图标表示单元格中存在批注，将鼠标指针指向包含批注的单元格，批注就会显示出来以供查阅。
- 显示/隐藏批注：若想将批注显示在工作表中，可在【审阅】选项卡的【批注】组中单击【显示/隐藏批注】按钮，将当前单元格中的批注设置为显示；单击【显示所有批注】按钮，将当前工作表中的所有批注设置为显示；再次单击【显示/隐藏批注】按钮或【显示所有批注】按钮，就可以隐藏批注。

- 编辑批注：在含有批注的单元格中单击，在【审阅】选项卡的【批注】组中单击【编辑批注】按钮，可在批注框中对批注内容进行编辑。
- 删除批注：在含有批注的单元格中单击，在【审阅】选项卡的【批注】组中单击【删除】按钮即可。
- 打印批注：在默认情况下，批注只用来显示而不能被打印，若想随工作表一起打印批注，则需要选择有批注的单元格，单击鼠标右键，在弹出的快捷菜单中选择【显示/隐藏批注】命令，即可显示批注并打印。

真题精选

打开考生文件夹中的工作簿文件 EXCEL12. xlsx，按照要求完成下列操作，并以原文件名保存文档。

显示隐藏的【说明】工作表，将其中的全部内容作为【政策目录】工作表中标题行“减免税政策目录及代码”的批注，设置批注字体颜色为绿色，并隐藏该批注。

【操作步骤】

步骤1：在【开始】选项卡的【单元格】组中单击【格式】下拉按钮，在弹出的下拉列表中选择【隐藏和取消隐藏】→【取消隐藏工作表】，如图4.247所示，弹出【取消隐藏】对话框，直接单击【确定】按钮，则在工作簿中显示【说明】工作表，如图4.248所示。

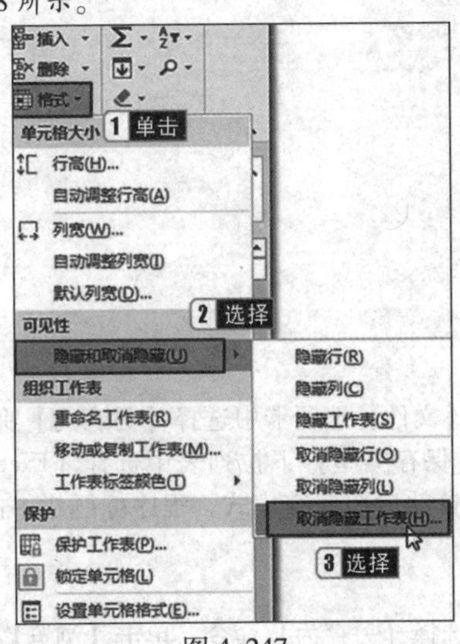

图4.247

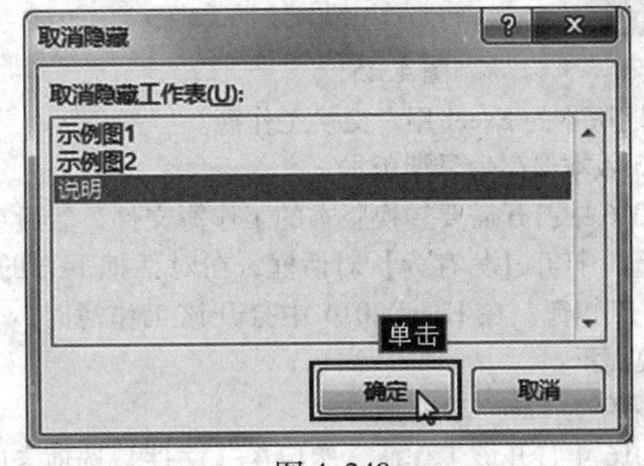

图4.248

步骤2：切换到“政策目录”工作表，选中标题单元格（A1单元格），在【审阅】选项卡的【批注】组中单击【新建批注】按钮，出现【编辑批注】文本框；切换到【说明】工作表，将该工作表中各个单元格中的文字内容，逐一复制粘贴到该批注文本框中，如图4.249所示。

步骤3：复制完成后，右击批注框的边框，在弹出的快捷菜单中选择【设置批注格式】命令，弹出【设置批注格式】对话框，在【颜色】下拉列表中选择【绿色】，单击【确定】按钮，如图4.250所示。

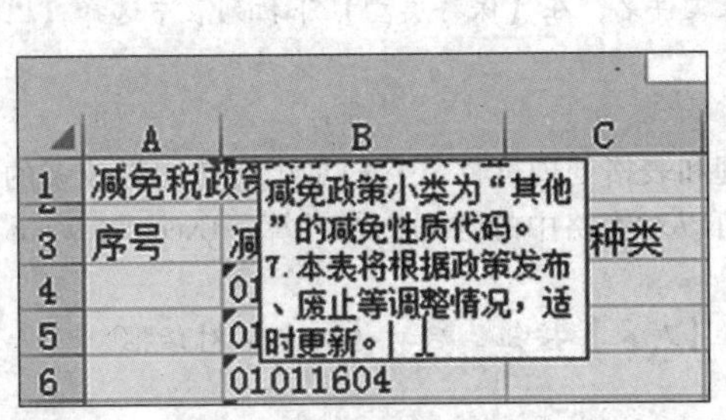

图4.249

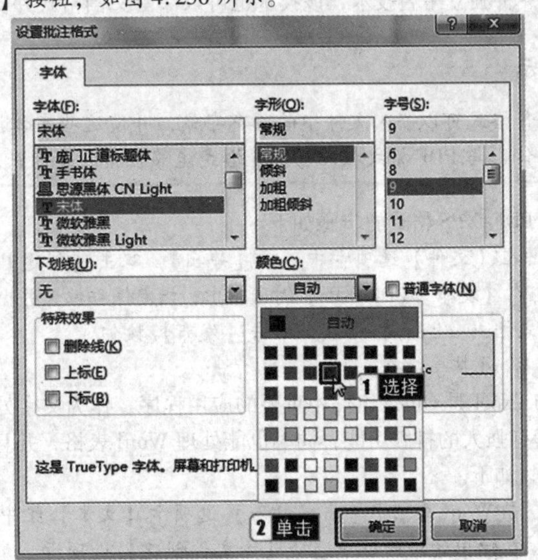

图4.250

步骤4：右击A1单元格，在弹出的快捷菜单中选择【隐藏批注】命令，将批注隐藏。（若快捷菜单中没有【隐藏批注】命令，而是【显示/隐藏批注】命令，说明批注框已被隐藏。）

考点32　与其他应用程序共享数据

1. 与其他程序共享数据

真考链接

该知识点属于考试大纲中要求了解的内容，考核概率为10%。考生需了解与其他应用程序共享数据的方法。

（1）通过电子邮件发送工作簿。

确保计算机中已安装电子邮件程序，打开要发送的工作簿，在【文件】选项卡中选择【共享】命令，在其中单击【电子邮件】按钮，如图4.251所示，选择不同形式发送即可。

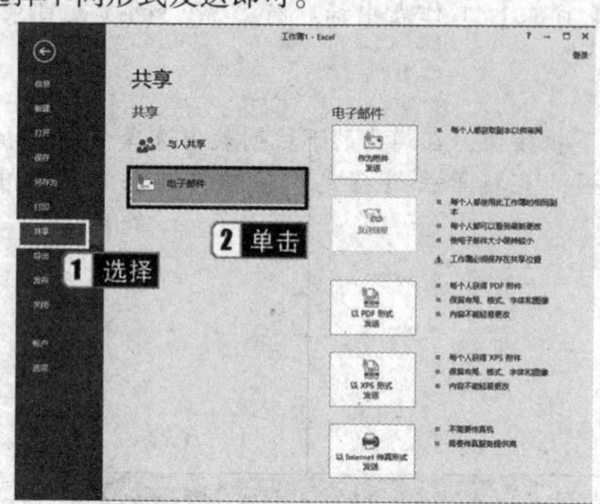

图4.251

（2）与使用早期版本的Excel用户交换工作簿。

①将Excel 2016版本保存为早期版本。

首先在Excel 2016中打开需要转换版本的工作簿文件，然后在【文件】选项卡中选择【另存为】命令，单击【浏览】按钮，选择存放位置，打开【另存为】对话框，在对话框下方的【保存类型】下拉列表中选择【Excel 97－2010工作簿(*.xls)】格式保存工作簿。在Excel 2016中打开该工作簿时，会自动启用兼容模式，程序标题栏中的文件名右侧显示“兼容模式”的直观提示。

②将早期版本保存为Excel 2016版本。

首先在Excel 2016中打开该工作簿，然后在【文件】选项卡中选择【另存为】命令，单击【浏览】按钮，选择存放位置，打开【另存为】对话框，在对话框下方的【保存类型】下拉列表中选择【Excel工作簿(*.xlsx)】格式保存工作簿。

（3）将工作簿发布为PDF/XPS格式。

PDF格式可以保留文档格式，并允许文件共享，其他人无法更改文件中的数据及格式。PDF支持各种平台，要查看PDF文件，必须在计算机上安装PDF读取器。

XPS是一种独立平台技术，该技术也可以保留文档格式并支持文件共享，其他人也无法更改该格式文件中的数据。

小提示

XPS格式可以嵌入文件中的所有字体，并使这些字体按预期显示，而不必考虑接收者的计算机中是否安装了这些字体。与PDF格式相比，XPS格式能够在接收者的计算机上呈现更加精确的图像和颜色。

发布为PDF/XPS格式的步骤如下。

步骤1：在【文件】选项卡中选择【导出】，双击【创建PDF/XPS】按钮，如图4.252所示。

步骤2：在【发布为PDF/XPS】对话框中，指定保存位置并输入文件名，在【保存类型】下拉列表中选择【PDF(*.pdf)】或者【XPS文档(*.xps)】格式，单击【发布】按钮。

（4）与Word共享数据。

Word与Excel是Office组件中重要的应用程序，作为文字处理和表格处理软件，它们是用户使用得较多的两个应用程序。Word具有强大的排版功能，同时也能处理Word表格，并且可以对表格中的数据进行计算。Excel与Word共享数据的具体操作步骤如下。

步骤1：在Word文档中单击【插入】选项卡【文本】组中的【对象】按钮，启动【对象】对话框。

步骤2：在弹出的对话框中选择【由文件创建】选项卡。

步骤3：在【文件名】文本框中输入待嵌入文件的完整路径及名称，或者先单击【浏览】按钮，并利用类似于资源管理器的方法定位待插入的文件。

步骤4：取消选择【链接到文件】复选框，然后单击【确定】按钮即可，如图4.253所示。

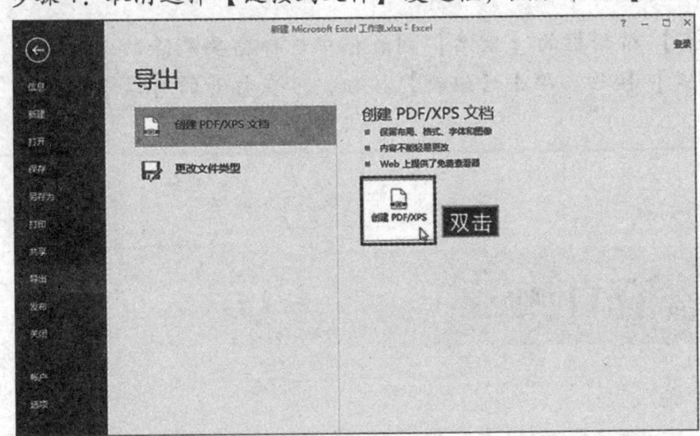

图4.252

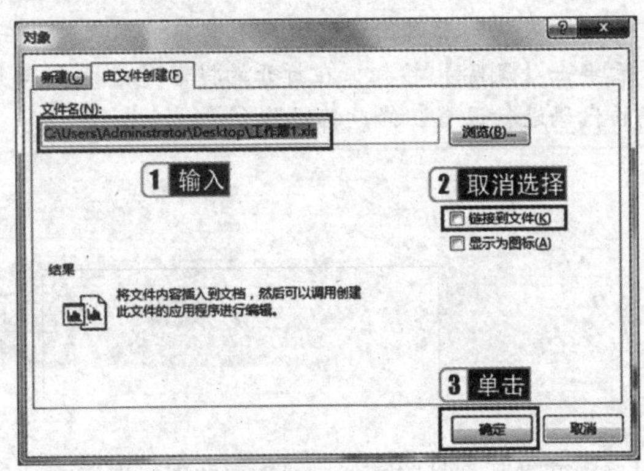

图4.253

2. **插入超链接**

对工作表中单元格的数据及插入工作表中的图表等对象可以设置超链接，以实现不同位置、不同文件之间的链接跳转。具体的操作步骤如下。

步骤1：在工作表中单击要在其中创建超链接的单元格，在【插入】选项卡的【链接】组中单击【超链接】按钮，弹出【插入超链接】对话框。

步骤2：在【插入超链接】对话框中指定要链接到的位置，可以是本机中的某一文件、某一文件中的具体位置、某个最近浏览过的网页，还可以是一个电子邮件地址等。

步骤3：单击【确定】按钮退出对话框，当前选定的单元格即被设置了超链接，单击该超链接，可跳转到相应位置。

考点33 宏的简单应用

除了可以通过公式和函数对财务数据进行处理外，Excel 还为用户提供了更为简便的方法——通过宏（Macro）来进行计算。宏是用来自动执行任务的一个操作或者一组操作，它是用 VB 编程语言录制的，可以是事先设置好的表格样式和快捷键，以及通过键盘和鼠标进行快速操作的命令和函数等。

> **真考链接**
>
> 该知识点属于考试大纲中要求了解的内容，考核概率为10%。考生需了解宏的简单应用。

1. **录制宏**

使用宏制作表格的前提条件是对宏进行了录制，用户可将对表格所做的操作保存起来。具体的操作步骤如下。

步骤1：打开一个工作簿，单击【视图】选项卡的【宏】组中的【宏】按钮下方的下拉按钮，在弹出的下拉列表中选择【录制宏】选项，打开【录制新宏】对话框。

步骤2：在【宏名】文本框中输入宏的名称。

步骤3：在【保存在】下拉列表中选择要用来保存宏的位置，此处选择【当前工作簿】。

步骤4：在【说明】文本框中，可以输入对宏功能的简单描述。

步骤5：单击【确定】按钮退出对话框，同时进入宏录制过程。

步骤6：操作完成之后，在【视图】选项卡的【宏】组中单击【宏】按钮下方的下拉按钮，在弹出的下拉列表中选择【停止录制】。

步骤7：将工作簿文件保存为“Excel 启用宏的工作簿”类型，扩展名为.xlsm，然后单击【保存】按钮，即可完成宏的录制过程。

2. **调用宏**

录制完成的宏需要在工作簿中进行调用才能执行所需的操作，调用方法主要有以下两种。

（1）使用快捷键调用宏：打开录制宏的工作簿，系统的功能区中将出现【安全警告】组，单击其中的【启用内容】按钮 安全警告 宏已被禁用。 启用内容 启动宏，然后按录制宏时设置的快捷键即可使用宏进行相同的操作。

（2）使用对话框调用宏：在工作簿中单击功能区中的【启用内容】按钮，在【视图】选项卡的【宏】组中单击【宏】按钮下方的下拉按钮，在弹出的下拉列表中选择【查看宏】命令，打开【宏】对话框，在【宏名】列表框中选择要运行的宏，最后单击【执行】按钮即可。

小提示

如果录制宏时出现错误或不需要录制宏，可在【宏】对话框的【宏名】列表框中选择需要删除的选项，然后单击【删除】按钮，在打开的提示对话框中单击【是】按钮。单击【编辑】按钮，可在打开的对话框中对宏的代码进行设置，修改其操作。

4.7 综合自测

1. 阿文是某食品贸易公司销售部助理，现需要对2015年的销售数据进行分析，根据以下要求，帮助她完成此项工作。

（1）命名“产品信息”工作表的单元格区域A1:D78名称为“产品信息”；命名“客户信息”工作表的单元格区域A1:G92名称为“客户信息”。

（2）在“订单明细”工作表中，完成下列任务。

① 根据B列中的产品代码，在C列、D列和E列填入相应的产品名称、产品类别和产品单价（对应信息可在“产品信息”工作表中查找）。

② 设置G列单元格格式，折扣为0的单元格显示“-”，折扣大于0的单元格显示为百分比格式，并保留0位小数（如15%）。

③ 在H列中计算每订单的销售金额，公式为“金额=单价×数量×(1-折扣)”，设置E列和H列单元格为货币格式，保留2位小数。

（3）在“订单信息”工作表中，完成下列任务。

① 根据B列中的客户代码，在E列和F列填入相应的发货地区和发货城市（提示：需首先清除B列中的空格和不可见字符），对应信息可在“客户信息”工作表中查找。

② 在G列计算每订单的订单金额，该信息可在“订单明细”工作表中查找（注意：一个订单可能包含多个产品），计算结果设置为货币格式，保留2位小数。

③ 使用条件格式，将订单订货日期与发货日期间隔大于10天的记录所在单元格填充颜色设置为“红色”，将字体颜色设置为“白色，背景1”。

（4）在“产品类别分析”工作表中，完成下列任务。

① 在B2:B9单元格区域计算每类产品的销售总额，设置单元格格式为货币格式，保留2位小数，并按照销售额对表格数据降序排序。

② 在单元格区域D1:L17中创建复合饼图，并根据样例文件“图表参考效果.png”设置图表标题、绘图区、数据标签的内容及格式。

（5）在所有工作表的右侧创建一个名为“地区和城市分析”的新工作表，并在该工作表A1:C19单元格区域创建数据透视表，以便按照地区和城市汇总订单金额。数据透视表设置应与样例文件“透视表参考效果.png”保持一致。

（6）在“客户信息”工作表中，根据每个客户的销售总额计算其所对应的客户等级（不要改变当前数据的排序），等级评定标准可参考“客户等级”工作表；使用条件格式，将客户等级为1级~5级的记录所在单元格填充颜色设置为“红色”，将字体颜色设置为“白色，背景1”。

（7）为文档添加自定义属性，属性名称为“机密”，类型为“是或否”，取值为“是”。

2. 正则明事务所的统计员小任需要对本所外汇报告的完成情况进行统计分析，并据此计算员工奖金。按照下列要求帮助小任完成相关的统计工作并对结果进行保存。

（1）将Excel素材1.xlsx文件另存为Excel.xlsx，除特殊指定外后续操作均基于此文件，否则不得分。

（2）将文档中以每位员工姓名命名的5个工作表内容合并到一个名为“全部统计结果”的新工作表中，合并结果自A2单元格开始，保持A2~G2单元格中的列标题依次为报告文号、客户简称、报告收费（元）、报告修改次数、是否填报、是否审核、是否通知客户，然后将其他5个工作表隐藏。

（3）在“客户简称”和“报告收费（元）”两列之间插入一个新列、列标题为“责任人”，限定该列中的内容只能是员工姓名高小丹、刘君赢、王铬争、石明砚、杨晓柯中的一个，并提供输入用下拉按钮，然后根据原始工作表名依次输入每个报告所对应的员工责任人姓名。

(4) 利用条件格式用“浅红色填充”标记重复的报告文号，按“报告文号”升序、“客户简称”笔划降序排列数据。在重复的报告文号后依次增加(1)、(2)格式的序号进行区分（使用西文括号，如13(1)）。

(5) 在数据区域的最右侧增加“完成情况”列，在该列中按以下规则、运用公式和函数填写统计结果：当左侧3项“是否填报”“是否审核”“是否通知客户”全部为“是”时显示“完成”，否则显示“未完成”，将所有“未完成”的单元格以标准红色文本突出显示。

(6) 在“完成情况”列的右侧增加“报告奖金”列，按照下列要求对每个报告的员工奖金数进行统计计算（以元为单位）。另外当完成情况为“完成”时，每个报告多加30元的奖金，未完成时没有额外奖金。

报告收费金额（元）	奖金（元/每个报告）
大于等于1000	100
大于1000小于等于2800	报告收费金额的8%
大于2800	报告收费金额的10%

(7) 适当调整数据区域的数字格式、对齐方式以及行高和列宽等格式，并为其套用一个恰当的表格样式。最后设置表格中仅“完成情况”和“报告奖金”两列数据不能被修改，密码为空。

(8) 打开“Excel素材2.xlsx”工作簿，将其中的“Sheet1”工作表移动或复制到“Excel.xlsx”工作簿中工作表的最右侧。再将“Excel.xlsx”工作簿中的“Sheet1”工作表重命名为“员工个人情况统计”，并将其工作表标签颜色设为标准紫色。

(9) 在“员工个人情况统计”工作表中，对每位员工的报告完成情况及奖金数进行计算统计并依次填入相应的单元格。

(10) 在“员工个人情况统计”工作表中，生成一个三维饼图统计全部报告的修改情况，显示不同修改次数（0、1、2、3、4次）的报告数所占的比例，并在图表中标示保留两位小数的比例值。图表放置在数据源的下方。

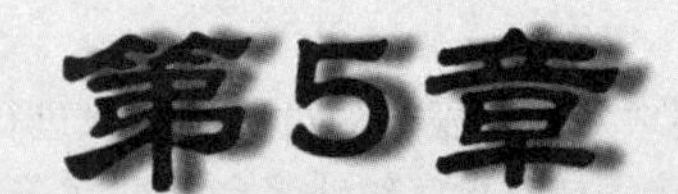

第5章 通过PowerPoint 2016制作演示文稿

本章将主要介绍 PowerPoint 的基础知识、演示文稿的基本操作、演示文稿的视图模式、演示文稿的外观设计，以及编辑幻灯片中的对象等。这一章知识点的难度相对较低，但考生仍需注意，如幻灯片母版设置、动画切换效果的设置、图表的应用等，它们在考题中经常出现，操作不小心很容易丢分，所以考生要熟悉各个菜单的功能。下面对本章考核的知识点进行全面分析。

操作题分析明细表

考点	考核概率	难易程度
演示文稿的基本概念	10%	★★
插入和删除幻灯片	90%	★★
复制和移动幻灯片	60%	★★
编辑幻灯片的信息	80%	★★★
编辑文本	60%	★★
放映幻灯片	100%	★★★
普通视图	10%	★
幻灯片浏览视图	10%	★
备注页视图	10%	★
阅读视图	10%	★
大纲视图	40%	★★
主题的设置	90%	★★★
背景的设置	80%	★★★
对幻灯片应用水印	20%	★★
幻灯片母版制作	80%	★★★★★
组织和管理幻灯片	90%	★★★
形状的使用	30%	★★
图片的使用	80%	★★★
相册的使用	30%	★★
图表的使用	60%	★★★★★
表格的使用	90%	★★★

续表

考点	考核概率	难易程度
SmartArt 图形的使用	100%	★★★★
音频及视频的使用	90%	★★★
创建艺术字	60%	★★
对象动画设置	100%	★★★★★
幻灯片切换效果	100%	★★★
幻灯片链接操作	90%	★★★
幻灯片放映设置	80%	★★★
演示文稿的打包和输出	10%	★★
审阅并检查演示文稿	10%	★
演示文稿的打印	10%	★

5.1 PowerPoint 的基础知识

考点 1 演示文稿的基本概念

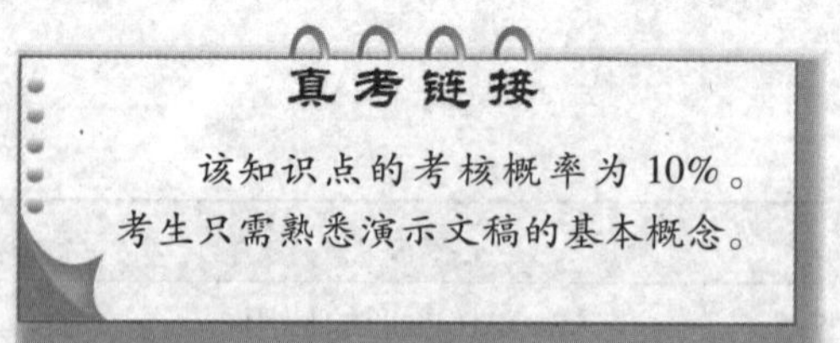

1. **启动** PowerPoint 2016

启动 PowerPoint 2016 的方法有以下几种。

- 执行【开始】→【所有程序】→【Microsoft Office PowerPoint 2016】命令。
- 移动鼠标指针至桌面上的 Microsoft PowerPoint 2016 快捷方式图标上，双击即可启动 Microsoft PowerPoint 2016 程序。
- 双击演示文稿，启动 PowerPoint 2016 并打开演示文稿。

小提示

用前两种方法启动 PowerPoint 2016，系统将生成一个名为“演示文稿 1”的空白演示文稿。使用最后一种方法启动 PowerPoint 2016，将打开保存的演示文稿。

2. PowerPoint 2016 **窗口**

（1）功能区。

PowerPoint 2016 的窗口主要由功能区（包括快速访问工具栏、标题栏、选项卡、功能组）、演示文稿编辑区、视图按钮、缩放级别按钮和状态栏等部分组成，如图 5.1 所示。

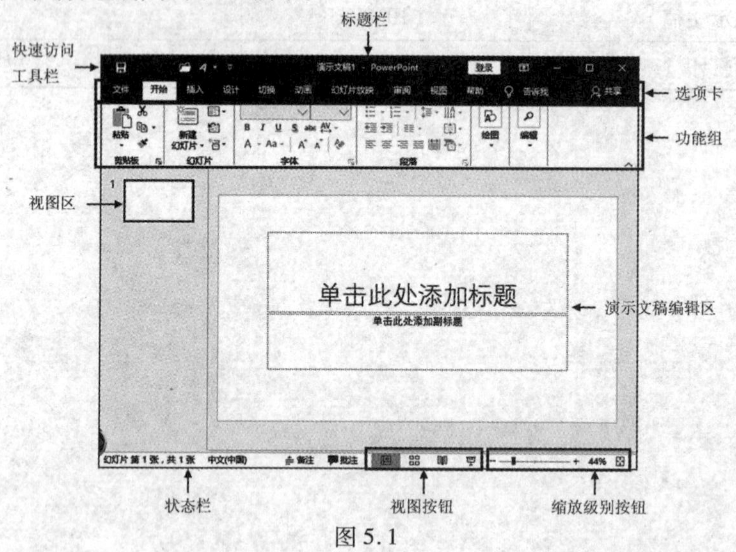

图 5.1

①快速访问工具栏。

在用户处理演示文稿的过程中，可能会执行某些常见的或重复性的操作。对于这类情况，可以使用快速访问工具栏，该工具栏位于功能区的左上方，其中包含【保存】、【撤销】和【恢复】按钮。用户还可以根据需要添加自己经常会用到的功能按钮。

例如，用户经常使用【艺术字】功能，则可以按照下面的步骤将其添加到快速访问工具栏中。

步骤 1：选择【插入】选项卡，在【文本】组中右击【艺术字】按钮。

步骤 2：在弹出的快捷菜单中选择【添加到快速访问工具栏】命令，即可将【艺术字】按钮添加到快速访问工具栏上，结果如图 5.2 所示。

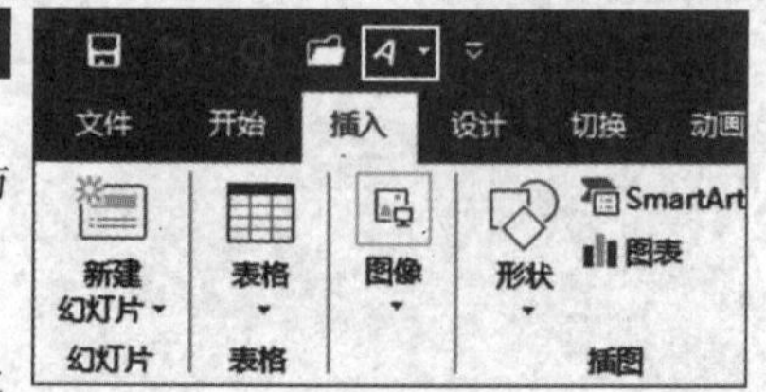

图 5.2

②标题栏。

标题栏位于窗口的顶部，用来显示当前演示文稿的名称，其右侧有【最小化】按钮、【最大化/向下还原】按钮和【关闭】按钮。

【最小化】按钮的左侧是【功能区显示选项】按钮，单击该按钮，可以选择【自动隐藏功能区】、【显示选项卡】或【显示选项卡和命令】命令，默认情况下会选择【显示选项卡和命令】。拖动标题栏可以拖动窗口，双击标题栏可以最大化或向下还原窗口。

③选项卡。

选项卡一般位于标题栏下面，常用的选项卡主要有【文件】【开始】【插入】【设计】【切换】【动画】【幻灯片放映】【审阅】【视图】等 。选项卡中还包括若干个功能组，有时根据操作对象的不同，还会增加相应的选项卡，即上下文选项卡。

（2）演示文稿编辑区。

演示文稿编辑区位于功能区的下方，主要包括幻灯片缩览窗口、幻灯片窗口和备注窗口和批注任务窗格。

- 幻灯片缩览窗口：单击幻灯片选项卡，可以显示各幻灯片的缩略图。单击某幻灯片缩略图，将立即在幻灯片窗口中显示该幻灯片。利用幻灯片缩览窗口可以重新排序、添加或删除幻灯片。
- 幻灯片窗口：包括文本、图片、表格等对象，在该窗口中可编辑幻灯片内容。
- 备注窗口：单击【备注】按钮，可以打开备注窗口，备注用于标注对幻灯片的解释、说明等备注信息，供用户参考。
- 【批注】任务窗格：单击【批注】按钮，可以打开【批注】任务窗格，批注可以是注释对象的内容和含义，也可以是对幻灯片内容的注解。

（3）视图按钮。

视图按钮组中共有4种类型的按钮，分别为【普通视图】、【幻灯片浏览】、【阅读视图】和【幻灯片放映】 4个按钮，单击某个按钮可以切换到相应视图。

- 普通视图：默认的视图，主要的编辑视图，用于撰写和设计演示文稿。
- 幻灯片浏览：查看缩略图形式的幻灯片，可对演示文稿的顺序进行排列和组织。
- 阅读视图：一种特殊的查看视图，方便用户自己查看幻灯片内容和放映效果等。
- 幻灯片放映：用于向观众放映演示文稿。

（4）缩放级别按钮。

缩放级别按钮位于视图按钮右侧，单击该按钮，可以在弹出的【缩放】对话框中选择幻灯片的显示比例；拖动左侧的滑块，可以调节显示比例。

（5）状态栏。

状态栏位于窗口左侧底部，其在不同的视图模式下显示的内容会有所不同，主要显示当前幻灯片的序号、当前演示文稿幻灯片的总张数等信息。

3. 退出 PowerPoint 2016

退出 PowerPoint 的方法有以下几种。

- 单击 Microsoft PowerPoint 2016 窗口右上角的【关闭】按钮。
- 右击窗口左上角空白位置，在弹出的快捷菜单中选择【关闭】命令。
- 单击【文件】选项卡，在弹出的后台视图中选择【关闭】命令。
- 按【Alt + F4】组合键。

退出 PowerPoint 时，系统会弹出对话框，要求用户确认是否保存对演示文稿的编辑工作，单击【保存】按钮则保存退出，单击【不保存】按钮则不保存退出。

5.2 演示文稿的基本操作

考点2 插入和删除幻灯片

系统默认新建的幻灯片是标题幻灯片，在操作过程中有时需要继续添加或删除幻灯片。

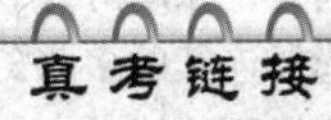

该知识点属于考试大纲中要求掌握的内容，考核概率为90%。考生需掌握插入和删除幻灯片的方法。

1. 插入幻灯片

插入幻灯片的方法有以下几种。

- 插入新幻灯片最直接的方法是选择【开始】选项卡，在【幻灯片】组中单击【新建幻灯片】按钮，如图5.3所示。如果单击【新建幻灯片】按钮本身，则会立即在当前幻灯片的下面添加一个新的幻灯片，如图5.4所示；如果单击下面的下拉按钮，则会弹出图5.5所示的下拉列表，从中选择一个合适的版式后，将插入该版式的幻灯片。

图 5.3

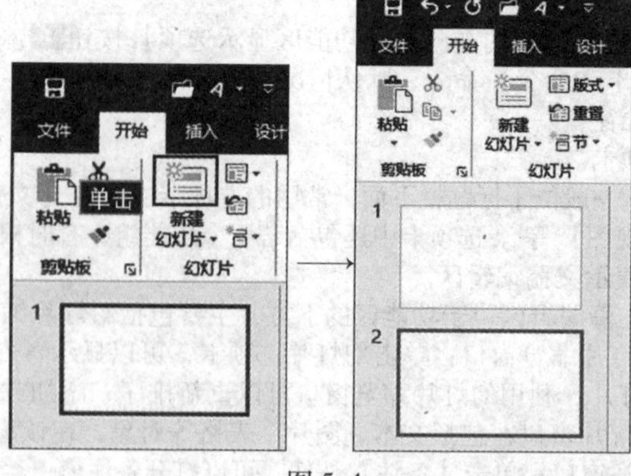

图 5.4

- 在幻灯片缩览窗口中选中某张幻灯片，单击鼠标右键，在弹出的快捷菜单中选择【新建幻灯片】命令，如图 5.6 所示，即可插入一张新幻灯片。
- 在幻灯片缩览窗口中选择一张幻灯片，按【Enter】键，可直接在该幻灯片下插入一张新的幻灯片。
- 选择一张幻灯片，按【Ctrl + D】组合键也可插入幻灯片。

2. 删除幻灯片

可用以下两种方法将幻灯片删除。

- 在幻灯片缩览窗口中选择幻灯片，单击鼠标右键，在弹出的快捷菜单中选择【删除幻灯片】命令，即可将选择的幻灯片删除，如图 5.7 所示。

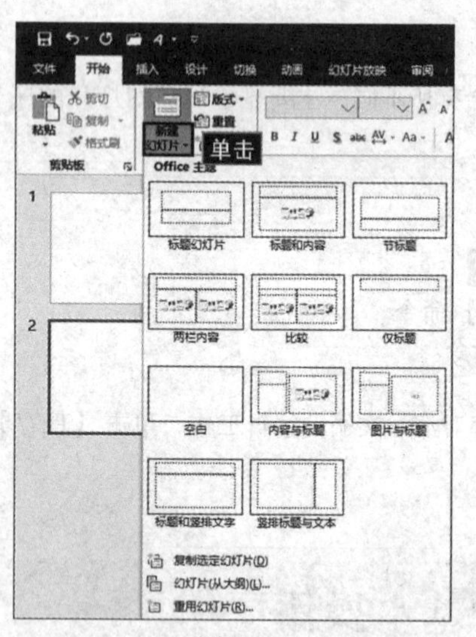

图 5.5

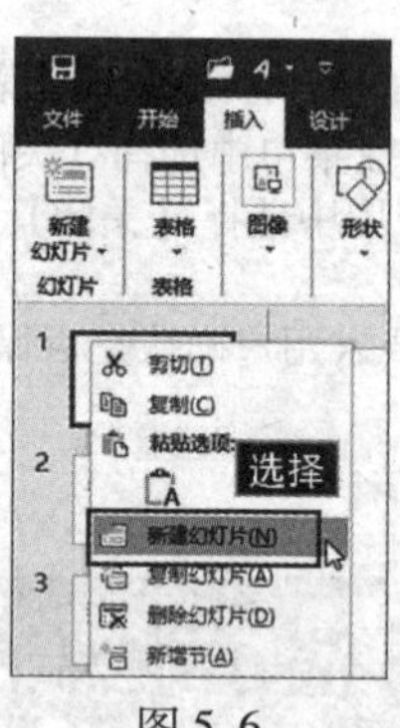

图 5.6

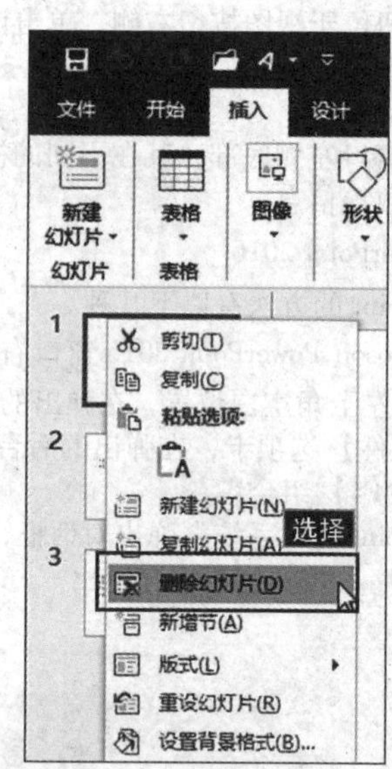

图 5.7

- 在幻灯片缩览窗口中选择一张幻灯片，按【Delete】键即可将其删除。

3. 选择幻灯片

在开始编辑之前，需要先选择幻灯片。在幻灯片窗口左侧的幻灯片缩览窗口中进行选择。

- 如果要选择一张幻灯片，只要单击即可。
- 如果要选择连续的多张幻灯片，则可以单击选定第一张，然后按住【Shift】键，再单击最后一张幻灯片即可。
- 如果要选择不连续的多张幻灯片，可以按住【Ctrl】键，然后单击要选择的幻灯片。

真题精选

打开考生文件夹中的演示文稿 PPT. pptx，按照下列要求完成操作并保存。

（1）打开考生文件夹中的空白文档 PPT. pptx（“. pptx” 为文件扩展名），后续操作均基于此文件，否则不得分。

（2）将 Word 文档“PPT 素材. docx”中的内容导入 PPT. pptx 中，初始生成 13 张幻灯片，要求不包含原素材中的任何格式，其对应关系如表5.1所列。

表5.1 对应关系

Word 文本颜色	对应 PPT 内容
红色	标题
蓝色	第一级文本
绿色	第二级文本
黑色	备注文本

【操作步骤】

(1) 步骤：双击打开考生文件夹中的空白演示文稿“PPT. pptx”。

(2) 步骤1：打开Word文档“PPT素材. docx”，选中第一个红色文本，单击【开始】选项卡【编辑】组中的【选择】按钮，在下拉列表中选择【选定所有格式相似的文本】，如图5.8所示，即可选中所有红色文本。单击【开始】选项卡【段落】组右下角的对话框启动器按钮，弹出【段落】对话框，在【大纲级别】下拉列表框中选择【1级】，如图5.9所示。按同样的方法，设置蓝色文本大纲级别为2级，绿色文本大纲级别为3级。保存素材文件并关闭。

步骤2：在演示文稿中，在【开始】选项卡的【幻灯片】组中单击【新建幻灯片】下拉按钮，在弹出的下拉列表中选择【幻灯片（从大纲）】，如图5.10所示，弹出【插入大纲】对话框，找到考生文件夹中PPT素材文件，单击【插入】按钮。

步骤3：参考PPT素材. docx文件调整，删除空白幻灯片，将黑色文本移到对应PPT的备注里，最终保持包含13张幻灯片。

步骤4：按住【Ctrl + A】组合键全选所有幻灯片，单击【开始】选项卡的【幻灯片】组中的【重置】按钮，如图5.11所示。

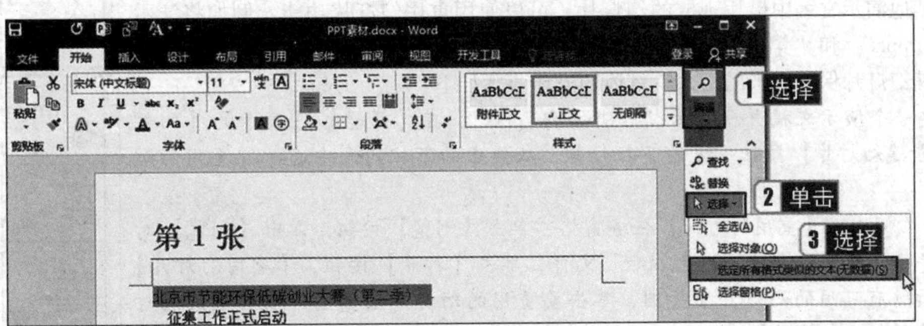

图5.8

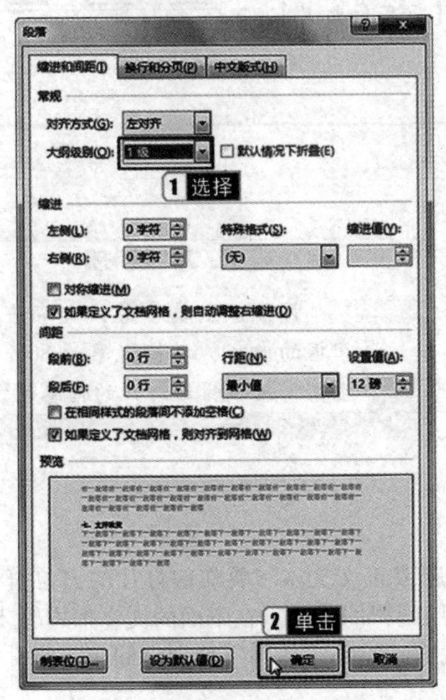

图5.9

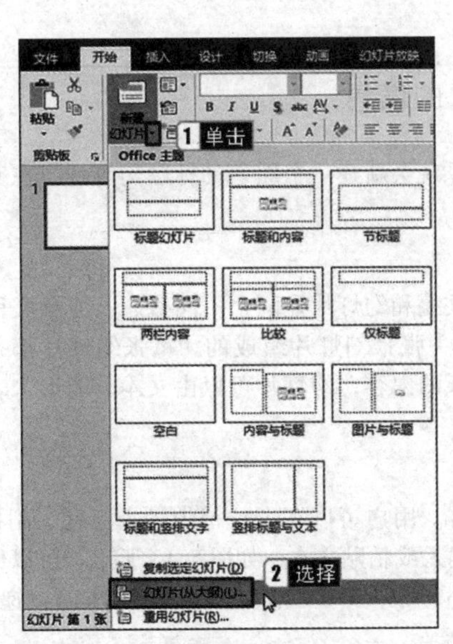

图5.10

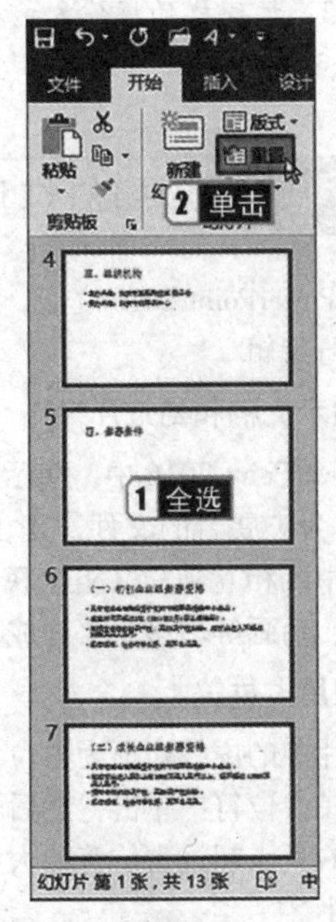

图5.11

步骤5：保持全选，设置所有幻灯片版式为“标题和内容”，此步骤是为了方便操作保留默认版式。

考点3 复制和移动幻灯片

1. 复制幻灯片

当需要几张内容相同的幻灯片时，可以使用复制、粘贴功能实现。具体的操作步骤如下。

步骤1：在【幻灯片缩览】窗口中选择需要复制的幻灯片后单击鼠标右键，在弹出的快捷菜单中选择【复制】命令。

步骤2：在【幻灯片缩览】窗口中选择目标幻灯片后单击鼠标右键，在弹出的快捷菜单中选择【粘贴选项】中的【保留源格式】命令，即可将该幻灯片粘贴在选择的目标幻灯片下方。

真考链接

该知识点属于考试大纲中要求掌握的内容，考核概率为60%。考生需掌握复制和移动幻灯片的方法。

小提示

使用【Ctrl+C】组合键可以复制对象，使用【Ctrl+V】组合键可以粘贴对象，使用【Ctrl+X】组合键可以剪切对象。

2. 移动幻灯片

在幻灯片缩览窗口中选择需要移动的幻灯片（可多张），按住鼠标左键拖动幻灯片，到目标位置，释放鼠标左键即可改变幻灯片位置。

3. 重用幻灯片

如果需要从其他演示文稿中借用现成的幻灯片，可以使用重用幻灯片功能，例如将演示文稿“第1-2节.pptx”和“第3-5节.pptx”中的所有幻灯片合并到“合并文件.pptx”中，并且要求所有幻灯片保留原来的格式，具体的操作步骤如下。

步骤1：新建一个演示文稿并命名为“合并文件.pptx”，在【开始】选项卡的【幻灯片】组中单击【新建幻灯片】按钮下方的下拉按钮，从弹出的下拉列表中选择【重用幻灯片】选项。

步骤2：窗口右侧出现【重用幻灯片】任务窗格，单击【浏览】按钮，弹出【浏览】对话框，从素材文件夹中选择“第1-2节.pptx”文件，单击【打开】按钮，【重用幻灯片】任务窗格中将显示所有可用的幻灯片缩览图，单击要重用的幻灯片缩览图，即可重用幻灯片，选择最下方的【保留源格式】复选框，如图5.12所示。

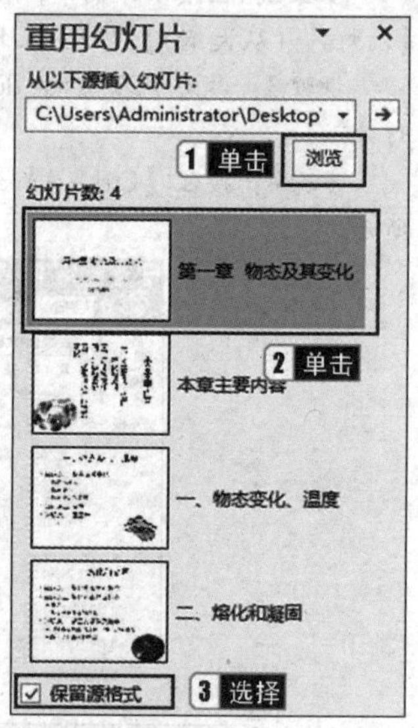

图5.12

步骤3：按同样的操作方式重用“第3-5节.pptx”，操作完成后关闭【重用幻灯片】任务窗格。

考点4 编辑幻灯片的信息

启动PowerPoint 2016之后，系统会新建一个默认的标题幻灯片，在其中可以进行编辑。

真考链接

该知识点属于考试大纲中要求掌握的内容，考核概率为80%。考生需掌握编辑幻灯片的信息的方法。

1. 演示文稿和幻灯片

在PowerPoint 2016中，演示文稿和幻灯片是两个不同概念。演示文稿是以.pptx为扩展名的文件，是由一张张幻灯片组成的。每张幻灯片都是演示文稿中既相互独立又相互联系的内容，幻灯片可以由文本、图形、表格、图片、动画等诸多元素构成。

2. 使用占位符

幻灯片中的虚线边框为占位符。用户可以在占位符中输入标题、副标题或正文文本。要在幻灯片的占位符中输入标题，可以在占位符中单击，然后输入或粘贴文本，如图5.13所示。可以使用同样的方法，在下面的文本框中输入副标题。如果文本的大小超过占位符的大小，PowerPoint 2016会在输入文本时以递减方式缩小字体的字号和字间距，使文本适应占位符的大小。

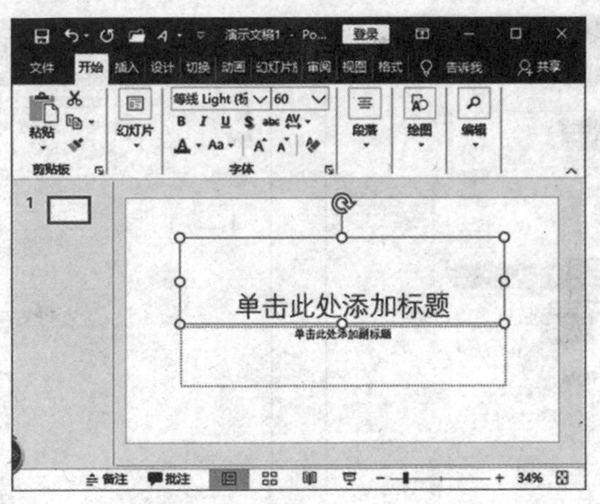

图 5.13

小提示

输入每张幻灯片的标题时，即使一行不够用，也不要按【Enter】键，因为 PowerPoint 可自动换行。如果按【Enter】键，则 PowerPoint 2016 会将其看成是另外一个标题。同样，在输入副标题时，也不要按【Enter】键，否则 PowerPoint 2016 也会将其看成是另外一个副标题。

3. 使用文本框

使用文本框可以将文本放置到幻灯片中的任意位置。例如，可以通过创建文本框并将其放置在图片旁边来为图片添加标题。用户还可以在文本框中为文本添加边框、填充、阴影或三维效果。向文本框中添加文本的操作步骤如下。

步骤 1：选择【插入】选项卡，在【文本】组中单击【文本框】下方的下拉按钮，在弹出的下拉列表中选择【竖排文本框】选项，如图 5.14 所示。

步骤 2：按住鼠标左键，在要插入文本框的位置拖曳绘制出文本框，在绘制好的文本框中输入文本，然后调整文本框的位置，如图 5.15 所示。

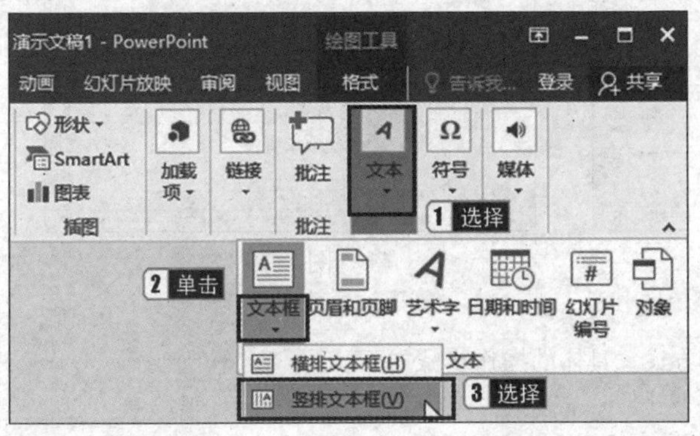

图 5.14

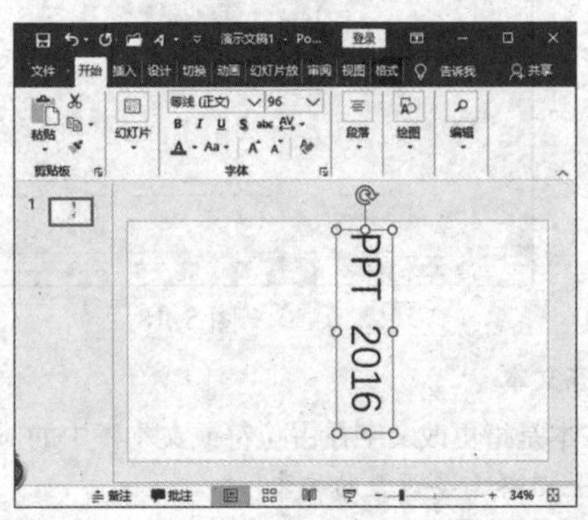

图 5.15

考点 5　编辑文本

1. 更改文字的外观

> **真考链接**
>
> 该知识点属于考试大纲中要求掌握的内容，考核概率为 60%。考生需掌握编辑文本的方法。

输入文字之后，为了使其更加美观，还可以对其进行修改，如更改文字的字体、字号等。具体的操作步骤如下。

步骤 1：选择需要修改的文本。

步骤 2：选择【开始】选项卡，在【字体】组中单击【字体】下拉列表框的下拉按钮，在弹出的下拉列表中选择一种字体，这里选择【方正粗黑宋简体】，如图 5.16 所示。

步骤 3：单击【字体】组中的【字号】下拉列表框的下拉按钮，在弹出的下拉列表中选择一个字号，这里选择【36】，如图 5.17 所示。

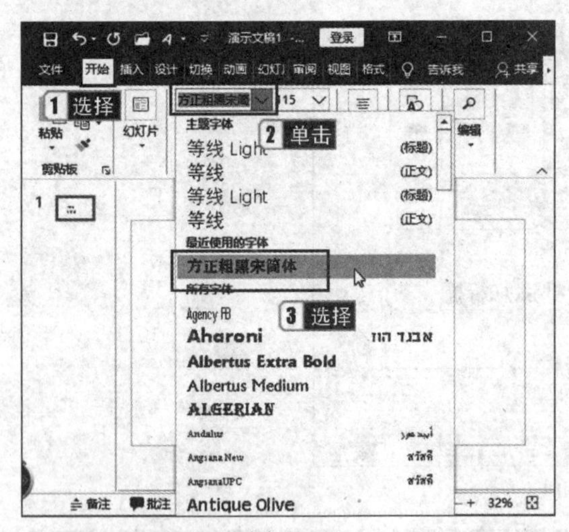

图 5.16

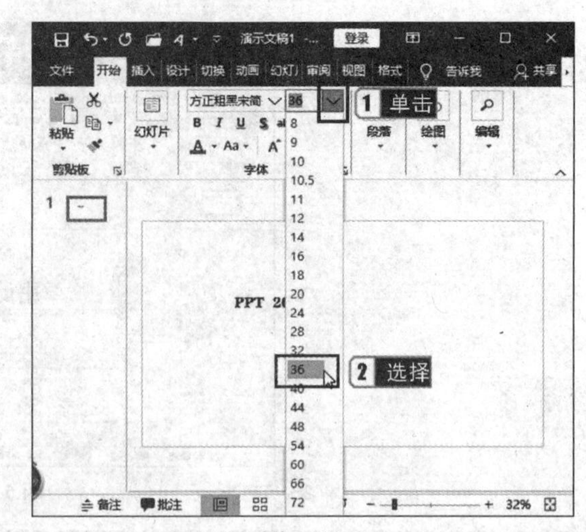

图 5.17

步骤 4：在【字体】组中分别单击【加粗】按钮 **B** 和【文字阴影】按钮 **S**。

步骤 5：在【字体】组中单击【字体颜色】按钮 A 的下拉按钮，在弹出的下拉列表中选择一种颜色，这里选择【红色】，如图 5.18 所示。

步骤 6：设置完成后的效果如图 5.19 所示。

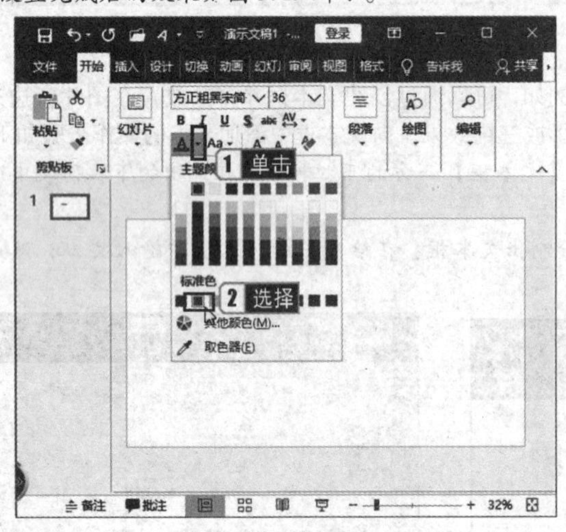

图 5.18

图 5.19

2. 对齐文本

对齐文本是指更改文字在占位符或文本框中的对齐方式。具体的操作步骤如下。

步骤 1：选择需要设置的文本。

步骤 2：选择【开始】选项卡，在【段落】组中单击【对齐文本】按钮，在弹出的下拉列表中选择一种对齐方式即可，这里选择【中部对齐】，如图 5.20 所示。

3. 设置文本的效果格式

除了可以用上述方法编辑文本外，还可以使用【设置形状格式】任务窗格对文本进行编辑。打开【设置形状格式】任务窗格的操作步骤如下。

步骤 1：选择需要设置的文本。

步骤 2：选择【开始】选项卡，在【段落】组中单击【对齐文本】按钮，在弹出的下拉列表中选择【其他选项】，即可打开【设置形状格式】任务窗格，如图 5.21 所示。

该任务窗格中包含【文本填充与轮廓】【文字效果】【文本框】选项卡，每个选项卡中又包含了若干个可设置的参数，通过设置这些参数，可以使文本更具感染力。

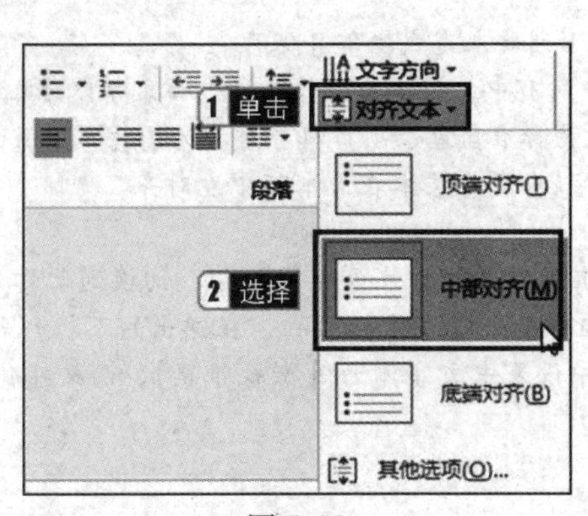

图 5.20

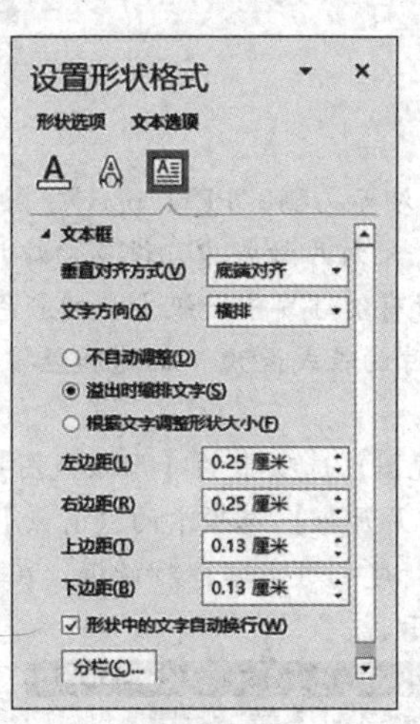

图 5.21

4. 添加项目符号和编号

（1）为文本添加项目符号。

步骤1：选择需要添加项目符号的文本。

步骤2：选择【开始】选项卡，在【段落】组中单击【项目符号】按钮右侧的下拉按钮，在弹出的下拉列表中选择一种项目符号样式，这里选择【带填充效果的钻石形项目符号】，如图 5.22 所示。

步骤3：添加项目符号后的效果如图 5.23 所示。

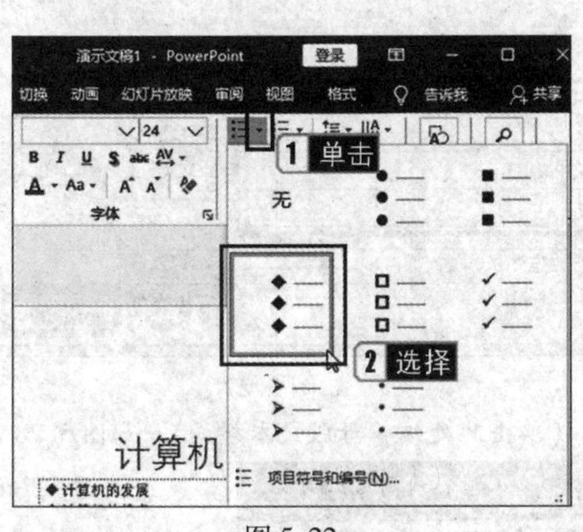

图 5.22

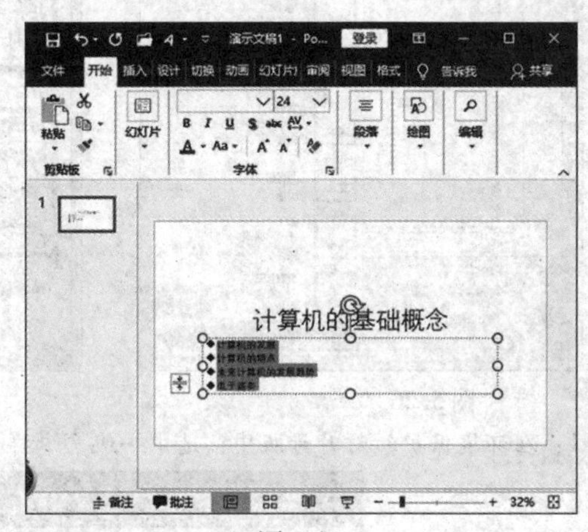

图 5.23

（2）为文本添加编号。

步骤1：选择需要添加编号的文本。

步骤2：选择【开始】选项卡，在【段落】组中单击【编号】按钮右侧的下拉按钮，在弹出的下拉列表中选择一种编号样式，这里选择数字编号，如图 5.24 所示。添加编号后的效果如图 5.25 所示。

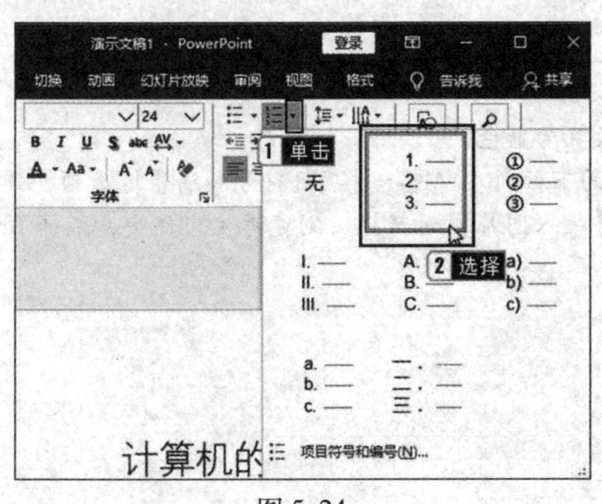

图 5.24

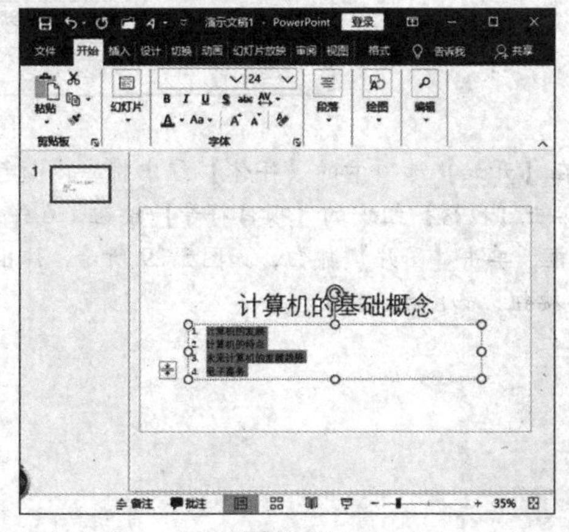

图 5.25

真题精选

打开考生文件夹中的演示文稿“PPT1. pptx”，按照下列要求完成操作并保存。

(1) 在“环境保护”幻灯片母版中，设置幻灯片中所有中文字体为微软雅黑、西文字体为Calibri。

(2) 将幻灯片母版所有幻灯片中一级文本的颜色设为标准蓝色、项目符号替换为图片Bullet. png。

(3) 将第10张幻灯片的版式设为“标题和竖排文字”，并令文本在文本框中左对齐。

【操作步骤】

(1) 步骤：单击【视图】选项卡的【母版视图】组中的【幻灯片母版】按钮，切换到幻灯片母版视图，选中环境保护幻灯片母版，在【幻灯片母版】选项卡的【背景】组中单击【字体】按钮，在弹出的下拉列表中选择【自定义字体】，如图5.26所示，弹出【新建主题字体】对话框，在其中设置中文字体为【微软雅黑】，西文字体为【Calibri】，单击【保存】按钮，如图5.27所示。

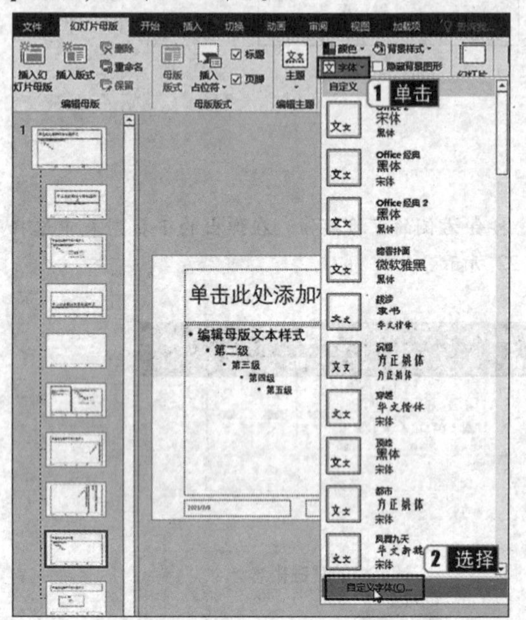

图5.26

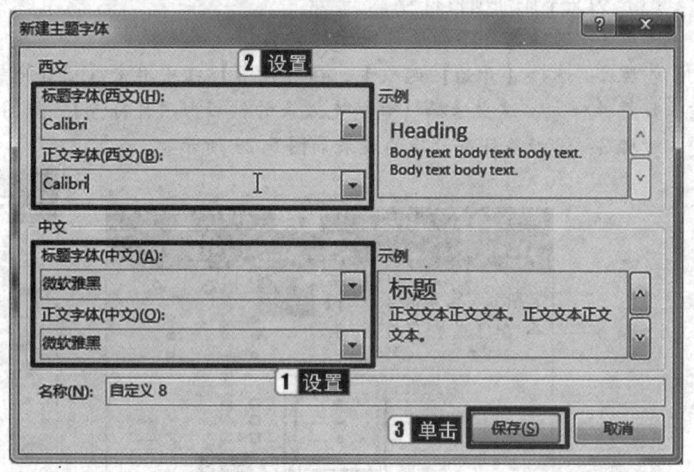

图5.27

(2) 步骤1：在环境保护幻灯片母版中，选中一级文本样式（单击此处编辑母版文本样式），如图5.28所示。

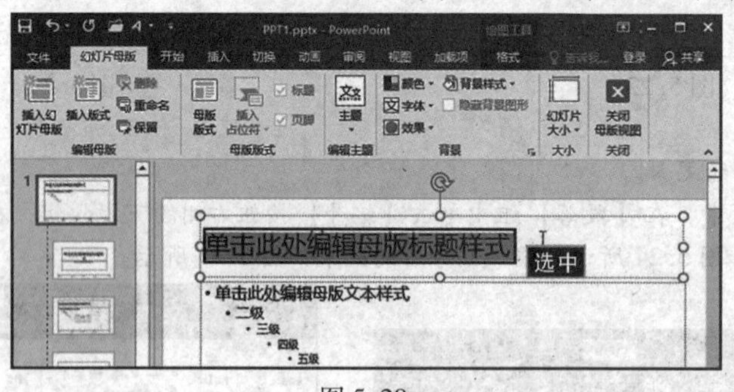

图5.28

步骤2：在【开始】选项卡的【字体】组中将字体颜色设置为蓝色。

步骤3：单击【段落】组中的【项目符号】按钮，在弹出的下拉列表中选择【项目符号和编号】选项，弹出【项目符号和编号】对话框，单击【图片】按钮，如图5.29所示，弹出【插入图片】对话框，浏览考生文件夹，选择Bullet. png图片，单击【插入】按钮，如图5.30所示。

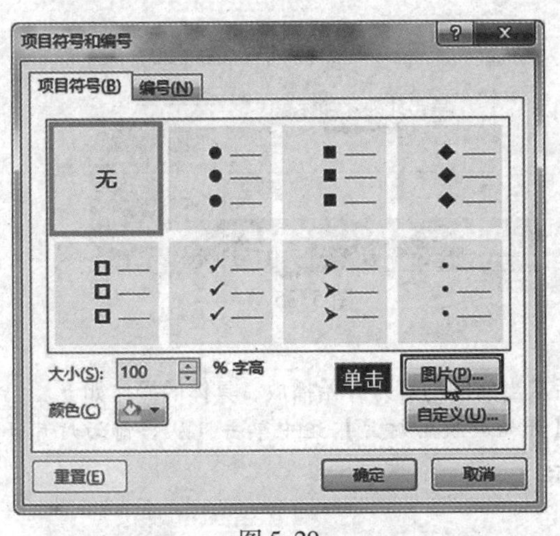

图 5.29

图 5.30

(3) 步骤 1：在【视图】选项卡的【演示文稿视图】单击【普通】按钮，如图 5.31 所示，回到普通视图。

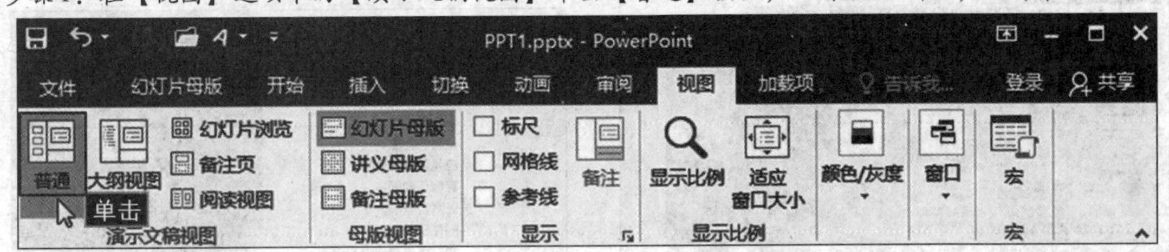

图 5.31

步骤 2：选中第 10 张幻灯片，在【开始】选项卡的【幻灯片】组中单击【幻灯片版式】按钮，在弹出的下拉列表中选择【标题和竖排文字】，如图 5.32 所示。

步骤 3：选中内容文本框中的文本内容，在【开始】选项卡的【段落】组中单击【对齐文本】按钮，在弹出的下拉列表中选择【左对齐】命令如图 5.33 所示。

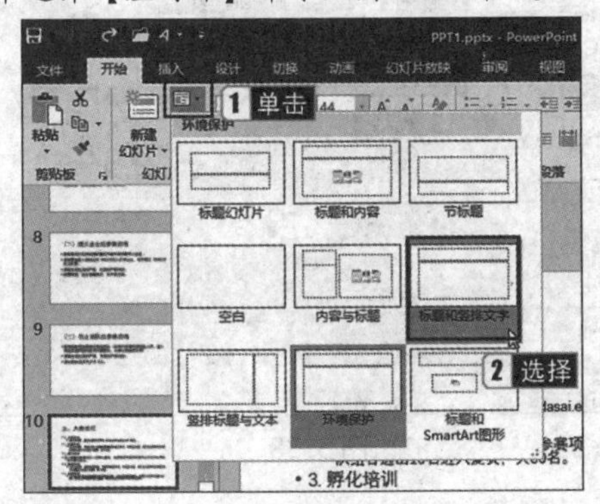

图 5.32

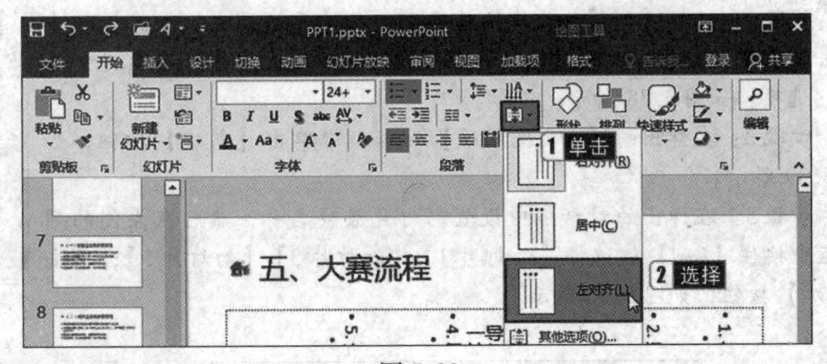

图 5.33

步骤 4：保存演示文稿。

考点 6 放映幻灯片

幻灯片制作完成后，按【F5】键，或者单击【幻灯片放映】按钮，或者利用【幻灯片放映】选项卡的【开始放映幻灯片】组中的命令，均可放映幻灯片。

真考链接

该知识点属于考试大纲中要求重点掌握的内容，考核概率为 100%。考生需掌握放映幻灯片的方法。

1. **从头开始放映幻灯片**

方法 1：选择【幻灯片放映】选项卡，在【开始放映幻灯片】组中单击【从头开始】按钮，如图 5.34 所示。

方法 2：在状态栏中单击【幻灯片放映】按钮来放映幻灯片，如图 5.35 所示。

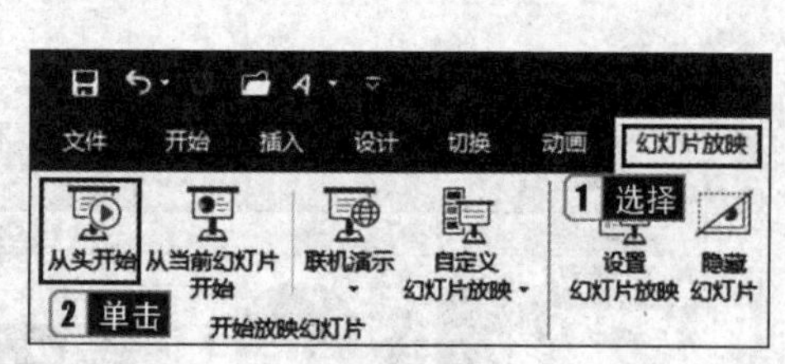

图 5.34

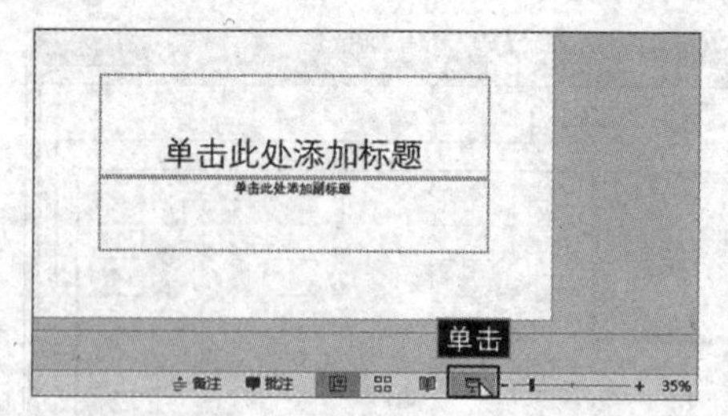

图 5.35

2. 从当前幻灯片开始

在 PowerPoint 2016 中，用户可以随意选择一张幻灯片，然后从当前的幻灯片开始播放，具体的操作如下。

选择某一张幻灯片，然后选择【幻灯片放映】选项卡，在【开始放映幻灯片】组中单击【从当前幻灯片开始】按钮，如图 5.36所示，即可放映幻灯片，放映效果如图 5.37 所示。

图 5.36

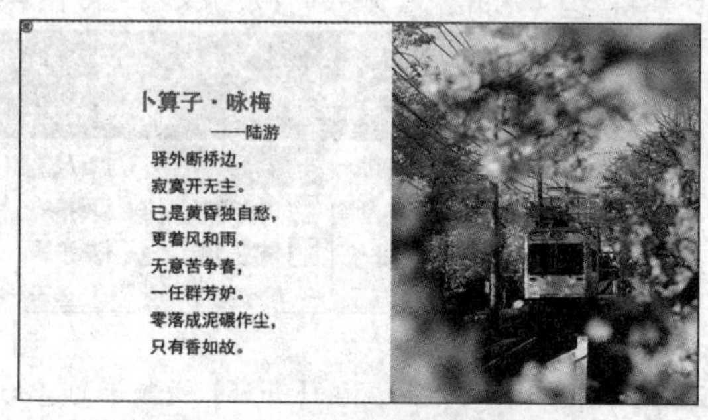

图 5.37

3. 自定义幻灯片的放映

放映幻灯片时，用户可以根据需要自定义演示文稿中要播放的幻灯片，具体的操作步骤如下。

步骤 1：选择【幻灯片放映】选项卡，在【开始放映幻灯片】组中单击【自定义幻灯片放映】按钮，在弹出的下拉列表中选择【自定义放映】选项，如图 5.38 所示。

步骤 2：在弹出的【自定义放映】对话框中单击【新建】按钮，如图 5.39 所示。

步骤 3：在弹出的对话框中设置幻灯片放映名称，然后在左侧的列表框中按住【Ctrl】键选择【幻灯片 1】【幻灯片 3】【幻灯片 5】，单击【添加】按钮，如图 5.40 所示。

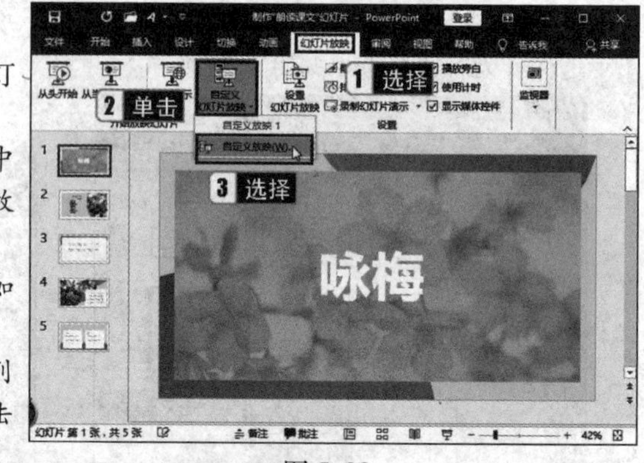

图 5.38

图 5.39

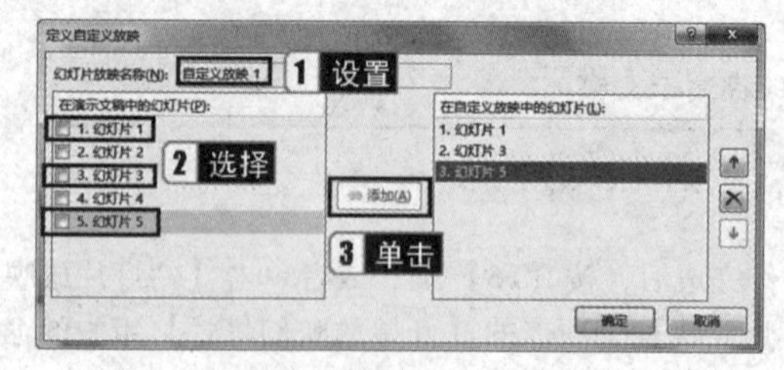

图 5.40

步骤 4：单击【确定】按钮，返回【自定义放映】对话框，单击【放映】按钮即可进行放映。

4. 隐藏幻灯片

步骤 1：在幻灯片缩览窗口选择第三张幻灯片到第五张幻灯片。

步骤 2：在【幻灯片放映】选项卡的【设置】组中单击【隐藏幻灯片】按钮，如图 5.41 所示，幻灯片即可被隐藏，在幻灯片窗口中可以看到隐藏的幻灯片的编号会显示斜线，如图 5.42 所示。

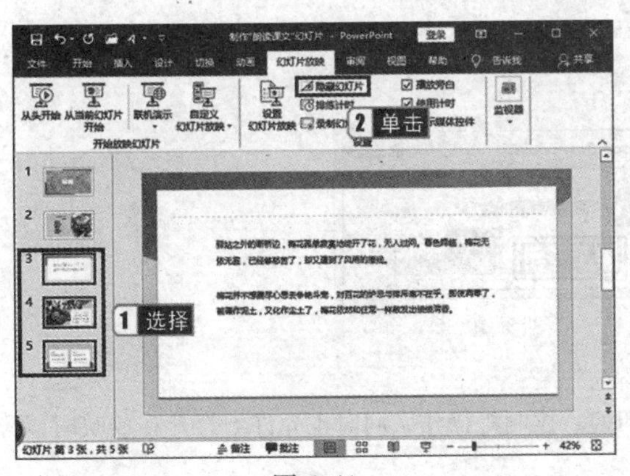

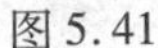
图 5.41

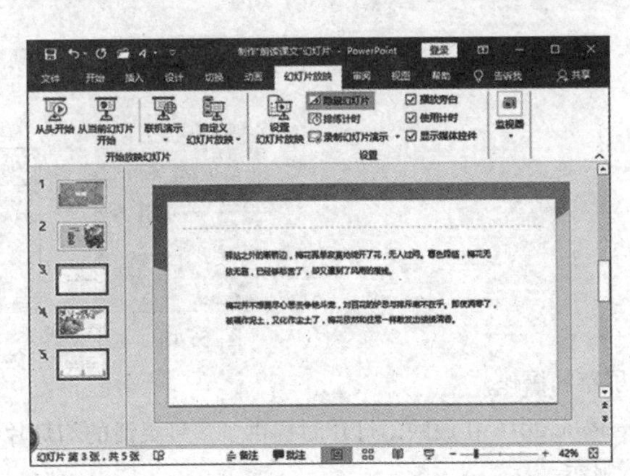
图 5.42

5. 清除幻灯片中的计时

在【幻灯片放映】选项卡的【设置】组中单击【录制幻灯片演示】下拉按钮，在弹出的下拉列表中选择【清除】→【清除所有幻灯片中的计时】，如图 5.43 所示。

执行该操作后，即可将幻灯片中所有的计时清除，效果如图 5.44 所示。

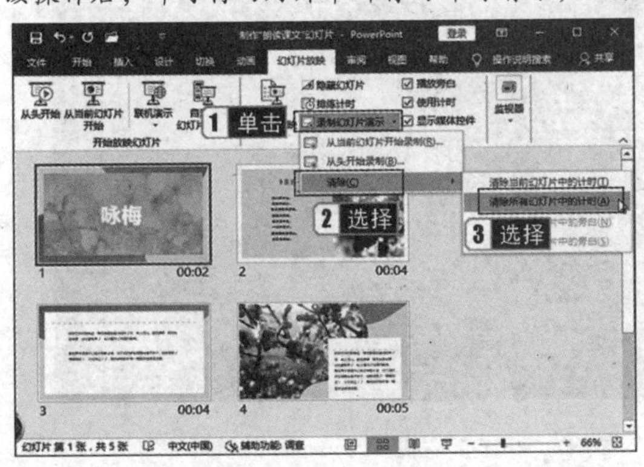

图 5.43

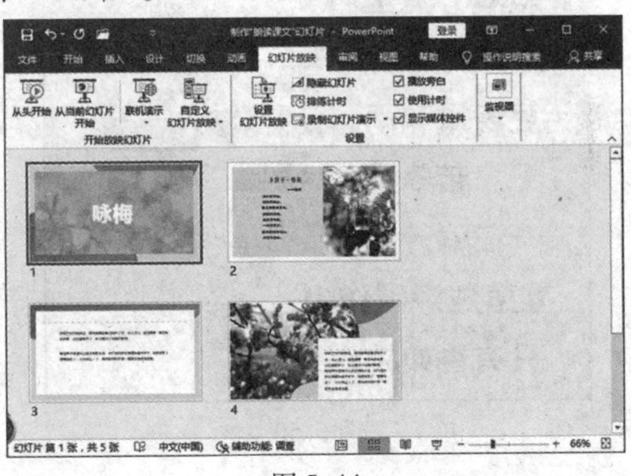

图 5.44

6. 在播放时进行标注

步骤 1：放映幻灯片时，单击鼠标右键，在弹出的快捷菜单中选择【指针选项】命令，在其级联菜单中选择【笔】命令。

步骤 2：再次单击鼠标右键，在弹出的快捷菜单中选择【指针选项】命令，在其级联菜单中选择【墨迹颜色】→【红色】命令，如图 5.45 所示。

步骤 3：设置完成后，对幻灯片中的文字或图片进行标注，标注效果如图 5.46 所示。

步骤 4：在幻灯片中单击鼠标右键，在弹出的快捷菜单中选择【指针选项】命令，然后在其级联菜单中选择【荧光笔】命令，如图 5.47 所示。

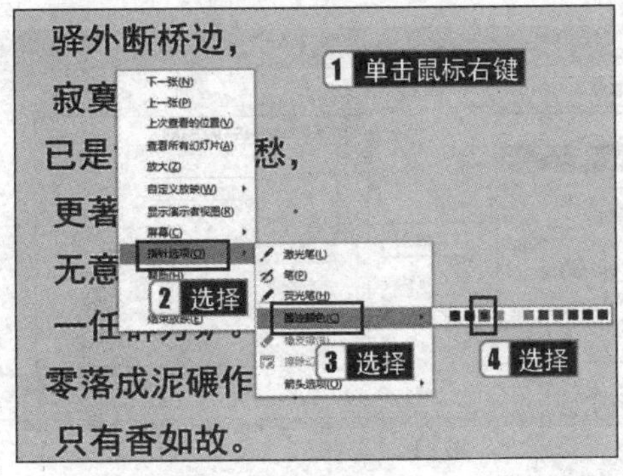

图 5.45

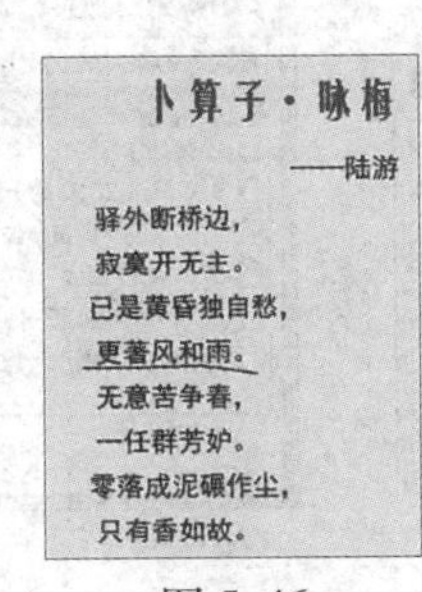

图 5.46

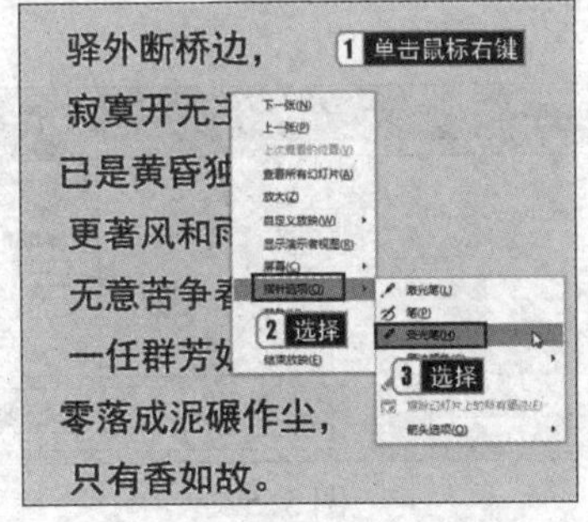

图 5.47

步骤 5：在幻灯片中进行涂抹，涂抹后的效果如图 5.48 所示。

步骤 6：按【Esc】键退出，弹出提示对话框，单击【保留】按钮，如图 5.49 所示。

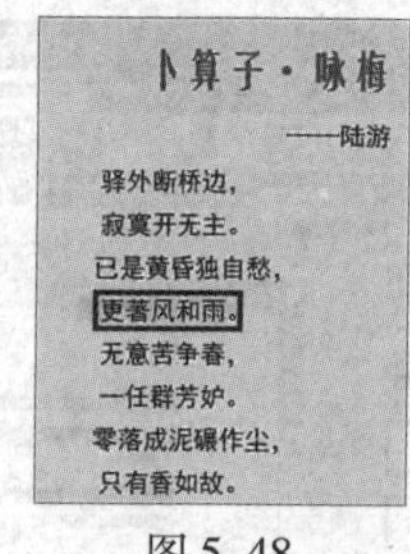

图 5.48

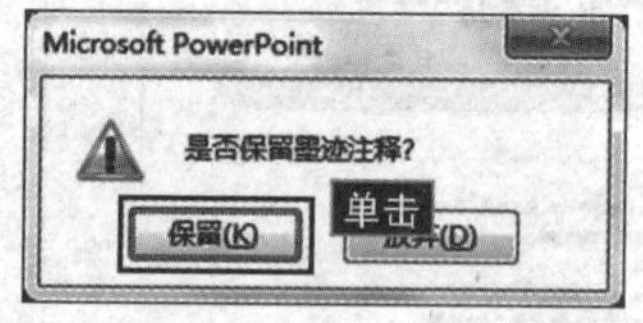

图 5.49

7. **屏幕的操作**

PowerPoint 2016 在放映幻灯片时提供了多种灵活的幻灯片切换、控制等操作，同时也允许幻灯片在放映时以黑屏或白屏的方式显示。

步骤 1：在放映幻灯片时，单击鼠标右键，在弹出的快捷菜单中选择【屏幕】命令，在级联菜单中选择【黑屏】命令，如图5.50所示。

步骤 2：执行该操作后，幻灯片将会以黑屏的方式显示，如图 5.51 所示，按【Esc】键即可退出黑屏模式。

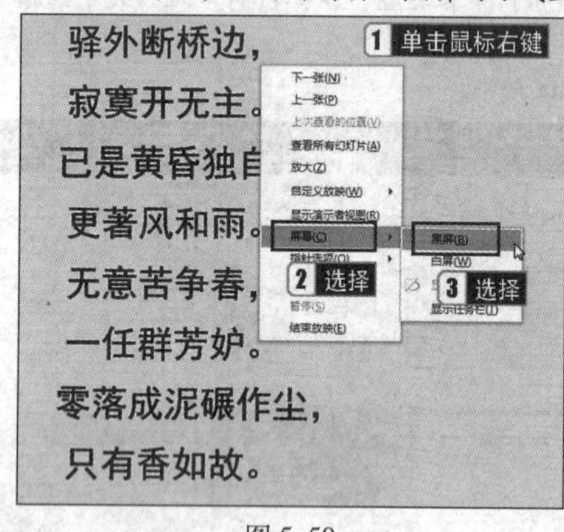

图 5.50

图 5.51

真题精选

打开考生文件夹中的演示文稿“PPT2. pptx”，按照下列要求完成操作并保存文件。

在该演示文稿中创建一个演示方案，该演示方案包含第 1、2、4、7 页幻灯片，并将该演示方案命名为“放映方案 1”；在该演示文稿中创建一个演示方案，该演示方案包含第 1、2、3、5、6 页幻灯片，并将该演示方案命名为“放映方案 2”。

【操作步骤】

步骤 1：依据题意，首先创建一个包含第 1、2、4、7 页幻灯片的演示方案。打开考生文件夹中的演示文稿 PPT2. pptx，在【幻灯片放映】选项卡的【开始放映幻灯片】组中单击【自定义幻灯片放映】下拉按钮，在弹出的下拉列表中选择【自定义放映】选项，弹出【自定义放映】对话框，单击【新建】按钮，如图 5.52 所示。

步骤 2：弹出【定义自定义放映】对话框，如图 5.53 所示。

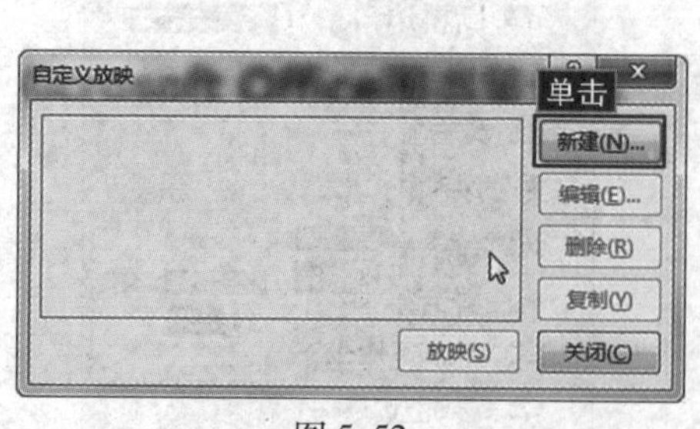

图 5.52

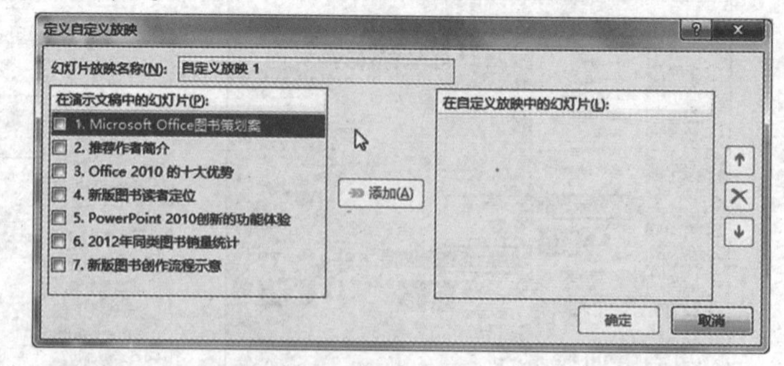

图 5.53

步骤 3：在【在演示文稿中的幻灯片】列表框中选择【1. Microsoft Office 图书策划案】选项，然后单击【添加】按钮即可将第 1 页幻灯片添加到【在自定义放映中的幻灯片】列表框中。

步骤 4：按照同样的方法分别将第 2、4、7 页幻灯片添加到右侧的列表框中。实际效果如图 5.54 所示。

步骤5：单击【确定】按钮后返回到【自定义放映】对话框。单击【编辑】按钮，在弹出的对话框的【幻灯片放映名称】文本框中输入“放映方案1”，单击【确定】按钮后即可重新返回到【自定义放映】对话框。单击【关闭】按钮后，切换到【幻灯片放映】选项卡，在【开始放映幻灯片】组的【自定义幻灯片放映】下拉列表中可以看到最新创建的【放映方案1】演示方案，如图5.55所示。

步骤6：按照上述同样的方法为第1、2、3、5、6页幻灯片创建名为“放映方案2”的演示方案。创建完毕后，切换到【幻灯片放映】选项卡，在【开始放映幻灯片】组的【自定义幻灯片放映】下拉列表中可以看到最新创建的【放映方案2】演示方案。

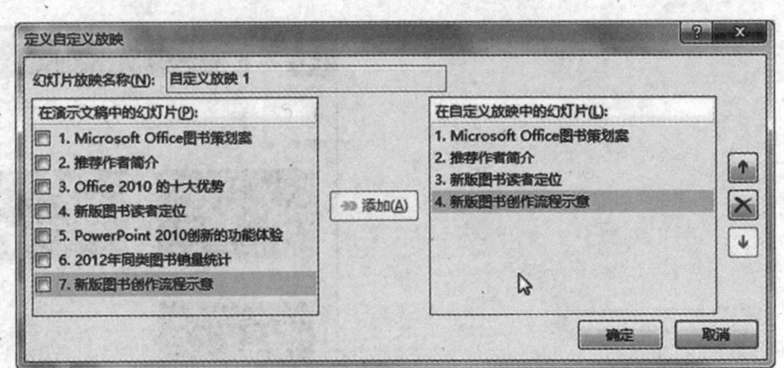

图5.54

步骤7：保存演示文稿。

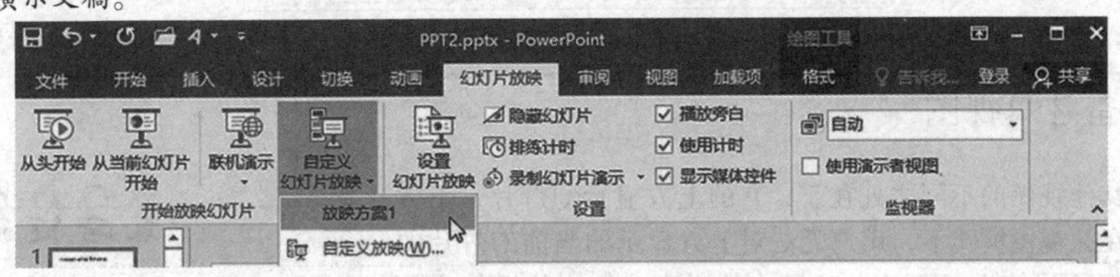

图5.55

5.3 演示文稿的视图模式

考点7 普通视图

PowerPoint 2016默认的编辑视图是普通视图，如图5.56所示。在该视图中，用户可以设置段落、字符格式，可以查看每张幻灯片的主题、小标题及备注，还可以移动幻灯片图像和备注页方框，改变它们的大小，以及编辑查看幻灯片等。

真考链接

该知识点属于考试大纲中要求了解的内容，考核概率为10%。考生需了解普通视图的作用。

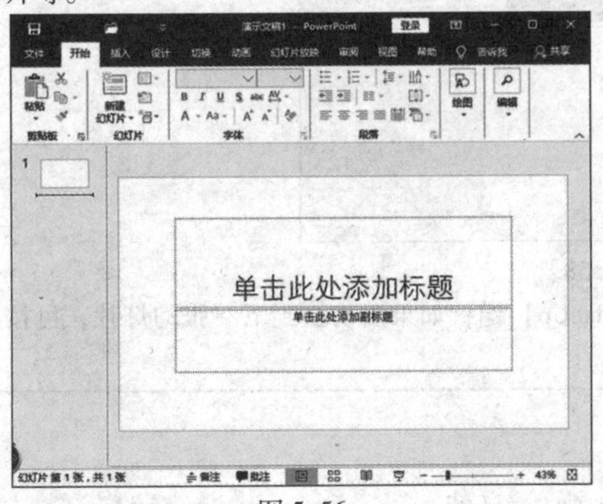

图5.56

考点8 幻灯片浏览视图

幻灯片浏览视图可以缩略图的形式对演示文稿中多张幻灯片同时进行显示，如图5.57所示。该视图方便用户查看各个幻灯片之间的搭配是否协调，删除、移动以及复制幻灯片等，使用户可以更加方便、快捷地对演示文稿的顺序进行排列和组织。

真考链接

该知识点属于考试大纲中要求了解的内容，考核概率为10%。考生需了解幻灯片浏览视图的作用。

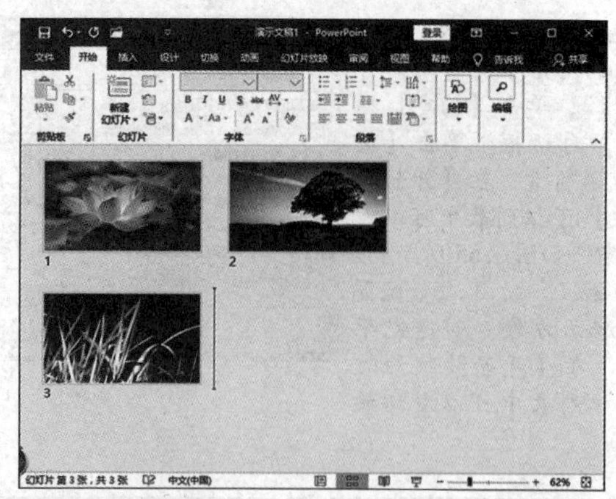

图 5.57

考点 9 备注页视图

备注页视图与其他视图的不同之处在于，它的上方显示幻灯片，下方显示备注文本框。在此视图模式下，用户无法对上方显示的当前幻灯片的缩略图进行编辑，但可以输入或更改备注页中的内容。具体的操作步骤如下。

真考链接

该知识点属于考试大纲中要求了解的内容，考核概率为 10%。考生需了解备注页视图的使用方法。

步骤 1：在【视图】选项卡中，单击【演示文稿视图】组中的【备注页】按钮，切换到备注页视图。

步骤 2：若显示的不是要加备注的幻灯片，可利用窗口右边的滚动条找到所需的幻灯片。

步骤 3：在图 5.58 中，上半部是幻灯片显示，下半部是备注文本框，单击该文本框就可在光标处输入备注内容。

图 5.58

在备注页视图中，如果要切换到上一张幻灯片，可按【PageUp】键；如果要切换到下一张幻灯片，可按【PageDown】键。拖动窗口右侧的滚动条，即可选择所需的幻灯片。

考点 10 阅读视图

阅读视图可将演示文稿作为适应窗口大小的幻灯片放映查看，激活阅读视图后，窗口将显示当前演示文稿并隐藏大多数不重要的屏幕元素。阅读视图可以通过大屏幕放映演示文稿，用于幻灯片制作完成后的简单放映、浏览，如图 5.59 所示。

真考链接

该知识点属于考试大纲中要求了解的内容，考核概率为 10%。考生需了解阅读视图的作用。

图 5.59

考点 11 大纲视图

大纲视图也属于演示文稿的编辑视图，其与普通视图的唯一区别就是幻灯片缩览窗口被大纲窗口替换。用户可以在【大纲视图】中查看并编辑文档的大纲结构，同时可以快速输入、编辑幻灯片中的文本，具体的操作步骤如下。

> **真考链接**
>
> 该知识点属于考试大纲中要求掌握的内容，考核概率为 40%。考生需掌握使用大纲视图的方法。

步骤 1：在【视图】选项卡的【演示文稿视图】组中单击【大纲视图】按钮。

步骤 2：在窗口左侧选中某张幻灯片，将光标定位到标题中，然后按【Shift + Enter】组合键可实现标题文本的换行，如图 5.60 所示。

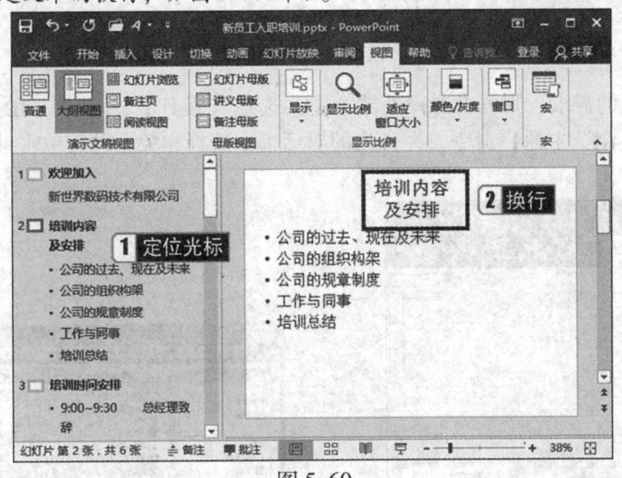

图 5.60

步骤 3：在一级标题的末尾按【Enter】键，可插入一张新幻灯片，按【Tab】键可将新幻灯片转换为上一幻灯片的下一级正文文本。

步骤 4：在同一张幻灯片中的多个级别内容中，按【Tab】键和【Shift + Tab】组合键可进行降级和升级操作。

步骤 5：在正文文本之后按【Ctrl + Enter】组合键也可插入一张新幻灯片。将光标置于新幻灯片的标题位置，按【Backspace】键可合并相邻的两张幻灯片。

5.4 演示文稿的外观设计

考点 12 主题的设置

PowerPoint 2016 中提供了大量的主题样式，这些主题样式设置了不同的颜色、字体样式和对象的颜色样式。用户可以根据不同的需求选择不同的主题，选择完成后该主题即可直接应用于演示文稿中，还可以对所创建的主题进行修改，以达到令人满意的效果。

> **真考链接**
>
> 该知识点属于考试大纲中要求掌握的内容，考核概率为 90%。考生需掌握设置幻灯片主题的方法。

1. **应用内置 Office 主题**

步骤1：打开素材文件夹中的应用主题.pptx 文件。

步骤2：选中第一张幻灯片，选择【设计】选项卡，在【主题】组中单击【其他】下拉按钮，打开主题下拉列表进行选择，如图5.61所示。

主题选择完成后的效果如图5.62所示。

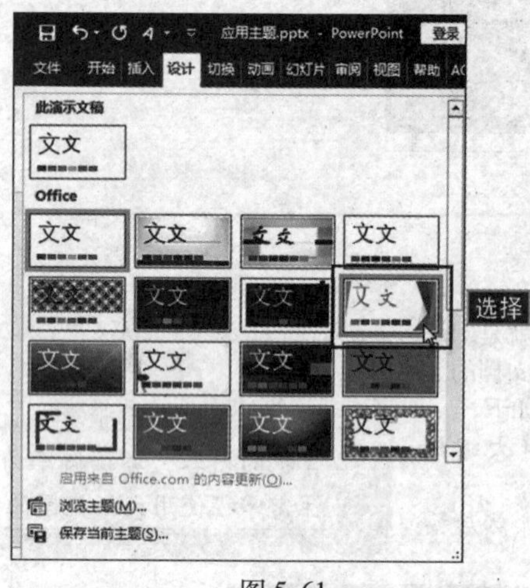

图5.61

图5.62

2. **使用外部主题**

如果内置主题不能满足用户的需求，则可以选择外部主题。选择【设计】选项卡，在【主题】组中单击【其他】按钮，在弹出的下拉列表中选择【浏览主题】命令，在弹出的对话框中选择相关主题后单击【应用】按钮，即可使用外部主题，如图5.63所示。

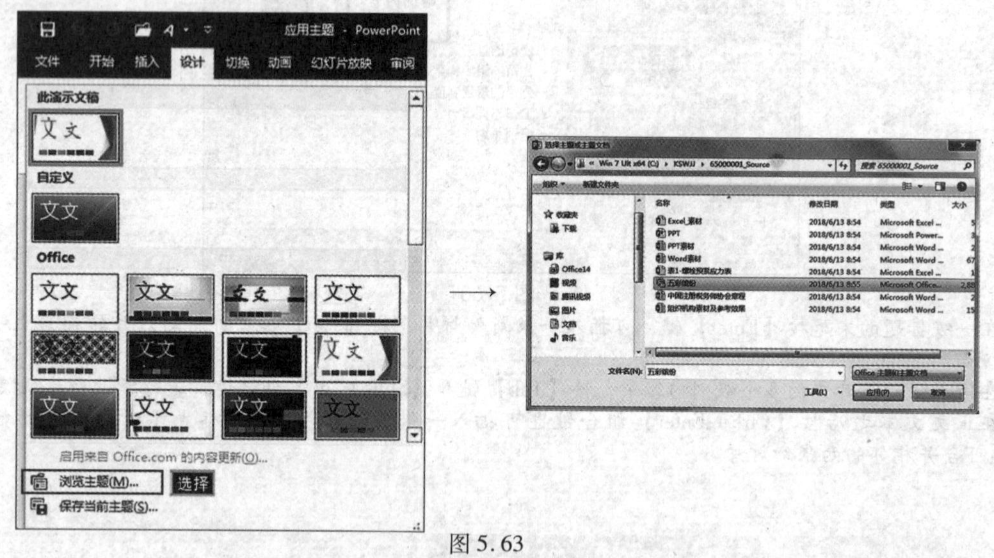

图5.63

小提示

若只是设置部分幻灯片主题，可选择预设主题幻灯片，在该主题上单击鼠标右键，在弹出的快捷菜单中选择【应用于选定幻灯片】命令，则所选幻灯片的主题效果更新，其他幻灯片则不变。若选择【应用于所有幻灯片】命令，则整个演示稿幻灯片均设置为所选主题。

3. **自定义主题设置**

虽然内置 Office 主题类型丰富，但不是所有的主题样式都能符合用户的要求，这时可以对内置主题进行自定义设置。

(1) 自定义主题颜色。

步骤1：选择【设计】选项卡，单击【变体】按钮，在弹出的下拉列表中选择【颜色】选项，在其级联列表中选择

【自定义颜色】选项，如图5.64所示。

步骤2：弹出【新建主题颜色】对话框，单击要定义的项目右侧的下拉按钮，然后在弹出的下拉列表中选择需要的颜色，设置完成后，在【名称】文本框中输入自定义颜色的名称，然后单击【保存】按钮，如图5.65所示。

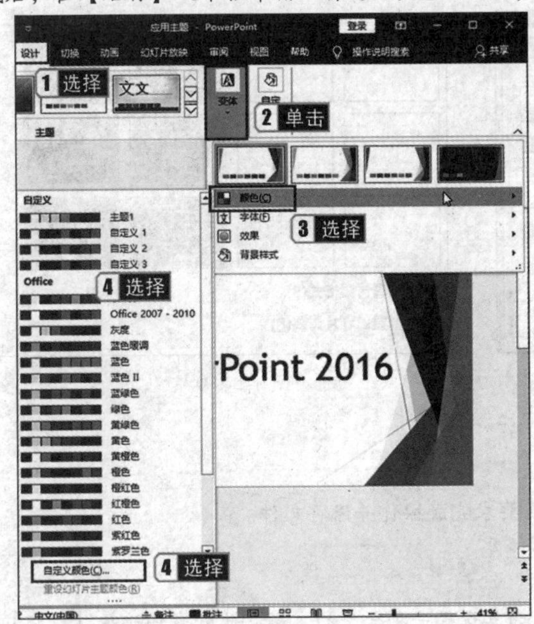

图5.64

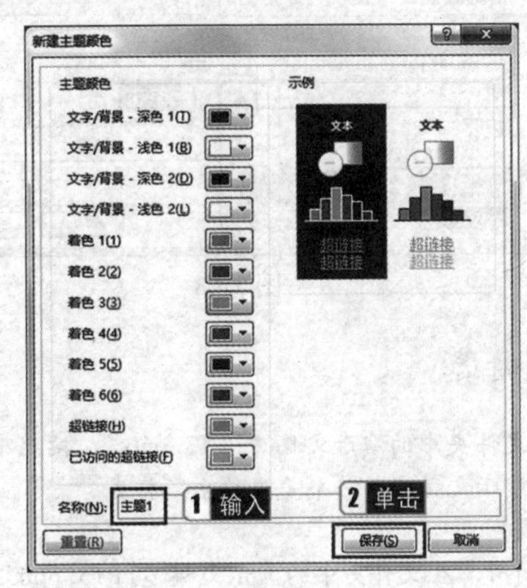

图5.65

步骤3：返回演示文稿中，在【颜色】下拉列表中可以看到刚添加的主题颜色，在自定义主题颜色上单击鼠标右键，在弹出的快捷菜单中可以选择相应的命令，如图5.66所示。

（2）自定义主题字体。

步骤1：选择【设计】选项卡，单击【变体】按钮，在弹出的下拉列表中选择【字体】选项，在其级联列表中选择【自定义字体】选项，如图5.67所示。

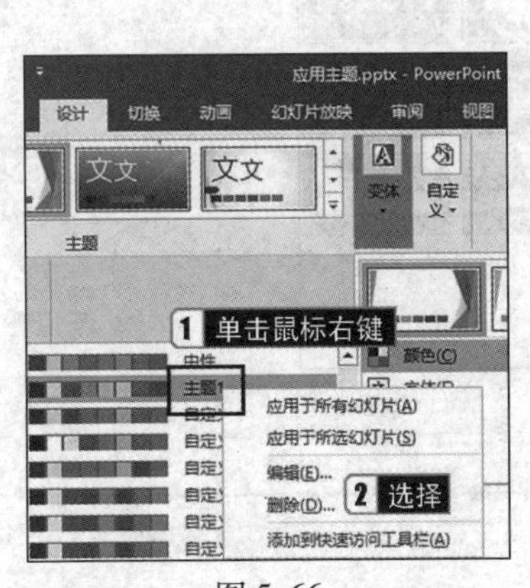

图5.66

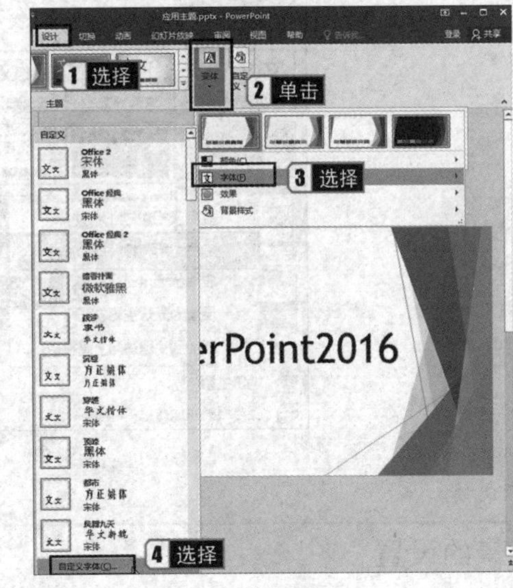

图5.67

步骤2：弹出【新建主题字体】对话框，单击【中文】选项组中的【标题字体（中文）】下拉列表框的下拉按钮，在弹出的下拉列表中选择【黑体】，如图5.68所示。

步骤3：使用相同的方法设置【正文字体（中文）】，在【示例】列表框中可以预览设置完成后的字体样式。然后输入新建主题字体的名称，最后单击【保存】按钮。

步骤4：返回到演示文稿中，在【字体】下拉列表中可以看到刚添加的主题字体。

（3）设置背景样式。

PowerPoint 2016为每个主题提供了12种背景样式，如图5.69所示。用户可以选择其中一种样式快速改变演示文稿中所有幻灯片的背景，也可以只改变某一幻灯片的背景。通常情况下，从列表中选择一种背景样式，则演示文稿的全部幻灯片均采用该背景样式。若只希望改变部分幻灯片的背景，则应选中要改变背景的幻灯片，然后在要选择的背景样式上单击鼠标右键，在弹出的快捷菜单中选择【应用于选定幻灯片】命令，选定的幻灯片即可采用该背景样式，而其他幻灯片不变。背景样式设置可以改变设有主题的幻灯片主题背景，也可以为未设置主题的幻灯片添加背景。

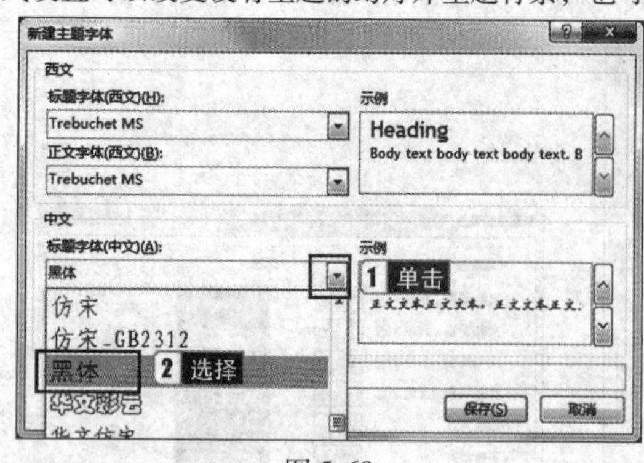

图 5.68

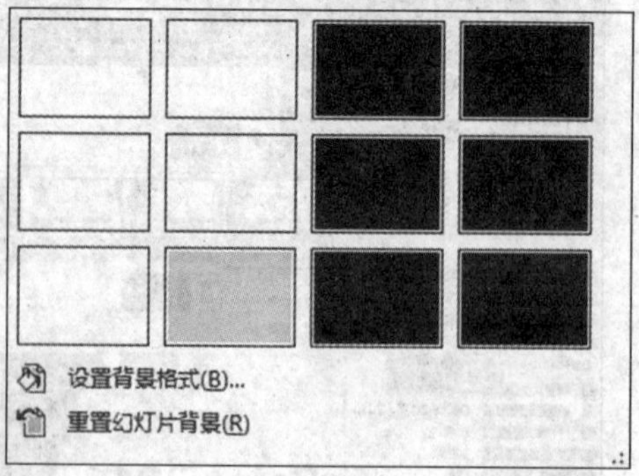

设置背景格式(B)...
重置幻灯片背景(R)

图 5.69

真题精选

打开考生文件夹中的演示文稿“PPT3. pptx”，按照下列要求完成操作并保存文件。

要求：为演示文稿应用一个美观的主题样式。

【操作步骤】

步骤 1：打开考生文件夹中的演示文稿“PPT3. pptx”，为其选择一种合适的主题，此处我们选择【丝状】；在预览图上右击，在弹出快捷菜单中选择【应用于所有幻灯片】，如图 5.70 所示。

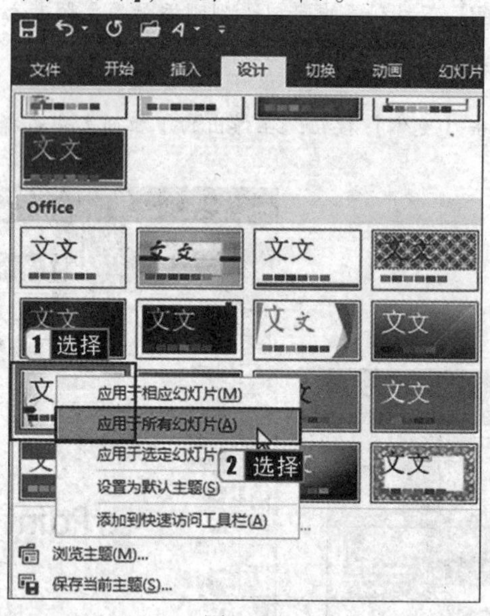

图 5.70

步骤 2：保存演示文稿。

考点 13 背景的设置

背景样式是当前演示文稿中主题颜色和背景样式的组合，主要用于设置主题背景，也可以用于设置幻灯片背景。背景设置主要在【设置背景格式】任务窗格中完成，应用其中的【填充】选项组，可以进行【纯色填充】【渐变填充】【图片或纹理填充】【图案填充】【隐藏背景图形】等操作。

> **真考链接**
>
> 该知识点属于考试大纲中要求掌握的内容，考核概率为 80%。考生需掌握演示文稿背景的设置方法。

1. 背景颜色的设置

在【设置背景格式】任务窗格中，提供了纯色填充和渐变填充两种填充方式。

（1）纯色填充。

步骤1：选择【设计】选项卡，单击【变体】按钮，在弹出的下拉列表中选择【背景样式】选项，在其级联列表中选择【设置背景格式】选项，如图5.71所示。

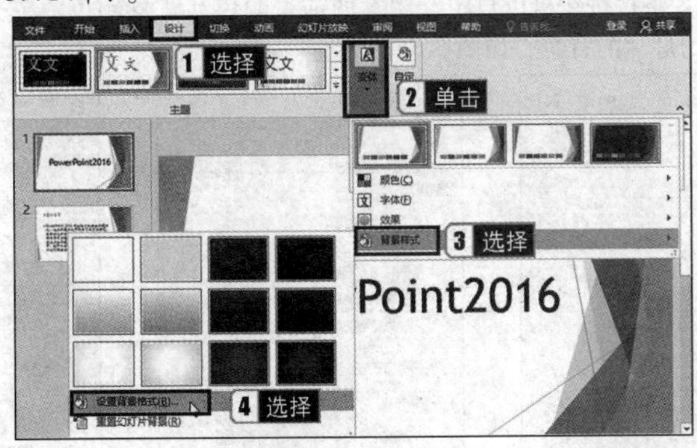

图5.71

步骤2：弹出【设置背景格式】任务窗格，选择【纯色填充】单选按钮。单击【颜色】下拉列表框的下拉按钮，在弹出的下拉列表中选择需要的背景颜色；也可以选择【其他颜色】选项，弹出【颜色】对话框，在该对话框中进行设置。拖动【透明度】滑块，可以改变颜色的透明度，如图5.72所示。

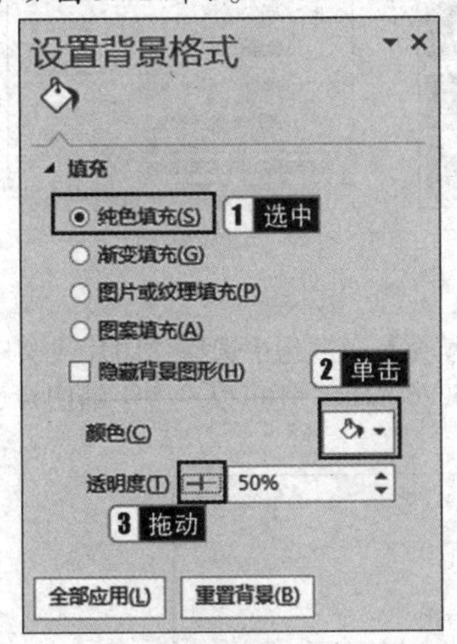

图5.72

步骤3：设置完成后，当前幻灯片即可应用该背景。如果单击【全部应用】按钮，则全部幻灯片应用该背景。

小提示

如果对设置的背景格式不满意，可在【设置背景格式】任务窗格中单击【重置背景】按钮，然后关闭任务窗格，则返回初始状态。

（2）渐变填充。

选择【渐变填充】单选按钮，可以选择预设的颜色进行填充，也可以自定义渐变颜色进行填充。

- 预设渐变：单击【预设渐变】下拉按钮，在弹出的下拉列表中选择一种预设渐变，如图5.73所示。
- 自定义渐变：在【类型】下拉列表框中选择一种渐变类型，如选择【射线】；单击【方向】下拉按钮，在弹出的下拉列表中选择一种渐变方向，如选择【从左下角】；在【渐变光圈】选项组中出现与所选颜色个数相等的渐变光圈个数，可以单击【添加渐变光圈】按钮或【删除渐变光圈】按钮添加或删除渐变光圈，或拖动【渐变光圈】滑块调节该渐变颜色；单击【颜色】下拉按钮，在弹出的下拉列表中，用户可以对背景的主题颜色进行相应的设置。此外，拖动【亮度】和【透明度】滑块，还可以设置背景的亮度和透明度，如图5.74所示。

小提示

关闭【设置背景格式】任务窗格，则所选背景颜色应用于当前幻灯片；单击【全部应用】按钮，则所选背景颜色应用于所有幻灯片；单击【重置背景】按钮，则撤销本次设置，恢复设置前的状态。

2. 图案填充

打开【设置背景格式】任务窗格，在【填充】选项组中选择【图案填充】单选按钮，在出现的图案列表中选择需要的图案。通过【前景】和【背景】下拉按钮可以自定义图案的前景颜色和背景颜色。单击【全部应用】按钮或关闭任务窗格，则所选择的图案即可成为幻灯片的背景，如图 5.75 所示。

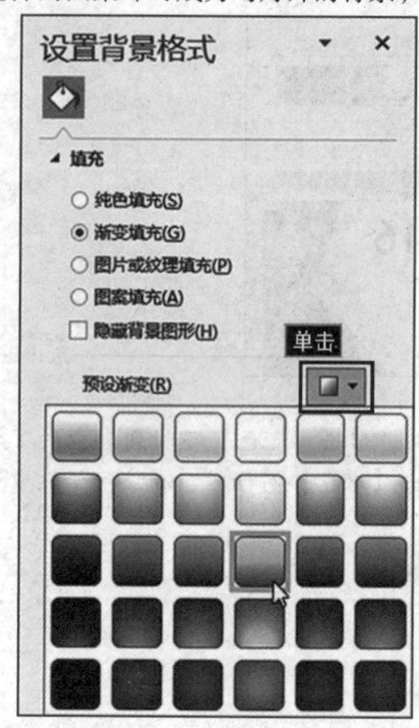

图 5.73

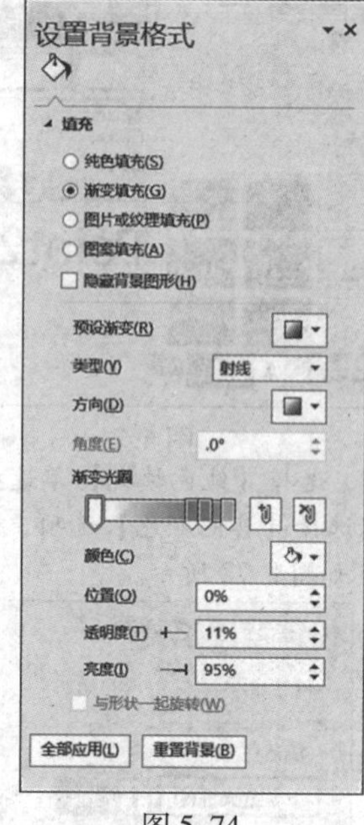

图 5.74

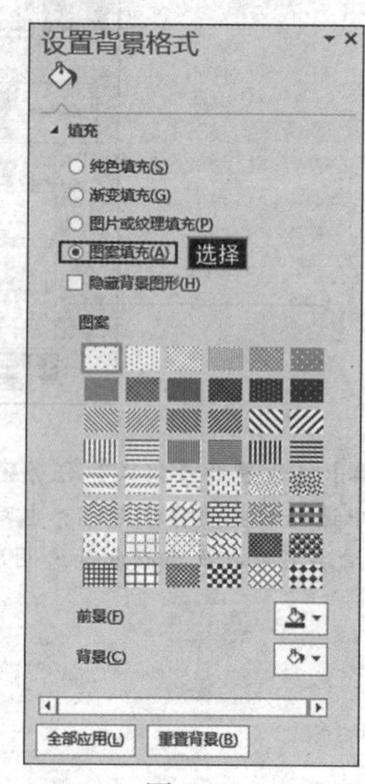

图 5.75

3. 纹理填充

打开【设置背景格式】任务窗格，在【填充】选项组中选择【图片或纹理填充】单选按钮，单击【纹理】下拉按钮，在弹出的下拉列表中选择需要的纹理，如图 5.76 所示。还可以设置平铺图片的偏移量、缩放比例、对齐方式和镜像类型，如图 5.77 所示。

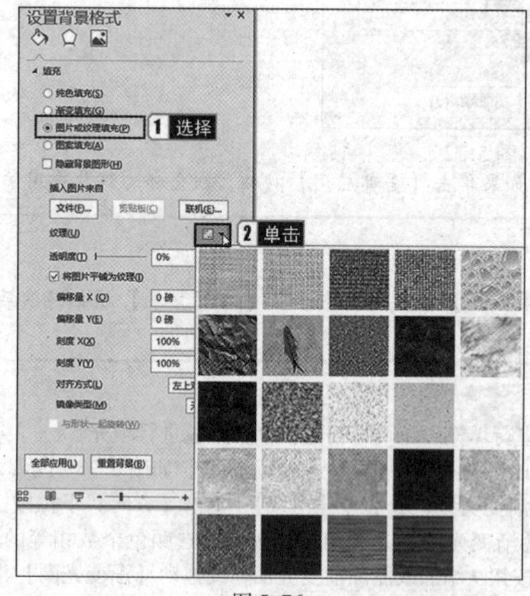

图 5.76

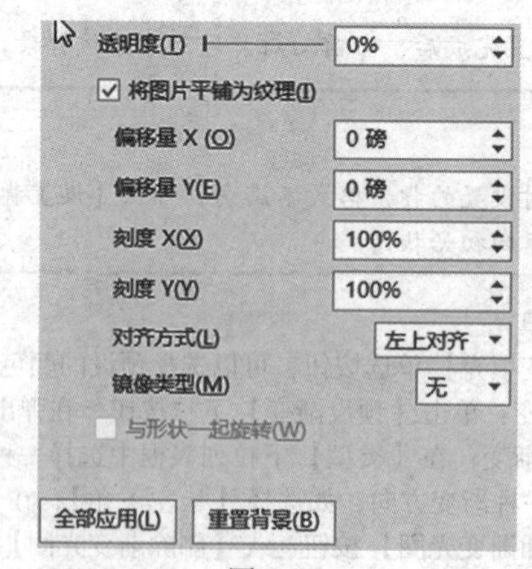

图 5.77

4. 图片填充

打开【设置背景格式】任务窗格，在【填充】选项组中选择【图片或纹理填充】单选按钮，在【插入图片来自】选项组中单击【文件】按钮。在弹出的【插入图片】对话框中选择需要的图片后，单击【插入】按钮。返回【设置背景格式】任务窗格，单击【应用到全部】按钮或关闭任务窗格，所选图片即可成为幻灯片的背景。也可以选择剪贴板中的图片填充背景，若已经设置主题，则所设置的背景可能被主题背景图形所覆盖，此时可以在【设置背景格式】任务窗格中选择【隐藏背景图形】复选框，如图 5.78所示。

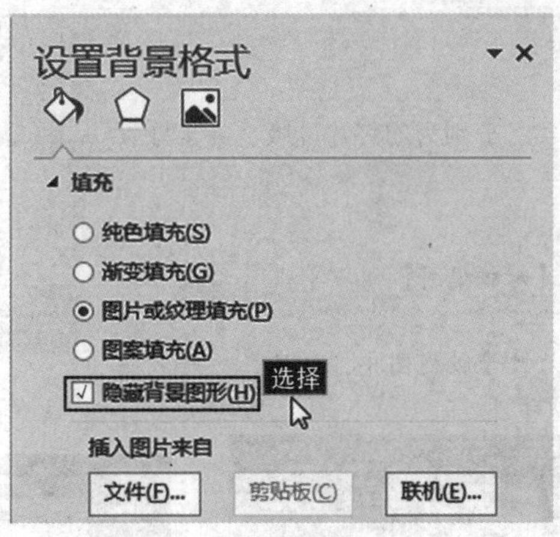

图 5.78

考点 14 对幻灯片应用水印

幻灯片背景会铺满整个幻灯片，而水印只占用幻灯片的一部分空间，通过淡化水印素材，或者更改大小和位置，可以使其不影响幻灯片的内容。

> **真考链接**
>
> 该知识点属于考试大纲中要求熟记的内容，考核概率为 20%。考生需熟记为幻灯片应用水印的方法。

1. 单张或部分幻灯片应用水印

为单张或部分幻灯片应用水印的具体操作步骤如下。

步骤 1：打开素材文件夹中的图书策划案. pptx，选择第 1 张幻灯片。

步骤 2：如果以图片作为水印，在【插入】选项卡的【图像】组中单击【图片】或【联机图片】按钮，选择合适的图片插入。如果以文本或艺术字作为水印，在【插入】选项卡的【文本】组中单击【文本框】或【艺术字】按钮，选择合适的内容插入。

步骤 3：调整图片或文字的大小和位置，并且调成浅色，以免遮挡幻灯片内容。

步骤 4：选中水印，单击鼠标右键，在弹出的快捷菜单中选择【置于底层】命令。

2. 所有幻灯片应用水印

要为演示文稿中的所有幻灯片添加水印，可在幻灯片母版视图中添加。例如，为图书策划案. pptx 中所有幻灯片插入艺术字“Microsoft Office”水印，并旋转一定的角度，具体的操作步骤如下。

步骤 1：在【视图】选项卡的【母版视图】组中单击【幻灯片母版】按钮，即可切换到母版视图。

步骤 2：在母版中选择第 1 张幻灯片，在【插入】选项卡的【文本】组中单击【艺术字】按钮，在弹出的下拉列表中选择一种艺术字样式，输入“Microsoft Office”。

步骤 3：选中新建的艺术字，使用拖动的方式旋转其角度。

步骤 4：在【幻灯片母版】选项卡的【关闭】组中单击【关闭母版视图】按钮，即可看到所有的幻灯片都添加了“Microsoft Office”水印，如图 5.79 所示。

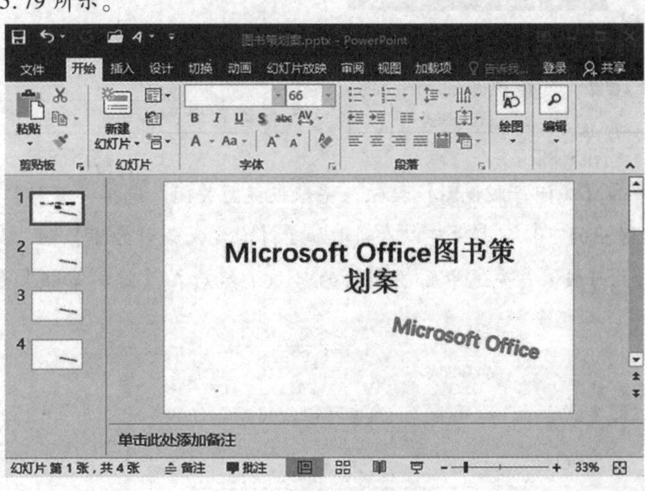

图 5.79

考点15　幻灯片母版制作

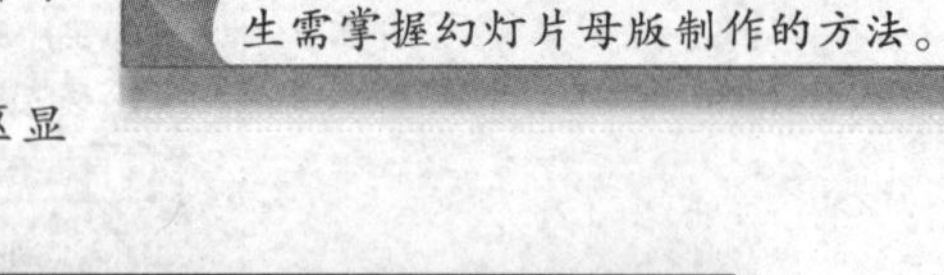

在PowerPoint 2016中，母版分为3类，分别为幻灯片母版、讲义母版以及备注母版。

1. 创建幻灯片母版

步骤1：选择【视图】选项卡，在【母版视图】组中单击【幻灯片母版】按钮，如图5.80所示。

步骤2：此时系统会自动切换至幻灯片母版视图中，并且在功能区显示【幻灯片母版】选项卡，如图5.81所示。

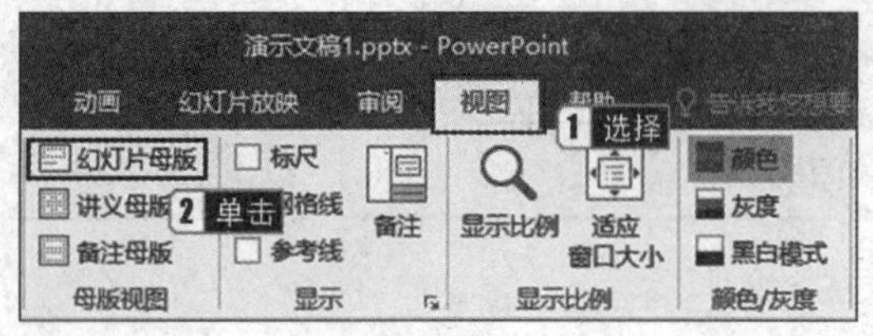

图5.80

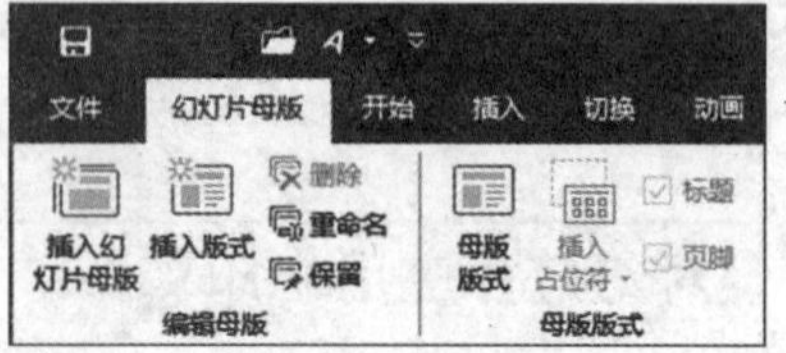

图5.81

2. 创建讲义母版

步骤1：选择【视图】选项卡，在【母版视图】组中单击【讲义母版】按钮。

步骤2：此时系统会自动切换至讲义母版视图中，并且在功能区显示【讲义母版】选项卡。

3. 创建备注母版

步骤1：选择【视图】选项卡，在【母版视图】组中单击【备注母版】按钮。

步骤2：此时系统会自动切换至备注母版视图中，并且在功能区显示【备注母版】选项卡。

4. 添加和删除幻灯片母版

幻灯片母版和普通幻灯片一样，也可以进行添加和删除操作，具体的操作步骤如下。

步骤1：新建一个幻灯片母版，在【幻灯片母版】选项卡的【编辑母版】组中单击【插入幻灯片母版】按钮，如图5.82所示。此时即可插入一张新的幻灯片母版，效果如图5.83所示。

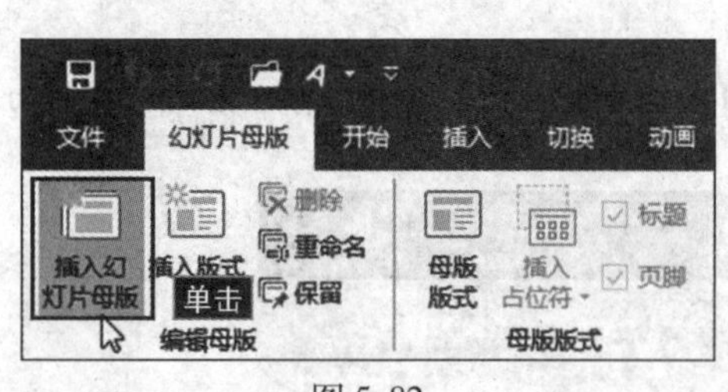

图5.82

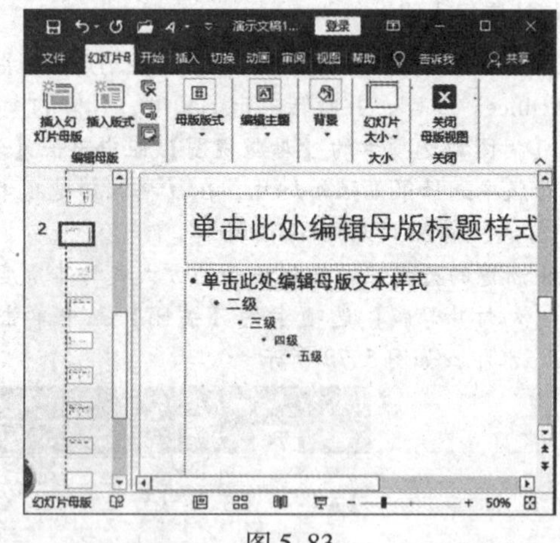

图5.83

步骤2：单击【关闭】组中的【关闭母版视图】按钮，将母版视图关闭。选择【开始】选项卡，在【幻灯片】组中单击【版式】按钮 版式▾，在弹出的下拉列表中可以看到增加了【自定义设计方案】组，如图5.84所示。

步骤3：如果需要删除幻灯片母版，首先选中需要删除的母版，然后在【编辑母版】组中单击【删除】按钮，如图5.85所示。

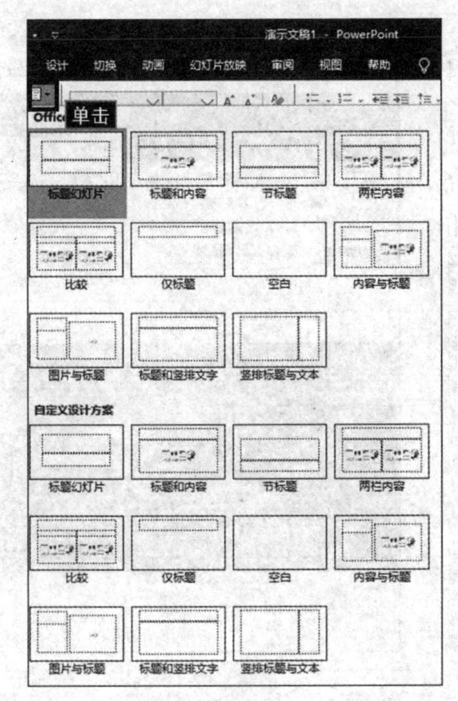

图 5.84

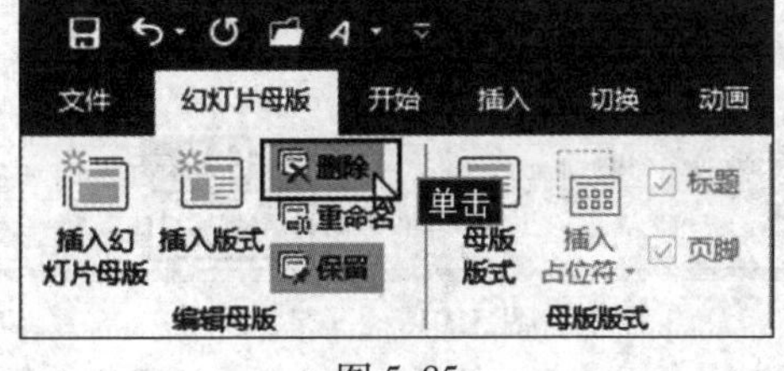

图 5.85

步骤 4：此时选择的幻灯片母版即被删除，如图 5.86 所示。再次打开【版式】下拉列表，可看到刚创建的【自定义设计方案】组已删除，如图 5.87 所示。

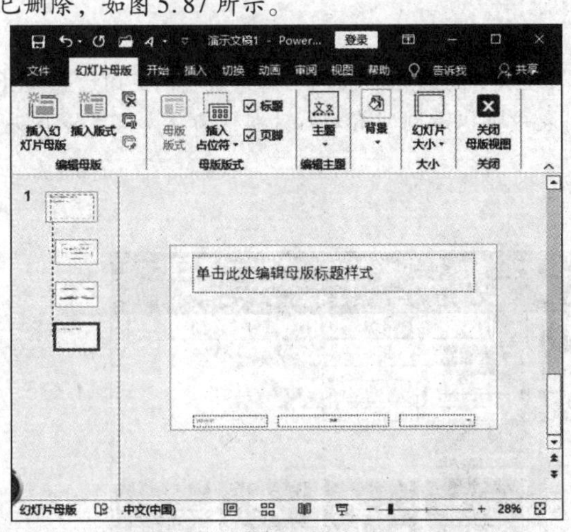

图 5.86

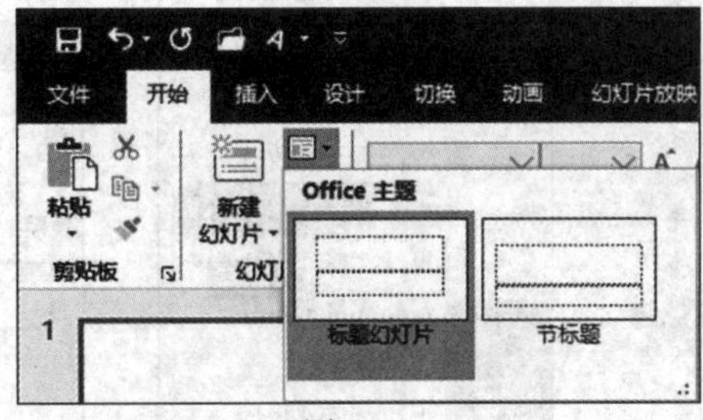

图 5.87

5. 重命名幻灯片母版

创建完幻灯片母版后，每张幻灯片版式都有属于自己的名称，可以对幻灯片进行重命名。

步骤 1：在【幻灯片母版】选项卡的【编辑母版】组中单击【重命名】按钮，如图 5.88 所示。

步骤 2：弹出【重命名版式】对话框，在【版式名称】文本框中输入新版式名称，然后单击【重命名】按钮，如图 5.89 所示。

6. 设置幻灯片母版的背景

幻灯片母版和普通幻灯片相同，也可以为其设置背景。

(1) 插入图片。

步骤 1：新建一个幻灯片母版，选择【插入】选项卡，在【图像】组中单击【图片】按钮，如图 5.90 所示。

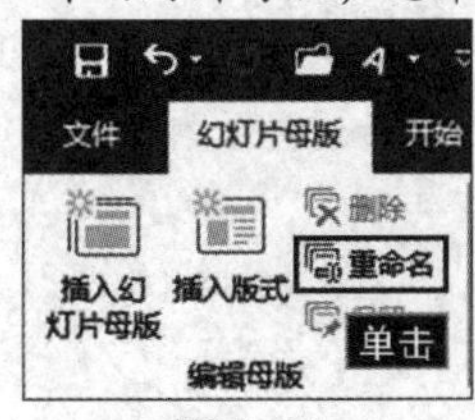

图 5.88

图 5.89

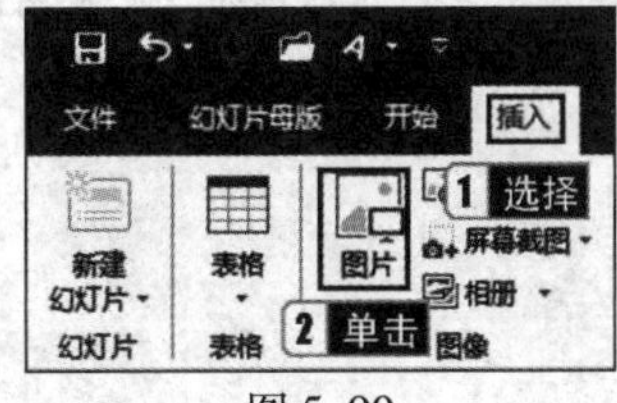

图 5.90

步骤2：弹出【插入图片】对话框，选择素材图片后，单击【插入】按钮，如图5.91所示。

步骤3：图片插入幻灯片中后，会出现【图片工具】，在其【格式】选项卡中可以对图片进行设置，如图5.92所示。

图5.91

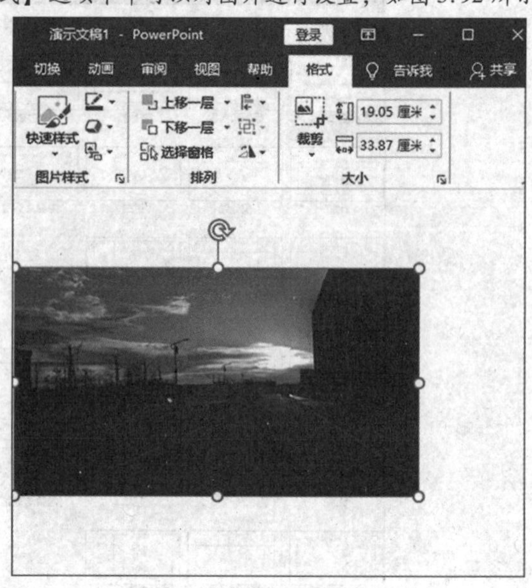

图5.92

步骤4：此时图片在最顶层，为保证作为背景的图片不会遮盖占位符中的内容，可以将该图片置于底层。选择背景图片，在【开始】选项卡的【绘图】组中单击【排列】按钮，在弹出的下拉列表中选择【置于底层】选项，如图5.93所示。

步骤5：设置完成后图片将位于最底层，占位符出现在背景图片上。

步骤6：单击【幻灯片母版】选项卡的【关闭】组中的【关闭母版视图】按钮，将母版视图关闭。选择【开始】选项卡，在【幻灯片】组中单击【版式】按钮，在弹出的下拉列表中可以看到所有幻灯片版式都添加了背景图片，如图5.94所示。

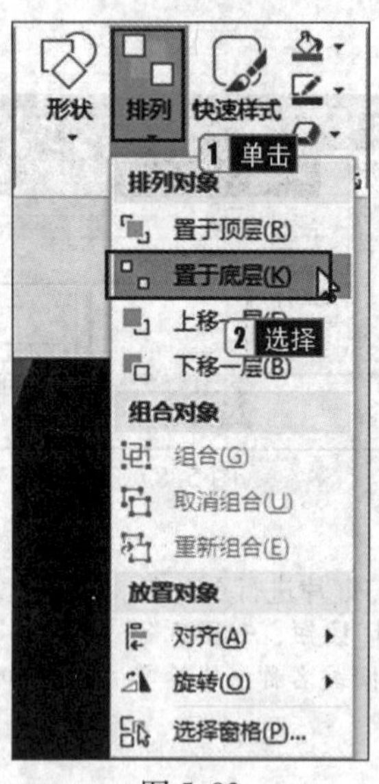

图5.93

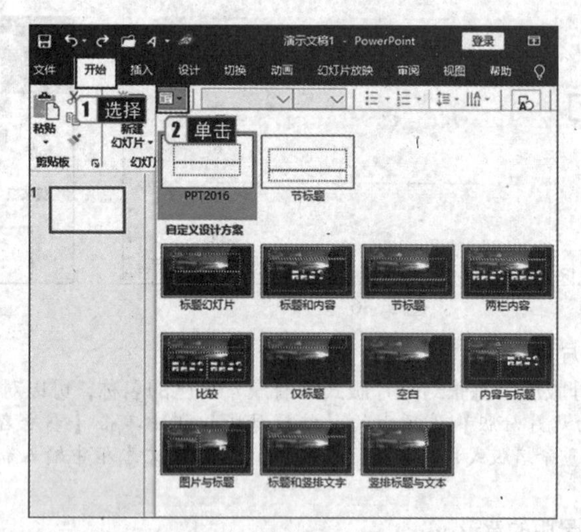

图5.94

(2) 插入联机图片。

步骤1：在【插入】选项卡的【图像】组中单击【联机图片】按钮，弹出图5.95所示的【插入图片】对话框。

步骤2：在【插入图片】对话框的【必应图像搜索】文本框中输入搜索文字，然后按“Enter”键，符合条件的图片即可被搜索出来，选择图片后单击【插入】按钮，如图5.96所示。

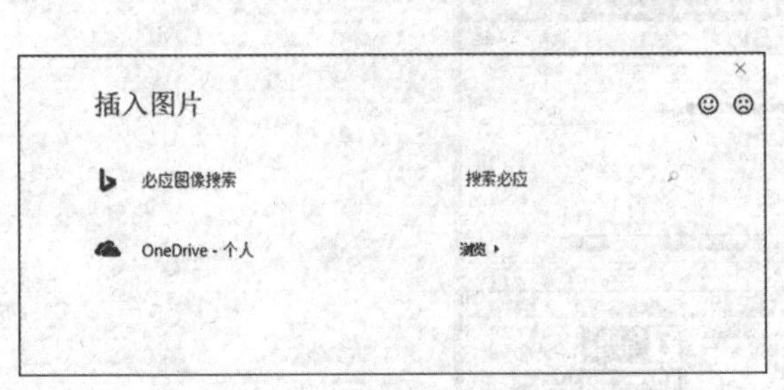

图 5.95

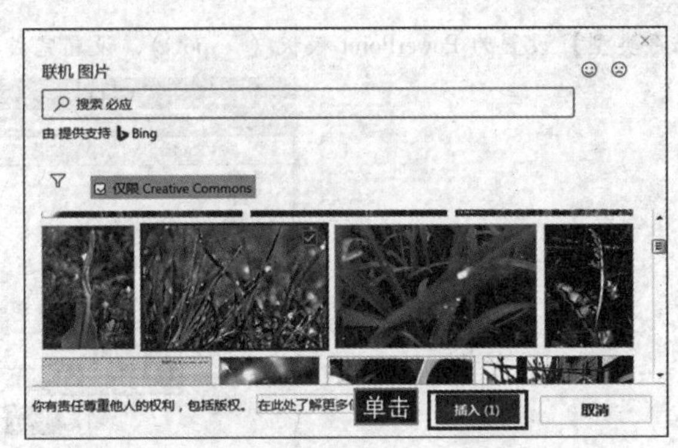

图 5.96

步骤 3：此时图片即可插入幻灯片中，调整其位置，并将其放置在背景图片上层，如图 5.97 所示。

步骤 4：此时图片在最顶层，为保证作为背景的图片不会遮盖占位符中的内容，同样可以将该图片置于底层。选择背景图片，在【图片工具】的【格式】选项卡中单击【排列】组中的【下移一层】下拉按钮，在弹出的下拉列表中选择【置于底层】选项，如图 5.98 所示。

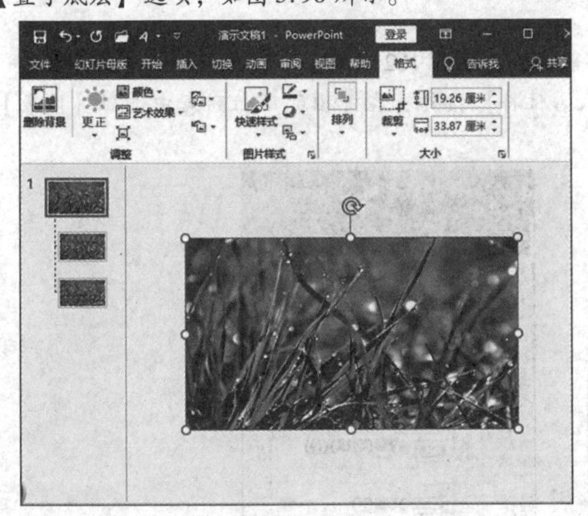

图 5.97

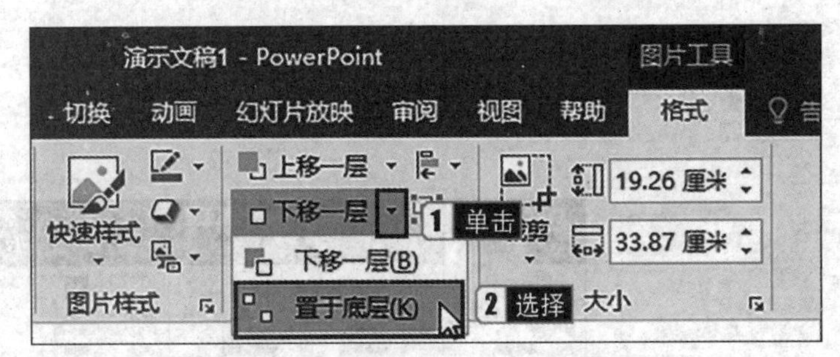

图 5.98

步骤 5：设置完成后图片将位于最底层，占位符出现在背景图片上方，如图 5.99 所示。

7. 幻灯片母版的保存

创建完幻灯片母版后，可以对其进行保存。具体的操作步骤如下。

步骤 1：在【文件】选项卡中选择【另存为】，如图 5.100 所示。

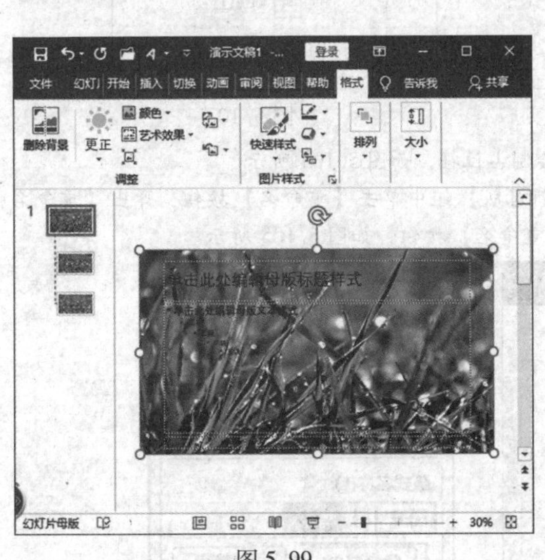

图 5.99

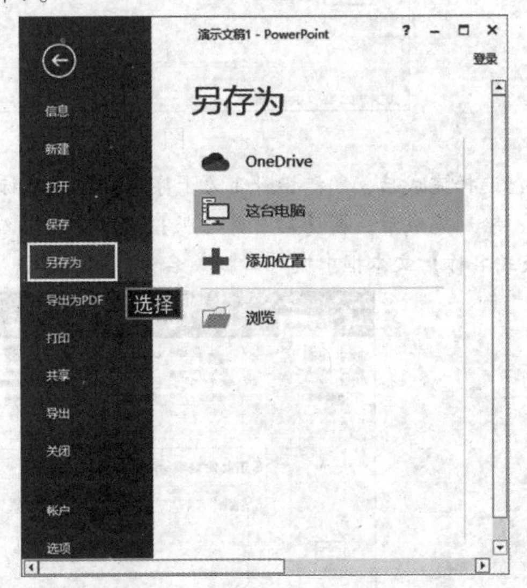

图 5.100

步骤 2：双击【这台电脑】按钮或者单击【浏览】按钮选择保存路径后，在弹出的【另存为】对话框中输入文件名，将【保存类型】设置为PowerPoint模板（*.potx），设置完成后单击【保存】按钮，如图5.101所示。

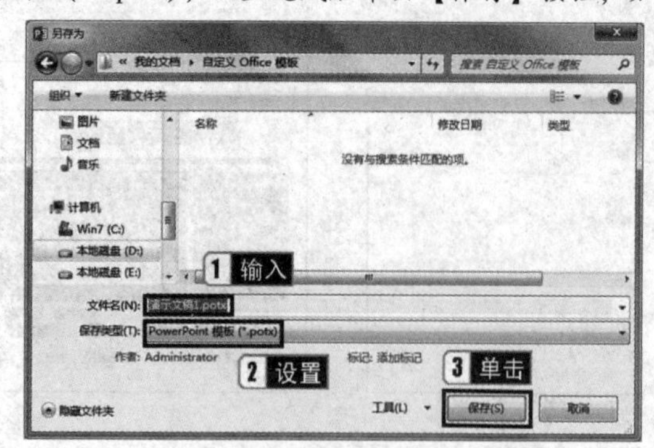

图5.101

8. **插入占位符**

占位符是幻灯片重要的组成部分。如果常用一种占位符，可以将其直接插入幻灯片母版中以方便操作，具体的操作步骤如下。

步骤1：进入幻灯片母版后，在幻灯片缩览窗口中选择【仅标题】版式，如图5.102所示。

步骤2：在【幻灯片母版】选项卡的【母版版式】组中单击【插入占位符】按钮，在弹出的下拉列表中选择【图表】选项，如图5.103所示。

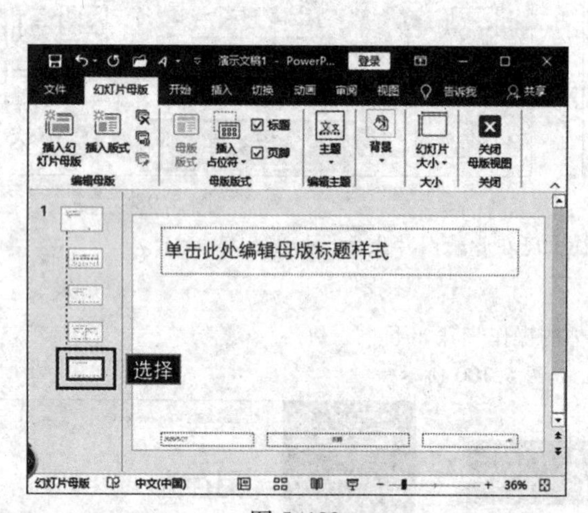

图5.102

图5.103

步骤3：选择完成后，鼠标指针变为十字形，拖曳鼠标绘制占位符，如图5.104所示。

步骤4：绘制完成后，在【幻灯片母版】选项卡的【编辑母版】组中单击【重命名】按钮，弹出【重命名版式】对话框，在【版式名称】文本框中输入新版式名称，然后单击【重命名】按钮，如图5.105所示。

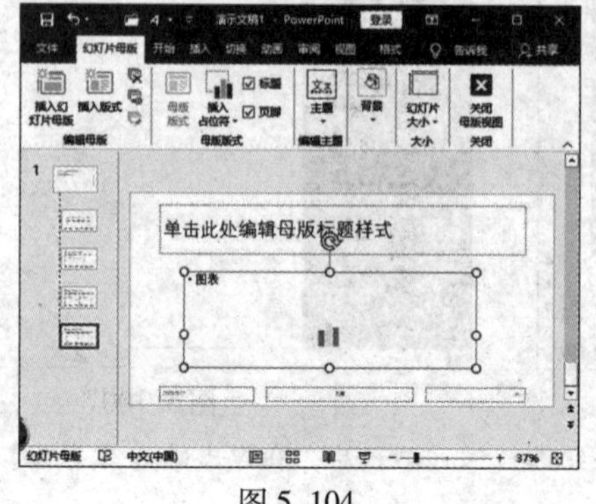

图5.104

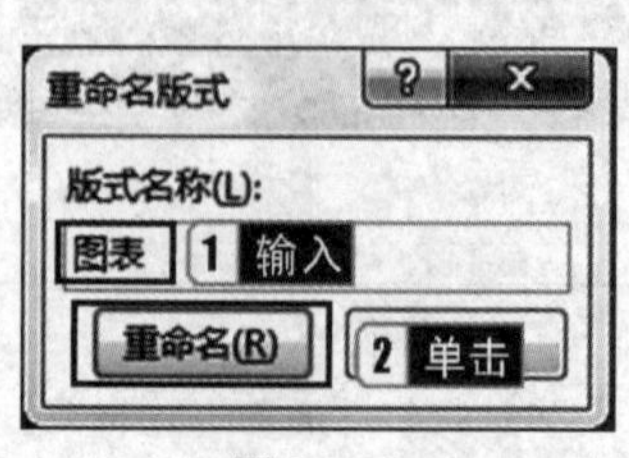

图5.105

步骤5：设置完成后单击【关闭】组中的【关闭母版视图】按钮，如图5.106所示。

步骤6：选择【开始】选项卡，在【幻灯片】组中单击【版式】按钮，在弹出的下拉列表中可以看到刚设置的幻灯片母版发生了改变。

步骤7：单击修改完成后的图表幻灯片，如图5.107所示，即可创建该版式幻灯片。

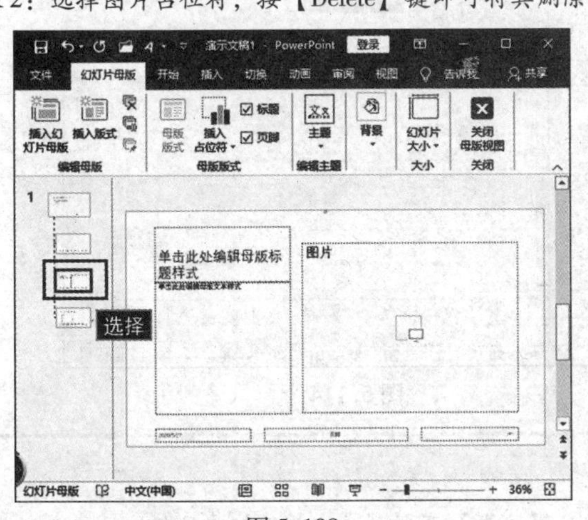

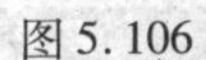
图5.106

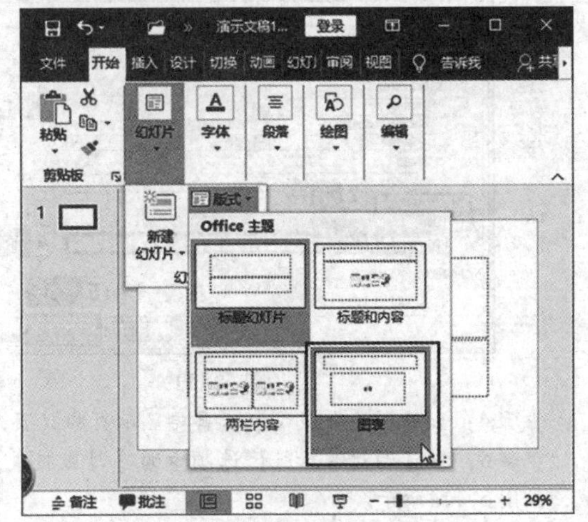

图5.107

9. 删除占位符

步骤1：插入母版后，在幻灯片缩览窗口选择【图片与标题】版式，如图5.108所示。

步骤2：选择图片占位符，按【Delete】键即可将其删除，如图5.109所示。

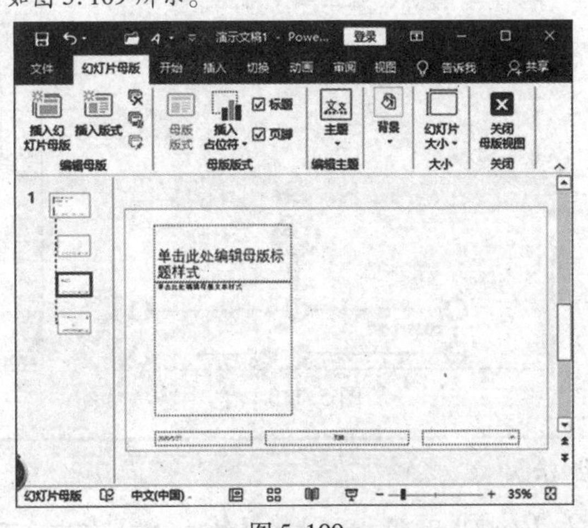

图5.108

图5.109

10. 页眉和页脚的设置

在幻灯片母版中包括页眉和页脚，当需要在每张幻灯片的页脚中都插入固定内容时，可以在母版中进行设置，从而省去单独添加内容的操作。同样，在不需要显示页眉或页脚时，也可以将其隐藏。

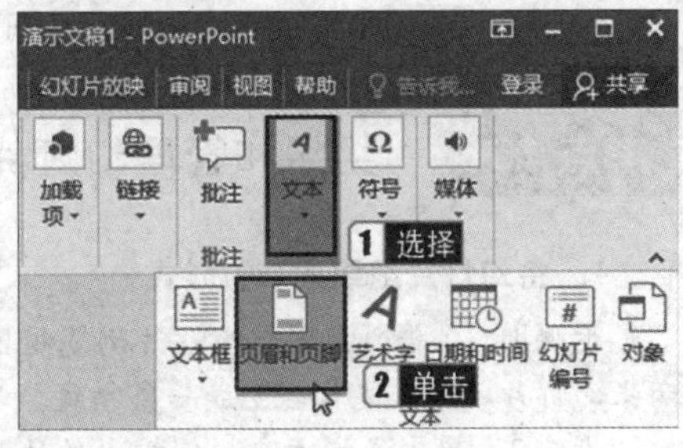

图5.110

步骤1：在普通视图中，在【插入】选项卡的【文本】组中单击【页眉和页脚】按钮，如图5.110所示。

步骤2：弹出【页眉和页脚】对话框，选择【日期和时间】【幻灯片编号】【页脚】复选框，并在【页脚】文本框中输入文本，单击【全部应用】按钮，如图5.111所示。

步骤3：此时对页眉和页脚的设置将应用到幻灯片母版中，创建幻灯片时，页脚处就会显示之前设置的内容，如图5.112所示。

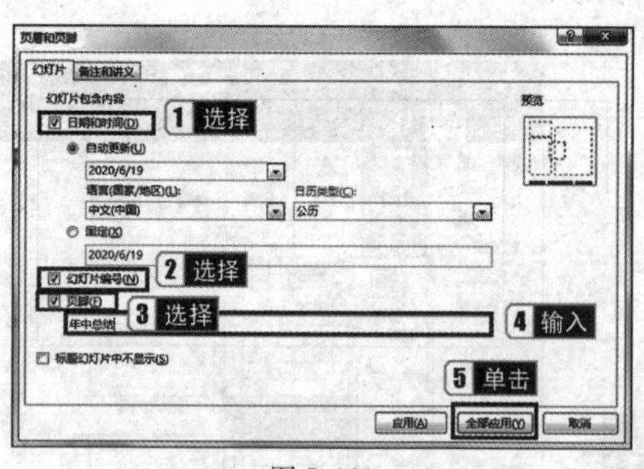

图 5.111

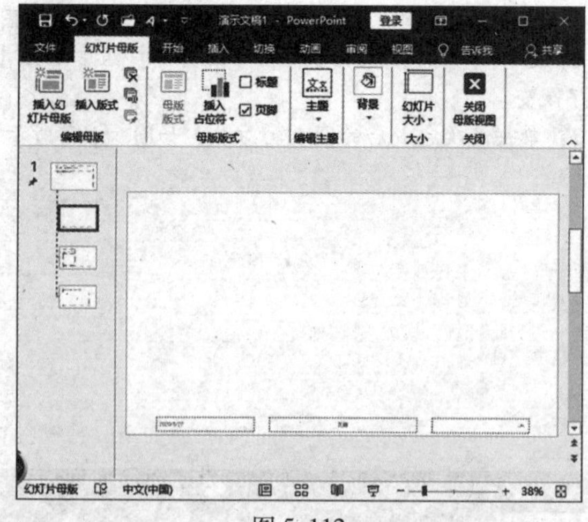

图 5.112

步骤 4：如果在某个版式中不需要显示页脚（页眉），可选中页脚（页眉），如图 5.113 所示。

步骤 5：在【幻灯片母版】选项卡的【母版版式】组中取消选择【页脚】（【页眉】）复选框，即可将页脚（页眉）隐藏，如图 5.114所示。

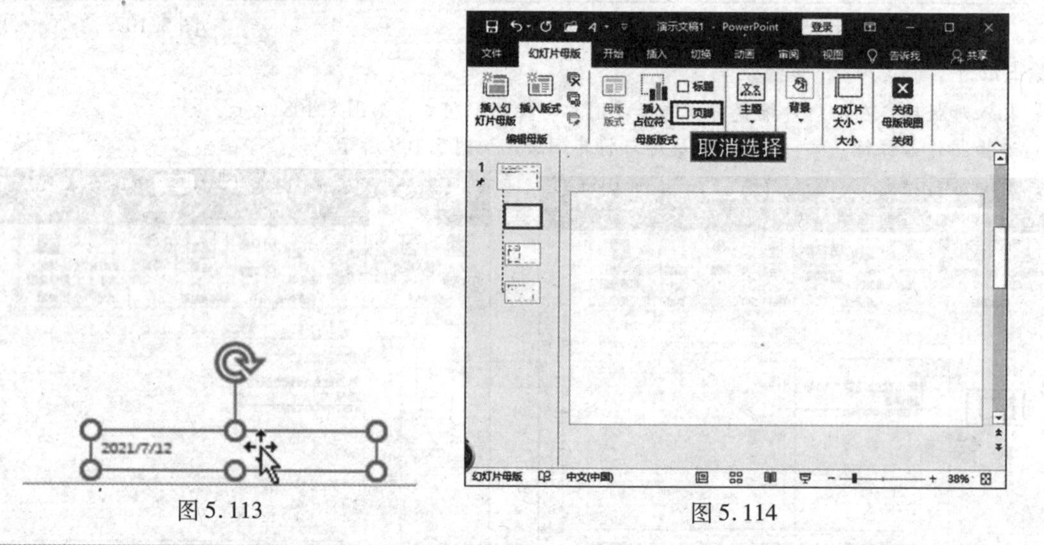

图 5.113　　图 5.114

小提示

在【幻灯片母版】选项卡的【编辑主题】组中，可以从【主题】下拉列表中为幻灯片母版选择一个新的主题，在【背景】组中，可以设置不同的背景样式，并且可以自定义母版主题颜色和字体。

考点 16 组织和管理幻灯片

真考链接

该知识点属于考试大纲中要求掌握的内容，考核概率为 90%。考生需掌握组织和管理幻灯片的方法。

1. 将幻灯片组织成节的形式

步骤 1：在普通视图或幻灯片浏览视图中，将光标定位在要新增节的两张幻灯片之间，光标会变成一条横线。

步骤 2：单击鼠标右键，在弹出的快捷菜单中选择【新增节】命令，如图 5.115所示，会在这两张幻灯片之间插入一个默认命名为【无标题节】的节导航条。

步骤 3：选中【无标题节】，单击鼠标右键，在弹出的快捷菜单中选择【重命名节】命令，如图 5.116 所示。弹出【重命名节】对话框，在【节名称】文本框中输入新的名称，单击【重命名】按钮。

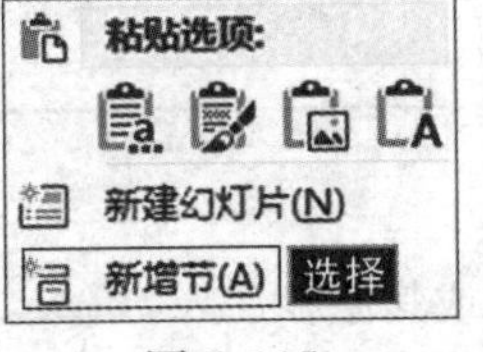

图 5.115

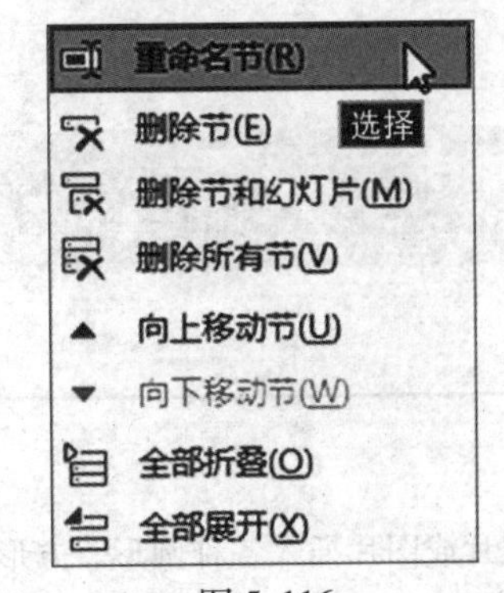

图 5.116

2. 添加幻灯片编号

为了区分幻灯片的顺序，或者方便打印、装订，一般需要为幻灯片添加顺序编号，具体的操作步骤如下。

步骤1：在普通视图下，在【插入】选项卡的【文本】组中单击【幻灯片编号】按钮，弹出【页眉和页脚】对话框。

步骤2：在弹出的对话框的【幻灯片】选项卡中，选择【幻灯片编号】复选框，如果不需要标题幻灯片中出现编号，则同时选择【标题幻灯片中不显示】复选框，如图5.117所示。

步骤3：如果只为当前选中的幻灯片添加编号，则单击【应用】按钮；如果为所有的幻灯片添加编号，则单击【全部应用】按钮。

> **小提示**
>
> 默认情况下，幻灯片编号自1开始。若要更改起始幻灯片编号，可在【设计】选项卡的【自定义】组中单击【幻灯片大小】按钮，在弹出的下拉列表中选择【自定义幻灯片大小】选项，弹出【幻灯片大小】对话框。在【幻灯片编号起始值】微调框中，设置新的起始编号，如图5.118所示，单击【确定】按钮。

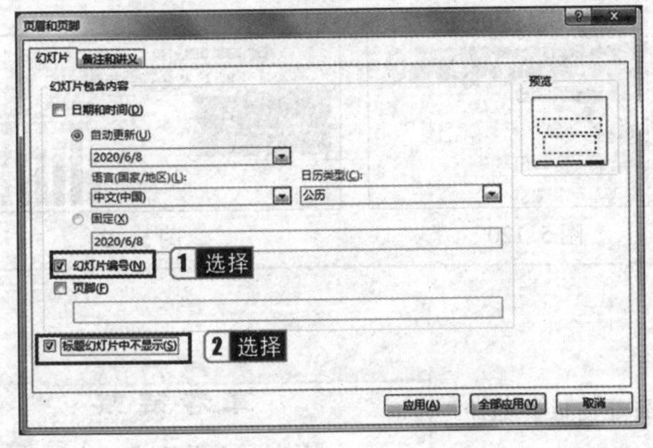

图 5.117

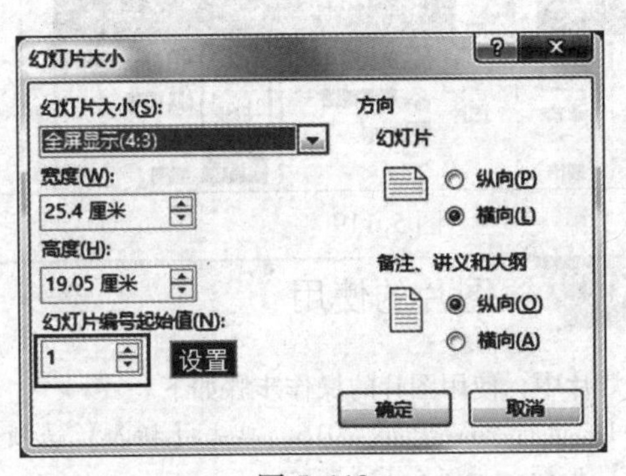

图 5.118

3. 添加日期和时间

在制作幻灯片的时候，有时需要把时间和日期也插入幻灯片，具体的操作步骤如下。

步骤1：在普通视图下，在【插入】选项卡的【文本】组中单击【日期和时间】按钮，弹出【页眉和页脚】对话框。

步骤2：在弹出的对话框的【幻灯片】选项卡中，选择【日期和时间】复选框，如果要每次打开演示文稿都更新到当前日期和时间，选择【自动更新】单选按钮；如果要显示固定不变的日期，选择【固定】单选按钮，如果不需要标题幻灯片中出现日期和时间，则同时选择【标题幻灯片中不显示】复选框。

步骤3：如果只为当前选中的幻灯片添加日期和时间，则单击【应用】按钮；如果为所有的幻灯片添加日期和时间，则单击【全部应用】按钮。

5.5 编辑幻灯片中的对象

考点 17 形状的使用

真考链接

该知识点属于考试大纲中要求掌握的内容，考核概率为30%。考生需掌握使用形状的方法。

制作幻灯片时，需要将一些照片或图片插入各种圆形、方形或其他形状中。具体的操作步骤如下。

步骤1：在【插入】选项卡的【插图】组中单击【形状】按钮，如图5.119所示。

步骤2：在弹出的下拉列表中选择【矩形】中的【圆角矩形】选项，在文档中绘制一个圆角矩形。

步骤3：用鼠标右键单击形状，在弹出的快捷菜单中选择【编辑文字】命令，即可添加文字，如图5.120所示。

步骤4：在矩形框中输入“幻灯片”3个字，然后选中文字，出现设置文字格式的悬浮工具栏，利用该工具栏用户可以设置字体的大小、颜色等，如图5.121所示。

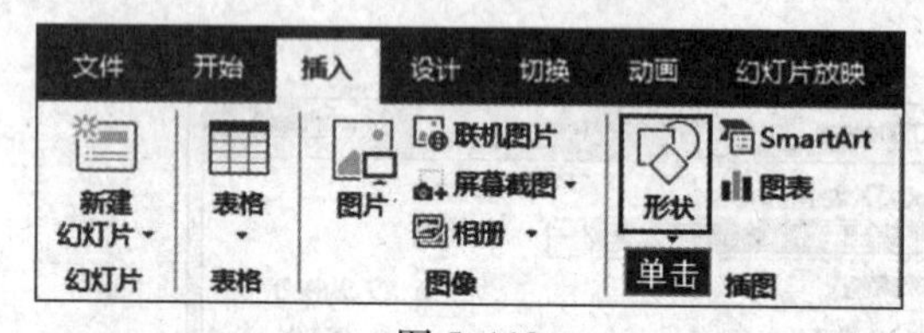

图5.119

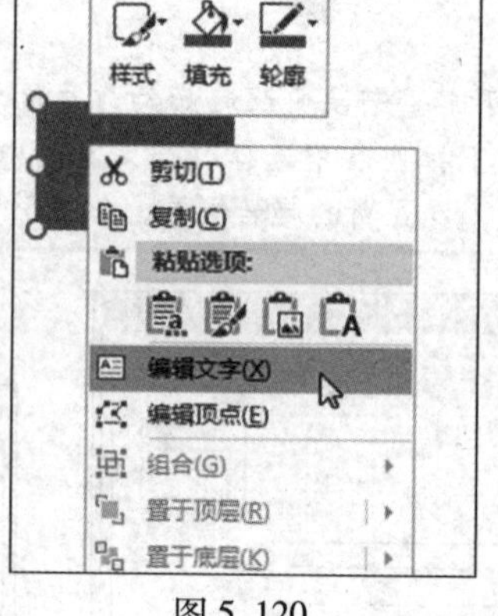

图5.120

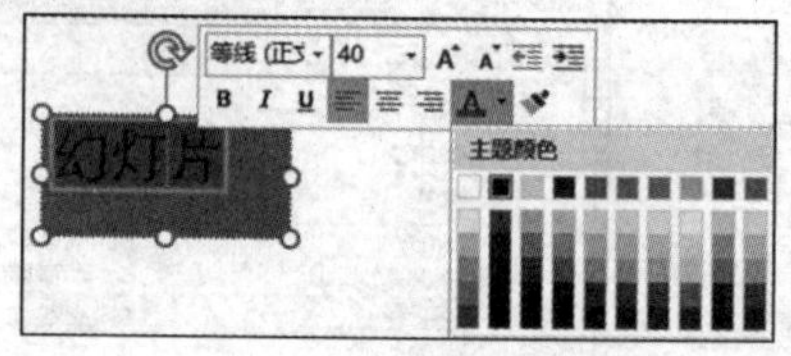

图5.121

考点 18 图片的使用

真考链接

该知识点属于考试大纲中要求掌握的内容，考核概率为80%。考生需掌握图片的使用方法。

在幻灯片中，使用图片的操作步骤如下。

步骤1：运行PowerPoint 2016，单击【插入】选项卡的【图像】组中的【图片】按钮，如图5.122所示。

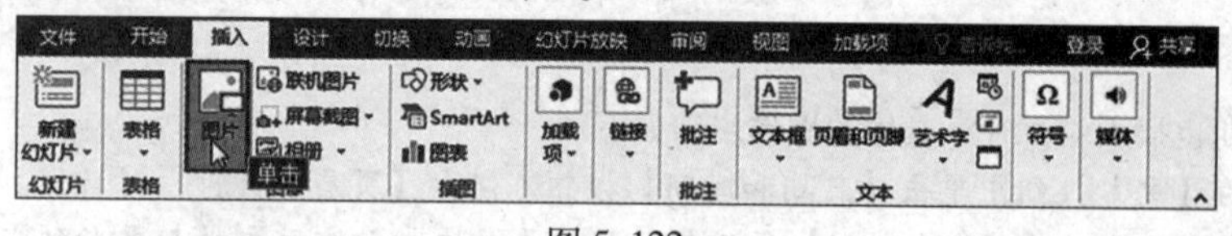

图5.122

步骤2：在弹出的【插入图片】对话框中，选择素材文件夹中的003.jpg，如图5.123所示。

步骤3：如果插入的图片的亮度、对比度、清晰度没有达到要求，可以在【图片工具】的【格式】选项卡中单击【调整】组的【更正】按钮，如图5.124所示。

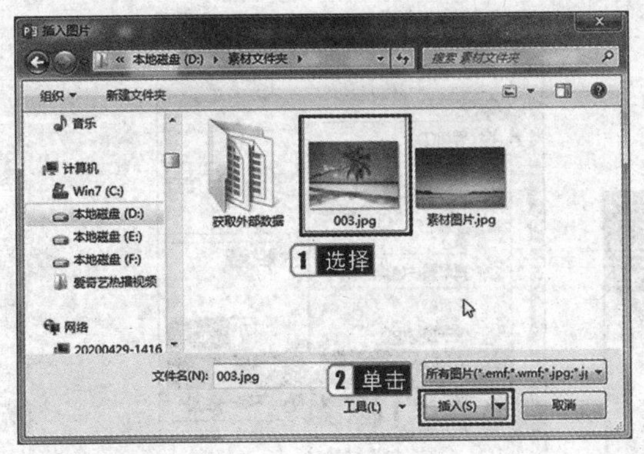

图 5.123

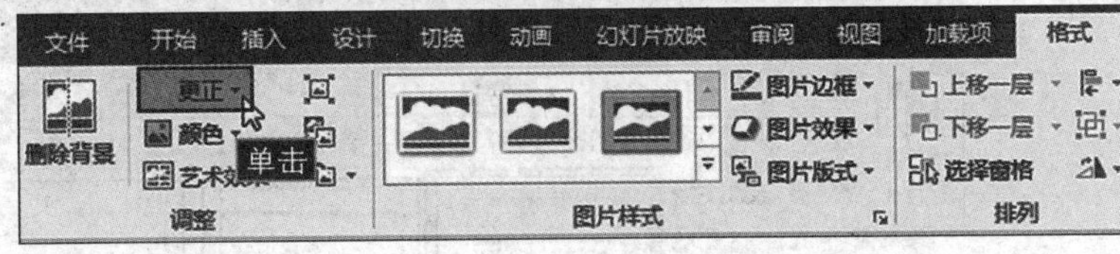

图 5.124

步骤4：在弹出的下拉列表中选择需要的图片，即可更改图片的亮度、对比度和清晰度。

步骤5：如果图片的色彩饱和度、色调不符合要求，可以单击【调整】组的【颜色】按钮，如图5.125所示。

图 5.125

步骤6：在打开的下拉列表中进行调整即可。

步骤7：如果要为图片添加特殊效果，可以单击【调整】组的【艺术效果】按钮，如图5.126所示。

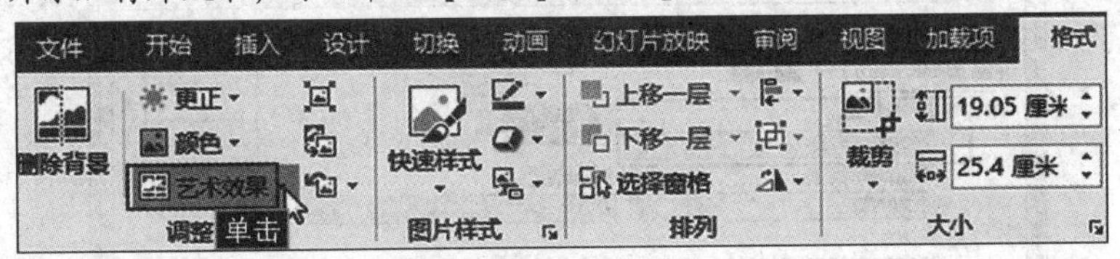

图 5.126

步骤8：在打开的下拉列表中选择需要的效果。

真题精选

打开考生文件夹中的演示文稿“PPT4. pptx”，按照下列要求完成操作并保存文件。

将第1张幻灯片的版式设为“标题幻灯片”，在该幻灯片的右下角插入任意一幅图片；在每张幻灯片的左上角添加协会的标志图片Logo1. png，设置其位于最底层以免遮挡标题文字。除标题幻灯片外，其他幻灯片均包含幻灯片编号，自动更新的日期格式为××××年××月××日。

【操作步骤】

步骤1：选择第1张幻灯片，在【开始】选项卡的【幻灯片】组中单击【版式】按钮，在弹出的下拉列表中选择【标题幻灯片】，如图5.127所示。

步骤2：选择【插入】选项卡，在【图像】组中单击【联机图片】按钮，添加任意一幅图片，将其放置在该幻灯片的右下角。

步骤3：在【视图】选项卡的【母版视图】组中单击【幻灯片母版】按钮，切换到幻灯片母版视图，选中第1个母版视图，在【插入】选项卡的【图像】组中单击【图片】按钮，选择考生文件夹中的Logo1. png文件，单击【插入】按钮，适当调整该图片的位置，使其位于母版页面的左上角。

步骤4：选中插入的图片文件，单击鼠标右键，在弹出的快捷菜单中选择【置于底层】→【置于底层】命令，如图5.128所示。

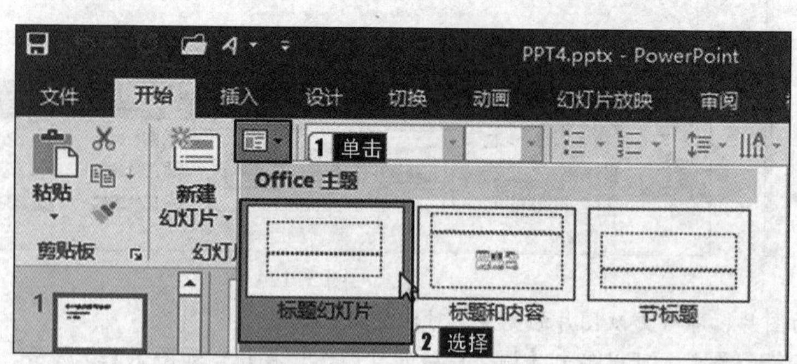

图 5.127

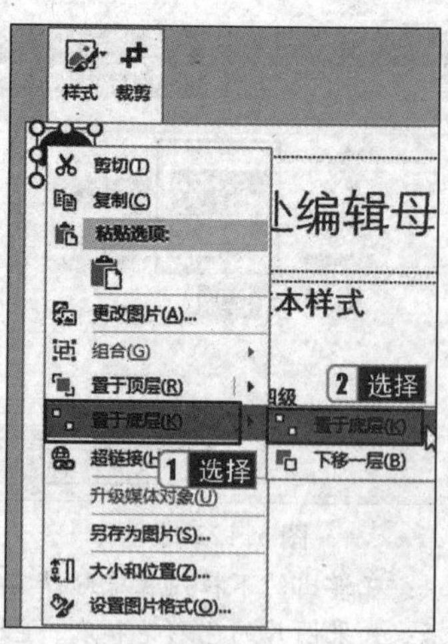

图 5.128

步骤 5：单击【幻灯片母版】选项卡中的【关闭母版视图】按钮。

步骤 6：在【插入】选项卡的【文本】组中单击【幻灯片编号】按钮，弹出【页眉和页脚】对话框，选择【日期和时间】复选框，在【自动更新】下拉列表框中，选择【年月日】日期格式，选择【幻灯片编号】和【标题幻灯片中不显示】复选框，设置完成后单击【全部应用】按钮，如图 5.129 所示。

步骤 7：保存演示文稿。

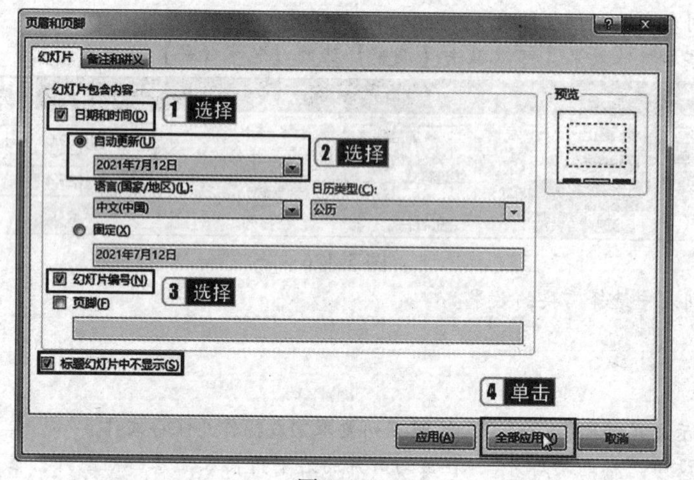

图 5.129

考点 19 相册的使用

利用 PowerPoint 2016 可以创建电子相册，具体的操作步骤如下。

步骤 1：在【插入】选项卡的【图像】组中单击【相册】按钮下方的下拉按钮，在弹出的下拉列表中选择【新建相册】选项。

步骤 2：在弹出的【相册】对话框中单击【文件/磁盘】按钮，如图 5.130 所示，在弹出的【插入新图片】对话框中选中需要插入的图片，单击【插入】按钮，返回【相册】对话框。

> **真考链接**
>
> 该知识点属于考试大纲中要求掌握的内容，考核概率为 30%。考生需掌握相册的使用方法。

步骤 3：在【相册版式】选项组的【图片版式】下拉列表框中可选择每张幻灯片包含的图片张数，如选择【4 张图片】。

步骤 4：在【相册版式】选项组的【相框形状】下拉列表框中可设置每张图片的格式，如选择【简单框架，白色】。单击【主题】文本框右侧的【浏览】按钮，可在弹出的对话框中选择合适的主题，单击【创建】按钮。

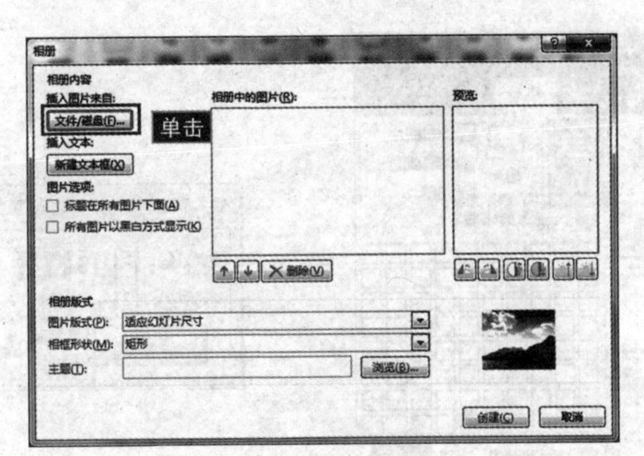

图 5.130

步骤 5：一个相册演示文稿即创建完成，可对相册进行对象编辑和切换、动画等设置。

考点 20 图表的使用

PowerPoint 2016 中提供的图表功能可以将数据和统计结果以各种图表的形式显示出来，使数据能更加直观、形象。

创建图表后，图表与创建图表的数据源之间就建立了联系，如果工作表中的数据源发生了变化，图表也会随之变化。具体的操作步骤如下。

步骤 1：打开 PowerPoint 2016，切换到【插入】选项卡。在【插图】组中单击【图表】按钮，如图 5.131 所示。

步骤 2：打开【插入图表】对话框，在左侧的图表模板类型列表框中选择需要创建的图表类型模板，在右侧的图表类型列表框中选择合适的图表，然后单击【确定】按钮，如图 5.132 所示。

真考链接

该知识点属于考试大纲中要求掌握的内容，考核概率为 60%。考生需掌握图表的使用方法。

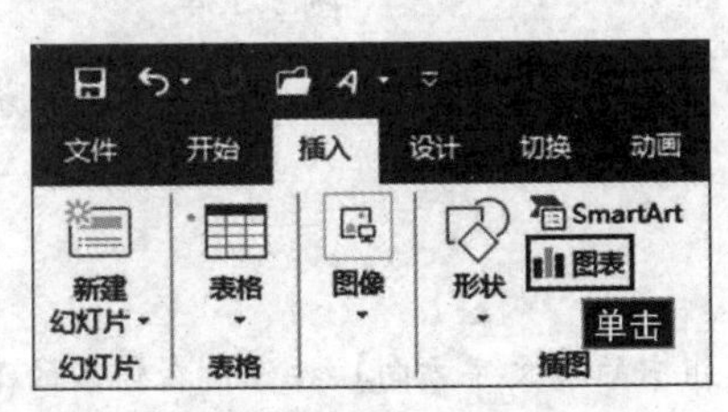

图 5.131

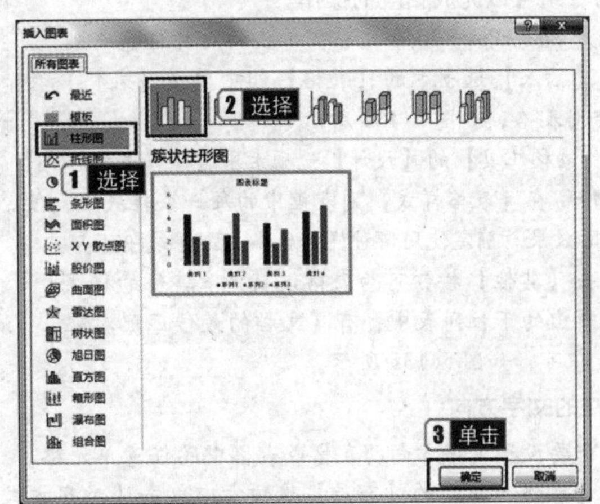

图 5.132

考点 21 表格的使用

1. 插入表格

插入表格的方法有以下 3 种。

（1）选择要插入表格的幻灯片，在【插入】选项卡中的【表格】组单击【表格】按钮，在弹出的下拉列表中选择【插入表格】命令，出现【插入表格】对话框，输入相应的行数和列数，单击【确定】按钮，如图 5.133 所示，即出现一个指定行数和列数的表格。拖曳表格的控制点，可以改变表格的大小；拖曳表格边框，可以定位表格。

真考链接

该知识点属于考试大纲中要求掌握的内容，考核概率为 90%。考生需掌握在幻灯片中插入表格的方法。

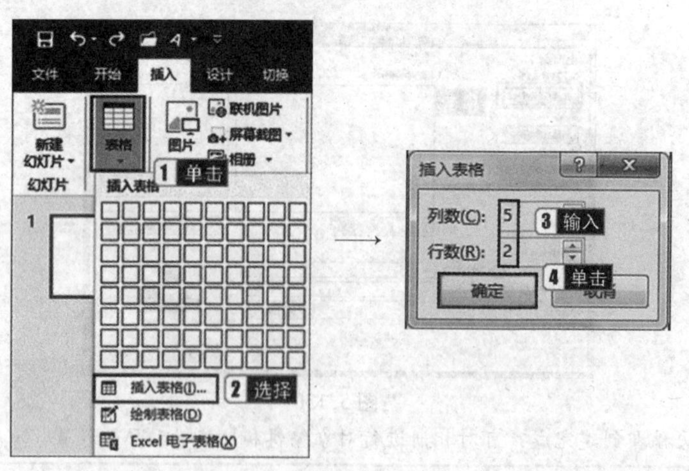

图 5.133

（2）选择要插入表格的幻灯片，单击【插入】选项卡的【表格】组【表格】按钮，弹出下拉列表，在其中的“插入表格”表格示意图中拖动鼠标指针确定行列数后单击，即可插入表格。

（3）在 PowerPoint 中插入新幻灯片并选择【标题和内容】版式，单击内容区中的【插入表格】图标，弹出【插入表格】对话框，输入相应的行数和列数即可创建表格。

2. **编辑表格**

插入表格后，可以编辑表格，如设置文本对齐方式、表格的大小和行高、列宽和删除行（列）等。选择要编辑的表格区域，利用【表格工具】的【设计】选项卡和【表格工具】的【布局】选项卡中的各命令组可以完成相应的操作。

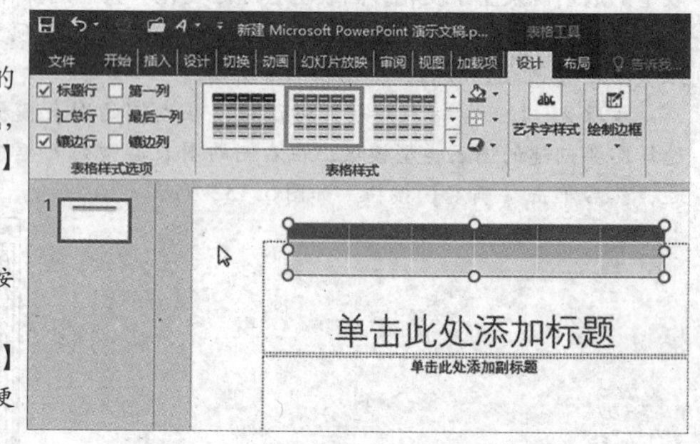

图 5.134

步骤 1：打开 PowerPoint 2016 文档，单击幻灯片任意一处。

步骤 2：在【插入】选项卡的【表格】组中单击【表格】按钮，在文档中绘制表格，如图 5.134 所示。

步骤 3：在【表格工具】的【设计】选项卡中选择【表格样式】组，将鼠标指针停留在【表格样式】列表框中的每一个样式上，便可以实时预览实际效果。确定使用哪种样式后单击该样式即可。

步骤 4：单击【其他】按钮可为表格设置更多其他的样式。

步骤 5：在弹出的下拉列表中，有【文档的最佳匹配对象】【淡】【中等色】【深色】选项组，用户根据需要，对表格进行相应的操作即可，如图 5.135 所示。

3. **设置表格的文字方向**

步骤 1：选中要设置文字方向的表格或表格中的任意单元格。

步骤 2：在【表格工具】的【布局】选项卡中单击【对齐方式】组中的【文字方向】按钮，在弹出的下拉列表中选择【堆积】，如图 5.136 所示。

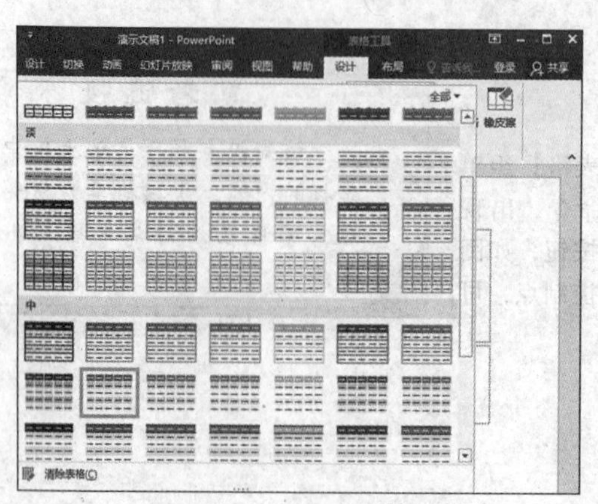

图 5.135

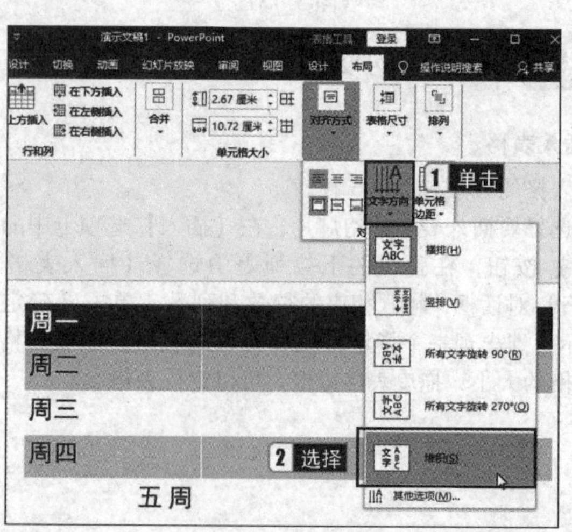

图 5.136

真题精选

打开考生文件夹中的演示文稿“PPT5. pptx”，按照下列要求完成操作并保存文件。

在标题为“2021 年同类图书销量统计”的幻灯片页中，插入一个 6 行 5 列的表格，列标题分别为“图书名称”“出版社”“作者”“定价”“销量”。

【操作步骤】

步骤 1：依据题意选中第 6 张幻灯片，在【插入】选项卡的【表格】组中单击【表格】下拉按钮，在弹出的下拉列表中选择【插入表格】选项，弹出【插入表格】对话框，在【列数】微调框中输入“5”，在【行数】微调框中输入“6”。

步骤 2：单击【确定】按钮，即可在幻灯片中插入一个 6 行 5 列的表格，如图 5. 137 所示。

图 5. 137

步骤 3：在表格的第 1 行中依次输入列标题“图书名称”“出版社”“作者”“定价”“销量”。

步骤 4：保存演示文稿。

考点 22 SmartArt 图形的使用

用户可以从多种不同布局中选择 SmartArt 图形。SmartArt 图形能够清楚地表现层级关系、附属关系、循环关系等。

真考链接

该知识点属于考试大纲中要求重点掌握的内容，考核概率为 100%。考生需牢固掌握 SmartArt 图形的使用方法。

1. 插入 SmartArt 图形

插入 SmartArt 图形的具体操作步骤如下。

步骤 1：选择要插入 SmartArt 图形的幻灯片，单击【插入】选项卡，在【插图】组中单击【SmartArt】按钮。

步骤 2：在弹出的对话框中即可根据需要进行选择，选择完成后单击【确定】按钮，如图 5. 138 所示。

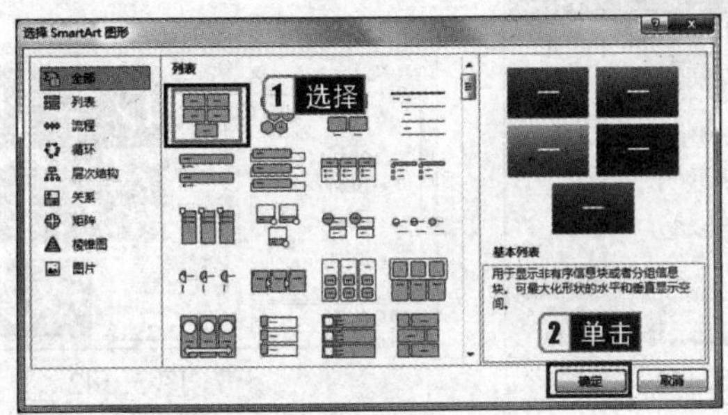

图 5. 138

2. 改变 SmartArt 图形的颜色和样式

用户还可对 SmartArt 图形的颜色和样式进行更改，具体的操作步骤如下。

步骤 1：首先选中插入的 SmartArt 图形，单击【SmartArt 工具】的【设计】选项卡，在【SmartArt 样式】组中单击【更改颜色】按钮，在弹出的下拉列表中选择所需的颜色，如图 5. 139 所示。

操作完成后，SmartArt 图形的颜色即被更改。

步骤 2：在【SmartArt 样式】组中单击【其他】按钮，在弹出的下拉列表中选择所需的样式即可。

3. 更改 SmartArt 某图形中的背景颜色

选择需要改变背景颜色的图形，单击【SmartArt 工具】的【格式】选项卡，在【形状样式】组中单击【形状填充】按钮，在弹出的下拉列表中选择所需的颜色，如图 5. 140 所示。

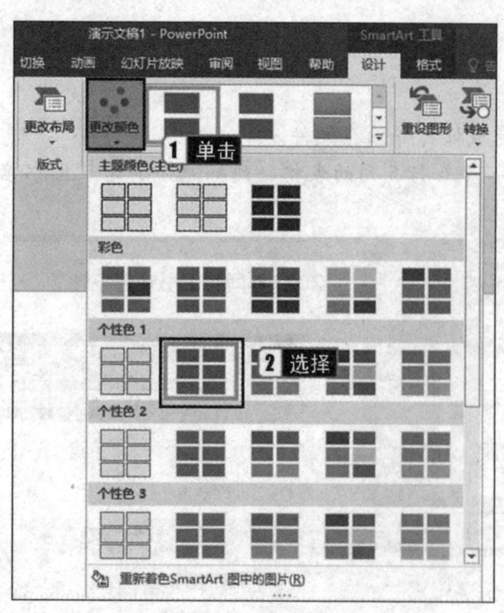

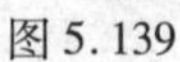

图 5.139

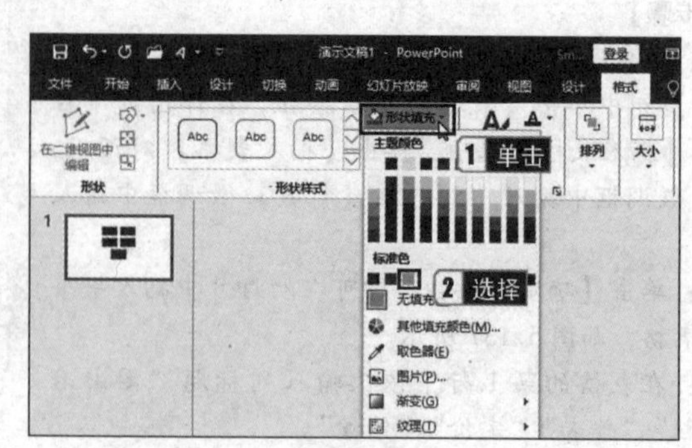

图 5.140

操作完成后，所选中图形的背景颜色即可改变。

4. 添加形状

步骤 1：选择某一 SmartArt 形状，单击【SmartArt 工具】的【设计】选项卡，在【创建图形】组中单击【添加形状】下拉按钮，如图 5.141 所示。

步骤 2：在弹出的下拉列表中选择一个选项，即可在选中形状的后面、前面、上方、下方等添加一个相同的形状。

5. 文本和图片的编辑

在幻灯片中添加 SmartArt 图形后，单击图形左侧显示的展开按钮，即可弹出文本窗口，在其中可为图形添加文字，如图 5.142 所示。

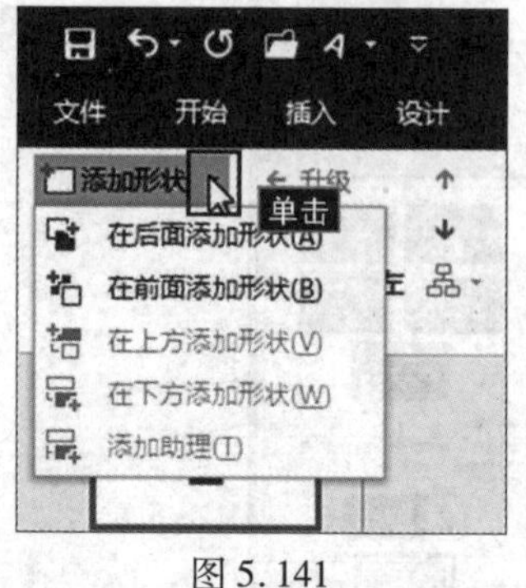

图 5.141

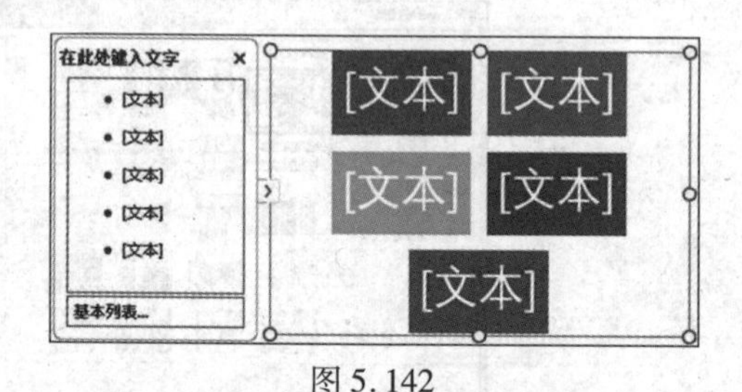

图 5.142

小提示

对于已经调整好级别的文本，可以选中文本并单击鼠标右键，在弹出的快捷菜单中选择【转换为 SmartArt】命令，从打开的图形列表中选择合适的 SmartArt 图形即可。

真题精选

打开考生文件夹中的演示文稿“PPT6. pptx”，按照下列要求完成操作并保存文件。

(1) 按照时间顺序将第 4 张幻灯片创立时间轴转换为 SmartArt 图形，并更改图形的样式、颜色。

(2) 参照样例文档组织结构图样例. jpg 所示，在第 5 张幻灯片中，根据右下方的文字内容在左侧的内容框中创建一个组织结构图，要求其布局与样例相同，并适当改变其样式及颜色。

【操作步骤】

(1) 步骤 1：打开 PPT6. pptx，切换到第 4 张幻灯片，选中右侧的内容占位符，在【开始】选项卡的【段落】组中单击【转换为 SmartArt】按钮，选择【其他 SmartArt 图形】，如图 5.143 所示，弹出【选择 SmartArt 图形】对话框，选择一种较为接近第 4 张幻灯片样例. jpg 中 SmartArt 图形的布局，此处选择【流程】组中的【圆箭头流程】，单击【确定】按钮，如图 5.144 所示。

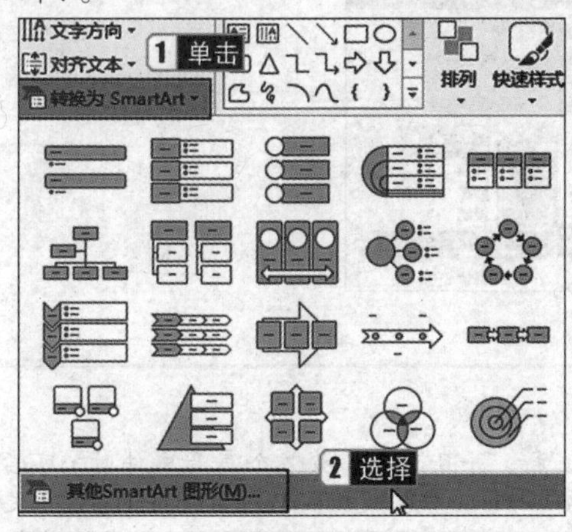

图 5.143

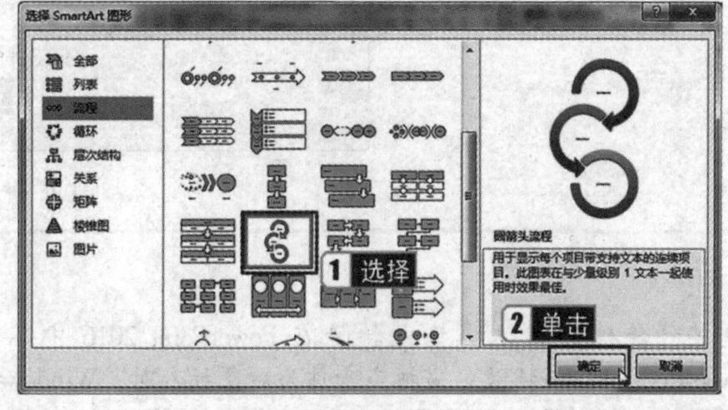

图 5.144

步骤 2：在插入的圆箭头流程图中，单击 SmartArt 左侧箭头按钮，显示"文本窗格"，选择第 1 段文字，在【SmartArt 工具】的【设计】选项卡中单击【创建图形】组中的【添加形状】下拉按钮，在弹出的下拉列表中选择【在下方添加形状】，如图 5.145 所示，然后根据第 4 张幻灯片样例. jpg 中的图形调整文本内容对应的位置，按上述操作完成下面第 2 段、第 3 段文字的修改。

步骤 3：选中 SmartArt 图形，在【SmartArt 工具】的【设计】选项卡的【SmartArt 样式】组中，为 SmartArt 图形更改一种较为接近素材第 4 张幻灯片样例中 SmartArt 图形的样式以及颜色（不能与默认样式及颜色相同）。

（2）步骤 1：参考考生文件夹中的样例文档组织结构图样例，在第 5 张幻灯片中将右下方的文字剪切到左侧的内容框中；选中左侧内容框，单击【开始】选项卡的【段落】组中的【转换为 SmartArt】按钮，在弹出的下拉列表中选择【其他 SmartArt 图形】命令，弹出【选择 SmartArt 图形】对话框，选择【层次结构】选项组中的【组织结构图】，单击【确定】按钮。

步骤 2：在插入的组织结构图中，单击 SmartArt 左侧箭头按钮，显示"文本窗格"，如图 5.146 所示，选择"总经理"图形，在【SmartArt 工具】的【设计】选项卡中单击【创建图形】组中的【添加形状】下拉按钮，在弹出的下拉列表中选择【添加助理】，然后剪切"经理助理"文本到助理图形中。

步骤 3：选中 SmartArt 图形，参考样例文档，在【SmartArt 工具】的【设计】选项卡的【SmartArt 样式】组中，为 SmartArt 图形更改一种样式以及颜色。

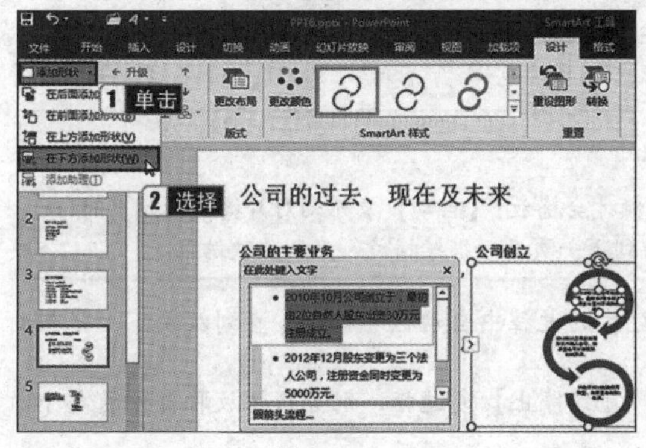

图 5.145

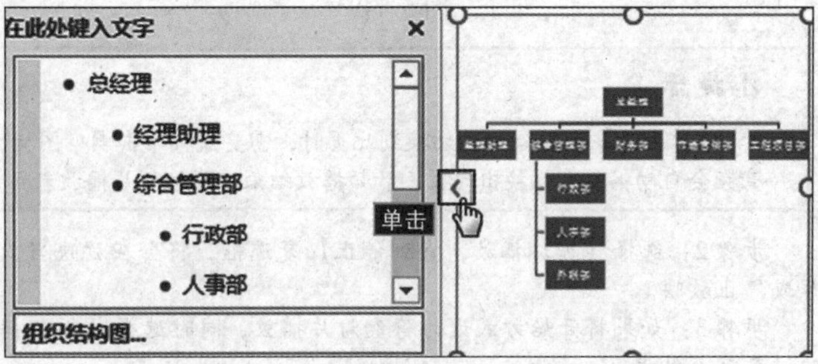

图 5.146

步骤 4：保存演示文稿。

考点 23 音频及视频的使用

1. 插入 PC 上的音频

步骤 1：选择要插入声音的幻灯片后，单击【插入】选项卡，在【媒体】组中单击【音频】下拉按钮，在弹出的下拉列表中选择【PC 上的音频】选项，如图 5.147 所示。

步骤 2：在弹出的对话框中选择需要插入的文件后单击【插入】按钮即可。

真考链接

该知识点属于考试大纲中要求掌握的内容，考核概率为 90%。考生需掌握音频及视频的使用方法。

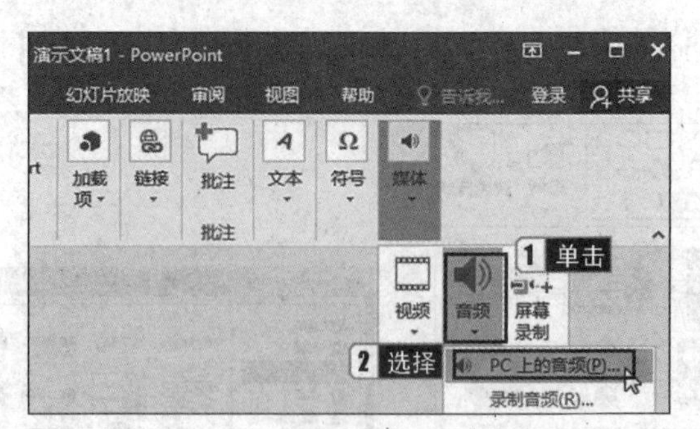

图 5.147

小提示

当某种特殊的媒体类型或特性在 PowerPoint 2016 中不被支持，并且不能播放某个声音文件时，可尝试用 Windows Media Player播放。当把声音作为对象插入时，Windows Media Player 能播放 PowerPoint 2016 中的多媒体文件。

2. 录制音频

步骤 1：选择要插入音频的幻灯片，在【插入】选项卡的【媒体】组中单击【音频】下拉按钮，在弹出的下拉列表中选择【录制音频】选项。

步骤 2：在弹出的【录制声音】对话框中单击 ● 按钮进行录音，单击 ■ 按钮停止录音，单击 ▶ 按钮播放声音，如图 5.148 所示。

步骤 3：单击【确定】按钮，即可将录音插入幻灯片中。

3. 设置音频的播放方式

在 PowerPoint 中，对插入幻灯片的音频文件，可以进行播放模式、播放时间等属性设置，具体的操作步骤如下。

步骤 1：选中音频图标，在【音频工具】的【播放】选项卡的【音频选项】组中，单击【开始】下拉按钮，从弹出的下拉列表中可以选择音频开始播放的方式为【单击时】或【自动】，如图 5.149 所示。

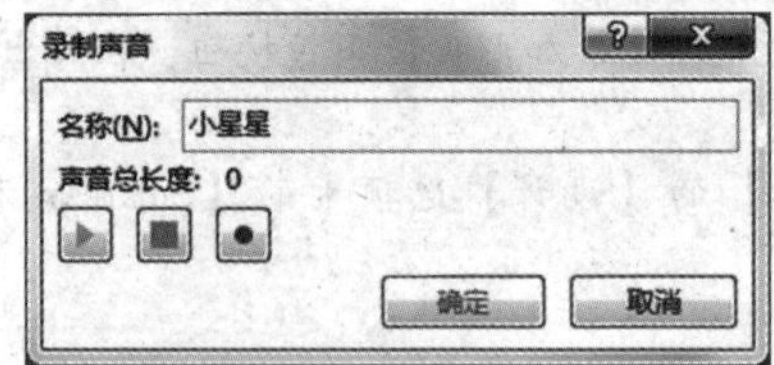

图 5.148

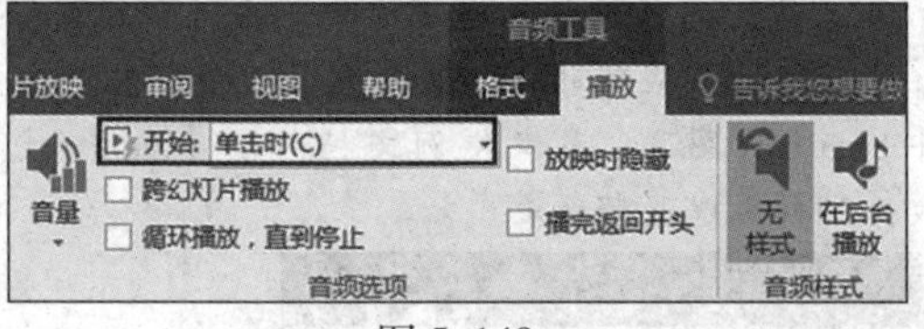

图 5.149

小提示

【单击时】表示幻灯片切换到此页时，需要鼠标单击喇叭图标，音频才会播放；【自动】表示幻灯片播放到此页时，音频会自动播放，切换出此页，音频播放结束；跨幻灯片播放表示切换到下一页音频继续播放，直到放映结束。

步骤 2：选择【循环播放，直到停止】复选框，将会在放映当前幻灯片的过程中自动循环播放，直到放映下一张幻灯片或停止放映。

步骤 3：如果将开始方式设为跨幻灯片播放，同时选择【循环播放，直到停止】复选框，则音频播放将会伴随整个放映过程直至结束。

步骤 4：选择【放映时隐藏】复选框，在放映幻灯片时可以将声音图标隐藏起来。

步骤 5：单击【音频样式】组中的【无样式】按钮，将会重置音频剪辑的播放选项，即恢复到默认状态。

步骤 6：单击【音频样式】组中的【在后台播放】按钮，将会设置音频剪辑跨幻灯片连续播放，此时会默认将开始方式设置为【自动】，并同时选择【跨幻灯片播放】【循环播放，直到停止】【放映时隐藏】复选框。

4. 修剪和删除音频

步骤 1：选中声音图标，在【音频工具】的【播放】选项卡的【编辑】组中单击【剪裁音频】按钮。

步骤 2：在弹出的【剪裁音频】对话框中拖动最左侧的绿色起点标记和最右侧的红色终点标记，可重新确定声音起止位置，单击【确定】按钮即可，如图 5.150 所示。

步骤 3：选中声音图标，按【Delete】键，可将其删除。

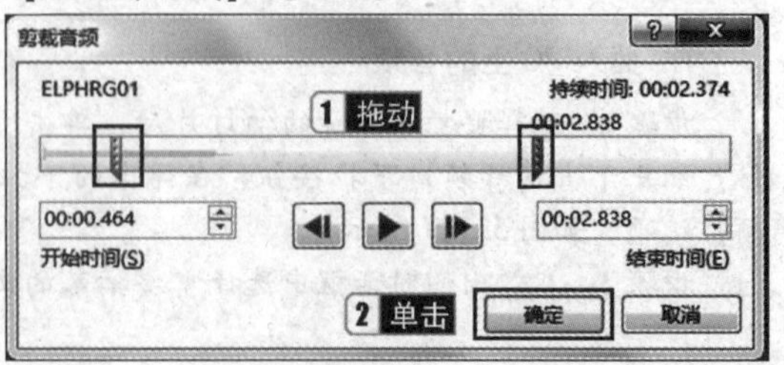

图 5.150

5. 插入PC上的视频

步骤1：选择要插入视频的幻灯片。

步骤2：在【插入】选项卡的【媒体】组中单击【视频】下拉按钮，在弹出的下拉列表中选择【PC上的视频】选项，如图5.151所示。

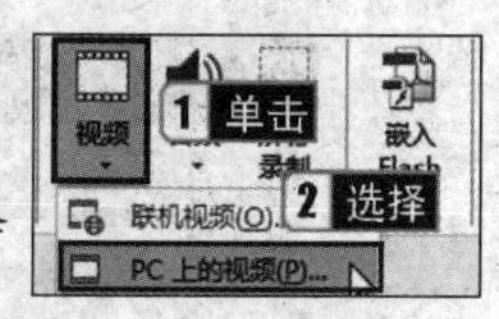

图5.151

步骤3：在弹出的对话框中选择视频，单击【插入】按钮即可。

6. 插入联机视频

步骤1：选择要插入视频的幻灯片。

步骤2：在【插入】选项卡的【媒体】组中单击【视频】按钮，在弹出的下拉列表中选择【联机视频】选项。

步骤3：此时弹出【插入视频】对话框，用户可以通过搜索互联网上的视频，或者在【来自视频嵌入代码】右侧文本框中输入要插入视频的代码，然后单击右侧箭头按钮，即可插入对应的视频。

7. 调整视频的显示方式

视频文件的播放模式、播放时间、修剪和删除等属性的设置方法和音频文件类似，此处不赘述。此外，还可以对视频的显示方式进行调整，如改变视频的预览图像，具体的操作步骤如下。

步骤1：选中视频文件，在【视频工具】的【格式】选项卡的【调整】组中单击【标牌框架】按钮，在弹出的下拉列表中选择【文件中的图像】选项，如图5.152所示。

步骤2：弹出【插入图片】对话框，选择需要作为预览图像的图片，单击【插入】按钮即可。

8. 压缩音频和视频

当音频和视频文件比较大时，插入幻灯片之后可能导致演示文稿文件过大。通过压缩音频和视频，可以提高播放性能并节省磁盘空间，具体的操作步骤如下。

步骤1：选择【文件】选项卡中的【信息】选项，单击右侧的【压缩媒体】按钮，弹出下拉列表，如图5.153所示。

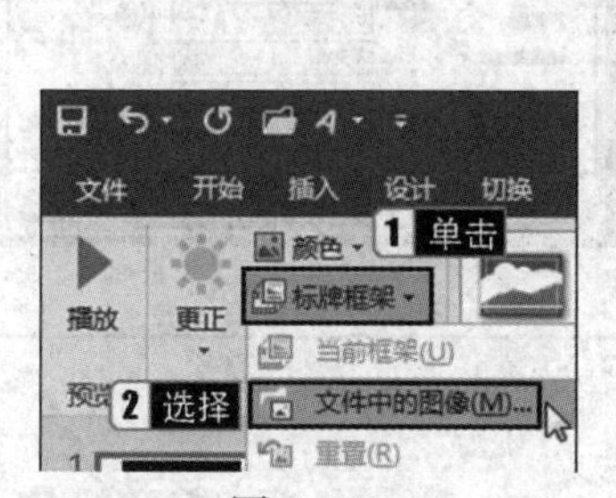

图5.152

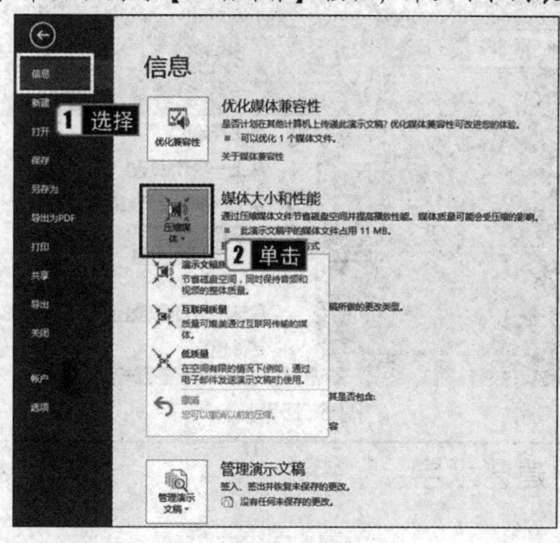

图5.153

步骤2：在该下拉列表中选择一种媒体的质量，系统将开始对幻灯片中的音频和视频按设定的质量级别进行压缩处理。

真题精选

打开考生文件夹中的演示文稿"PPT7. pptx"，按照下列要求完成操作并保存文件。

(1) 在第7张幻灯片的内容占位符中插入视频动物相册. mp4，并使用图片1. png作为视频剪辑的预览图像。

(2) 在第1张幻灯片中插入背景音乐. mid文件作为第1~6张幻灯片的背景音乐（即第6张幻灯片放映结束后背景音乐停止），音乐自动播放，且放映时隐藏图标。

【操作步骤】

(1) 步骤1：选中第7张幻灯片，单击内容占位符文本框中的【插入视频文件】按钮，弹出【插入视频】对话框，浏览考生文件夹，选中"动物相册. wmv"文件，单击【插入】按钮。

步骤2：在【视频工具】的【格式】选项卡中单击【调整】组中的【标牌框架】按钮，在弹出的下拉列表中选择【文件中的图像】。弹出【插入图片】对话框，浏览考生文件夹，选中图片1. png文件，单击【插入】按钮，效果如图5.154所示。

(2) 步骤1：选中第1张幻灯片，在【插入】选项卡的【媒体】组中单击【音频】按钮，在弹出的下拉列表中选择【PC上的音频】，弹出【插入音频】对话框，浏览考生文件夹，选中背景音乐. mid文件，如图5.155所示，单击【插入】按钮。

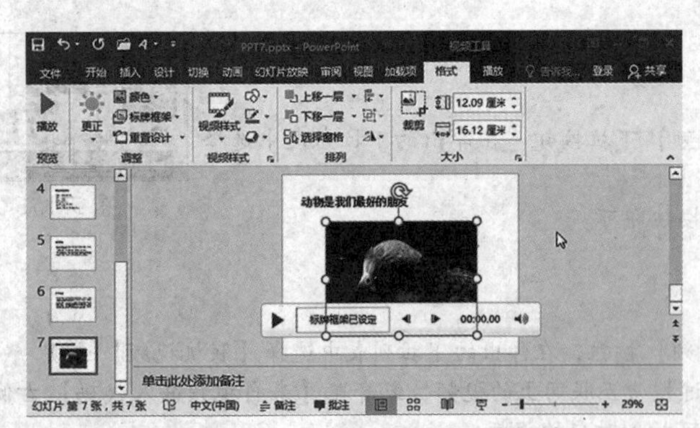

图 5.154

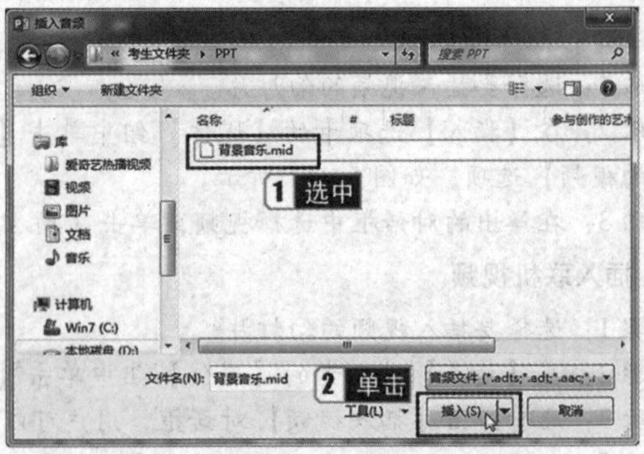

图 5.155

步骤 2：在【音频工具】的【播放】选项卡的【音频选项】组中，在【开始】下拉列表框中选择【自动】，选择【跨幻灯片播放】【循环播放，直到停止】【放映时隐藏】复选框，如图 5.156 所示。

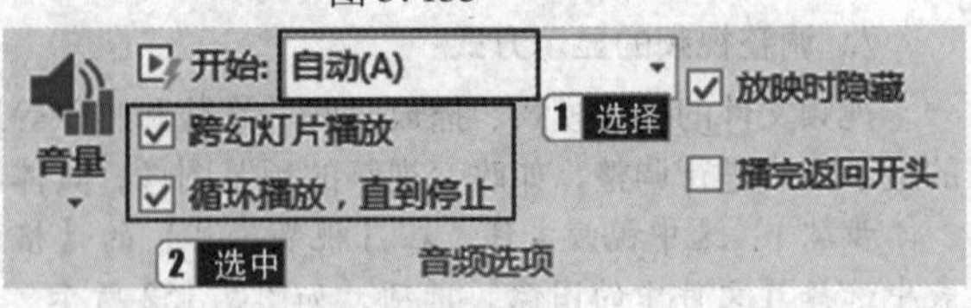

图 5.156

步骤 3：在【动画】选项卡的【高级动画】组中单击【动画窗格】按钮，在右侧的【动画窗格】中，选中背景音乐.mid，单击其右侧的下拉按钮，在下拉列表中选择【效果选项】，如图 5.157 所示，弹出【播放音频】对话框，在【停止播放】组中，选择【在:】单选按钮，在其右侧微调框中输入"6"，单击【确定】按钮，如图 5.158 所示。

步骤 4：保存演示文稿。

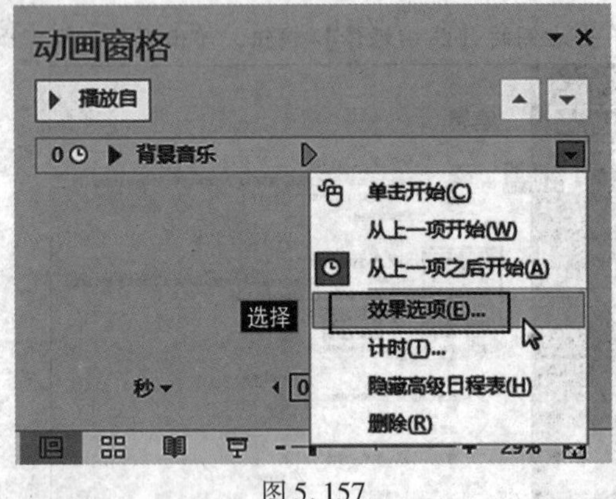

图 5.157

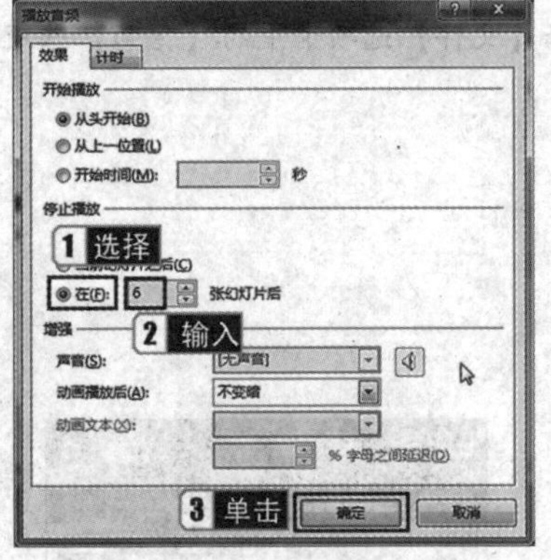

图 5.158

考点 24 创建艺术字

真考链接

该知识点属于考试大纲中要求熟记的内容，考核概率为 60%。考生需熟记插入艺术字的方法。

1. 插入艺术字

用户可用 PowerPoint 2016 中自带的默认艺术字样式来插入文字。在 PowerPoint 2016 中插入艺术字的具体步骤如下。

步骤 1：选择将要插入艺术字的幻灯片。

步骤 2：在【插入】选项卡的【文本】组中单击【艺术字】按钮，在弹出的下拉列表中选择需要的样式，如图 5.159 所示。

步骤 3：在【开始】选项卡的【字体】组中，可为艺术字设置所需的字体和字号等。

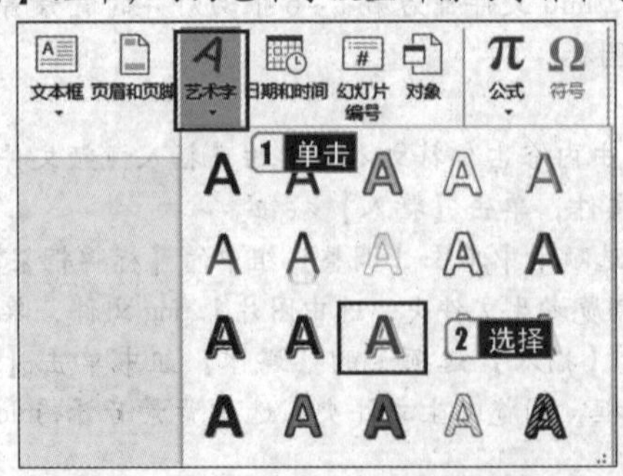

图 5.159

2. 添加艺术字效果

用户还可为普通的文字添加艺术字效果。

步骤1：选择在幻灯片中需要添加艺术字效果的普通文字。

步骤2：选择【绘图工具】的【格式】选项卡，单击【艺术字样式】组中的【快速样式】按钮，在弹出的下拉列表中选择所需的艺术字样式后，即可为普通文字添加艺术字效果。

> **小提示**
>
> 添加艺术字效果后，艺术字将无法使用拼写检查功能进行检查。

3. 文字变形效果

用户还可对文字的形状进行变形，具体的操作步骤如下。

步骤1：选择幻灯片中需要改变形状的文字。

步骤2：在【绘图工具】的【格式】选项卡的【艺术字样式】组中单击【文本效果】按钮，在弹出的下拉列表中选择【转换】选项，然后选择所需的转换样式，如图5.160所示。

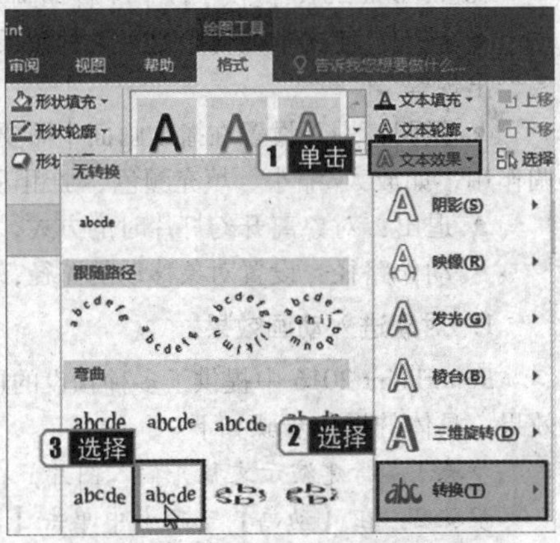

操作完成后，即可为选中的文字变形。

图5.160

真题精选

打开考生文件夹中的演示文稿“PPT8. pptx”，按照下列要求完成操作并保存文件。

将第3张幻灯片中的文本转换为高5厘米、宽25厘米的艺术字，设置其艺术字样式为“填充 - 金色，着色4，软棱台”，文本效果转换为“朝鲜鼓”，且位于幻灯片的正中间。

【操作步骤】

步骤1：打开考生文件夹中的“PPT8. pptx”，选中第3张幻灯片，选中文本内容“创业成就梦想”，在【绘图工具】的【格式】选项卡中，单击【艺术字样式】组中的【其他】按钮，在弹出的下拉列表中选择【填充 - 金色，着色4，软棱台】。

步骤2：在【绘图工具】的【格式】选项卡中，将【大小】组中的高设置为5厘米，宽为25厘米，如图5.161所示。

步骤3：在【绘图工具】的【格式】选项卡中单击【艺术字样式】组中的【文本效果】按钮，在弹出的下拉列表中选择【转换】→【朝鲜鼓】。

步骤4：选中文本框对象，在【绘图工具】的【格式】选项卡中单击【排列】组中的【对齐】按钮，在弹出的下拉列表中选择【水平居中】和【垂直居中】，效果如图5.162所示，保存演示文稿。

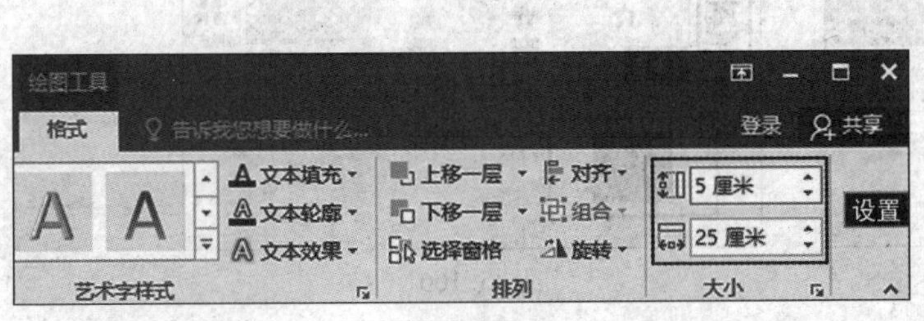

图5.161

图5.162

5.6 幻灯片交互效果设置

考点25 对象动画设置

PowerPoint 2016 提供了以下 4 种动画效果。

- 进入：使文本或对象通过某种效果进入幻灯片，如飞入、旋转、浮入、出现等。
- 强调：用于设置在播放画面中需要进行突出显示的对象，主要起强调作用，如放大/缩小、填充颜色、加粗闪烁等。
- 退出：对象离开幻灯片时的方式，如飞出、消失、淡化等。
- 动作路径：设置对象移动的路径，如弧形、直线、循环等。

> **真考链接**
>
> 该知识点属于考试大纲中要求掌握的内容，考核概率为 100%。考生需掌握对象动画设置的方法。

1. 对象进入动画效果

PowerPoint 2016 中提供了多种预设的进入动画效果，用户可以在【动画】选项卡的【动画】组中选择需要的进入动画效果。具体的操作步骤如下。

步骤 1：新建演示文稿并插入图片，在图片中的任意位置处单击，使其显示框线，如图 5.163 所示。

步骤 2：在【动画】选项卡中单击【动画】组中的【其他】按钮，在弹出的下拉列表中选择【进入】组的【形状】效果，如图5.164所示。

图 5.163

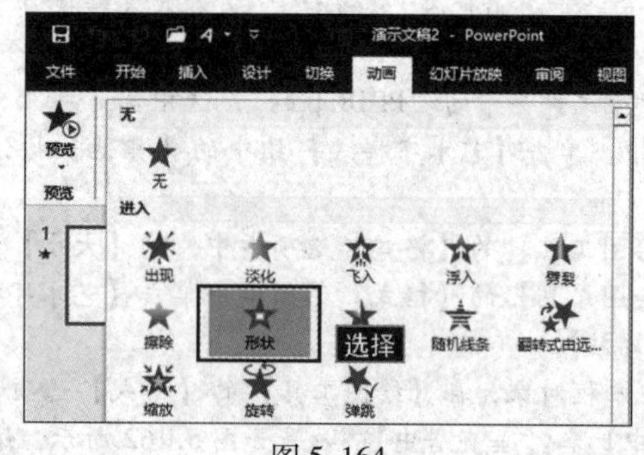

图 5.164

步骤 3：单击【动画】组中的【效果选项】按钮，在弹出的下拉列表中选择【切入】选项，如图 5.165 所示。

步骤 4：设置完对象进入动画效果后，可以单击图 5.166 所示的【预览】组中的【预览】按钮观看其效果。

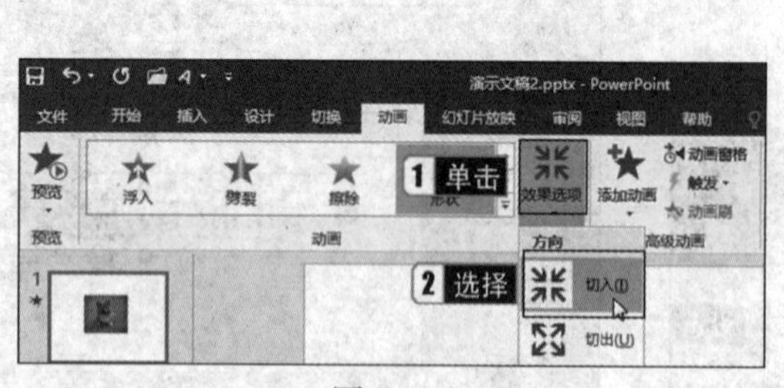

图 5.165

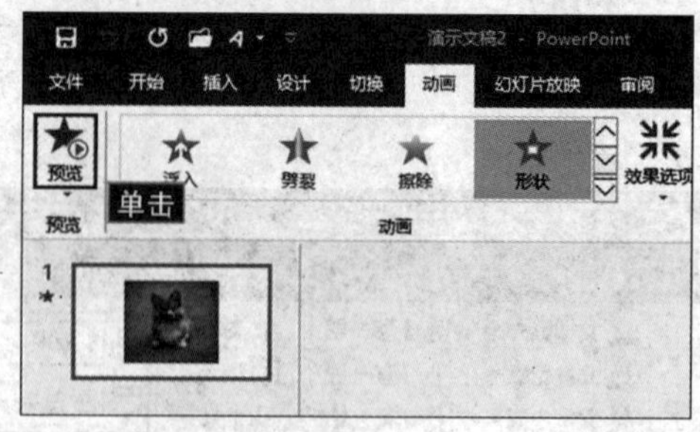

图 5.166

2. 对象退出动画效果

本例将通过【更改退出效果】对话框来设置对象的退出动画效果，具体的操作步骤如下。

步骤 1：在幻灯片中选择标题文本，在【动画】组中单击【其他】按钮，在弹出的下拉列表中选择【更多退出效果】选项，如图 5.167 所示。

步骤 2：在弹出的【更改退出效果】对话框中选择【基本型】组的【劈裂】效果，选择【预览效果】复选框，单击【确定】按钮，观看效果，如图 5.168 所示。

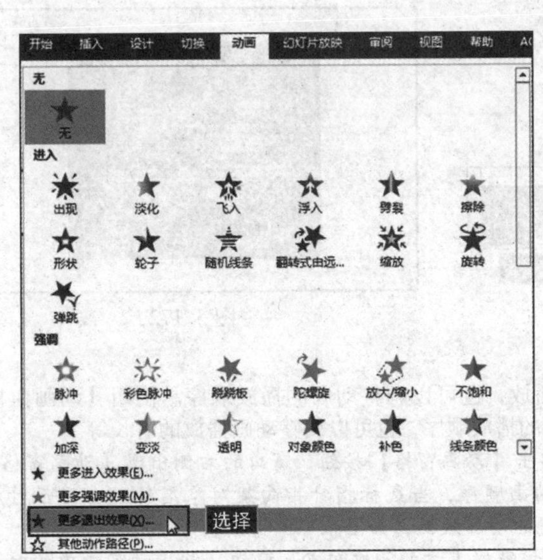

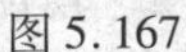

图 5.167

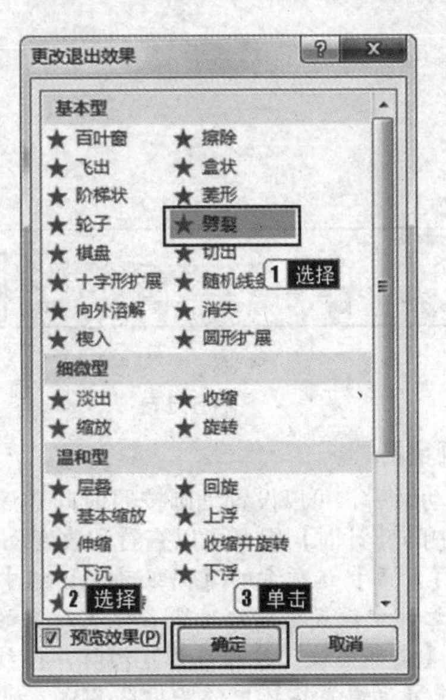

图 5.168

3. **预设路径动画**

PowerPoint 2016 中提供了大量的预设路径动画，路径动画是为对象设置一个路径使其沿着该指定路径运动。使用预设路径动画的具体操作步骤如下。

步骤 1：在幻灯片中选择需添加动作路径的对象，在【动画】选项卡的【动画】组中单击【其他】按钮，在弹出的下拉列表中选择【其他动作路径】选项，如图 5.169 所示。

步骤 2：在弹出的【更改动作路径】对话框中选择【直线和曲线】选项组的【向右弯曲】选项，如图 5.170 所示。

步骤 3：单击【确定】按钮后，幻灯片中所选择的对象上便出现了添加的动作路径。

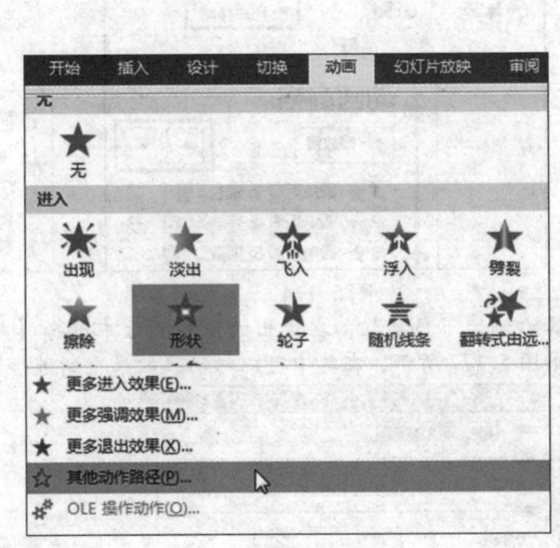

图 5.169

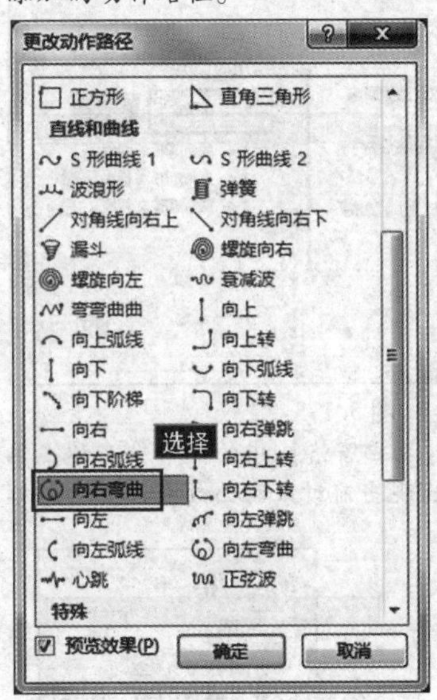

图 5.170

4. **自定义路径动画**

如果对预设的动作路径不满意，用户还可以根据需要自定义动作路径。具体的操作步骤如下。

步骤 1：选择幻灯片中的对象，在【动画】选项卡的【动画】组中单击【其他】按钮，在弹出的下拉列表中选择【动作路径】选项组中的【自定义路径】选项，如图 5.171 所示。

步骤 2：在幻灯片中按住鼠标左键，并拖曳指针进行路径的绘制，绘制完成后双击即可，对象在沿自定义的路径预演一遍后将显示出绘制的路径，如图 5.172 所示。

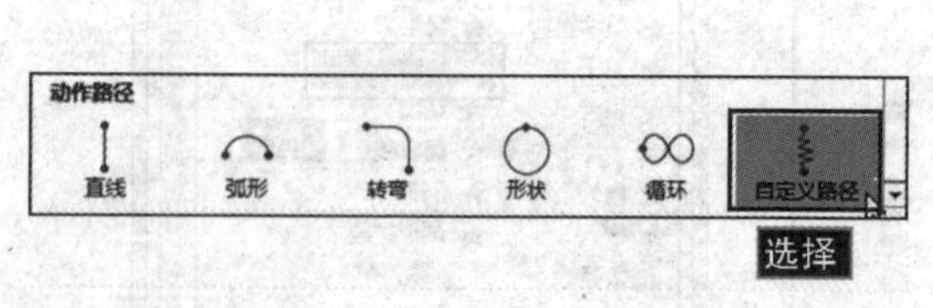

图 5.171

图 5.172

5. 使用动画窗格

当设置多个动画后，可以设置动画按照时间顺序播放，也可以调整动画的播放顺序。使用【动画窗格】任务窗格或【动画】选项卡中的【计时】组，可以查看和改变动画的播放顺序，也可以调整动画播放的时长等。

步骤 1：在【动画】选项卡的【高级动画】组中单击【动画窗格】按钮，窗口的右侧出现【动画窗格】。【动画窗格】中显示了当前幻灯片中设置动画的对象名称及对应的动画顺序，当鼠标指针指向某对象名称时会显示对应的动画效果详情，单击上方的【全部播放】按钮可预览幻灯片播放时的动画效果，如图 5.173 所示。

步骤 2：选中【动画窗格】中的某对象名称，利用该窗格上方的▲按钮或▼按钮，或拖动窗口中的对象名称上移或下移，可以改变幻灯片中对象的动画播放顺序，如图 5.174 所示。使用【动画】选项卡的【计时】组中的【对动画重新排序】命令也能实现动画顺序的改变。

步骤 3：在【动画窗格】中，将鼠标指针移至动画效果右侧的淡绿色时间条上，当指针变为✥形状时，按住鼠标左键进行拖曳，可以调整该动画的持续时间，如图 5.175 所示。拖曳淡绿色时间条，可以改变动画开始时的延迟时间。

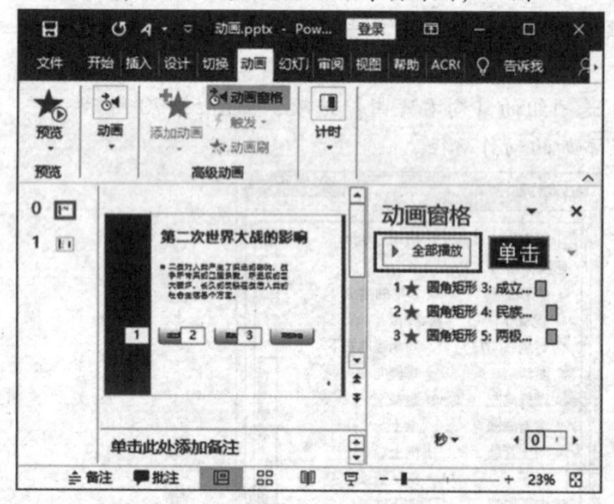

图 5.173

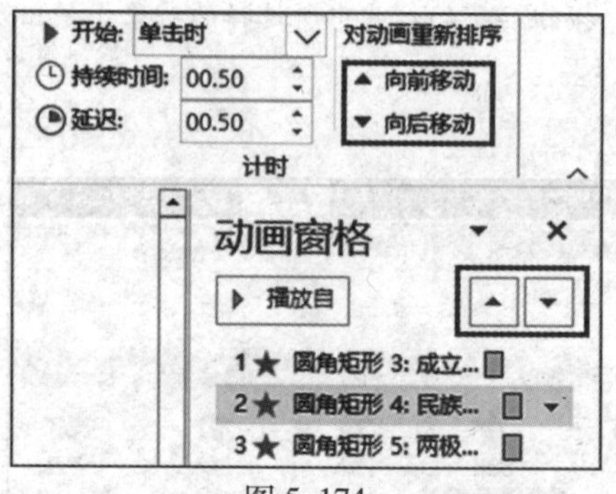

图 5.174

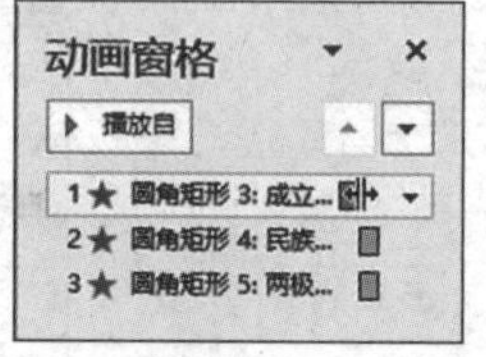

图 5.175

步骤 4：选中【动画窗格】中的某对象名称，单击其右侧的下拉按钮，在弹出的下拉列表中选择【效果选项】选项，如图 5.176 所示，出现当前对象动画效果设置对话框，如图 5.177 所示，在其中可以对动画效果重新进行设置。

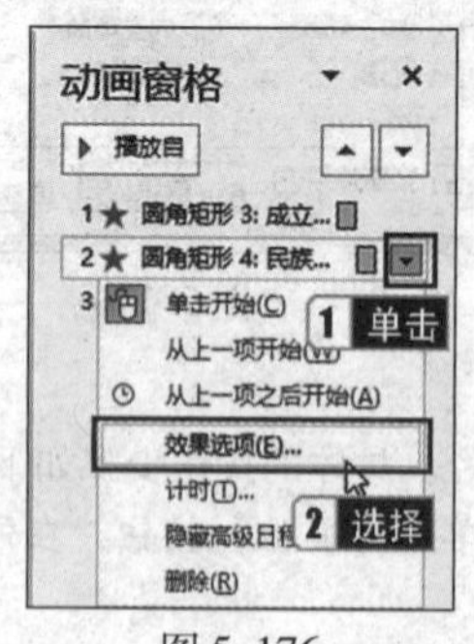

图 5.176

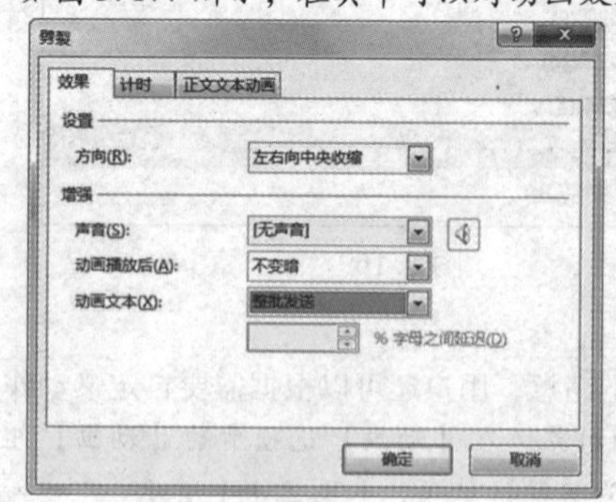

图 5.177

6. 设置动画效果

(1) 动画播放设置。

在【动画】选项卡的【计时】组中单击【开始】下拉列表框，出现动画播放时间选项，【单击时】表示当前对象的动画在单击的时候播放，【与上一动画同时】表示当前对象的动画和上一对象的动画同时播放，【上一动画之后】表示当前对象的动画在上一对象的动画播放之后才播放。

【计时】组中的【持续时间】表示当前对象动画放映的持续时间，持续时间越长，放映速度越慢。

【计时】组中的【延迟】表示2个动画播放时间的延迟时间，比如第1个动画结束后延迟0.5秒进入第2个动画。

选中已添加动画效果的对象，在【动画】选项卡的【动画】组中单击对话框启动器按钮，弹出以动画名称命名的对话框。切换到【计时】选项卡，也可以设置动画开始播放的方式、动画播放的延迟时间、重复播放的次数或方式等，如图5.178所示。

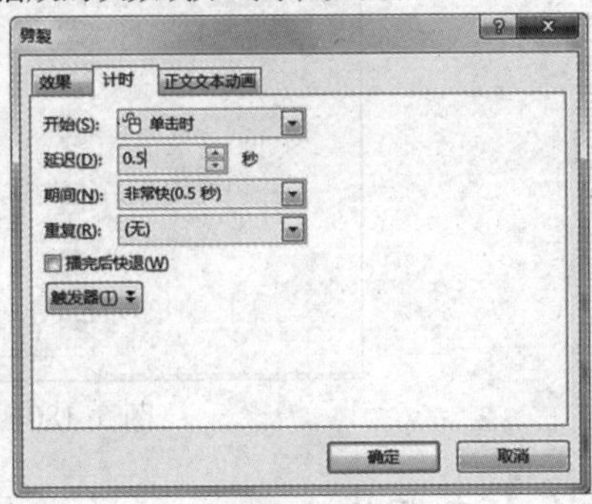

图5.178

(2) 动画音效设置。

添加动画后，默认无音效，为了使幻灯片在播放的时候更加生动、更有感染力，用户可以为其添加音效。

选中已添加动画效果的对象，在【动画】选项卡的【动画】组中单击对话框启动器按钮，弹出以动画名称命名的对话框。切换到【效果】选项卡，在【增强】选项组中选择声音，单击右侧的喇叭按钮，可试听效果。在【动画播放后】下拉列表框中可以设置动画播放后的显示效果。

7. **复制动画设置**

如果要将某对象设置成与已设置动画效果的某对象相同的动画，可以使用【动画】选项卡中【高级动画】组的【动画刷】按钮 动画刷 实现。单击【动画刷】按钮，可以复制该对象的动画；单击另一个对象，其动画设置即复制到了该对象上；双击【动画刷】按钮，可以将同一动画设置复制到多个对象上。

8. **对单个对象应用多个动画效果**

为了使动画效果更加丰富，可以为同一对象应用多个动画效果，具体的操作步骤如下。

步骤1：选中某个对象，在【动画】选项卡的【动画】组中选择某个动画效果。

步骤2：在【动画】选项卡的【高级动画】组中，单击【添加动画】按钮，在弹出的下拉列表中选择要添加的另一个动画效果。

> **小提示**
>
> 如果要为某个对象删除所应用的动画效果，在【动画】选项卡的【动画】组中选择【无】即可。

考点26 幻灯片切换效果

1. **设置幻灯片切换样式**

> **真考链接**
>
> 该知识点属于考试大纲中要求重点掌握的内容，考核概率为100%。考生需牢固掌握幻灯片切换的设置方法。

打开演示文稿，选择要设置幻灯片的切换效果的一张或多张幻灯片，单击【切换】选项卡的【切换到此幻灯片】组中的【其他】按钮，将显示【细微型】【华丽型】【动态内容】切换效果。在切换效果列表中可选择一种切换样式，设置的切换效果将应用于所选的幻灯片。此外，单击【计时】组中的【全部应用】按钮，可使全部幻灯片均采用该切换效果。

在【切换】选项卡的【预览】组中单击【预览】按钮，可预览幻灯片所设置的切换效果。

2. **设置幻灯片切换属性**

设置幻灯片切换效果时，如果不另行设置的话，则切换效果就会采用默认设置：效果一般选为【垂直】，换片的方式为【单击鼠标时】，持续时间为【1秒】，声音的效果为【无声音】。假如对默认的属性不满意，用户还可以自行设置。切换属性的操作步骤如下。

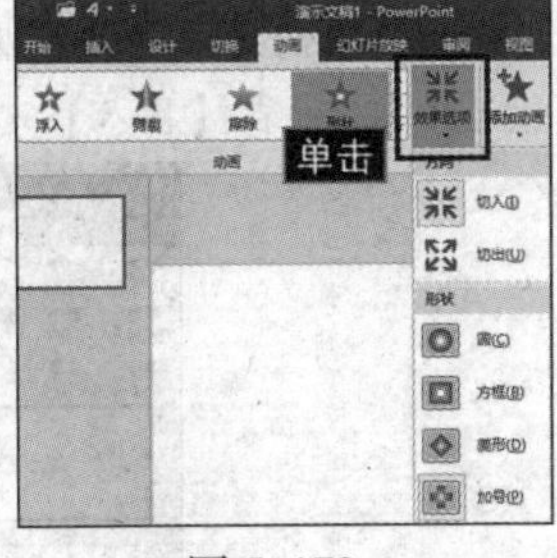

图5.179

步骤1：在【切换】选项卡的【切换到此幻灯片】组中单击【效果选项】按钮，如图5.179所示，在弹出的下拉列表中选择与当前幻灯片对应的其中一种效果。

步骤2：在【计时】组中设置切换声音，单击【声音】下拉列表框的下拉按钮，在弹出的下拉列表中选择一种切换声音，如图5.180所示。

步骤3：在【持续时间】微调框中输入切换的时间，如图5.181所示。

> **小提示**
>
> 在【切换】选项卡的【计时】组中，【单击鼠标时】表示在进行单击操作时自动切换到下一张幻灯片，【设置自动换片时间】表示经过该时间段后自动切换到下一张幻灯片，【持续时间】表示切换持续的时间长度。

图 5.180

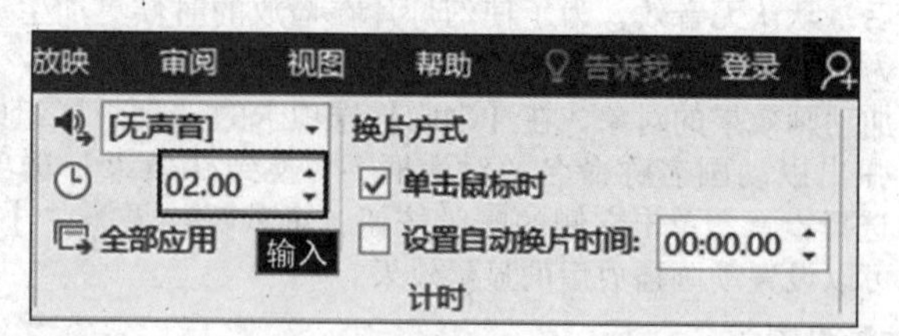

图 5.181

真题精选

打开考生文件夹中的演示文稿“PPT9. pptx”，按照下列要求完成操作并保存文件。

要求：为“蒸发和沸腾的异同点”表格添加适当的动画效果；为幻灯片设置适当的切换方式，以丰富放映效果。

【操作步骤】

步骤 1：打开考生文件夹中的演示文稿“PPT9. pptx”，选中第 7 张幻灯片的表格，在【动画】选项卡下【动画】组中添加适当的动画效果。

步骤 2：在左侧幻灯片缩览中选定全部幻灯片，在【切换】选项卡的【切换到此幻灯片】组中选择一种切换方式，单击【计时】组中的【全部应用】按钮，如图5. 182所示。

说明：只要为演示文稿设置一种及以上切换方式即可。

步骤 3：保存演示文稿。

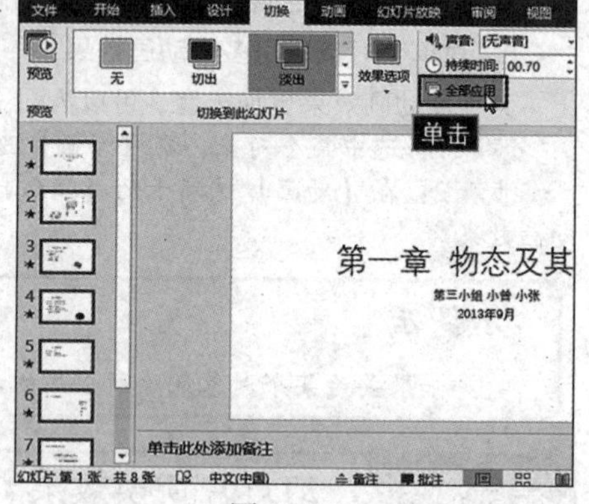

图 5. 182

考点 27　幻灯片链接操作

在 PowerPoint 2016 中，超链接可以是从一张幻灯片到同一演示文稿中另一张幻灯片的链接，也可以是从一张幻灯片到不同演示文稿中另一张幻灯片、电子邮件地址、网页或文件的链接。在放映幻灯片时，用户可以通过使用超链接和动作来增加演示效果、补充演示资料。

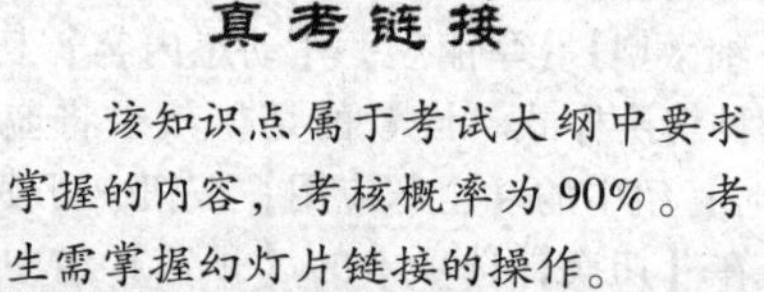

1. 设置超链接

步骤 1：打开素材文件夹中的超链接. pptx，在幻灯片窗口中选择第 1 张幻灯片中的文本“物态及其变化”作为超链接的对象。

步骤 2：在【插入】选项卡的【链接】组中单击【超链接】按钮，如图 5. 183 所示。

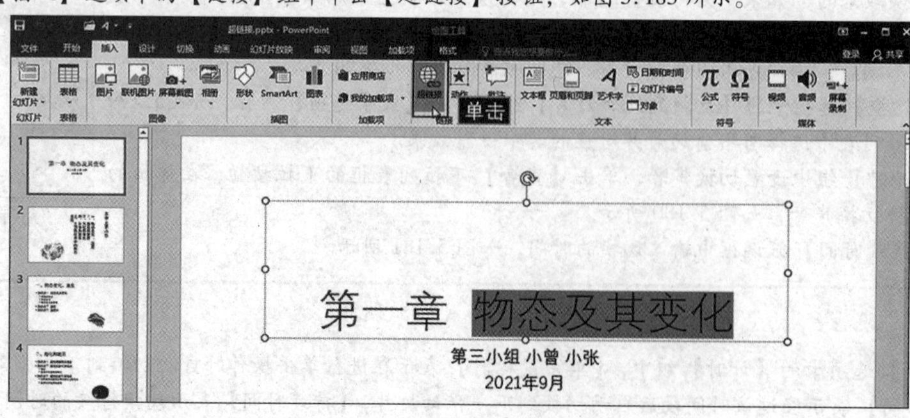

图 5. 183

步骤3：弹出【插入超链接】对话框，在对话框左侧可以选择链接到【现有文件或网页】【本文档中的位置】【新建文档】或【电子邮件地址】。此处选择【本文档中的位置】选项。在【请选择文档中的位置】列表框中选择需要的幻灯片，如选择【幻灯片标题】组的【一、物态变化、温度】选项，单击【确定】按钮完成超链接的插入，如图5.184所示。

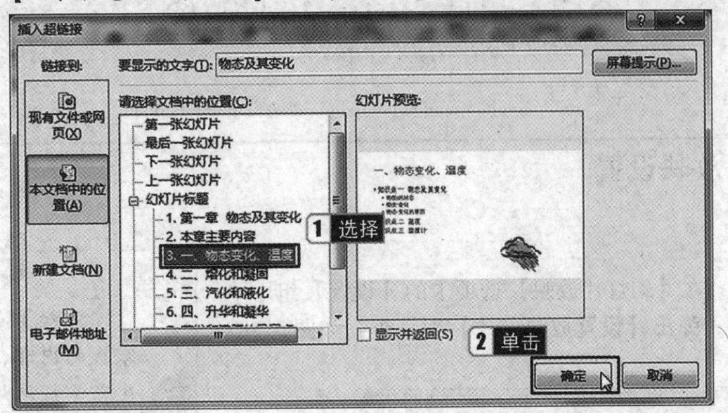

图5.184

步骤4：设置超链接的文本，将会被修改颜色、添加下划线，以区别于其他文本，按【F5】键放映幻灯片，此时移动鼠标指针到该文本上，指针会变为 形状，单击鼠标会自动链接到相应幻灯片。

小提示

如果要修改超链接的设置，选择设置了超链接的对象，单击鼠标右键，在弹出的快捷菜单中选择【编辑链接】命令，在打开的【编辑超链接】对话框中对超链接进行重新设置。

2. 设置动作

步骤1：选择要建立动作的幻灯片，在幻灯片中选择或插入作为动作的图片，在【插入】选项卡的【链接】组中单击【动作】按钮，如图5.185所示，打开【操作设置】对话框。

步骤2：在【操作设置】对话框的【单击鼠标】选项卡中，选择【超链接到】单选按钮，在其下面的下拉列表框中可以选择【上一张幻灯片】【下一张幻灯片】【幻灯片…】等选项，单击【确定】按钮，动作幻灯片即制作完成，如图5.186所示。在单击该图片对象时，放映会转到所设置的位置。

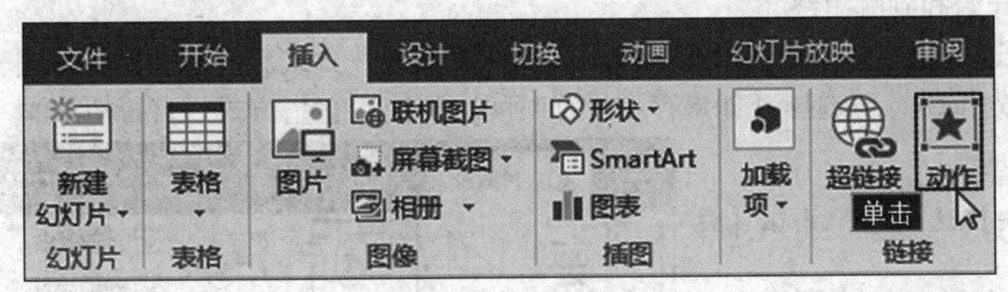

图5.185

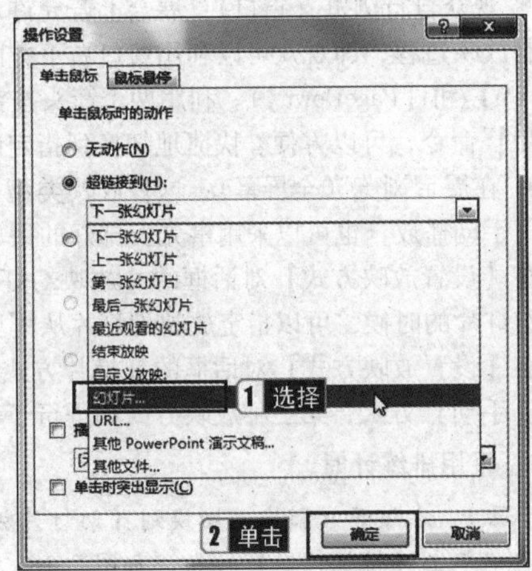

图5.186

步骤3：在【操作设置】对话框中也可以选择【鼠标悬停】选项卡，再选择【超链接到】单选按钮，在其下方的下拉列表框中选择相应的幻灯片，单击【确定】按钮。在鼠标移过该对象时，放映会转到所设置的位置。

5.7 幻灯片的放映和输出

考点 28 幻灯片放映设置

> **真考链接**
>
> 该知识点属于考试大纲中要求掌握的内容，考核概率为 80%。考生需掌握幻灯片放映设置的方法。

1. 设置放映方式

打开要放映的演示文稿，在【幻灯片放映】选项卡的【设置】组中单击【设置幻灯片放映】按钮，弹出【设置放映方式】对话框，如图 5.187 所示。

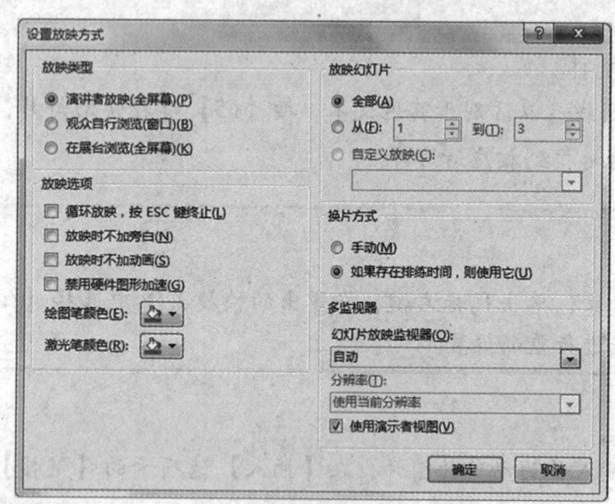

图 5.187

演示文稿有以下 3 种放映类型。

- 演讲者放映（全屏幕）：全屏幕的放映类型，该类型适合会议或教学的场合，放映的过程全部由放映者控制。
- 观众自行浏览（窗口）：展会上若允许观众控制放映过程，则比较适合采用这种放映类型。它允许观众利用窗口命令控制放映过程，即观众可以利用窗口右下方的左、右箭头按钮，分别切换到前一张幻灯片和后一张幻灯片（或按快捷键【PageUp】和【PageDown】）。利用两个箭头按钮之间的【菜单】命令，可以弹出放映控制菜单，利用该菜单中的【定位至幻灯片】命令，可以方便、快捷地切换到指定的幻灯片，按【Esc】键可以终止放映。
- 在展台浏览（全屏幕）：这种放映类型采用全屏幕放映，适用于在展示产品的橱柜或展览会上自动播放产品的信息，可手动播放，也可以采用事先安排好的播放方式放映，只不过观众只可以观看，不可以控制。

在【设置放映方式】对话框的【放映幻灯片】选项组中，可以选择幻灯片的放映范围，即全体或部分幻灯片。在放映部分幻灯片的时候，可以指定放映幻灯片从哪里开始和到哪里终止。

在【设置放映方式】对话框的【换片方式】选项组中，用户可以选择控制放映速度的换片方式。前两种放映方式一般采用【手动】方式，第三种放映方式如进行了事先排练，可选择【如果存在排练时间，则使用它】方式，自行播放。

2. 采用排练计时

步骤 1：在演示文稿中，切换到【幻灯片放映】选项卡，并在【设置】组中单击【排练计时】按钮，如图 5.188 所示。

图 5.188

步骤 2：此时，PowerPoint 立刻进入全屏放映模式，屏幕左上角显示一个【录制】工具栏，借助它可以准确记录演示当前幻灯片时所使用的时间（工具栏左侧显示的时间），以及从开始放映到目前为止总共使用的时间（工具栏右侧显示的时间），如图 5.189 所示。

图 5.189

步骤 3：切换幻灯片，新的幻灯片开始放映时，幻灯片的放映时间会重新开始计时，总的放映时间开始累加。在放映期间可以随时暂停。退出放映时会弹出是否保留幻灯片放映时间的提示对话框，如果单击【是】按钮，则新的排练时间将自动变为幻灯片切换时间，如图 5.190 所示。

在【幻灯片放映】选项卡的【设置】组中单击【录制幻灯片演示】下拉按钮，可以在放映排练时为幻灯片录制声音并保存，如图5.191所示。

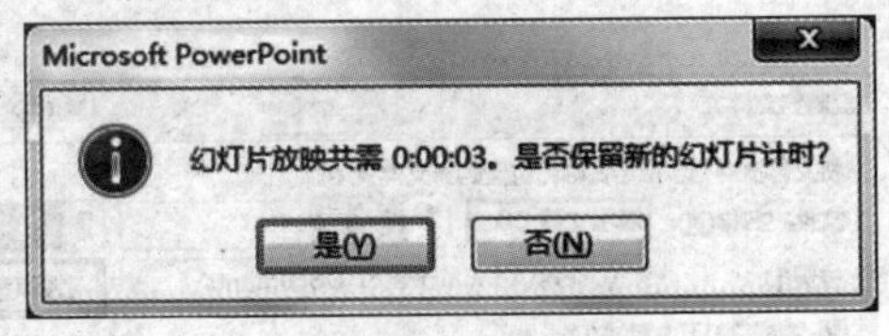

图5.190

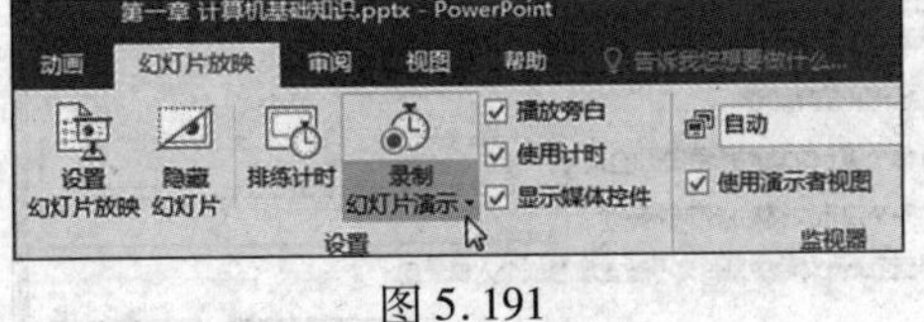

图5.191

考点29 演示文稿的打包和输出

1. 演示文稿打包

演示文稿可以打包到磁盘的文件或CD光盘（需要刻录机和空白CD光盘）上。打包的具体步骤如下。

> **真考链接**
>
> 该知识点属于考试大纲中要求了解的内容，考核概率为10%。考生需了解演示文稿的打包和输出方法。

步骤1：打开要打包的演示文稿，单击【文件】选项卡，在弹出的后台视图中选择【导出】，如图5.192所示。

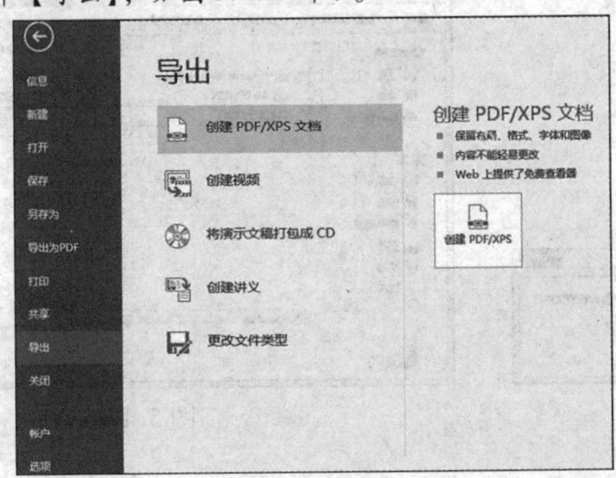

图5.192

步骤2：选择【将演示文稿打包成CD】，然后单击右侧的【打包成CD】按钮，如图5.193所示。

步骤3：弹出【打包成CD】对话框，如图5.194所示，在该对话框中单击【添加】按钮，弹出【添加文件】对话框，使用该对话框可以添加多个要打包的演示文稿。

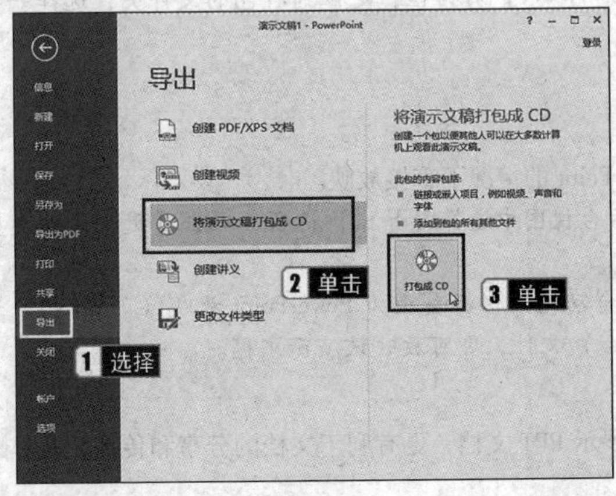

图5.193

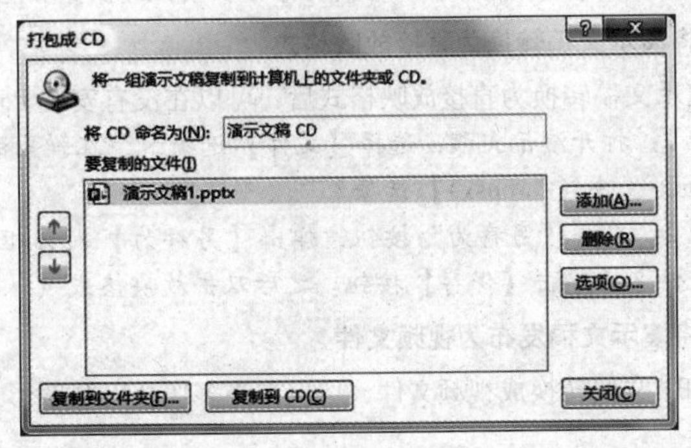

图5.194

步骤4：在【打包成CD】对话框中单击【选项】按钮，弹出【选项】对话框，在该对话框中可以对需要打包的演示文稿进行设置，在这里使用默认设置，如图5.195所示，然后单击【确定】按钮。

步骤5：在【打包成CD】对话框中单击【复制到文件夹】按钮，弹出【复制到文件夹】对话框，将【文件夹名称】设置为“演示文稿CD”，单击【浏览】按钮，在弹出的【选择位置】对话框中选择文件夹的存储位置，返回【复制到文件夹】对话框单击【确定】按钮，如图5.196所示。

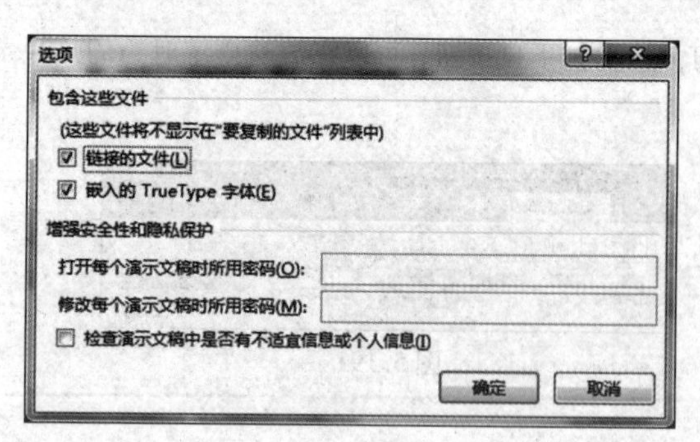

图 5.195

图 5.196

步骤 6：弹出图 5.197 所示的信息提示对话框，单击【是】按钮。

步骤 7：此时系统开始复制文件，并弹出【正在将文件复制到文件夹】提示对话框。

步骤 8：复制完成后自动打开【演示文稿 CD】文件夹，在该文件夹中可以看到系统保存了所有与演示文稿相关的内容，如图 5.198 所示。

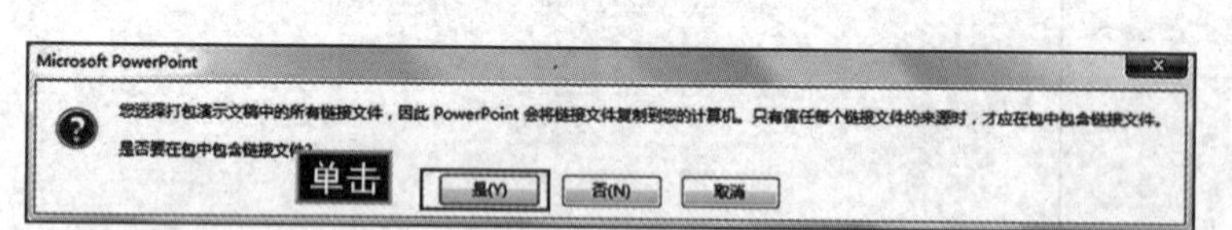

图 5.197

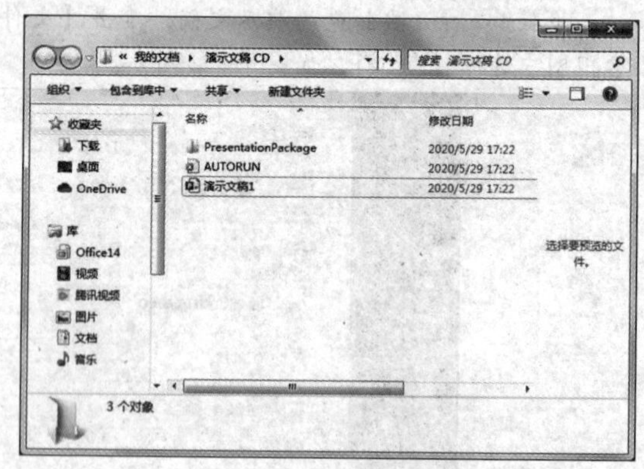

图 5.198

2. 运行打包的演示文稿

演示文稿打包之后，可以在没有 PowerPoint 程序的情况下观看演示文稿。

步骤 1：打开打包文件的文件夹，在联网的情况下，双击文件中的网页文件，在打开的网页上单击【下载查看器】按钮，下载安装 PowerPoint 播放器 PowerPointViewer. exe。

步骤 2：启动 PowerPoint 播放器，出现【Microsoft PowerPoint Viewer】对话框，定位到打包的文件夹，选择一个演示文稿文件，单击【打开】按钮，就可以放映该演示文稿。

步骤 3：打包到 CD 的演示文稿文件可在读 CD 后自动播放。

3. 将演示文稿转换为直接放映格式

将演示文稿转换为直接放映格式后，可以在没有安装 PowerPoint 的情况下直接放映。

步骤 1：打开演示文稿，选择【文件】选项卡，在弹出的后台视图中选择【导出】选项，双击【更改文件类型】中的【PowerPoint 放映（*.ppsx）】选项。

步骤 2：单击“另存为”按钮，弹出【另存为】对话框，自动选择保存类型为 PowerPoint 放映（*.ppsx），选择保存路径和文件名后单击【保存】按钮。之后双击放映格式（*.ppsx）文件，即可放映该演示文稿。

4. 将演示文稿发布为视频文件

将 PPT 文档转换成视频文件，可以在许多场合以视频形式展示 PPT 文档，更有利于文档的分享和传播，具体的操作步骤如下。

步骤 1：在【文件】选项卡中选择【导出】选项，单击【创建视频】按钮，如图 5.199 所示。在【演示文稿质量】下拉列表框中选择合适的视频质量和大小。

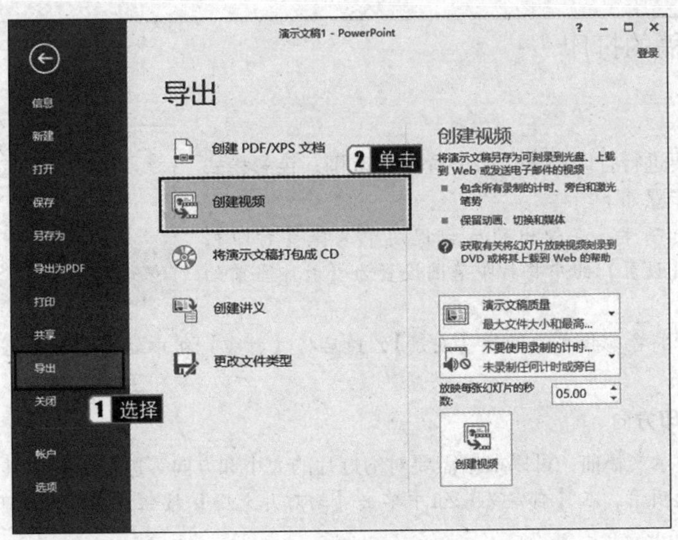

图 5.199

步骤 2：在【不要使用录制的计时和旁白】下拉列表框中确定是否使用已录制的计时和旁白。如果不使用，则可设置每张幻灯片的放映时间，默认设置为 5 秒。

步骤 3：单击【创建视频】按钮，弹出【另存为】对话框。输入文件名、确定保存位置后，单击【保存】按钮，即可开始创建视频。

考点 30 审阅并检查演示文稿

如果计划共享演示文稿的电子副本或将演示文稿发布到网站，最好对演示文稿进行审阅和检查，以确保演示文稿的正确性并删除隐藏数据和个人隐私信息。

> **真考链接**
>
> 该知识点属于考试大纲中要求了解的内容，考核概率为 10%。考生需了解审阅、检查演示文稿的方法。

1. 审阅演示文稿

在【审阅】选项卡中，可以对演示文稿进行拼写与语法检查、中文简繁转换等操作，操作方法与 Word 中的类似，此处不赘述。

如果需要其他用户在看完演示文稿后反馈意见，可以使用批注。在【审阅】选项卡的【批注】组中单击【新建批注】按钮，在【批注】任务窗格的文本框中输入文本即可。

2. 检查演示文稿

检查演示文稿的具体操作步骤如下。

步骤 1：单击【文件】选项卡，在弹出的后台视图中选择【信息】选项，单击【检查问题】按钮。

步骤 2：从打开的下拉列表中选择【检查文档】选项，如图 5.200 所示。

步骤 3：弹出【文档检查器】对话框，从中选择需要检查的项目的复选框，单击【检查】按钮，对话框中将会显示检查结果，单击检查结果右侧的【全部删除】按钮，可删除相关信息，如图 5.201 所示。

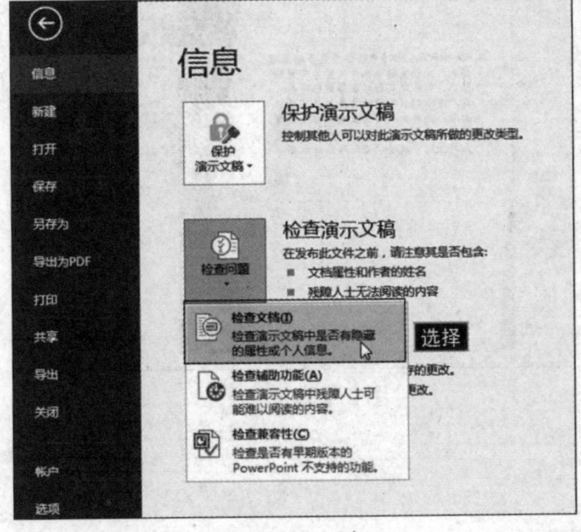

图 5.200

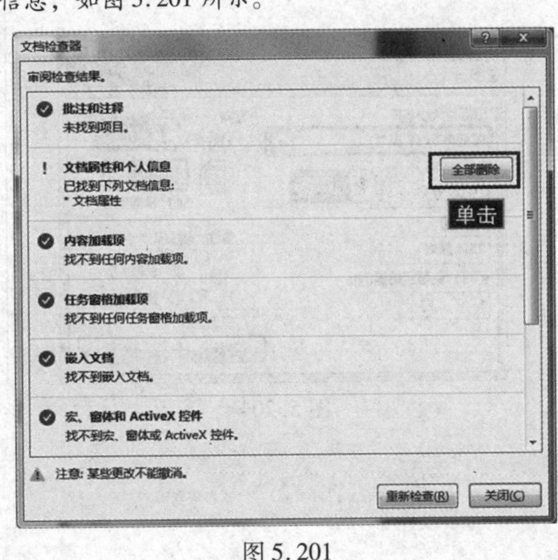

图 5.201

考点31 演示文稿的打印

真考链接

该知识点属于考试大纲中要求了解的内容，考核概率为10%。考生需了解演示文稿的打印方法。

1. 打印设置

在打印幻灯片前一般需要进行打印设置，如设置打印范围、色彩模式和打印份数等，具体的操作步骤如下。

步骤1：单击【文件】选项卡，在弹出的后台视图中选择【打印】，即可打开打印预览面板。在【设置】组中将打印范围设置为【打印当前幻灯片】，如图5.202所示。

步骤2：在【设置】组中将色彩模式设置为【灰度】，最后将【打印】组中的【份数】设置为【2】，设置完成后单击【打印】按钮，即可开始打印。

2. 设置幻灯片大小及打印方向

在使用PowerPoint打印演示文稿前，可以根据需要对幻灯片的大小和方向等进行设置，具体的操作步骤如下。

步骤1：选择【设计】选项卡，在【自定义】组中单击【幻灯片大小】按钮，在弹出的下拉列表中选择【自定义幻灯片大小】选项，如图5.203所示。

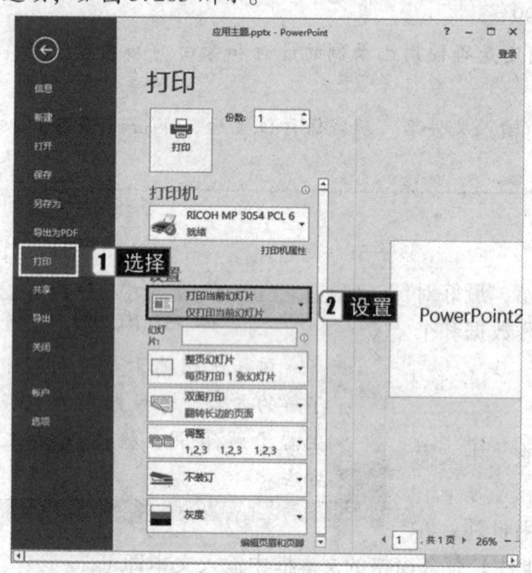

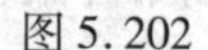

图5.202

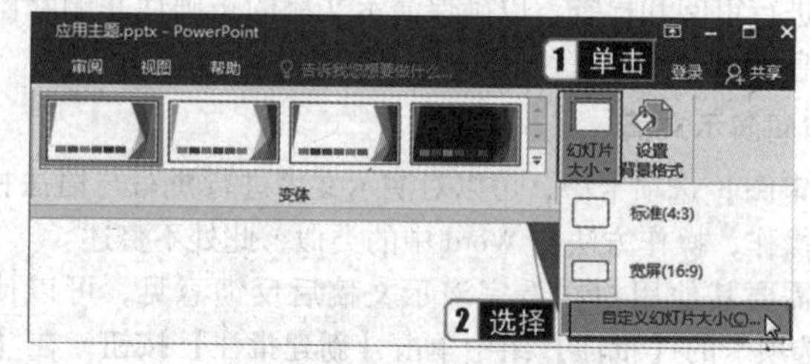

图5.203

步骤2：弹出【幻灯片大小】对话框，在【幻灯片大小】下拉列表框中将幻灯片的大小设置为【信纸(8.5×11英寸)】，在【方向】选项组中选择【幻灯片】组中的【纵向】单选按钮，如图5.204所示。

步骤3：设置完成后单击【确定】按钮即可，效果如图5.205所示。

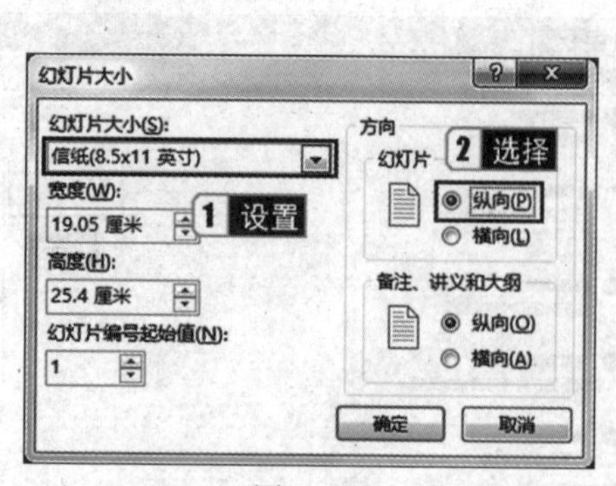

图5.204

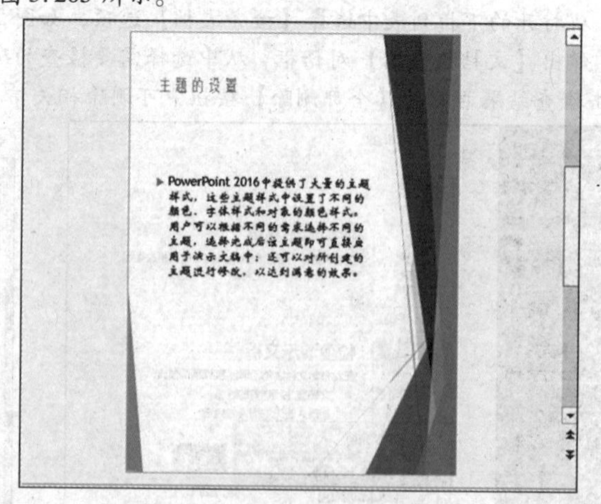

图5.205

小提示

在调整幻灯片大小的同时，幻灯片中所包含的图片和图形等对象也会随比例发生相应的变化，因此建议在制作幻灯片之前就要设置好页面大小。

5.8　综合自测

1. 张老师正在准备有关儿童孤独症介绍的培训课件，按照下列要求帮助张老师组织资料，完成该课件的制作。制作完成的演示文稿共包含13张幻灯片。

（1）依据素材文件“1－3张素材.txt”中的内容大纲提示，在演示文稿最前面新建3张幻灯片，“1－3张素材.txt”中的“儿童孤独症的干预与治疗”“目录”“基本介绍”3行内容为幻灯片标题，其下方的内容分别为各自幻灯片的文本内容。

（2）为演示文稿应用自定义设计主题“聚合1.thmx”，在幻灯片母版右上角插入素材图片logo.png，改变图片样式，为其重新着色，并将其置于幻灯片所有对象底层。

（3）将第1张幻灯片的版式设为“标题幻灯片”，为标题和副标题分别指定动画效果，其顺序为：单击时标题以“飞入”方式进入后3秒副标题自动以任意方式进入，5秒后标题自动以“飞出”方式退出，接着3秒后副标题再自动以任意方式退出。

（4）设置第2张幻灯片的版式为“图片与标题”，将考生文件夹中的素材图片pic1.jpg插入图片占位符中；为目录内容应用格式为①，②，③的编号，并分为两栏，适当增大其字号；为目录中的每项内容分别添加可跳转至相应幻灯片的超链接。

（5）将第3张幻灯片的版式设为“两栏内容”，背景以“羊皮纸”纹理填充；在右侧的文本框中插入一个表格，将“基本信息（见表）”下方的5行2列文本移动到右侧表格中，并根据内容适当调整表格大小。

（6）因第6张幻灯片内容过多，需将其拆分为4张标题相同、内容分别为1.～4.四点表现的幻灯片。

（7）将第11张幻灯片中的文本内容转换为“表层次结构”SmartArt图形，适当更改其颜色、样式，设置二、三级文本的文字方向；为SmartArt图形添加动画效果，令SmartArt图形伴随着“风铃”声逐个“弹跳”式进入；将幻灯片左侧的红色文本作为该张幻灯片的备注文字。

（8）除标题幻灯片外，其他幻灯片均包含幻灯片编号和内容为“儿童孤独症的干预与治疗”的页脚。

（9）将考生文件夹下结束片.pptx中的幻灯片作为PPT.pptx文件的最后一张幻灯片，并保留原主题格式。

（10）为除标题幻灯片以外的其他幻灯片均应用切换效果。将幻灯片中所有中文字体设置为“微软雅黑”。

2. 某旅行社导游小孟正在制作一份介绍首都北京的演示文稿，按照下列要求帮助她组织材料完成演示文稿的整合制作，完成后的演示文稿共包含19张幻灯片，其中不能出现空白幻灯片。

（1）根据文件夹中的Word文档“PPT素材.docx”中的内容创建一个初始包含18张幻灯片的演示文稿“PPT.pptx”，其对应关系如表5.2所列。要求新建幻灯片中不包含原素材中的任何格式，之后所有的操作均基于“PPT.pptx”文件，否则不得分。

表5.2

Word素材中的文本颜色	对应的PPT内容
红色	标题
蓝色	第一级文本
黑色	第二级文本

（2）为演示文稿应用考生文件夹中的设计主题“龙腾.thmx”。将该主题下所有幻灯片中的所有级别文本的格式均修改为“微软雅黑”字体、深蓝色、两端对齐，并设置文本溢出文本框时自动缩排文字。将“标题幻灯片”版式右上方的图片替换为天坛.jpg。

（3）为第1张幻灯片应用“标题幻灯片”版式，将副标题的文本颜色设为标准黄色，并为其中的对象按下列要求指定动画效果。

①令其中的天坛图片首先在2秒钟内以“翻转式由远及近”方式进入，紧接着以“放大/缩小”方式强调。

②再为其中的标题和副标题分别指定动画效果，其顺序为：自图片动画结束后，标题自动在3秒内自左侧“飞入”进入，同时副标题以相同的速度自右侧“飞入”进入，1秒钟后标题与副标题同时自动在3秒内以“飞出”方式按原进入方向退出；再过2秒钟后标题与副标题同时自动在4秒内以“旋转”方式进入。

（4）为第2张幻灯片应用“内容与标题”版式，将原素材中提供的表格复制到右侧的内容框中，要求保留原表格的格式。

（5）为第3张幻灯片应用“节标题”版式，为文本框中的目录内容添加任意项目符号，并设为3栏显示、适当加大栏间距，最后为每项目录内容添加超链接，令其分别链接到本文档中相应的幻灯片。将考生文件夹中的图片火车站. jpg以85%的透明度设为第3张幻灯片的背景。

（6）参考原素材中的样例，在第4张幻灯片的空白处插入一个表示朝代更迭的SmartArt图形，要求图形的布局与文字排列方式与样例一致，并适当更改图形的颜色及样式。

（7）为第5张幻灯片应用“两栏内容”版式，在右侧的内容框中插入图片“行政区划图. jpg”，调整图片的大小、改变图片的样式、并应用一个适当的艺术效果。为第11、12、13张幻灯片应用“标题和竖排文字”版式。

（8）参考文件“城市荣誉图示例. jpg”中的效果，将第16张幻灯片中的文本转换为“分离射线”布局的SmartArt图形并进行适当设计，要求如下。

①以图片“水墨山水. jpg”为中间图形的背景。

②更改SmartArt颜色及样式，并调整图形中文本的字体、字号和颜色与之适应。

③将四周的图形形状更改为云形。

④为SmartArt图形添加动画效果，要求其以3轮幅图案的“轮子”方式逐个从中心进入，并且中间的图形在其动画播放后自动隐藏。

（9）为第18张幻灯片应用“标题和表格”版式，取消其中文本上的超链接，并将其转换为一个表格，改变该表格样式且取消标题行，令单元格中的人名水平垂直且居中排列。

（10）插入演示文稿“结束片. pptx”中的幻灯片作为第19张幻灯片，要求保留原设计主题与格式不变；为其中的艺术字“北京欢迎你!”添加按段落、自底部逐字“飞入”的动画效果，要求字与字之间延迟时间100%。

（11）在第1张幻灯片中插入音乐文件“北京欢迎你. mp3”，当放映演示文稿时自动隐藏该音频图标，单击该幻灯片中的标题即可开始播放音乐，一直到第18张幻灯片后音乐自动停止。为演示文稿整体应用一个切换方式，自动换片时间设为5秒。

第6章

新增无纸化考试套卷及其答案解析

目前，本书配套的智能模考软件中共有24套试卷，因篇幅所限，本章只提供新增的两套无纸化考试试卷及其答案解析。建议考生在学习掌握本章试题内容的基础之上，通过配套软件进行模考练习，提前熟悉“考试场景”，体验考试环境及考试答题流程。

“二级 MS Office 高级应用与设计”科目考试共有四大题型，包括选择题、字处理题、电子表格题和演示文稿题。

（1）选择题。本题型包括 20 道小题，其中前 10 道题考查公共基础知识的内容，后 10 道题考查 MS Office操作基础的内容。

（2）字处理题。本题型要求考生掌握 Word 的操作技能，并熟练编制 Word 文档。

（3）电子表格题。本题型要求考生掌握 Excel 的操作技能，并熟练应用其数据计算及分析功能。

（4）演示文稿题。本题型要求考生掌握 PowerPoint 的操作技能，并熟练制作演示文稿。

6.1 新增无纸化考试套卷

第1套 新增无纸化考试套卷

一、选择题

1. 指令中的地址码部分直接给出了操作数在存储器中地址的寻址方式是（　　）。
   A. 直接寻址　　B. 立即寻址　　C. 间接寻址　　D. 隐含寻址
2. 分时操作系统不具备的特性是（　　）。
   A 同时性　　B. 实时性　　C. 及时性　　D. 交互性
3. 下列关于算法的描述中错误的是（　　）。
   A. 算法强调动态的执行过程，不同于静态的计算公式　　B. 算法必须能在有限个步骤之后终止
   C. 算法设计必须考虑算法的复杂度　　D. 算法的优劣取决于运行算法程序的环境
4. 下列叙述中正确的是（　　）。
   A. 数组是长度固定的线性表　　B. 矩阵是非线性结构
   C. 对线性表只能作插入与删除运算　　D. 线性表中各元素的数据类型可以不同
5. 下列叙述中正确的是（　　）。
   A. 多重链表必定是非线性结构　　B. 任何二叉树只能采用链式存储结构
   C. 排序二叉树的中序遍历序列是有序序列　　D. 堆可以用完全二叉树表示，其中序遍历序列是有序序列
6. 下面属于软件定义阶段任务的是（　　）。
   A. 软件测试　　B. 详细设计　　C. 需求分析　　D. 系统维护
7. 软件系统总体结构图的作用是（　　）。
   A. 描述软件系统的控制流　　B. 描述软件系统的数据流
   C. 描述软件系统的数据结构　　D. 描述软件系统结构的图形工具
8. 下面不属于数据库系统特点的是（　　）。
   A. 数据共享性好　　B. 数据冗余度高　　C. 数据具有完整性　　D. 数据独立性高
9. 设有表示学生选课的关系：
   S（学号，姓名，年龄，性别，籍贯）；
   C（课程号，课程名，教师，办公室）；
   SC（学号，课程号，成绩）。
   则检索籍贯为上海的学生姓名、学号和选修的课程号的表达式是（　　）。
   A. $\pi_{姓名,学号,课程号}(\sigma_{籍贯='上海'}(S \bowtie SC))$　　B. $\sigma_{籍贯='上海'}(S \bowtie SC)$
   C. $\pi_{姓名,学号,课程号}(\sigma_{籍贯='上海'}(S))$　　D. $\pi_{姓名,学号}(\sigma_{籍贯='上海'}(S)) \bowtie SC$
10. 定义课程的关系模式如下：
    Course(C#,Cn, Cr,prC1#,prC2#)（其属性分别为课程号、课程名、学分、先修课程号1和先修课程号2），并且不同课程可以同名，则该关系最高是（　　）。
    A. 1NF　　B. 2NF　　C. 3NF　　D. BCNF
11. 刘老师已经利用Word编辑完成了一篇中英文混编的科技文档，若希望将该文档中的所有英文单词首字母均改为大写，最优的操作方法是（　　）。
    A. 逐个单词手动进行修改
    B. 选中所有文本，通过【开始】选项卡的【字体】组中的更改大小写功能实现
    C. 选中所有文本，通过按【Shift+F4】组合键实现
    D. 在自动更正选项中开启“每个单词首字母大写”功能
12. 在一篇Word文档中插入了若干表格，如果希望将所有表格中文本的字体及段落设置为统一格式，最优的操作方法是（　　）。
    A. 定义一个表样式，并将该样式应用到所有表格
    B. 选中所有表格，统一设置其字体及段落格式
    C. 设置第一个表格文本的字体及段落格式，然后通过格式刷将格式应用到其他表格中
    D. 逐个设置表格文本的字体和段落格式，并使其保持一致
13. 在Word 2016中，要将文档部件库中唯一以“公”开头的名为“公文格式”的构建基块插入文档中，最快捷的操作方法是（　　）。
    A. 打开【构建基块管理器】，选定名为“公文格式”的构建基块，并将其插入文档中

B. 输入文本“公”，按快捷键【F3】
C. 输入文本“公文格式”，按快捷键【F4】
D. 输入文本“公”，按快捷键【F4】

14. 在 Word 2016 中，在插入名为“图表效果”的构建基块时，总希望其位于一个独立的页面中，最快捷的操作方法是(　　)。
A. 每次插入“图表效果”构建基块后，在其前后分别插入分页符
B. 每次插入“图表效果”构建基块后，按【Enter】键使其位于独立页面
C. 修改“图表效果”构建基块的属性，将选项设置为“将内容插入其所在的页面”
D. 修改“图表效果”构建基块的属性，将选项设置为“段前和段后分页”

15. 在 Excel 工作表的右下角 XFB1048573: XFD1048576 区域中保存了一组常用数据，如需经常查看、调用、编辑这组数据，最优的操作方法是（　　）。
A. 直接操作滚动条找到该区域，引用时用鼠标拖动选择即可
B. 通过“定位条件”功能，定位到该工作表的最后一个单元格，引用时用鼠标拖动选择即可
C. 直接在名称框中输入地址 XFB1048573: XFD1048576，引用时也可直接输入该地址
D. 为该区域定义一个名称，使用时直接引用该名称即可

16. 小刘在 Excel 工作表 A1: D8区域存放了一组重要数据，他希望隐藏这组数据但又不能影响同行、列中其他数据的阅读，最优的操作方法是（　　）。
A. 通过隐藏行列功能，将 A: D 列或1: 8行隐藏起来
B. 在【单元格格式】对话框的【保护】选项卡中指定隐藏该区域数据，并设置工作表保护
C. 通过自定义数字格式设置不显示该区域数据，并通过保护工作表隐藏数据
D. 将 A1: D8区域中数据的字体颜色设置为与单元格背景颜色相同

17. 在 Excel 2016 中，某单元格中的日期为“2018/1/12”，要将其显示为“12 January,2018”，正确的自定义数字格式为(　　)。
A. d mmmm,yyyy　　B. d mm,yyyy　　C. d mmmm,yy　　D. d m,y

18. 在 Excel 2016 中，某单元格中的数值为“8.74E+08”，则该数值（　　）。
A. 在800 万到900 万之间　　B. 在8000 万到9000 万之间
C. 在8 亿到9 亿之间　　D. 在80 亿到90 亿之间

19. 要录制一段长度为70 秒的外部声音，并插入 PowerPoint 2016 的幻灯片中，最快捷的操作方法是（　　）。
A. 使用其他音频录制工具录制并保存后，再使用 PowerPoint 的插入音频功能将其插入幻灯片中
B. 使用 PowerPoint 2016 内置的屏幕剪辑功能进行录制并插入幻灯片中
C. 使用 PowerPoint 2016 内置的屏幕截图功能进行录制并插入幻灯片中
D. 使用 PowerPoint 2016 内置的录制音频功能进行录制并插入幻灯片中

20. 在 PowerPoint 2016 中，要将演示文稿以 PNG 图片格式进行保存，下列说法正确的是（　　）。
A. 只能将当前选中的幻灯片以 PNG 格式进行保存
B. 可以将所有的幻灯片同时以 PNG 格式进行保存，并自动生成一个 PowerPoint 相册
C. 可以将所有的幻灯片以 PNG 格式保存为一张图片
D. 可以将所有的幻灯片同时以 PNG 格式保存于一个自动生成的文件夹中

二、字处理题

小赵是某大学企业管理专业的应届毕业生，正在撰写毕业论文，按照下列要求帮助他对论文进行排版。

1. 打开考生文件夹中的素材文档 Word. docx，后续操作均基于此文件，否则不得分。

2. 论文在交给指导老师修改的时候，老师添加了某些内容，并保存在文档教师修改. docx 中，要求在 Word. docx 中接受修改，添加该内容。

3. 参照样例图片封面. png 中的效果，为论文添加封面，其中从文本“学校名称”到论文标题设置为居中对齐，并适当调整字体和字号；从文本“姓名”到“指导教师”的5 个段落的左侧缩进设置为13 字符；将下方的日期设置为右对齐，并替换为可以显示上次文档保存日期的域，格式如样例所示（提示：具体日期不必和样例一致）。

4. 删除文档中的所有全角空格和空行。

5. 将文档中“标题 1”“标题 2”“标题 3”的手动编号替换为可以自动更新的多级列表，样式保持不变。

6. 将论文中所有正文文字设置为首行缩进2 字符，且段前段后各空半行，但各级标题文字不能应用此格式。

7. 在文档末尾的标题“参考文献”下方插入参考书目，书目保存在文档书目. xml 中，设置书目样式为“ISO 690 - 数字引用”。

8. 设置目录、摘要、每章标题、参考文献和致谢都从新的页面开始。

9. 修改所有的脚注为尾注，且放到每章之后，并对尾注的编号应用［1］，［2］，［3］……的格式。

10. 在论文页面底部中间位置添加页码，要求封面没有页码，目录页使用罗马数字Ⅰ，Ⅱ，Ⅲ……格式，从摘要开始使用1，2，3…格式，页码都从1 开始。

11. 为文档正文（第1 章 ~ 第7 章）添加页眉，页眉内容能够自动引用页面所在章的标题和编号且居中显示。

12. 在文档封面页的标题文字“目录”下方插入文档目录，要求“摘要”“参考文献”“致谢”也体现在目录中，且和“标题 1”同级别。

三、电子表格题

小郑是某企业财务部门的工作人员，现在需要使用 Excel 设计财务报销表格。根据下列要求，帮助小郑运用已有的原始数据完成相关工作。

1. 打开考生文件夹中的素材文档 Excel. xlsx，后续操作均基于此文件，否则不得分。

2. 在“差旅费报销”工作表中完成下列任务。

① 将 A1 单元格中的标题内容在 A1: K1单元格区域中跨列居中对齐（不要合并单元格）。

② 创建一个新的单元格样式，名为“表格标题”，字号为 16，颜色为标准蓝色，应用于 A1 单元格，并适当调整行高。

③ 在单元格区域 I3: I22 使用公式计算住宿费的实际报销金额，规则如下：

- 在不同城市每天住宿费报销的最高标准可以从工作表“城市分级”中查询；
- 每次出差报销的最高额度为相应城市的日住宿标准 × 出差天数（出差天数 = 返回日期 - 出发日期）；
- “住宿费 - 报销金额”取“住宿费 - 发票金额”与每次出差报销的最高额度两者中的较低者。

④ 在单元格区域 J3: J22 使用公式计算每位员工的补助金额，计算方法为补助标准 × 出差天数（出差天数 = 返回日期 - 出发日期），每天的补助标准可以在“职务级别”工作表中查询。

⑤ 在单元格区域 K3: K22 使用公式计算每位员工的报销金额，报销金额 = 交通费 + 住宿费 - 报销金额 + 补助金额，在 K23 单元格计算报销金额的总和。

⑥ 在单元格区域 I3: I22 使用条件格式，对" 住宿费 - 发票金额" 大于" 住宿费 - 报销金额" 的单元格应用标准红色字体。

⑦ 在单元格区域 A3: K22 使用条件格式，对出差天数（返回日期 - 出发日期）大于等于 5 天的记录行应用标准绿色字体（如果某个单元格中两种条件格式规则发生冲突，优先应用第⑥项中的规则）。

3. 在“费用合计”和“车辆使用费报销”工作表中，对 A1 单元格应用单元格样式“表格标题”，并设置为与下方表格等宽的跨列居中格式。

4. 在“费用合计”工作表中完成下列任务。

① 在单元格 C4 和 C5 中，分别建立公式，使其值等于“差旅费报销”工作表的单元格 K23 和“车辆使用费报销”工作表的单元格 H21 中的值。

② 在单元格 C6 中使用函数计算单元格 C4 和 C5 中的值之和。

③ 在单元格 D4 中建立超链接，显示的文字为“填写请单击!”，并在单击时可以跳转到工作表“差旅费报销”的 A3 单元格。

④ 在 B2 单元格中，建立数据验证规则，可以通过下拉列表填入以下项目：市场部、物流部、财务部、行政部、采购部，并最终显示文本“市场部”。

⑤ 在单元格 D5 中，通过函数进行设置，如果单元格 B2 中的内容为“行政部”或“物流部”，则显示为单击时可以跳转到工作表“车辆使用费报销”A3 单元格的超链接，显示的文本为“填写请单击!”，如果是其他部门则显示文本“无须填写!”。

5. 在工作表“差旅费报销”和工作表“车辆使用费报销”的 A1: C1单元格区域中插入内置的左箭头形状，并在其中输入文本“返回主表”，为形状添加超链接，在单击形状时，可以跳转到“费用合计”工作表的单元格 A1。

6. 在工作表“差旅费报销”中，保护工作表（不要使用密码，否则整个模块不得分），以便 I3: K22 单元格区域以及 K23 单元格可以选中但无法编辑，也无法看到其中的公式，其他单元格都可以正常编辑。

7. 取消显示工作表标签，且活动工作表为“费用合计”。

四、演示文稿题

小李参加了某乡村中学的支教活动，现在要准备一份数学课的 PPT 课件。根据考生文件夹下提供的素材内容，参考样例文档参考效果_PPT. docx，帮助他完成演示文稿的制作，具体要求如下。

1. 打开考生文件夹中的素材文档 PPT. pptx，后续操作均基于此文件，否则不得分。

2. 参照样例效果，设计幻灯片母版。

① 设置空白版式的背景样式为“样式 4”。

② 在空白版式中插入圆角矩形，和幻灯片等宽，高度为 15 厘米，在幻灯片中水平居中对齐，到幻灯片上边缘的距离为 2. 9 厘米，设置圆角矩形的填充颜色为“白色，文字 1，深色 15%”，并取消边框。

③ 输入样例效果图所示的文本和符号，其中文本“认识立体图形”“初识圆锥”“圆锥的组成要素”“练习与总结”字体为黑体，两个竖线符号字符代码为“250A”；以上 4 个文本项和两个符号应位于 6 个独立的文本框中。

④ 为文本“初识圆锥”“圆锥的组成要素”“练习与总结”添加超链接，分别链接到幻灯片 3、幻灯片 5 和幻灯片 9。

⑤ 适当调整每张幻灯片中的文字和图形内容，使其位于圆角矩形背景形状之中。

3. 参照样例效果，修改幻灯片 1 中的文本字体和字号，并应用恰当的艺术字文本、轮廓和阴影效果。

4. 参照样例效果，将幻灯片 2 中的文本转换为“线型列表”布局的 SmartArt 图形。

5. 参照样例效果，在幻灯片 1 和 2 中，通过插入一个内置的形状形成圆锥，要求顶部的棱台效果为“角度”，高度为 300 磅，宽度为 150 磅。

6. 在幻灯片 3 中，删除沙堆图片的白色背景。

7. 参照样例效果，在幻灯片 6 中，将文本转换为表格，文本在单元格中垂直和水平都居中对齐，表格无背景色且只有内部框线。

8. 在幻灯片 7 中，参照样例效果添加形状和输入文本，要求 4 个形状大小一样，且纵向等距分布，并为这些形状设置如下的动画触发效果。

① 单击形状“顶点”时，圆锥上方顶点对应的红色圆点出现。

② 单击形状“底面”时，包含文本“底面是圆形”的圆形出现。
③ 单击形状“侧面”时，包含文本“侧面是扇形”的扇形出现。
④ 单击形状“高”时，圆锥中的横竖两条直线同时出现。
9. 在幻灯片8中，完成下列操作。
① 参照样例效果，为幻灯片中的内容设置项目符号，符号的字符代码为“25B2”。
② 在第二行文本开头插入公式，如图6.1所示。

$$h=\sqrt{l^2-r^2}$$

图6.1

第2套 新增无纸化考试套卷

一、选择题

1. 下列存储管理中要采用虚拟存储管理技术的是（　　）。
A. 可变分区存储管理　B. 请求分页或请求分段式存储管理
C. 固定分区存储管理　D. 分页或分段式存储管理
2. 下列叙述中错误的是（　　）。
A. 只有就绪状态下的进程可以进入运行状态　B. 只有运行状态下的进程可以进入终止状态
C. 进程一旦创建完成，就进入运行状态　D. 一个正在运行的进程，当运行时间片用完后将进入就绪状态
3. 循环队列的存储空间为Q（1:50），初始状态为空。经过一系列正常的入队与退队操作后，front = 1，rear = 25。此时该循环队列中的元素个数为（　　）。
A. 24　B. 25　C. 26　D. 27
4. 设二叉树的前序序列为ABCDEF，中序序列为BDFECA，则该二叉树的深度为（根节点为第1层）（　　）。
A. 2　B. 3　C. 4　D. 6
5. 设某树的度为3，且度为3的节点数为5，度为2的节点数为4，没有度为1的节点。则该树中的叶子节点数为（　　）。
A. 12　B. 15　C. 24　D. 不可能有这样的树
6. 属于结构化程序设计基本原则的是（　　）。
A. 逐步求精　B. 迭代法　C. 归纳法　D. 递归法
7. 与确认测试阶段有关的文档是（　　）。
A. 概要设计说明书　B. 需求规格说明书　C. 详细设计说明书　D. 数据库设计说明书
8. 描述数据库中用户的数据视图，即用户所见到的数据模式是（　　）。
A. 内模式　B. 中间模式　C. 概念模式　D. 用户模式或外模式
9. 养老院的实体护理员和实体老人之间的联系是（　　）。
A. 1:1　B. N:1　C. M:N　D. 1:N
10. 定义学生选修课程的关系模式如下：
SC(S#,Sn,C#,Cn,G,Cr,T#)（其属性分别为学号、姓名、课程号、课程名、成绩、学分、授课教师号），假定学生和课程都会有重名，则关系最高是（　　）。
A. 1NF　B. 2NF　C. 3NF　D. BCNF
11. 在Word 2016文档中为图表插入形如“图1、图2”的题注时，删除标签与编号之间自动出现的空格的最优操作方法是（　　）。
A. 在新建题注标签时，直接将其后面的空格删除即可
B. 选择整个文档，利用查找和替换功能逐个将题注中的西文空格替换为空
C. 一个一个手动删除该空格
D. 选择所有题注，利用查找和替换功能将西文空格全部替换为空
12. 吴编辑在一部Word书稿中定义并应用了符合本出版社排版要求的各级标题的标准样式，希望以该标准样式替换掉其他书稿的同名样式，最优的操作方法是（　　）。
A. 将原书稿保存为模板，基于该模板创建或复制新书稿的内容并应用标准样式
B. 利用格式刷，将标准样式的格式从原书稿中复制到新书稿的某一同级标题，然后通过更新样式以匹配所选内容
C. 通过管理样式功能，将书稿中的标准样式复制到新书稿
D. 依据标准样式中的格式，直接在新书稿中修改同名样式中的格式
13. 使用Word 2016排版的论文最后包含“参考书目”4个字，其独立成行。若希望将“参考书目”及其页码能够出现在目录中与“标题1”同级别显示，且保持原格式不变，最优的操作方法是（　　）。
A. 将“参考书目”段落的大纲级别定义为“1级”
B. 先将“参考书目”段落定义为“标题1”样式，生成目录后再根据需要修改“参考书目”的格式
C. 生成目录后，手动将“参考书目”4个字及页码放至目录的最后面
D. 先将“参考书目”段落定义为“标题1”样式，根据需要修改其格式后再生成目录
14. 何主编正在Word 2016中编辑一部包含10章的书稿，他希望在每一章的页眉上插入该章的标题内容，最优的操作方法是（　　）。
A. 将每一章分节，再分别在每节的页眉上输入各章的标题内容
B. 将每一章单独保存为一个文件，再为每个文件输入内容为标题的页眉
C. 将各章标题定义为某个标题样式，通过插入域的方式自动引用该标题样式
D. 将每一章分节并定义标题样式，再通过“交叉引用”在页眉位置引用标题

15. 在一份使用Excel编制的员工档案表中，依次输入了序号、性别、姓名、身份证号4列。现需要将“姓名”列左移至“性别”列和“序号”列之间，最快捷的操作方法是（　　）。
A. 选中“姓名”列，按住【Shift】键并用鼠标将其拖动到“性别”列和“序号”列之间即可
B. 先在“性别”列和“序号”列之间插入一个空白列，然后将“姓名”列移动到该空白列中
C. 选中“姓名”列并进行剪切，在“性别”列上单击右键并插入剪切的单元格
D. 选中“姓名”列并进行剪切，选择“性别”列再进行粘贴即可
16. 在Excel中希望为若干个同类型的工作表标签设置相同的颜色，最优的操作方法是（　　）。
A. 依次在每个工作表标签中单击鼠标右键，通过【设置工作表标签颜色】命令为其分别指定相同的颜色
B. 先为一个工作表标签设置颜色，然后复制多个工作表即可
C. 按住【Ctrl】键依次选择多个工作表，然后单击鼠标右键，通过【设置工作表标签颜色】命令统一指定颜色
D. 在后台视图中，通过Excel常规选项设置默认的工作表标签颜色后即可统一应用到所有工作表
17. 在Excel 2016中，将显示为“781021”列数据转换为日期格式“1978/10/21”的最快捷操作方法是（　　）。
A. 直接将B列数据的数字格式设置为“长日期”格式
B. 通过设置单元格格式，将B列数据的数字格式设置为“2001/01/01”类型
C. 首先自定义日期格式“YYYY/MM/DD”，然后应用于B列数据
D. 通过数据分列功能，在保持固定宽度的情况下选择恰当的日期格式
18. 在Excel 2016的A1单元格中输入并显示为“001”的数据，令其始终保持为可以参与计算的数值型数据，最快捷的操作方法是（　　）。
A. 在输入数据前先输入单引号“´”，再输入“001”
B. 先将A1单元格的数字格式设置为“文本”，再输入“001”
C. 在A1单元格中输入“1”，再将其数字格式自定义为“000”
D. 先将A1单元格的数字格式设置为“文本”，再输入“001”，参与计算时再通过VALUE函数将其转换为数值
19. 若将PowerPoint 2016幻灯片中多个圆形的圆心重叠在一起，最快捷的操作方法是（　　）。
A. 借助智能参考线，拖动每个圆形使其位于目标圆形的正中央
B. 同时选中所有圆形，设置其“左右居中”和“上下居中”
C. 显示网络线，按照网络线分别移动圆形的位置
D. 在【设置形状格式】对话框中，调整每个圆形的“位置”参数
20. 在PowerPoint 2016中，如果一个图形被其他对象完全覆盖，仅选择这个图形的最优操作方法是（　　）。
A. 按【Tab】键，找到需要选择的图形
B. 打开【选择窗格】，从中单击选择需要的图形
C. 用鼠标移动其他对象，直到所需图形显示出来并单击选择该图形
D. 先拖动鼠标选中所有对象，然后按住【Shift】键单击对其他对象取消选择

二、字处理题

小谢是某医院的传染科医生，正在编辑一篇要发表在杂志上的关于病毒知识的科普文章，按照下列要求，帮助她对文章进行排版。

1. 打开考生文件夹中的素材文档Word.docx，后续操作均基于此文件，否则不得分。

2. 按照下列要求设置文档正文和标题的样式与格式。

①将字体颜色为红色的文本设置为“标题1”样式，段前段后间距为6磅，单倍行距，三号黑体。

②将字体颜色为蓝色的文本设置为“标题2”样式，段前段后间距为6磅，单倍行距，四号黑体。

③修改名称为“3级”的样式的大纲级别为3级。

④为“标题1”“标题2”“3级”样式添加自动多级编号，“标题1”样式的编号为“1.，2.，3.…”，“标题2”样式的编号为“1.1，1.2，1.3…”，“3级”样式的编号为“1.1.1，1.1.2，1.1.3…”，所有编号左对齐，对齐位置为0厘米，编号之后为空格，且每一级根据上一级别的变化而重新开始编号。

⑤不要修改正文样式，将文档中所有的正文段落内容的段前和段后间距均设置为0.5行，首行缩进2字符。

3. 删除文档正文内容中的空行。

4. 修改文档开头处标题“病毒的前生和今世”的文本效果，将轮廓粗细设置为0.75磅、阴影的距离设置为2磅，并将其转换为“格式文本内容控件”，设置锁定选项为“无法删除内容控件”。

5. 将文档中所有图片下方的题注标签修改为“图”，并将图片和下方的题注都居中对齐。

6. 在文档标题“病毒的前生和今世”下方插入正文内容目录和图表目录，且令文档标题和目录位于单独的页面，效果可参考考生文件夹中的图片文档目录页.png。

7. 为文档中引文源中的条目“陈阅增普通生物学”添加“标准代号”，内容为“ISBN:7-04-014584-7”；在文档结尾，适当调整文本“参考文献”的格式，并在其下方插入书目，使用“GB7714”样式。

8. 修改文档中的脚注，使其格式为“[1]，[2]，[3]…”（脚注内容需左对齐）。

9. 在标题“起源”下方的项目符号列表中，修改项目符号和正文之间的分隔符为空格，并将这3个段落的悬挂缩进设置为1字符。

10. 在标题“蛋白质合成”下方，将以“上图呈现了”开头的段落中的数字编号“1.，2.，3.…”替换为“(1)，(2)，(3)…”。

11. 按照下列要求在文档结尾的标题“索引”下方创建索引。

①使用保存在索引条目.docx中的索引条目为文档插入索引。

②将“脱氧核糖核酸”标记为索引项目，且在索引中显示为“请参阅 DNA”。

③将“噬菌体”标记为索引条目，且在索引中显示为从“6.2 噬菌体”到文档正文结尾“在海洋哺乳动物中流行。”的页码数。

④将文档的参考文献和索引放置在一个独立页面中。

12. 使用“星型”样式，在页面底部为文档插入页码，页码从 1 开始，文档标题和目录所在页面不显示页码。

13. 仅在文档标题和目录所在页面显示文字水印“草稿”。

14. 更新文档的目录、图表目录和索引。

三、电子表格题

小许是某企业人力资源部门的工作人员，现在要使用 Excel 来统计 2019 年员工情况。根据下列要求，帮助小许运用已有的原始数据完成下列工作。

1. 打开考生文件夹中的素材文档 Excel. xlsx，后续操作均基于此文件，否则不得分。

2. 在“19 年入职”工作表中的 A 列到 E 列中，填入 19 年新入职的员工信息（出现在“19 年末”工作表中，但不出现在“19 年初”工作表中的记录）。

3. 在“19 年离职”工作表中的 A 列到 E 列中，填入 19 年离职的员工信息（出现在“19 年初”工作表中，但不出现在“19 年末”工作表中的记录）。

4. 对“19 年入职”和“19 年离职”工作表中的数据进行排序，首先按照部门拼音首字母升序排序，如果部门相同则按照工号升序排序。

5. 在工作表“19 年末”中，不要改变记录的顺序，完成下列工作。

① 将“出生日期”列中的数据转换为日期格式，如“1968 年 10 月 9 日”。

② 在“年龄”列中，计算每位员工在 2019 年 12 月 31 日的年龄，规则为“××岁××个月”（不足 1 个月按 0 个月计算），例如“1968 年 10 月 9 日”出生的员工，年龄显示为“51 岁 2 个月”。

③ 在“电话类型”列中，填入每个员工的电话的类型，如果电话号码是 11 位填入“手机”，如果电话号码为 8 位，填入“座机”。

④ 通过设置单元格格式，将“电话”列中的数据显示为星号，如果是手机号码显示 11 个星号，座机号码显示 8 个星号。

6. 根据“19 年末”工作表中的数据，自新的名为“员工数据分析”工作表的 A6 单元格开始创建数据透视表和数据透视图，要求如下（可参考效果图数据透视表和数据透视图. png）。

① 统计每个部门中员工的数量和占比，占比保留整数。

② 按照效果图，修改数据透视表的列标题名称。

③ 在 D6: L16 单元格区域中，创建数据透视图，按照效果图设置网格线和坐标轴，删除所有字段按钮，并将图例置于底部。

④ 在 A1: E5单元格区域中，为“学历”字段插入切片器，显示为 5 列 1 行，且按钮从左到右按照博士、硕士、本科、大专和中专的顺序显示。

⑤ 将 A1: L17 单元格区域设置为打印区域，页面方向为横向，确保内容在一个页面中，垂直和水平方向都居中对齐。

7. 保护工作表“19 年末”，在保护状态下，工作表中的所有单元格都可以被选中，但是“电话号码”列中的数据不会在编辑栏中显示实际号码（注意：不要使用密码）。

四、演示文稿题

小薛要在社区使用 PPT 为居民介绍有关病毒的知识。参考文档样例效果. docx 中的参考图，帮助小薛完成演示文稿的制作，具体要求如下。

1. 打开考生文件夹中的素材文档 PPT. pptx，后续操作均基于此文件，否则不得分。

2. 参照样例效果，设计幻灯片母版。

① 修改名为“自定义版式”的版式名称为“奇数页”。

② 修改名称为“奇数页”和“偶数页”的版式的标题占位符的填充颜色与下方梯形形状边框颜色一致，字体为微软雅黑，加粗并适当调整大小。

③ 修改“奇数页”版式中页码占位符内的页码对齐方式为左对齐。

④ 在“奇数页”和“偶数页”版式的页码占位符上方分别插入口罩. png。

3. 参照样例效果，设置第 1 张幻灯片。

① 将图片封面背景. jpg 作为第 1 张幻灯片的背景，重设该幻灯片中图片及大小，删除图片背景，并适当调整其位置。

② 将幻灯片上的所有文本字体设置为微软雅黑，“病毒的前生和今世”的文本颜色设置为“水绿色，个性色 5，深色 25%”，并适当调整字体大小和段落格式。

③ 将文本“了解病毒，珍爱生命!”在文本框中水平和垂直都居中对齐，将文本框置于幻灯片底部，并水平居中对齐。

4. 将第 2 ~ 14 张幻灯片中的偶数页应用“偶数页”版式，奇数页应用“奇数页”版式。

5. 将第 2 张幻灯片中的项目符号列表转换为 SmartArt 图形，布局为“梯形列表”，将图形中 3 个形状的填充颜色设置为与上方标题占位符填充色相同。

6. 在第 6 张幻灯中，参照样例效果，适当调整图片和文本的位置，并将项目符号列表修改为编号列表，分为两列，每列 7 个项目。

7. 将第 7 张幻灯片中的项目符号列表转换为 SmartArt 图形，布局为“基本流程”，并修改形状间的 5 个箭头为“燕尾形”箭头。

8. 在第10张幻灯片中，参照样例效果，适当调整文本和图片的位置，将图片替换为考生文件夹中的图片被病毒感染的辣椒.png，并保证图片的样式不变。

9. 在第11张幻灯片中，参照样例效果，适当调整文本和图片的位置，并将图片重新着色为“水绿色，个性色5深色”。

10. 将第15张幻灯片设置为“空白”板式，并应用与首张幻灯片相同的背景图片，参照样例效果适当设置文本的格式与位置，文本在文本框中水平居中对齐，文本框在页面中水平居中。

11. 为第11张幻灯片中的图片设置动画效果，在单击时，图片以“浮入”的效果出现，之后自动以“陀螺旋”的强调效果旋转3次。

12. 为演示文稿添加幻灯片编号，标题幻灯片中不显示编号。

6.2 新增无纸化考试套卷的答案及解析

第1套 答案及解析

一、选择题

1. A 【解析】寻址方式是指找到当前正在执行指令的数据地址以及下一条将要执行指令的地址的方式。寻址方式被分为指令寻址和数据寻址两大类。其中，指令寻址分为顺序寻址和跳跃寻址两种。常见的数据寻址有立即寻址（所需的操作数由指令的地址码部分直接给出）、直接寻址（指令的地址码部分给出操作数在存储器中的地址）、隐含寻址（操作数的地址隐含在指令的操作码或者某个寄存器中）、间接寻址、寄存器寻址、寄存器间接寻址、基址寻址、变址寻址、相对寻址和堆栈寻址。本题答案为A选项。

2. B 【解析】允许多个联机用户同时使用一台计算机系统进行计算的操作系统称为分时操作系统。分时操作系统具有以下特性：多路性（又称同时性，终端用户感觉好像独占计算机）、交互性、独立性（终端用户彼此独立，互不干扰）和及时性（快速得到响应）。本题答案为B选项。

3. D 【解析】算法是指对解题方案的准确而完整的描述，简单地说，就是解决问题的操作步骤。算法不同于数学上的计算方法，强调实现，A选项正确。算法的有穷性是指算法中的操作步骤为有限个，且每个步骤都能在有限时间内完成，B选项正确。算法复杂度包括算法的时间复杂度和算法的空间复杂度。算法设计必须考虑执行算法所需要的资源，即时间与空间复杂度，C选项正确。算法的优劣取决于算法复杂度，与程序的环境无关，当算法被编程实现之后，程序的运行受到计算机系统运行环境的限制。本题答案为D选项。

4. A 【解析】矩阵是一个比较复杂的线性表，属于线性结构，B选项错误。除了插入与删除运算，还可以对线性表做查找运算等，C选项错误。同一线性表中的数据元素必定具有相同的特性，即属于同一数据对象，数据类型相同，D选项错误。本题答案为A选项。

5. C 【解析】节点中具有多个指针域的链表就称为多重链表，双向链表有两个指针域，属于线性结构，A选项错误。在二叉树中，满二叉树与完全二叉树可以按层次进行顺序存储，B选项错误。设非空二叉树的所有子树中，其左子树上的节点值均小于根节点值，而右子树上的节点值均不小于根节点值，则称该二叉树为排序二叉树。对排序序列进行中序遍历，遍历结果为有序序列，C选项正确。若序列有n个元素，将元素按顺序组成一棵完全二叉树，当且仅当满足条件①，即根节点值大于等于左子树的节点值且大于等于右子树的节点值；或条件②，即根节点值小于等于左子树的节点值且小于等于右子树的节点值时称为堆。堆的左子树的节点值与右子树的节点值大小无法确定，所以对堆进行中序遍历无法确定是否为有序序列，D选项错误。本题答案为C选项。

6. C 【解析】软件生命周期可分为定义阶段、开发阶段和维护阶段。定义阶段包括问题定义、可行性研究和需求分析。开发阶段包括概要设计、详细设计、实现和测试。维护阶段包括使用和维护。本题答案为C选项。

7. D 【解析】软件系统总体结构图是描述软件系统结构的图形工具，用于描述软件系统的层次和分块结构关系，它反映了整个系统的功能实现以及模块与模块之间的联系和通信，是未来程序中的控制层次体系。本题答案为D选项。

8. B 【解析】数据库系统的基本特点：数据集成性、数据的共享性高、冗余性低、数据独立性高、数据统一管理与控制。本题答案为B选项。

9. A 【解析】检索籍贯为“上海”是选择行，用σ操作；检索姓名、学号和选修的课程号是选列（投影），用π操作，则在表达式中应同时存在π和σ，B选项排除。C选项，关系S中没有属性“课程号”，只对S操作无法得到课程号，C选项排除。D选项只检索了姓名、学号，没有检索“课程号”，D选项排除。本题答案为A选项。

10. D 【解析】满足最低要求的叫第一范式，简称1NF。在满足第一范式的基础上，进一步满足更多要求规范则是第二范式。然后在满足第二范式的基础上，还可以再满足第三范式，以此类推。

第一范式（1NF）：主属性（主键）不为空且不重复，字段不可再分（存在非主属性对主属性的部分依赖）。

第二范式（2NF）：如果关系模式是第一范式，每个非主属性都没有对主键的部分依赖。

第三范式（3NF）：如果关系模式是第二范式，没有非主属性对主键的传递依赖。

BCNF范式：所有属性都不传递依赖于关系的任何候选键。

本题中，在关系模式 Course 中不同课程可以同名，则主键（主属性）是 C#，每个属性不能再分，不存在非主属性对主键的部分依赖和传递依赖，所有属性都不传递依赖于关系中的任何候选键，则该关系最高是 BCNF。本题答案为 D 选项。

11. B 【解析】Word 提供了更改字母大小写功能。要将所有英文单词首字母均改为大写，可选中所有文本，在【开始】选项卡的【字体】组中单击【更改大小写】按钮，再选择【每个单词首字母大写】命令。故正确答案为 B。

12. A 【解析】Word 提供了【新建表样式】命令，可以为新样式设置特定的字体及段落格式。然后将该样式应用到所有表格，则表格中文本的字体及段落格式均一致。故正确答案为 A 。

13. B 【解析】首先输入“公”字，然后按【F3】键，即可将“公文格式”的构建基块快速插入文档中，故正确答案为 B。

14. C 【解析】单击【插入】选项卡中的【文档部件】按钮，在弹出的下拉列表中选择【构建基块管理器】，在弹出的【构建基块管理器】对话框中，单击“编辑属性”按钮，在弹出的【修改构建基块】对话框中将【选项】修改为【将内容插入其所在的页面】，即可将其设置在一个独立的页面中，故正确答案为 C。

15. D 【解析】XFB1048573: XFD1048576 区域需要手动拖动滚动条很久才能找到，而题目又要求需经常查看、调用、编辑这组数据，因此需要为该区域定义一个名称，使用时直接引用该名称即可。故正确答案为 D。

16. C 【解析】题目要求“隐藏这组数据但又不能影响同行、列中其他数据的阅读”，可选中 A1: D8区域并右击，在弹出的快捷菜单中选择【设置单元格格式】命令，在打开的对话框的【分类】列表框中选择【自定义】，在右侧的【类型】文本框中输入 3 个半角分号“;;;”，单击【确定】按钮，这时选中的单元格区域中的数据将自动隐藏起来。最后，在【审阅】选项卡的【更改】组中单击【保护工作表】按钮，对工作表进行保护。故正确答案为 C。

17. A 【解析】选中“2018/1/12”所在单元格，右击，在弹出的快捷菜单中选择【设置单元格格式】命令，弹出【设置单元格格式】对话框，在【分类】列表框下选择【自定义】，在右侧的类型栏中输入“d mmmm, yyyy”，单击“确定”按钮，即可显示为“12 January, 2018”，故正确答案为 A。

18. C 【解析】在 Excel 2016 中，修改数值“8.74E+08”的单元格格式为“数值”类型，即显示为“874000000”，故正确答案为 C。

19. D 【解析】在【插入】选项卡的【媒体】下拉列表中单击【音频】按钮，在【音频】下拉列表中选择【录制音频】，即可录制音频文件并插入幻灯片中，此操作是最快捷的方法，故正确答案为 D。

20. D 【解析】单击【文件】选项卡的【另存为】命令，单击右侧【浏览】按钮，弹出【另存为】对话框，在【文件名】文本框中输入文件的名称，在【保存类型】下拉列表框中选择【PNG 格式】，单击【保存】按钮，在弹出的提示框中单击【所有幻灯片】按钮，即可实现将演示文稿以 PNG 图片格式进行保存，故正确答案为 D。

二、字处理题

1.【解题步骤】

步骤：在考生文件夹下双击打开 Word. docx 素材文档。

2.【解题步骤】

考点提示：本题主要考核审阅功能中的文档比较。

步骤1：在【审阅】选项卡的【比较】组中，单击【比较】按钮，在弹出的下拉列表中选择【比较】命令，弹出【比较文档】对话框。

步骤2：单击【原文档】右侧的文件夹按钮，选择考生文件夹中的 Word. docx，单击【修订的文档】右侧的文件夹按钮，选择考生文件夹中的教师修改. docx；单击下方的【更多】按钮，展开全部选项功能，在【修订的显示位置】组下选择【原文档】，如图 6.2 所示，单击【确定】按钮。

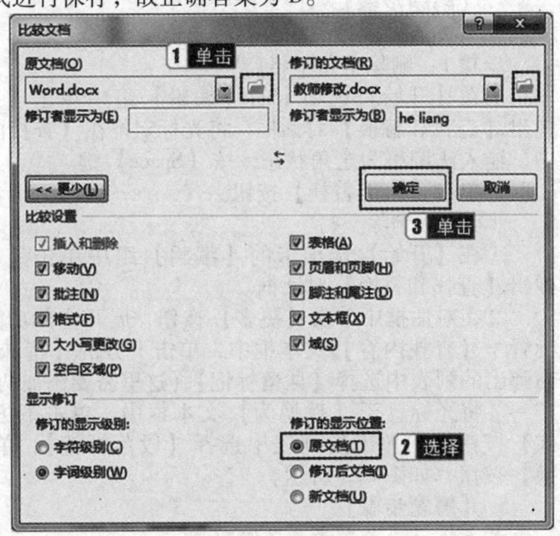

图 6.2

步骤3：在【审阅】选项卡的【更改】组中，单击【接受】按钮，在弹出的下拉列表中选择【接受所有修订】。

3.【解题步骤】

考点提示：本题主要考核段落格式的设置及域功能。

步骤1：参考考生文件夹中的封面. png 文件，将文档首页前 3 段内容选中，在【开始】选项卡的【段落】组中单击【居中】按钮。

步骤2：将空白行删除，适当调整字形、字号，加大段落间距。

步骤3：选中下方的“姓名”到“指导教师”5 个段落，在【开始】选项卡的【段落】组中单击右下角的对话框启动器按钮，弹出【段落】对话框，在【缩进和间距】选项卡的【缩进】组的【左侧】微调框中设置“13 字符”，如图 6.3 所示，单击【确定】按钮。

步骤4：适当调整文本字形、字号，光标定位在“姓名”文本后，多次按【Space】键，选中空格，在【开始】选项卡的【字体】组中单击【下划线】按钮。

步骤5：复制上方下划线，粘贴到下方其他文本的右侧。

步骤6：使用域功能。

①选中下方的日期文本，在【插入】选项卡的【文本】组中单击【文档部件】按钮，在弹出的下拉列表中选择【域】。

②在弹出的【域】对话框中，将【类别】设置为【日期和时间】，在下方的【域名】列表框中选择【SaveDate】，在右侧的【日期格式】列表框中选择第二行选项，如图 6.4 所示，单击【确定】按钮，关闭对话框。

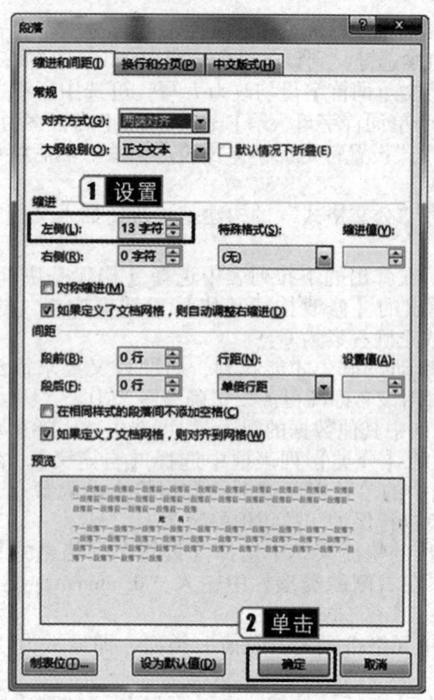

图6.3

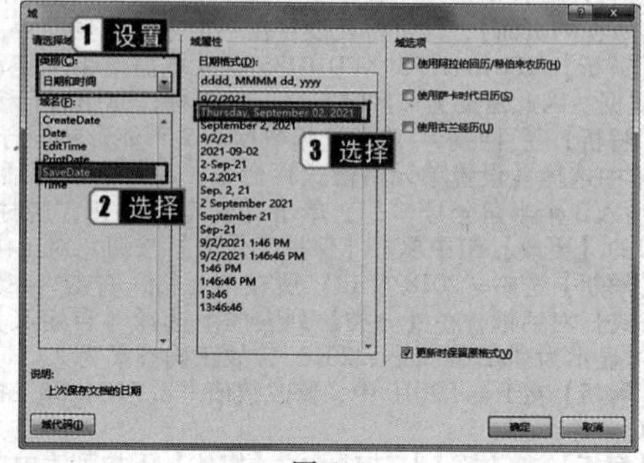

图6.4

③将光标定位在日期段落，在【开始】选项卡的【段落】组中单击【右对齐】按钮。

注意：本题中插入“域名”时，若右侧【日期格式】列表框中未出现对话框中的格式，则需要通过控制面板中的区域和语言功能，将格式设置为英语（美国）。

4.【解题步骤】

考点提示：本题考查替换的功能。

步骤1：删除全角空格。

①在【开始】选项卡的【编辑】组中单击【替换】按钮，弹出【查找和替换】对话框，将光标定位在【查找内容】文本框中，输入法调整为全角状态，按【Space】键。

②单击【全部替换】按钮。

步骤2：删除空行

①在【开始】选项卡的【编辑】组中单击【替换】按钮，弹出【查找和替换】对话框。

②在对话框中单击【更多】按钮，展开全部功能选项，将光标置于【查找内容】文本框中，单击下方的【特殊格式】按钮，在弹出的列表中选择【段落标记】（这里需要添加两次）。

③将光标置于【替换为】文本框中，单击下方的【特殊格式】按钮，在弹出的列表中选择【段落标记】，单击【全部替换】按钮，如图6.5所示。

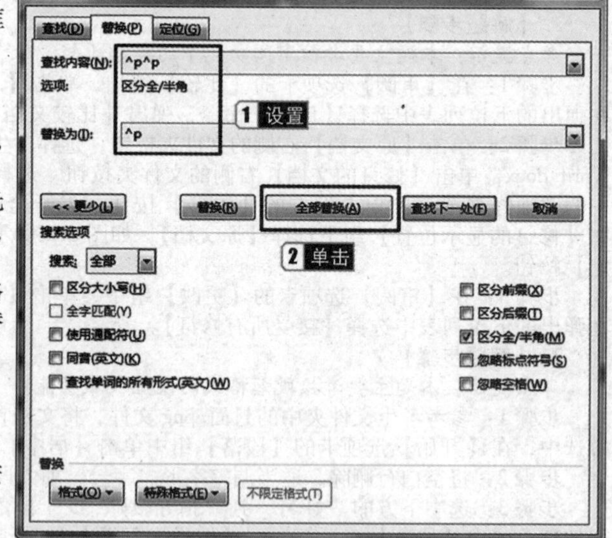

图6.5

5.【解题步骤】

考点提示：本题考查多级列表。

步骤1：使用替换功能删除手动编号。

①在【视图】选项卡的【视图】组中单击【大纲视图】按钮，在【大纲工具】组中将【显示级别】设置为【3级】。

②在【开始】选项卡的【编辑】组中单击【替换】按钮，弹出【查找和替换】对话框，在【查找内容】文本框中输入“第^#章”，单击下方的【格式】按钮，在弹出的列表中选择【样式】，在弹出的对话框中选择【标题1】，单击【确定】按钮，然后单击【全部替换】按钮，如图6.6所示。

③在【查找和替换】对话框中的【查找内容】文本框中输入“^#.^#”，单击下方的【格式】按钮，在弹出的列表中选择【样式】，在弹出的对话框中选择【标题2】，单击【确定】按钮，然后单击【全部替换】按钮。

④在【查找和替换】对话框中的【查找内容】文本框中输入“^#.^#.^#”，单击下方的【格式】按钮，在弹出的列表中选择【样式】，在弹出的对话框中选择【标题3】，单击【确定】按钮，然后单击【全部替换】按钮，如图6.7所示，单击【关闭】按钮关闭对话框。

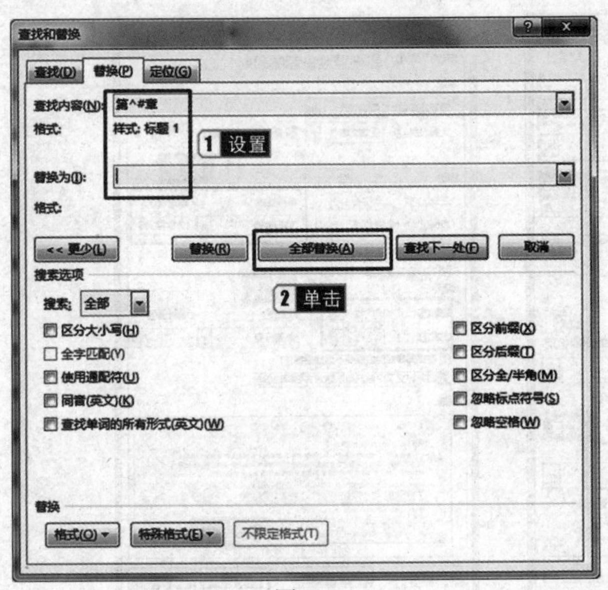

图 6.6

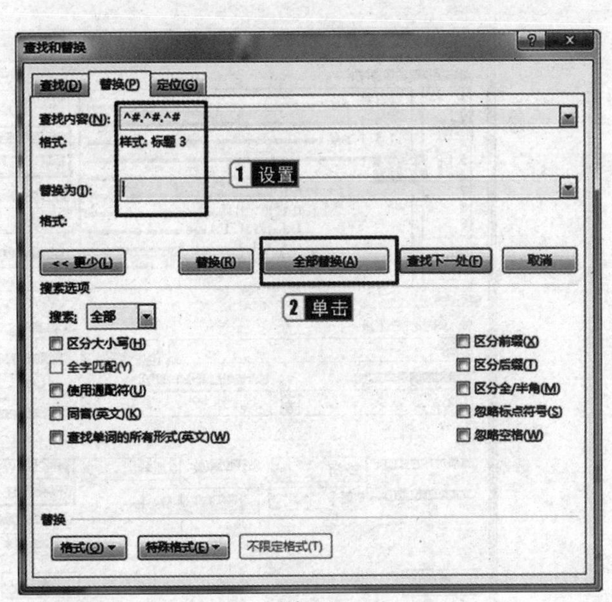

图 6.7

步骤 2：创建多级列表。

①在【开始】选项卡的【段落】组中，单击【多级列表】按钮，在弹出的下拉列表中选择【定义新的多级列表】，弹出【定义新多级列表】对话框，单击下方【更多】按钮，展开全部选项功能区，按照图 6.8 进行设置。

②选择【单击要修改的级别】左侧的列表框中的【2】，按照图 6.9 进行设置。

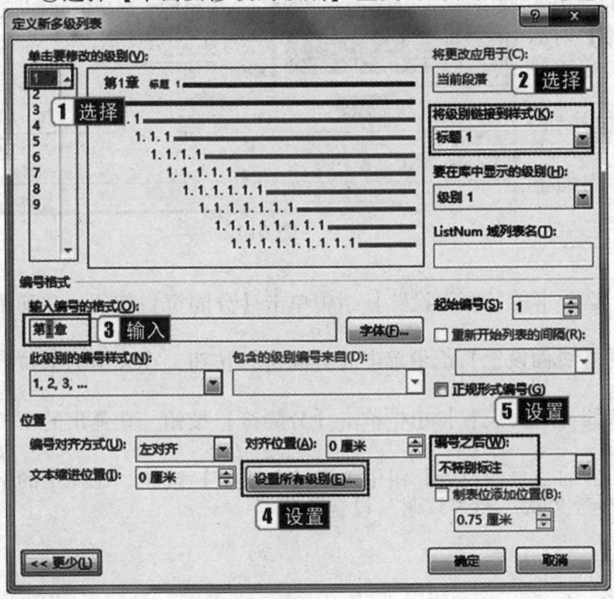

图 6.8

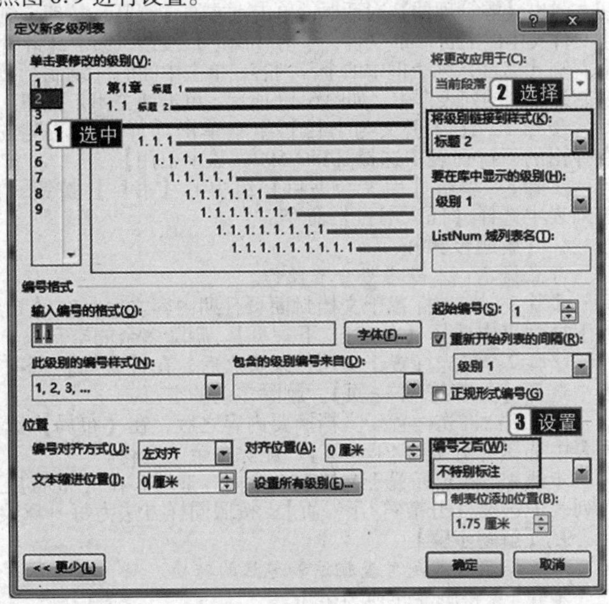

图 6.9

③选择【单击要修改的级别】左侧的列表框中的【3】，按照图 6.10 进行设置。

④单击【确定】按钮，关闭对话框。在【大纲】选项卡的【关闭】组中单击【关闭大纲视图】按钮。

6.【解题步骤】

考点提示：段落格式设置。

步骤 1：将光标定位在正文段落中，在【开始】选项卡的【编辑】组中，单击【选择】按钮，在弹出的下拉列表中选择【选择所有格式类似的文本（无数据）】，如有多选内容（如封面页、摘要、参考文献、致谢），按住【Ctrl】键单击相应内容即可取消选择。

步骤 2：在【开始】选项卡的【段落】组中单击对话框启动器按钮，弹出【段落】对话框，将【特殊格式】设置为【首行缩进】【2 字符】，将【段前】和【段后】分别设置为【0.5 行】，单击【确定】按钮，如图 6.11 所示，关闭对话框。

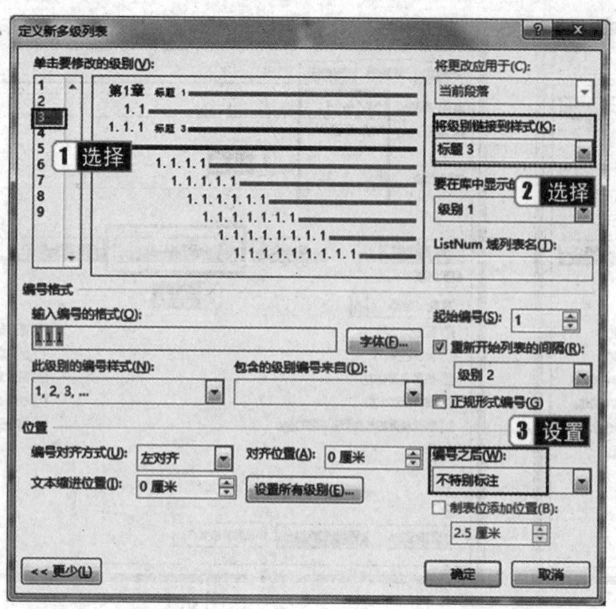

图 6.10

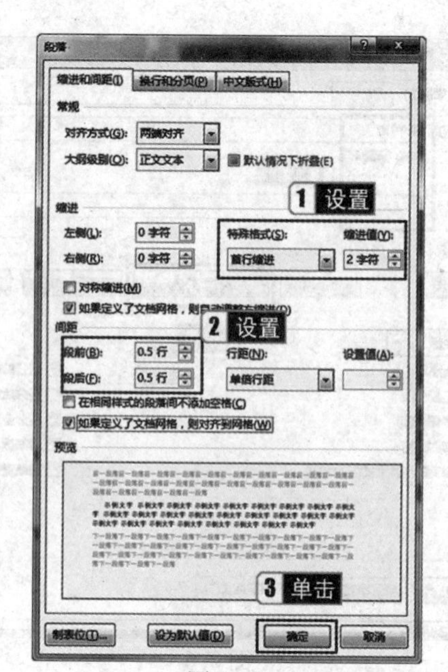

图 6.11

7.【解题步骤】

考点提示：本题考查引文与书目。

步骤1：在【引用】选项卡的【引文与书目】组中单击【管理源】按钮，弹出【源管理器】对话框，单击下方的【浏览】按钮，浏览并选中考生文件夹中的书目.xml 文件，单击【确定】按钮；选中【源管理器】对话框左侧【书目】列表框中的全部内容，单击中间的【复制】按钮，将内容复制到右侧的列表框中，如图6.12 所示，单击【关闭】按钮。

步骤2：在【引文与书目】组中单击【样式】右侧的下拉按钮，在弹出的下拉列表中选择【ISO 690 – 数字引用】。

步骤3：单击【引文与书目】组中的【书目】按钮，在弹出的下拉列表中选择【插入书目】命令。

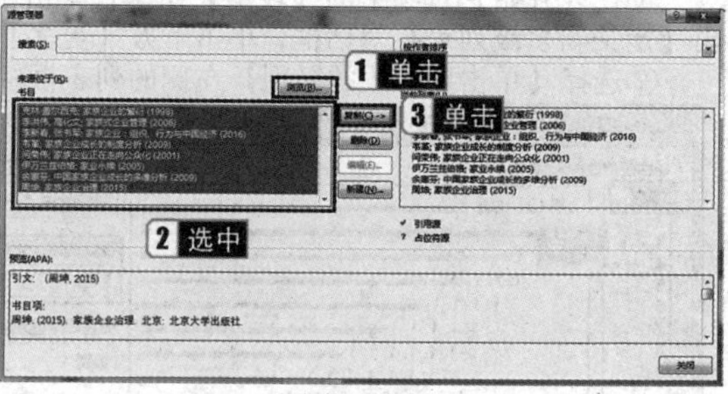

图 6.12

8.【解题步骤】

考点提示：本题考查分节操作。

步骤1：将光标置于文档封面页日期内容之后，在【布局】选项卡的【页面设置】组中单击【分隔符】按钮，在弹出的下拉列表中选择【分节符/下一页】。删除多余的空行。

步骤2：将光标置于文档目录页之后，在【布局】选项卡的【页面设置】组中单击【分隔符】按钮，在弹出的下拉列表中选择【分节符/下一页】。删除多余的空行。

步骤3：将光标置于文档摘要内容之后，在【布局】选项卡的【页面设置】组中单击【分隔符】按钮，在弹出的下拉列表中选择【分节符/下一页】。删除多余的空行。

步骤4：将光标置于文档第1章内容最后，在【布局】选项卡的【页面设置】组中单击【分隔符】按钮，在弹出的下拉列表中选择【分节符/下一页】。按照同样方法为每一章及“参考文献”和“致谢”设置分节。

9.【解题步骤】

考点提示：本题考查脚注和尾注的转换。

步骤1：将脚注转换为尾注。

①在【引用】选项卡的【脚注】组单击右下角的对话框启动器按钮，弹出【脚注和尾注】对话框。单击【转换】按钮，在弹出的对话框中选择【脚注全部转换成尾注】，单击【确定】按钮。

②选择【尾注】单选按钮，在右侧的下拉列表框中选择【节的结尾】，在下方的【编号格式】下拉列表框中选择【1，2，3，…】，在【将更改应用于】下拉列表框中选择【整篇文档】，单击【应用】按钮，如图6.13 所示。

步骤2：设置尾注编号格式。

①在【开始】选项卡的【编辑】组中单击【替换】按钮，弹出【查找和替换】对话框，将光标置于【查找内容】文本框中，单击下方的【特殊格式】按钮，在弹出的列表中选择【尾注标记】。

②将光标置于【替换为】文本框中输入“［］”，将光标置于“［］”中，单击下方【特殊格式】按钮，在弹出的列表中选择【查找内容】，然后单击【全部替换】按钮，如图6.14 所示。

10.【解题步骤】

考点提示：本题考查页码的设置。

步骤1：设置封面页码。

①将光标置于第2节页脚位置，在【页眉和页脚工具】的【设计】选项卡中取消【导航】组中的【链接到前一条页眉】复选框的选择。

②在【插入】选项卡的【页眉和页脚】组中单击【页码】按钮，在弹出的下拉列表中选择【页面底端】的【普通数字2】。

步骤2：设置目录页页码。

①将光标置于目录页页脚位置，在【页眉和页脚工具】的【设计】选项卡中，单击【页眉和页脚】组中的【页码】按钮，在弹出的下拉列表中选择【设置页码格式】，弹出【页码格式】对话框。

②将【编码格式】设置为【Ⅰ，Ⅱ，Ⅲ…】，选择下方的【起始页码】单选按钮，将【起始页码】设置为【Ⅰ】，单击【确定】按钮，如图6.15所示。

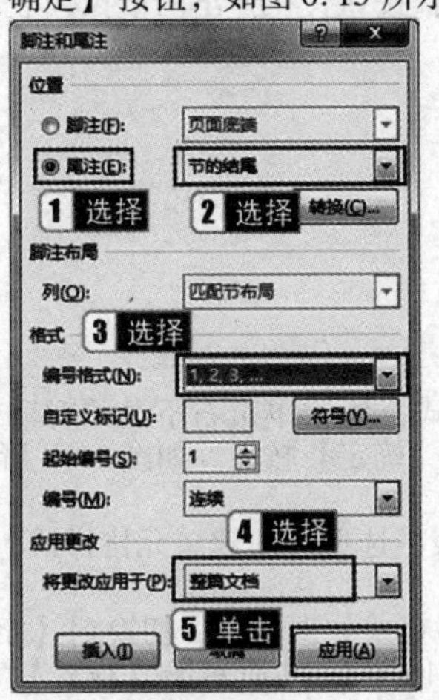

图6.13

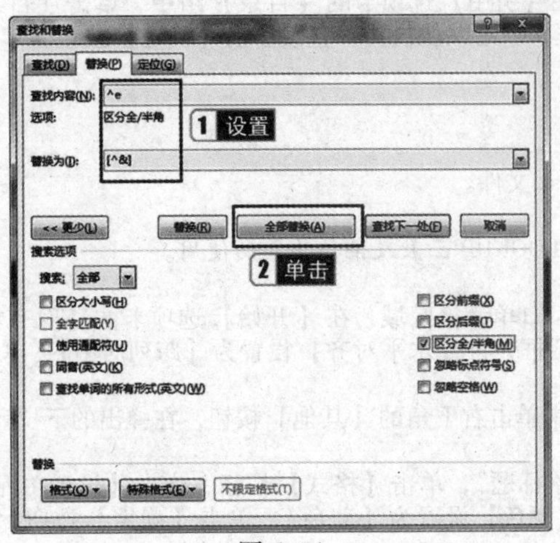

图6.14

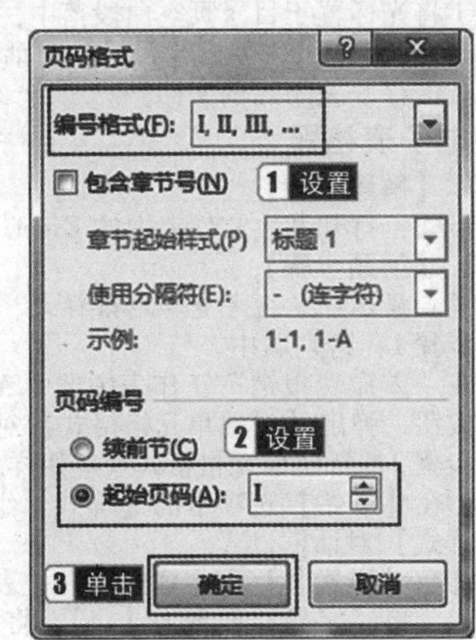

图6.15

步骤3：设置摘要及后续章节页码。

①将光标置于摘要页脚位置，在【页眉和页脚工具】的【设计】选项卡中，单击【页眉和页脚】组的【页码】按钮，在弹出的下拉列表中选择【设置页码格式】。弹出【页码格式】对话框。

②将【编码格式】设置为【1，2，3…】，选择下方的【起始页码】单选按钮，将【起始页码】设置为【1】，单击【确定】按钮，如图6.16所示。

③单击【关闭】选项卡中【关闭页眉和页脚】按钮。

11.【解题步骤】

考点提示：本题考查使用域功能插入页眉。

步骤1：插入编号。

①双击正文第一章页眉位置，在【页眉和页脚工具】的【设计】选项卡中，取消【导航】组中的【链接到前一条页眉】复选框的选择。

②单击左侧【插入】组中的【文档部件】按钮，在弹出的下拉列表中选择【域】，弹出【域】对话框，在【类别】下拉列表框中选择【链接和引用】，在下方的列表框中选择【StyleRef】，选择最右侧的【插入段落编号】复选框，单击【确定】按钮，如图6.17所示。

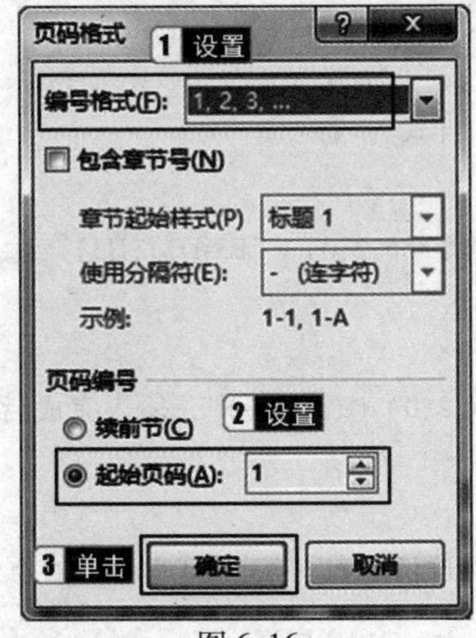

图6.16

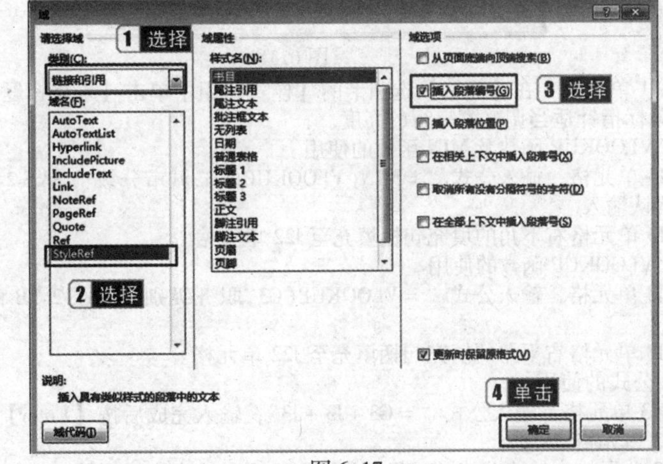

图6.17

步骤2：插入标题。

①单击【插入】组中的【文档部件】按钮，在弹出的下拉列表中选择【域】，弹出【域】对话框，在【类别】下拉列表框中选择【链接和引用】，在下方的列表框中选择【StyleRef】，在右侧的【样式名】列表框中选择【标题1】，单击【确定】按钮。

②将光标置于参考文献页面的页眉中，在【页眉和页脚工具】的【设计】选项卡中，取消【导航】组中的【链接到前一条页眉】复选框的选择，将出现的页眉文本删除。

12.【解题步骤】

考点提示：本题考查插入目录。

步骤1：设置文本大纲级别。

①选中摘要文本段落，在【开始】选项卡的【段落】组中单击右下角的对话框启动器按钮，弹出【段落】设置对话

框，将【大纲级别】设置为【1级】。

②按照同样的方法，将参考文献及致谢文本段落的大纲级别分别设置为1级。

步骤2：插入目录。

①将光标置于目录页空白段落中，在【引用】选项卡的【目录】组中，单击【目录】按钮，在弹出的下拉列表中选择【自定义目录】，弹出【目录】对话框，采用默认设置，直接单击【确定】按钮。

②保存并关闭当前文档。

三、电子表格题

1.【解题步骤】

步骤：打开考生文件夹中的Excel.xlsx文件。

2.【解题步骤】

考点提示：本题考查单元格样式、VLOOKUP函数及条件格式的使用。

步骤1：跨列居中。

在“差旅费报销”工作表中选中A1:K1单元格区域，在【开始】选项卡的【对齐方式】组中单击右下角的对话框启动器按钮，弹出【设置单元格格式】对话框，将【水平对齐】设置为【跨列居中】，单击【确定】按钮，如图6.18所示。

步骤2：新建单元格格式及应用样式。

①在【开始】选项卡的【样式】组中单击右下角的【其他】按钮，在弹出的下拉列表中选择【新建单元格样式】，弹出【样式】对话框。

②在【样式名】文本框中输入“表格标题”，单击【格式】按钮，弹出【设置单元格格式】对话框，切换到【字体】选项卡，将【字号】设置为【16】，将【颜色】设置为【蓝色】，单击【确定】按钮，返回图6.19所示的【样式】对话框，单击【确定】按钮。

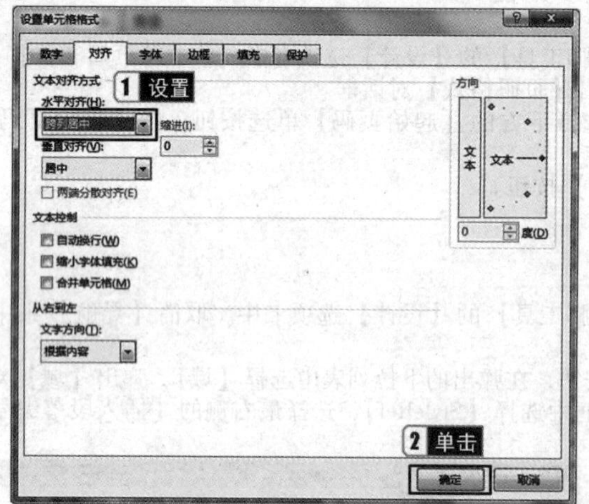

图6.18

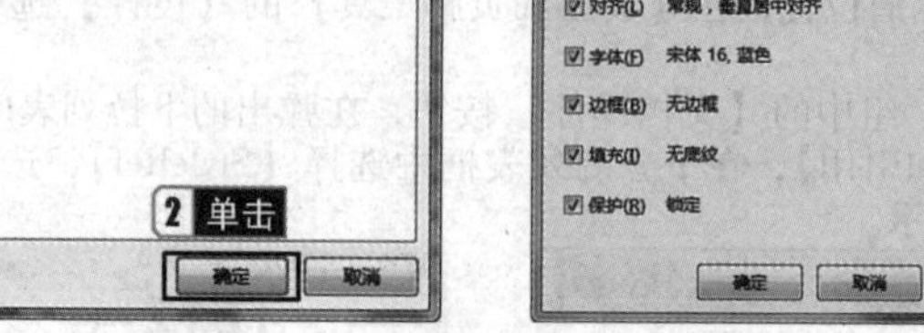

图6.19

③选中A1单元格，在【开始】选项卡的【样式】组中单击【表格标题】样式。

④拖动鼠标指针适当调整第一行的高度。

步骤3：VLOOKUP函数及MIN函数的使用。

①选中I3单元格，输入公式“=MIN(VLOOKUP(F3,城市分级! $A$2:$B$356,2,0)*(E3-D3),H3)”,输入完成后按【Enter】键确认输入。

②拖动I3单元格右下角的填充句柄填充至I22单元格。

步骤4：VLOOKUP函数的使用。

①选中J3单元格，输入公式“=VLOOKUP(C3,职务级别! $A$2:$B$5,2,0)*(E3-D3)”，输入完成后按【Enter】键确认输入。

②拖动J3单元格右下角的填充句柄填充至J22单元格。

步骤5：公式的使用。

①选中K3单元格，输入公式“=G3+I3+J3”，输入完成后按【Enter】键确认输入，拖动K3单元格右下角的填充句柄填充至K22单元格。

②在K23单元格中输入公式“=SUM(K3:K22)”，输入完成后按【Enter】键确认输入。

步骤6：条件格式。

选中I3:I22单元格区域，在【开始】选项卡的【样式】组中单击【条件格式】按钮，在弹出的下拉列表中选择【新建规则】，弹出【新建格式规则】对话框，选中【使用公式确定要设置格式的单元格】，在下方的【为符合此公式的值设置格式】文本框中输入“=H3>I3”，单击下方的【格式】按钮，弹出【设置单元格格式】对话框，在【字体】选项卡中将【颜色】设置为【红色】，关闭对话框，设置结果如图6.20所示，关闭【新建格式规则】对话框。

步骤7：条件格式。

①选中A3:K22单元格，在【开始】选项卡的【样式】组中单击【条件格式】按钮，在弹出的下拉列表中选择【新建规则】，弹出【新建格式规则】对话框，选中【使用公式确定要设置格式的单元格】，在下方的【为符合此公式的值设置格式】文本框中输入“=($E3-$D3)>=5”，单击下方的【格式】按钮，弹出【设置单元格格式】对话框，在【字体】选项卡中将【颜色】设置为【绿色】，关闭对话框，设置结果如图6.21所示。关闭【新建格式规则】对话框。

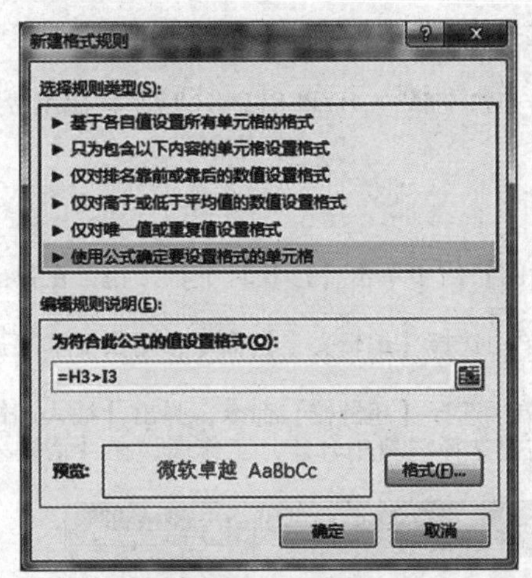

图 6.20

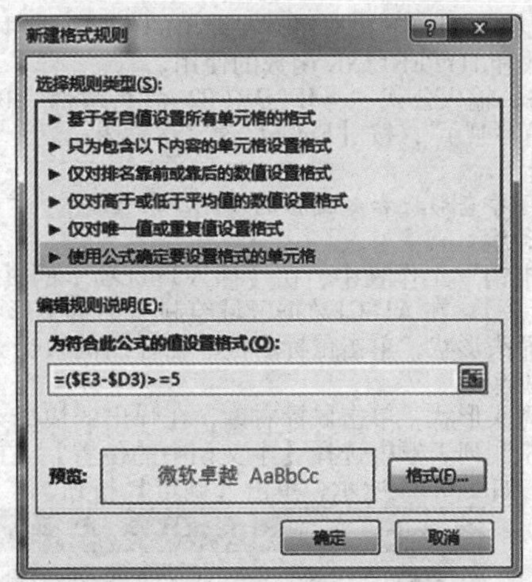

图 6.21

②在【开始】选项卡的【样式】组中单击【条件格式】按钮，在弹出的下拉列表中选择【管理规则】，弹出【条件格式规则管理器】对话框，选中红色格式，单击【上移】按钮，结果如图 6.22 所示，单击【确定】按钮。

3.【解题步骤】

考点提示：本题主要考查应用单元格样式。

步骤 1：应用单元格样式。

选中“费用合计”A1 单元格，在【开始】选项卡的【样式】组中单击【表格标题】样式。

步骤 2：设置跨列居中对齐。

选中 A1:F1 单元格区域，在【开始】选项卡的【对齐方式】组中单击右下角的对话框启动器按钮，弹出【设置单元格格式】对话框，将【水平对齐】设置为【跨列居中】。

步骤 3：设置“车辆使用费报销”工作表。

按照上述同样的方法对“车辆使用费报销”工作表 A1 单元格设置表格标题样式和跨列居中对齐。

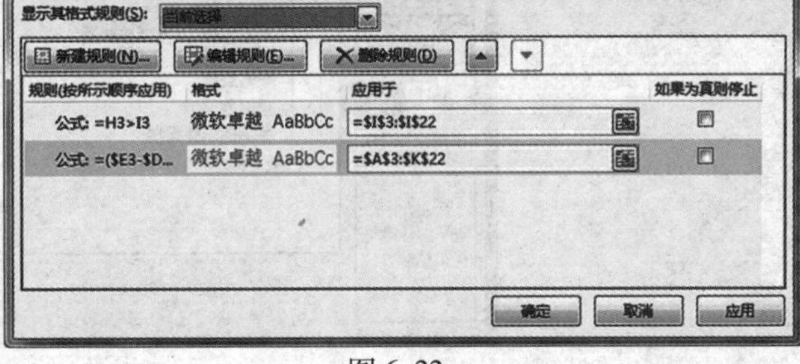

图 6.22

4.【解题步骤】

考点提示：本题主要考查单元格引用及公式。

步骤 1：不同工作表之间引用单元格。

①选中“费用合计”工作表 C4 单元格，输入公式“ = 差旅费报销！K23”，按【Enter】键确认输入。

②选中“费用合计”工作表 C5 单元格，输入公式“ = 车辆使用费报销！H21”，按【Enter】键确认输入。

步骤 2：公式。

选中“费用合计”工作表 C6 单元格，输入公式“ = C4 + C5”，按【Enter】键确认输入。

步骤 3：超链接。

①选中“费用合计”工作表 D4 单元格，单击【插入】选项卡的【链接】组中的【超链接】按钮，弹出【插入超链接】对话框。

②在对话框的左侧列表框中选择【本文档中的位置】，在右侧选择“差旅费报销”工作表，在【请键入单元格引用】文本框中输入“A3”，在【要显示的文字】文本框中输入文本“填写请单击！”，单击【确定】按钮，如图 6.23 所示。

步骤 4：数据验证。

①选中 B2 单元格，在【数据】选项卡的【数据工具】组中单击【数据验证】按钮，弹出【数据验证】对话框。

②在对话框的【允许】右侧下拉列表框中选择【序列】，在下方的【来源】文本框中输入“市场部，物流部，财务部，行政部，采购部”（注意符号均为英文状态下输入），单击【确定】按钮，如图 6.24 所示。

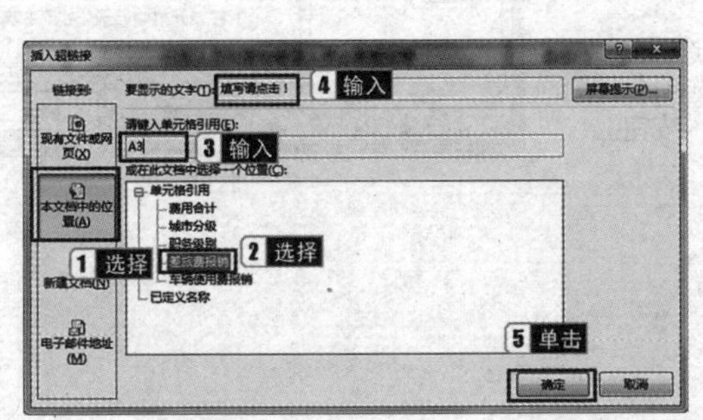

图 6.23

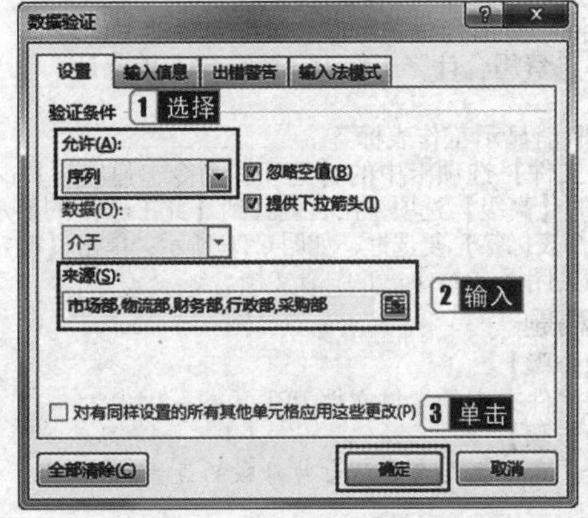

图 6.24

③单击 B2 单元格右侧的下拉按钮，在弹出的下拉列表中选择【市场部】。

步骤 5：IF 函数和 HYPERLINK 函数的使用。

选中 D5 单元格，输入公式“ =IF(OR(B2 ="行政部",B2 ="物流部"),HYPERLINK("#车辆使用费报销! A3","填写请单击!"),"无须填写!")”，按【Enter】键确认输入。

5.【解题步骤】

考点提示：本题考查形状和超链接的使用。

步骤 1：插入形状。

①在“差旅费报销”工作表中，在【插入】选项卡的【插图】组中单击【形状】下拉按钮，在弹出的下拉列表中选择【箭头总汇/左箭头】，在 A1: C1数据区域绘制一个箭头形状。

②选中插入的箭头形状，单击鼠标右键，在弹出的快捷菜单中选择【编辑文字】命令，输入文本“返回主表”。

步骤 2：插入超链接。

①选中插入的箭头形状，单击鼠标右键，在弹出的快捷菜单中选择【超链接】命令，弹出【插入超链接】对话框。

②在对话框的左侧列表框中选择【本文档中的位置】，在右侧选择“费用合计”工作表，在【请键入单元格引用】文本框中输入“A1”，如图 6.25 所示，单击【确定】按钮。

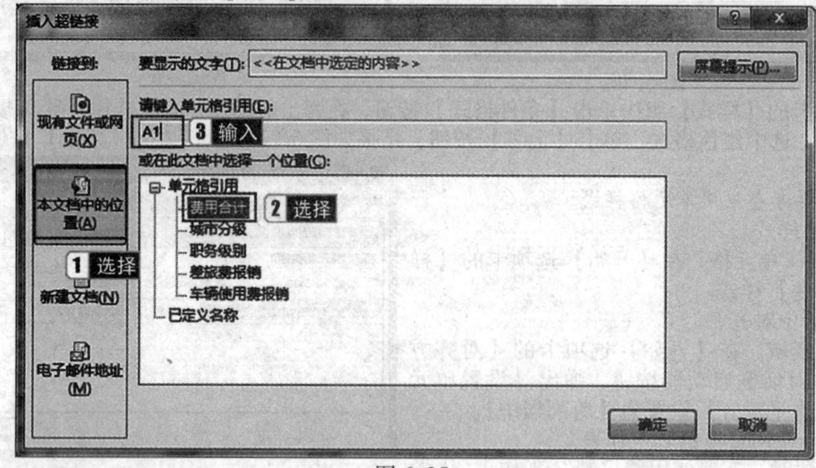

图 6.25

步骤 3：设置“车辆使用费报销”工作表。

按照上述同样的方法，在“车辆使用费报销”工作表中 A1: C1数据区域中插入形状，设置超链接。

6.【解题步骤】

考点提示：保护工作表。

步骤 1：锁定和隐藏单元格公式。

①按住【Ctrl】键，选中“差旅费报销”工作表 I3: K22 单元格区域及 K23 单元格，单击鼠标右键，在弹出的快捷菜单中选择【设置单元格格式】命令。

②在弹出的对话框中选择【保护】选项卡，选择【锁定】和【隐藏】复选框，单击【确定】按钮。

步骤 2：取消非保护区域锁定。

①选中除 I3: K22 单元格区域及 K23 单元格（A1: H22 及 A23），单击鼠标右键，在弹出的快捷菜单中选择【设置单元格格式】命令。

②弹出的对话框中选择【保护】选项卡，取消选择【锁定】复选框，单击【确定】按钮。

步骤 3：保护工作表。

在【审阅】选项卡的【更改】组中单击【保护工作表】按钮，弹出【保护工作表】对话框，采用默认设置，单击【确定】按钮。

7.【解题步骤】

考点提示：取消显示工作表标签。

步骤 1：将“费用合计”工作表设置为活动工作表。

单击选中“费用合计”工作表，此时“费用合计”工作表为活动工作表。

步骤 2：取消显示工作表标签。

①单击【文件】选项卡中的【选项】命令，弹出【Excel 选项】对话框，选择左侧的【高级】选项，在右侧找到【此工作簿的显示选项】，取消选择【显示工作表标签】复选框，如图6.26 所示，单击【确定】按钮。

②保存并关闭 Excel. xlsx 工作簿文档。

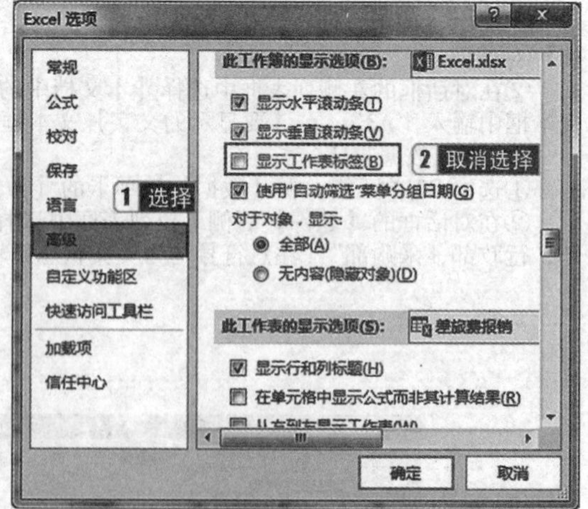

图 6.26

四、演示文稿题

1.【解题步骤】

打开考生文件夹中的素材文档 PPT. pptx。

2.【解题步骤】

考点提示：本题主要考查幻灯片母版的设置。

步骤1：设置幻灯片背景。

①在【视图】选项卡的【母版视图】组中单击【幻灯片母版】按钮，进入幻灯片母版视图。

②选中【空白版式】，单击【背景】组中的【背景样式】下拉按钮，在弹出的下拉列表中选择【样式4】。

步骤2：插入图形。

①在【插入】选项卡的【插图】组中单击【形状】下拉按钮，在弹出的下拉列表中选择【矩形/圆角矩形】。

②在幻灯片中绘制一个圆角矩形图形，在【绘图工具】的【格式】选项卡中单击【大小】组中的对话框启动器按钮，在右侧出现【设置形状格式】任务窗格，将【高度】设置为【15厘米】，【宽度】设置为【33.87厘米】（在【设计】选项卡中单击【自定义】组下【幻灯片大小】按钮，在弹出的下拉列表中选择【自定义幻灯片大小】命令，在【幻灯片大小】对话框中可以看到宽度为33.867厘米，实际输入33.867厘米时，系统会自动四舍五入为33.87厘米）。在下方的【位置】功能区域中将【垂直位置】设置为【2.9厘米】，如图6.27所示，关闭任务窗格。

③在【绘图工具】的【格式】选项卡中单击【排列】组中的【对齐】下拉按钮，在弹出的下拉列表中选择【水平居中】。

④选中矩形对象，在【形状格式】选项卡的【形状样式】组中单击【形状填充】按钮，在弹出的下拉列表中选择【主题颜色/白色，文字1，深色15%】，单击【形状轮廓】按钮，在弹出的下拉列表中选择为【无轮廓】。

步骤3：添加文本和符号。

①参考样例效果，在【插入】选项卡的【文本】组中单击【文本框】下拉按钮，在弹出的下拉列表中选择【横排文本框】，在幻灯片上方左侧位置绘制一个矩形，输入文本“认识立体图形”，在【开始】选项卡的【字体】组中将文本字体修改为【黑体】。

②在右侧依次插入3个文本框，分别输入文本“初识圆锥”“圆锥的组成要素”“练习与总结”，同样在【开始】选项卡的【字体】组中将文本字体修改为【黑体】。

③在“初识圆锥”后插入一个文本框，将光标置于文本框内。在【插入】选项卡的【符号】组中单击【符号】按钮，根据图6.28选中【制表符细四长划竖线】（字符代码为“250A”），单击【插入】按钮。

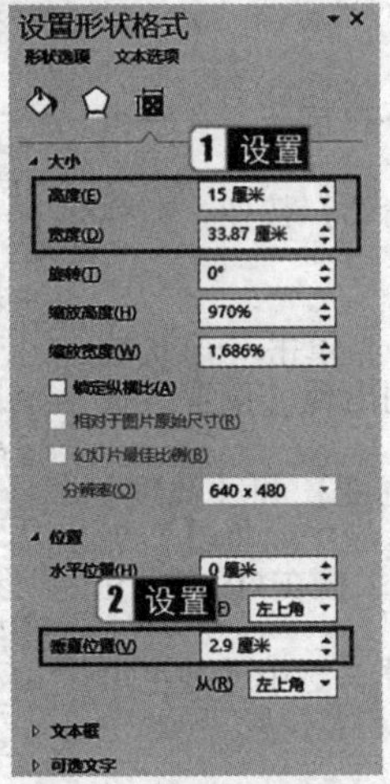

图6.27

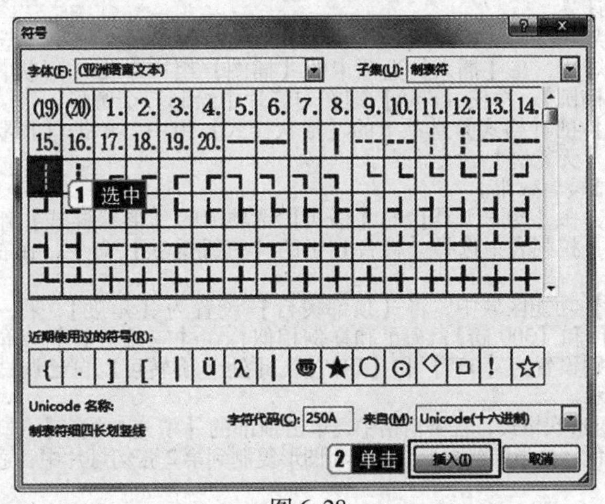

图6.28

④按照上述方法，在“圆锥的组成要素”文本框后插入竖线符号。

⑤将插入的文本框全部选中，在【绘图工具】的【格式】选项卡中单击【排列】组中的【对齐】按钮，在弹出的下拉列表中选择【顶端对齐】。

步骤4：插入超链接。

①选中“初识圆锥”文本框，在【插入】选项卡的【链接】组中单击【超链接】按钮，弹出【插入超链接】对话框，选择左侧的【本文档中的位置】，在右侧选中【3. 在日程生活中，你见过那些圆锥形的物体?】，单击【确定】按钮，如图6.29所示。

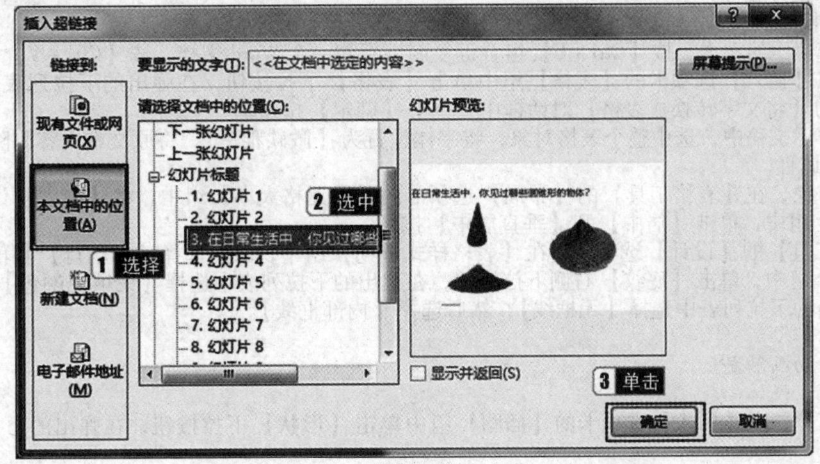

图6.29

②按照上述方法，分别将“圆锥的组成要素”和“练习与总结”文本框链接到第5和第9张幻灯片。

③在【幻灯片母版】选项卡的【关闭】组中单击【关闭母版视图】按钮。

步骤5：调整幻灯片内容。

在普通视图中，适当调整幻灯片中文本和图片的大小及位置，使其位于圆角矩形背景形状之中。

3.【解题步骤】

考点提示：本题主要考查艺术字样式设置。

步骤1：设置字形字号。

参照样例效果，选中第1张幻灯片“有趣的圆锥”文本框，在【开始】选项卡【字体】组中将文本字体设置为【黑体】，并分别设置“有趣”“的”“圆锥”的字号。

步骤2：设置艺术字样式。

①参照样例效果，选中文本内容“有趣的圆锥”，单击【绘图工具】的【格式】选项卡中【艺术字样式】的【其他】按钮，在弹出的下拉列表中选择【填充-蓝色，着色1，阴影】。

②在右侧的【文本轮廓】下拉列表中选择【白色，文字1】，在【文本效果】下拉列表中选择【阴影/外部：右下斜偏移】。

4.【解题步骤】

考点提示：SmartArt图形设置。

步骤：将文本转换为SmartArt图形。

①选中第2张幻灯片中的文本对象，在【开始】选项卡的【段落】组中单击【转换为SmartArt】按钮，在弹出的下拉列表中选择【其他SmartArt图形】，在弹出的【选择SmartArt图形】对话框中选择【列表/线型列表】，单击【确定】按钮。

②选中转换后的图形对象，在【开始】选项卡的【字体】组中设置字体为【微软雅黑】，并把字体颜色设置为【黑色，背景1】。

5.【解题步骤】

考点提示：形状设置。

步骤1：插入形状。

①选中第1张幻灯片，在【插入】选项卡的【插图】组中单击【形状】下拉按钮，在弹出的下拉列表中选择【椭圆】，按住【Shift】键在幻灯片中绘制一个圆形。

②在【绘图工具】的【格式】选项卡的【形状样式】组中，单击【形状轮廓】按钮，在弹出的下拉列表中选择【无轮廓】命令。

步骤2：设置三维棱台效果。

①选中圆形图形，在【绘图工具】的【格式】选项卡的【形状样式】组中，单击【形状效果】按钮，在弹出的下拉列表中选择【棱台】组的【三维选项】命令，在右侧出现【设置形状格式】任务窗格。

②在【三维格式】功能区域中，将【顶部棱台】设置为【角度】，将【宽度】和【高度】分别设置为【150磅】和【300磅】；为了和样例相似，在【三维旋转】功能区域中，将【Y旋转】和【Z旋转】分别设置为【65°】和【180°】（此处Y旋转可以自己调试，大概在60~80范围内），如图6.30所示。

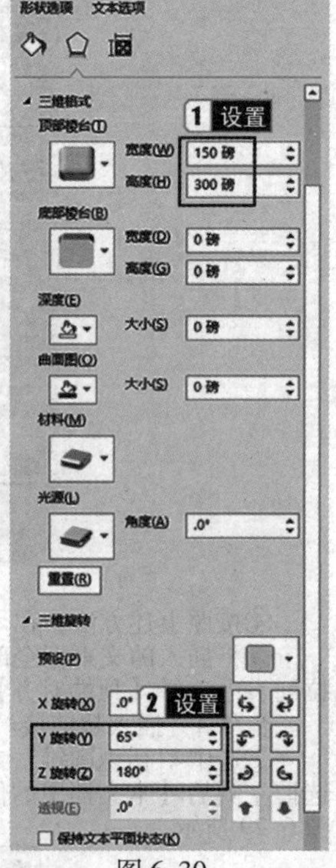

图6.30

③在右侧的【设置形状格式】任务窗格中，单击顶部的【填充与线条】选项卡，选中【纯色填充】，选择一种主题颜色，适当调整图形位置，将图形复制到第2张幻灯片中，适当调整位置。

6.【解题步骤】

考点提示：删除图片背景。

步骤：删除图片背景。

①选中第3张幻灯片中的图片对象，在【图片工具】的【格式】选项卡中单击【调整】组中的【删除背景】按钮，适当调整删除区域矩形框，使其完全包含图片对象，按【Esc】键删除背景。

②按照参考效果所示，调整图片大小及位置。

7.【解题步骤】

考点提示：文本转换为表格。

步骤1：将文本转换为表格。

①选中第6张幻灯片中的文本，按【Ctrl+C】组合键复制。新建一个Word文档，按【Ctrl+V】组合键粘贴。在Word文档中，选中文本，在【插入】选项卡的【表格】组中单击【表格】下拉按钮，在弹出的下拉列表中选择【文本转换成表格】命令，在弹出的【将文字转换成表格】对话框中，单击【确定】按钮。

②将表格剪切到演示文稿中，选中整个表格对象，将字体设置为【微软雅黑】，将原文本内容删除。

步骤2：设置表格属性。

①选中整个表格对象，在【表格工具】的【布局】选项卡的【单元格大小】组中，将【高度】设置为适当值。

②在【对齐方式】组中，单击【居中】和【垂直居中】按钮。

③切换到【表格工具】的【设计】选项卡，在【表格样式选项】组中，取消选择【标题行】【第一列】【镶边行】复选框。在【表格样式】组中，单击【底纹】右侧下拉按钮，在弹出的下拉列表中选择【无填充颜色】命令；单击【边框】右侧下拉按钮，在弹出的下拉列表中选择【无框线】，然后选择【内部框线】。

8.【解题步骤】

考点提示：形状与动画触发。

步骤1：添加形状。

①选中第7张幻灯片，在【插入】选项卡的【插图】组中单击【形状】下拉按钮，在弹出的下拉列表中选择【基本形状：棱台】。

②在幻灯片中绘制一个矩形棱台形状，在【绘图工具】的【格式】选项卡中单击【形状样式】组中的【形状填充】

按钮，在弹出的下拉列表中选择【无填充】，单击【形状轮廓】按钮，在弹出的下拉列表中选择【主题颜色/黑色，背景1，淡色25%】。此处形状填充及形状轮廓题目无具体要求，设置了均可。

③选中棱台图形，单击鼠标右键，在弹出的快捷菜单中选择【编辑文字命令】，输入文本“顶点”，将字体设置为【微软雅黑】，颜色设置为【黑色】。

④选中第1个棱台图形，按住【Ctrl】键，按住鼠标左键向下拖动鼠标，复制3个同样的图形，修改图形上的文本分别为“底面”“侧面”“高”。选中4个图形对象，在【绘图工具】的【格式】选项卡中单击【排列】组的【对齐】下拉按钮，在弹出的下拉列表中选择【纵向分布】命令。

步骤2：设置触发动画效果。

①选中幻灯片中的圆点，在【动画】选项卡的【高级动画】组中，单击【触发】按钮，在弹出的下拉列表中选择【通过单击】组的【棱台4】命令。

②选中幻灯片中包含文本“底面是圆形”图形对象，在【高级动画】组中单击【触发】按钮，在弹出的下拉列表中选择通过【单击】组的【棱台9】命令。

③选中幻灯片中包含文本“侧面是扇形”图形对象，在【高级动画】组中单击【触发】按钮，在弹出的下拉列表中选择【通过单击】组的【棱台10】命令。

④选中幻灯片中垂直红色线段，在【高级动画】组中单击【触发】按钮，在弹出的下拉列表中选择【通过单击】组的【棱台11】命令。

⑤选中幻灯片中水平红色线段，单击【高级动画】组中单击【触发】按钮，在弹出的下拉列表中选择【通过单击】组的【棱台11】命令。

9.【解题步骤】

考点提示：设置项目符号和插入公式。

步骤1：设置项目符号。

在第8张幻灯片中，按住【Ctrl】键同时选中需要设置项目符号的4个段落，在【开始】选项卡的【段落】组中单击【项目符号】下拉按钮，在弹出的下拉列表中选择【项目符号和编号】，弹出【项目符号和编号】对话框，选择【自定义】，弹出【符号】对话框，在下方的【字符代码】文本框中输入“25B2”，单击【插入】按钮，如图6.31所示，关闭所有对话框。

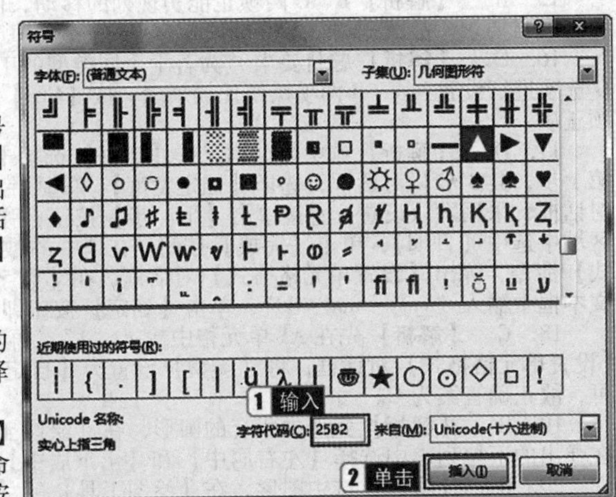

图6.31

步骤2：插入公式。

①将光标置于幻灯片第2行的开头位置，在【插入】选项卡的【符号】组中，单击【公式】下拉按钮，在弹出的下拉列表中选择【插入新公式】命令。

②输入“h=”，在【公式工具】的【设计】选项卡的【结构】组中，单击【根式】按钮，在弹出的下拉列表中选择【平方根】命令，定位在平方根符号下方，单击【结构】组中的【上下标】按钮，在弹出的下拉列表中选择选择【上标】命令，输入“l^2”，在公式后输入“-”，再次单击【上下标】按钮，在弹出的下拉列表中选择【上标】命令，输入“r^2”。

③单击快速访问工具栏中的【保存】按钮，关闭演示文稿文档。

第2套 答案及解析

一、选择题

1. B 【解析】请求分页式存储管理、请求分段式存储管理和请求段页式存储管理技术均采用虚拟存储管理技术。本题答案为B选项。

2. C 【解析】进程创建完成后会进入就绪状态。本题答案为C选项。

3. A 【解析】若循环队列的存储空间为（1:m），在循环队列运转起来后，如果front<rear，则队列中的元素个数为rear-front；如果front>rear，则队列中的元素个数为rear-front+m。本题中front<rear，则队列中的元素个数为25-1=24。本题答案为A选项。

4. D 【解析】二叉树遍历可以分为3种：前序遍历（访问根节点在访问左子树和访问右子树之前）、中序遍历（访问根节点在访问左子树和访问右子树两者之间）、后序遍历（访问根节点在访问左子树和访问右子树之后），并且在遍历左右子树时也遵循同样的规则。二叉树的前序序列为ABCDEF，可确定这棵二叉树的根节点为A；中序序列为BDFECA，可确定根节点A没有右子树，节点B没有左子树，节点B的右子树的根节点为C。按照同样的原理来分析以C为根节点的子树，其前序序列为CDEF，中序序列为DFEC，可知节点C没有右子树；再继续分析下去，节点D没有左子树，节点E没有右子树，节点F为叶子节点，则该二叉树的深度为6。本题答案为D选项。

5. B 【解析】假设叶子节点个数为n。树的总的节点数为度为3的节点数+度为2的节点数+度为1的节点数+度为0的节点数，为$5+4+0+n$。再根据树的总的节点数为树中所有节点的度数之和再加1，则总节点数为$3\times5+2\times4+1\times0+0\times n+1$。$3\times5+2\times4+1=5+4+n$，则$n=15$，叶子节点数为15。本题答案为B选项。

6. A 【解析】结构化程序设计方法的重要原则是自顶向下、逐步求精、模块化及限制使用goto语句。本题答案为A选项。

7. B 【解析】确认测试的任务是检查软件的功能、性能及其他特征是否与用户的需求一致，它是以需求规格说明书作为依据的测试。本题答案为B选项。

8. D 【解析】数据库系统具有三级模式：概念模式、外模式、内模式。概念模式也称为模式，是数据库系统中全局数据逻辑结构的描述，全体用户的公共数据视图。外模式也称子模式或者用户模式，是用户的数据视图，也就是用户所能够看见和使用的局部数据的逻辑结构和特征的描述，是与某一应用有关的数据的逻辑表示。内模式又称物理模式，是数据物理结构和存储方式的描述，是数据在数据库内部的表示方式。本题答案为D选项。

9. C 【解析】在养老院中，一名护理员护理多名老人，一名老人被多名护理员护理，则护理员和老人之间的联系是多对多，即 $M:N$。本题答案为C选项。

10. A 【解析】在关系模式SC中，主键为复合主键（S#,C#），有S#→Sn，存在非主属性Sn对主键的部分依赖，不满足第二范式（2NF），则该关系最高的是第一范式（1NF）。本题答案为A选项。

11. D 【解析】一个一个手动删除空格肯定是不可取的；在新建题注标签时，标签和编号之间始终会有空格，无法删除该空格。最优的做法是为所有题注新建样式“题注”，然后选中所有题注，在【开始】选项卡的【编辑】组中单击【替换】按钮，在弹出的【查找和替换】对话框中将空格替换为空白。故D选项正确。

12. C 【解析】在【开始】选项卡的【样式】组中单击右下角的对话框启动器按钮，弹出【样式】窗格，单击窗格下方的【管理样式】按钮，打开【管理样式】对话框，单击对话框中的【导入/导出】按钮，打开【管理器】对话框，在该对话框中将书稿中的标准样式复制到新书稿。故C选项正确。

13. A 【解析】选中“参考书目”段落，在【开始】选项卡的【段落】组中单击右下角的对话框启动器按钮，在弹出的【段落】对话框中，将【大纲级别】设置为【1级】，即可实现，都正确答案为A。

14. C 【解析】先将各章标题设置一种标题样式，在【插入】选项卡的【文本】组中单击【文件部件】按钮，在弹出的下拉列表中选择【域】，弹出【域】对话框，将【类别】设置为【链接和引用】，将【域名】设置为【StyleRef】，在【样式名】下拉列表框中选择标题样式，即可设置成功，故正确答案为C。

15. A 【解析】B、C两项也能实现列的移动，但相对A选项来说，操作复杂；D选项操作后会覆盖原列数据，不符合题目要求。故A选项正确。

16. C 【解析】题目要求“为若干个同类型的工作表标签设置相同的颜色”，而不是所有的工作表，因此不能通过D选项进行设置；A、B两项操作比较烦琐；按【Ctrl】键依次选择多个工作表，然后设置工作表颜色是最优操作。故C选项正确。

17. D 【解析】选中数据列，在【数据】选项卡的【数据工具】组中单击【分列】按钮，弹出【文本分列向导-第1步，共3步】对话框，选择【固定宽度】单选按钮，单击【下一步】按钮；弹出【文本分列向导-第2步，共3步】对话框，采用默认设置，直接单击【下一步】按钮；弹出【文本分列向导-第3步，共3步】对话框，在【列数据格式】区域中选中【日期】，单击【完成】按钮。在选中的数据列中单击鼠标右键，在弹出的快捷菜单中选择【设置单元格格式】命令，弹出【设置单元格格式】对话框，在【数字】选项卡的【分类】列表框中选择【自定义】，在右侧的【类型】文本框中输入“yyyy-mm-dd”，单击【确定】按钮即可实现，故正确答案为D。

18. C 【解析】先在A1单元格中输入“1”，再右击，在弹出的快捷菜单中选择“设置单元格格式”命令，弹出【设置单元格格式】对话框，将【类型】设置为【自定义】，在右侧【类型】文本框中输入“000”，单击【确定】按钮即可，故正确答案为C。

19. B 【解析】先选中所有的圆形，在【绘图工具】的【格式】选项卡中，在【排列】组中单击【对齐】按钮，在弹出的下拉列表中选择【左右居中】和【上下居中】，即可使所有的圆形的圆心重叠在一起，故正确答案为B。

20. B 【解析】选中图形，在【绘图工具】的【格式】选项卡中单击【选择窗格】，在右侧会弹出【选择】窗格，即可从中单击选择需要的图形，因此正确答案为B选项。

二、字处理题

1.【解题步骤】

打开考生文件夹中的Word.docx文档。

2.【解题步骤】

考点提示：修改样式及设置多级列表。

步骤1：修改标题1样式。

①选中文档中的第一处红色文本，在【开始】选项卡的【编辑】组中单击【选择】按钮，在弹出的下拉列表中选择【选定所有格式类似的文本】，将所有红色文本段落选中。

②在【开始】选项卡的【样式】组中选择【标题1】样式，单击鼠标右键，在弹出的快捷菜单中选择【修改】命令，弹出【修改样式】对话框，将【字体】设置为【黑体】，将【字号】设置为【三号】，单击下方的【格式】按钮，在弹出的列表中选择【段落】命令，弹出【段落】设置对话框，将【段前】【段后】分别设置为【6磅】，将【行距】设置为【单倍行距】，单击【确定】按钮，如图6.32所示。

步骤2：修改标题2样式。

①选中文档中的第一处蓝色文本，在【开始】选项卡的【编辑】组中单击【选择】按钮，在弹出的下拉列表中选择【选定所有格式类似的文本】，将所有蓝色文本段落选中。

②在【开始】选项卡的【样式】组中选择【标题2】样式，单击鼠标右键，在弹出的快捷菜单中选择【修改】命令，弹出【修改样式】对话框，将【字体】设置为【黑体】，将【字号】设置为【四号】，单击下方的【格式】按钮，在弹出的列表中选择【段落】命令，弹出【段落】设置对话框，将【段前】【段后】分别设置为【6磅】，将【行距】设置为【单倍行距】，单击【确定】按钮。

步骤3：修改“3级”样式。

①在【开始】选项卡的【样式】组中单击右下角的对话框启动器按钮，弹出【样式】任务窗格。

②单击下方的【管理样式】按钮，弹出【管理样式】对话框，在列表框中选择【3级（始终隐藏）】，单击下方的【修改】按钮，弹出【修改样式】对话框，单击对话框下方的【格式】按钮，在弹出的列表中选择【段落】命令，弹出【段落】对话框，在对话框中将【大纲级别】设置为【3级】，单击【确定】按钮，返回【管理样式】对话框，如图6.33所示，单击【确定】按钮。

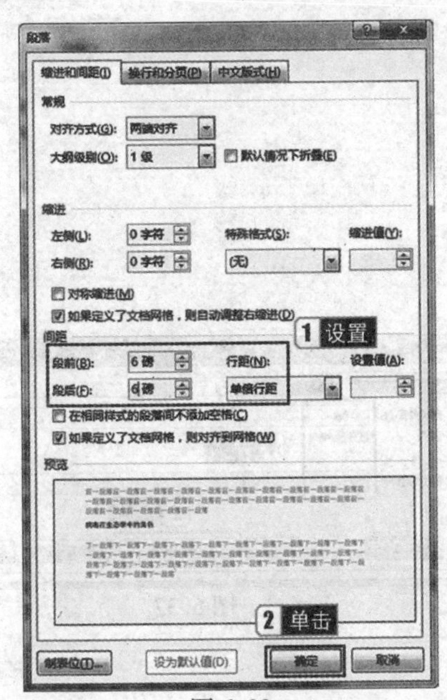

图 6.32

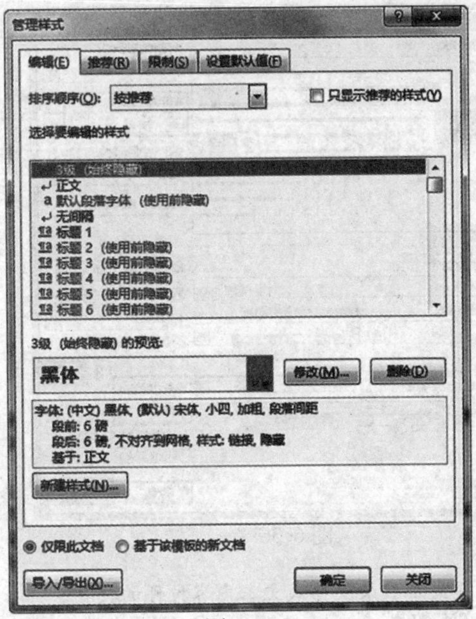

图 6.33

步骤 4：设置多级列表。

①在【视图】选项卡的【显示】组中，选择【导航窗格】复选框，在左侧出现导航任务窗格。

②单击选中“发现”标题，在【开始】选项卡的【段落】组中单击【多级列表】按钮，在弹出的下拉列表中选择【定义新的多级列表】。

③在弹出的【定义新多级列表】对话框中，单击【更多】按钮，选择【单击要修改的级别】左侧的列表框中的【1】，在下方的【输入编号的格式】文本框中在“1”的后面输入“.”，在右侧的【将级别链接到样式】下拉列表框中选择【标题 1】，在下方的【编号之后】下拉列表框中选择【空格】，如图 6.34 所示。

④选择【单击要修改的级别】左侧的列表框中的【2】，在右侧的【将级别链接到样式】下拉列表框中选择【标题 2】，在下方的【编号之后】下拉列表框中选择【空格】，将【对齐位置】设置为【0 厘米】，如图 6.35 所示。

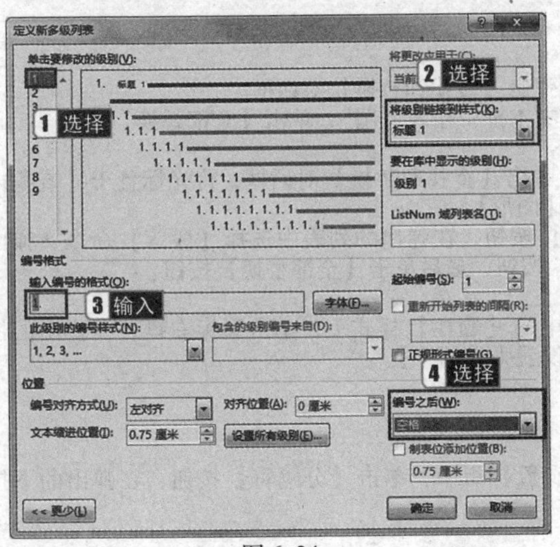

图 6.34

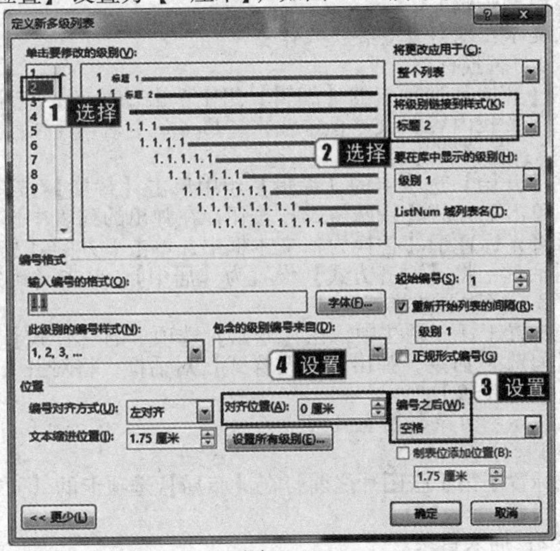

图 6.35

⑤选择【单击要修改的级别】左侧的列表框中的【3】，在右侧的【将级别链接到样式】下拉列表框中选择【3 级】，在下方的【编号之后】下拉列表框中选择【空格】，将【对齐位置】设置为【0 厘米】，如图 6.36 所示，单击【确定】按钮关闭对话框。

步骤 5：修改正文样式。

①按【Ctrl + A】组合键全选文档，用鼠标右键单击【开始】选项卡的【样式】组中的【正文】样式，在弹出的快捷菜单中选择【选择所有 174 个实例】命令。

②在【开始】选项卡的【段落】组中单击右下角的对话框启动器按钮，弹出【段落】设置对话框，将【段前】【段后】设置为【0.5 行】，将【首行缩进】设置为【2 字符】，单击【确定】按钮关闭对话框。

3. **【解题步骤】**

考点提示：删除文档空行。

步骤：在【开始】选项卡的【编辑】组中单击【替换】按钮，弹出【查找和替换】对话框，将光标置于【查找内容】文本框中，输入“^p^p”，再将光标置于【替换为】文本框中，输入“^p”，单击【全部替换】按钮，如图 6.37 所示。

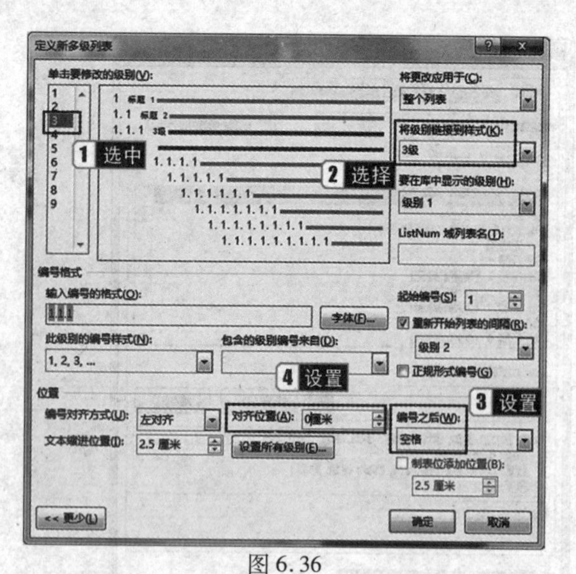

图 6.36

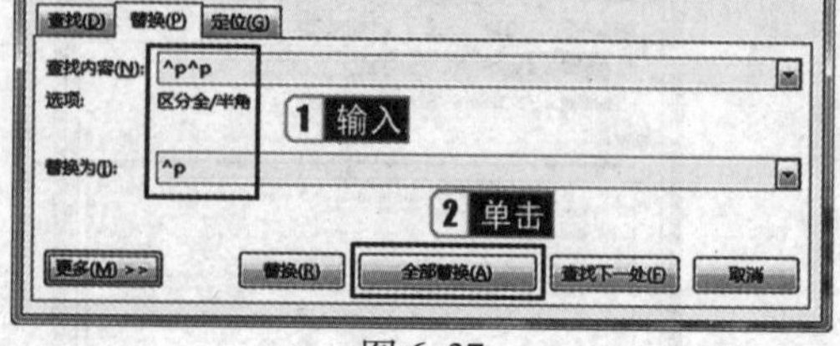

图 6.37

4.【解题步骤】

考点提示：设置文本效果及格式文本内容控件的使用。

步骤 1：设置文本效果。

①选中文章首行标题内容“病毒的前生和今世”，在【开始】选项卡的【字体】组中单击【文本效果和版式】按钮，在弹出的下拉列表中选择【轮廓/粗细/0.75 磅】。

②单击【字体】组的【文本效果和版式】按钮，在弹出的下拉列表中选择【阴影/阴影选项】，弹出【设置文本效果格式】任务窗格，将【距离】设置为【2 磅】，关闭【设置文本效果格式】任务窗格。

步骤 2：将文本转换为格式文本内容控件。

①单击【文件】选项卡，然后选择【选项】命令，弹出【Word 选项】对话框，选择【自定义功能区】，在右侧的列表框中选择【开发工具】复选框，单击【确定】按钮。

②在【开发工具】选项卡的【控件】组中单击【格式文本内容控件】按钮，再单击右侧的【属性】按钮，弹出【内容控件属性】对话框，选择【无法删除内容控件】复选框，单击【确定】按钮。

5.【解题步骤】

考点提示：本题考查替换操作。

步骤 1：替换标签。

①在【开始】选项卡的【编辑】组中单击【替换】按钮，弹出【查找和替换】对话框。

②在【查找内容】文本框中输入“Figure”，在【替换为】文本框中输入“图”，单击【全部替换】按钮。

步骤 2：替换图片。

①在【开始】选项卡的【编辑】组中单击【替换】按钮，弹出【查找和替换】对话框，将光标置于【查找内容】文本框中，单击下方的【特殊格式】按钮，在弹出的列表中选择【图形】。

②再将光标置于【替换为】文本框中，单击下方的【格式】按钮，在弹出的列表中选择【段落】命令，弹出【查找段落】对话框，将【对齐方式】设置为【居中】，单击【确定】按钮，最后单击【全部替换】按钮。

步骤 3：修改题注样式。

将光标置于任一题注中，在【开始】选项卡的【样式】组中的【题注】样式上，单击鼠标右键，在弹出的快捷菜单中选择【修改】命令，弹出【修改样式】对话框，将对齐方式设置为【居中】。

6.【解题步骤】

考点提示：目录与图表目录。

步骤 1：分节。

将光标置于第 1 张图片之前，在【布局】选项卡的【页面设置】组中，单击【分隔符】按钮，在弹出的下拉列表中选择【分节符/下一页】。

步骤 2：插入目录。

在【引用】选项卡的【目录】组中单击【目录】按钮，在弹出的下拉列表中选择【自动目录 1】，参考示例素材，修改目录标题字体和颜色。

步骤 3：插入图表目录。

在【引用】选项卡的【题注】组中单击【插入表目录】按钮，弹出【图表目录】对话框，在【常规】组的【题注标签】下拉列表框中选择【图】，单击【确定】按钮，调整目录标题的字体、字号和颜色。

7.【解题步骤】

考点提示：本题考查引文与书目。

步骤 1：管理引文。

①在【引用】选项卡的【引文与书目】组中单击【管理源】按钮，弹出【源管理器】对话框，如图 6.38 所示。

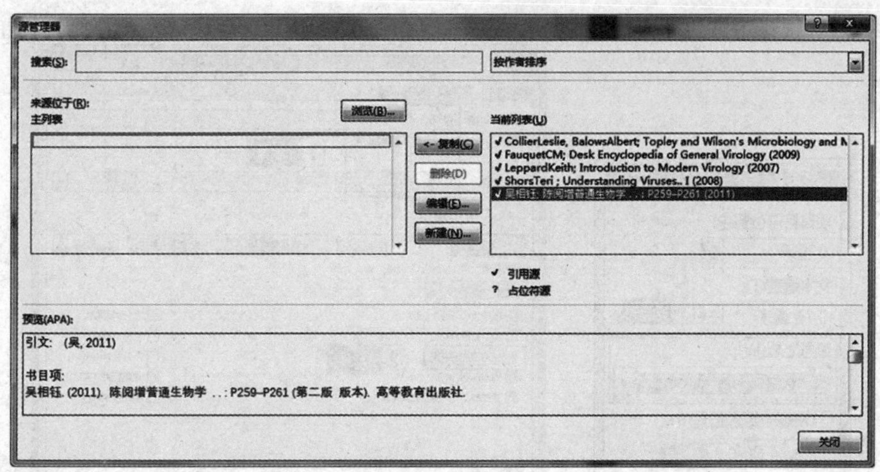

图 6.38

②在对话框中，选择【当前列表】列表框中的【吴相钰；陈阅增普通生物学..：P259 - P261（2011）】，单击中间的【编辑】按钮，弹出【编辑源】对话框，选择下方的【显示所有书目域】复选框，在【标准代码】文本框中输入“ISBN: 7-04-014584-7”，单击【确定】按钮，如图6.39所示。

步骤2：插入书目。

①选中文档结尾处“参考文献”段落，适当调整文本格式及段落样式。

②在“参考文献”下方，在【引用】选项卡的【引文与书目】组中单击【样式】右侧的下拉按钮，在弹出的下拉列表中选择【GB7714】，单击【书目】按钮，在弹出的下拉列表中选择【插入书目】。

8.【解题步骤】

考点提示：脚注与查找替换。

步骤：替换脚注编号格式。

①在【开始】选项卡的【编辑】组中单击【替换】按钮，弹出【查找和替换】对话框。

②单击对话框下方的【更多】按钮展开全部功能区域，将光标置于【查找内容】文本框中，单击下方的【特殊格式】按钮，在出现的下拉列表中选择【脚注标记】命令，再将光标置于【替换为】文本框中，输入方括号［］，将光标置于“［］”内部，单击下方的【特殊格式】按钮，在弹出的下拉列表中选择【查找内容】，单击【格式】下拉按钮，在弹出的列表中选择【段落】命令，打开【段落】对话框，将【对齐方式】设置为【左对齐】，单击【确定】按钮，如图6.40所示，单击【全部替换】按钮。

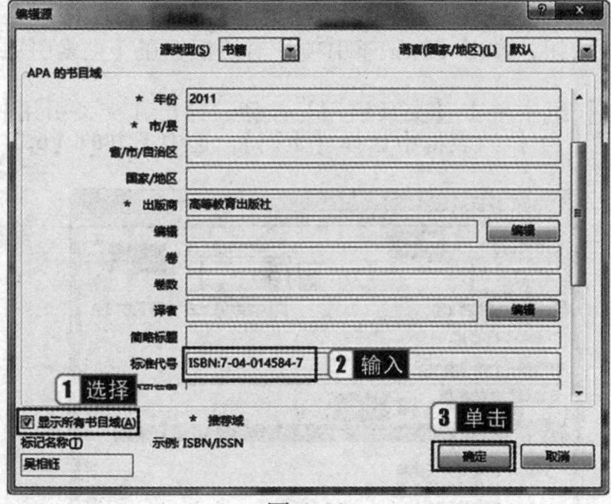

图 6.39

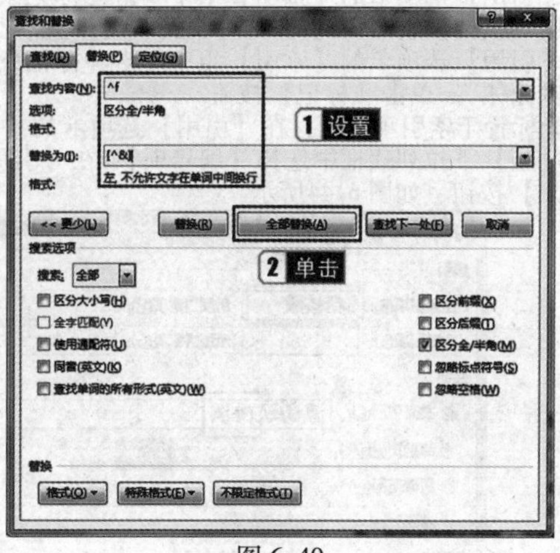

图 6.40

9.【解题步骤】

考点提示：本题考查项目符号和编号。

步骤：修改项目符号分隔符。

①单击选中项目符号，单击鼠标右键，在弹出的快捷菜单中选择【调整列表缩进】命令，弹出【调整列表缩进量】对话框，在【编号之后】下拉列表框中选择【空格】，如图6.41所示，单击【确定】按钮。

②选中3个段落内容，在【开始】选项卡的【段落】组中单击右下角的对话框启动器按钮，弹出【段落】对话框，将【悬挂缩进】设置为【1字符】。

10.【解题步骤】

考点提示：替换和通配符的使用。

步骤1：替换数字。

①选中该段落内容，在【开始】选项卡的【编辑】组中单击【替换】按钮，弹出【查找和替换】对话框。

②单击对话框下方的【更多】按钮展开全部功能区域，将光标置于【查找内容】文本框中，输入“[0-9]{1,2}”，再将光标置于【替换为】文本框中，输入方括号［］，将光标置于“［］”内部，单击下方的【特殊格式】按钮，在弹出的

列表中选择【查找内容】，选择下方的【使用通配符】复选框，如图6.42所示，单击【全部替换】按钮。

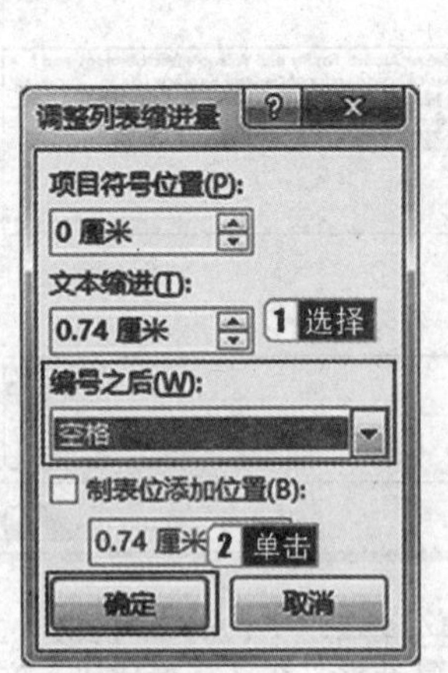

图6.41

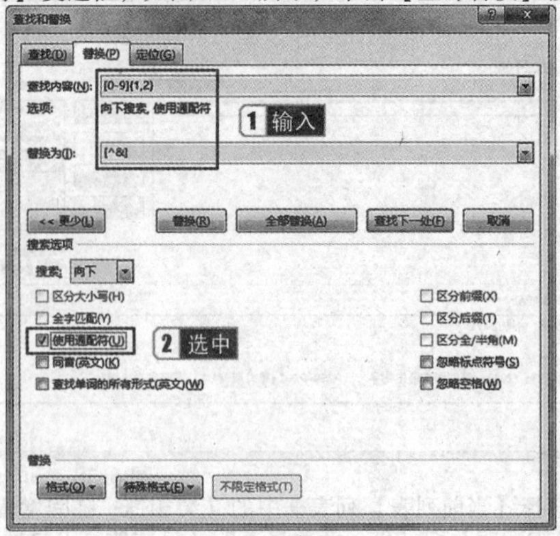

图6.42

步骤2：删除“.”。

删除【查找和替换】对话框中的内容，在【查找内容】文本框中输入“.”，单击【全部替换】按钮。

11.【解题步骤】

考点提示：本题考查索引的创建。

步骤1：插入索引。

①打开考生文件夹中的“索引条目.docx”文档，按【Ctrl + H】组合键打开【查找和替换】对话框，在【查找内容】文本框中输入顿号“、”，将光标放在【替换为】文本框中，单击左下角【更多】按钮，打开扩展项，单击【特殊格式】按钮，在弹出的列表中选择【段落标记】，然后单击【全部替换】按钮，保存并关闭索引条目.docx文档。

②打开“Word.docx”文档，将光标置于文档结尾“索引”标题下方，在【引用】选项卡的【索引】组中单击【插入索引】按钮，弹出【索引】对话框，单击【自动标记】按钮，弹出【打开索引自动标记文件】对话框，浏览并选中考生文件夹中的索引条目.docx文件，单击【打开】按钮。

③在【引用】选项卡的【索引】组中单击【插入索引】按钮，在弹出的对话框中直接单击【确定】按钮。

步骤2：标记索引项。

①在【引用】选项卡的【索引】组中单击【标记条目】按钮，弹出【标记索引项】对话框，在【主索引项】文本框中输入“脱氧核糖核酸”，在下方的【交叉引用】文本框中输入“DNA”，单击【标记】按钮，如图6.43所示。

②在【引用】选项卡的【索引】组中单击【标记条目】按钮，弹出【标记索引项】对话框，在【主索引项】文本框中输入“噬菌体”，单击【标记】按钮。

③将光标置于索引项右侧，在【引用】选项卡的【题注】组中单击【交叉引用】按钮，弹出【交叉引用】对话框，在【引用类型】下拉列表框中选择【编号项】，在【引用内容】下拉列表框中选择【页码】，选中下方的【6.2 噬菌体】，单击【插入】按钮，如图6.44所示。

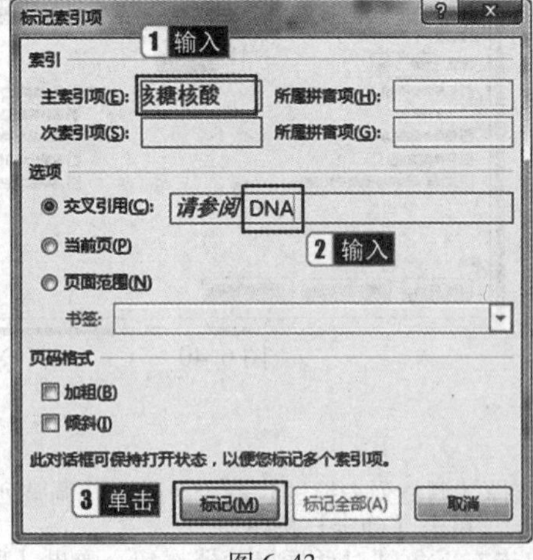

图6.43

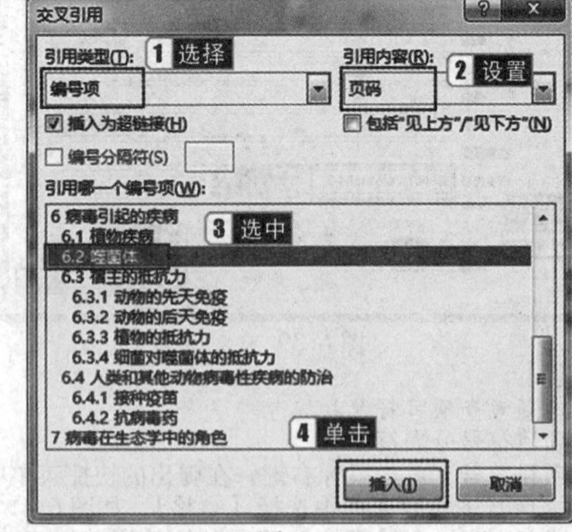

图6.44

④单击【交叉引用】按钮，弹出【交叉引用】对话框，在【引用哪一个编号项】列表框中选中【7 病毒在生态学中的角色】，单击【插入】按钮，在两个页码之间输入分隔符“-”。

步骤3：插入分隔符。

将光标置于“参考文献”内容之前，在【布局】选项卡的【页面设置】组中单击【分隔符】按钮，在弹出的下拉列表中选择【分页符】。

12.【解题步骤】

考点提示：本题考查页码的插入。

步骤1：双击第2页页脚位置，单击【页眉和页脚工具】的【设计】选项卡，在【导航】组中取消选择【链接到前一节】复选框，单击左侧【页眉和页脚】组中【页码】按钮，在弹出的下拉列表中选择【设置页码格式】，弹出【页码格式】对话框，将【起始页码】设置为【1】，单击【确定】按钮。

步骤2：单击【页眉和页脚】组中【页码】按钮，在弹出的下拉列表中选择【页面底端/星型】，单击【关闭】组中的【关闭页眉和页脚】按钮。

13.【解题步骤】

考点提示：本题考查水印功能。

步骤1：在【设计】选项卡的【页面背景】组中单击【水印】按钮，在弹出的下拉列表中选择【自定义水印】，弹出【水印】对话框，在【文字】文本框中输入“草稿”，单击【应用】按钮，如图6.45所示。

步骤2：双击第2页页眉位置，将此页面中的水印对象删除。

14.【解题步骤】

考点提示：本题考查更新目录。

步骤1：选中目录对象，在【引用】选项卡的【目录】组中单击【更新目录】按钮，在弹出的下拉列表中选择【更新整个目录】。

步骤2：选中图表目录对象，在【引用】选项卡的【目录】组中单击【更新目录】按钮，在弹出的下拉列表中选择【更新整个目录】。

步骤3：选中下方的索引内容，单击鼠标右键，在弹出的快捷菜单中选择【更新域】命令。

三、电子表格题

1.【解题步骤】

打开考生文件夹中的Excel.xlsx文档。

2.【解题步骤】

考点提示：本题考查合并查询的使用。

步骤1：创建数据源及导入数据。

①在【数据】选项卡的【获取和转换】组中，单击【新建查询】按钮，在弹出的下拉列表中选择【从文件】→【从工作簿】，弹出【导入数据】对话框，浏览并选中考生文件夹中的Excel.xlsx文件，单击【导入】按钮。

②在弹出的【导航器】对话框中，选择【选择多项】复选框，然后选择【19年初】和【19年末】复选框，单击下方的【转换数据】按钮，如图6.46所示。

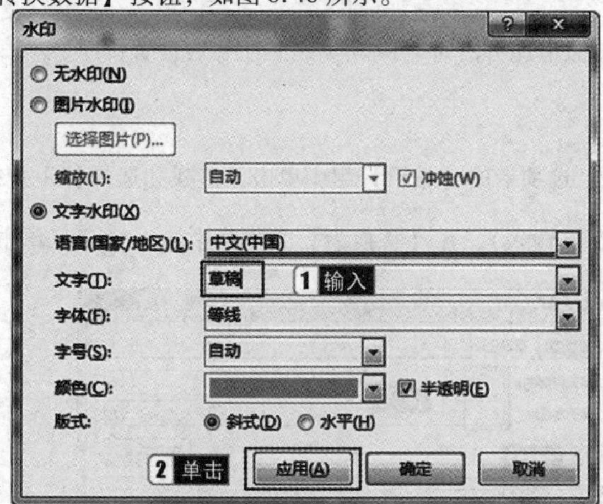

图6.45

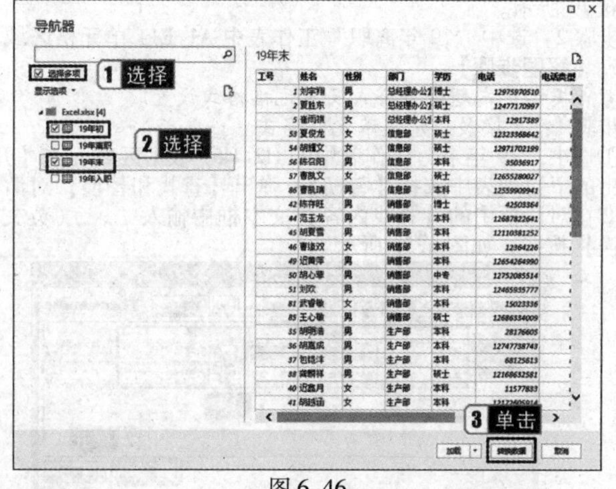

图6.46

步骤2：使用Power Query编辑器创建查询得到19年入职数据。

①在【Power Query编辑器】对话框中，在【主页】选项卡的【组合】组中单击【合并查询】按钮，在弹出的下拉列表中选择【将查询合并为新查询】命令，弹出【合并】对话框。

②在对话框中将第1张表选择为【19年末】，单击选中下方的“工号”列，将下方的第2张表选择为【19年初】，单击选中下方的“工号”列，在下方的【联接种类】下拉列表框中选择【（仅限第1个中的行）】，单击【确定】按钮，如图6.47所示。

③在出现的“合并1”查询中，按住【Ctrl】键同时选中“工号”至“学历”列，单击【管理列】组的【删除列】按钮，在弹出的下拉列表中选择【删除其他列】，单击【关闭】组中的【关闭并上载】按钮，在弹出的下拉列表中选择【关闭并上载】。

④在工作簿中将出现3张工作表，将“Sheet3”工作表中的内容复制粘贴到“19年入职”工作表中。

3.【解题步骤】

考点提示：本题考查合并查询的使用。

步骤：使用Power Query编辑器创建查询得到19年离职数据。

①在右侧的【工作簿查询】任务窗格中，双击【合并1】查询，进入合并1 Power Query编辑器窗口，单击左侧的【扩展导航窗格】按钮，展开所有查询对象，单击【组合】组中的【合并查询】按钮，在弹出的下拉列表中选择【将查询合并为新查询】命令，弹出【合并】对话框。

②在对话框中将第1张表选择为【19年初】，单击选中下方的“工号”列，将下方的第2张表选择为【19年末】，单击选中下方的“工号”列，在下方的【联接种类】下拉列表框中选择【左反（仅限第1个中的行）】，如图6.48所示，单击【确定】按钮。

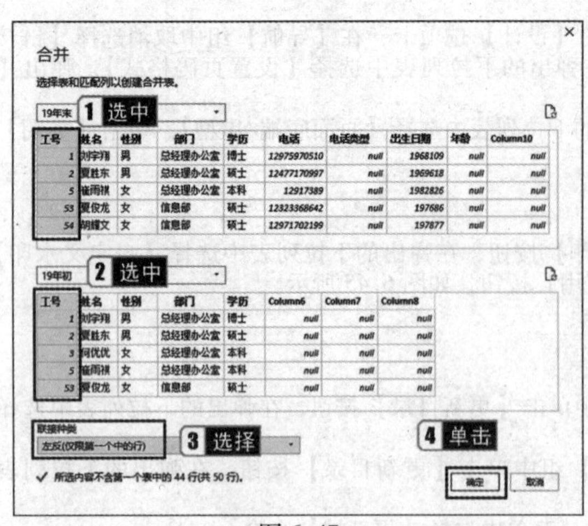

图 6.47

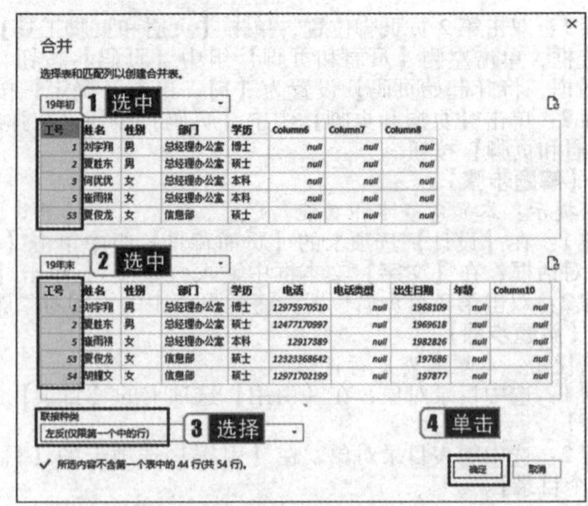

图 6.48

③在出现的“合并 2”查询中，按住【Ctrl】键同时选中“工号”至“学历”列，单击【管理列】组中的【删除列】按钮，在弹出的下拉列表中选择【删除其他列】，单击【关闭】组中的【关闭并上载】，在弹出的下拉列表中选择【关闭并上载】。

④在工作簿中将出现“Sheet4”工作表，将“Sheet4”工作表中的内容复制粘贴到“19 年离职”工作表中，将 4 张新工作表删除。

4.【解题步骤】

考点提示：本题考查数据排序。

步骤 1：选中“19 年入职”工作表中 A1: E7单元格区域，在【数据】选项卡的【排序和筛选】组中单击【排序】按钮，弹出【排序】对话框，在【主要关键字】下拉列表框中选择【部门】，将【次序】设置为【升序】，单击上方的【添加条件】按钮；在下方的【次要关键字】下拉列表框中选择【工号】，将【次序】设置为【升序】，单击【确定】按钮，如图 6.49 所示。

步骤 2：选中“19 年离职”工作表中 A1: E11 单元格区域，按照上述方法对“19 年离职”工作表设置排序。

5.【解题步骤】

考点提示：本题考查公式及单元格格式设置。

步骤 1：替换及自定义单元格格式。

①选中“19 年末”工作表中的 H2: H51 数据区域，在【开始】选项卡的【编辑】组中单击【查找和选择】下拉按钮，在弹出的下拉列表中选择【替换】，弹出【查找和替换】对话框。

②在对话框中的【查找内容】文本框中输入“,”（英文状态下输入），在【替换为】文本框中输入“/”，单击【全部替换】按钮，如图 6.50 所示。

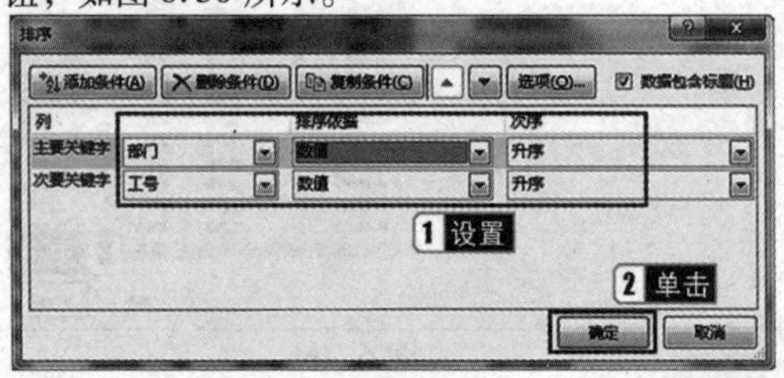

图 6.49

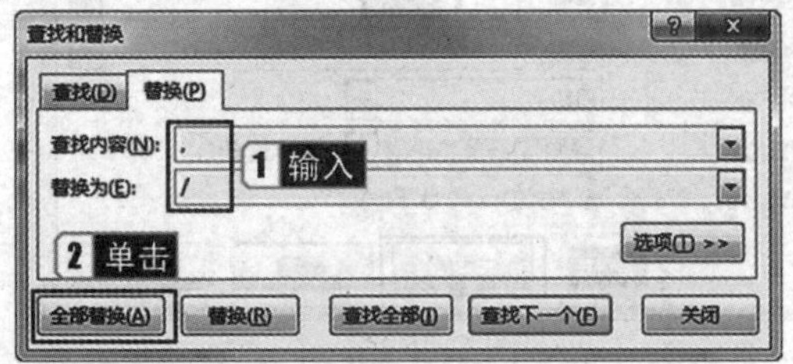

图 6.50

③选中 H2: H51 数据区域，单击鼠标右键，在弹出的快捷菜单中选择【设置单元格格式】命令，弹出【设置单元格格式】对话框。

④在单元格左侧的列表框选择【自定义】，在右侧的【类型】文本框中输入“yyyy"年"m"月"d"日"”，单击【确定】按钮，如图 6.51 所示。

步骤 2：DateDif 函数的使用。

选中 I2 单元格，输入公式“ = DATEDIF(H2,DATE(2019,12,31),"y") &"岁"&DATEDIF(H2,DATE(2019,12,31),"ym") & "个月"”，输入完成后按【Enter】键确认输入，双击 I2 单元格右下角的自动填充按钮填充至 I51 单元格。

步骤 3：IF 和 LEN 函数的使用。

选中 G2 单元格，输入公式“ = IF(LEN(F2) = 11," 手机"," 座机")”，输入完成后按【Enter】键确认输入，双击 G2 单元格右下角的自动填充按钮填充至 G51 单元格。

步骤 4：自定义单元格格式。

选中 F2: F51 数据区域，单击鼠标右键，在弹出的快捷菜单中选择【设置单元格格式】命令，弹出【设置单元格格式】对话框，在单元格左侧的列表框中选择【自定义】，在右侧的【类型】文本框中输入“[<100000000]" * * * * * * * * ";" * * * * * * * * * * * * "”，单击【确定】按钮，如图 6.52 所示。

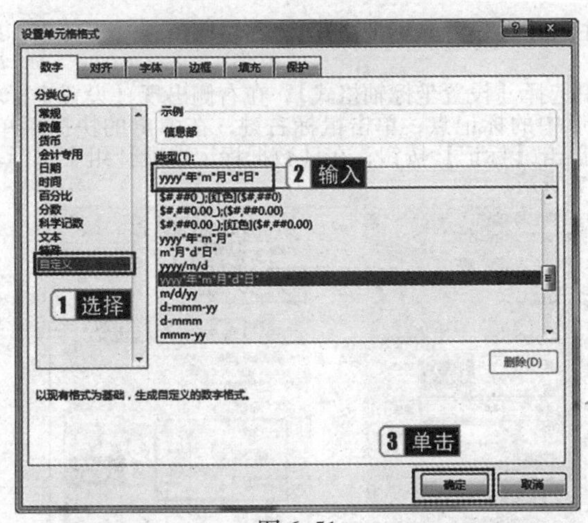

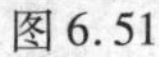
图 6.51

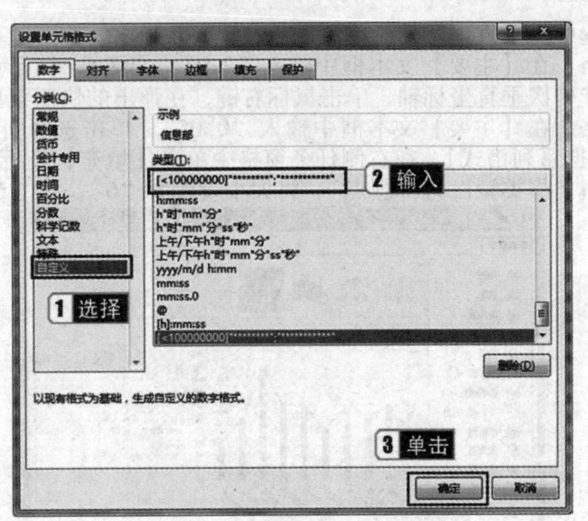

图 6.52

6.【解题步骤】

考点提示：本题考查数据透视表、数据透视图及切片器。

步骤 1：创建数据透视表。

①在工作簿中新建一个空白工作簿，将工作表名称修改为“员工数据分析”。

②将光标定位在“19 年末”工作表中，在【插入】选项卡的【表格】组中单击【数据透视表】按钮，弹出【创建数据透视表】对话框，选择透视表位置为【现有工作表】，单击【位置】右侧的选取数据按钮，选择“员工数据分析”工作表中的 A6 单元格，单击【确定】按钮，如图 6.53 所示。

③在“员工数据分析”工作表中，将右侧【数据透视表字段】任务窗格中的“部门”字段拖动到“行”区域，拖动两次“工号”字段至“值”区域，单击第 1 个“工号”字段右下角的下拉三角形，选择【值字段设置】，弹出【值字段设置】对话框，在【自定义名称】文本框中输入“人数”，在【计算类型】列表框中选择【计数】，如图 6.54 所示，单击【确定】按钮。

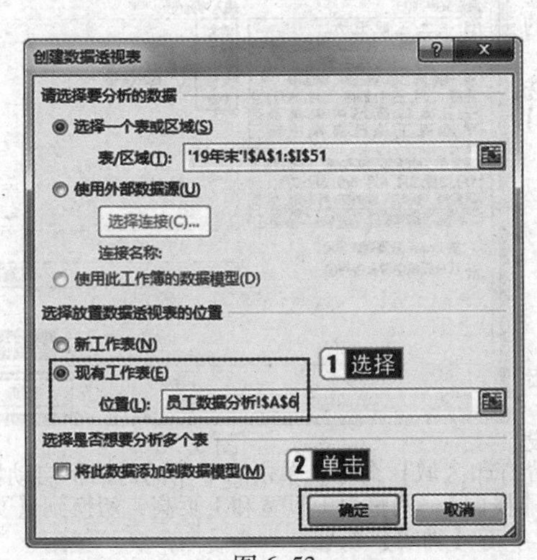

图 6.53

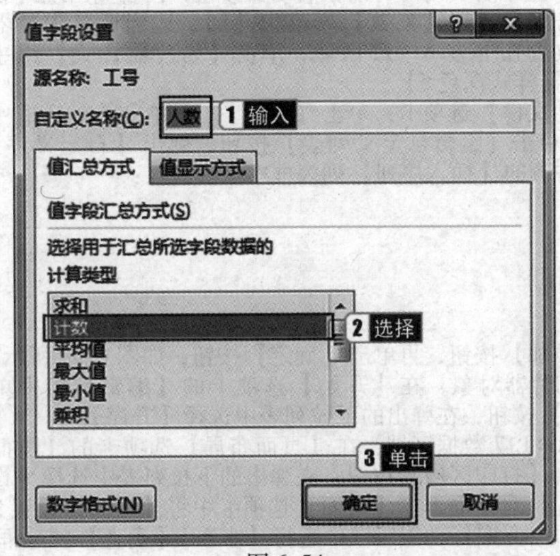

图 6.54

④单击第 2 个“工号”字段右下角的下拉三角形，选择【值字段设置】，弹出【值字段设置】对话框，在【自定义名称】文本框中输入“占比”，在【计算类型】列表框中选择【计数】。

⑤选择 C7 单元格，单击鼠标右键，在弹出的快捷菜单中选择【值显示方式】→【列汇总的百分比】。选中 C7: C16 单元格区域，单击鼠标右键，在弹出的快捷菜单中选择【设置单元格格式】，在弹出的【设置单元格格式】对话框中，选择【百分比】，小数位数设置为“0”，单击【确定】按钮。

⑥双击 A6 单元格，将标题修改为“部门”。双击 B6 单元格，将标题修改为“人数”。双击 C6 单元格，将标题修改为“占比”。

注意：若操作过程中，“部门”列顺序和参考样例不一致，可以手动调整。如可以选中数据透视表中“生产部”所在单元格，单击鼠标右键，在弹出的快捷菜单中选择【移动】，将其移动到“人力资源部”所在单元格的下方。

步骤 2：创建数据透视图。

①选中 A6: C15 数据区域，单击【插入】选项卡的【图表】组中的【数据透视图】按钮，弹出【插入图表】对话框，在左侧列表框中选中【组合】，选择【占比】对应的【次坐标轴】复选框，如图 6.55 所示，单击【确定】按钮。

②适当调整数据透视图的大小及位置，将其放置到 D6: L16 数据区域。在【数据透视图工具】的【分析】选项卡的【显示/隐藏】组中单击【字段列表】下拉按钮，在弹出的下拉列表中选择【全部隐藏】。

③在【设计】选项卡的【图表布局】组中单击【添加图表元素】按钮，在弹出的下拉列表中选择【图例/底部】，单击【添加图表元素】按钮，在弹出的下拉列表中取消选择【网格线/主轴主要水平网格线】。

④选中主垂直坐标轴，单击鼠标右键，在弹出的快捷菜单中选择【设置坐标轴格式】，在右侧出现【设置坐标轴格式】任务窗格，在【主要】文本框中输入“2.0”，如图6.56所示。

⑤选中次垂直坐标轴，单击鼠标右键，在弹出的快捷菜单中选择【设置坐标轴格式】，在右侧出现【设置坐标轴格式】任务窗格，在【主要】文本框中输入“0.05”。单击选择折图形中的标记点，单击鼠标右键，在弹出的快捷菜单中选择【设置数据系列格式】，在右侧任务窗格中单击【填充】图标，单击【标记】按钮，在【数据标记选项】组中选择【内置】单选按钮，将类型设为“圆点”，将大小设置为“6”，如图6.57所示。

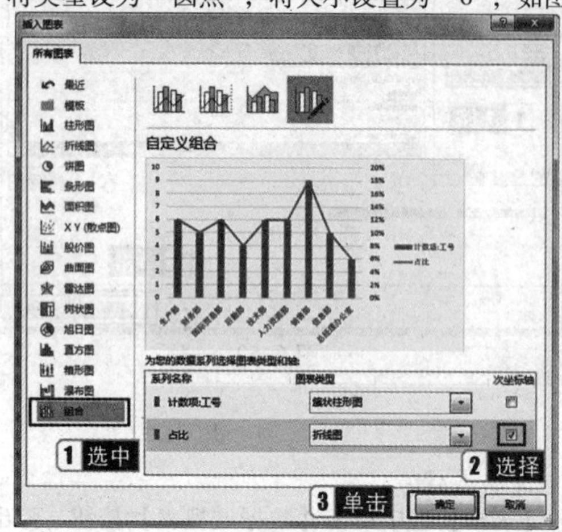

图6.55

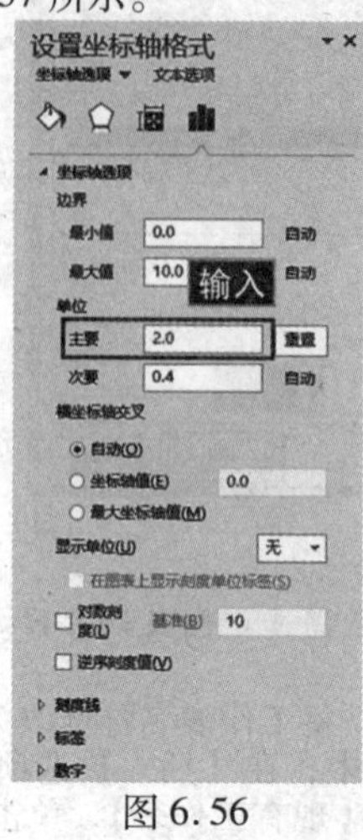

图6.56

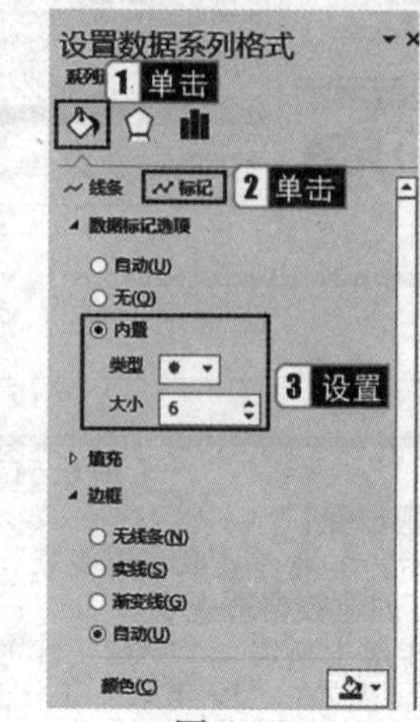

图6.57

步骤3：插入切片器。

①选中数据透视表中任一单元格，在【插入】选项卡的【筛选器】组中单击【切片器】按钮，弹出【插入切片器】对话框，选择列表框中的【学历】复选框，单击【确定】按钮。

②选中切片器窗口，在【切片器工具】的【选项】选项卡中单击【大小】组中右下角的对话框启动器按钮，在右侧出现【格式切片器】任务窗格，将【列数】修改为【5】，适当调整切片器的大小，将其放置在上方A1:E5区域，单击【切片器样式】组中的【浅蓝，切片器样式深色5】。

③单击【文件】选项卡，单击【选项】，在弹出的对话框中选择【高级】，单击【编辑自定义列表】按钮，弹出【自定义序列】对话框，在右侧的【插入序列】列表框中依次输入：

博士
硕士
本科
大专
中专

单击【添加】按钮，再单击【确定】按钮，如图6.58所示。

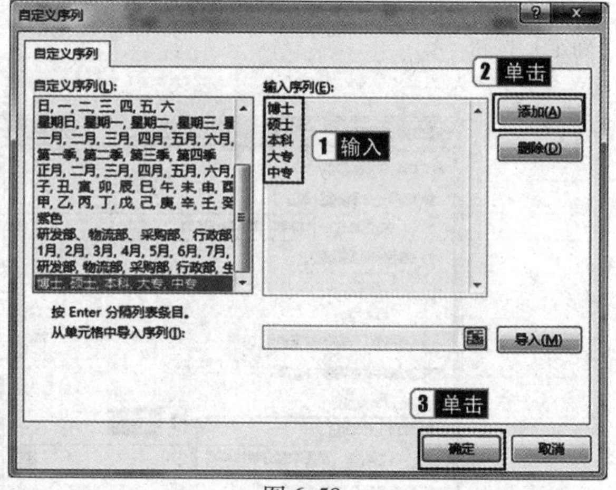

图6.58

④选中切片器对象，在【开始】选项卡的【编辑】组中单击【排序和筛选】按钮，在弹出的下拉列表中选择【升序】。

⑤选中A1:L17数据区域，在【页面布局】选项卡的【页面设置】组中单击【打印区域】按钮，在弹出的下拉列表中选择【设置打印区域】命令；单击右下角的对话框启动器按钮，弹出【页面设置】对话框，在【页面】选项卡中将【方向】设置为【横向】，调整为1页宽和1页高，切换到【页边距】选项卡，在【居中方式】功能区域中选择【水平】【垂直】复选框，单击【确定】按钮。

7.【解题步骤】

考点提示：本题考查单元格及工作表的保护。

步骤1：选中F2:F51数据区域，单击鼠标右键，在弹出的快捷菜单中选择【设置单元格格式】，弹出【设置单元格格式】对话框，切换到【保护】选项卡，选择【隐藏】复选框，单击【确定】按钮。

步骤2：在【审阅】选项卡的【保护】组中单击【保护工作表】按钮，弹出【保护】工作表对话框，直接单击【确定】按钮。

四、演示文稿题

1.【解题步骤】

打开考生文件夹中的PPT.pptx文档。

2.【解题步骤】

考点提示：本题主要考查幻灯片母版的设置。

步骤1：修改版式名称。

①在【视图】选项卡的【母版视图】组中单击【幻灯片母版】按钮，切换到幻灯片母版视图。

②在母版视图下，单击选中左侧缩览窗口中的【自定义版式】，单击鼠标右键，在弹出的快捷菜单中选择【重命名版式】，弹出【重命名版式】对话框，输入版式名称“奇数页”，单击【重命名】按钮。

步骤2：设置文本占位符的填充颜色。

①选中“奇数页”版式中的标题占位符，在【绘图工具】的【格式】选项卡中单击【形状样式】组中的【形状填充】下拉按钮，在弹出的下拉列表中选择【取色器】，指向梯形形状边框，单击。

②选中文本框中的文本内容，在【开始】选项卡的【字体】组中，设置字体为【微软雅黑】，字形加粗，并适当调整字号大小。

③按照上述方法设置“偶数页”版式。

步骤3：设置对齐方式。

选中“奇数页”版式中的页码占位符，在【开始】选项卡的【段落】组中单击【左对齐】按钮。

步骤4：插入图片。

①在“奇数页”版式中，在【插入】选项卡的【图像】组中单击【图片】按钮，弹出【插入图片】对话框，浏览并选中考生文件夹中的口罩.png文件，单击【插入】按钮。

②选中插入的图片，将其移动到页码占位符的上方。

③按照上述方法在“偶数页”版式中插入口罩.png，将其移动到页码占位符的上方，单击【幻灯片母版】选项卡中【关闭】组的【关闭母版视图】按钮。

3.【解题步骤】

考点提示：本题考查幻灯片背景及字体的设置。

步骤1：设置幻灯片背景。

①选中第1张幻灯片，在【设计】选项卡的【自定义】组中单击【设置背景格式】按钮，在右侧出现【设置背景格式】任务窗格，选择【图片或纹理填充】单选按钮，单击【插入图片来自/文件】按钮，弹出【插入图片】对话框，浏览并选中考生文件夹中的封面背景.jpg文件，单击【插入】按钮。

②选中标题幻灯片中的图片对象，单击鼠标右键，在弹出的快捷菜单中选择【大小和位置】，在右侧弹出的【设置图片格式】任务窗格中，单击【大小】组中的【重设】按钮。在【图片工具】的【格式】选项卡中单击【调整】组中的【删除背景】按钮，调整图片的删除区域后，按【Esc】键删除背景，参考样例效果，适当调整图片的大小及位置。

步骤2：通过幻灯片母版统一设置字体。

①在【视图】选项卡的【母版视图】组中单击【幻灯片母版】按钮，切换到幻灯片母版视图。

②选中首页office主题幻灯片母版中的内容占位符，按住【Ctrl】键，单击上方的标题占位符，在【开始】选项卡的【字体】组中将字体设置为【微软雅黑】，在【幻灯片母版】选项卡的【关闭】组中单击【关闭母版视图】按钮。

③参照样例效果，选中首页幻灯片上的文本“病毒的前生和今世”，在【开始】选项卡【字体】组中，调整字形、字号，单击【字体颜色】下拉按钮，在弹出的下拉列表中选择【主题颜色/水绿色，个性色5，深色25%】。

④选中“了解病毒，珍爱生命!”文本内容，单击【开始】选项卡的【段落】组中的【居中】按钮，单击【段落】组中的【对齐文本】下拉按钮，在弹出的下拉列表中选择【中部对齐】，选中文本框对象，将文本框移动到下方适当位置，在【绘图工具】的【格式】选项卡中单击【排列】组中的【对齐】下拉按钮，在弹出的下拉列表中选择【底端对齐】和【水平居中】。

4.【解题步骤】

考点提示：本题考查为幻灯片应用版式。

步骤1：首先在左侧的幻灯片/大纲缩览窗格中选中第2张幻灯片，按住【Ctrl】键，依次单击选择第4、6、8、12、14张幻灯片，单击【开始】选项卡下【幻灯片】组中的【版式】下拉按钮，在弹出的下拉列表中选择【偶数页版式】。

步骤2：按照上述方法，依次选中第3、5、7、9、11张幻灯片，在【开始】选项卡的【幻灯片】组中单击【版式】下拉按钮，在弹出的下拉列表中选择【奇数页版式】。

5.【解题步骤】

考点提示：本题考查SmartArt图形的设置。

步骤：将文本转换为SmartArt图形。

①选中第2张幻灯片中内容文本框中的文本，在【开始】选项卡的【段落】组中单击【转换为SmartArt】下拉按钮，在弹出的下拉列表中选择【其他SmartArt图形】，弹出【选择SmartArt图形】对话框，选中左侧列表框中的【列表】，在右侧选中【梯形列表】，单击【确定】按钮，如图6.59所示。

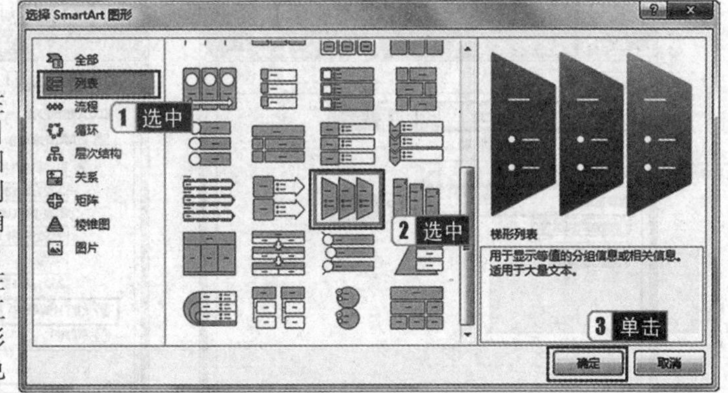

图6.59

②选中SmartArt图形中的任意一个形状，按住【Ctrl】键，依次单击选中其他两个形状，在【SmartArt工具】的【格式】选项卡中单击【形状样式】组中的【形状填充】下拉按钮，在弹出的下拉列表中选择【取色器】，单击上方标题文本框，完成3个形状的颜色填充。

6.【解题步骤】

考点提示：本题考查项目编号及分栏。

步骤1：参考示例素材，选中第6张幻灯片中的文本内容吗，在【开始】选项卡的【段落】组中单击【编号】下拉按钮，在弹出的下拉列表中选择“1. 2. 3.”。

步骤2：单击【段落】组中的【添加或删除栏】按钮，在弹出的下拉列表中选择【两栏】，适当调整文本框大小，选中图片对象，适当调整图片大小及位置。

7.【解题步骤】

考点提示：本题考查SmartArt图形的设置。

步骤1：选中第7张幻灯片中的文本内容，在【开始】选项卡的【段落】组中单击【转换为SmartArt】下拉按钮，在弹出的下拉列表中选择【其他SmartArt图形】，弹出【选择SmartArt图形】对话框，选中左侧列表框中的【流程】，在右侧列表框中选中【基本流程】，单击【确定】按钮。

步骤2：选中图形中的第1个箭头，按住【Ctrl】键，依次单击选中其他4个箭头形状，在【SmartArt工具】的【格式】选项卡中单击【形状】组中的【更改形状】下拉按钮，在弹出的下拉列表中选择【箭头总汇/燕尾形箭头】。

8.【解题步骤】

考点提示：本题考查图片的替换。

步骤：参考样例示例，选中第10张幻灯片中的文本框，适当调整文本框的大小；选中右侧的图片对象，单击鼠标右键，在弹出的快捷菜单中选择【更改图片/来自文件】，弹出【插入图片】对话框，浏览并选中考生文件夹中的被病毒感染的辣椒.png文件，单击【插入】按钮。

9.【解题步骤】

考点提示：图片的设置。

步骤：参考示例素材，选中第11张幻灯片中的文本框，调整文本框的大小及位置；选中右侧的图片对象，适当调整位置，在【图片工具】的【格式】选项卡中单击【调整】组中的【颜色】下拉按钮，在弹出的下拉列表中选择【重新着色/水绿色，个性色5深色】。

10.【解题步骤】

考点提示：设置幻灯片背景。

步骤1：调整幻灯片版式及背景。

①选中第15张幻灯片，在【开始】选项卡的【幻灯片】组中单击【版式】下拉按钮，在弹出的下拉列表中选择【空白】版式。

②在【设计】选项卡的【自定义】组中单击【设置背景格式】按钮，在右侧出现的【设置背景格式】任务窗格中，选择【图片或纹理填充】单选按钮，单击【插入图片来自/文件】按钮，弹出【插入图片】对话框，浏览并选中考生文件夹中的封面背景.jpg文件，单击【插入】按钮。

步骤2：调整文本的格式及位置。

①选中“讲座结束谢谢聆听”文本内容，在【开始】选项卡的【字体】组中适当调整字体、字形、字号及颜色（微软雅黑；加粗；80磅；水绿色，个性色5，深色25%），单击【段落】组中的【居中】按钮。

②选中“汇报人：小薛”文本内容，在【开始】选项卡【字体】组中适当调整字体、颜色（微软雅黑、白色），单击【段落】组中的【居中】按钮。

③选中“讲座结束谢谢聆听”文本框，在【绘图工具】的【格式】选项卡中单击【排列】组中的【对齐】下拉按钮，在弹出的下拉列表中选择【水平居中】。

④选中“汇报人：小薛”文本框，将其移动到页面下方区域，在【绘图工具】的【格式】选项卡中单击【排列】组中的【对齐】下拉按钮，在弹出的下拉列表中选择【水平居中】。

11.【解题步骤】

本题考点：本题考查动画效果的设置。

步骤1：选中第11张幻灯片中的图片对象，在【动画】选项卡的【动画】组中选择【浮入】效果；单击【高级动画】组中的【添加动画】下拉按钮，在弹出的下拉列表中选择【强调/陀螺旋】。

步骤2：单击【动画】组右下角的对话框启动器按钮，弹出【陀螺旋】对话框，切换到【计时】选项卡，将【开始】设置为【上一动画之后】，将【重复】设置为【3】，单击【确定】按钮，如图6.60所示。

12.【解题步骤】

考点提示：本题考查幻灯片编号的设置。

步骤1：在【插入】选项卡的【文本】组中单击【幻灯片编号】按钮，在弹出的【页眉和页脚】对话框中，选择【幻灯片编号】和【标题幻灯片中不显示】复选框，单击【全部应用】按钮，如图6.61所示。

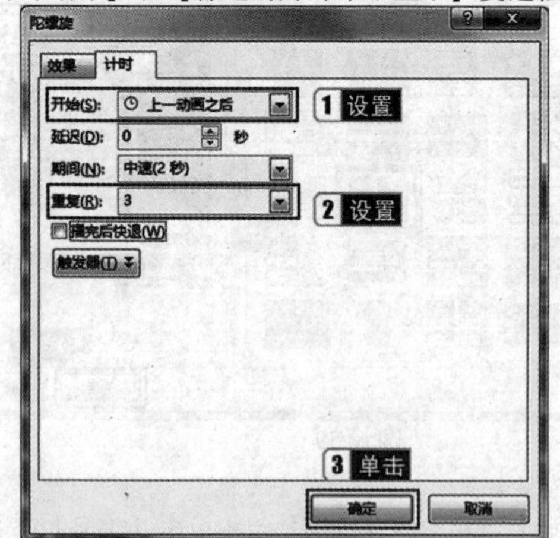

图6.60

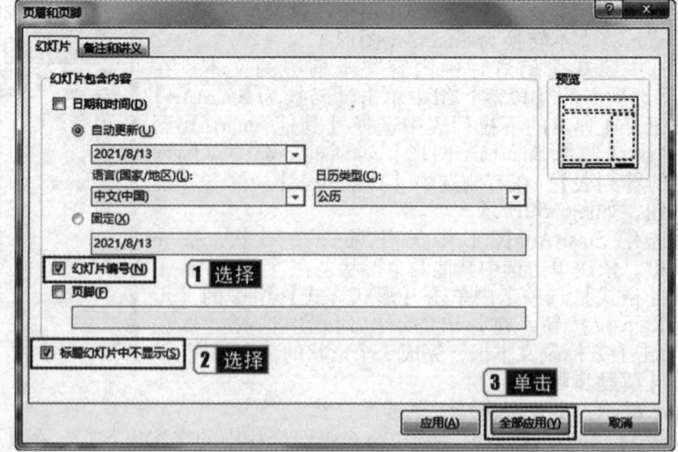

图6.61

步骤2：单击快速访问工具栏中的【保存】按钮，保存并关闭演示文稿。